Springer-Lehrbuch

Hans Wilhelm Schüßler

Netzwerke, Signale und Systeme

Band 2

Theorie kontinuierlicher und diskreter Signale und Systeme

Dritte, überarbeitete Auflage

Mit 200 Abbildungen

Springer-Verlag
Berlin Heidelberg NewYork
London Paris Tokyo
Hong Kong Barcelona
Budapest

Dr.-Ing. Hans Wilhelm Schüßler
Universitätsprofessor, Lehrstuhl für Nachrichtentechnik
der Universität Erlangen-Nürnberg

ISBN 3-540-54513-1 3. Aufl. Springer-Verlag Berlin Heidelberg New York

ISBN 3-540-52986-1 2. Aufl. Springer-Verlag Berlin Heidelberg New York

Satz: Reproduktionsfertige Vorlage vom Autor
Druck: Color-Druck Dorfi GmbH, Berlin; Bindearbeiten: Lüderitz & Bauer, Berlin
62/3020-543210 – Gedruckt auf säurefreiem Papier

Vorwort

Für die Signal- und Systemtheorie ist in besonders starkem Maße charakteristisch, daß sie mit mathematischen Modellen arbeiten, mit denen die Signale und die an einem Gebilde gültigen Beziehungen zwischen ihnen beschrieben werden. Da es dabei stets nur auf diese mathematischen Aussagen ankommt, sind die physikalische Bedeutung der auftretenden Größen und Fragen der Realisierung der Systeme ohne primären Belang. Für die Untersuchungen ist es zunächst gleichgültig, ob ihre Ergebnisse für die approximative Beschreibung des Verhaltens von z.B. elektrischen oder mechanischen Gebilden verwendet werden sollen oder ob sie für ein Rechnerprogramm gelten. Maßgebend ist nur die gemeinsame mathematische Basis.

In dem hier vorgelegten zweiten Teil des Buches wird der Versuch unternommen, sowohl diskrete wie kontinuierliche Signale und Systeme einheitlich und weitgehend parallel zu behandeln. Die engen Verwandtschaften zwischen beiden Gebieten werden aufgezeigt, die Unterschiede herausgearbeitet. Ebenso werden determinierte und stochastische Signale nebeneinander betrachtet. Es wird untersucht, wie Systeme auf sie reagieren.

Das erste Hauptkapitel behandelt zunächst die verwendeten Signale im Zeit- und Frequenzbereich. Dabei werden sowohl Folgen wie Funktionen betrachtet und die zwischen ihnen bestehenden Beziehungen untersucht, falls z.B. die Folgen durch Abtastung der Funktionen entstanden sind. Es interessieren hier auch die spektralen Eigenschaften kausaler Signale sowie die Beziehungen zwischen Impulsdauer und Bandbreite. Ein Unterabschnitt bringt eine Einführung in die Beschreibung stationärer stochastischer Signale.

Es schließt sich eine allgemeine Theorie kontinuierlicher und diskreter Systeme an, die auf der Basis der durch sie vermittelten Relationen zwischen Eingangs- und Ausgangsgrößen klassifiziert werden. Eingehender werden lineare Systeme betrachtet, die durch Impuls- oder Sprungantwort gekennzeichnet sind. Die weitere Spezialisierung führt auf zeitinvariante lineare Systeme, deren Beschreibung im Frequenzbereich ausführlich behandelt wird. Die sich für den Frequenzgang ergebenden Konsequenzen bei zusätzlich angenommener Kausalität und Verlustfreiheit werden betrachtet. Auch wird die Reaktion dieser Systeme auf stochastische Signale untersucht. Die sich anschließenden Bemerkungen zu nichtlinearen Systemen beschränken sich auf die Beschreibung verschiedener Arten der durch die Nichtlinearität verursachten Verzerrungen sowie auf die Vorstellung von quantitativen Untersuchungsverfahren.

Abgesehen von den zur Erläuterung vorgestellten Beispielen waren bis hierher noch keine Voraussetzungen über die mathematische Form der die Systeme beschreibenden Beziehungen gemacht worden. Die restlichen drei Kapitel führen solche Spezialisierungen ein. Sehr eingehend werden die Systeme betrachtet, die durch gewöhnliche Differential- oder Differenzengleichungen beschrieben werden, wobei der lineare, zeitinvariante Fall einen besonders breiten Raum einnimmt. Bezüglich kontinuierlicher Systeme kann dabei häufig auf das Beispiel der in Band I behandelten Netzwerke verwiesen werden. Hier wird die dazu mögliche Verallgemeinerung dargestellt, besonders aber die große Parallelität zu den Systemen herausgestellt, die durch lineare Differenzengleichungen beschrieben werden. Die Eigenschaften der sie kennzeichnenden Impuls- und Sprungantworten sowie der Übertragungsfunktion und des Frequenzganges werden ausführlich diskutiert, so wie das für die entsprechenden Größen kontinuierlicher Systeme bereits im Band I geschah. Die wichtigsten gefundenen Beziehungen für beide Systemarten werden vergleichend tabellarisch zusammengestellt. Untersuchungen der Steuerbarkeit, Beobachtbarkeit und Stabilität schließen sich an. In diesem Abschnitt finden sich weiterhin charakteristische Beispiele für die Anwendung diskreter Systeme sowie für das Zusammenspiel beider Systemarten. Es folgen eine kurzgefaßte Untersuchung linearer, zeitvariabler, insbesondere periodisch zeitvariabler Systeme und ein Abschnitt über die Stabilität allgemeiner Systeme.

Die Behandlung von Gebilden mit verteilten Parametern beschränkt sich auf Systeme, bei denen die beschreibende partielle Differentialgleichung nur zwei unabhängige Variable hat, neben der Zeit also eine Ortsvariable. Als charakteristisches Beispiel wird die homogene Leitung untersucht und ihr Frequenz- und Zeitverhalten insbesondere für einige wichtige Spezialfälle dargestellt. Eine Verbindung zu diskreten Systemen ist hier insofern möglich, als diese als Modell für spezielle Leitungsnetzwerke verwendet werden können. In einem kurzen Abschnitt wird gezeigt, daß das Verhalten einiger anderer, nicht elektrischer physikalischer Systeme durch die gewonnenen Ergebnisse ebenfalls beschrieben werden kann.

Das abschließende 6. Kapitel befaßt sich mit idealisierten, linearen, zeitinvarianten Systemen. Dem klassischen Vorgehen von Küpfmüller folgend wird das Zeitverhalten von kontinuierlichen und diskreten Systemen untersucht, für die willkürlich idealisierte Übertragungsfunktionen angenommen werden. Dadurch gelingen sehr allgemeingültige Aussagen über die Wirkung charakteristischer Abweichungen vom verzerrungsfreien Fall. Es schließt sich eine erneute Betrachtung kausaler Systeme und die bei ihnen vorliegenden Beziehungen zwischen den Komponenten des Frequenzganges an. Der Anhang bringt eine z.T. tabellarische

Zusammenstellung von Beziehungen und Aussagen aus verschiedenen im Buch benötigten mathematischen Gebieten.

Auch dieser zweite Band ist als Lehrbuch gedacht. Er ist aus Vorlesungen über Systemtheorie und Digitale Signalverarbeitung entstanden, die an der Universität Erlangen-Nürnberg für das 5. und 6. Semester gehalten werden. Das Buch enthält eine Vielzahl von Beispielen, die durch Meßergebnisse von Versuchen unterstützt werden, die ihrerseits z.T. wieder von Vorlesungsdemonstrationen stammen.

Schon bei der ersten Auflage habe ich zu Einzelfragen den Rat der Kollegen Brand, Brehm, Brunk, Henze, Kittel, Mecklenbräuker, Pfaff und Rupprecht in Anspruch nehmen können. Die Vorbereitung der Beispiele und der vorgestellten Experimente erforderte die Hilfe mehrerer Mitarbeiter des Institutes, von denen ich die Herren Dipl.-Ing. Rabenstein und Weith besonders erwähne.

Die hier vorgelegte 2. Auflage entstand aus einer völligen Überarbeitung des ursprünglichen Buches. Neue Ergebnisse wurden zusätzlich aufgenommen, weitere Beispiele zur Illustration verwendet. Der Rat von Herrn Kollegen Dejon und die Hilfe der Herren Dipl.-Ing. Lang und Schulist ist hier zu nennen.

Bei der mühevollen Arbeit des Korrekturlesens haben mich insbesondere Frau Dipl.-Ing. Dong und die Herren Dipl.-Ing. Lang, Meyer, Reng und Schulist unterstützt. Vor allem habe ich hier die Hilfe von Herrn Privatdozent Dr. Steffen hervorzuheben, der mir zu allen Kapiteln ein kritischer Gesprächspartner war und zu verschiedenen Punkten konstruktive Vorschläge gemacht hat. Die Reinschrift des Textes, die Anfertigung der zahlreichen Zeichnungen und die photographischen Arbeiten lagen in den bewährten Händen von Frau Bärtsch, Frau Frizlen, Frau Koschny, Frau Sperk und Frau Weiß. Allen erwähnten Damen und Herren gilt mein Dank. Ebenso danke ich dem Springer-Verlag für die gute Zusammenarbeit.

Erlangen, Juni 1990 **H.W. Schüßler**

Vorwort zur dritten Auflage

Eine nötige dritte Auflage des Buches bot Gelegenheit zur Einfügung eines neuen Abschnittes über passive kontinuierliche und diskrete Systeme. Damit mußte eine weitgehende Überarbeitung des Textes verbunden werden, bei der auch einige Fehler korrigiert werden konnten.

Bei diesen Ergänzungen und insbesondere bei der erneut nötigen langwierigen Durchsicht des Textes konnte ich wieder die Hilfe von Mitarbeitern des Lehrstuhls in Anspruch nehmen, von denen ich Herrn Privatdozent Dr. Steffen und die Herren Dipl.Ing. Krauß und Lang besonders nenne. Die Schreib- und Zeichenarbeiten haben wieder Frau Bärtsch und Frau Koschny ausgeführt. Allen Damen und Herren gilt mein Dank.

Erlangen, Juli 1991 **H.W. Schüßler**

Inhaltsverzeichnis

Einige wichtige Formelzeichen

1. Zeitfunktionen, zeitliche Folgen und ihre Spektren

$v(t)$: Funktion der kontinuierlichen Zeitvariablen t

$V(j\omega) = \mathscr{F}\{v(t)\}$: Spektrum = Fouriertransformierte von $v(t)$

$v(k)$: Folge in Abhängigkeit von der diskreten Zeitvariablen k

$v_*(t) = \sum_{-\infty}^{+\infty} v(k) \cdot \delta_0(t - kT)$: zugeordnete verallgemeinerte Funktion

$V(e^{j\Omega}) = \mathscr{F}_*\{v(k)\} = \mathscr{F}\{v_*(t)\}$: Periodisches Spektrum = Fouriertransformierte von $v(k)$

$V(\mu) = \mathrm{DFT}\{v(k)\}$: Diskrete Fouriertransformierte einer Folge $v(k)$ endlicher Länge

$V(z) = Z\{v(k)\}$: Z-Transformierte von $v(k)$

2. Größen zur Beschreibung stationärer stochastischer Prozesse

$P_v(V), p_v(V)$: Verteilungsfunktion, Verteilungsdichtefunktion einer Zufallsvariablen v

$C_v^*(j\chi) = \mathscr{F}\{p_v(V)\}$: Charakteristische Funktion

$\varphi_{vv}(\lambda) = E\{v(k)v(k+\lambda)\}$: Autokorrelationsfolge einer stochastischen Folge $v(k)$

$\Phi_{vv}(e^{j\Omega}) = \mathscr{F}_*\{\varphi_{vv}(\lambda)\}$: Leistungsdichtespektrum

$\mu_v = E\{v(k)\}$: Mittelwert von $v(k)$

$\sigma_v^2 = E\left\{(v(k) - \mu_v)^2\right\}$: Varianz von $v(k)$

3. Impulsantwort- und Sprungantworten

$h_0(t, \tau)$: Impulsantwort = Reaktion eines linearen, zeitvarianten kontinuierlichen Systems auf den Impuls $\delta_0(t - \tau)$;
$= h_0(t - \tau)$ bei Zeitinvarianz

$h_{-1}(t, \tau)$: Sprungantwort = Reaktion dieses Systems auf die Sprungfunktion $\delta_{-1}(t - \tau)$;
$= h_{-1}(t - \tau)$ bei Zeitinvarianz

$h_0(k, \kappa)$: Impulsantwort = Reaktion eines linearen, zeitvarianten diskreten Systems auf den Impuls $\gamma_0(k - \kappa)$;
$= h_0(k - \kappa)$ bei Zeitinvarianz

$h_{-1}(k, \kappa)$: Sprungantwort = Reaktion dieses Systems auf die Sprungfolge $\gamma_{-1}(k - \kappa)$;
$= h_{-1}(k - \kappa)$ bei Zeitinvarianz

$H(s) = \mathscr{L}\{h_0(t)\}$: Übertragungsfunktion eines linearen, zeitinvarianten kontinuierlichen Systems

$H(j\omega) = P(\omega) + jQ(\omega) = e^{-[a(\omega)+jb(\omega)]}$: Frequenzgang dieses Systems

$\tau_g(\omega) = \dfrac{db(\omega)}{d\omega}$: Gruppenlaufzeit dieses Systems

$H(z) = Z\{h_0(k)\}$: Übertragungsfunktion eines linearen, zeitinvarianten diskreten Systems

$H(e^{j\Omega}) = P(e^{j\Omega}) + jQ(e^{j\Omega}) = e^{-[a(\Omega)+jb(\Omega)]}$: Frequenzgang dieses Systems

$\tau_g(\Omega) = \dfrac{db(\Omega)}{d\Omega}$: Gruppenlaufzeit dieses Systems

4. Transformationen, Operationen

$\mathcal{F}\{\cdot\}, \mathcal{L}\{\cdot\}, \mathcal{H}\{\cdot\}$: Fourier-, Laplace-, Hilberttransformierte von Funktionen

$\mathcal{F}_*\{\cdot\}, Z\{\cdot\}$: Fourier-, Z-Transformierte von Folgen

$\mathcal{F}^{-1}\{\cdot\}, \mathcal{L}^{-1}\{\cdot\}\ldots$: entsprechende inverse Transformationen

$Re\{\cdot\}, Im\{\cdot\}$: Realteil-, Imaginärteil einer komplexen Zahl oder Größe

$[\cdot]^*$: konjugiert komplexer Wert einer Zahl oder Größe

5. Matrizen, Vektoren, Mengen

$\mathbf{A}, \mathbf{A}^T$	Matrix, transponierte Matrix
$\mathbf{E}$	Einheitsmatrix
$\mathbf{M}$	Modalmatrix
Λ	Diagonalmatrix der Eigenwerte
$\mathbf{a}, \mathbf{a}^T$	Spalten-, Zeilenvektor
$\mathbf{e}, \mathbf{e}^T$	Einheitsspalten-, Einheitszeilenvektor
$\mathbb{C}$	Menge der komplexen Zahlen
$\mathbb{N}$	Menge der natürlichen Zahlen
$\mathbb{N}_0$	Menge der natürlichen Zahlen einschließlich Null
$\mathbb{R}$	Menge der reellen Zahlen
$\mathbb{Z}$	Menge der ganzen Zahlen

6. Symbole

$\in$	Element von
$\forall$	für alle
$:=$	nach Definition gleich
$\equiv$	identisch gleich
$\wedge$	logisch und; Konjunktion
$\vee$	logisch oder; Disjunktion
$k_1(\Delta k)k_2$	Variation einer diskreten Variablen in Schritten Δk von k_1 bis k_2

1. Einleitung

Im Band I dieses Buches haben wir uns ausschließlich mit der Untersuchung elektrischer Netzwerke befaßt, die aus einer beliebigen Zusammenschaltung weniger Bauelemente bestehen können. Dabei war bereits eine Abstraktion insofern erforderlich, als wir diese Gebilde primär durch einfache Beziehungen zwischen den an ihnen auftretenden Spannungen und Strömen definiert haben, die nur näherungsweise denen entsprechen, die man an realen Elementen beobachten kann. Weiterhin haben wir die verwendeten Zeitfunktionen als determiniert und wohldefiniert vorausgesetzt, also unterstellt, daß sie für alle Werte der Zeit formelmäßig gegeben sind oder berechnet werden können. Abgesehen von isolierten Punkten haben wir dabei auch einen stetigen Verlauf unterstellt.

All diese Annahmen wurden im wesentlichen gemacht, um das zu untersuchende Netzwerk mit vertretbarem Aufwand mathematisch zugänglich zu machen. Die dabei gefundenen Ergebnisse gelten dann aber primär für das verwendete Modell des realen Gebildes. Sie sind nur in dem Maße näherungsweise auf die Wirklichkeit zu übertragen, in dem die gemachten Annahmen gültig sind.

Im vorliegenden zweiten Band werden wir die Betrachtungen wesentlich über den Rahmen der Netzwerke hinaus auf sehr allgemeine technische und physikalische Systeme ausdehnen. Das Verfahren wird aber prinzipiell das gleiche bleiben. Auch hier wird nicht primär ein reales Gebilde Gegenstand der Untersuchungen sein, sondern vielmehr ein mathematisches Modell, das ein mehr oder weniger gutes Abbild der Realität ist. Nur dadurch wird eine geschlossene Behandlung möglich. Gelegentlich werden wir sogar eine fundamentale Eigenschaft realer Systeme, die Kausalität, bewußt ignorieren, wenn es uns darauf ankommt, andere charakteristische Eigenschaften isoliert zu untersuchen.

Wichtig ist weiterhin, daß wir keine einschränkenden Voraussetzungen über die Bestandteile der zu untersuchenden Gebilde machen. Eine Klassifizierung werden wir lediglich entsprechend der Art der verwendeten mathematischen Beziehungen vornehmen. Die Ergebnisse werden dann nicht nur für elektrische, sondern z.B. auch für mechanische Anordnungen gelten. Wir kommen zu der folgenden Definition:

Ein System ist ein mathematisches Modell eines Gebildes mit Eingängen und Ausgängen, das die Beziehungen zwischen den Eingangs- und Ausgangsgrößen beschreibt.

In dieser sehr allgemeinen Formulierung gilt diese Definition z.B. auch für volkswirtschaftliche und biologische Systeme. Wir werden uns aber auf technische und physikalische Systeme beschränken. Die Beschreibung ihres Verhaltens mit den Mitteln der Systemtheorie bedeutet, daß wir angeben, welche Ausgangsfunktionen sich als Reaktion ergeben, wenn sie am Eingang in bestimmter Weise erregt werden.

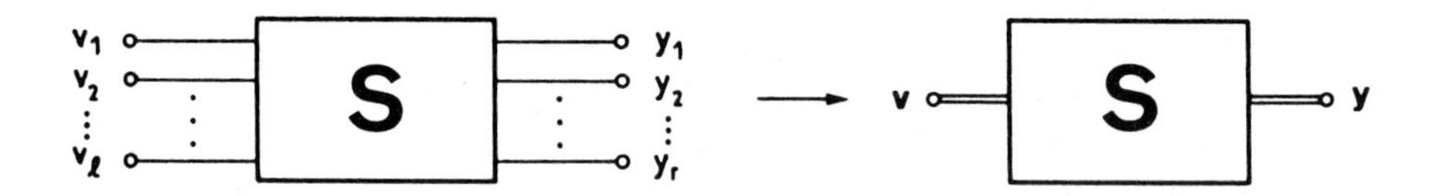

Bild 1.1: Darstellung eines Systems

Entsprechend der Definition verwenden wir für das System die Darstellung von Bild 1.1. Hier sind die Eingangsgrößen v_λ unabhängige Variable. In den uns interessierenden Fällen sind es physikalische Größen. Meist werden wir annehmen, daß es sich um Funktionen der Zeit handelt, doch können es auch z.B. Funktionen des Ortes sein. Am Ausgang erscheinen dann ebenfalls physikalische Größen y_ρ mit gegebenenfalls anderen Dimensionen, die wieder Funktionen der Zeit (bzw. des Ortes) sind und von den v_λ und dem System abhängen.

Sind

$$\mathbf{v} = (v_1, v_2, ..., v_\lambda, ..., v_\ell)^T \tag{1.1}$$

und

$$\mathbf{y} = (y_1, y_2, ..., y_\rho, ..., y_r)^T \tag{1.2}$$

die Vektoren der Eingangs- bzw. Ausgangsgrößen, so beschreiben wir die durch das System bedingte Abhängigkeit von beiden durch

$$\mathbf{y} = S\{\mathbf{v}\}. \tag{1.3}$$

Der Operator S wird dabei durch die im Kapitel 3 einzuführenden Systemeigenschaften bestimmten Einschränkungen unterworfen. Hier legen wir nur fest, daß sich im allgemeinen aus $\mathbf{v} \equiv \mathbf{0}$ stets $\mathbf{y} \equiv \mathbf{0}$ ergeben möge. Das bedeutet umgekehrt, daß eine von Null verschiedene Ausgangsgröße letztlich nur durch eine Speisung an den angegebenen Eingängen verursacht sein kann.

Eine weitere wesentliche Erweiterung über den Rahmen der Netzwerktheorie hinaus zeigt sich in den am Eingang und Ausgang auftretenden Signalen. Abgesehen davon, daß wir auch nichtelektrische Größen einbeziehen wollen, werden wir neben den für alle Werte ihrer Variablen definierten Funktionen auch Folgen von Zahlenwerten zulassen. Interessieren wird uns dabei nicht nur eine gegebenenfalls näherungsweise Darstellung stetiger Funktionen durch ihre Werte in diskreten Punkten. Wir wollen vielmehr auch diskrete Systeme untersuchen, die z.B. auf einem Digitalrechner realisierbar sind und ausschließlich Wertefolgen verarbeiten können. Aber auch dabei werden wir wieder idealisieren. Ebenso wie wir voraussetzen, daß die betrachteten Funktionen alle Werte des Kontinuums annehmen können, werden wir für die Folgen unterstellen, daß sie beliebige, i.a. komplexe Werte haben können. Da die in einem Rechner darstellbaren Zahlen stets nur begrenzt viele Stellen haben, stimmt diese Annahme mit den realen Verhältnissen höchstens näherungsweise überein.

Wichtig ist weiterhin, daß wir jetzt auch stochastische Funktionen und Folgen zulassen werden, über deren Wert in einem bestimmten Augenblick nur Wahrscheinlichkeitsaussagen möglich sind. An dieser Stelle nähern wir uns den in vielen Fällen vorliegenden realen Verhältnissen besser an als mit unseren früheren Voraussetzungen, da praktisch wichtige Signalfunktionen und -folgen prinzipiell nicht determiniert sind. Z.B. liegt es gerade im Wesen einer zu übertragenden Nachricht, daß sie nicht determiniert ist. Für die Beschreibung solcher Signale, aber auch des Verhaltens von Systemen unter ihrem Einfluß sind geeignete Verfahren zu entwickeln, die sich wesentlich von denen für determinierte Signale unterscheiden.

Damit ergeben sich für dieses Buch die folgenden Einzelthemen: Zunächst ist eine Behandlung der Signale erforderlich, die von einer kontinuierlichen oder diskreten Variablen abhängen, die wir ohne wesentliche Einschränkung der Allgemeingültigkeit unserer Darstellung als Zeitvariable auffassen. Dabei ist einerseits zwischen determinierten und stochastischen Signalen zu unterscheiden, andererseits werden wir eine Beschreibung sowohl im Zeit- wie im Frequenzbereich anstreben. Die Möglichkeit des Übergangs von Funktionen zu Folgen und umgekehrt wird uns besonders beschäftigen.

Eine allgemeine Behandlung der Systeme muß, wie schon gesagt, von den Eigenschaften des oben eingeführten Operators S ausgehen. Die am Ausgang beobachtete Reaktion auf die Eingangsgrößen liefert dabei eine Klassifizierung der Systeme, wobei wir uns auf solche mit determiniertem Verhalten beschränken. Die Einteilung führt auf lineare und nichtlineare, auf zeitlich konstante oder veränderliche Systeme, die kausal oder nicht kausal, stabil oder nicht stabil sein können. Reale Systeme sind im strengen Sinne sicher nichtlinear. Trotzdem werden wir uns weitgehend auf die Untersuchung linearer Systeme beschränken, führen also im Sinne obiger Definition ein Modell ein, das nur näherungsweise und in einem eingeschränkten Aussteuerungsbereich der Realität entspricht. Für diese Systeme können wir dann sehr allgemeine Aussagen sowohl im Zeit- wie im Frequenzbereich machen. Wichtig ist, daß wir dabei für kontinuierliche und diskrete Systeme sehr ähnliche Ergebnisse bekommen. Die Darstellung der weitgehenden Parallelität der Beschreibungen beider Systemarten verbunden mit der

Betonung der bestehenden Unterschiede der kennzeichnenden Funktionen ist wesentliches Ziel dieses Buches. Es wird sowohl bei der Behandlung allgemeiner Zusammenhänge als auch bei den detaillierten Untersuchungen der speziellen Systeme verfolgt, die durch die besondere mathematische Form der Beziehungen zwischen den Eingangs- und Ausgangsgrößen gekennzeichnet sind.

2. Theorie der Signale

2.1 Einführung

Bei der Einführung des Systembegriffs haben wir stillschweigend vorausgesetzt, daß die auftretenden Eingangs– und Ausgangsgrößen v_λ und y_ρ in geeigneter Weise angegeben werden können. Mit ihnen wollen wir uns zunächst näher beschäftigen. Dabei unterscheiden wir zwei Arten:

1. Funktionen $v_\lambda(t)$, $y_\rho(t)$, wobei t eine kontinuierliche Zeit– oder Ortsvariable ist.

2. Wertefolgen $\{v_\lambda(k)\}$, $\{y_\rho(k)\}$, wobei k eine (i.a. normierte) diskrete und meist ganzzahlige Zeit– oder Ortsvariable ist.

Ohne Einschränkung der Allgemeingültigkeit erklären wir im folgenden die Eigenschaften der an den Eingängen und Ausgängen auftretenden Größen mit den Bezeichnungen für die Eingangsfunktion $v(t)$ bzw. Eingangsfolge $v(k)$. Zur Vereinfachung der Schreibweise werden wir in der Regel darauf verzichten, Folgen von Funktionen durch zusätzliche Klammern zu unterscheiden. Die unterschiedlichen Argumente $t \in \mathbb{R}$ bzw. $k \in \mathbb{Z}$ mögen als Hinweis darauf genügen, daß in dem einen Fall eine Funktion, im andern eine Folge gemeint ist.

Wir führen hier Normen für die betrachteten Funktionen und Folgen ein und nehmen auf dieser Basis eine Einteilung in Klassen vor. Es ist

$$\|v(t)\|_p = \left[\int_{-\infty}^{+\infty} |v(t)|^p dt\right]^{1/p}, \quad p \in \mathbb{N} \tag{2.1.1}$$

die L_p–Norm der Funktion $v(t)$. Man bezeichnet mit L_p die Menge aller Funktionen, deren L_p–Norm endlich ist. Besonders interessieren die Fälle $p = 1$ und

$p = 2$. Ist eine Funktion absolut integrabel, gilt also

$$\| v(t) \|_1 = \int_{-\infty}^{+\infty} |v(t)| dt < M < \infty, \tag{2.1.2a}$$

so ist $v(t) \in L_1$. Entsprechend ist $v(t) \in L_2$, wenn gilt

$$\| v(t) \|_2^2 = \int_{-\infty}^{+\infty} |v(t)|^2 dt < M < \infty. \tag{2.1.2b}$$

In Anlehnung an die entsprechenden Betrachtungen in Band I bezeichnen wir mit L_2 die Menge der Signalfunktionen mit beschränkter Energie. Aus $v(t) \in L_1$ folgt nicht, daß auch $v(t) \in L_2$ gilt. So ist z.B.

$$v(t) = \begin{cases} |t|^{-1/2}, & |t| \leq a \\ 0 & |t| > a \end{cases}$$

integrabel, nicht aber $v^2(t)$.

Viele der im ersten Band verwendeten technisch wichtigen Funktionen gehören nicht zu L_2. Das gilt z.B. für alle periodischen Funktionen. Wir führen daher als weiteres kennzeichnendes Maß die mittlere Leistung

$$\overline{|v(t)|^2} = \lim_{T \to \infty} \frac{1}{2T} \int_{-T}^{+T} |v(t)|^2 dt \tag{2.1.3}$$

ein (vergl. Gl. (3.94c) in Band I).

Bei Folgen von Zahlenwerten gehen wir entsprechend vor. Es ist

$$v(k) = \{\ldots, v(-1), v(0), v(1), \ldots\}, \qquad v(k) \in \mathbb{C}, \ \forall k \in \mathbb{Z} \tag{2.1.4}$$

eine Folge von i.a. komplexen Werten, die von der ganzzahligen Variablen k abhängen. Wir können annehmen, daß sie durch Abtastung einer fast überall stetigen Funktion $v_0(t)$ in den Punkten kT entstanden sind. Bild 2.1 veranschaulicht den Vorgang und zeigt zugleich $v(k)$ als eine Folge von Impulsen. Entsprechend können wir Abtastwerte von Ortsfunktionen (Bildern) einführen, wobei wir Folgen $v(x_1, x_2)$ in Abhängigkeit von zwei Variablen bekommen. Die Behandlung solcher Folgen und der zugehörigen zweidimensionalen Systeme geht über den Rahmen dieses Buches hinaus. Wir beschränken uns hier auf eindimensionale Folgen, in die wir auch Bilder z.B. durch zeilenweise Abtastung überführen können.

Die Frage einer möglichen Rekonstruktion von $v_0(t)$ aus den Werten $v(k)$ wird uns später beschäftigen. Hier gehen wir nur von einer gegebenen Folge $v(k)$ aus, die durch die Abtastung einer Funktion entstanden sein kann, aber nicht muß.

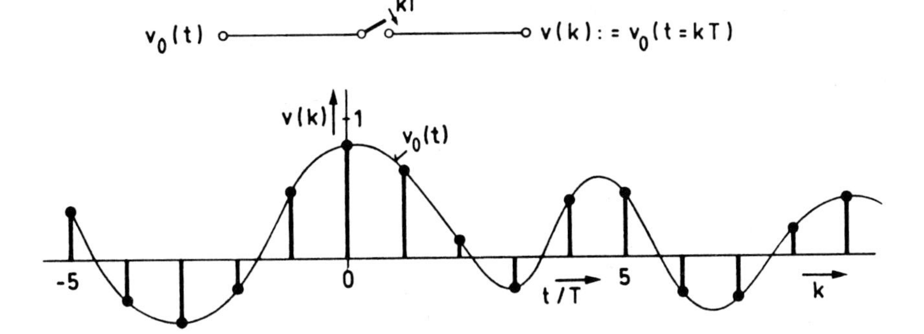

Bild 2.1: Folge $v(k)$ als Ergebnis der Abtastung einer Funktion $v_0(t)$ bei $t = kT$

Wie oben bei den Funktionen führen wir auch hier Normen ein. Entsprechend (2.1.1) ist

$$\|v(k)\|_p = \left[\sum_{k=-\infty}^{\infty} |v(k)|^p\right]^{1/p} \tag{2.1.5}$$

die ℓ_p-Norm der Folge $v(k)$. Ist $v(k) \in \ell_1$, so gilt

$$\|v(k)\|_1 = \sum_{k=-\infty}^{+\infty} |v(k)| < M < \infty \tag{2.1.6a}$$

und für $v(k) \in \ell_2$

$$\|v(k)\|_2^2 = \sum_{k=-\infty}^{+\infty} |v(k)|^2 < M < \infty. \tag{2.1.6b}$$

In Übertragung des oben bei Funktionen verwendeten Begriffes sprechen wir hier von Folgen beschränkter Energie. Bemerkenswert ist, daß auch die Energie einer absolut summierbaren Folge beschränkt ist. Mit $v(k) \in \ell_1$ ist also auch $v(k) \in \ell_2$. Das folgt für eine aus wenigstens zwei nicht verschwindenden Gliedern bestehenden Folge unmittelbar aus

$$\|v(k)\|_2^2 = \sum_k |v(k)|^2 < \left[\sum_k |v(k)|\right]^2 = \|v(k)\|_1^2. \tag{2.1.6c}$$

Diese Aussage ist nicht umkehrbar, aus $v(k) \in \ell_2$ folgt also nicht $v(k) \in \ell_1$, wie das Beispiel $v(k) = 1/k$ mit $k \in \mathbb{N}$ zeigt.

Für die Summierbarkeit von $|v(k)|$ und $|v(k)|^2$ ist sicher notwendig, daß $|v(k)|$ beschränkt ist. Diese Bedingung ist auch hinreichend, wenn $v(k)$ nur für endlich viele Werte von k von Null verschieden sein kann.

Auch bei Folgen interessiert der Fall nicht beschränkter Gesamtenergie, in dem die mittlere Leistung

$$\overline{|v(k)|^2} = \lim_{K\to\infty} \frac{1}{2K+1} \sum_{k=-K}^{+K} |v(k)|^2 \tag{2.1.7}$$

existiert. Folgen mit dieser Eigenschaft haben die gleiche große Bedeutung wie die entsprechenden Funktionen.

Nach dieser Darstellung allgemeiner Eigenschaften der Signale beginnen wir im nächsten Abschnitt mit einer detaillierten Betrachtung im Zeit- und Spektralbereich, wobei wir zunächst unterstellen, daß Funktionen und Folgen determiniert und in ihrer Abhängigkeit von der Zeitvariablen bekannt sind.

2.2 Determinierte Signale

2.2.1 Betrachtung im Zeitbereich

Als Signalfunktionen verwenden wir weitgehend beliebige Funktionen der Zeit oder des Ortes. Wir setzen i.a. lediglich voraus, daß sie stückweise stetig und differenzierbar sind und im Endlichen beschränkt bleiben. Derartige Annahmen machen wir, obwohl die an realen Systemen auftretenden Funktionen streng genommen nicht stetig sind (vergl. Kap. 1 in Band I). Wir definieren bestimmte geeignete Testfunktionen (siehe Bild 2.2), die wir schon im ersten Band verwendeten.

Impulsfunktion (Diracstoß, Deltafunktion):

Es wird ein Impuls $v(t) = \delta_0(t)$ mit der Eigenschaft

$$\int_a^b \delta_0(t)dt = \begin{cases} 1, & a \leq 0 < b \\ 0, & \text{sonst} \end{cases} \tag{2.2.1}$$

eingeführt. Hier handelt es sich um eine *verallgemeinerte Funktion*, die nur im Sinne der Distributionentheorie erklärbar ist (siehe Anhang 7.1).

Sprungfunktion:

$$v(t) = \delta_{-1}(t) = \begin{cases} 0, & t < 0 \\ 1, & t \geq 0. \end{cases} \tag{2.2.2}$$

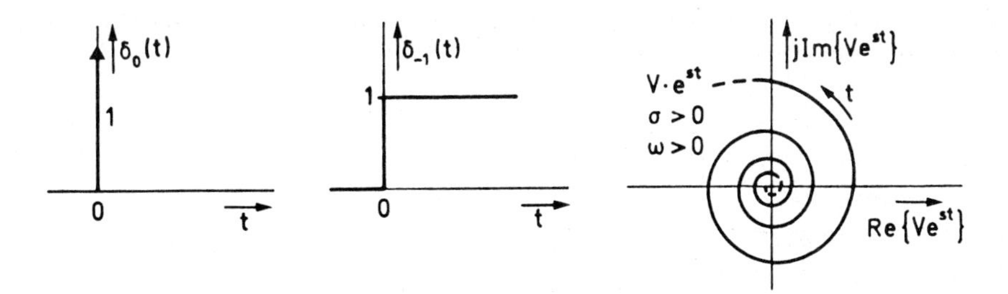

Bild 2.2: Testfunktionen

Mit (2.2.1) erhalten wir den Zusammenhang mit der Impulsfunktion. Es gilt

$$\delta_{-1}(t) = \int_{-\infty}^{t} \delta_0(\tau)d\tau. \tag{2.2.3a}$$

Weiterhin zitieren wir aus der Theorie der Distributionen, daß umgekehrt die Impulsfunktion die verallgemeinerte Ableitung, die sogenannte Derivierte, der Sprungfunktion ist (Anhang 7.1):

$$\delta_0(t) = D\left[\delta_{-1}(t)\right]. \tag{2.2.3b}$$

Unter Verwendung dieser Beziehung können wir die Derivierte einer in isolierten Punkten unstetigen Funktion $v(t)$ angeben (s. (2.2.8)).

Exponentialfunktion:

$$v(t) = V \cdot e^{st}, \quad \forall t \tag{2.2.4}$$

mit der komplexen Amplitude $V = \hat{v}e^{j\varphi}$ und der komplexen Frequenz $s = \sigma + j\omega$.

Wir hatten diese Funktion im Band I weitgehend verwendet und dort auch, z.B. in Abschnitt 3.1, auf die mit ihrer Einführung vorgenommene starke Idealisierung verwiesen. Für $\sigma \neq 0$ kann eine reale Zeitfunktion nur in einem begrenzten Zeitabschnitt näherungsweise den Verlauf des Real- oder Imaginärteils von $v(t)$ haben. In (2.2.4) sind als Spezialfälle die reelle Exponentialfunktion

$$v(t) = v(0) \cdot e^{\sigma t}, \quad \forall t \tag{2.2.5}$$

sowie die Kosinusfunktion enthalten, wenn wir $\sigma = 0$ setzen und z.B. den Realteil bilden. Es ist dann

$$v(t) = Re\left\{\hat{v}e^{j\varphi} \cdot e^{j\omega t}\right\} = \hat{v}\cos(\omega t + \varphi). \tag{2.2.6}$$

Wir untersuchen, zu welchen der im letzten Abschnitt eingeführten Klassen die Testfunktionen gehören. Dabei ist zunächst festzustellen, daß der Betrag und das Quadrat des Diracstoßes nicht definiert sind. Eine Zuordnung ist hier nicht möglich. Weiterhin ist $\delta_{-1}(t) \notin L_1, L_2$, aber $\overline{\delta_{-1}^2(t)} = 1/2$. Die Exponentialfunktion gehört für $\sigma \neq 0$ keiner der Klassen an. Auch für $\sigma = 0$ ist nur die mittlere Leistung angebbar. Man erhält im Fall der Kosinusfunktion

$$\overline{\hat{v}^2 \cos^2(\omega t + \varphi)} = \frac{\hat{v}^2}{2}\left[1 + \lim_{T\to\infty} \frac{1}{2T} \int_{-T}^{+T} \cos 2(\omega t + \varphi) dt\right].$$

Es ist

$$\frac{1}{2T} \int_{-T}^{+T} \cos 2(\omega t + \varphi) dt = \frac{\sin 2\omega T}{2\omega T} \cos 2\varphi$$

und damit

$$\overline{\hat{v}^2 \cos^2(\omega t + \varphi)} = \begin{cases} \dfrac{\hat{v}^2}{2}, & \omega \neq 0 \\ \hat{v}^2 \cos^2 \varphi, & \omega = 0. \end{cases} \tag{2.2.7}$$

Für spätere allgemeine Überlegungen benötigen wir eine Darstellung von in isolierten Punkten unstetigen Zeitfunktionen und ihren Derivierten unter Verwendung der Sprungfunktion und des Diracstoßes. Ist $v(t)$ nur in $t = t_1$ unstetig mit den Grenzwerten $v(t_1 - 0)$ von links und $v(t_1 + 0)$ von rechts, so ist

$$\begin{aligned} v(t) &= v_1(t) + [v(t_1 + 0) - v(t_1 - 0)]\, \delta_{-1}(t - t_1) \\ &= v_1(t) + \Delta v(t_1) \delta_{-1}(t - t_1), \end{aligned} \tag{2.2.8a}$$

wobei $v_1(t)$ stetig in $t = t_1$ ist (siehe Bild 2.3a). Dann gilt

$$D[v(t)] = D[v_1(t)] + \Delta v(t_1) \delta_0(t - t_1)$$

und entsprechend bei ℓ Unstetigkeitsstellen in den Punkten t_λ

$$D[v(t)] = D[v_1(t)] + \sum_{\lambda=1}^{\ell} \Delta v(t_\lambda) \delta_0(t - t_\lambda). \tag{2.2.8b}$$

Wenn wir unterstellen, daß für $t \neq t_1$ die Ableitung $v_1'(t)$ im üblichen Sinne existiert und daß diese Funktion bei Annäherung an t_1 die Grenzwerte $v_1'(t_1 - 0)$ von links und $v_1'(t_1 + 0)$ von rechts hat, so läßt sich $D[v_1(t)]$ wie $v(t)$ in (2.2.8a) aufspalten. Man erhält

$$\begin{aligned} D[v_1(t)] &= v_2'(t) + [v_1'(t_1 + 0) - v_1'(t_1 - 0)]\, \delta_{-1}(t - t_1) \\ &= v_2'(t) + \Delta v_1'(t_1) \cdot \delta_{-1}(t - t_1), \end{aligned}$$

wobei $v_2'(t) = v_1'(t)$ für $t \neq t_1$ und $v_2'(t)$ stetig in $t = t_1$ ist. Es ergibt sich ingesamt für die Derivierte von $v(t)$ (siehe Bild 2.3b)

$$D[v(t)] = v_2'(t) + \Delta v_1'(t_1) \delta_{-1}(t - t_1) + \Delta v(t_1) \delta_0(t - t_1)$$

und entsprechend bei ℓ isolierten Unstetigkeitsstellen in den Punkten t_λ

$$D[v(t)] = v_2'(t) + \sum_{\lambda=1}^{\ell} \left[\Delta v_1'(t_\lambda) \delta_{-1}(t - t_\lambda) + \Delta v(t_\lambda) \delta_0(t - t_\lambda)\right]. \tag{2.2.8c}$$

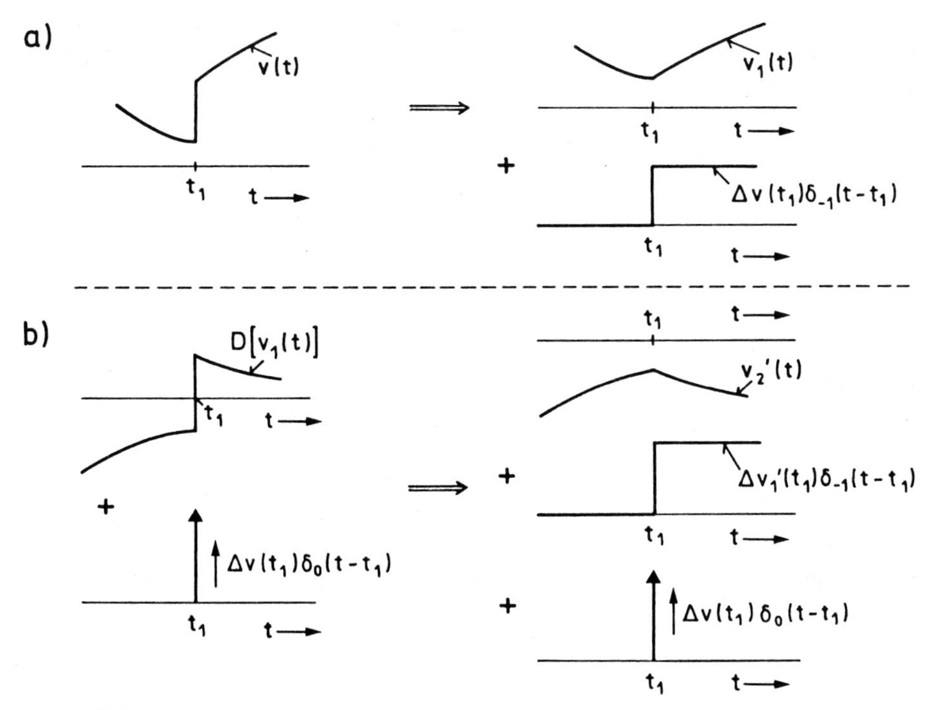

Bild 2.3: Zur Darstellung unstetiger Zeitfunktionen und ihrer Derivierten

Mit Hilfe von Derivierten höherer Ordnung der Sprungfunktion (siehe Anhang 7.1) lassen sich auch verallgemeinerte Ableitungen höherer Ordnung von Funktionen der behandelten Art bilden.

Für die folgenden Systembeschreibungen ist wichtig, daß mit Hilfe der Sprungfunktion und des Diracstoßes eine Darstellung stückweise stetiger und differenzierbarer Funktionen möglich ist. Wir erläutern das zunächst mit Hilfe von Bild 2.4 für die stetige und, abgesehen von isolierten Punkten t_λ, überall differenzierbare Funktion $v_1(t)$. Dabei nehmen wir an, daß ihr Grenzwert $v_1(-\infty) = \lim\limits_{t\to-\infty} v_1(t)$ existiert. $v_1(t)$ kann dann approximativ durch eine Summe von Sprungfunktionen dargestellt werden. Es ist

$$v_1(t) \approx v_1(-\infty) + \sum_{\nu=-\infty}^{+\infty} \Delta v_1(\tau_\nu)\delta_{-1}(t-\tau_\nu)$$

mit $\Delta v_1(\tau_\nu) = v_1(\tau_\nu) - v_1(\tau_{\nu-1})$. Eine Erweiterung mit $\Delta\tau_\nu = \tau_\nu - \tau_{\nu-1}$ liefert

$$v_1(t) \approx v_1(-\infty) + \sum_{\nu=-\infty}^{+\infty} \frac{\Delta v_1(\tau_\nu)}{\Delta\tau_\nu}\delta_{-1}(t-\tau_\nu)\Delta\tau_\nu$$

und der Grenzübergang $\Delta\tau_\nu \to 0, \quad \forall\nu$

$$v_1(t) = v_1(-\infty) + \int_{-\infty}^{+\infty} D\left[v_1(\tau)\right]\delta_{-1}(t-\tau)d\tau,$$

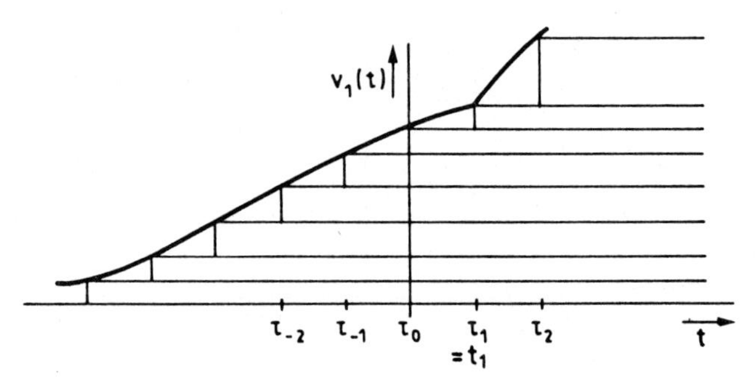

Bild 2.4: Zur approximativen Darstellung einer stetigen Funktion durch eine Summe von Sprungfunktionen

wobei die Derivierte von $v_1(t)$ wie vorher zu deuten ist. Identifiziert man noch $v(-\infty)$ und $v_1(-\infty)$, was aus (2.2.8a) folgt, so ergibt sich aus (2.2.8c) für die stückweise stetige und differenzierbare Funktion $v(t)$

$$\begin{aligned} v(t) &= v(-\infty) + \int_{-\infty}^{t} D\left[v_1(\tau)\right] d\tau + \sum_{\lambda=1}^{\ell} \Delta v(t_\lambda)\delta_{-1}(t-t_\lambda) \\ &= v(-\infty) + \int_{-\infty}^{+\infty} D\left[v_1(\tau)\right] \delta_{-1}(t-\tau) d\tau + \sum_{\lambda=1}^{\ell} \Delta v(t_\lambda)\delta_{-1}(t-t_\lambda), \end{aligned} \tag{2.2.9a}$$

ein Ergebnis, das wir auch durch Integration von (2.2.8b) erhalten.

Offensichtlich entfällt in (2.2.9a) das Glied $\Delta v(t_\lambda)\delta_{-1}(t-t_\lambda)$, wenn $v(t)$ bei $t = t_\lambda$ stetig ist, weil $\Delta v(t_\lambda)$ verschwindet. Ist $v(t)$ überall stetig, so kann weiterhin die besondere Kennzeichnung des stetigen Anteils als $v_1(t)$ entfallen. Es ist also dann $v(t) = v_1(t)$. Zusätzlich geht $D\left[v(\tau)\right]$ in $v'(\tau)$ über, falls $v(t)$ auch überall differenzierbar ist. Dann ist also

$$v(t) = v(-\infty) + \int_{-\infty}^{+\infty} v'(\tau)\delta_{-1}(t-\tau)d\tau. \tag{2.2.9b}$$

Aus (2.2.9a) gewinnen wir eine andere Darstellung unter Verwendung des Diracstoßes. Durch partielle Integration ergibt sich zunächst

$$\int_{-\infty}^{\infty} D_\tau\left[v_1(\tau)\right] \delta_{-1}(t-\tau)d\tau = v_1(\tau)\delta_{-1}(t-\tau)\Big|_{-\infty}^{+\infty} + \int_{-\infty}^{+\infty} v_1(\tau)\delta_0(t-\tau)d\tau.$$

Hier wurde $D_\tau\left[\delta_{-1}(t-\tau)\right] = -\delta_0(t-\tau)$ verwendet, der Sprung also in bezug auf die Integrationsvariable τ deriviert. Es ist

$$v_1(\tau)\delta_{-1}(t-\tau)\Big|_{-\infty}^{+\infty} = -v_1(-\infty).$$

Mit $v_1(-\infty) = v(-\infty)$ folgt dann

$$v(t) = \int_{-\infty}^{+\infty} v_1(\tau)\delta_0(t-\tau)d\tau + \sum_{\lambda=1}^{\ell} \Delta v(t_\lambda)\delta_{-1}(t-t_\lambda), \tag{2.2.10}$$

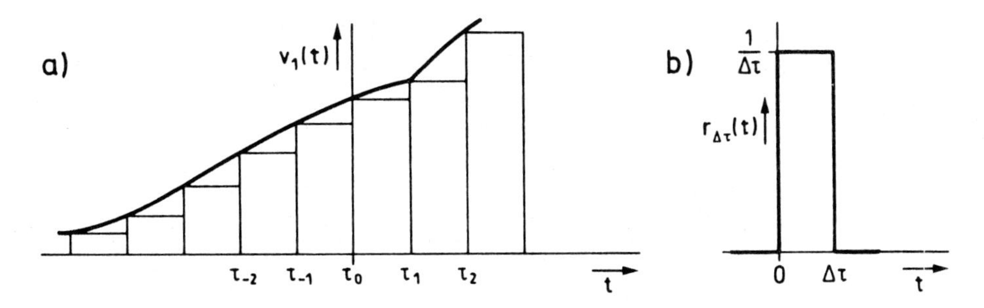

Bild 2.5: Zur approximativen Darstellung einer stetigen Funktion durch eine Summe von Rechteckfunktionen

bzw. die Aussage, daß sich eine stetige Funktion als Ergebnis der Faltung dieser Funktion mit einem Impuls angeben läßt (siehe Anhang 7.1).

Auch hier ist eine anschauliche Deutung möglich. Nach Bild 2.5a kann man eine stetige Funktion $v_1(t)$ näherungsweise durch eine Summe von Rechtecken darstellen. Es ist

$$v_1(t) \approx \sum_{\nu=-\infty}^{+\infty} v_1(\tau_\nu) r_{\Delta\tau}(t-\tau_\nu)\Delta\tau,$$

wobei $\tau_\nu = \nu\Delta\tau$ und $r_{\Delta\tau}(t)$ ein Rechteck der Breite $\Delta\tau$ und Höhe $1/\Delta\tau$ ist (siehe Bild 2.5b). Der Grenzübergang $\Delta\tau \to 0$ überführt dieses Rechteck in einen Diracstoß, und man erhält wie vorher

$$v_1(t) = \int_{-\infty}^{+\infty} v_1(\tau)\delta_0(t-\tau)d\tau. \qquad (2.2.11)$$

Bei der Betrachtung von Signalfolgen gehen wir ganz entsprechend vor. Wir führen zunächst geeignete Testfolgen ein (siehe Bild 2.6):

Impuls:
$$v(k) = \gamma_0(k) := \begin{cases} 1, & k = 0 \\ 0, & k \neq 0. \end{cases} \qquad (2.2.12)$$

Sprungfolge:
$$v(k) = \gamma_{-1}(k) := \begin{cases} 0, & k < 0 \\ 1, & k \geq 0. \end{cases} \qquad (2.2.13)$$

Offenbar ist

$$\gamma_{-1}(k) = \sum_{\kappa=-\infty}^{k} \gamma_0(\kappa) \qquad (2.2.14a)$$

und

$$\gamma_0(k) = \gamma_{-1}(k) - \gamma_{-1}(k-1). \qquad (2.2.14b)$$

Exponentialfolge:

$$v(k) = V \cdot z^k, \qquad \forall k \in \mathbb{Z} \tag{2.2.15}$$

mit der komplexen Amplitude $V = \hat{v}e^{j\varphi}$ sowie $z = e^{sT}$, wobei $sT = \sigma_n + j\Omega$ die normierte komplexe Frequenz ist.

Wie bei den oben betrachteten Funktionen sind in (2.2.15) als Spezialfälle die reelle Exponentialfolge

$$v(k) = v(0) \cdot \rho^k, \quad \forall k \in \mathbb{Z}, \rho = e^{\sigma_n} \tag{2.2.16}$$

und für $\sigma_n = 0$ die Kosinusfolge

$$v(k) = Re\left\{\hat{v}e^{j\varphi}e^{j\Omega k}\right\} = \hat{v}\cos(\Omega k + \varphi) \tag{2.2.17}$$

enthalten.

Wir machen hier zwei Anmerkungen:

a) Ist die Kosinusfolge durch Abtastung von $v_0(t) = \hat{v}\cos(\omega t + \varphi)$ in den Punkten $t = kT$ entstanden, so gilt

$$\Omega = \omega T. \tag{2.2.18}$$

b) Die Gleichung (2.2.17) beschreibt nur dann eine periodische Folge mit der Periode k_0, wenn $\Omega k_0 = k_1 \cdot 2\pi$ mit $k_1 \in \mathbb{N}$ ist. Es muß also

$$k_0 = k_1 \cdot \frac{2\pi}{\Omega} \in \mathbb{N} \tag{2.2.19}$$

und damit $2\pi/\Omega$ rational sein (siehe Bild 2.6d). Nur für $k_1 = 1$, d.h. mit $2\pi/\Omega \in \mathbb{N}$ entspricht die Periode der Folge der Periode der zugehörigen kontinuierlichen Kosinusfunktion in dem Sinne, daß $\omega T = \Omega = 2\pi/k_0$ ist.

Auch für die Testfolgen untersuchen wir, welchen Klassen sie angehören. Offensichtlich ist $\gamma_0(k) \in \ell_1, \ell_2$ aber $\gamma_{-1}(k) \notin \ell_1, \ell_2$. Weiterhin ist $\overline{\gamma_{-1}^2(k)} = 1/2$. Die Exponentialfolge gehört für $\sigma_n \neq 0$ bzw. $\rho \neq 1$ keiner der Klassen an. Für $\rho = 1$ ist wieder die mittlere Leistung angebbar. Man findet entsprechend (2.2.7)

$$\overline{\hat{v}^2\cos^2(\Omega k + \varphi)} = \begin{cases} \dfrac{\hat{v}^2}{2}, & \Omega \neq 0 \\ \hat{v}^2\cos^2\varphi, & \Omega = 0. \end{cases} \tag{2.2.20}$$

Von Interesse ist noch die Darstellung beliebiger Folgen durch die Summe von gegeneinander verschobenen Impulsen oder Sprüngen. Bild 2.7 erläutert, daß folgende Beziehungen gelten:

$$v(k) = \sum_{\kappa=-\infty}^{\infty} v(\kappa)\gamma_0(k-\kappa) \tag{2.2.21a}$$

sowie mit $\Delta v(k) = v(k) - v(k-1)$

$$v(k) = \sum_{\kappa=-\infty}^{k} \Delta v(\kappa) = \sum_{\kappa=-\infty}^{\infty} \Delta v(\kappa)\gamma_{-1}(k-\kappa). \tag{2.2.21b}$$

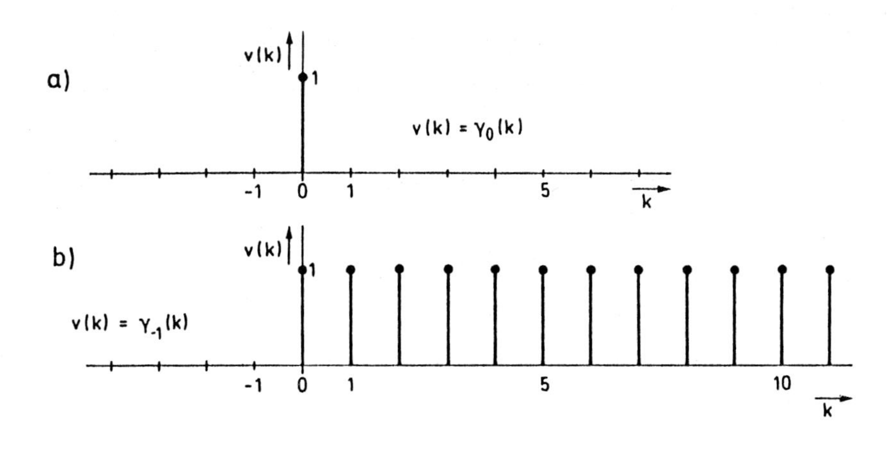

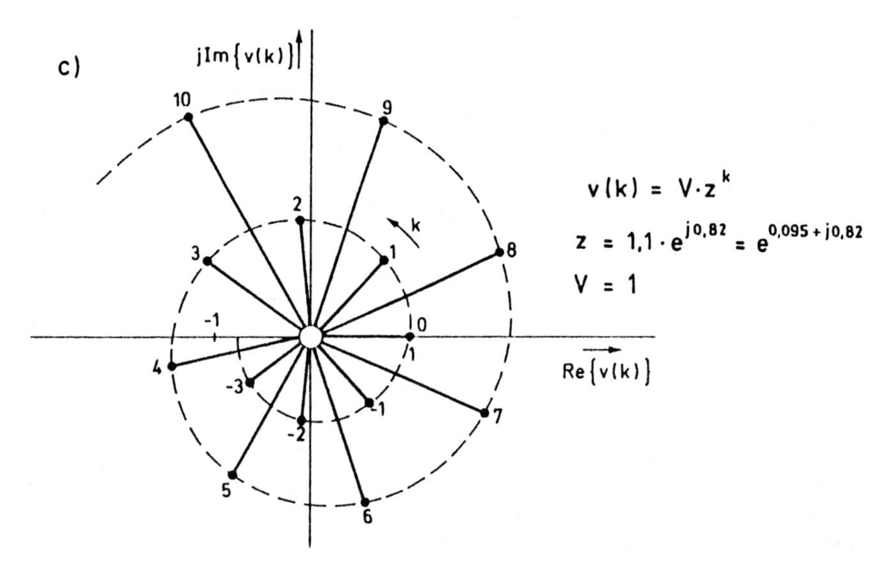

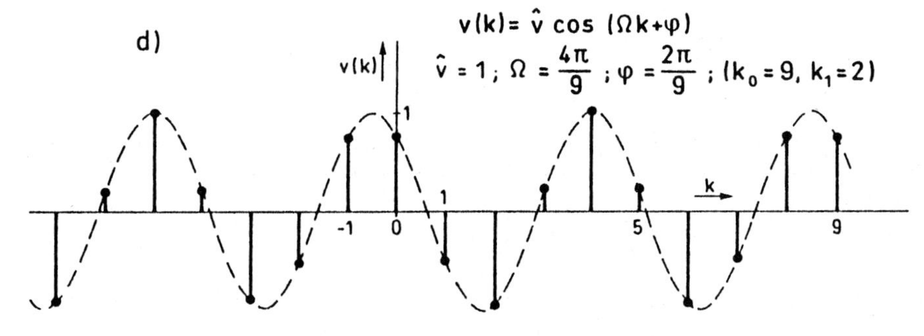

Bild 2.6: Testfolgen

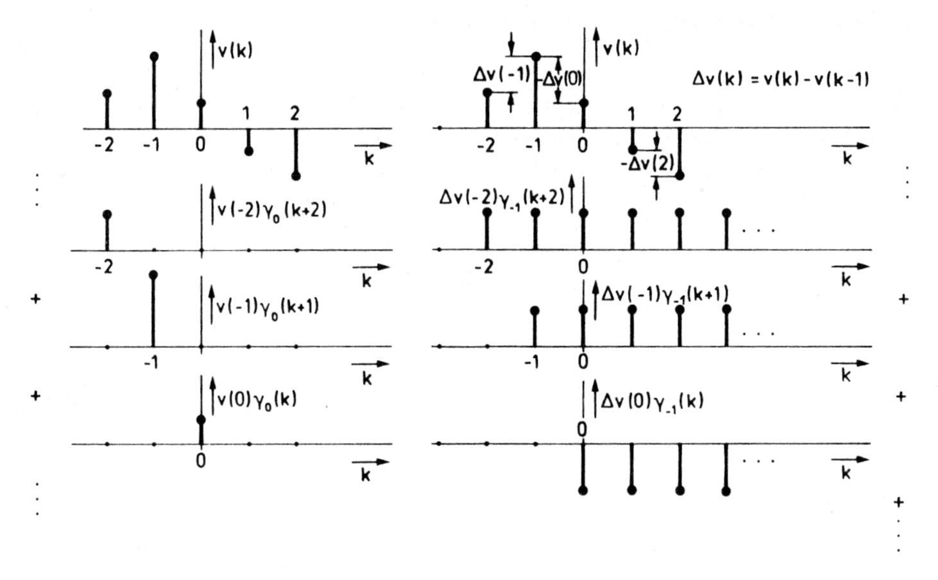

Bild 2.7: Zur Darstellung einer Folge $v(k)$ durch eine Summe von Impulsen oder Sprungfolgen

2.2.2 Betrachtung im Frequenzbereich

Schon in Band I haben wir gesehen, daß Funktionen nicht nur durch Angabe ihres Verlaufes in Abhängigkeit von der Zeit, sondern in vielen wichtigen Fällen auch mit Hilfe einer geeigneten Transformation in einem Bildbereich beschrieben werden können. Das galt zunächst für periodische Funktionen, die wir mit Hilfe der Fourierreihenentwicklung äquivalent durch i.a. unendlich viele komplexe Koeffizienten beschreiben konnten, die sich wiederum als Folge in Abhängigkeit von der Frequenz deuten lassen. Weiterhin haben wir unter sehr allgemeinen Voraussetzungen für eine bei $t = 0$ einsetzende Zeitfunktion mit der Laplace-Transformierten eine Funktion der komplexen Frequenzvariablen s zur Beschreibung im Bildbereich eingeführt. Diese Überlegungen greifen wir hier erneut auf, wobei wir unter Verwendung der *Fouriertransformation* eine weitgehend äquivalente Beschreibung der betrachteten Funktionen und Folgen im Frequenzbereich anstreben. Eine z.T. tabellarische Zusammenstellung der benötigten Beziehungen findet sich in Abschnitt 7.5 von Band I bzw. im Anhang 7.2. Für eine eingehende Behandlung muß auf die dort zitierte mathematische Literatur verwiesen werden. Wir beginnen mit einer genaueren Untersuchung periodischer Funktionen, der sich die spektrale Darstellung von periodischen Folgen sowie allgemeiner Funktionen und Folgen anschließen wird.

2.2.2.1 Periodische Funktionen, Fourierreihen

Wir knüpfen hier an die Darstellung in Abschnitt 7.5 von Band I an und zitieren zunächst die dort dargestellten Zusammenhänge. Betrachtet wird eine periodische Funktion $v(t)$, die reell- oder komplexwertig sein kann. Die Periode sei τ, es gelte also

$$v(t) = v(t+\tau), \qquad \forall t.$$

Wir nehmen an, daß $|v(t)|$ und $|v(t)|^2$ über eine Periode integrabel sind. Dieser Funktion wird mit

$$c_\nu = \frac{1}{\tau}\int_{t_0}^{t_0+\tau} v(t)e^{-j\nu\omega_0 t}dt, \quad \nu \in \mathbb{Z}, \quad \omega_0 = 2\pi/\tau \tag{2.2.22a}$$

eine Wertefolge zugeordnet. Diese c_ν sind die Koeffizienten der Fourierreihe

$$g(t) = \sum_{\nu=-\infty}^{+\infty} c_\nu e^{j\nu\omega_0 t}, \tag{2.2.22b}$$

die mit $v(t)$ insofern übereinstimmt, als

$$\varepsilon = \int_{t_0}^{t_0+\tau} |v(t) - g(t)|^2 dt = 0 \tag{2.2.22c}$$

gilt. Diese Formulierung impliziert, daß $v(t)$ nicht für alle Werte von t mit $g(t)$ übereinstimmen muß. Wir werden erläutern, daß punktuelle Abweichungen insbesondere dann auftreten, wenn $v(t)$ unstetig ist, ohne daß davon der Wert des Integrals (2.2.22c) beeinflußt wird. In diesem Sinne haben wir die Darstellung der periodischen Funktion $v(t)$ durch eine unendliche Summe von zueinander harmonischen komplexen Schwingungen erhalten, die ihrerseits durch ihre komplexen Amplituden, die Koeffizienten c_ν, beschrieben werden. Der Zeitfunktion $v(t)$ wird so im Frequenzbereich die Folge der c_ν zugeordnet, die als Linienspektrum mit Werten bei den Frequenzen $\nu\omega_0$ aufgefaßt werden kann. Wir beschreiben die Beziehung zwischen der Zeitfunktion $v(t)$ und der Folge der c_ν abgekürzt mit $v(t) \circ\!\!-\!\!\bullet \{c_\nu\}$.

Es gelten weiterhin die Besselsche Ungleichung

$$\frac{1}{\tau}\int_{t_0}^{t_0+\tau} |v(t)|^2 dt \geq \sum_{\nu=-n}^{+n} |c_\nu|^2, \quad n \in \mathbb{N}_0, \tag{2.2.23a}$$

die Bedingung

$$\lim_{\nu\to\infty} |c_\nu| = 0 \tag{2.2.23b}$$

und die Parsevalsche Gleichung

$$\frac{1}{\tau}\int_{t_0}^{t_0+\tau}|v(t)|^2dt = \sum_{\nu=-\infty}^{+\infty}|c_\nu|^2, \tag{2.2.23c}$$

die wir mit (2.1.3) und (2.1.6b) auch in der Form

$$\overline{|v(t)|^2} = \left\|c_\nu\right\|_2^2$$

schreiben können.

Wir ergänzen diese Aussagen durch einige zusätzliche Betrachtungen und Beispiele. Für eine Deutung der Parselvalschen Gleichung gehen wir von einer reellwertigen periodischen Funktion $v(t)$ aus. Aus (2.2.22a) folgt zunächst $c_{-\nu} = c_\nu^*$. Mit $c_\nu = |c_\nu|e^{j\varphi_\nu}$ erhalten wir

$$g(t) = c_0 + 2\cdot\sum_{\nu=1}^{\infty}|c_\nu|\cos(\nu\omega_0 t + \varphi_\nu) \tag{2.2.24}$$

und aus der Parsevalschen Gleichung

$$\frac{1}{\tau}\int_{t_0}^{t_0+\tau}v^2(t)dt = V_{\text{eff}}^2 = \sum_{\nu=-\infty}^{+\infty}|c_\nu|^2 = c_0^2 + 2\sum_{\nu=1}^{\infty}|c_\nu|^2. \tag{2.2.25}$$

Hier ist V_{eff}^2 das Quadrat des Effektivwertes der periodischen Funktion $v(t)$ und $2|c_\nu|^2$ das Quadrat des Effektivwertes des sinusförmigen Summanden in (2.2.24) der Frequenz $\nu\omega_0$ mit dem Scheitelwert $2|c_\nu|$ (siehe Abschnitt 3.3.1.2 in Band I). Die Parsevalsche Gleichung besagt also, daß das Quadrat des Effektivwertes einer reellen periodischen Funktion gleich der Summe der Quadrate der Effektivwerte der Teilschwingungen ist.

In der Tabelle 7.4 in Band I sind die Fourierreihenentwicklungen einiger periodischer Zeitfunktionen angegeben. Hier seien zwei von ihnen etwas näher betrachtet. Zunächst behandeln wir die in Bild 2.8a–c dargestellten periodischen Folgen von Rechteckimpulsen der Breite $2t_1$ mit den unterschiedlichen Perioden τ_λ, $\lambda = 1, 2, 3$. Es ist

$$\begin{aligned} c_{\nu 1}^{(\lambda)} &= \frac{1}{\tau_\lambda}\cdot\int_{-t_1}^{t_1} a\cdot e^{-j\nu\omega_{0\lambda}t}dt; \quad \omega_{0\lambda} = \frac{2\pi}{\tau_\lambda} \\ &= a\frac{2t_1}{\tau_\lambda}\frac{\sin\nu\omega_{0\lambda}t_1}{\nu\omega_{0\lambda}t_1}, \qquad \nu\in\mathbb{Z}. \end{aligned} \tag{2.2.26a}$$

In Bild 2.8d ist die Folge der $c_{\nu 1}^{(\lambda)}/c_{01}^{(\lambda)}$, das normierte Linienspektrum für positive Werte von ν dargestellt, wobei $\tau_1 = 2\tau_2 = 4\tau_3$ gewählt wurde. Bei dieser Normierung ist die Funktion $\sin\omega t_1/\omega t_1$ Einhüllende der Koeffizientenfolgen für die verschiedenen τ_λ. Ihre erste Nullstelle liegt bei $\omega = \pi/t_1$.

Für die in Bild 2.9 gezeigte periodische Folge von Dreieckimpulsen erhalten wir

$$c_{\nu 2} = a\frac{t_1}{\tau}\cdot\left[\frac{\sin\nu\omega_0 t_1/2}{\nu\omega_0 t_1/2}\right]^2. \tag{2.2.26b}$$

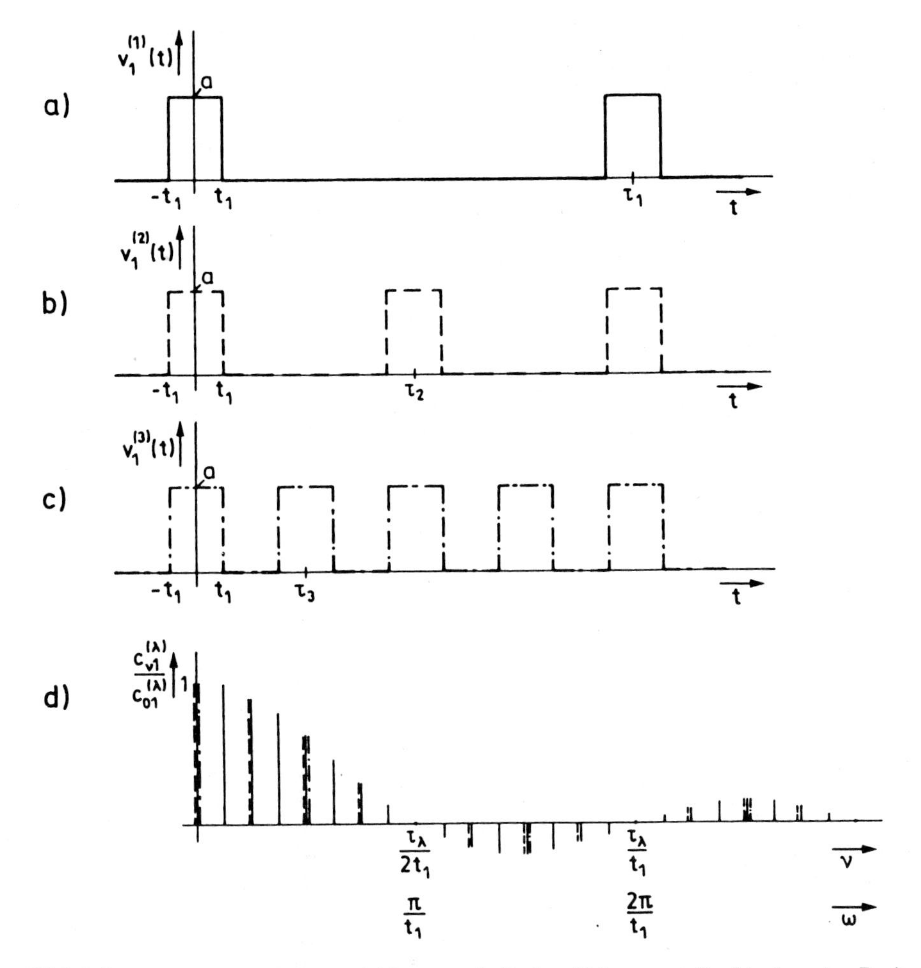

Bild 2.8: Zur Fourierreihenentwicklung periodischer Folgen von Rechtecken der Breite $2t_1$. Die Stricharten für die Darstellung der $c_{\nu 1}^{(\lambda)}/c_{01}^{(\lambda)}$ entsprechen denen für die $v_1^{(\lambda)}(t)$.

Auch hier wurde die normierte Folge der Koeffizienten in Abhängigkeit von ν dargestellt. Die erste Nullstelle der Einhüllenden liegt jetzt bei $\omega = 2\pi/t_1$. Zur Illustration der Besselschen Ungleichung sind in Bild 2.10 für beide Beispiele die normierten Partialsummen der Betragsquadrate der Koeffizienten aufgezeichnet, wobei $2t_1/\tau = 1/8$ gewählt wurde. Bei der periodischen Folge von dreieckförmigen Impulsen enthalten die ersten 8 Teilschwingungen bereits 96 % der Gesamtleistung, ein Wert, der bei der periodischen Rechteckfolge erst mit etwa 20 Teilschwingungen erreicht wird.

Die hier beobachteten Unterschiede haben ihre Ursache in den verschiedenen Stetigkeitseigenschaften der beiden betrachteten Funktionen, die zu verschiedenen Konvergenzgeschwindigkeiten der Reihenentwicklungen führen. Im Abschnitt 7.5 von Band I wurde aus dem Differentiationssatz für Fourierreihen hergeleitet, daß bei einer periodischen Funktion $v(t)$, die m Ableitungen besitzt, von denen die ersten $m-1$ stetig sind und die m-te absolut integrabel ist, die Folge der Beträge $|c_\nu|$ ihrer Fourierkoeffizien-

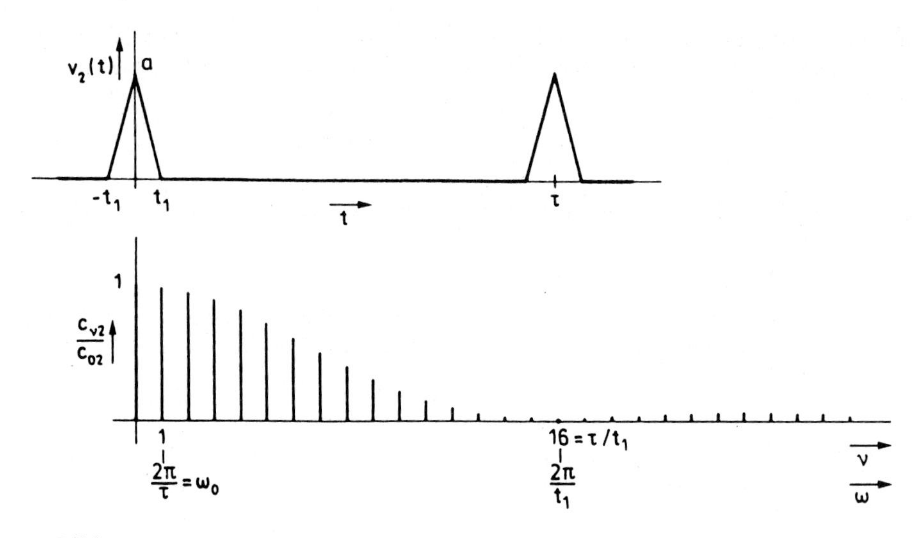

Bild 2.9: Zur Fourierreihenentwicklung einer periodischen Folge von Dreiecken

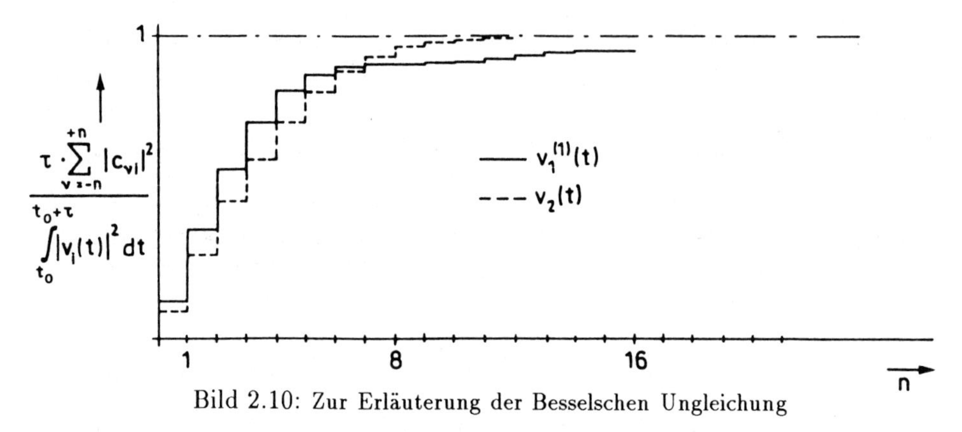

Bild 2.10: Zur Erläuterung der Besselschen Ungleichung

ten durch eine Folge $K \cdot |\nu|^{-(m+1)}$ mit geeignet gewählter reeller Konstanten $K > 0$ majorisiert wird. Speziell ist

bei einer unstetigen Funktion ($m = 0$) : $\quad |c_\nu| < \frac{K}{|\nu|}$,
(Beispiel Bild 2.8, Gl. (2.2.26a))

bei einer stetigen Funktion mit Knickstellen ($m = 1$): $\quad |c_\nu| < \frac{K}{|\nu|^2}$,
(Beispiel Bild 2.9, Gl. (2.2.26b))

bei einer überall einmal differenzierbaren Funktion ($m = 2$): $\quad |c_\nu| < \frac{K}{|\nu|^3}$.

Wir haben bereits darauf hingewiesen, daß die Gültigkeit der Gleichung (2.2.22c) nicht die Übereinstimmung von $v(t)$ und $g(t)$ in allen Punkten bedeuten muß. Diese Einschränkung sei noch etwas genauer behandelt. Wird eine periodische Funktion $v(t)$ durch die Teilsumme

$$g_n(t) = \sum_{\nu=-n}^{+n} c_\nu e^{j\nu\omega_0 t}, \quad n \in \mathbb{N}_0$$

mit den nach (2.2.22a) bestimmten Koeffizienten c_ν approximiert, so gilt die folgende Aussage:

a) Ist $v(t)$ stetig, so konvergiert die Fourierreihe gleichmäßig innerhalb der Periode, d.h. zu jedem $\varepsilon > 0$ existiert eine Zahl N, so daß für $n > N$ im Intervall $t \in [t_0, t_0 + \tau]$ gilt
$$|v(t) - g_n(t)| \leq \varepsilon.$$

b) Ist $v(t)$ in einem Punkt t_1 unstetig, so konvergiert die Fourierreihe nicht gleichmäßig. Im Punkt t_1 liefert sie den Wert
$$\frac{1}{2}\left[v(t_1 - 0) + v(t_1 + 0)\right],$$
also den Mittelwert der beiden Grenzwerte bei Annäherung an die Unstetigkeitsstelle von links und rechts.

Zur Erläuterung untersuchen wir die n-te Teilsumme. Mit (2.2.22a) erhalten wir

$$\begin{aligned} g_n(t) &= \sum_{\nu=-n}^{+n} \left[\frac{1}{\tau}\int_{t_0}^{t_0+\tau} v(\eta)e^{-j\nu\omega_0\eta}d\eta\right] e^{j\nu\omega_0 t} = \frac{1}{\tau}\int_{t_0}^{t_0+\tau} v(\eta)\cdot\sum_{\nu=-n}^{+n} e^{j\nu\omega_0(t-\eta)}d\eta \\ &= \frac{1}{\tau}\int_{t_0}^{t_0+\tau} v(\eta)\cdot\frac{\sin[(2n+1)\omega_0(t-\eta)/2]}{\sin[\omega_0(t-\eta)/2]}d\eta =: \frac{1}{\tau}\int_{t_0}^{t_0+\tau} v(\eta)u_n\left[\omega_0(t-\eta)\right]d\eta, \end{aligned} \tag{2.2.27a}$$

wobei

$$u_n(\omega_0 t) = \frac{\sin(2n+1)\omega_0 t/2}{\sin(\omega_0 t/2)} \tag{2.2.27b}$$

ist. Bild 2.11a zeigt den Verlauf dieser periodischen Funktion in Abhängigkeit von $\omega_0 t$. Unabhängig von n gilt

$$\int_{-\tau/2}^{+\tau/2} u_n(\omega_0 t)dt = \tau. \tag{2.2.28}$$

Für $n \to \infty$ geht $u_n(\omega_0 t)$ in eine periodische Folge von Diracstößen über, die als Impulskamm bezeichnet wird. Es gilt

$$u_n(\omega_0 t) \to \tau\, p(t)$$

mit

$$p(t) = \sum_{k=-\infty}^{+\infty} \delta_0(t - k\tau).$$

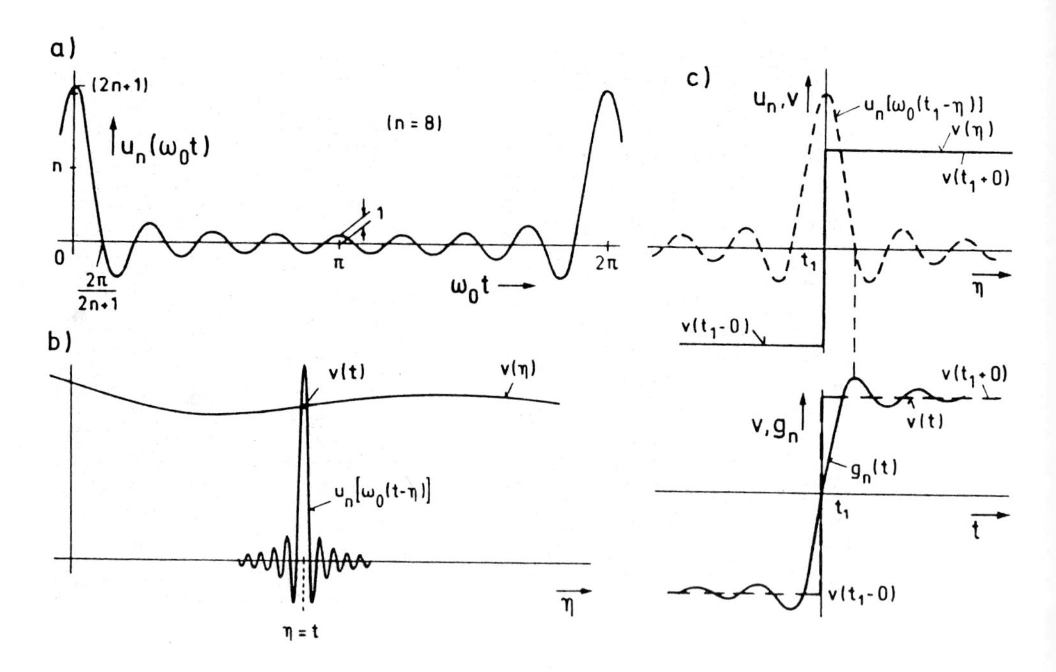

Bild 2.11: Zur Erläuterung des Konvergenzverhaltens einer Fourierreihe

Wir werden im nächsten Abschnitt auf diese Distribution zurückkommen.

Das Teilbild 2.11b erläutert den Einfluß der Gewichtsfunktion $u_n(\omega_0 t)$ in (2.2.27a) an einer Stetigkeitsstelle von $v(t)$. Für $n \to \infty$ wird nur der Wert $\tau \cdot v(t)$ "aus dem Integral herausgehoben". Bild 2.11c zeigt das Beispiel einer bei $t = t_1$ unstetigen, sonst aber stückweise konstanten Funktion. Rechts und links von t_1 wird unter dem Integral mit verschiedenen Werten multipliziert: Der "rechte" Teil liefert den Wert $v(t_1 + 0)/2$, der "linke" Teil dagegen $v(t_1 - 0)/2$, so daß sich an der Sprungstelle der oben angegebene Mittelwert ergibt. Die Extremwerte von $g_n(t)$ treten rechts und links von der Unstetigkeitsstelle bei

$$\omega_0(t - t_1) = \pm\lambda \cdot \frac{2\pi}{2n+1}, \qquad \lambda = 1(1)2n$$

auf. Für wachsende Werte von n gehen die beiden ersten (für $\lambda = 1$) näherungsweise gegen die Werte

$$v(t_1 \pm 0) \pm 0,09\,[v(t_1 + 0) - v(t_1 - 0)]\,.$$

Wir bekommen ein etwa 9%-iges "Überschwingen" in der Umgebung der Sprungstelle, das mit wachsendem n zwar näher an die Unstetigkeitsstelle herangeschoben wird, aber nicht kleiner wird. Man nennt diese Erscheinung das *GIBBSsche Phänomen*. Ein meßtechnisch gewonnenes Beispiel zeigt Bild 2.12. Dort sind die Partialsummen $g_n(t)$ für 3 Werte von n sowohl für die (unstetige) Rechteck- wie für die (stetige) Dreieckfunktion dargestellt.

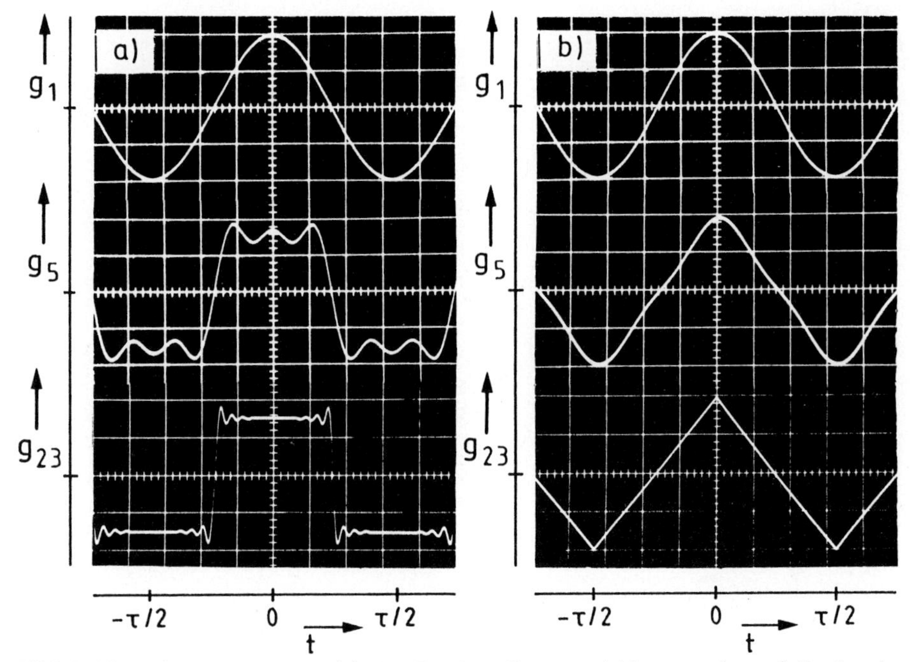

Bild 2.12: Partialsummen $g_n(t)$ der Fourierreihenentwicklungen einer a) Rechteckfunktion, b) Dreieckfunktion; $n = 1$, 5 und 23

2.2.2.2 Periodische Folgen, Diskrete Fouriertransformation

Wir kommen zur Bestimmung des Spektrums einer periodischen Folge. Sie könnte dadurch entstanden sein, daß man einer periodischen Funktion pro Periode M Werte entnommen hat, z.B. um damit das Integral (2.2.22a) für die Fourierkoeffizienten näherungsweise zu berechnen. Zweckmäßiger ist es, sich zunächst von dieser Bindung zu lösen und das Problem neu zu formulieren:

Gegeben sei eine in k periodische Folge $\tilde{v}(k)$ mit der Periode M, für die also $\tilde{v}(k) = \tilde{v}(k + M)$ gilt. Die Werte $\tilde{v}(k)$ seien beschränkt. $\tilde{v}(k)$ soll durch eine Folge

$$\tilde{g}_m(k) = \sum_{\nu=0}^{m} \tilde{c}_\nu e^{j\nu k 2\pi/M}$$

derart angenähert werden, daß

$$\varepsilon_m = \sum_{k=0}^{M-1} |\tilde{v}(k) - \tilde{g}_m(k)|^2$$

minimal wird. Da $e^{j(\nu+rM)k2\pi/M} = e^{j\nu k2\pi/M}$ mit $r \in \mathbb{Z}$ ist, gilt sicher

$m \leq M - 1$. Der Fehler wird Null, wenn

$$\tilde{c}_\nu = \frac{1}{M} \sum_{k=0}^{M-1} \tilde{v}(k) e^{-j\nu k 2\pi/M}, \quad \nu = 0(1)M-1 \tag{2.2.29a}$$

gewählt wird. Für die Herleitung wird z.B. auf [2.1] und [2.2] verwiesen. Mit (2.2.29a) werden den M Werten $\tilde{v}(k)$ genau M Werte $\tilde{c}_\nu$ umkehrbar eindeutig zugeordnet. Es gilt

$$\tilde{v}(k) = \sum_{\nu=0}^{M-1} \tilde{c}_\nu e^{j\nu k 2\pi/M}. \tag{2.2.29b}$$

Um die Beziehungen zur Fourierreihenentwicklung einer periodischen Funktion $v_0(t)$ zu zeigen, nehmen wir jetzt an, daß die $\tilde{v}(k)$ durch Abtastung von $v_0(t)$ in den Punkten $t = k\tau/M$ entstanden sind. Der Vergleich der Beziehung (2.2.29a) für die $\tilde{c}_\nu$ mit dem Integral (2.2.22a) zur Berechnung der c_ν zeigt zunächst, daß die Auswertung des Integrals mit Hilfe der Rechteckregel auf (2.2.29a) führt. Andererseits muß ein Zusammenhang bestehen zwischen den i.a. unendlich vielen Koeffizienten c_ν der Fourierreihenentwicklung von $v_0(t)$ und den M Werten $\tilde{c}_\nu$. Mit

$$v_0(t) = \sum_{\nu=-\infty}^{+\infty} c_\nu e^{j\nu\omega_0 t} \quad \text{und} \quad \tilde{v}(k) = v_0(t = k\tau/M) = \sum_{\nu=-\infty}^{+\infty} c_\nu e^{j\nu k 2\pi/M}$$

erhält man aus (2.2.29a) den *Überlagerungssatz der Diskreten Fouriertransformation*:

$$\tilde{c}_\nu = \sum_{r=-\infty}^{+\infty} c_{\nu+rM} = \tilde{c}_{\nu+\lambda M}; \quad \lambda, \nu \in \mathbb{Z}. \tag{2.2.30}$$

Hieraus können wir auch entnehmen, unter welchen Bedingungen und in welchem Sinne die $\tilde{c}_\nu$ mit den c_ν übereinstimmen. Dazu ist offenbar zunächst eine spektrale Begrenzung der periodischen Funktion $v_0(t)$ nötig. Es muß also

$$c_\nu = 0, \quad \forall |\nu| > n \tag{2.2.31a}$$

gelten. Wählt man weiterhin

$$M \geq 2n + 1, \tag{2.2.31b}$$

so gilt

$$\tilde{c}_\nu = \begin{cases} c_\nu, & \nu = 0(1)\,[M/2] \\ c_{\nu-M}, & \nu = ([M/2]+1)\,(1)(M-1). \end{cases} \tag{2.2.31c}$$

Hier bezeichnet $[M/2]$ die größte ganze Zahl $\leq M/2$.

Wir erläutern diese Aussage durch zwei Beispiele. In Bild 2.13 gehen wir wieder von der periodischen Folge von Rechteckimpulsen aus, die nach (2.2.26a) auf die Koeffizienten

$$c_\nu = \frac{2t_1}{\tau} \cdot \frac{\sin \nu\pi 2t_1/\tau}{\nu\pi 2t_1/\tau}$$

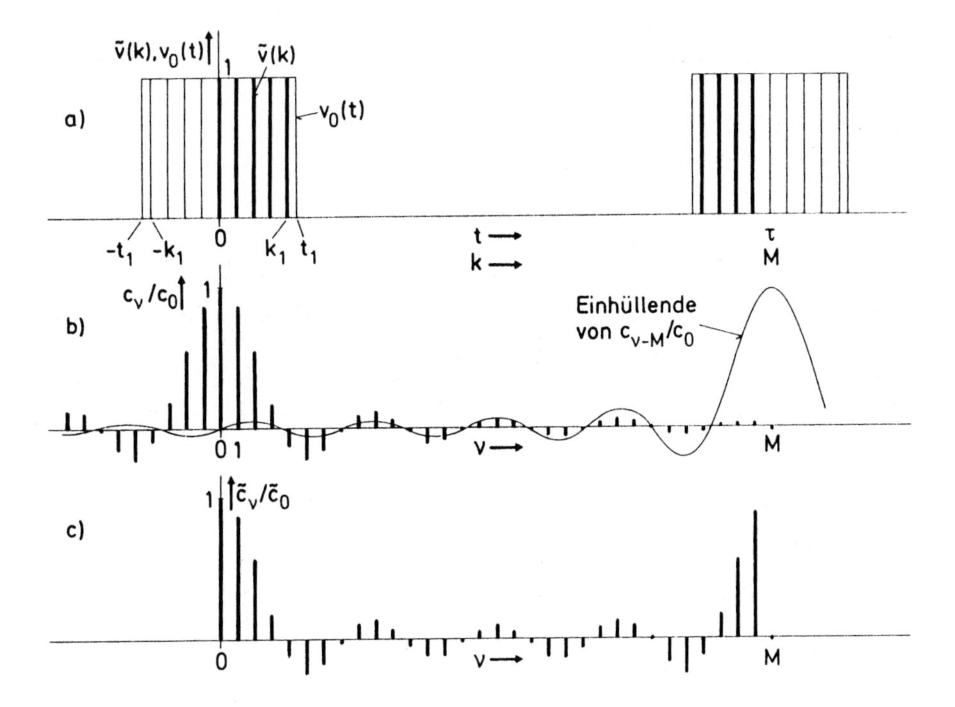

Bild 2.13: Zur Erläuterung des Überlagerungssatzes der DFT im Falle einer spektral nicht begrenzten periodischen Funktion. Gewählt wurde $2t_1/\tau \approx (2k_1+1)/M = 9/32$

führt. Für die zugehörige periodische Folge

$$\tilde{v}(k) = \begin{cases} 1, & k = 0(1)k_1, \quad k = (M-k_1)(1)(M-1) \\ 0, & k = (k_1+1)(1)(M-k_1-1) \end{cases}$$

erhält man mit (2.2.29a)

$$\tilde{c}_\nu = \frac{1}{M} \cdot \frac{\sin \nu\pi(2k_1+1)/M}{\sin \nu\pi/M}.$$

Bild 2.13a zeigt $v_0(t)$ und $\tilde{v}(k)$, das Teilbild b die zu $v_0(t)$ gehörende Folge der c_ν sowie die Einhüllende von $c_{\nu-M}$, jeweils in normierter Darstellung. In Bild 2.13c ist $\tilde{c}_\nu/\tilde{c}_0$ dargestellt. Wir bemerken, daß für alle Werte von t_1 im Intervall $(k_1\,\tau/M, (k_1+1)\,\tau/M)$ sich stets dieselbe Folge $\tilde{c}_\nu$ aus jeweils anderen Koeffizienten c_ν ergibt.

Der Darstellung in Bild 2.14 liegt die Approximation einer Rechteckfunktion durch

$$v_0(t) = \sum_{\nu=-7}^{+7} c_\nu e^{j\nu\pi 2t/\tau}$$

zugrunde. Es wurde $2t_1/\tau = 0,5$ und $M = 16$ gewählt. Hier gilt

$$\tilde{c}_\nu = \begin{cases} c_\nu & \nu = 0(1)7 \\ 0 & \nu = 8 \\ c_{\nu-16} & \nu = 9(1)15 \end{cases}$$

Dieses Beispiel illustriert die Aussage (2.2.31).

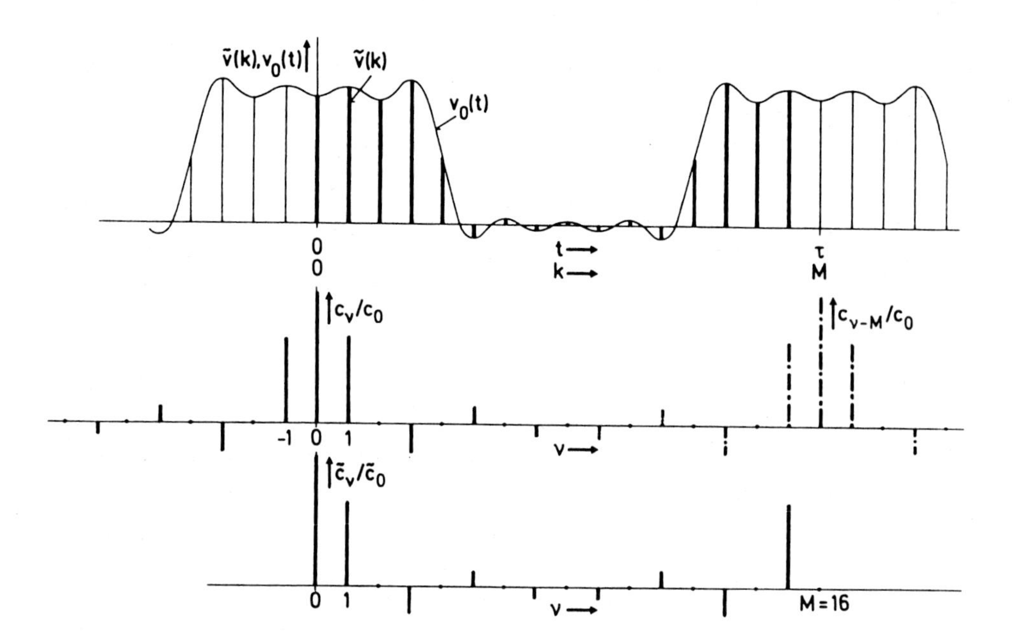

Bild 2.14: Zur Erläuterung des Überlagerungssatzes der DFT im Falle einer spektral begrenzten periodischen Funktion. Es ist $c_\nu = 0, |\nu| > 7$. Gewählt wurde M = 16

In Anlehnung an die beschriebene Transformation periodischer Folgen und das damit zusammenhängende numerische Verfahren zur Fourierreihenentwicklung einer periodischen Funktion kann man nun die Diskrete Fouriertransformation (DFT) als eine eigenständige Operation auch für Folgen endlicher Länge definieren. Dazu gehen wir von einer Folge $v(k)$ der Länge M mit $k = 0(1)M-1$ aus. Die DFT dieser Folge und deren Eigenschaften werden unter Bezug auf die Transformation der periodischen Folge $\tilde{v}(k)$ definiert, die sich aus $v(k)$ mit

$$\tilde{v}(k) = v(k_{\mathrm{modM}})$$

bzw.

$$\begin{aligned} \tilde{v}(k) &= v(k), \quad k = 0(1)M-1 \\ \tilde{v}(k+rM) &= \tilde{v}(k), \quad r \in \mathbb{Z} \end{aligned} \tag{2.2.32a}$$

als periodische Fortsetzung ergibt. Umgekehrt ist

$$v(k) = \tilde{v}(k) \cdot R_M(k) \tag{2.2.32b}$$

mit dem rechteckförmigen Fenster der Länge M

$$R_M(k) = \begin{cases} 1, & k = 0(1)M-1 \\ 0, & \text{sonst.} \end{cases}$$

Die Diskrete Fouriertransformation wird jetzt als

$$V(\mu) := \sum_{k=0}^{M-1} v(k) \cdot w_M^{\mu k} = \text{DFT}\{v(k)\}, \quad \mu = 0(1)M-1 \tag{2.2.33a}$$

definiert mit der Abkürzung

$$w_M := e^{-j2\pi/M}. \tag{2.2.34}$$

Damit folgt aus (2.2.33a) $V(\mu + rM) = V(\mu)$. Die Folge $V(\mu)$ ist also in μ periodisch mit der Periode M. Wir können das betonen, indem wir entsprechend (2.2.32) mit

$$\begin{aligned} \tilde{V}(\mu) &= V(\mu), \quad \mu = 0(1)M-1, \\ \tilde{V}(\mu + rM) &= \tilde{V}(\mu), \quad r \in \mathbb{Z} \end{aligned} \tag{2.2.35a}$$

die periodische Fortsetzung der zunächst nur für $\mu = 0(1)M-1$ definierten Folge $V(\mu)$ gesondert bezeichnen. Dann ist

$$V(\mu) = \tilde{V}(\mu) \cdot R_M(\mu). \tag{2.2.35b}$$

Die Transformation ist umkehrbar eindeutig. Es ist

$$v(k) = \frac{1}{M} \sum_{\mu=0}^{M-1} V(\mu) w_M^{-\mu k} = \text{DFT}^{-1}\{V(\mu)\}, \quad k = 0(1)M-1. \tag{2.2.33b}$$

Bei der DFT hat die Parsevalsche Gleichung die Form

$$\sum_{k=0}^{M-1} |v(k)|^2 = \frac{1}{M} \sum_{\mu=0}^{M-1} |V(\mu)|^2. \tag{2.2.33c}$$

Weitere Regeln für die Diskrete Fouriertransformation ergeben sich aus dem mit (2.2.32) beschriebenen Bezug auf periodische Folgen. Dazu wird auf die Literatur verwiesen (z.B. [2.2]).

Im Gegensatz zu anderen Transformationsverfahren wird die DFT in der Regel nicht nur auf Folgen angewendet, die in geschlossener Form angebbar und transformierbar sind. Sie hat vielmehr deshalb große Bedeutung erlangt, weil sie für beliebige Folgen mit vertretbarem numerischen Aufwand durchführbar ist. Die unmittelbare Ausführung der durch (2.2.33a,b) beschriebenen Operationen würde u.a. M^2 komplexe Multiplikationen erfordern. Diese Zahl läßt sich mit geeigneten Algorithmen auf ld $M \cdot M/2$ reduzieren (z.B. [2.3]). Die Behandlung dieser Verfahren geht über den Rahmen dieses Buches hinaus.

2.2.2.3 Spektren von Funktionen, Fouriertransformation

1. Einführung

Wir behandeln zunächst absolut integrable Funktionen $v(t)$, setzen also $v(t) \in L_1$ voraus. Dabei kann $v(t)$ komplexwertig sein. Die praktisch interessierenden Funktionen erfüllen sicher die zusätzlich nötige Voraussetzung, daß sie in jedem endlichen Intervall nur eine endliche Bogenlänge haben dürfen, d.h. von beschränkter Variation sind. Ihnen ordnen wir mit dem Fourierintegral

$$\mathcal{F}\{v(t)\} = \int_{-\infty}^{+\infty} v(t)e^{-j\omega t}dt =: V(j\omega) \tag{2.2.36a}$$

eine Funktion der Frequenzvariablen ω zu (z.B. [2.4]-[2.7]). Unter Bedingungen, die wir noch genauer angeben werden, gilt die Umkehrformel

$$v(t) = \frac{1}{2\pi} \cdot \int_{-\infty}^{+\infty} V(j\omega)e^{j\omega t}d\omega = \mathcal{F}^{-1}\{V(j\omega)\}. \tag{2.2.36b}$$

In (2.2.36b) wird $v(t)$ als Überlagerung von komplexen Schwingungen der Form $e^{j\omega t}$ dargestellt, die mit den infinitesimalen Amplituden $V(j\omega)d\omega$ auftreten, wenn man von dem gemeinsamen Faktor $1/2\pi$ absieht. Entsprechend nennt man $V(j\omega)$ die Spektraldichte oder kurz das *Spektrum* der Funktion $v(t)$.

Für die durch (2.2.36) beschriebene Zuordnung von Zeitfunktion $v(t)$ und Spektrum $V(j\omega)$ verwenden wir wieder die Darstellung

$$v(t) \circ\!\!-\!\!\!-\!\!\bullet\; V(j\omega).$$

Die vorausgesetzte Integrabilität von $|v(t)|$ ist hinreichend für die Existenz des Integrals (2.2.36a). Sie schließt allerdings die Behandlung wichtiger Testfunktionen wie $\delta_{-1}(t)$ oder $e^{j\omega_0 t}$ aus, auf die wir weiter unten gesondert eingehen.

Die mit (2.2.36a) bestimmte Fouriertransformierte $V(j\omega)$ ist unter den für $v(t)$ gemachten Voraussetzungen gleichmäßig stetig und beschränkt[1]. Weiterhin gilt zwar $V(j\omega) \to 0$ für $\omega \to \pm\infty$, nicht aber, daß stets auch $|V(j\omega)|$ integrabel ist. Daher ist an Stelle von (2.2.36b) genauer

$$v(t) = \lim_{\Omega\to\infty} \frac{1}{2\pi} \cdot \int_{-\Omega}^{+\Omega} V(j\omega)e^{j\omega t}d\omega \tag{2.2.36c}$$

[1] Eine Funktion ist *gleichmäßig stetig* in einem Intervall D, wenn es zu jedem $\varepsilon > 0$ ein $\delta(\varepsilon) > 0$ gibt derart, daß $|f(x) - f(\xi)| < \varepsilon$ für $|x - \xi| < \delta(\varepsilon)$ ist, wobei δ nicht von x abhängt. Gegenbeispiel: $f(x) = e^x$ ist nicht gleichmäßig stetig für $x \in \mathbb{R}$.

zu schreiben. Hier wurde zusätzlich angenommen, daß die Zeitfunktion im Punkte t stetig ist. Liegt dagegen bei $t = t_1$ eine Unstetigkeit vor und bezeichnen $v(t_1+0)$ und $v(t_1-0)$ die Grenzwerte von $v(t)$ von rechts und links, so liefert (2.2.36c) für $t = t_1$ den Wert $[v(t_1+0)+v(t_1-0)]/2$. Dies entspricht dem im letzten Abschnitt diskutierten Ergebnis für die Fourierreihenentwicklung unstetiger periodischer Funktionen. Im 6. Kapitel werden wir in einem anderen Zusammenhang zeigen, daß auch das Gibbssche Phänomen an einer Unstetigkeitsstelle zu beobachten ist, wenn man die Funktion mit (2.2.36c) darstellt.

Wir schließen einige Ergänzungen und Beispiele an:

An den beiden Beziehungen (2.2.36a) und (2.2.36c) ist bemerkenswert, daß sie sich durch die Art des Grenzüberganges unterscheiden. Das Fourierintegral (2.2.36a) ist als $\lim\limits_{t_1,t_2\to\infty} \int\limits_{-t_1}^{t_2}$ aufzufassen, wobei wegen der vorausgesetzten Integrabilität von $|v(t)|$ die Grenzen t_1 und t_2 unabhängig voneinander gegen ∞ gehen können. In (2.2.36c) liegt dagegen eine Kopplung vor, die hier auch dann zur Konvergenz führen kann, wenn das Integral (2.2.36b) nicht existiert. Man nennt das so definierte Intergral den Cauchyschen Hauptwert (valor principalis) und schreibt abgekürzt

$$\mathscr{F}^{-1}\{V(j\omega)\} = VP\left[\frac{1}{2\pi}\int\limits_{-\infty}^{+\infty} V(j\omega)e^{j\omega t}d\omega\right]. \qquad (2.2.36d)$$

Wenn wir für die Funktion $v(t)$ zusätzlich annehmen, daß sie für $t < 0$ identisch verschwindet, können wir leicht eine Beziehung zur Laplacetransformation herstellen. Das Laplaceintegral

$$\mathscr{L}\{v(t)\} = \int\limits_0^{\infty} v(t)e^{-st}dt = V(s)$$

existiert für eine absolut integrable Funktion $v(t)$ auch für $Re\{s\} = 0$. Es gilt dann also

$$\mathscr{L}\{v(t)\}|_{s=j\omega} = V(j\omega) = \mathscr{F}\{v(t)\}.$$ [2]

Als erstes Beispiel berechnen wir die Fouriertransformierte eines Rechteckimpulses der Dauer $2t_1$ und Höhe a. Für das Spektrum ergibt sich

$$V_1(j\omega) = \int\limits_{-t_1}^{t_1} ae^{-j\omega t}dt = 2at_1\frac{\sin\omega t_1}{\omega t_1}. \qquad (2.2.37a)$$

Zeitfunktion und Spektrum sind in Bild 2.15a dargestellt. Der Vergleich mit (2.2.26a) bzw. Bild 2.8d zeigt, daß $V_1(j\omega)$ bei entsprechender Skalierung gleich der Einhüllenden der für die periodische Folge von Rechteckimpulsen gewonnenen Koeffizientenfolge ist.

[2] Wegen dieser Beziehung zur Laplace-Transformation verwenden wir $j\omega$ als unabhängige Variable, obwohl das Spektrum primär eine Funktion der reellen Frequenz ω ist (vergl. [2.4]).

Weiterhin bestimmen wir das Spektrum des in Bild 2.15b gezeigten Dreieckimpulses der Dauer $2t_1$ und Höhe a. Man erhält nach Zwischenrechnung

$$V_2(j\omega) = at_1 \left[\frac{\sin \omega t_1/2}{\omega t_1/2}\right]^2, \tag{2.2.37b}$$

ein Verlauf, der wieder gleich der Einhüllenden der in (2.2.26b) gegebenen Fourierkoeffizienten für die periodische Folge von Dreieckimpulsen ist, wenn man vom Faktor $1/\tau$ absieht.

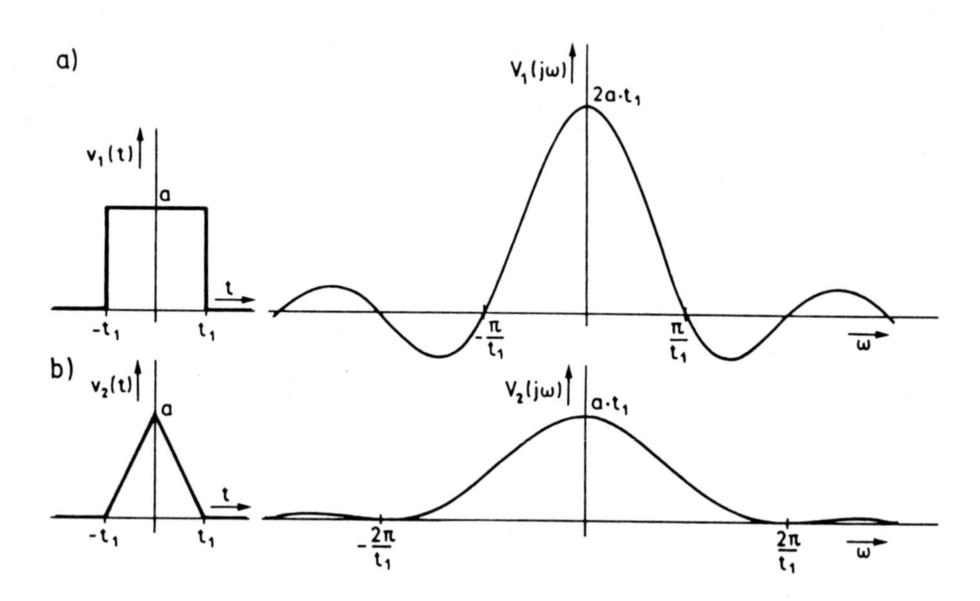

Bild 2.15: Rechteck- und Dreieckimpuls und ihre Spektren

Der hier beobachtete Zusammenhang zwischen den Koeffizienten einer Fourierreihe und dem Spektrum einer zugehörigen zeitlich begrenzten Zeitfunktion gilt offenbar allgemein: Ist $v(t) \equiv 0$ für $|t| > \tau/2$ und $v_p(t)$ die periodische Fortsetzung von $v(t)$ mit der Periode τ, so ergibt sich für die Koeffizienten der zugehörigen Fourierreihe aus dem Vergleich von (2.2.22a) und (2.2.36a)

$$c_\nu = \frac{1}{\tau} V(j\nu\omega_0) \quad \text{mit} \quad \omega_0 = 2\pi/\tau. \tag{2.2.38}$$

2. Gesetze der Fouriertransformation

Im Abschnitt 7.2 sind Sätze und Eigenschaften der Fouriertransformation z.T. tabellarisch zusammengestellt. Wir behandeln hier einige davon und bringen dazu Beispiele.

Für das Spektrum einer um t_0 verschobenen Funktion gilt

$$\mathcal{F}\{v(t-t_0)\} = e^{-j\omega t_0} \cdot V(j\omega), \quad \forall t_0. \tag{2.2.39}$$

Offenbar ist

$$|\mathscr{F}\{v(t-t_0)\}| = |V(j\omega)|,$$

die zeitliche Verschiebung ändert also nicht den Betrag des Spektrums.

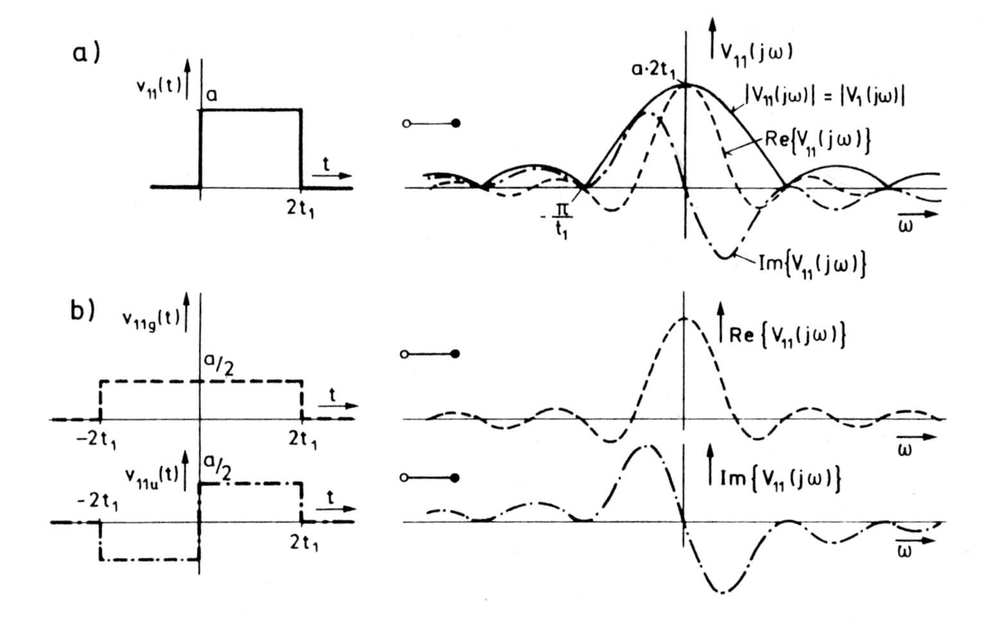

Bild 2.16: Zum Verschiebungssatz der Fouriertransformation

Bild 2.16a erläutert diese Aussage am Beispiel eines um seine halbe Breite verschobenen Rechteckimpulses. Man erhält für sein Spektrum

$$\begin{aligned} V_{11}(j\omega) &= e^{-j\omega t_1} 2at_1 \cdot \frac{\sin \omega t_1}{\omega t_1} \\ &= 2at_1 \left[\frac{\sin 2\omega t_1}{2\omega t_1} - j \frac{\sin^2 \omega t_1}{\omega t_1} \right]. \end{aligned}$$

Das bei einem zu $t = 0$ symmetrischen reellen Rechteckimpuls reelle Spektrum ist durch die Verschiebung komplex geworden, wobei der Realteil eine gerade, der Imaginärteil eine ungerade Funktion ist.

Diese Beobachtung gibt Anlaß zu einer genaueren Untersuchung. Dabei betrachten wir den allgemeinen Fall einer komplexen Zeitfunktion, die wir in der Form

$$v(t) = v_g^{(R)}(t) + v_u^{(R)}(t) + jv_g^{(I)}(t) + jv_u^{(I)}(t)$$

darstellen. Hier wurden Real- und Imaginärteil

$$v^{(R)}(t) = Re\{v(t)\}, \quad v^{(I)}(t) = Im\{v(t)\}$$

jeweils als Summe von geradem und ungeradem Teil angegeben. Es ist z.B.

$$v_g^{(R)}(t) = \frac{1}{2} \cdot \left[v^{(R)}(t) + v^{(R)}(-t)\right]$$

der gerade und

$$v_u^{(R)}(t) = \frac{1}{2} \cdot \left[v^{(R)}(t) - v^{(R)}(-t)\right]$$

der ungerade Teil von $v^{(R)}(t)$. Die vier Teilfunktionen von $v(t)$ lassen sich getrennt transformieren und führen auf Teilspektren mit charakteristischen Eigenschaften, z.B. ist

$$\mathcal{F}\left\{v_g^{(R)}(t)\right\} = \int_{-\infty}^{+\infty} v_g^{(R)}(t) e^{-j\omega t} dt = 2 \int_0^{\infty} v_g^{(R)}(t) \cos \omega t dt,$$

eine stets reelle und in ω gerade Funktion, die wir entsprechend mit $V_g^{(R)}(j\omega)$ bezeichnen. Bei der Transformation des ungeraden Teils erhält man dagegen

$$\mathcal{F}\left\{v_u^{(R)}(t)\right\} = \int_{-\infty}^{+\infty} v_u^{(R)}(t) e^{-j\omega t} dt = -2j \int_0^{\infty} v_u^{(R)}(t) \sin \omega t dt,$$

eine stets imaginäre und in ω ungerade Funktion, die wir als $jV_u^{(I)}(j\omega)$ schreiben. Bild 2.16b zeigt für das Beispiel des Rechteckimpulses die Zerlegung in geraden und ungeraden Teil und deren Zusammenhang mit den schon vorher errechneten Teilspektren. Insgesamt erhält man das folgende Transformationsschema

$$\begin{array}{ccccccccc} v(t) & = & v_g^{(R)}(t) & + & v_u^{(R)}(t) & + & \underbrace{jv_g^{(I)}(t)} & + & \underbrace{jv_u^{(I)}(t)} \\ \mathcal{F} \rightarrow \quad | & & | & & & & \times & & \\ V(j\omega) & = & V_g^{(R)}(j\omega) & + & V_u^{(R)}(j\omega) & + & \overbrace{jV_g^{(I)}(j\omega)} & + & \overbrace{jV_u^{(I)}(j\omega)}. \end{array} \tag{2.2.40a}$$

Man bestätigt hiermit leicht, daß z.B. folgende Zuordnungen gelten

$$\begin{aligned} \mathcal{F}\{v(-t)\} &= V(-j\omega) \\ &= V^*(j\omega), \quad \text{wenn } v(t) \text{ reell ist,} \end{aligned} \tag{2.2.40b}$$

$$\mathcal{F}\{v^*(t)\} = V^*(-j\omega). \tag{2.2.40c}$$

In Abschnitt 7.5 von Band I hatten wir für die Fourierreihenentwicklung die gleichen Zusammenhänge gefunden. Sie gelten entsprechend für die DFT und das im nächsten Abschnitt zu behandelnde Spektrum von Folgen.

Weiterhin betrachten wir die durch den Modulationssatz beschriebene Verschiebung des Spektrums. Es gilt

$$\mathscr{F}\left\{e^{j\omega_0 t}\cdot v(t)\right\} = V\left[j(\omega-\omega_0)\right]. \tag{2.2.41a}$$

Wegen der Linearität der Fouriertransformation folgt daraus

$$\mathscr{F}\left\{\cos\omega_0 t\cdot v(t)\right\} = \frac{1}{2}\left[\,V[j(\omega-\omega_0)] + V[j(\omega+\omega_0)]\right], \tag{2.2.41b}$$

$$\mathscr{F}\left\{\sin\omega_0 t\cdot v(t)\right\} = \frac{1}{2j}\left[\,V\left[j(\omega-\omega_0)\right] - V\left[j(\omega+\omega_0)\right]\right]. \tag{2.2.41c}$$

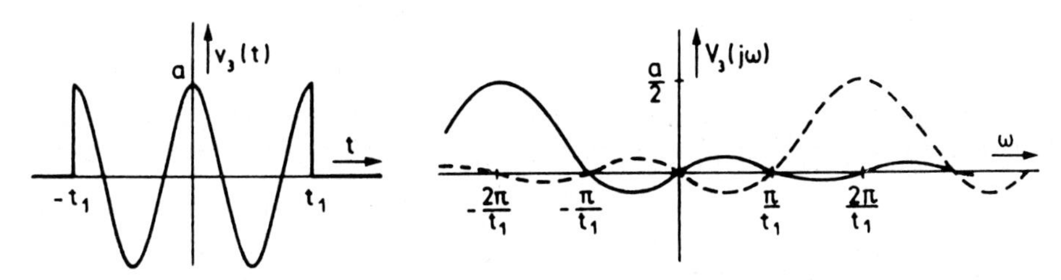

Bild 2.17: Zur Erläuterung des Modulationssatzes

Bild 2.17 zeigt $v_3(t) = v_1(t)\cos\omega_0 t$ und die beiden Komponenten des zugehörigen Spektrums für den Fall $\omega_0 = 2\pi/t_1$.

In Bild 2.18b,c sind weitere Funktionen dargestellt, deren Spektren man ebenfalls mit dem Modulationssatz erhält. Sie werden mit dem Rechteckimpuls $v_1(t)$ und seinem Spektrum verglichen. Für den cos-Impuls

$$v_4(t) = \begin{cases} a\cos\pi t/2t_1, & |t|\le t_1 \\ 0, & |t|>t_1 \end{cases} \tag{2.2.42a}$$

erhält man

$$V_4(j\omega) = 4at_1\pi\frac{\cos\omega t_1}{\pi^2-(2\omega t_1)^2} \tag{2.2.42b}$$

mit Nullstellen bei $\pm(2\nu+1)\pi/2t_1,\ \nu\in\mathbb{N}$. Der $\cos^2$-Impuls

$$v_5(t) = \begin{cases} a\cdot\cos^2\pi t/2t_1 = \frac{a}{2}\left[1+\cos\pi t/t_1\right], & |t|\le t_1 \\ 0, & |t|>t_1, \end{cases} \tag{2.2.43a}$$

für den auch die Bezeichnung "angehobener Kosinus-Impuls" (raised cosine impulse) gebräuchlich ist, hat das Spektrum

$$V_5(j\omega) = at_1\pi^2\frac{\sin\omega t_1}{\omega t_1\left[\pi^2-(\omega t_1)^2\right]} \tag{2.2.43b}$$

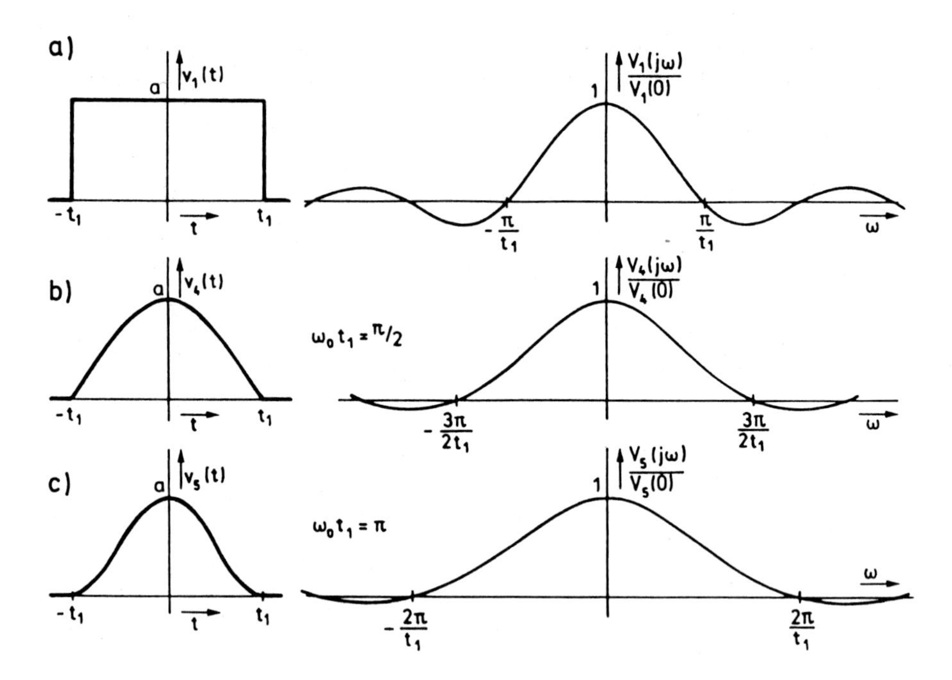

Bild 2.18: Vergleich der Spektren von a) Rechteckimpuls, b) Kosinusimpuls sowie c) angehobenem Kosinusimpuls

mit Nullstellen bei $\omega = \pm\nu\pi/t_1$, $\nu = 2(1)\infty$.

Die hier vorgestellten Impulse sind für die Datenübertragung von großem praktischen Interesse. Wir beobachten, daß ihre Spektren mit wachsendem $|\omega|$ unterschiedlich schnell nach Null gehen. Wie bei der entsprechenden Aussage zu Fourierreihen hängt das mit den Stetigkeitseigenschaften der zugehörigen Zeitfunktionen zusammen. Auch hier ergibt sich eine allgemeine Formulierung aus dem Differentiationssatz (siehe Tabelle 7.3). Danach gilt für das Spektrum einer m-mal differenzierbaren Funktion $v(t)$, wenn die ersten $m-1$ Ableitungen stetig und die m-te Ableitung $v^{(m)}(t)$ absolut integrabel ist,

$$v^{(\mu)}(t) \circ\!\!-\!\!\bullet\ (j\omega)^{\mu} \cdot V(j\omega) \qquad \mu = 0(1)m. \tag{2.2.44a}$$

Da nach unseren früheren Feststellungen eine Fouriertransformierte für wachsendes $|\omega|$ nach Null gehen muß, gilt auch

$$\lim_{|\omega|\to\infty} |\omega^m V(j\omega)| = 0. \tag{2.2.44b}$$

Es folgt, daß die Funktion $|V(j\omega)|$ durch $K \cdot |\omega|^{-(m+1)}$ mit geeignetem $K \in \mathbb{R}_+$ majorisiert wird. Die Spektren der oben betrachteten Funktionen $v_1(t), v_2(t)$,

$v_4(t)$ und $v_5(t)$ sind Beispiele für diese Aussage. In diesem Zusammenhang sind die ***schnell abnehmenden Funktionen*** von Interesse. Sie sind beliebig oft differenzierbar und es gilt für sie

$$\lim_{|t|\to\infty} t^m v^{(n)}(t) = 0, \quad \forall m, n \in \mathbb{N}_0. \tag{2.2.45a}$$

Diese Funktionen sowie jede ihrer Ableitungen gehen also stärker als t^{-m}, $m \in \mathbb{N}_0$ für wachsendes $|t|$ nach Null. Es gilt der Satz:

Ist $v(t)$ eine schnell abnehmende Funktion, so ist auch $V(j\omega) = \mathcal{F}\{v(t)\}$ eine schnell abnehmende Funktion. (2.2.45b)

Als Beispiel betrachten wir die *Gauß-Funktion* (Bild 2.19)

$$v_6(t) = e^{-\alpha^2 t^2}, \quad \alpha \in \mathbb{R}_+ , \tag{2.2.46a}$$

die offensichtlich die Bedingung (2.2.45a) erfüllt. Für sie erhält man

$$V_6(j\omega) = \frac{\sqrt{\pi}}{\alpha} \cdot e^{-\omega^2/4\alpha^2}. \tag{2.2.46b}$$

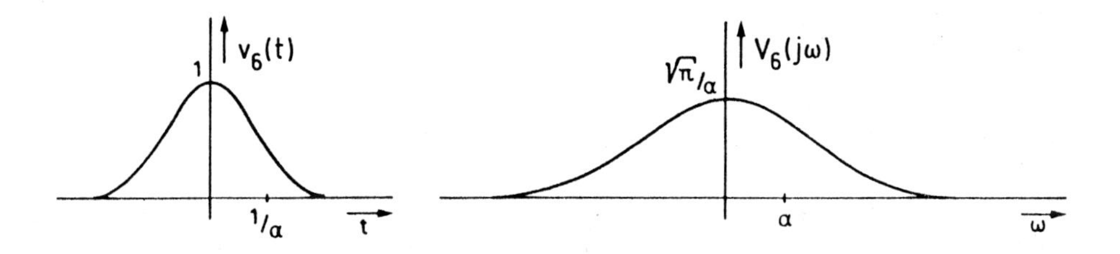

Bild 2.19: Die Gauß-Funktion und ihr Spektrum

Weiterhin gilt der Ähnlichkeitssatz, der die Wirkung einer Dehnung oder Stauchung von $v(t)$ in Zeitrichtung auf das Spektrum beschreibt. Es ist

$$\mathcal{F}\{v(\alpha t)\} = \frac{1}{|\alpha|} V\left(j\frac{\omega}{\alpha}\right). \tag{2.2.47}$$

Die bisher behandelten Beispiele erläutern zugleich diese Aussage. Z.B. beschreibt $v_1(\alpha t)$ einen Rechteckimpuls der Dauer $2t_1/\alpha$. Die ersten Nullstellen des in (2.2.37a) angegebenen Spektrums liegen dann bei $\pm\alpha\pi/t_1$ (siehe Bild 2.15a). Eine bei $\alpha > 1$ eintretende Verkürzung des Impulses führt also in diesem Sinne zu einer Verbreiterung des Spektrums.

Die Beziehungen für die Fouriertransformation und die zugehörige inverse Operation sind sehr ähnlich. Das führt zur Aussage des Symmetriesatzes. Faßt man die Variablen ω und t als dimensionslos auf, so erhält man ihn unmittelbar durch Vertauschen von ω und t und entsprechende Umbenennung der Konstanten. Ausgehend von

$$V(j\omega) \bullet\!\!-\!\!\circ\, v(t)$$

wird damit eine Zeitfunktion $V(jt)$ definiert, für deren Spektrum man mit (2.2.36)

$$v(-\omega) \bullet\!\!-\!\!\circ\, \frac{1}{2\pi} V(jt) \tag{2.2.48}$$

erhält.[3]

Für ein Beispiel gehen wir wieder vom Rechteckimpuls $v_1(t)$ und seinem in (2.2.37a) angegebenen Spektrum $V_1(j\omega)$ aus. In der beschriebenen Weise erhält man zu

$$v_1(-\omega) = \begin{cases} a, & |\omega| \leq \omega_1 \\ 0, & |\omega| > \omega_1 \end{cases} \tag{2.2.49a}$$

die Zeitfunktion

$$\mathcal{F}^{-1}\{v_1(-\omega)\} = \frac{1}{2\pi} V_1(jt) = \frac{a\omega_1}{\pi} \cdot \frac{\sin \omega_1 t}{\omega_1 t}. \tag{2.2.49b}$$

Bild 2.20a veranschaulicht dieses Ergebnis. Da wir hier von einer geraden Funktion $v(t)$ ausgehen, hat der Wechsel des Vorzeichens im Argument keine Auswirkung. Wenden wir den Symmetriesatz auf den verschobenen Rechteckimpuls $v_{11}(t)$ von Bild 2.16 an, so erhalten wir mit (2.2.48)

$$\mathcal{F}^{-1}\{v_{11}(-\omega)\} = \frac{a\omega_1}{\pi} \cdot e^{-j\omega_1 t} \cdot \frac{\sin \omega_1 t}{\omega_1 t}, \tag{2.2.49c}$$

eine komplexe Zeitfunktion. Bild 2.20b zeigt ihre beiden Komponenten, die im erläuterten Sinne mit den in Bild 2.16a dargestellten Komponenten des Spektrums von $v_{11}(t)$ übereinstimmen. Wir haben hier zugleich ein Beispiel dafür, daß zu einer reellen, aber nicht geraden Spektralfunktion eine komplexe Zeitfunktion gehört. Darüber hinaus haben wir hier das Spektrum von $\sin \omega_1 t/(\omega_1 t)$ bestimmt, einer Funktion, die nicht absolut integrabel ist, also nicht die oben angegebene hinreichende — aber offensichtlich nicht notwendige — Bedingung für die Existenz des Fourierintegrals erfüllt.

Von besonderer Bedeutung ist der Faltungssatz der Fouriertransformation. Wir betrachten zunächst das Integral

$$v(t) = \int_{-\infty}^{+\infty} v_k(\tau) \cdot v_\ell(t-\tau) d\tau \tag{2.2.50a}$$

und seine Eigenschaften. Es wird als *Faltung* oder *Faltungsprodukt* der Funktionen $v_k(t)$ und $v_\ell(t)$ bezeichnet. Diese Operation hatten wir schon in Band I für

[3] Die Verwendung des Argumentes $j\omega$ beim Spektrum (siehe Fußnote auf Seite 29) führt hier zu den ungewohnten Argumenten jt bei der Zeit- und $-\omega$ bei der Spektralfunktion, liefert aber korrekte Ergebnisse.

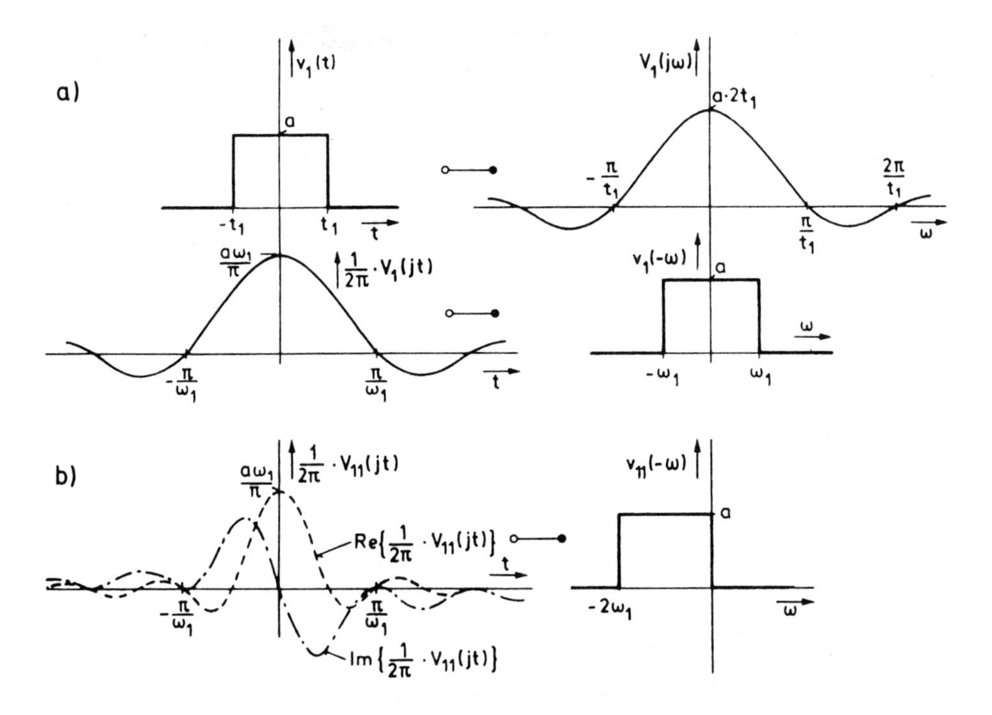

Bild 2.20: Zur Erläuterung des Symmetriesatzes

Funktionen behandelt, die für $t < 0$ identisch verschwinden. Wie dort verwenden wir die Kurzschreibweise

$$v(t) = v_k(t) * v_\ell(t). \tag{2.2.50b}$$

Für die Existenz des Integrals bei beliebigem t ist hinreichend, daß die eine der beteiligten Funktionen für alle t beschränkt und die andere absolut integrabel ist. Es liefert eine überall stetige Funktion auch dann, wenn beide Funktionen unstetig sind. Weiterhin ist $v(t)$ absolut integrabel, wenn $v_k(t)$ und $v_\ell(t)$ absolut integrabel sind.

Das Faltungsprodukt ist kommutativ, es gilt also

$$v_k(t) * v_\ell(t) = v_\ell(t) * v_k(t). \tag{2.2.50c}$$

Für drei Funktionen $v_k(t), v_\ell(t)$ und $v_m(t)$, von denen eine beschränkt und die anderen beiden absolut integrabel sind, ergibt sich

$$v_k(t) * [v_\ell(t) * v_m(t)] = [v_k(t) * v_\ell(t)] * v_m(t). \tag{2.2.50d}$$

Das Faltungsprodukt ist also assoziativ. Offenbar gilt dann für die Faltung beliebig vieler Funktionen, die entsprechende Voraussetzungen erfüllen, daß die Reihenfolge, in der die Operationen ausgeführt werden, gleichgültig ist.

Für die Gültigkeit des Faltungssatzes der Fouriertransformation ist hinreichend, daß eine der beteiligten Zeitfunktionen für alle t beschränkt und beide, und damit auch ihr Faltungsprodukt, absolut integrabel sind. Es ist dann

$$\mathcal{F}\{v_k(t) * v_\ell(t)\} = V_k(j\omega) \cdot V_\ell(j\omega). \tag{2.2.51}$$

Wie bei der Laplacetransformation wird also auch hier die komplizierte Faltungsoperation im Zeitbereich in die einfache Multiplikation der Transformierten im Frequenzbereich überführt.

Ein erstes Beispiel zum Faltungssatz liefert uns die erneute Berechnung des Spektrums eines Dreieckimpulses der Fußbreite $2t_1$. Mit den Bezeichnungen von Bild 2.15 ist

$$v_2(t) = \frac{1}{at_1} v_1(2t) * v_1(2t).$$

Daraus folgt unter Verwendung des Ähnlichkeitssatzes (2.2.47)

$$V_2(j\omega) = \frac{1}{at_1}\left[\frac{1}{2}V_1\left(j\frac{\omega}{2}\right)\right]^2 = at_1 \cdot \left[\frac{\sin \omega t_1/2}{\omega t_1/2}\right]^2$$

wie in (2.2.37b).

Weiterhin berechnen wir das Spektrum der in Bild 2.21 dargestellten Funktion

$$v_7(t) = \begin{cases} a; & 0 \le |t| \le t_1(1-\alpha) \\ \dfrac{a}{2}\left[1 + \cos\dfrac{\pi}{2\alpha t_1}\left[|t| - t_1(1-\alpha)\right]\right]; & t_1(1-\alpha) \le |t| \le t_1(1+\alpha), \quad 0 \le \alpha \le 1 \\ 0; & |t| \ge t_1(1+\alpha). \end{cases}$$

Man bestätigt leicht, daß $v_7(t)$ als Faltung eines Rechteckimpulses der Breite $2t_1$ mit einem cos-Impuls der Breite $2\alpha t_1$ und der Höhe $\pi/4\alpha t_1$ geschrieben werden kann. Mit den Bezeichnungen von Bild 2.18 ist

$$v_7(t) = v_1(t) * \left[\frac{1}{a} \cdot \frac{\pi}{4\alpha t_1} v_4(t/\alpha)\right]. \tag{2.2.52a}$$

Dann erhält man mit (2.2.37a), (2.2.42b) und dem Ähnlichkeitssatz (2.2.47)

$$V_7(j\omega) = 2\pi^2 a t_1 \frac{\sin \omega t_1}{\omega t_1} \cdot \frac{\cos \alpha\omega t_1}{\pi^2 - (2\alpha\omega t_1)^2}. \tag{2.2.52b}$$

Für $\alpha = 0$ ergibt sich offenbar wieder $V_1(j\omega)$ nach (2.2.37a), für $\alpha = 1$ das Spektrum eines $\cos^2$-Impulses der Fußbreite $4t_1$, wie ein Vergleich mit (2.2.43) zeigt. Bild 2.21 erläutert die Faltungsoperation und zeigt die Spektren in normierter Form für die Werte $\alpha = 0, 1/2$ und 1.

Eine dem Faltungssatz für Zeitfunktionen entsprechende Aussage für Spektren liefert der Multiplikationssatz. Unter der hinreichenden Voraussetzung, daß

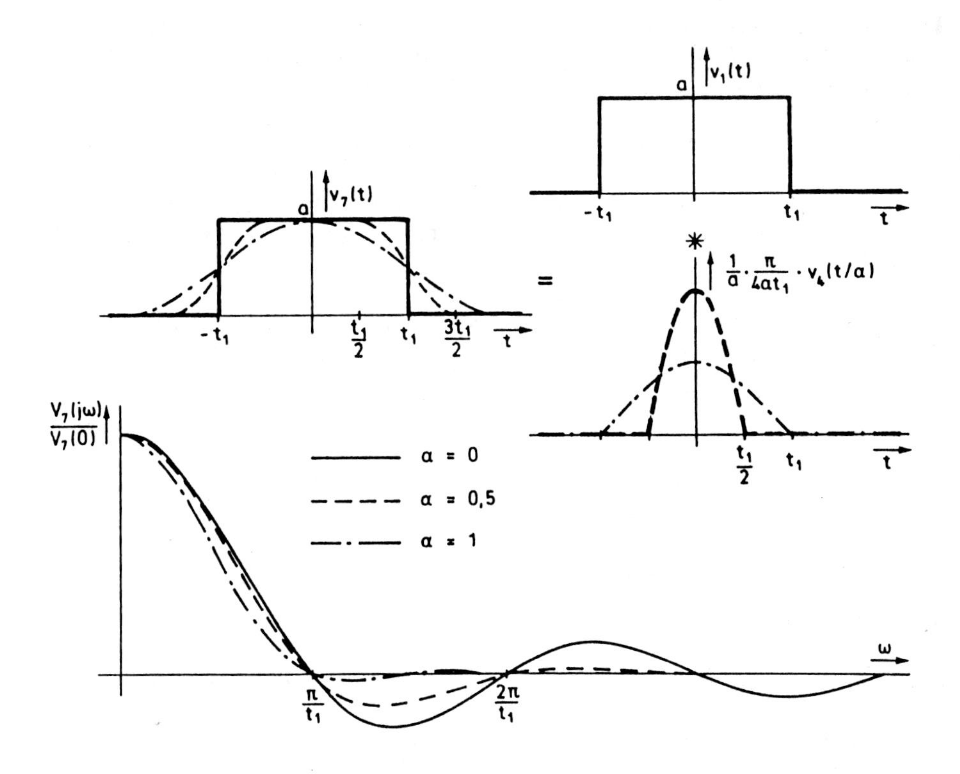

Bild 2.21: Beispiel zum Faltungssatz

sowohl $|v_k(t)|$ und $|v_\ell(t)|$ als auch die Quadrate dieser Beträge integrabel sind, gilt

$$\begin{aligned}\mathcal{F}\{v_k(t)\cdot v_\ell(t)\} &= \frac{1}{2\pi}V_k(j\omega) * V_\ell(j\omega) \\ &= \frac{1}{2\pi}\cdot\int_{-\infty}^{+\infty} V_k(j\eta)V_\ell\left[j(\omega-\eta)\right]d\eta.\end{aligned} \tag{2.2.53a}$$

Die Spezialisierung dieser Beziehung auf $\omega = 0$ liefert die *Parsevalsche Gleichung*

$$\int_{-\infty}^{+\infty} v_k(t)\cdot v_\ell(t)dt = \frac{1}{2\pi}\cdot\int_{-\infty}^{+\infty} V_k(j\omega)\cdot V_\ell(-j\omega)d\omega. \tag{2.2.53b}$$

Eine andere Form erhält man, wenn man zunächst unter Verwendung von (2.2.40c) den Multiplikationssatz auf $v_k(t)v_\ell^*(t)$ anwendet und dann wieder $\omega = 0$ setzt:

$$\int_{-\infty}^{+\infty} v_k(t)v_\ell^*(t)dt = \frac{1}{2\pi}\cdot\int_{-\infty}^{+\infty} V_k(j\omega)V_\ell^*(j\omega)d\omega. \tag{2.2.53c}$$

Ist speziell $v_k(t) = v_\ell(t) =: v(t)$, so gilt

$$\|v(t)\|_2^2 = \frac{1}{2\pi}\int_{-\infty}^{+\infty} |V(j\omega)|^2 d\omega. \tag{2.2.53d}$$

Die Berechnung der Gesamtenergie einer Funktion kann danach sowohl im Zeit- wie im Spektralbereich erfolgen. $|V(j\omega)|^2$ beschreibt die spektrale Verteilung der Energie. Man nennt die Funktion daher das *Energiespektrum.*

Wir verwenden den Multiplikationssatz um zu zeigen, daß die Faltung einer $\sin x/x$-Funktion mit sich selbst, abgesehen von einem Faktor, wieder dieselbe Funktion liefert. Offenbar ist mit den Bezeichnungen von Bild 2.15a

$$\frac{1}{a} \cdot v_1^2(t) = v_1(t). \tag{2.2.54a}$$

Dann folgt aus (2.2.53a)

$$\frac{1}{a}\frac{1}{2\pi} \cdot V_1(j\omega) * V_1(j\omega) = V_1(j\omega)$$

und mit (2.2.37a)

$$\frac{t_1}{\pi}\int_{-\infty}^{+\infty} \frac{\sin \eta t_1}{\eta t_1} \cdot \frac{\sin(\omega-\eta)t_1}{(\omega-\eta)t_1} d\eta = \frac{t_1}{\pi}\frac{\sin \omega t_1}{\omega t_1} * \frac{\sin \omega t_1}{\omega t_1} = \frac{\sin \omega t_1}{\omega t_1}. \tag{2.2.54b}$$

Die Parsevalsche Beziehung liefert

$$\int_{-\infty}^{+\infty} \left|\frac{\sin \omega t_1}{\omega t_1}\right|^2 d\omega = \frac{\pi}{t_1}. \tag{2.2.54c}$$

Das hier für eine Funktion von ω gewonnene Ergebnis (2.2.54b) gilt wegen des Symmetriesatzes entsprechend auch für die Zeitfunktion $\sin \omega_1 t/(\omega_1 t)$. Damit wenden wir den Faltungssatz (2.2.51) auf eine Funktion an, die nicht absolut integrabel ist und daher die für seine Gültigkeit angegebene hinreichende Bedingung nicht erfüllt.

3. Reziprozität von Impulsdauer und Bandbreite

Für die folgende Betrachtung benötigen wir eine weitere allgemeine Eigenschaft der Fouriertransformation: Ist $v(t) = 0$ für $|t| > t_1$, hat also die Zeitfunktion eine endliche Dauer, so ist das zugehörige Spektrum $V(j\omega)$ eine ganze Funktion (vergl. die entsprechende Aussage für die Laplace-Transformierte in Band I, Abschnitt 7.7.1). Hier interessiert insbesondere, daß $V(j\omega)$ nicht in Intervallen endlicher Breite verschwinden kann, auch nicht etwa für $|\omega| > \omega_g$ zu Null wird. Zeitfunktionen endlicher Dauer haben also ein unendlich breites Spektrum. Die oben untersuchten Funktionen $v_1(t)$ bis $v_5(t)$ sind Beispiele für diese Aussage. Wegen der Symmetrie der Fouriertransformation gilt entsprechend, daß spektral begrenzte Funktionen nicht zeitlich begrenzt sein können. Im allgemeinen Fall wird natürlich weder eine zeitliche noch eine spektrale Begrenzung vorliegen (siehe z.B. die Gaußfunktion $v_6(t)$ und ihr Spektrum).

Wir haben nun gesehen, daß bei der bisher betrachteten Klasse von Zeitfunktionen das zugehörige Spektrum mit wachsendem ω mehr oder weniger stark abnimmt. Es muß daher möglich sein, mit Hilfe einer geeigneten Definition trotz der obigen Feststellung eine endliche Bandbreite bzw. bei den Zeitfunktionen eine Dauer zur Kennzeichnung einzuführen. Wir zeigen in diesem Abschnitt dazu drei Möglichkeiten, wobei uns insbesondere die Zusammenhänge zwischen Bandbreite und Impulsdauer interessieren.

Zunächst sei $v(t)$ eine reelle, gerade Funktion, für die $|v(t)| \leq v(0), \forall t$ gelte, und $V(j\omega) = \mathcal{F}\{v(t)\}$ das zugehörige rein reelle Spektrum. Definieren wir die Dauer von $v(t)$ durch die Breite eines Rechteckimpulses der Höhe $v(0)$ mit der gleichen Fläche (siehe Bild 2.22) als

$$D_1 = \frac{1}{v(0)} \int_{-\infty}^{+\infty} v(t)dt \tag{2.2.55a}$$

und die Bandbreite des Spektrums entsprechend als

$$B_1 = \frac{1}{V(0)} \int_{-\infty}^{+\infty} V(j\omega)d\omega, \tag{2.2.55b}$$

so gilt für das Produkt

$$D_1 B_1 = 2\pi. \tag{2.2.55c}$$

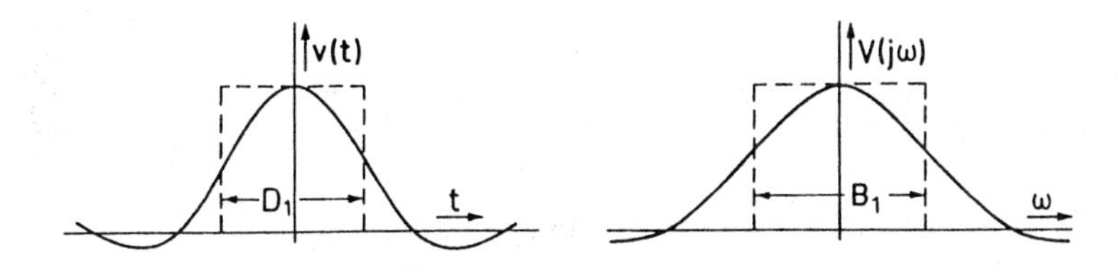

Bild 2.22: Zur Definition von Impulsdauer und Bandbreite bei geraden Funktionen

Hier wurden relativ starke Einschränkungen für die betrachteten Funktionen gemacht. Das prinzipielle Ergebnis, daß das Produkt von Impulsdauer und Bandbreite eine Konstante ist, gilt aber auch für weitgehend beliebige Funktionen und andere Definitionen von zeitlicher und spektraler Breite. Es ist letztlich nur eine Konsequenz des Ähnlichkeitssatzes der Fouriertransformation. Die rechts auftretende Konstante hängt dabei in der Regel sowohl von der betrachteten Zeitfunktion als auch den verwendeten Definitionen ab. Wir geben zwei andere für allgemeinere, aber weiterhin reelle Zeitfunktionen an (z.B. [2.8], [2.6]).

Impulsdauer D_2 und Bandbreite B_2 seien zunächst so bestimmt, daß

$$|v(t)| \leq q \cdot \max|v(t)|, \quad \forall t \notin [t_1, t_1 + D_2] \tag{2.2.56a}$$

und

$$|V(j\omega)| \leq q \cdot \max|V(j\omega)|, \quad |\omega| > B_2/2 \tag{2.2.56b}$$

ist (siehe Bild 2.23). Hier kann q praktischen Anforderungen entsprechend gewählt werden. Das Produkt D_2B_2 wird dann von q abhängen. Für den Gauß-Impuls (2.2.46)

$$v(t) = e^{-\alpha^2t^2} \circ\!\!-\!\!\bullet V(j\omega) = \frac{\sqrt{\pi}}{\alpha} e^{-\omega^2/4\alpha^2}$$

erhält man z.B.

$$D_2B_2 = -8\ln q \quad (\approx 36,84 \text{ für } q = 0,01). \tag{2.2.56c}$$

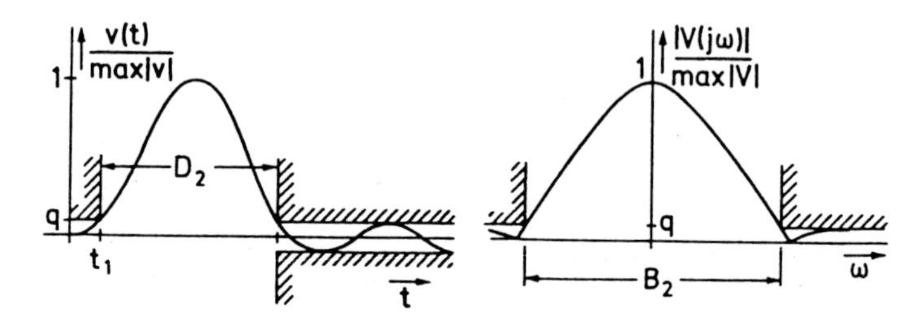

Bild 2.23: Zur zweiten Definition von Impulsdauer und Bandbreite

Mit Funktionen, die außerhalb ihrer wie oben definierten Breite nicht monoton fallen, erreicht man deutlich geringere Werte. Bei der Impulsantwort des in der Tabelle 6.3 von Band I angegebenen Filters 52.10.10.D, das für ein minimales Zeit-Bandbreite Produkt der hier gegebenen Definition entworfen worden ist, erhält man z.B. $D_2B_2 = 24,03$. Eine (von q abhängige) untere Schranke für D_2B_2 ist bisher nicht bekannt.

Eine andere Definition geht von den zweiten Momenten von $v^2(t)$ bzw. $|V(j\omega)|^2$ aus. Wir nehmen zunächst an, daß $v(t)$ so normiert wurde, daß

$$\|v(t)\|_2^2 = \int_{-\infty}^{+\infty} v^2(t)dt = \frac{1}{2\pi}\int_{-\infty}^{+\infty} |V(j\omega)|^2 d\omega = 1 \tag{2.2.57a}$$

ist. Unter der Voraussetzung, daß auch $tv(t)$ und $\omega|V(j\omega)|$ quadratisch integrabel sind, definieren wir die Impulsdauer zu

$$D_3 = \sqrt{\int_{-\infty}^{+\infty} (t - t_s)^2 v^2(t)dt}, \tag{2.2.57b}$$

wobei

$$t_s = \int_{-\infty}^{+\infty} t v^2(t) dt \tag{2.2.57c}$$

der Schwerpunkt von $v^2(t)$ ist, und die Bandbreite als

$$B_3 = \sqrt{\int_{-\infty}^{+\infty} \omega^2 |V(j\omega)|^2 d\omega}. \tag{2.2.57d}$$

Setzt man weiterhin voraus, daß $\lim_{t\to\pm\infty} tv^2(t) = 0$ ist, so gilt mit diesen Größen die als *Unschärferelation* bezeichnete Beziehung

$$D_3 B_3 \geq \sqrt{\frac{\pi}{2}}. \tag{2.2.57e}$$

Die untere Schranke wird dabei nur für

$$v(t) = (2\alpha^2/\pi)^{1/4} \cdot e^{-\alpha^2(t-t_s)^2} \tag{2.2.57f}$$

erreicht.

Zur Herleitung gehen wir von der *Schwarzschen Ungleichung*

$$\left[\int_a^b v_1(t) v_2(t) dt\right]^2 \leq \int_a^b v_1^2(t) dt \cdot \int_a^b v_2^2(t) dt \tag{2.2.58a}$$

aus. Mit $v_1(t) = (t - t_s)v(t)$ und $v_2(t) = \dfrac{dv(t)}{dt}$ folgt für $a = -\infty$ und $b = +\infty$

$$\left[\int_{-\infty}^{+\infty} (t - t_s)v(t) \frac{dv(t)}{dt} dt\right]^2 \leq \int_{-\infty}^{+\infty} (t - t_s)^2 v^2(t) dt \cdot \int_{-\infty}^{+\infty} \left[\frac{dv(t)}{dt}\right]^2 dt. \tag{2.2.58b}$$

Eine partielle Integration liefert zunächst

$$\int (t - t_s)v(t) \frac{dv(t)}{dt} dt = (t - t_s)v^2(t) - \int v^2(t) dt - \int (t - t_s)v(t) \frac{dv(t)}{dt} dt.$$

Nach Einsetzen der Grenzen folgt wegen $\lim_{t\to\pm\infty} tv^2(t) = 0$ mit (2.2.57a) für die linke Seite von (2.2.58b)

$$\left[\int_{-\infty}^{+\infty} (t - t_s)v(t) \frac{dv(t)}{dt} dt\right]^2 = \frac{1}{4}.$$

Weiterhin ist

$$\mathcal{F}\left\{\frac{dv(t)}{dt}\right\} = j\omega V(j\omega)$$

und daher wegen der Parsevalschen Gleichung mit (2.2.57d)

$$\int_{-\infty}^{+\infty} \left[\frac{dv(t)}{dt}\right]^2 dt = \frac{1}{2\pi} \cdot \int_{-\infty}^{+\infty} |\omega \cdot V(j\omega)|^2 d\omega = \frac{1}{2\pi} B_3^2. \tag{2.2.58c}$$

Da der erste Term auf der rechten Seite von (2.2.58b) gleich D_3^2 ist, folgt schließlich

$$\frac{1}{4} \leq \frac{1}{2\pi} D_3^2 B_3^2 \tag{2.2.58d}$$

und damit (2.2.57e).

Das Gleichheitszeichen in der Schwarzschen Ungleichung (2.2.58a) gilt nur für den Fall $v_2(t) = \lambda v_1(t)$. Mit den hier verwendeten Größen ist dann

$$\frac{dv(t)}{dt} = \lambda(t - t_s)v(t),$$

eine Differentialgleichung mit der Lösung

$$v(t) = C \cdot e^{\lambda(t-t_s)^2/2}.$$

Zur Erfüllung der Normierungsbedingung (2.2.57a) ist mit $\alpha^2 := -\lambda/2$ die Konstante $C = (2\alpha^2/\pi)^{1/4}$ zu wählen. Damit folgt (2.2.57f). Man erhält

$$D_3 = \frac{1}{2\alpha}, \quad B_3 = \alpha\sqrt{2\pi}. \tag{2.2.58e}$$

Wir erwähnen, daß mit anderen Funktionen ein Zeit-Bandbreite Produkt $D_3 B_3$ erreicht wird, daß nur wenig oberhalb der unteren Schranke liegt. Z.B. ergibt sich für die später noch verwendete Funktion

$$v(t) = C \cdot \frac{\sin \pi t/T}{\pi t/T} \cdot \frac{\sin \alpha\pi t/T}{\alpha\pi t/T}, \tag{2.2.59a}$$

wenn zur Normierung $C = \sqrt{3/[T(3-\alpha)]}$ gewählt wird und der in diesem Fall optimale Wert $\alpha = 0,815$ eingesetzt wird,

$$D_3 B_3 \approx \sqrt{\frac{\pi}{2}} \cdot 1,069. \tag{2.2.59b}$$

Mit $\alpha = 1$ erhält man für

$$v(t) = \sqrt{\frac{3}{2T}} \cdot \left(\frac{\sin \pi t/T}{\pi t/T}\right)^2 \tag{2.2.59c}$$

noch den Wert

$$D_3 B_3 = \sqrt{\frac{\pi}{2}} \cdot \sqrt{\frac{6}{5}} \approx \sqrt{\frac{\pi}{2}} \cdot 1,095. \tag{2.2.59d}$$

Wir untersuchen weiterhin das Zeit-Bandbreite Produkt der kausalen Zeitfunktion

$$v(t) = C \frac{t^{n-1}}{(n-1)!} \cdot e^{-t} \delta_{-1}(t) = C \cdot \delta_{-n}(t) \cdot e^{-t}. \tag{2.2.60a}$$

Sie kann als Impulsantwort eines Systems mit der Übertragungsfunktion

$$H(s) = \frac{C}{(s+1)^n} \tag{2.2.60b}$$

erzeugt werden (siehe Band I, Tabelle 7.5). Mit

$$C = \frac{2^n(n-1)!}{\sqrt{2(2n-2)!}} \tag{2.2.60c}$$

ist die Funktion entsprechend (2.2.57a) normiert. Der Schwerpunkt liegt hier bei $t_s = n - 1/2$. Man erhält

$$D_3^2 = \frac{2n-1}{4} \quad \text{und} \quad B_3^2 = \frac{2\pi}{2n-3} \tag{2.2.60d}$$

und damit schließlich

$$D_3 B_3 = \sqrt{\frac{\pi}{2}}\sqrt{\frac{2n-1}{2n-3}}. \tag{2.2.60e}$$

4. Spektren verallgemeinerter Funktionen

Wir haben bisher vorausgesetzt, daß die untersuchten Funktionen absolut integrierbar sind, wobei wir lediglich bei einigen Beispielen unter Anwendung des Symmetriesatzes auf diese Bedingung verzichten konnten. Die Einbeziehung der zu Beginn dieses Kapitels eingeführten Testfunktionen $\delta_0(t), \delta_{-1}(t)$ und $e^{j\omega_0 t}$ erfordert eine wesentliche Erweiterung der Überlegungen. Nur mit Hilfe der Distributionentheorie können auch für diese Funktionen die Spektren angegeben werden. Wir verweisen dazu auf den Abschnitt 7.2.3 des Anhangs. Hier begnügen wir uns mit einer anschaulichen Erklärung, bei der wir zunächst das Spektrum eines Diracstoßes bestimmen. Dabei gehen wir von der Fouriertransformierten eines Rechteckimpulses der Breite $2t_1$ und Fläche 1 aus, für die entsprechend (2.2.37a) gilt

$$V(j\omega) = \frac{\sin \omega t_1}{\omega t_1}.$$

Für $t_1 \to 0$ geht der Rechteckimpuls gegen den Diracstoß und sein Spektrum gegen den konstanten Wert 1. Es ist also in diesem Sinne

$$\mathcal{F}\{\delta_0(t)\} = 1. \tag{2.2.61a}$$

Wir bemerken, daß wir dasselbe Ergebnis bekommen, wenn wir z.B. von dreieck- oder kosinusförmigen Impulsen der Fläche 1 ausgehen und ihr Spektrum für den Fall untersuchen, daß ihre Dauer nach Null geht.

Auch für Distributionen gelten nun die oben behandelten Sätze der Fouriertransformation. Aus (2.2.61a) erhält man mit dem Verschiebungssatz (2.2.39)

$$\mathcal{F}\{\delta_0(t-t_0)\} = e^{-j\omega t_0}. \tag{2.2.61b}$$

Wenden wir hierauf den Symmetriesatz an, so ergibt sich

$$\mathcal{F}\left\{e^{j\omega_0 t}\right\} = 2\pi\delta_0(\omega - \omega_0) \tag{2.2.62a}$$

und daraus speziell für $\omega_0 = 0$

$$\mathcal{F}\{1\} = 2\pi\delta_0(\omega). \tag{2.2.62b}$$

Es folgt weiterhin z.B.

$$\mathcal{F}\{\cos\omega_0 t\} = \pi\left[\delta_0(\omega - \omega_0) + \delta_0(\omega + \omega_0)\right]. \tag{2.2.62c}$$

Wir können nun auch die Fouriertransformierte einer periodischen Funktion der Periode τ angeben. Ausgehend von ihrer Fourierreihenentwicklung erhalten wir mit $\omega_0 = 2\pi/\tau$.

$$\mathcal{F}\left\{\sum_{\nu=-\infty}^{+\infty} c_\nu e^{j\nu\omega_0 t}\right\} = 2\pi \sum_{\nu=-\infty}^{+\infty} c_\nu \delta_0(\omega - \nu\omega_0), \tag{2.2.63a}$$

also eine unendliche Folge von Diracstößen im Frequenzbereich mit den Gewichten $2\pi c_\nu$. Das Linienspektrum einer periodischen Funktion gewinnt damit eine andere Interpretation.

Ganz entsprechend können wir auch von einer Folge von äquidistanten Diracstößen im Zeitbereich ausgehen. Mit (2.2.61b) erhält man

$$\mathcal{F}\left\{\sum_{k=-\infty}^{+\infty} d_k\delta_0(t - kT)\right\} = \sum_{k=-\infty}^{\infty} d_k e^{-jk\omega T}, \tag{2.2.63b}$$

ein Ergebnis, das man auch aus (2.2.63a) mit dem Symmetriesatz erhält. Auf der rechten Seite steht offenbar die Fourierreihenentwicklung einer in $\Omega = \omega T$ periodischen Funktion. Wenn wir nun speziell annehmen, daß $d_k = 1, \ \forall k$ gilt, so erhalten wir auf der linken Seite den schon erwähnten Impulskamm

$$p(t) = \sum_{k=-\infty}^{+\infty} \delta_0(t - kT). \tag{2.2.64a}$$

Der Ausdruck auf der rechten Seite von (2.2.63b) wird allerdings nicht im üblichen Sinne konvergieren, da die Beträge der Koeffizienten nicht mit wachsendem $|k|$ abnehmen, die für die Konvergenz notwendige Bedingung (2.2.23b) also nicht erfüllt ist. Summieren wir zunächst über endlich viele Werte, so erhalten wir

$$\sum_{k=-k_1}^{k_1} e^{-jk\omega T} = \frac{\sin(2k_1+1)\omega T/2}{\sin\omega T/2}, \tag{2.2.64b}$$

eine periodische Funktion der Frequenz, die wir als entsprechende Zeitfunktion schon bei der Untersuchung der Konvergenz von Fourierreihen erhielten (s. Bild

2.11a). Unabhängig von k_1 hat diese Funktion innerhalb einer Periode die Fläche $2\pi/T$. Für wachsendes k_1 geht sie gegen eine periodische Folge von Diracstößen im Frequenzbereich. Insgesamt ergibt sich damit

$$\mathcal{F}\{p(t)\} = \frac{2\pi}{T}\sum_{\mu=-\infty}^{+\infty}\delta_0(\omega - 2\mu\pi/T) = P(j\omega). \tag{2.2.64c}$$

Bild 2.24 erläutert den Zusammenhang.

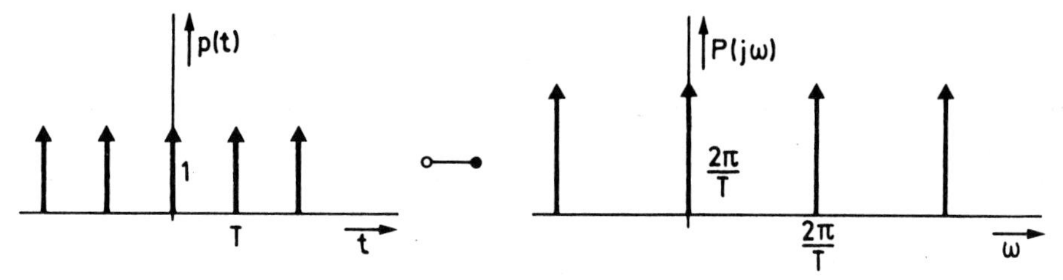

Bild 2.24: Der Impulskamm und sein Spektrum

Weiterhin berechnen wir die Fouriertransformierte der Sprungfunktion. Wir schreiben sie als[4]

$$\delta_{-1}(t) = 0,5(1 + \mathrm{sign}t).$$

Die hier auftretende Signumfunktion ist als

$$\mathrm{sign}t = \begin{cases} 1, & t > 0 \\ 0, & t = 0 \\ -1, & t < 0 \end{cases} \tag{2.2.65a}$$

definiert. Mit (2.2.62b) ist zunächst

$$\mathcal{F}\{\delta_{-1}(t)\} = \pi\cdot\delta_0(\omega) + 0,5\cdot\mathcal{F}\{\mathrm{sign}t\}.$$

Benötigt wird hier die Fouriertransformierte der sign-Funktion. Wir gehen umgekehrt vor und zeigen, daß $\mathcal{F}^{-1}\{2/j\omega\} = \mathrm{sign}t$ ist. Dazu bilden wir mit (2.2.36d)

$$\begin{aligned}\mathcal{F}^{-1}\{2/j\omega\} &= VP\left[\frac{1}{\pi}\int_{-\infty}^{+\infty}\frac{e^{j\omega t}}{j\omega}d\omega\right] = \frac{1}{\pi}\lim_{\substack{\varepsilon\to 0\\ \Omega\to\infty}}\left[\int_{\varepsilon}^{\Omega}\frac{e^{j\omega t}}{j\omega}d\omega + \int_{-\Omega}^{-\varepsilon}\frac{e^{j\omega t}}{j\omega}d\omega\right] \\ &= \frac{1}{\pi}\lim_{\varepsilon\to 0}\left[\int_{\varepsilon}^{\infty}\frac{1}{j\omega}\left(e^{j\omega t} - e^{-j\omega t}\right)d\omega\right] = \frac{2}{\pi}\lim_{\varepsilon\to 0}\int_{\varepsilon}^{\infty}\frac{\sin\omega t}{\omega}d\omega.\end{aligned}$$

[4]In dieser Darstellung ist im Gegensatz zur Definition der Sprungfunktion in (2.2.2) $\delta_{-1}(0) = 0,5$. Diese punktuelle Abweichung ändert nicht den Wert des Fourierintegrals. Wir bemerken, daß dieser mittlere Wert an der Unstetigkeitsstelle bei $t = 0$ gerade vom inversen Fourierintegral geliefert wird (siehe Erläuterung zu Gl. (2.2.36c)).

Es ist nun

$$\int_0^\infty \frac{\sin \alpha x}{x} dx = \begin{cases} \pi/2 & \alpha > 0 \\ 0 & \alpha = 0 \\ -\pi/2 & \alpha < 0 \end{cases}$$

und damit

$$\mathcal{F}^{-1}\{2/j\omega\} = \mathrm{sign} t. \tag{2.2.65b}$$

Das führt schließlich auf

$$\mathcal{F}\{\delta_{-1}(t)\} = \pi \cdot \delta_0(\omega) + \frac{1}{j\omega}. \tag{2.2.65c}$$

Mit dem Modulationssatz erhält man daraus z.B.

$$\mathcal{F}\left\{e^{j\omega_0 t} \cdot \delta_{-1}(t)\right\} = \pi\delta_0(\omega - \omega_0) + \frac{1}{j(\omega - \omega_0)} \tag{2.2.65d}$$

und für die geschaltete Kosinusfunktion

$$\mathcal{F}\{\cos \omega_0 t \cdot \delta_{-1}(t)\} = 0,5\left[\pi\delta_0(\omega - \omega_0) + \pi\delta_0(\omega + \omega_0) + \frac{1}{j(\omega - \omega_0)} + \frac{1}{j(\omega + \omega_0)}\right]. \tag{2.2.65e}$$

2.2.2.4 Spektren von Folgen

Wir wenden uns nun der Untersuchung der Spektren von Folgen $v(k)$ zu. Zunächst nehmen wir an, daß $v(k) \in \ell_1$ ist, die Folge also absolut summierbar ist. Dann existiert sicher die Funktion

$$V(e^{j\Omega}) = \sum_{k=-\infty}^{+\infty} v(k)e^{-jk\Omega} =: \mathcal{F}_*\{v(k)\} \tag{2.2.66a}$$

für alle reellen Werte von Ω. Wir werden im nächsten Abschnitt zeigen, daß sie mit dem Fourierintegral einer geeignet definierten verallgemeinerten Funktion übereinstimmt. Es ist daher gerechtfertigt, sie als Spektrum der Folge $v(k)$ zu bezeichnen. Offensichtlich ist $V(e^{j\Omega})$ eine in Ω periodische Funktion mit der Periode 2π. Entsprechend (2.2.66a) sind die Werte $v(k)$ die Koeffizienten der Fourierreihenentwicklung der periodischen Funktion $V(e^{j\Omega})$, allerdings in der Form

$$v(k) = \frac{1}{2\pi}\int_{-\pi}^{+\pi} V(e^{j\Omega})e^{jk\Omega}d\Omega =: \mathcal{F}_*^{-1}\left\{V(e^{j\Omega})\right\}. \tag{2.2.66b}$$

Der Vergleich mit (2.2.22a) zeigt, daß hier das Vorzeichen im Exponenten anders gewählt wurde. Damit sind wir aber andererseits in Übereinstimmung mit unserem bisherigen Vorgehen, da ja (2.2.66b) die Transformation einer Spektralfunktion beschreibt. Die Beziehung (2.2.66) zwischen $v(k)$ und $V(e^{j\Omega})$ stellen wir in Kurzform wieder als

$$v(k) \circ\!\!-\!\!\!-\!\!\bullet V(e^{j\Omega})$$

dar. Die enge Verwandtschaft zur Fouriertransformation und zur Fourierreihenentwicklung führt dazu, daß die entsprechenden Regeln weitgehend übernommen werden können. Auf eine eingehende Behandlung sei hier verzichtet, zumal (2.2.66) ein Spezialfall der Z-Transformation ist, die wir in einem anderen Zusammenhang betrachten werden (siehe auch Anhang 7.4). Wir beschränken uns auf die Angabe einiger allgemeiner Zusammenhänge.

Entsprechend dem Vorgehen bei Funktionen stellen wir die Komponenten der komplexen Folge $v(k) = v^{(R)}(k) + jv^{(I)}(k)$ jeweils als Summe von geradem und ungeradem Teil dar. Wenn wir das ebenso bei $V(e^{j\Omega})$ machen gilt die Zuordnung

$$\begin{array}{ccccccccc} v(k) & = & v_g^{(R)}(k) & + & v_u^{(R)}(k) & + & jv_g^{(I)}(k) & + & jv_u^{(I)}(k) \\ \mathscr{F}_* \rightarrow \ \updownarrow & & \updownarrow & & \searrow\!\!\!\!\swarrow & & \updownarrow & & \swarrow\!\!\!\!\searrow \\ V(e^{j\Omega}) & = & V_g^{(R)}(e^{j\Omega}) & + & V_u^{(R)}(e^{j\Omega}) & + & jV_g^{(I)}(e^{j\Omega}) & + & jV_u^{(I)}(e^{j\Omega}), \end{array} \tag{2.2.67a}$$

wie man leicht bestätigt. Sie entspricht offenbar (2.2.40a). Man findet damit z.B.

$$\mathscr{F}_* \{v(-k)\} = V(e^{-j\Omega}) \tag{2.2.67b}$$

und

$$\mathscr{F}_* \{v^*(k)\} = V^*(e^{-j\Omega}). \tag{2.2.67c}$$

Weiterhin geben wir die Parsevalsche Gleichung für Folgen an. Entsprechend (2.2.23c) bzw. (2.2.53d) ist

$$\left\| v(k) \right\|_2^2 = \sum_{k=-\infty}^{+\infty} |v(k)|^2 = \frac{1}{2\pi} \cdot \int_{-\pi}^{+\pi} |V(e^{j\Omega})|^2 d\Omega. \tag{2.2.68}$$

Wir bestimmen jetzt die Spektren der in Abschnitt 2.2.1 eingeführten Testfolgen. Für den Impuls erhält man sofort

$$\mathscr{F}_*\{\gamma_0(k)\} = 1. \tag{2.2.69a}$$

Die übrigen Testfolgen erfüllen nicht die zu Beginn dieses Abschnitts gemachte Voraussetzung, absolut summierbar zu sein. Für ihre Transformation, soweit sie überhaupt möglich ist, sind wieder verallgemeinerte Funktionen nötig. Wir betrachten zunächst $v(k) = e^{j\Omega_0 k}$, $\forall k$. Bei vorläufiger Beschränkung auf eine endliche Anzahl von Werten erhält man entsprechend (2.2.64b)

$$\sum_{k=-k_1}^{k_1} e^{j\Omega_0 k} \cdot e^{-j\Omega k} = \frac{\sin\left[(2k_1+1)(\Omega-\Omega_0)/2\right]}{\sin(\Omega-\Omega_0)/2},$$

eine Funktion, die unabhängig von k_1 pro Periode die Fläche 2π hat. Sie geht für wachsendes k_1 in eine periodische Folge von Diracstößen im Frequenzbereich bei $\Omega = \Omega_0 + \kappa 2\pi$ über. Es ist daher

$$\mathcal{F}_* \left\{ e^{j\Omega_0 k} \right\} = 2\pi \sum_{\kappa=-\infty}^{+\infty} \delta_0(\Omega - \Omega_0 - \kappa 2\pi) \tag{2.2.69b}$$

Hier wird nicht vorausgesetzt, daß $e^{j\Omega_0 k}$ periodisch ist, daß also $2\pi/\Omega_0$ rational ist.

Zur Bestimmung des Spektrums der Sprungfolge gehen wir von der Darstellung

$$\gamma_{-1}(k) = 0,5 + 0,5\,[\gamma_{-1}(k) - \gamma_{-1}(-k-1)]$$

aus. Für den Term

$$g(k) = 0,5\,[\gamma_{-1}(k) - \gamma_{-1}(-k-1)] = \begin{cases} -0,5; & k < 0 \\ \\ 0,5; & k \geq 0 \end{cases} \tag{2.2.70a}$$

gilt

$$g(k) - g(k-1) = \gamma_0(k).$$

Ist $G(e^{j\Omega})$ das Spektrum von $g(k)$, so erhält man entsprechend (2.2.39) bzw. unmittelbar aus (2.2.66a)

$$g(k-1) \circ\!\!-\!\!\bullet\; G(e^{j\Omega}) \cdot e^{-j\Omega}.$$

Damit folgt unter Verwendung von $\gamma_0(k) \circ\!\!-\!\!\bullet\; 1$

$$g(k) - g(k-1) \circ\!\!-\!\!\bullet\; (1 - e^{-j\Omega}) \cdot G(e^{j\Omega})$$

und

$$G(e^{j\Omega}) = \frac{1}{1 - e^{-j\Omega}}. \tag{2.2.70b}$$

Insgesamt ergibt sich mit (2.2.69b) für $\Omega_0 = 0$

$$\mathcal{F}_* \{\gamma_{-1}(k)\} = \pi \sum_{\mu=-\infty}^{+\infty} \delta_0\,[\Omega - 2\mu\pi] + \frac{1}{1 - e^{-j\Omega}}. \tag{2.2.69c}$$

Für spätere Anwendungen ist das Spektrum der Folge

$$\operatorname{sign} k = \begin{cases} -1, & k < 0 \\ 0, & k = 0 \\ 1, & k > 0 \end{cases} \tag{2.2.71a}$$

von Interesse. Sie läßt sich mit der durch (2.2.70a) definierten Folge $g(k)$ als $\operatorname{sign} k = 2g(k) - \gamma_0(k)$ darstellen. Dann erhält man mit (2.2.70b)

$$\mathcal{F}_* \{\operatorname{sign} k\} = \frac{1 + e^{-j\Omega}}{1 - e^{-j\Omega}} = -j\,\frac{1}{\tan \Omega/2}. \tag{2.2.71b}$$

2.2.2.5 Spektrum abgetasteter Funktionen

In diesem Abschnitt interessieren wir uns für den Zusammenhang zwischen dem Spektrum $V_0(j\omega)$ einer Funktion $v_0(t)$ und dem Spektrum $V(e^{j\Omega})$ der daraus durch Abtastung gewonnenen Folge $v(k) = v_0(t = kT)$. Für eine einführende Betrachtung setzen wir voraus, daß $v_0(t)$ absolut integrabel und entsprechend die Folge $v(k)$ absolut summierbar ist. Der Vergleich von

$$V_0(j\omega) = \mathscr{F}\{v_0(t)\} = \int_{-\infty}^{+\infty} v_0(t)e^{-j\omega t}dt$$

und

$$V(e^{j\Omega}) = \mathscr{F}_*\{v_0(kT)\} = \sum_{k=-\infty}^{+\infty} v(k)e^{-jk\Omega}, \quad \Omega = \omega T$$

zeigt zunächst, daß man bei numerischer Auswertung des Fourierintegrals mit Hilfe der Rechteckregel abgesehen vom Faktor T den Ausdruck für $V(e^{j\Omega})$ erhält. Nun ist aber $V(e^{j\Omega})$ eine periodische Funktion in Ω. Die näherungsweise Übereinstimmung von $V_0(j\omega)$ und $T \cdot V(e^{j\omega T})$ kann also höchstens innerhalb einer Periode, d.h. für $|\omega| \leq \pi/T$ gelten . Wir kommen darauf zurück.

Für eine genauere Untersuchung betrachten wir zwei unterschiedliche Darstellungen von $v(k)$. Einerseits ist nach (2.2.66b)

$$v(k) = \frac{1}{2\pi}\int_{-\pi}^{+\pi} V(e^{j\Omega})e^{jk\Omega}d\Omega = \mathscr{F}_*^{-1}\{V(e^{j\Omega})\},$$

andererseits gilt

$$v(k) = v_0(t = kT) = \frac{1}{2\pi}\cdot\int_{-\infty}^{+\infty} V_0(j\omega)e^{j\omega kT}d\omega = \mathscr{F}^{-1}\{V_0(j\omega)\}\big|_{t=kT}. \quad (2.2.72a)$$

Dieses Integral läßt sich als unendliche Summe von Integralen über Intervalle der Breite $2\pi/T$ darstellen. Es ist

$$\int_{-\infty}^{+\infty} V_0(j\omega)e^{j\omega kT}d\omega = \sum_{\mu=-\infty}^{+\infty}\int_{(2\mu-1)\pi/T}^{(2\mu+1)\pi/T} V_0(j\omega)e^{j\omega kT}d\omega. \quad (2.2.72b)$$

Mit der Substitution

$$\omega\Big|_{(2\mu-1)\pi/T}^{(2\mu+1)\pi/T} =: \frac{1}{T}\left[\Omega\Big|_{-\pi}^{+\pi} + 2\mu\pi\right]$$

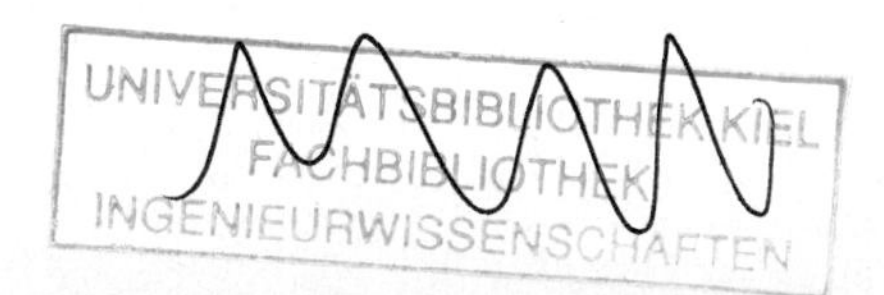

erhält man für das μ-te Teilintegral

$$\frac{1}{T}\int_{-\pi}^{+\pi} V_0[j(\Omega+2\mu\pi)/T]e^{j\Omega k}d\Omega. \tag{2.2.72c}$$

Vertauscht man in (2.2.72b) die Reihenfolge von Summation und Integration, so ergibt sich mit (2.2.66b)

$$\int_{-\pi}^{+\pi} V(e^{j\Omega})e^{jk\Omega}d\Omega = \int_{-\pi}^{+\pi} \frac{1}{T}\sum_{\mu=-\infty}^{+\infty} V_0[j(\Omega+2\mu\pi)/T]e^{j\Omega k}d\Omega. \tag{2.2.72d}$$

Diese Gleichung besagt, daß die Fourierreihenentwicklungen der beiden periodischen Funktionen $V(e^{j\Omega})$ und $\frac{1}{T}\sum_{\mu=-\infty}^{+\infty} V_0[j(\Omega+2\mu\pi)/T]$ dieselben Koeffizienten haben. Sie können sich dann nur um eine Nullfunktion unterscheiden. Mit dieser Einschränkung gilt

$$V(e^{j\Omega}) = \frac{1}{T}\cdot\sum_{\mu=-\infty}^{+\infty} V_0[j(\Omega+2\mu\pi)/T]. \tag{2.2.73a}$$

Das Spektrum der Folge $v(k)$ ergibt sich also als Überlagerung gegeneinander verschobener Spektren der zugehörigen Funktion $v_0(t)$. Offenbar gilt

$$V(e^{j\Omega}) = \frac{1}{T}V_0(j\Omega/T), \qquad |\Omega| < \pi \tag{2.2.73b}$$

nur dann, wenn

$$V_0(j\Omega/T) = V_0(j\omega) \equiv 0 \quad \text{für} \quad |\Omega| \geq \pi \quad \text{bzw.} \quad |\omega| \geq \frac{\pi}{T}$$

ist. Die Beziehung (2.2.73a) ist eine Verallgemeinerung des Überlagerungssatzes der Diskreten Fouriertransformation auf nicht periodische Funktionen bzw. Folgen. Wir werden auf diesen wichtigen Zusammenhang noch mehrfach zurückkommen.

Zur Erläuterung bestimmen wir das Spektrum der Folge $v(k) = \rho^{|k|}$ mit $0 < \rho < 1$. Wir erhalten

$$\begin{aligned} V(e^{j\Omega}) &= \sum_{k=-\infty}^{\infty} \rho^{|k|}\cdot e^{-jk\Omega} = \sum_{k=1}^{\infty} \rho^k e^{jk\Omega} + \sum_{k=0}^{\infty} \rho^k e^{-jk\Omega} \\ &= \frac{e^{j\Omega}}{e^{j\Omega}-\rho} - \frac{e^{j\Omega}}{e^{j\Omega}-\rho^{-1}} = \frac{1-\rho^2}{1-2\rho\cos\Omega+\rho^2}. \end{aligned} \tag{2.2.74a}$$

Für die beiden Terme auf der rechten Seite lassen sich Partialbruchzerlegungen angeben (siehe Abschnitt 7.3). Sie haben Pole bei $\Omega_\mu = 2\mu\pi - j\ln\rho$ bzw. $\Omega_\mu = 2\mu\pi + j\ln\rho$, $\mu \in \mathbb{Z}$.

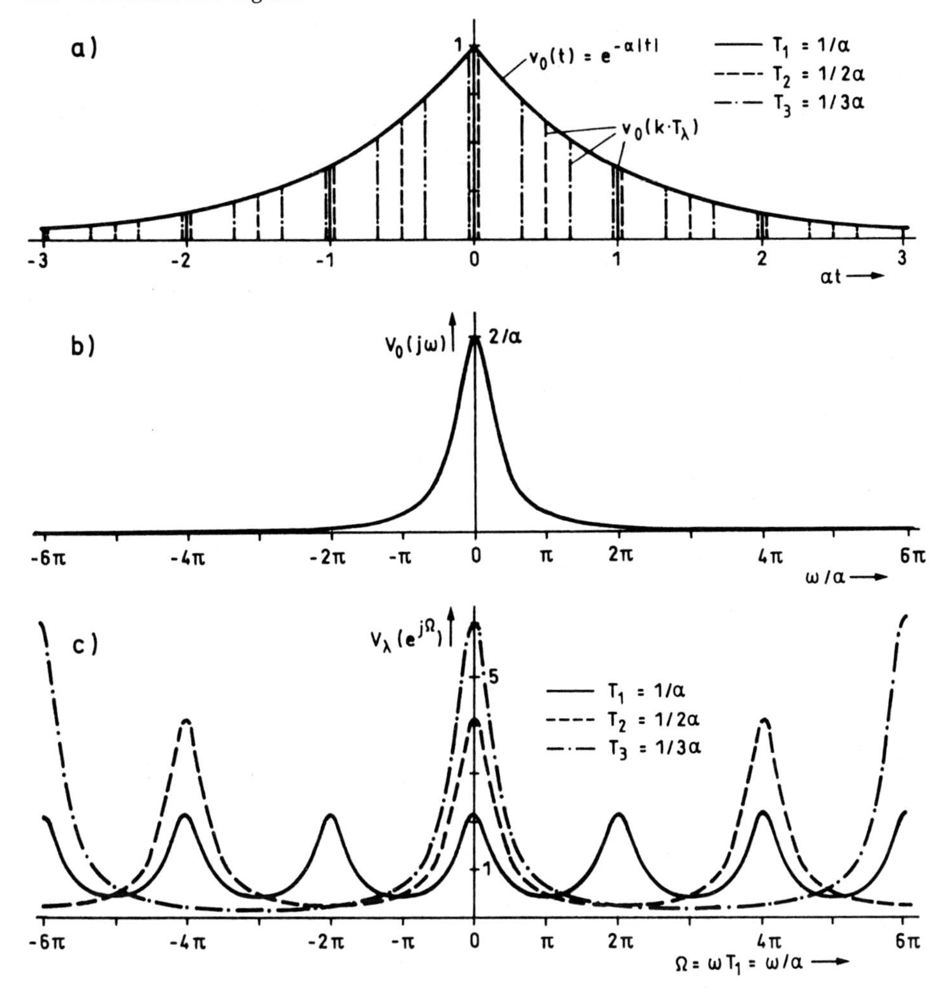

Bild 2.25: Zur Erläuterung des Überlagerungssatzes am Beispiel $v_\lambda(k) = \rho_\lambda^{|k|} = e^{-\alpha T_\lambda |k|} = v_0(t = kT_\lambda)$

Die zugehörigen Residuen sind jeweils $-j$, $\forall \mu$. Man erhält damit die Darstellung

$$\begin{aligned} V(e^{j\Omega}) &= \sum_{\mu=-\infty}^{+\infty} \frac{1}{j(\Omega + 2\mu\pi) - \ln\rho} - \sum_{\mu=-\infty}^{+\infty} \frac{1}{j(\Omega + 2\mu\pi) + \ln\rho} \\ &= -2\ln\rho \sum_{\mu=-\infty}^{+\infty} \frac{1}{(\Omega + 2\mu\pi)^2 + (\ln\rho)^2}. \end{aligned} \tag{2.2.74b}$$

Die $v(k)$ lassen sich als Abtastwerte der Funktion $v_0(t) = e^{-\alpha|t|}$ bei $t = kT$, $k \in \mathbb{Z}$ auffassen, wenn $e^{-\alpha T} = \rho$ ist. Für deren Spektrum erhält man

$$\mathcal{F}\{v_0(t)\} = V_0(j\omega) = \frac{1}{j\omega + \alpha} - \frac{1}{j\omega - \alpha} = \frac{2\alpha}{\omega^2 + \alpha^2}. \tag{2.2.74c}$$

Mit $\Omega = \omega T$ und $\alpha T = -\ln\rho$ ist dann

$$\frac{1}{T}\sum_{\mu=-\infty}^{+\infty} V_0[j(\Omega+2\mu\pi)/T] = -2\ln\rho \sum_{\mu=-\infty}^{+\infty} \frac{1}{(\Omega+2\mu\pi)^2+(\ln\rho)^2} \tag{2.2.74d}$$

entsprechend der Aussage des Überlagerungssatzes. Wir erläutern dieses Ergebnis mit Bild 2.25. Die Teilbilder a und b zeigen $v_0(t)$ und das zugehörige Spektrum. Die Abtastung von $v_0(t)$ bei $T_\lambda = 1/\lambda\alpha$, $\lambda = 1,2,3$ liefert die in Bild 2.25a zusätzlich angegebenen Abtastwerte. Im Teilbild c sind die zugehörigen Spektren $V_\lambda(e^{j\Omega})$ als Funktion von $\Omega = \omega T_1 = \omega/\alpha$ dargestellt. Man erkennt die für verschiedene T_λ unterschiedliche Überlagerung. Wir kontrollieren die Werte für $\Omega = \mu\cdot 2\pi$: Aus (2.2.74a) erhalten wir

$$V_\lambda(e^{j\mu 2\pi}) = \frac{1+\rho_\lambda}{1-\rho_\lambda} \quad \text{mit} \quad \rho_\lambda = e^{-\alpha T_\lambda} = e^{-1/\lambda}$$

und bestätigen damit die Darstellung in Bild 2.25c.

Als weiteres Beispiel untersuchen wir das Spektrum einer Folge, die sich aus der Abtastung der Impulsantwort eines Reihenschwingkreises ergibt. Dabei erläutern wir unsere Überlegungen durch einige Messungen, mit denen wir Näherungen der theoretischen Ergebnisse vorstellen. Die Impulsantwort können wir nur näherungsweise dadurch erzeugen, daß wir die Schaltung mit einem hinreichend kurzen Impuls statt eines Diracstoßes erregen (vergl. Abschn. 6.4.4 in Band I). Weiterhin gestattet der verwendete Spektralanalysator nur die Messung der Spektren periodischer Signale. Wir müssen daher die Impulsantwort periodisch wiederholen. Das ist mit vernachlässigbarem Fehler möglich, weil sie im Rahmen der Meßgenauigkeit als zeitlich begrenzt unterstellt werden kann. Bild 2.26a zeigt die Anordnung. Es ist

$$v(t) = \sum_{\lambda=0}^{\infty} h_0(t-\lambda\tau), \quad \forall t \geq 0 \tag{2.2.75a}$$

die sich ergebende periodische Wiederholung der Impulsantwort der angenommenen Dauer τ (gewählt $\tau = 5ms$). Mit (2.2.22) folgt

$$v(t) = \sum_{\nu=-\infty}^{+\infty} c_\nu e^{j\nu\omega_0 t}, \quad \omega_0 = 2\pi/\tau$$

mit

$$c_\nu = \frac{1}{\tau}\int_0^\tau h_0(t)e^{-j\nu\omega_0 t}dt = \frac{1}{\tau}H_c(j\nu\omega_0). \tag{2.2.75b}$$

Die Koeffizienten c_ν erweisen sich, abgesehen von einem konstanten Faktor, als Abtastwerte des Spektrums von $h_0(t)$, im vorliegenden Fall des Frequenzganges des Systems bei $\omega = \nu\omega_0$. Im hier behandelten Beispiel ist

$$\begin{aligned} H_c(s) &= \frac{U_c(s)}{U_q(s)} = \frac{1}{s^2LC+sRC+1} \\ &= \frac{1/LC}{(s-s_\infty)(s-s_\infty^*)} \end{aligned} \tag{2.2.76a}$$

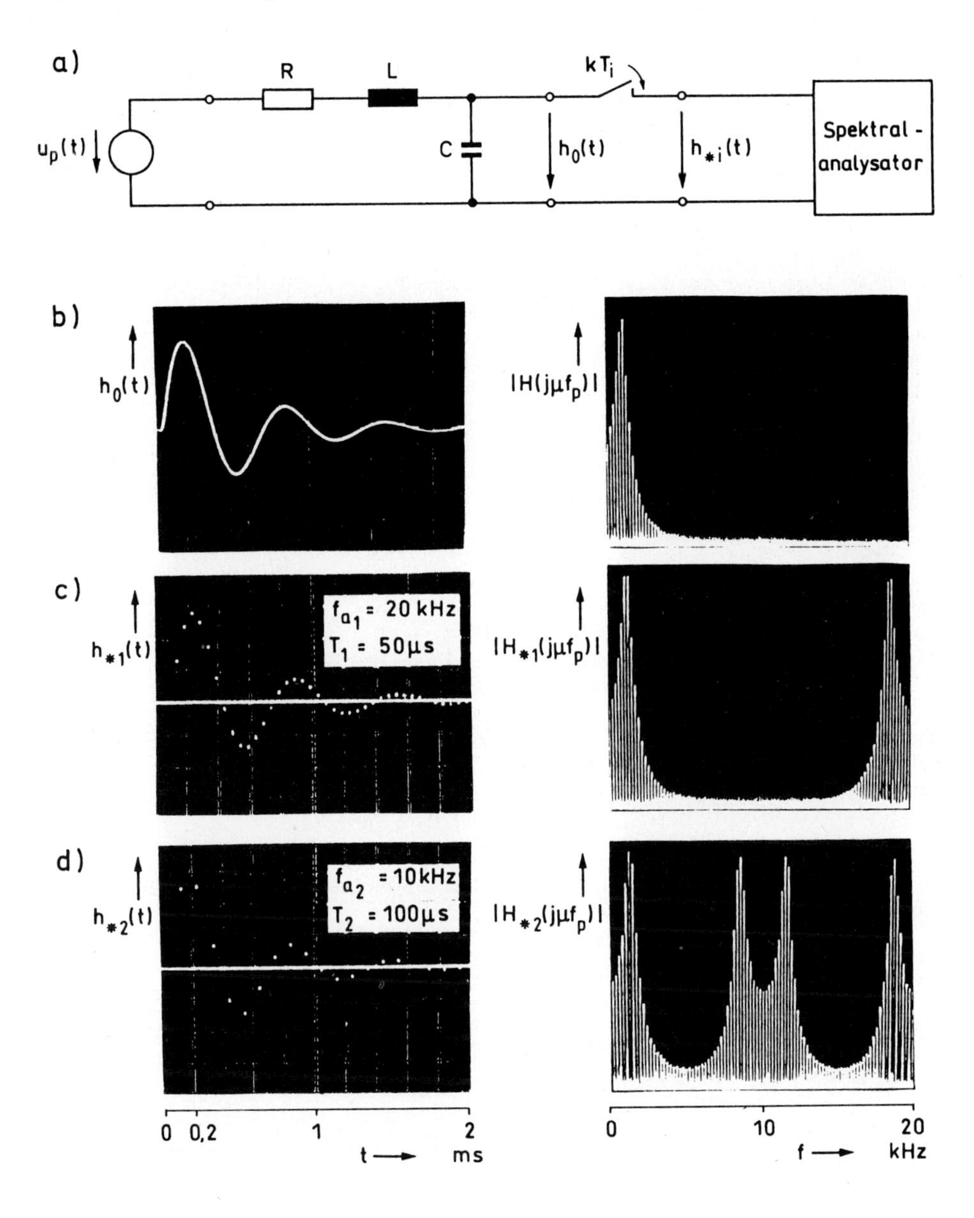

Bild 2.26: Zur Messung der Spektren einer kontinuierlichen Impulsantwort und der daraus durch Abtastung gewonnenen Folgen. $u_p(t)$ bezeichnet eine für $t \geq 0$ periodische Folge schmaler Rechteckimpulse der Periode τ=5ms.

mit

$$s_\infty = \frac{1}{\sqrt{LC}} \cdot \left[-\rho/2 + j\sqrt{1-(\rho/2)^2}\right], \quad \rho = R\sqrt{C/L}$$

$$=: \sigma_\infty + j\omega_\infty =: -\frac{1}{\sqrt{LC}} e^{-j\psi} \quad \text{mit} \quad \psi = \arccos \rho/2.$$

Nach Partialbruchzerlegung von $H_c(s)$ erhält man die Impulsantwort als

$$h_0(t) = \mathcal{L}^{-1}\{H_c(s)\} = \frac{1}{\sin\psi \cdot \sqrt{LC}} e^{\sigma_\infty t} \sin \omega_\infty t \cdot \delta_{-1}(t). \tag{2.2.76b}$$

Bild 2.26b zeigt $h_0(t)$ sowie die gemessene Folge der $|c_\nu|$ für $\psi = 80°$ (vergl. Bd. I, Abschnitt 3.2.1, speziell Bild 3.16). Die Abtastung von $h_0(t)$ bei $t = kT$ führt auf

$$\begin{aligned} h(k) &= \frac{1}{\sin\psi \cdot \sqrt{LC}} e^{\sigma_\infty Tk} \cdot \sin \omega_\infty Tk \cdot \gamma_{-1}(k) \\ &= \frac{1}{2j \sin\psi \cdot \sqrt{LC}} \left(z_\infty^k - z_\infty^{*k}\right) \cdot \gamma_{-1}(k) \end{aligned} \tag{2.2.76c}$$

mit $z_\infty = e^{s_\infty T}$. Das zugehörige Spektrum ist

$$H(e^{j\Omega}) = \sum_{k=0}^{\infty} h(k) e^{-j\Omega k} = \frac{1}{2j \sin\psi \cdot \sqrt{LC}} \left[\frac{e^{j\Omega}}{e^{j\Omega} - z_\infty} - \frac{e^{j\Omega}}{e^{j\Omega} - z_\infty^*}\right]. \tag{2.2.76d}$$

Wie im obigen ersten Beispiel bestätigt man leicht, daß entsprechend dem Überlagerungssatz

$$H(e^{j\Omega}) = \frac{1}{T} \sum_{\mu=-\infty}^{+\infty} H_c[j(\Omega + 2\mu\pi)/T]$$

ist (vergl. (2.2.74)). Zur Illustration wurde das Spektrum der für $k \geq 0$ periodischen Folgen

$$\tilde{v}_i(k) = \sum_{\lambda=0}^{\infty} h(k - \lambda M_i), \quad M_i = \tau/T_i$$

gemessen. Die Bilder 2.26c/d zeigen die Folgen der Abtastwerte und die gemessenen Spektren für zwei Werte von T_i. Man erkennt die Periodizität des Spektrums und die für große Werte von T_i deutlich werdende Überlappung.

Für die Bestimmung der Spektren von weitgehend beliebigen Folgen gehen wir von (2.2.63b) aus. Dabei setzen wir für die dort eingeführten Koeffizienten d_k die Werte $v(k)$ ein. Auf diese Weise ordnen wir der Folge der Werte $v(k)$ eine verallgemeinerte Funktion

$$v_*(t) = \sum_{k=-\infty}^{+\infty} v(k) \delta_0(t - kT) \tag{2.2.77a}$$

zu, für deren Spektrum sich mit (2.2.63b) und $\Omega = \omega T$

$$\mathcal{F}\{v_*(t)\} := V_*(j\omega) = V(e^{j\Omega}) = \sum_{k=-\infty}^{+\infty} v(k) e^{-jk\Omega} \tag{2.2.77b}$$

ergibt. Das entspricht offenbar (2.2.66a), wobei aber jetzt keine Voraussetzung über die Summierbarkeit der $|v(k)|$ gemacht wird. Sind die Werte $v(k)$ durch Abtastung einer für alle Werte von t definierten Funktion $v_0(t)$ entstanden, gilt also $v(k) = v_0(t = kT)$, so können wir die Entstehung von $v_*(t)$ durch die Multiplikation von $v_0(t)$ mit dem in (2.2.64a) angegebenen Impulskamm $p(t)$ beschreiben. Es ist

$$v_*(t) = v_0(t) \cdot p(t), \tag{2.2.77c}$$

wobei vorauszusetzen ist, daß $v_0(t)$ in den Abtastpunkten stetig ist. Den Zusammenhang zwischen den Spektren $V(e^{j\Omega})$ und $V_0(j\omega)$ gewinnen wir aus (2.2.77c) mit dem Multiplikationssatz (2.2.53a). Man erhält

$$V_*(j\omega) = \mathscr{F}\{v_0(t) \cdot p(t)\} = \frac{1}{2\pi} V_0(j\omega) * P(j\omega)$$

und mit (2.2.64c)

$$V_*(j\omega) = \frac{1}{T} \int_{-\infty}^{+\infty} \sum_{\mu=-\infty}^{+\infty} \delta_0[\eta - 2\mu\pi/T] \cdot V_0[j(\omega - \eta)]\, d\eta.$$

Dann ist mit $\Omega = \omega T$

$$V(e^{j\Omega}) = \frac{1}{T} \sum_{\mu=-\infty}^{+\infty} V_0[j(\Omega - 2\mu\pi)/T]. \tag{2.2.77d}$$

Es folgt also wieder das schon in (2.2.73a) angegebene Ergebnis, jetzt mit anderer Herleitung und mit erheblich erweiterter Gültigkeit.

Wir behandeln ein einfaches Beispiel. Es sei

$$v_0(t) = \cos\omega_0 t \;\circ\!\!-\!\!\bullet\; V_0(j\omega) = \pi[\delta_0(\omega - \omega_0) + \delta_0(\omega + \omega_0)].$$

Dann gilt mit (2.2.69b) für das Spektrum von

$$v_*(t) = \sum_{k=-\infty}^{+\infty} \cos\omega_0 kT \cdot \delta_0(t - kT)$$

$$V_*(j\omega) = \frac{\pi}{T} \sum_{\mu=-\infty}^{+\infty} [\delta_0(\omega - \omega_0 + \mu\omega_a) + \delta_0(\omega + \omega_0 + \mu\omega_a)],$$

wobei die Abtastfrequenz $\omega_a = 2\pi/T$ eingeführt wurde. Bild 2.27 zeigt die Spektren $V_0(j\omega)$ und $V_*(j\omega)$ für verschiedene Werte von ω_0 bei festem ω_a. Es ist angedeutet, welche Veränderungen sich ergeben, wenn man ω_0 vergrößert. Ist ω_1 die Frequenz der Spektrallinie von $V_*(j\omega)$ im Intervall $0 < \omega < \omega_a/2$, so gilt

$$\omega_1 = \omega_0 \quad \text{für} \quad 0 < \omega_0 < \omega_a/2$$

$$\omega_1 = \omega_a - \omega_0 \quad \text{für} \quad \omega_a/2 < \omega_0 < \omega_a$$

$$\omega_1 = \omega_0 - \omega_a \quad \text{für} \quad \omega_a < \omega_0 < 3\omega_a/2$$

usw. Dieser Spiegelungseffekt wird durch die Oszillogramme in Bild 2.28 erläutert. Sie zeigen jeweils $v_0(t)$, $v_*(t)$ und die Funktion $y_0(t)$, die man erhält, wenn man die Impulsfolge $v_*(t)$ auf einen Tiefpaß gibt, der die Spektralanteile oberhalb $\omega_a/2$ unterdrückt. Offenbar ist $y_0(t)$ sinusförmig, die Frequenz dieser Funktion ist ω_1.

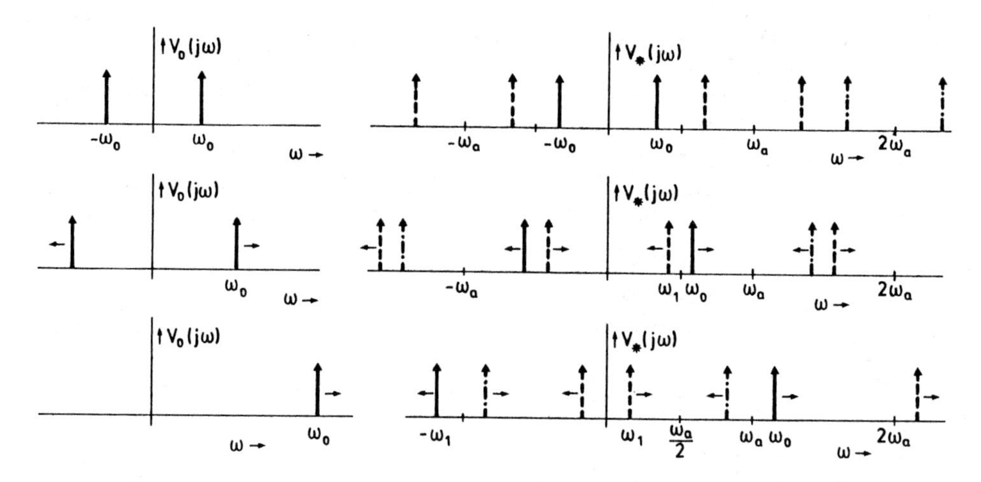

Bild 2.27: Die Spektren abgetasteter Kosinusfunktionen unterschiedlicher Frequenz

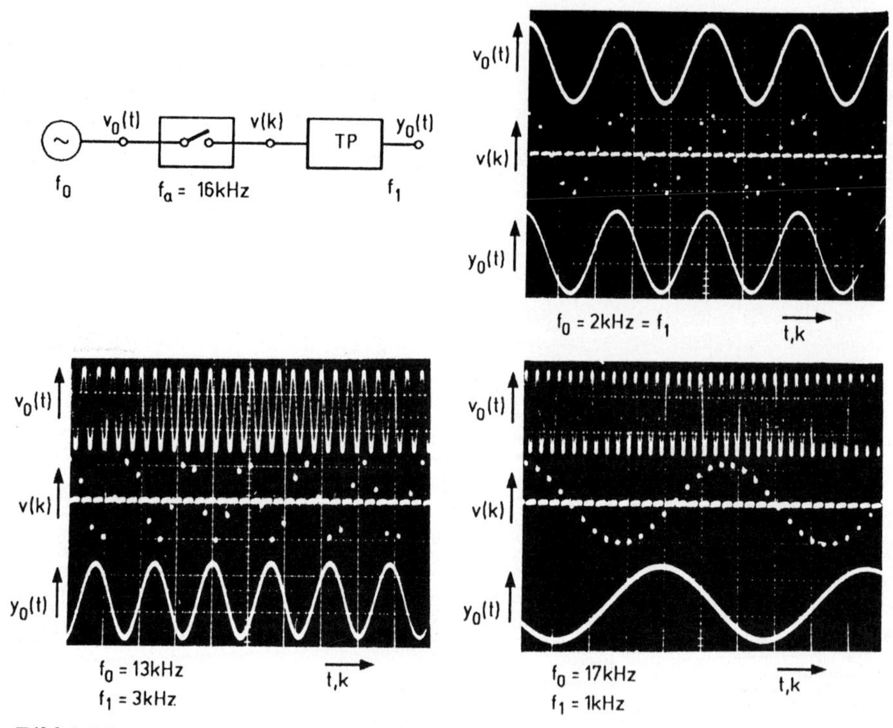

Bild 2.28: Zum Spiegelungseffekt bei der Abtastung einer sinusförmigen Funktion

2.2.2.6 Das Abtasttheorem

Wir greifen den Zusammenhang zwischen dem Spektrum einer Funktion $v_0(t)$ und dem der durch Abtastung daraus gewonnenen Folge $v(k)$ noch einmal für den Fall auf, daß $v_0(t)$ spektral begrenzt ist. Es gelte also

$$V_0(j\omega) \equiv 0, \qquad |\omega| \geq \omega_g. \tag{2.2.78a}$$

Bild 2.29 zeigt zunächst $v_0(t)$ und $V_0(j\omega)$ sowie den Impulskamm $p(t)$ und sein Spektrum $P(j\omega)$. Weiterhin sind die durch Abtastung gewonnenen verallgemeinerten Funktionen $v_{*\nu}(t)$ für drei verschiedene Abtastintervalle T_ν dargestellt. Man erkennt, daß

$$V_*(j\omega) = \frac{1}{T} V_0(j\omega), \qquad |\omega| < \omega_g \tag{2.2.78b}$$

nur dann gilt, wenn neben der spektralen Begrenzung der kontinuierlichen Funktion $v_0(t)$ bei der Abtastung die Bedingung

$$T = \frac{1}{f_a} = \frac{2\pi}{\omega_a} \leq \frac{\pi}{\omega_g} \tag{2.2.78c}$$

eingehalten wird. Eine entsprechende Aussage haben wir schon in (2.2.73b) gemacht. Sind die Voraussetzungen (2.2.78a,c) erfüllt, so kann man nach (2.2.78b) aus $V_*(j\omega)$ das Spektrum $V_0(j\omega)$ durch eine Beschränkung auf das Intervall $|\omega| < \omega_g$ zurückgewinnen und damit auch die Funktion $v_0(t)$ aus der Folge der Abtastwerte $v(k) = v_0(t = kT)$ exakt rekonstruieren. Nach (2.2.77b,d) gilt dann

$$V_0(j\omega) = T \sum_{k=-\infty}^{+\infty} v_0(kT) \cdot e^{-jk\omega T}, \; |\omega| < \frac{\omega_a}{2} = \frac{\pi}{T},$$

wobei $\omega_a \geq 2\omega_g$ ist. Es folgt

$$\begin{aligned} v_0(t) = \mathscr{F}^{-1}\{V_0(j\omega)\} &= \frac{T}{2\pi} \int_{-\pi/T}^{\pi/T} \sum_{k=-\infty}^{+\infty} v_0(kT) e^{j\omega(t-kT)} d\omega \\ &= \sum_{k=-\infty}^{+\infty} v_0(kT) \frac{\sin \pi(t/T - k)}{\pi(t/T - k)}. \end{aligned} \tag{2.2.79}$$

Bild 2.30 erläutert, wie die Funktion $v_0(t)$ aus den Abtastwerten $v_0(kT)$ exakt zurückgewonnen werden kann. Für die dabei zur Interpolation verwendete Funktion

$$g_0(t) = \frac{\sin \pi t/T}{\pi t/T}, \tag{2.2.80a}$$

die wir schon früher betrachtet haben, gilt offenbar

$$g_0(kT) = \begin{cases} 1, & k = 0 \\ 0, & k \neq 0. \end{cases} \tag{2.2.80b}$$

In den Punkten $t = kT$ liefert also nur einer der Summanden von (2.2.79) einen Beitrag.

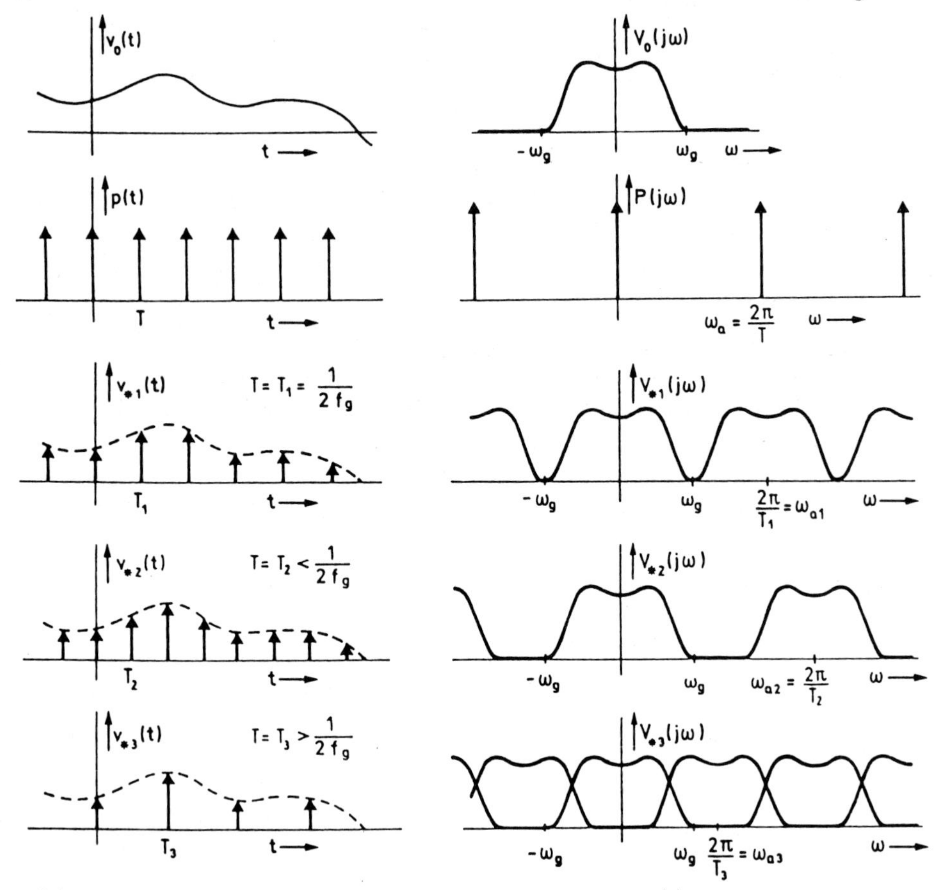

Bild 2.29: Zur Abtastung einer bandbegrenzten Funktion $v_0(t)$ bei unterschiedlichen Abtastfrequenzen

Wir haben hier die Aussage des Abtasttheorems gewonnen, das von Shannon 1949 in die Nachrichtentechnik eingeführt wurde, in der mathematischen Literatur aber schon vorher bekannt war. Diese sowohl für theoretische Überlegungen wie für die Praxis außerordentlich wichtige Aussage formulieren wir wie folgt:

> Eine Zeitfunktion $v_0(t)$, deren Spektrum für $|\omega| \geq \omega_g$ identisch verschwindet, wird durch ihre Abtastwerte $v_0(t = kT)$ vollständig beschrieben, wenn $T = \dfrac{2\pi}{\omega_a} \leq \dfrac{\pi}{\omega_g}$ gewählt wird. Sie läßt sich in der Form (2.2.79) darstellen.

Da die in (2.2.79) angegebene Reihe schlecht konvergiert, sind andere Darstellungen mit besseren Konvergenzeigenschaften von Interesse. Unter der Voraussetzung einer "Überabtastung" um den Faktor ρ, d.h. für $T = \pi/\rho\omega_g$ mit $\rho > 1$ kann man solche

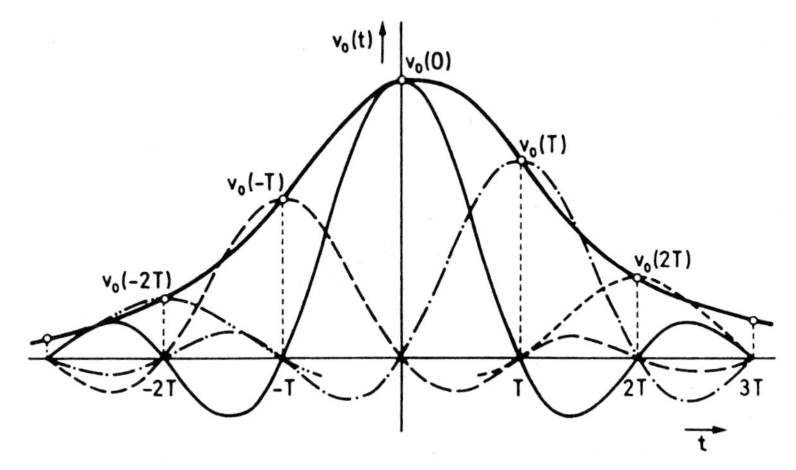

Bild 2.30: Zur Darstellung einer bandbegrenzten Funktion durch ihre Abtastwerte

Entwicklungen angeben. Zunächst stellen wir fest, daß

$$V_0(j\omega) = T \sum_{k=-\infty}^{+\infty} v_0(kT)e^{-jk\omega T} = 0, \qquad \omega_g < |\omega| < \omega_1 = \omega_a - \omega_g$$

gelten muß (siehe Bild 2.31a). Dann ist

$$v_0(t) = \frac{1}{2\pi} \int_{-\omega_g}^{+\omega_g} V_0(j\omega)e^{j\omega t}d\omega = \frac{1}{2\pi} \int_{-\omega_1}^{+\omega_1} G(j\omega)V_0(j\omega)e^{j\omega t}d\omega,$$

wobei $G(j\omega) = 1$ für $|\omega| \leq \omega_g$ ist, im übrigen aber beliebig sein kann. Es folgt

$$\begin{aligned} v_0(t) &= \sum_{k=-\infty}^{+\infty} v_0(kT)\frac{T}{2\pi} \int_{-\omega_1}^{+\omega_1} G(j\omega)e^{j\omega(t-kT)}d\omega \\ &= \sum_{k=-\infty}^{+\infty} v_0(kT)g_n(t-kT) \end{aligned} \qquad (2.2.81a)$$

mit der normierten Interpolationsfunktion $g_n(t) = T\mathcal{F}^{-1}\{G(j\omega)\}$. Die Konvergenzeigenschaften dieser Reihe können wir nun dadurch beeinflussen, daß wir $G(j\omega)$ im Intervall $\omega_g < |\omega| < \omega_1$ stetig bzw. ein- oder mehrfach differenzierbar wählen (vergleiche die entsprechende Aussage (2.2.44) in Abschnitt 2.2.2.3). Für eine allgemeine Darstellung verschiedener Lösungen setzen wir

$$G(j\omega) =: G_\nu(j\omega) = \frac{1}{2\pi}G_0(j\omega) * F_\nu(j\omega), \qquad (2.2.81b)$$

wobei (siehe Bild 2.31)

$$G_0(j\omega) = \begin{cases} 1, & |\omega| < \omega_a/2 \\ 0, & |\omega| \geq \omega_a/2 \end{cases}$$

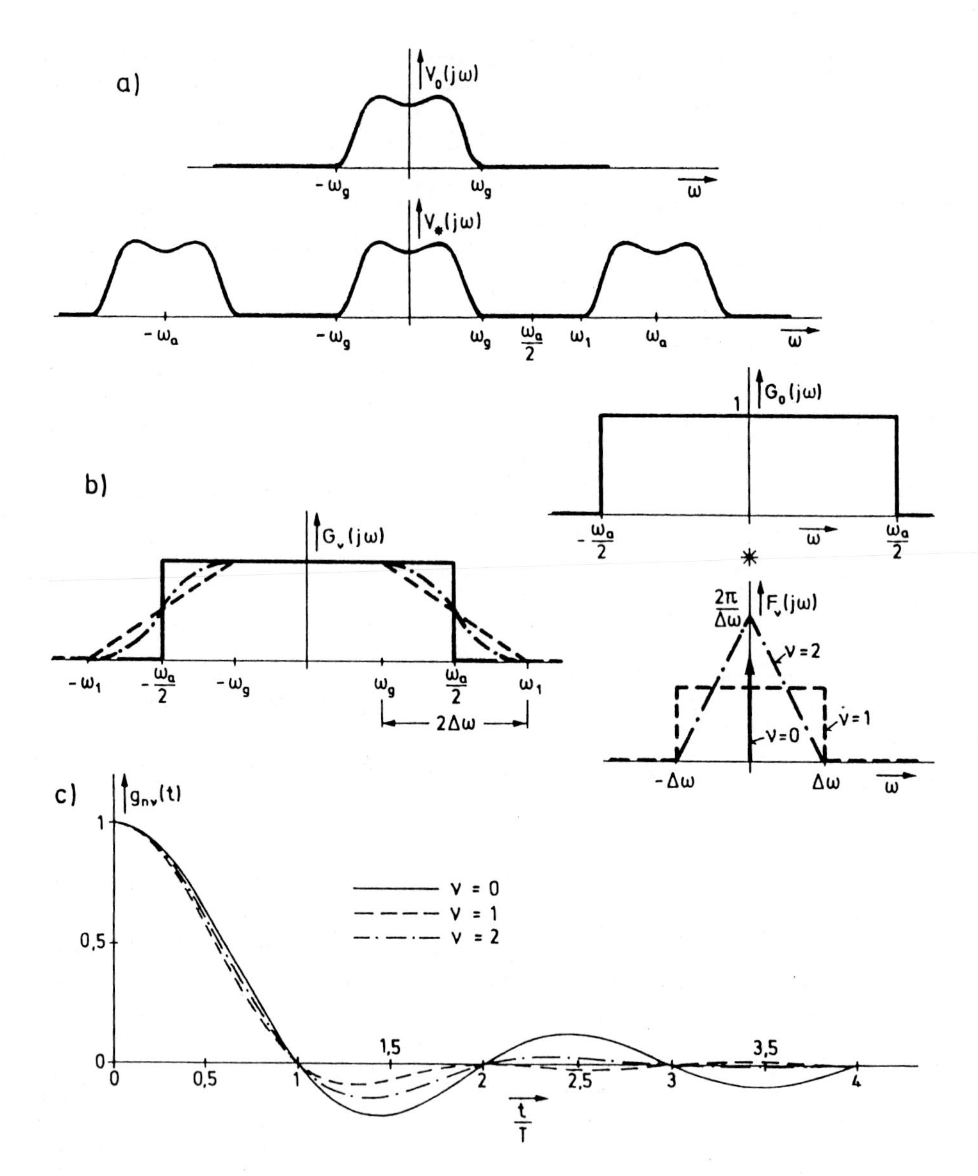

Bild 2.31: Zur Herleitung schneller konvergierender Reihenentwicklungen bandbegrenzter Funktionen

ist und für $F_\nu(j\omega)$ eine gerade, reelle Funktion der Fläche 2π gewählt wird, die außerhalb des Intervalls $|\omega| \le \Delta\omega = \omega_a/2 - \omega_g$ identisch verschwindet. Mit dem Multiplikationssatz (2.2.53a) erhält man

$$g_{n\nu}(t) = g_0(t) f_\nu(t). \tag{2.2.81c}$$

$g_0(t)$ hatten wir bereits in (2.2.80a) angegeben, während $f_\nu(t) = \mathscr{F}^{-1}\{F_\nu(j\omega)\}$ ist. Offenbar bleibt die in (2.2.80b) für $g_0(t)$ genannte Eigenschaft auch für die allgemeineren interpolierenden Funktionen $g_{n\nu}(t)$ erhalten. Im übrigen enthalten die Darstellungen (2.2.81b,c) die Lösung (2.2.80) mit $f_0(t) \equiv 1$, $F_0(j\omega) = 2\pi\delta_0(\omega)$ als Spezialfall. Für

$$F_1(j\omega) = \begin{cases} \pi/\Delta\omega, & |\omega| \le \Delta\omega \\ 0, & |\omega| > \Delta\omega \end{cases}$$

ergibt sich mit $\Delta\omega = \omega_a/2 - \omega_g =: \alpha\omega_a/2,\ \ 0 < \alpha < 1$

$$g_{n1}(t) = \frac{\sin \pi t/T}{\pi t/T} \cdot \frac{\sin \alpha\pi t/T}{\alpha\pi t/T}. \tag{2.2.81d}$$

Hat $F(j\omega)$ die Form eines Dreiecks der Breite $2\Delta\omega$ und Höhe $2\pi/\Delta\omega$, so folgt

$$g_{n2}(t) = \frac{\sin \pi t/T}{\pi t/T} \cdot \left(\frac{\sin \alpha\pi t/2T}{\alpha\pi t/2T}\right)^2. \tag{2.2.81e}$$

Bild 2.31b,c erläutert die Zusammenhänge und zeigt die interpolierenden Funktionen $g_{n\nu}(t)$ für $\alpha = 0,5$, d.h. für den Fall einer Verdopplung der Abtastrate ($\rho = 2$).

Ausgehend von diesen Überlegungen kann man realisierbare Systeme entwerfen, mit denen näherungsweise die Rekonstruktion von Funktionen aus ihren Abtastwerten gelingt [2.9].

Spektral begrenzte Funktionen haben einige interessante Eigenschaften. Aus (2.2.79) folgt sofort, daß $v_0(t)$ höchstens isolierte Nullstellen haben kann, daß es also keine Intervalle gibt, in denen die Zeitfunktion identisch verschwinden kann. Damit kann auch $v_0(t)$ nicht zeitlich begrenzt sein. Die vorausgesetzte spektrale Begrenzung schließt also die zeitliche Begrenzung aus (vergl. S. 40, 41).

Diese Feststellung führt zu einer weiteren bemerkenswerten Aussage: Der Verlauf von $v_0(t)$ innerhalb eines Intervalls $t \in [t_1, t_2]$ bestimmt eindeutig die Funktion für alle Werte von t. Würde es nämlich zwei verschiedene Funktionen $v_1(t)$ und $v_2(t)$ geben, die in gleicher Weise wie $v_0(t)$ bandbegrenzt sind und im Intervall $[t_1, t_2]$ mit $v_0(t)$ übereinstimmen, so wäre die ebenfalls bandbegrenzte Funktion $\Delta v(t) = v_1(t) - v_2(t)$ in diesem Intervall identisch gleich Null, im Widerspruch zu obiger Aussage. Diese zunächst überraschende Folgerung hängt damit zusammen, daß $v_0(t)$ beliebig oft differenzierbar ist.

Wir schließen an diese Betrachtung drei Bemerkungen an:

a) Die bisherigen Überlegungen gingen von Signalen aus, deren Spektrum nur für $|\omega| < \omega_g$ von Null verschieden sein kann. Wir werden im nächsten Abschnitt zeigen, daß das Abtasttheorem auch für sogenannte bandpaßförmige Signale gilt, deren Spektrum für $|\omega| \notin (\omega_1, \omega_2)$ mit $\omega_1 > 0$ verschwindet.

b) Da aus praktischen Gründen reale Zeitfunktionen stets zeitlich begrenzt sein müssen, können sie die Voraussetzungen für die Anwendung des Abtasttheorems nicht exakt erfüllen. Für sie ist also streng genommen die Darstellung (2.2.79) nicht möglich. Andererseits liegt stets näherungsweise eine spektrale Begrenzung vor. Wir formulieren sie für quadratisch integrable Funktionen mit Hilfe der Parsevalschen Gleichung. Dazu wählen wir die Grenzfrequenz ω_g einer Zeitfunktion $v_0(t)$ derart, daß für ihr Spektrum

$$\int_{-\infty}^{+\infty} |V_0(j\omega)|^2 d\omega - \int_{-\omega_g}^{+\omega_g} |V_0(j\omega)|^2 d\omega \ll \int_{-\infty}^{+\infty} |V_0(j\omega)|^2 d\omega \tag{2.2.82}$$

gilt. Der in (2.2.45) dargestellte Zusammenhang zwischen den Stetigkeitseigenschaften der Zeitfunktion und dem Verhalten des Spektrums für wachsendes ω gestattet nötigenfalls eine Abschätzung.

c) Wegen des Symmetriesatzes gilt das Abtasttheorem auch im Spektralbereich. Wir können es in der folgenden Weise formulieren:

Die Spektralfunktion $V_0(j\omega)$ zu einer für $|t| \geq t_g$ identisch verschwindenden Zeitfunktion $v_0(t)$ wird durch ihre Abtastwerte $V_0\left[j(\omega = \mu\Delta\omega)\right]$ vollständig beschrieben, wenn $\Delta\omega = 2\pi/t_a \leq \pi/t_g$ gewählt wird.

Sie läßt sich in der Form

$$V_0(j\omega) = \sum_{\mu=-\infty}^{+\infty} V_0(j\mu\Delta\omega) \cdot \frac{\sin t_a(\omega - \mu\Delta\omega)}{t_a(\omega - \mu\Delta\omega)} \tag{2.2.83}$$

darstellen. Auf eine Erläuterung durch Beispiele sei verzichtet.

2.2.3 Kausale und analytische Signale

Wir betrachten die Spektren kausaler oder rechtsseitiger Signale. Sie sind dadurch gekennzeichnet, daß sie für negative Werte des Argumentes identisch verschwinden. Es interessieren die sich daraus ergebenden Bindungen zwischen den Komponenten der Spektren. Bild 2.32 zeigt eine kausale Funktion und ihre Zerlegung in geraden und ungeraden Teil. Es ist

$$v(t) = v_g(t) + v_u(t) \qquad (\equiv 0, \quad \forall t < 0)$$

und daher für $t > 0$

$$v_g(t) = v_u(t) = 0,5 \cdot v(t), \tag{2.2.84a}$$

sowie für $t \neq 0$

$$v_g(t) = v_u(t) \cdot \operatorname{sign} t. \tag{2.2.84b}$$

Im allgemeinen ist $v_u(t)$ bei $t = 0$ unstetig mit

$$v_u(+0) = -v_u(-0) = \lim_{t \to +0} v_u(t) = 0,5 \cdot v(0). \tag{2.2.84c}$$

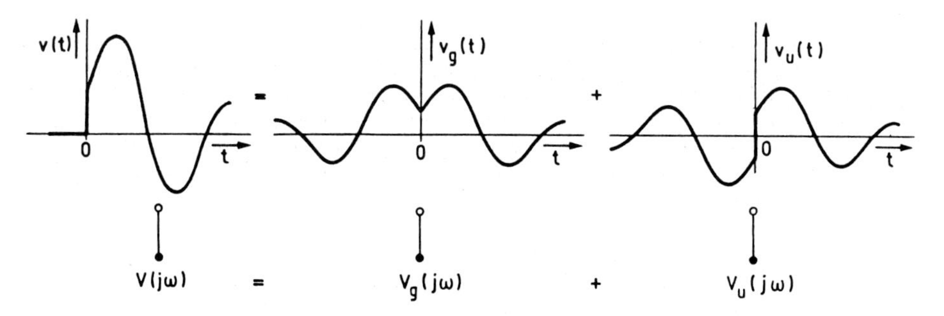

Bild 2.32: Zur Zerlegung einer kausalen Funktion in geraden und ungeraden Teil

Hier wurde angenommen, daß $v(t)$ bei $t = 0$ keinen Diracstoß enthält.

Für das Spektrum gilt in dem allgemeinen Fall komplexer Zeitfunktionen

$$V(j\omega) = \int_0^\infty v(t) e^{-j\omega t} dt = V_g(j\omega) + V_u(j\omega)$$

mit

$$V_g(j\omega) = \int_{-\infty}^{\infty} v_g(t) \cos \omega t dt = \int_0^\infty v(t) \cos \omega t dt, \tag{2.2.85a}$$

$$V_u(j\omega) = -j \int_{-\infty}^{+\infty} v_u(t) \sin \omega t dt = -j \int_0^\infty v(t) \sin \omega t dt. \tag{2.2.85b}$$

Wir können daher $v(t)$ durch inverse Fouriertransformation von $V_g(j\omega)$ *oder* $V_u(j\omega)$ darstellen. Es ist für $t \geq 0$ nach (2.2.36d)

$$0,5\,[v(t+0) + v(t-0)] \;= \frac{1}{\pi} \int_{-\infty}^{+\infty} V_g(j\omega) \cos \omega t d\omega \tag{2.2.86a}$$

$$= \frac{j}{\pi} \int_{-\infty}^{+\infty} V_u(j\omega) \sin \omega t d\omega. \tag{2.2.86b}$$

Setzt man (2.2.86b,a) in (2.2.85a,b) ein, so folgt eine erste Form der gesuchten Beziehungen zwischen dem geraden und ungeraden Teil des Spektrums

$$V_g(j\omega) = \frac{j}{\pi} \int_0^\infty \left[\int_{-\infty}^{+\infty} V_u(j\eta) \sin \eta t d\eta \right] \cos \omega t dt, \tag{2.2.87a}$$

$$V_u(j\omega) = -\frac{j}{\pi} \int_0^{\infty} \left[\int_{-\infty}^{+\infty} V_g(j\eta) \cos \eta t d\eta \right] \sin \omega t dt. \qquad (2.2.87b)$$

Mit Hilfe der Parsevalschen Gleichung (2.2.53d) erhalten wir bei Signalen endlicher Energie außerdem aus (2.2.84a) die Beziehungen

$$\frac{1}{2} \| v(t) \|_2^2 = \| v_g(t) \|_2^2 = \| v_u(t) \|_2^2 , \qquad (2.2.87c)$$

$$\frac{1}{2} \| V(j\omega) \|_2^2 = \| V_g(j\omega) \|_2^2 = \| V_u(j\omega) \|_2^2 . \qquad (2.2.87d)$$

Weiterhin gilt mit (2.2.53b)

$$\frac{1}{2\pi} \int_{-\infty}^{+\infty} V_g(j\omega) V_u(-j\omega) d\omega = \int_{-\infty}^{+\infty} v_g(t) \cdot v_u(t) dt = 0. \qquad (2.2.87e)$$

Die Teilspektren $V_g(j\omega)$ und $V_u(j\omega)$ sind zueinander *orthogonal.*

Wir leiten noch eine andere Darstellung für diese Zusammenhänge her. Unter Verwendung von (2.2.84b) können wir die Gleichungen (2.2.85) in der Form

$$V_g(j\omega) = \int_{-\infty}^{+\infty} v_u(t) \text{sign} t \cos \omega t dt = \mathcal{F}\{v_u(t) \text{sign} t\}, \qquad (2.2.88a)$$

$$V_u(j\omega) = -j \int_{-\infty}^{+\infty} v_g(t) \text{sign} t \sin \omega t dt = \mathcal{F}\{v_g(t) \text{sign} t\} \qquad (2.2.88b)$$

schreiben. Bei formaler Anwendung des Multiplikationssatzes (2.2.53a) ergibt sich mit (2.2.65b)

$$V_g(j\omega) = \frac{1}{2\pi} V_u(j\omega) * \frac{2}{j\omega} = \frac{1}{\pi} VP \int_{-\infty}^{+\infty} V_u(j\eta) \frac{1}{j(\omega - \eta)} d\eta \qquad (2.2.89a)$$

$$V_u(j\omega) = \frac{1}{2\pi} V_g(j\omega) * \frac{2}{j\omega} = \frac{1}{\pi} VP \int_{-\infty}^{+\infty} V_g(j\eta) \frac{1}{j(\omega - \eta)} d\eta. \qquad (2.2.89b)$$

Wir machen noch einige Anmerkungen:

a) Wie angegeben wurden die Zusammenhänge hier für komplexe kausale Funktionen hergeleitet. Ist $v(t)$ reell, so gilt wieder, daß $V_g(j\omega)$ reell und $V_u(j\omega)$ imaginär ist. Z.B. gehen die Gleichungen (2.2.89) dann über in

$$V_g^{(R)}(j\omega) = \frac{1}{\pi} VP \int_{-\infty}^{+\infty} V_u^{(I)}(j\eta) \frac{1}{\omega - \eta} d\eta =: \mathcal{H}\left\{V_u^{(I)}(j\omega)\right\} \qquad (2.2.90a)$$

$$V_u^{(I)}(j\omega) = -\frac{1}{\pi} VP \int_{-\infty}^{+\infty} V_g^{(R)}(j\eta) \frac{1}{\omega - \eta} d\eta = -\mathcal{H}\left\{V_g^{(R)}(j\omega)\right\}. \qquad (2.2.90b)$$

Die Komponenten eines reellen kausalen Signals sind über die sogenannte *Hilberttransformation* miteinander verknüpft.

b) Die Funktion sign$t$ erfüllt nicht die in Abschnitt 2.2.2.3 genannten hinreichenden Bedingungen für die Gültigkeit des Multiplikationssatzes, den wir bei der Herleitung verwendet haben. Wir werden im Abschnitt 6.5.2 auf einem anderen Wege zeigen, daß die Beziehungen (2.2.89) trotzdem gelten.

c) Der Zusammenhang zwischen den scheinbar sehr verschiedenen Gleichungspaaren (2.2.87a,b) und (2.2.89) wird deutlich, wenn man die in (2.2.89) auftretende Faltung im Frequenzbereich mit Hilfe entsprechender Fouriertransformationen im Zeitbereich ausführt. Es ist dann z.B.

$$V_g(j\omega) = \mathcal{F}\left\{\left[\mathcal{F}^{-1}\left\{V_u(j\omega)\right\}\right] \operatorname{sign} t\right\}$$

die abgekürzte Darstellung von (2.2.87a).

Für kausale Folgen kommen wir zu entsprechenden Ergebnissen [2.2]. Es ist

$$v_g(k) = \begin{cases} -v_u(k) &= v(-k)/2, \quad k < 0 \\ v(k), & \qquad\qquad k = 0 \\ v_u(k) &= v(k)/2, \quad k > 0 \end{cases} \qquad (2.2.91a)$$

und daher

$$\begin{aligned} v_g(k) &= v(0)\gamma_0(k) + v_u(k)\operatorname{sign} k\,, \\ v_u(k) &= v_g(k)\operatorname{sign} k. \end{aligned} \qquad (2.2.91b)$$

Man erhält auch hier zwei Gleichungspaare. Eine erste Beziehung zwischen dem geraden und ungeraden Teil des Spektrums ergibt sich unmittelbar aus (2.2.66a). Bei einer kausalen Folge mit im allgemeinen komplexen Werten $v(k)$ gilt

$$\begin{aligned} V(e^{j\Omega}) &= V_g(e^{j\Omega}) + V_u(e^{j\Omega}) = \sum_{k=0}^{\infty} v(k)e^{-jk\Omega} \\ &= v(0) + \sum_{k=1}^{\infty} v(k)\cos k\Omega - j\sum_{k=1}^{\infty} v(k)\sin k\Omega. \end{aligned}$$

Es ist also

$$V_g(e^{j\Omega}) = v(0) + \sum_{k=1}^{\infty} v(k)\cos k\Omega, \qquad (2.2.92a)$$

$$V_u(e^{j\Omega}) = -j\sum_{k=1}^{\infty} v(k)\sin k\Omega. \qquad (2.2.92b)$$

Die Werte $v(k)$ sind in diesem Sinne für $k > 0$ einerseits die Koeffizienten der Fourierreihenentwicklung von $V_g(e^{j\Omega})$, andererseits (nach Multiplikation mit $-j$) ebenso die Koeffizienten der entsprechenden Entwicklung von $V_u(e^{j\Omega})$. Verwendet man die Gleichungen für die Bestimmung der Fourierkoeffizienten, so erhält man das erste Gleichungspaar für die Beziehungen zwischen $V_g(e^{j\Omega})$ und $V_u(e^{j\Omega})$. Es ist

$$V_g(e^{j\Omega}) = v(0) + \frac{j}{\pi}\sum_{k=1}^{\infty}\left[\int_{-\pi}^{+\pi} V_u(e^{j\eta})\sin k\eta d\eta\right]\cos k\Omega \qquad (2.2.92c)$$

$$V_u(e^{j\Omega}) = -\frac{j}{\pi}\sum_{k=1}^{\infty}\left[\int_{-\pi}^{+\pi} V_g(e^{j\eta})\cos k\eta d\eta\right]\sin k\Omega. \qquad (2.2.92d)$$

Andererseits folgt bei formaler Anwendung des Multiplikationssatzes auf (2.2.91b) mit (2.2.71b)

$$V_g(e^{j\Omega}) = v(0) + \frac{1}{2\pi}VP\int_{-\pi}^{+\pi}\frac{V_u(e^{j\eta})}{j\tan(\Omega-\eta)/2}d\eta \qquad (2.2.93a)$$

$$V_u(e^{j\Omega}) = \frac{1}{2\pi}VP\int_{-\pi}^{+\pi}\frac{V_g(e^{j\eta})}{j\tan(\Omega-\eta)/2}d\eta. \qquad (2.2.93b)$$

Die hier auftretenden Integrale beschreiben die Hilbert-Transformation der Komponenten des Spektrums kausaler diskreter Signale. Für die Energie der Teilfolgen und -spektren gelten die (2.2.87c) entsprechenden Beziehungen.

Wir schließen hier eine allgemeine Bemerkung an: Schon zu Beginn des Abschnittes 2.2.2.3 haben wir darauf hingewiesen, daß bei absolut integrablen, kausalen Funktionen die Fouriertransformierte von $v(t)$ gleich ihrer Laplace-Transformierten ist, wenn wir $s = j\omega$ setzen. Nach Abschnitt 7.7.1 von Band I ist dann aber $\mathscr{L}\{v(t)\}$ eine in der abgeschlossenen rechten Halbebene analytische Funktion. Die oben gefundenen Beziehungen beruhen daher auf dem generellen Zusammenhang zwischen den Komponenten einer analytischen Funktion auf der Randkurve des Regularitätsgebietes, der durch die Hilberttransformation beschrieben wird (s. Abschnitt 6.5.2). Eine entsprechende Aussage erhalten wir für kausale diskrete Signale, deren Z-Transformierte bei den hier gemachten Annahmen für $|z| \geq 1$ analytisch ist.

Ausgehend von diesen Überlegungen können wir nun eine *analytische Zeitfunktion* einführen, wobei wir wegen des Symmetriesatzes der Fouriertransformation erwarten, daß ihr Spektrum für $\omega < 0$ verschwindet. Zu der reellen Zeitfunktion $v(t)$ bilden wir zunächst entsprechend (2.2.90)

$$\hat{v}(t) = \frac{1}{\pi}VP\int_{-\infty}^{+\infty}\frac{v(\tau)}{t-\tau}d\tau = \frac{1}{\pi}v(t) * \frac{1}{t} = \mathscr{H}\{v(t)\}. \qquad (2.2.94a)$$

Die Rücktransformation erfolgt mit

$$v(t) = -\frac{1}{\pi} VP \int_{-\infty}^{+\infty} \frac{\hat{v}(\tau)}{t-\tau} d\tau = -\mathcal{H}\{\hat{v}(t)\}. \qquad (2.2.94b)$$

Man nennt $v(t)$ und $\hat{v}(t)$ ***konjugierte Funktionen***. Sie sind zueinander orthogonal. Für die Existenz der Integrale ist hinreichend, daß $v(t)$ bzw. $\hat{v}(t)$ für wachsendes $|t|$ durch $|t|^\alpha + C$, mit $\alpha < 0$, $C =$ konst., majorisiert wird [2.10]. Wir weisen darauf hin, daß im Gegensatz zu (2.2.89) die zu transformierende Funktion nicht als gerade oder ungerade angenommen wurde. Damit lassen sich auch die alternativen Beziehungen (2.2.87) zur Hilbert-Transformation hier nicht unmittelbar anwenden.

Wir unterwerfen $\hat{v}(t)$ der Fouriertransformation und erhalten

$$\mathcal{F}\{\hat{v}(t)\} = \frac{1}{\pi} V(j\omega) \cdot \mathcal{F}\{1/t\}.$$

Hier beschreibt

$$\frac{1}{\pi} \cdot \mathcal{F}\{1/t\} =: H_H(j\omega) = -j\text{sign}\omega \qquad (2.2.95a)$$

die Hilberttransformation im Frequenzbereich (vergl. die Herleitung von (2.2.65b)). Damit ist

$$\mathcal{F}\{\hat{v}(t)\} = -j\text{sign}\omega \cdot V(j\omega). \qquad (2.2.95b)$$

Aus $v(t)$ und $\hat{v}(t)$ bilden wir nun die *analytische Zeitfunktion*

$$v_a(t) = v(t) + j\hat{v}(t). \qquad (2.2.96a)$$

Für ihr Spektrum erhalten wir

$$\mathcal{F}\{v_a(t)\} = V(j\omega)[1 + \text{sign}\omega] = \begin{cases} 2V(j\omega), & \omega > 0 \\ V(0), & \omega = 0 \\ 0, & \omega < 0, \end{cases} \qquad (2.2.96b)$$

erwartungsgemäß also eine für negative Werte des Argumentes verschwindende Funktion. Offenbar kann man daher Paare von konjugierten Funktionen auch dadurch bekommen, daß man von einer geeignet gewählten Spektralfunktion ausgeht, die für $\omega < 0$ verschwindet. Durch inverse Fouriertransformation erhält man daraus die komplexe Zeitfunktion $v_a(t)$, deren Komponenten zueinander konjugiert sind.

Wir behandeln einige Beispiele.

a) Es sei $V_a(j\omega) = 2\pi\delta_0(\omega - \omega_0)$ mit $\omega_0 \geq 0$. Dann folgt

$$v_a(t) = e^{j\omega_0 t} = \cos\omega_0 t + j\sin\omega_0 t$$

und damit

$$\sin \omega_0 t = \mathscr{H}\left\{\cos \omega_0 t\right\}. \tag{2.2.97a}$$

Hier folgt speziell für $\omega_0 = 0$

$$\mathscr{H}\left\{1\right\} = 0. \tag{2.2.97b}$$

b) Aus $V_a(j\omega) = 2\pi \sum_{\nu=0}^{\infty} c_\nu \delta_0(\omega - \omega_\nu)$, $\omega_\nu \geq 0$ folgt $v_a(t) = \sum_{\nu=0}^{\infty} c_\nu e^{j\omega_\nu t}$.

Mit $c_\nu = a_\nu + jb_\nu$ sind die Komponenten

$$v(t) = \sum_{\nu=0}^{\infty} (a_\nu \cos \omega_\nu t - b_\nu \sin \omega_\nu t)$$

und

$$\hat{v}(t) = \sum_{\nu=0}^{\infty} (a_\nu \sin \omega_\nu t + b_\nu \cos \omega_\nu t) \tag{2.2.97c}$$

konjugierte Funktionen. Der Fall beliebiger periodischer Funktionen ist hier enthalten.

c) Ist $V_a(j\omega) = \frac{2\pi}{\omega_g}\left[\delta_{-1}(\omega) - \delta_{-1}(\omega - \omega_g)\right]$, $\omega_g > 0$, so wird

$$v_a(t) = \frac{e^{j\omega_g t} - 1}{j\omega_g t}.$$

Man erhält

$$v(t) = \frac{\sin \omega_g t}{\omega_g t}; \quad \hat{v}(t) = \frac{1 - \cos \omega_g t}{\omega_g t}. \tag{2.2.97d}$$

d) Wir wählen $V_a(j\omega) = A[j(\omega - \omega_0)]$, wobei $A(j\omega) = 0$ sei für $|\omega| > \omega_0$. Mit $a(t) = \mathscr{F}^{-1}\left\{A(j\omega)\right\} \in \mathrm{I\!R}$ folgt

$$v_a(t) = a(t) \cdot e^{j\omega_0 t}$$

und

$$v(t) = a(t) \cdot \cos \omega_0 t; \quad \hat{v}(t) = a(t) \sin \omega_0 t. \tag{2.2.97e}$$

Weitere Paare von Hilbert-Transformierten bekommt man z.B. durch Anwendung der folgenden Regeln, bei denen stets $\hat{v}_\nu(t) = \mathscr{H}\left\{v_\nu(t)\right\}$ gelte.

Linearität:

$$\mathscr{H}\left\{\sum_\nu a_\nu v_\nu(t)\right\} = \sum_\nu a_\nu \cdot \hat{v}_\nu(t). \tag{2.2.98a}$$

Verschiebung:

$$\mathscr{H}\left\{v(t - t_0)\right\} = \hat{v}(t - t_0), \quad \forall t_0 \in \mathrm{I\!R}. \tag{2.2.98b}$$

Ähnlichkeit:

$$\mathscr{H}\left\{v(at)\right\} = \hat{v}(at)\mathrm{sign}a, \quad \forall a \in \mathrm{I\!R}. \tag{2.2.98c}$$

Bei der Definition der Hilberttransformation für Folgen gehen wir vom Frequenzbereich aus. Entsprechend (2.2.95) schreiben wir vor, daß für das Spektrum der gesuchten Transformierten $\hat{v}(k) = \mathscr{H}\{v(k)\}$

$$\mathscr{F}_*\{\hat{v}(k)\} = -jV(e^{j\Omega})\text{sign}\{\sin\Omega\} \tag{2.2.99a}$$

gilt. Hier ist $H_H(e^{j\Omega}) = -j\text{sign}\{\sin\Omega\}$ die periodische Funktion, mit der die Hilberttransformation im Frequenzbereich beschrieben wird. Es ist

$$H_H(e^{j\Omega}) = \begin{cases} j, & -\pi < \Omega < 0 \\ 0, & \Omega = 0, \pm\pi \\ -j, & 0 < \Omega < \pi. \end{cases} \tag{2.2.100a}$$

Im Zeitbereich erhält man die Folge

$$h_{0H}(k) = \mathscr{F}_*^{-1}\{H_H(e^{j\Omega})\} = \begin{cases} \dfrac{2}{\pi}\cdot\dfrac{1}{k}, & k = 2\lambda + 1 \\ 0, & k = 2\lambda\ , \lambda \in \mathbb{Z} \end{cases} \tag{2.2.100b}$$

und damit bei Anwendung des Faltungssatzes auf (2.2.99a)

$$\hat{v}(k) = v(k) * h_{0H}(k) = \frac{2}{\pi}\sum_{\substack{\kappa=-\infty \\ k-\kappa \neq 2\lambda}}^{+\infty} \frac{v(\kappa)}{k-\kappa}. \tag{2.2.99b}$$

Man erkennt die enge Verwandtschaft mit (2.2.94a). Entsprechend (2.2.96a) können wir eine Folge

$$v_a(k) = v(k) + j\hat{v}(k) \tag{2.2.100a}$$

definieren, für deren Spektrum wir mit (2.2.99a)

$$\mathscr{F}_*\{v_a(k)\} = V(e^{j\Omega})[1 + \text{sign}\{\sin\Omega\}] = \begin{cases} 2V(e^{j\Omega}), & 2\lambda\pi < \Omega < (2\lambda+1)\pi \\ V(0), & \Omega = 2\lambda\pi \\ V(\pi), & \Omega = (2\lambda+1)\pi \\ 0, & (2\lambda-1)\pi < \Omega < 2\lambda\pi \end{cases} \tag{2.2.100b}$$

erhalten.

Wir greifen abschließend die Fragestellung von Abschnitt 2.2.6 noch einmal auf und behandeln jetzt das Abtasttheorem für bandpaßförmige Signale $v(t)$, für die gilt

$$\mathscr{F}\{v(t)\} = V(j\omega) \equiv 0, \quad |\omega| \notin (\omega_1, \omega_2),$$

wobei $\omega_2 > \omega_1 > 0$ ist. Die Bandbreite sei $\Delta\omega = \omega_2 - \omega_1$. Ist $\omega_1 = \lambda\Delta\omega$, wobei λ eine ganze, nicht negative Zahl ist, so führt die Abtastung von $v(t)$ in den Punkten $t = kT_0$ mit $T_0 = \pi/\Delta\omega$, also mit der Abtastfrequenz $\omega_{a0} = 2\Delta\omega$ zu einer periodischen Fortsetzung von $V(j\omega)$, ohne daß eine Überlappung eintritt. Dann ist die Rekonstruktion von $v(t)$ aus den Abtastwerten mit einem idealisierten Bandpaß möglich, dessen Durchlaßbereich gerade bei $\omega_1 \leq |\omega| \leq \omega_2$ liegt (Bild 2.33a).

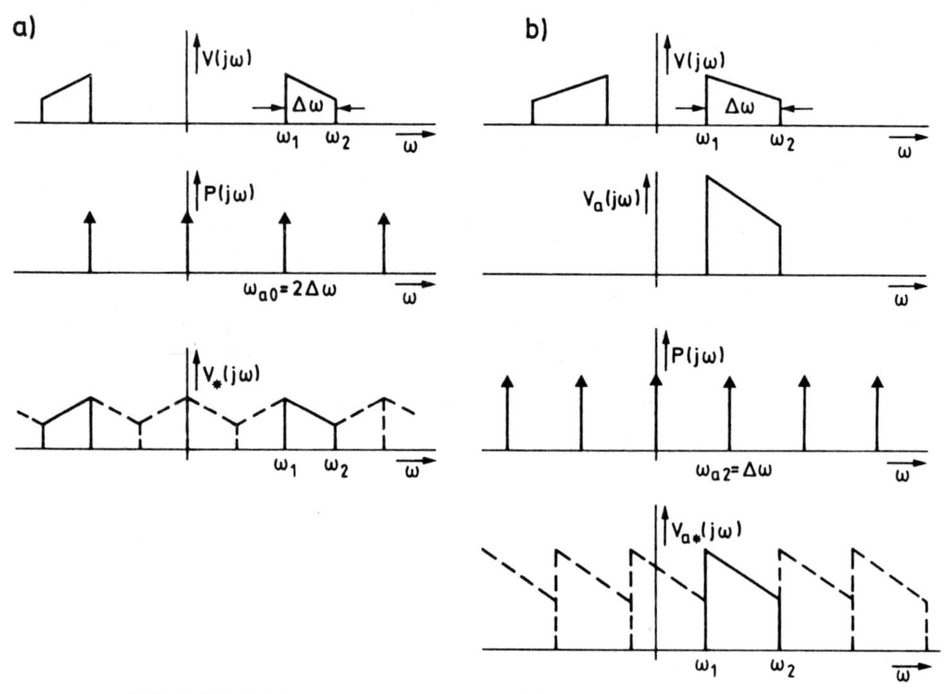

Bild 2.33: Spektren bei der Abtastung bandpaßförmiger Signale

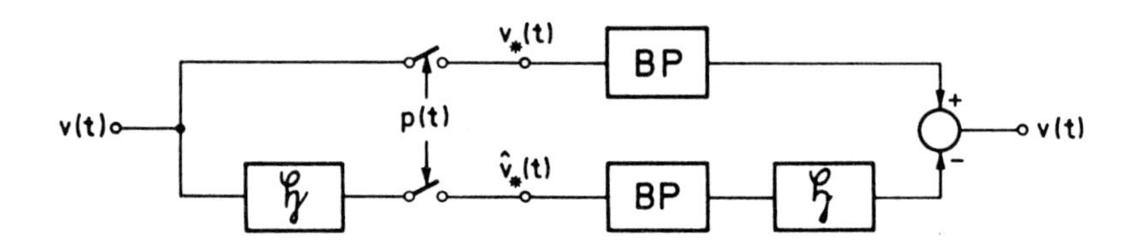

Bild 2.34: Blockschaltbild zur Abtastung und Rekonstruktion bandpaßförmiger Signale

Ist aber $\omega_1 \neq \lambda\Delta\omega$, so führt die beschriebene Abtastung i.a. zu einer Überlappung der Spektren. Bildet man dagegen zunächst das analytische Signal $v_a(t) = v(t) + j\hat{v}(t)$, so ergibt dessen Abtastung bei $t = kT_1$ mit $T_1 = 2\pi/\Delta\omega$, also im doppelten Abstand, eine überlappungsfreie periodische Fortsetzung des Spektrums $V_a(j\omega)$. Da jede Komponente von $v_a(t)$ abzutasten ist, sind innerhalb eines Zeitintervalls Δt auch hier $\Delta t/T_0 = 2\Delta t/T_1$ Abtastwerte erforderlich. Für die Rekonstruktion sind aus beiden reellen Signalen $v_*(t)$ und $\hat{v}_*(t)$ die Spektralanteile für $|\omega| \in (\omega_1, \omega_2)$ mit Hilfe von Bandpässen abzutrennen. Man erhält dabei nicht $v(t)$ und $\hat{v}(t)$, sondern Signale, die durch die Unterabtastung Überlappungen aufweisen. Die Rekonstruktion erfordert die erneute Hilbert-Transformation der einen Komponente und die anschließende Subtraktion. In Bild 2.34 ist das zugehörige Blockschaltbild angegeben.

2.2.4 Zusammenfassung

Die bisher gewonnenen Ergebnisse stellen wir zusammenfassend dar. Wir waren von Funktionen und Folgen im Zeitbereich ausgegangen, die periodisch oder nichtperiodisch sein können. Die zugehörigen Spektren sind dann entweder als Folgen oder Funktionen zu beschreiben, die ihrerseits nichtperiodisch oder periodisch sein können. Bild 2.35 zeigt die sich ergebenden Zuordnungen, wobei zusätzlich die Beziehungen zwischen den Spektren von Funktionen und Folgen angegeben sind, wenn die Folgen durch Abtastung der Funktionen entstanden sind. Wir bemerken, daß diese Überlagerungssätze entsprechend gelten, wenn eine Folge im Spektralbereich durch "Abtastung" einer Spektralfunktion entstanden ist. Auf die Symmetrie derartiger Aussagen hatten wir schon beim Abtasttheorem hingewiesen (s. Gl. (2.2.83)).

Die Ergebnisse der Untersuchungen über kausale und analytische Funktionen können wir zu Ergänzungen der Zuordnung (2.2.40a) verwenden. Wir erhalten die folgenden Schemata:

Kausale Funktionen:

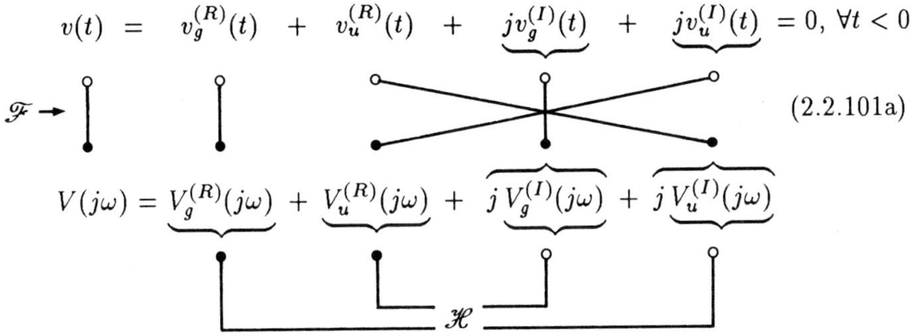

$$v(t) = v_g^{(R)}(t) + v_u^{(R)}(t) + \underbrace{jv_g^{(I)}(t)} + \underbrace{jv_u^{(I)}(t)} = 0,\ \forall t < 0$$

$$\mathcal{F} \rightarrow \qquad (2.2.101a)$$

$$V(j\omega) = \underbrace{V_g^{(R)}(j\omega)} + \underbrace{V_u^{(R)}(j\omega)} + \overbrace{j\,\underbrace{V_g^{(I)}(j\omega)}} + \overbrace{j\,\underbrace{V_u^{(I)}(j\omega)}}$$

$$\mathcal{H}$$

Analytische Zeitfunktionen:

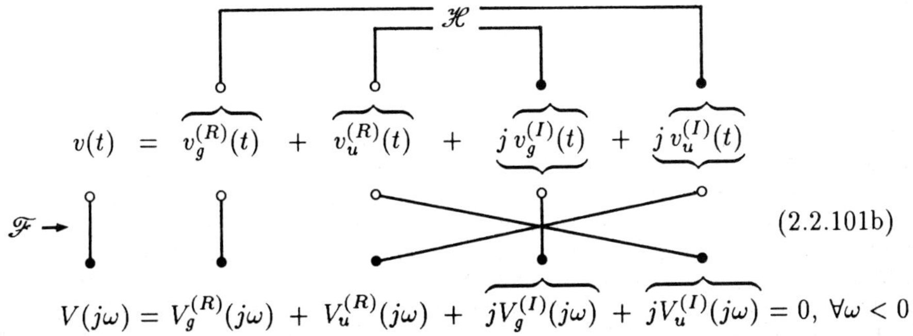

$$\mathcal{H}$$

$$v(t) = \overbrace{v_g^{(R)}(t)} + \overbrace{v_u^{(R)}(t)} + \underbrace{\overbrace{j\,v_g^{(I)}(t)}} + \underbrace{\overbrace{j\,v_u^{(I)}(t)}}$$

$$\mathcal{F} \rightarrow \qquad (2.2.101b)$$

$$V(j\omega) = V_g^{(R)}(j\omega) + V_u^{(R)}(j\omega) + \overbrace{jV_g^{(I)}(j\omega)} + \overbrace{jV_u^{(I)}(j\omega)} = 0,\ \forall \omega < 0$$

Entsprechende Schemata lassen sich für kausale Folgen bzw. die durch (2.2.100) beschriebenen Folgen aufstellen.

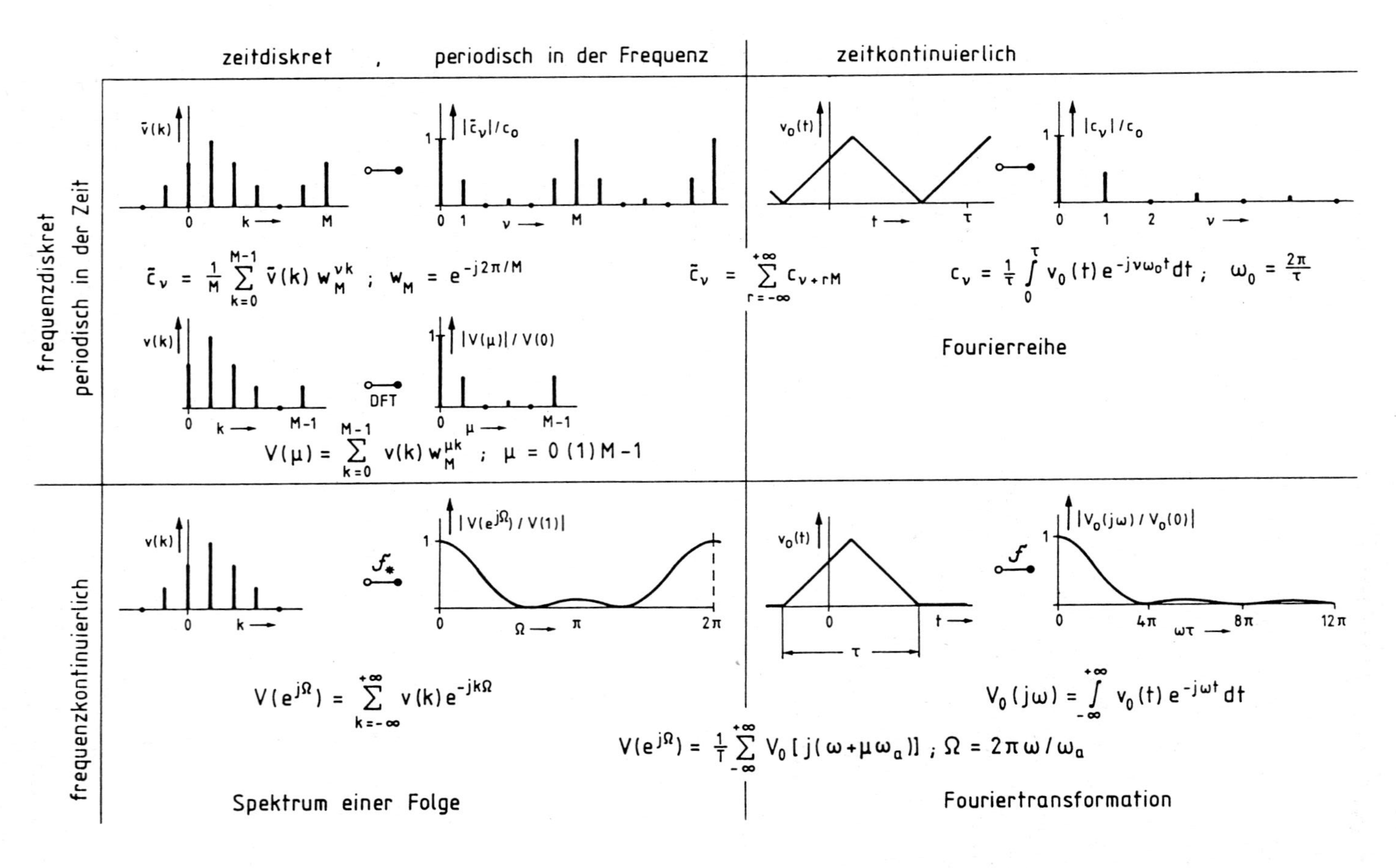

Bild 2.35: Funktionen und Folgen im Zeit- und Frequenzbereich und ihre Zuordnung

2.3 Stochastische Folgen und Funktionen

2.3.1 Betrachtung im Zeitbereich

2.3.1.1 Einführung

Für theoretische Untersuchungen ist die Annahme von determinierten Signalen eine wichtige und häufig die Überlegungen vereinfachende Voraussetzung. Die praktisch vorkommenden Signale sind nun aber i.a. nicht durch eine bekannte Beziehung geschlossen beschreibbar. Sie haben vielmehr für den Beobachter Zufallscharakter, entweder weil ihr Verlauf einer ihm unbekannten bzw. völlig unübersichtlichen Gesetzmäßigkeit gehorcht, oder weil sie einen tatsächlich zufälligen Verlauf haben. Ein Beispiel für die erste Gruppe ist das Würfeln, das zwar nach den Gesetzen der Mechanik determiniert verläuft, dessen Ergebnis aber wegen der Komplexität des Vorganges und der Unkenntnis über die Anfangswerte und Parameter nicht vorhergesagt werden kann und deshalb für den Beobachter zufälligen Charakter hat. Ein Signal, das eine dem Empfänger unbekannte Nachricht trägt, ist für ihn ein Beispiel für eine Funktion mit wirklich zufälligem Verlauf; denn würde es determiniert nach einem dem Empfänger bekannten Gesetz verlaufen, könnte es keine Nachricht mit Neuigkeitswert tragen.

Bild 2.36 zeigt kurze Ausschnitte aus Sprachsignalen. An dem Beispiel wird deutlich, daß eine formelmäßige Beschreibung nicht möglich ist. Unser Ziel ist es, die derartigen Signalen sicher trotzdem innewohnenden Gesetzmäßigkeiten durch geeignete Größen zu erfassen und zu beschreiben. Dazu verstehen wir dieses Signal als Mitglied eines Ensembles von Funktionen, die in gleicher Weise — z.B. als menschliche Sprache — entstanden sind. Ein solches Ensemble wird als stochastischer Prozeß bezeichnet, seine Mitglieder auch als Realisierungen oder Musterfunktionen dieses Prozesses. Daß zwischen ihnen Gemeinsamkeiten vorliegen, die für den Prozeß kennzeichnend sind, erläutern wir mit zwei weiteren Beispielen. Bild 2.37 zeigt drei Mitglieder eines Ensembles, die bei allen individuellen Unterschieden deutliche Verwandtschaften zeigen. Offensichtlich wächst der mittlere Wert dieser Funktionen trotz der Schwankung im Detail in gleicher Weise mit der Zeit. Deutlich ist auch, daß in den drei Fällen diese Schwankung in Abhängigkeit von der Zeit abnimmt. Die hier erkennbaren Eigenschaften, die wir als "mittlerer Wert" und "Schwankung" bezeichnet haben, werden wir noch genau definieren müssen. Hier stellen wir nur fest, daß diese Größen von der Zeit abhängen können. In solchen Fällen sprechen wir von *nichtstationären Prozessen*. Für die im Rahmen dieses Buches nur mögliche Einführung in das Gebiet werden wir uns auf stationäre Prozesse beschränken, deren charakteristische Eigenschaften sich nicht mit der Zeit ändern. Bild 2.38 zeigt als Beispiel erneut drei Musterfunktionen aus einem *stationären Prozeß*, bei denen mittlerer Wert und Schwankung konstant bleiben.

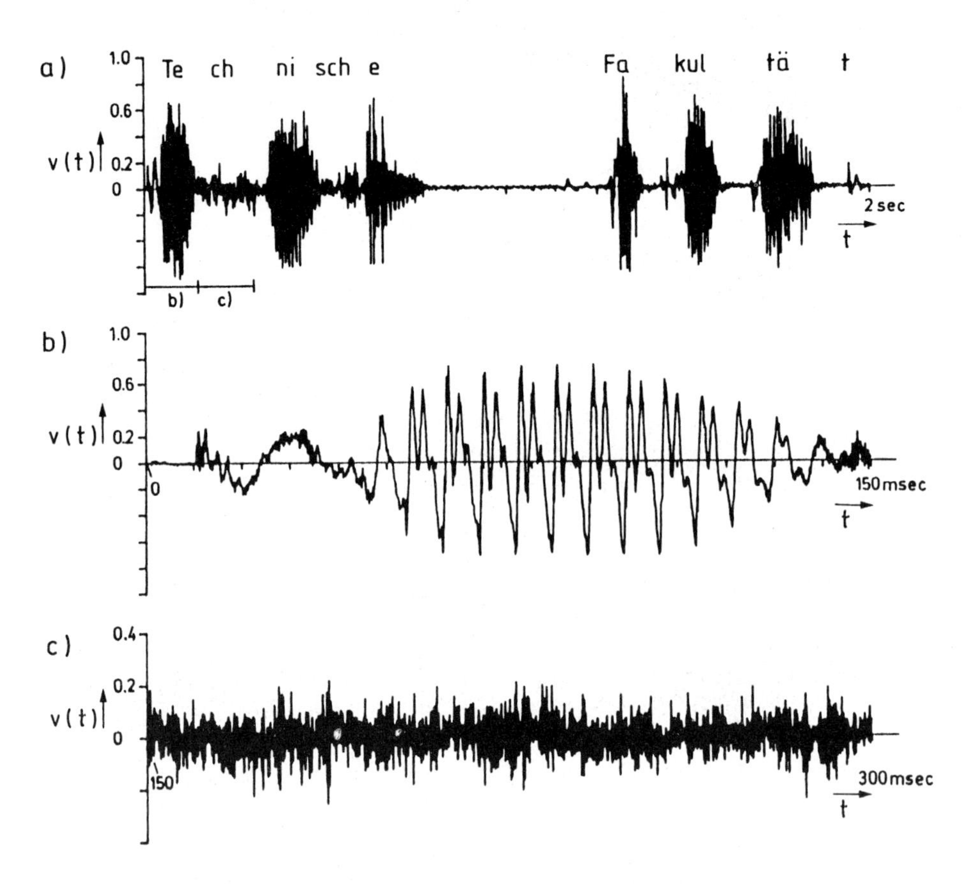

Bild 2.36: Ausschnitte aus einem Sprachsignal

In diesem Abschnitt bringen wir eine kurzgefaßte Einführung in die Theorie der Zufallsfolgen und -funktionen. Die zu ihrer Beschreibung nötigen Begriffe und deren Zusammenhänge werden in knapper, z.T. tabellarischer Form dargestellt. Für eine ausführliche Behandlung wird z.B. auf [2.11-16] verwiesen.

2.3.1.2 Definitionen und grundlegende Beziehungen

Die folgenden Betrachtungen gehen primär von *Ereignissen* aus, die als Untermengen eines *Stichprobenraumes* definiert sind. Betrachten wir als Beispiel den Münzwurf, bei dem nur die Ergebnisse "Kopf" oder "Zahl" auftreten können, so gibt es 4 Untermengen: leere Menge (weder Kopf noch Zahl → unmögliches Ereignis); Kopf; Zahl; Einsmenge (Kopf *oder* Zahl → sicheres Ereignis). Beim Würfeln ist das primäre Ergebnis, daß eine der sechs verschiedenen Flächen

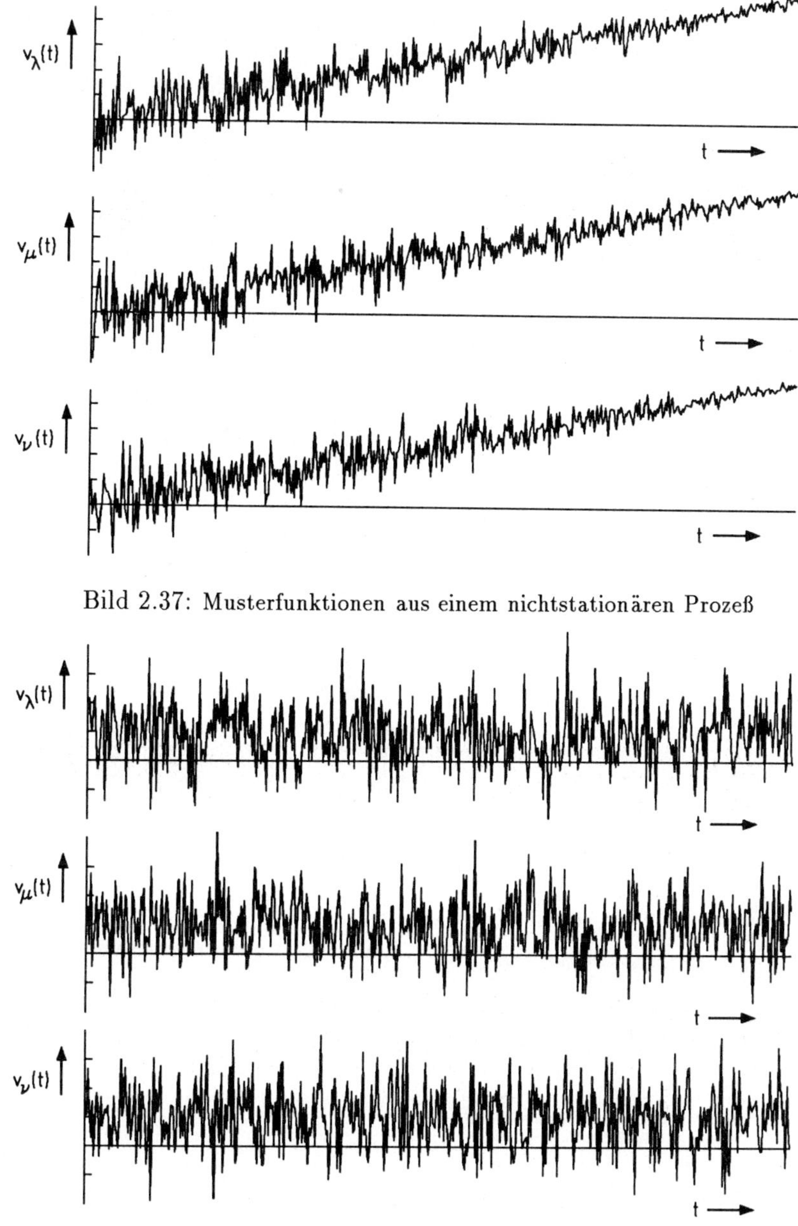

Bild 2.37: Musterfunktionen aus einem nichtstationären Prozeß

Bild 2.38: Musterfunktionen aus einem stationären Prozeß

$f_i, i = 1(1)6$ oben liegt. Mögliche Ereignisse sind dann alle denkbaren Untermengen, also neben den Einzelergebnissen irgendwelche Kombinationen, z.B. die aller Flächen mit geradem Index.

Es werden nun stochastische Variablen dadurch eingeführt, daß die möglichen Ergebnisse auf reelle Zahlen abgebildet werden, beim Münzwurf etwa

Kopf $\rightarrow 0$, Zahl $\rightarrow 1$, beim Würfeln entsprechend der Zahl der auf den Flächen angegebenen Punkte. Bei einem Signal verwenden wir unmittelbar die Werte, die es in einem bestimmten Zeitpunkt annimmt oder annehmen kann. Dabei ist es gleichgültig, ob es sich um Werte aus einer Folge oder einer für alle t definierten Funktion handelt. Ohne Einschränkung der Allgemeingültigkeit verwenden wir daher zunächst, falls eine Angabe über Zeitpunkte überhaupt erforderlich ist, für die Zeitvariable die Bezeichnung $k \in \mathbb{Z}$ und beziehen uns auch in den Formulierungen primär auf Folgen. Es wird aber gegebenenfalls zu unterscheiden sein, ob die betrachteten Variablen wertkontinuierlich oder wertdiskret sind.

Bei Variation der Zeit können über den Verlauf der auftretenden Wertefolgen bzw. die zugrundeliegenden Folgen von Zufallsergebnissen nur Wahrscheinlichkeitsaussagen gemacht werden. Dazu betrachten wir die Gesamtheit aller Zufallsfolgen $v_\nu(k)$, die durch denselben Entstehungsprozeß gekennzeichnet sind, den wir dann als stochastischen Prozeß bezeichnen. In einem bestimmten Augenblick $k = k_0$ liegt eine Zufallsvariable $v(k_0)$ vor. Wenn nur endlich viele Elementarereignisse möglich sind, wie das z.B. beim Würfeln der Fall ist, so ist $v(k_0)$ *wertdiskret*.

Ausgehend von N Realisierungen $v_\nu(k)$ des Zufallsprozesses seien die Zahlen $v_\nu(k_0)$ als mögliche Werte der Zufallsvariablen bekannt, von der wir zunächst annehmen, daß sie wertdiskret sei. Ist V_i einer der möglichen Werte, so läßt sich feststellen, daß dieser Wert unter den N gegebenen insgesamt $n_i(k_0)$ mal vorkommt. Dann ist $n_i(k_0)/N$ die relative Häufigkeit für das Auftreten von V_i im Zeitpunkt k_0. Führt man diese Betrachtung für alle möglichen Werte V_i durch, so ergibt sich eine meßtechnisch gewonnene Häufigkeitsverteilung als erste Beschreibung des Prozesses im Zeitpunkt k_0.

Nun abstrahieren wir insofern, als wir generell den verschiedenen möglichen Werten V_i in einem beliebigen, aber festen Augenblick k eine nicht negative Zahl $W(V_i, k)$ zuordnen, die wir als Wahrscheinlichkeit dafür bezeichnen, daß die Variable v in dem betrachteten Zeitpunkt den Wert V_i annimmt, bzw. daß das dieser Variablen zugeordnete Elementarereignis eintritt.

Wie schon angekündigt werden wir uns im folgenden auf stationäre Prozesse beschränken, deren charakteristische Eigenschaften nicht von der Zeit abhängen. Damit entfällt sowohl bei der relativen Häufigkeit als auch bei der Wahrscheinlichkeit die Abhängigkeit von k.

Die Größe $W(V)$ muß bestimmten Axiomen genügen, die wir zunächst angeben und erläutern:

Es gilt:

$$0 \leq W(V) \leq 1. \tag{2.3.1}$$

Dabei ist $W(V) = 0$, wenn die Variable v den Wert V nicht annehmen kann (entsprechend einem unmöglichen Ereignis) und $W(V) = 1$, wenn V die Gesamtheit aller möglichen Werte beschreibt, von denen v einen annehmen muß (sicheres Ereignis).

Für die Wahrscheinlichkeit dafür, daß v einen Wert V_i *oder* einen Wert V_j annimmt, gilt

$$W(V_i \vee V_j) = W(V_i) + W(V_j) - W(V_i \wedge V_j). \tag{2.3.2}$$

Schließen sich zwei Ereignisse und damit die zugehörigen Werte V_i und V_j gegenseitig aus, so wird $W(V_i \wedge V_j) = 0$, und die Wahrscheinlichkeit für das Auftreten des einen oder des andern Ereignisses ist gleich der Summe der Einzelwahrscheinlichkeiten. Beim Würfeln ergibt sich z.B.

$$W(1 \vee 2 \ldots \vee 6) = \sum_{i=1}^{6} W(V_i) = 1,$$

da eine der Zahlen mit Sicherheit als Ergebnis erscheinen wird. Unter sinnvollen Versuchsbedingungen kann angenommen werden, daß die Wahrscheinlichkeiten für das Auftreten einer bestimmten Zahl gleich sind. Dann ist $W(V_i) = 1/6,\ \forall i$.

Weiterhin betrachten wir Stichproben, die zwei Realisierungen eines stochastischen Prozesses oder einer Realisierung jeweils zu unterschiedlichen Zeitpunkten entnommen wurden. Die Wahrscheinlichkeit dafür, daß dabei die Werte V_i *und* V_j erreicht werden, ist

$$\begin{aligned} W(V_i \wedge V_j) &= W(V_i) \cdot W(V_j|V_i) \\ &= W(V_j) \cdot W(V_i|V_j). \end{aligned} \tag{2.3.3a}$$

Hier ist $W(V_j|V_i)$ die Wahrscheinlichkeit dafür, daß der Wert V_j angenommen wird unter der Voraussetzung, daß V_i bereits vorliegt (sog. *bedingte Wahrscheinlichkeit*). Man nennt zwei Ereignisse bzw. die zugehörigen Werte V_i und V_j *statistisch unabhängig* voneinander, wenn

$$\begin{aligned} W(V_j|V_i) &= W(V_j) \\ \text{bzw.} \quad W(V_i|V_j) &= W(V_i) \end{aligned} \tag{2.3.3b}$$

ist. Dann gilt offenbar

$$W(V_i \wedge V_j) = W(V_i) \cdot W(V_j). \tag{2.3.3c}$$

Ausgehend von diesen Axiomen kommen wir zu einer Beschreibung stochastischer Prozesse, wenn wir mit $V \in \mathbb{R}$ die *Verteilungsfunktion*

$$P_v(V) = W(v \leq V) \tag{2.3.4}$$

einführen. Sie gibt in Abhängigkeit von V an, mit welcher Wahrscheinlichkeit ein Wert $v \leq V$ auftritt. Für diese Funktion ergeben sich aus (2.3.1,2) unmittelbar die in Tabelle 2.1 angegebenen Eigenschaften. Bild 2.39a zeigt als Beispiel die Verteilungsfunktion für einen diskreten (Würfel), Teilbild b für einen stetigen, beliebig angenommenen Prozeß.

Weiterhin führen wir die *Verteilungsdichtefunktion*

$$p_v(V) = \frac{d}{dV} P_v(V) \tag{2.3.5}$$

Gleichung	Verteilungsfunktion	Gleichung	Verteilungsdichtefunktion
(2.3.4)	$P_v(V) = W(v \leq V)$	(2.3.5)	$p_v(V) = \frac{d}{dV} P_v(V)$
(2.3.4a)	$0 \leq P_v(V) \leq 1$	(2.3.5a)	$\int\limits_{-\infty}^{V} p_v(\xi) d\xi = P_v(V)$
(2.3.4b)	$\lim\limits_{V \to -\infty} P_v(V) = 0$	(2.3.5b)	$\int\limits_{V_1}^{V_2} p_v(V) dV = P_v(V_2) - P_v(V_1)$
(2.3.4c)	$\lim\limits_{V \to \infty} P_v(V) = 1$	(2.3.5c)	$p_v(V)\Delta V \approx$ $\approx P_v(V + \Delta V) - P_v(V)$
(2.3.4d)	$P_v(V_2) \geq P_v(V_1); V_2 > V_1$	(2.3.5d)	$\int\limits_{-\infty}^{+\infty} p_v(V) dV = 1$
(2.3.4e)	$P_v(V_2) - P_v(V_1) =$ $W(V_1 < v \leq V_2); V_2 > V_1$	(2.3.5e)	Wertdiskreter Fall: $p_v(V) = \sum\limits_i W(V_i)\delta_0(V - V_i)$

Tabelle 2.1: Beziehungen für Verteilungs- und Verteilungsdichtefunktionen

ein. Die wichtigsten Beziehungen für sie zeigt ebenfalls Tabelle 2.1. In Bild 2.39d ist die Verteilungsdichte zu dem mit Teilbild b beschriebenen Prozeß angegeben.

Ein Prozeß wird sehr häufig primär mit $p_v(V)$ beschrieben. Das hängt damit zusammen, daß man vielfach auf Grund von Vorkenntnissen über die Entstehung eines stochastischen Prozesses zu einem geschlossenen Ausdruck für $p_v(V)$ kommen kann. Weiß man z.B., daß entsprechend dem Erzeugungsverfahren für ein Signal keiner der Werte innerhalb eines Intervalls $[-V_0, V_0]$ bevorzugt (oder benachteiligt) entstehen kann, so spricht man von einer Gleichverteilung mit

$$p_v(V) = \begin{cases} \frac{1}{2V_0}, & |V| \leq V_0 > 0 \\ 0, & |V| > V_0. \end{cases} \tag{2.3.6}$$

Bild 2.40a zeigt einen Ausschnitt aus einem Signal, das näherungsweise gleichverteilt ist.

In vielen Fällen geht man von einer *Gauß-* oder *Normalverteilungsdichte* aus, die durch

$$p_v(V) = \frac{1}{\sigma\sqrt{2\pi}} \cdot e^{-V^2/2\sigma^2} \tag{2.3.7a}$$

beschrieben wird.

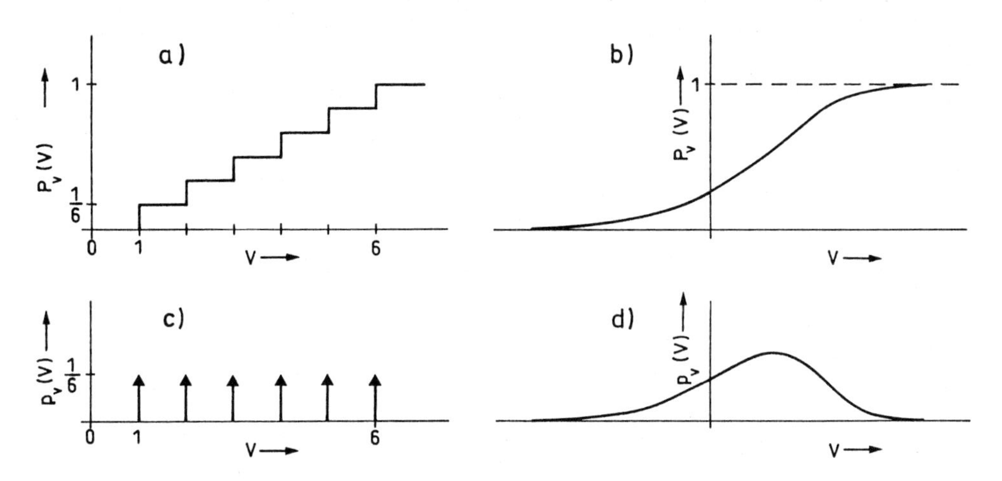

Bild 2.39: Beispiele für Verteilungs- und Verteilungsdichtefunktionen

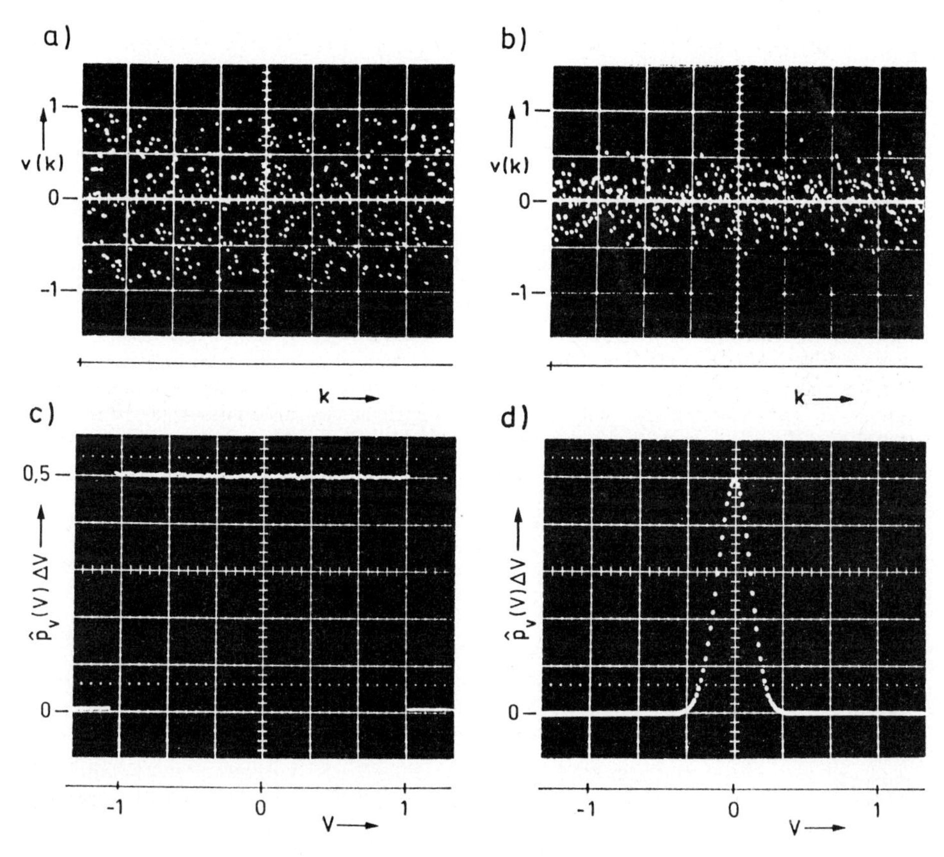

Bild 2.40: a, b) Zufallsfolgen mit Gleich- bzw. Normalverteilung; c, d) Zugehörige gemessene Histogramme

Die zugehörige Verteilungsfunktion ist

$$P_v(V) = 0,5\left[1 + \mathrm{erf}(V/\sigma\sqrt{2})\right]$$

$$\text{mit} \quad \mathrm{erf}(x) = \frac{2}{\sqrt{\pi}} \int_0^x e^{-\xi^2} d\xi, \tag{2.3.7b}$$

wobei $\mathrm{erf}(-x) = -\mathrm{erf}(x)$ gilt. Diese Funktion findet sich tabelliert in [2.17] und mit anderer Normierung in [2.18]. Bild 2.41 zeigt $p_v(V)$ und $P_v(V)$ für $\sigma = 1$, Bild 2.40b den Verlauf einer Folge mit näherungsweise normalverteilten Werten. Für praktische Überlegungen ist die Feststellung wichtig, daß bei einem normalverteilten Signal rund 95 % der Werte im Intervall $-2\sigma \leq V \leq 2\sigma$ liegen.

Bei einem unbekannten stochastischen Prozeß kann man durch meßtechnische Bestimmung eines *Histogramms* die Verteilungsdichtefunktion näherungsweise ermitteln. Dazu mißt man mit einer großen Zahl N von Versuchen die Anzahl n_V der Ergebnisse v, für die gilt $V < v \leq V + \Delta V$. Man setzt

$$W(V < v \leq V + \Delta V) = P_v(V + \Delta V) - P_v(V) = \Delta P_v(V) \approx \frac{n_V}{N}.$$

Aus der Definition der Verteilungsdichte folgt dann

$$p_v(V)\Delta V \approx \Delta P_v(V) \approx \frac{n_V}{N} =: \hat{p}_v(V)\Delta V. \tag{2.3.8}$$

In Bild 2.40c,d sind zusätzlich die Histogramme der beiden betrachteten Prozesse angegeben, die man auf Grund dieser Messung als näherungsweise gleich- bzw. normalverteilt bezeichnen würde.

Kann die Zufallsvariable nur diskrete Werte annehmen, so kann man unmittelbar die Wahrscheinlichkeit $W(V_i)$ für das Auftreten eines bestimmten Wertes V_i angeben. Eine Einordnung in die bisherige Darstellung ist ohne weiteres möglich. Für die Verteilungsfunktion erhält man die Treppenkurve

$$P_v(V) = \sum_i W(V_i)\delta_{-1}(V - V_i) \tag{2.3.9a}$$

und für die Verteilungsdichte

$$p_v(V) = \sum_i W(V_i)\delta_0(V - V_i). \tag{2.3.9b}$$

Ein Beispiel wurde schon in Bild 2.39a,c für den Würfel vorgestellt. Zusätzlich betrachten wir einen Prozeß, bei dem die Variable nur 2 Werte (z.B. 1 und 0) annehmen kann, die Eins mit der Wahrscheinlichkeit p, die Null mit $W(0) = 1 - p$. Wir nehmen nun an, daß die aufeinanderfolgenden Werte statistisch unabhängig sind. Die Wahrscheinlichkeit dafür, daß bei m Versuchen i-mal der Wert 1 (und daher $(m - i)$-mal die Null) in einer ganz bestimmten Reihenfolge erscheinen, ist unter dieser Voraussetzung nach (2.3.3c) $p^i(1 - p)^{m-i}$. Es interessiert nun die Wahrscheinlichkeit dafür,

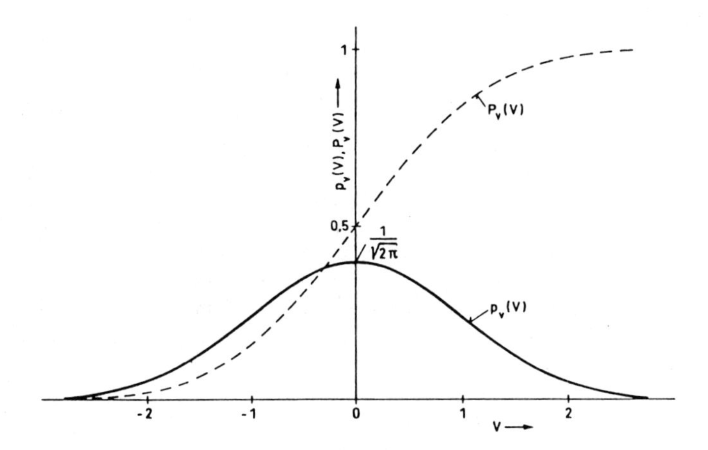

Bild 2.41: Gauß- oder Normalverteilung, gezeichnet für $\sigma = 1$

daß bei m Versuchen i-mal die Eins auftritt, wobei die Reihenfolge der Werte 1 und 0 unwesentlich ist. Da es dafür $\binom{m}{i}$ unterschiedliche Möglichkeiten gibt, ist

$$W_m(i) = \binom{m}{i} p^i (1-p)^{m-i} \tag{2.3.10a}$$

das gesuchte Ergebnis, das als Binomial- oder Bernoulli-Verteilung bezeichnet wird. Bild 2.42 zeigt die zugehörige Verteilungsdichte sowie die Verteilungsfunktion für den Fall, daß $p = 0,5$ ist. Das entspricht dem Beispiel des Münzwurfes mit den gleichwahrscheinlichen Möglichkeiten Zahl oder Kopf, wobei die Voraussetzung der statistischen Unabhängigkeit sicher erfüllt ist. In Bild 2.42 wurden für m die Werte 8 und 15 gewählt. Ist $mp(1-p) \gg 1$, so geht die Einhüllende der Binomialverteilung in der Umgebung von $i = mp$ in die Normalverteilungsfunktion über. Speziell für $p = 0,5$ gilt mit $\sigma = 0,5\sqrt{m}$ im Intervall $|i - m/2| < \sigma$

$$\binom{m}{i} \cdot 2^{-m} \approx \frac{1}{\sigma\sqrt{2\pi}} e^{-(i-m/2)^2/2\sigma^2}. \tag{2.3.10b}$$

2.3.1.3 Funktionen einer Zufallsvariablen

Ausgehend von dem Zufallsprozeß v mit der Verteilungsdichte $p_v(V)$ betrachten wir einen anderen Prozeß x, der sich durch die eindeutige Transformation

$$x = g(v) \quad \text{bzw.} \quad X = g(V) \tag{2.3.11}$$

aus v ergibt. Wir beschränken uns hier der Einfachheit wegen auf den Spezialfall einer im interessierenden Wertebereich monoton verlaufenden Funktion g mit der

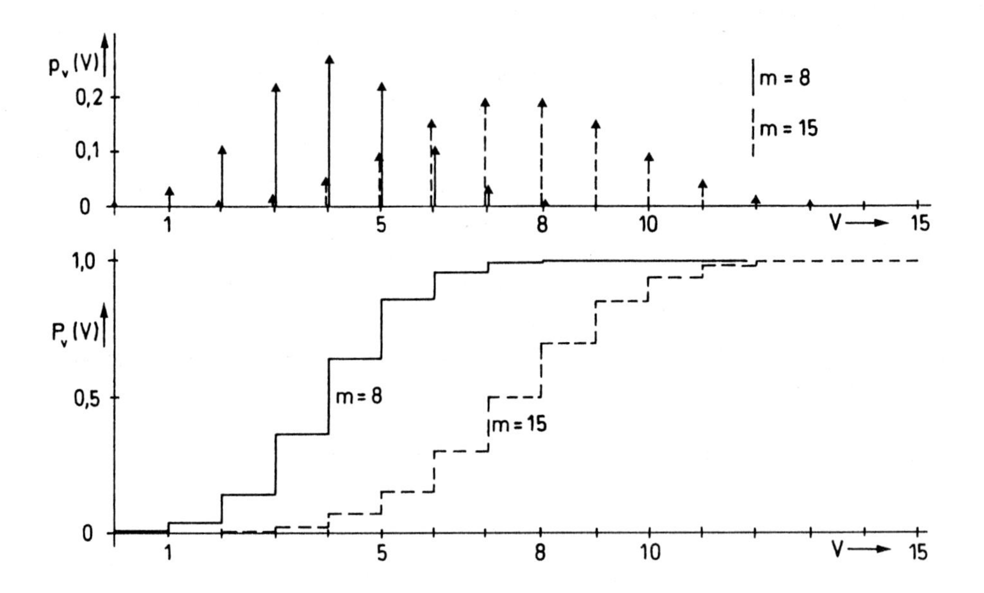

Bild 2.42: Binomialverteilung für $p = 0,5$

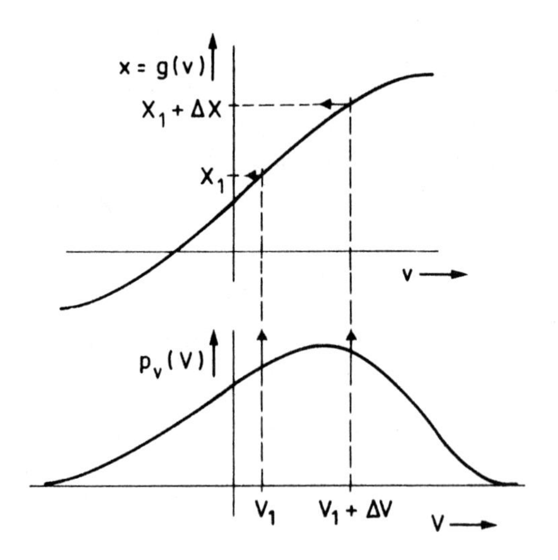

Bild 2.43: Zur Transformation einer Zufallsvariablen

eindeutigen Umkehrfunktion $v = g^{-1}(x)$ bzw. $V = g^{-1}(X)$. Es interessiert die Verteilungsdichte $p_x(X)$ der neuen stochastischen Variablen x.

Bild 2.43 erläutert den Zusammenhang. Offenbar folgt aus $V_1 < v \le V_1 + \Delta V$ nach der Transformation $X_1 < x \le X_1 + \Delta X$. Für die Wahrscheinlichkeiten gilt dann

$$p_v(V_1)\Delta V \approx P_v(V_1 + \Delta V) - P_v(V_1) = P_x(X_1 + \Delta X) - P_x(X_1) \approx p_x(X_1)\Delta X$$

und damit

$$p_x(X_1) \approx p_v(V_1)\frac{\Delta V}{\Delta X}.$$

Durch Grenzübergang $\Delta V \to 0$ und mit $V := V_1$ folgt $p_x(X) = p_v(V)\frac{dV}{dX}$ und daraus mit $V = g^{-1}(X)$

$$p_x(X) = p_v\left[g^{-1}(X)\right]\frac{d[g^{-1}(X)]}{dX}.$$

Falls $x = g(v)$ monoton fällt, ist mit $\Delta X > 0$

$$p_v(V_1)\Delta V \approx P_v(V_1+\Delta V)-P_v(V_1) = -[P_x(X_1-\Delta X)-P_x(X_1)] \approx p_x(X_1)\cdot\Delta X.$$

Für beide gilt dann, daß sich die Verteilungsdichte $p_x(X)$ des Prozesses x aus der des Prozesses v als

$$p_x(X) = p_v\left[g^{-1}(X)\right]\cdot\left|\frac{d\left[g^{-1}(X)\right]}{dX}\right| \tag{2.3.12a}$$

ergibt. Diese Beziehung ist auch deshalb von Interesse, weil man mit ihr diejenige Funktion $X = g(V)$ bestimmen kann, die aus einem im Intervall [0,1] gleichverteilten Prozeß einen transformierten mit einer vorgeschriebenen Verteilungsdichte $p_x(X)$ macht. Mit $p_v(V) = 1$ für $V \in [0,1]$ erhält man

$$p_x(X) = \frac{d\left[g^{-1}(X)\right]}{dX}$$

und daraus mit der Definitionsgleichung der Verteilungsdichte (2.3.5)

$$g^{-1}(X) = \int_{-\infty}^{x} p_x(\xi)d\xi = P_x(X) = V. \tag{2.3.12b}$$

Die gesuchte transformierende Funktion ist dann

$$X = g(V) = P_x^{-1}(V). \tag{2.3.12c}$$

Wir betrachten einige Beispiele. Zunächst ergibt sich aus der stochastischen Variablen v mit beliebiger Verteilungsdichte $p_v(V)$ die neue Variable

$$x = av + b; \quad a, b \in \mathbb{R} \tag{2.3.13a}$$

mit der Verteilungsdichte

$$p_x(X) = p_v\left[(X-b)/a\right] \cdot \frac{1}{|a|}. \tag{2.3.13b}$$

Bilden wir jetzt entsprechend (2.3.13a) mit

$$\xi = \pi v - \pi/2$$

die Gleichverteilung im Intervall [0,1] auf das Intervall $[-\pi/2, \pi/2]$ ab und dann

$$X = \sin\xi = \sin\left[\pi V - \pi/2\right], \tag{2.3.14a}$$

so folgt mit

$$g^{-1}(X) = V = \frac{1}{\pi}\arcsin X + 0,5 \tag{2.3.14b}$$

aus (2.3.12a)

$$p_x(X) = \begin{cases} \dfrac{1}{\pi}\dfrac{1}{\sqrt{1-X^2}}, & X \in [-1,1] \\ 0, & X \notin [-1,1]. \end{cases} \tag{2.3.14c}$$

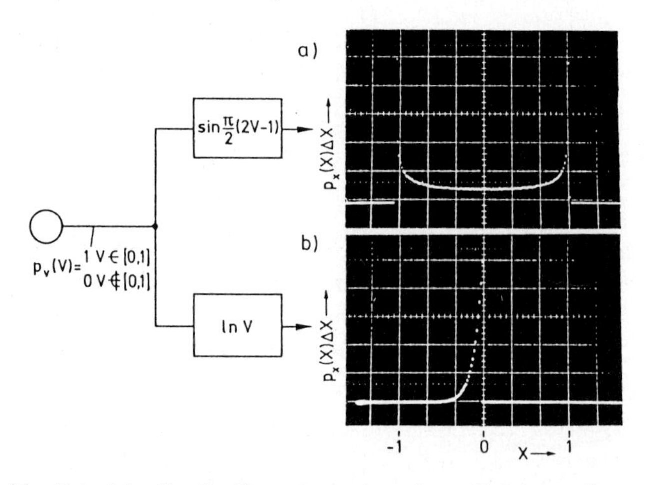

Bild 2.44: Beispiele für die Transformation einer Gleichverteilung (vergl. (2.3.14c) und (2.3.15b))

Bild 2.44a zeigt das Histogramm des Sinus einer in $[-\pi/2, \pi/2]$ gleichverteilten Phase. Weiterhin erhält man aus einer Gleichverteilung in [0,1] mit

$$X = \ln V, \quad V = e^X \tag{2.3.15a}$$

die Verteilungsdichte

$$p_x(X) = \begin{cases} e^X, & X \le 0 \\ 0, & X > 0 \end{cases} \tag{2.3.15b}$$

Bild 2.44b zeigt das zugehörige gemessene Histogramm.

Schließlich bestimmen wir die Funktion $X = g(V)$, mit der eine Gleichverteilung in [0,1] in die Normalverteilung

$$p_x(X) = \frac{1}{\sigma\sqrt{2\pi}} e^{-X^2/2\sigma^2}$$

überführt wird. Mit (2.3.7b) ist zunächst $P_x(X) = 0,5[1 + \mathrm{erf}(X/\sigma\sqrt{2})]$. Dann folgt aus (2.3.12c)

$$X = \sigma\sqrt{2} \cdot \mathrm{erf}^{-1}[2V - 1]. \qquad (2.3.16)$$

Bild 2.45 erläutert die Abbildung.

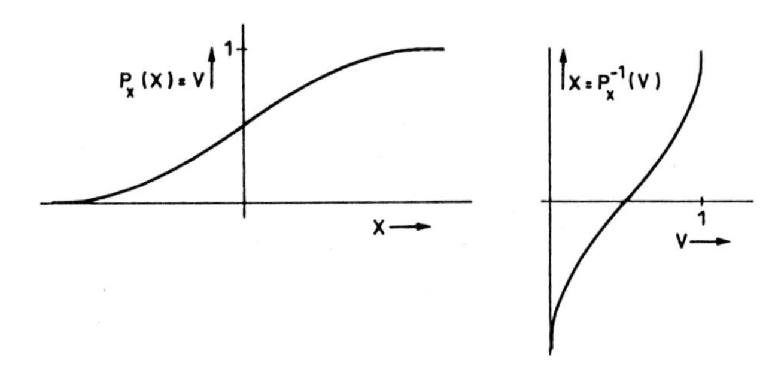

Bild 2.45: Zur Transformation einer Gleichverteilung in eine Normalverteilung

2.3.1.4 Erwartungswert, Charakteristische Funktion

Eine wichtige Größe zur Kennzeichnung eines Zufallsprozesses ist der *Erwartungswert*. Im einfachsten Fall ist er definiert als

$$E\{v\} = \int_{-\infty}^{+\infty} V p_v(V) dV =: \mu_v. \qquad (2.3.17a)$$

Es handelt sich hier um eine Operation *quer* zum Prozeß, bei der man also eine Mittelung über seine verschiedenen Mitglieder vornimmt. Man spricht daher auch vom Scharmittelwert.

Falls die Variable v nur diskrete Werte annehmen kann und deshalb $p_v(V)$ eine Summe von gewichteten δ_0-Distributionen gemäß (2.3.9b) ist, reduziert sich das Integral auf die Summe

$$E\{v\} = \sum_i V_i \cdot W(V_i). \qquad (2.3.17b)$$

Weiterhin verwenden wir zur Beschreibung des Prozesses seinen quadratischen Mittelwert, der als mittlere Leistung interpretiert werden kann

$$E\{v^2\} = \int_{-\infty}^{+\infty} V^2 p_v(V) dV, \qquad (2.3.17c)$$

sowie die *Varianz*

$$E\left\{(v-\mu_v)^2\right\} = \int_{-\infty}^{+\infty} (V-\mu_v)^2 p_v(V)dV =: \sigma_v^2$$
$$= E\left\{v^2\right\} - \mu_v^2. \tag{2.3.17d}$$

σ_v wird auch als *Streuung* bezeichnet. Wir erwähnen, daß Mittelwert μ_v und Varianz σ_v^2 die Größen sind, die wir in der Einführung bei Betrachtung der mit den Bildern 2.37 und 2.38 vorgestellten Prozesse nur verbal erklärt haben. Beim Prozeß von Bild 2.37 wächst μ_v mit der Zeit, während σ_v^2 abnimmt; bei dem zweiten Prozeß sind beide Größen konstant.

Linearer und quadratischer Mittelwert sind die einfachsten Fälle der *Momente* beliebiger Ordnung, die man für die Variable angibt. Es gilt

$$E\left\{v^n\right\} = \int_{-\infty}^{+\infty} V^n p_v(V)dV \tag{2.3.17e}$$

und für die *Zentralmomente*

$$E\left\{(v-\mu_v)^n\right\} = \int_{-\infty}^{+\infty} (V-\mu_v)^n p_v(V)dV. \tag{2.3.17f}$$

Wir geben die Momente für die Prozesse an, die wir bisher als Beispiele behandelt haben. Bei der Gleichverteilung entsprechend (2.3.6) erhält man

$$E\left\{v\right\} = \mu_v = 0 \quad \text{und damit} \quad E\left\{v^2\right\} = \sigma_v^2 = \frac{V_0^2}{3} \tag{2.3.18a}$$

$$E\left\{v^n\right\} = \begin{cases} 0, & n = 2\nu+1 \\ \dfrac{V_0^n}{n+1}, & n = 2\nu\ . \end{cases} \tag{2.3.18b}$$

Im Falle der Normalverteilung (2.3.7a) ist

$$E\left\{v\right\} = \mu_v = 0; \quad E\left\{v^2\right\} = \sigma_v^2 = \sigma^2 \tag{2.3.19a}$$

und

$$E\left\{v^n\right\} = \begin{cases} 0, & n = 2\nu+1 \\ \sigma^n \cdot \prod\limits_{i=1}^{\nu}(2i-1), & n = 2\nu. \end{cases} \tag{2.3.19b}$$

Für die Binomialverteilung gilt

$$E\left\{v\right\} = mp \tag{2.3.20a}$$

$$E\left\{v^2\right\} = mp \cdot (mp + 1 - p). \tag{2.3.20b}$$

Auf die höheren Momente dieser Verteilung gehen wir später ein.

Es ist noch eine weitere Verallgemeinerung möglich. Der Erwartungswert einer entsprechend $x = g(v)$ transformierten Zufallsvariablen ist

$$E\{x\} = E\{g(v)\} = \int_{-\infty}^{+\infty} g(V) p_v(V) dV.$$

Hier interessiert insbesondere der Fall $g(v) = e^{j\chi v}$. Man erhält die sogenannte *charakteristische Funktion*

$$C(\chi) = E\left\{e^{j\chi v}\right\} = \int_{-\infty}^{+\infty} e^{j\chi V} p_v(V) dV, \tag{2.3.21a}$$

bis auf das Vorzeichen von χ die Fouriertransformierte der Verteilungsdichte $p_v(V)$. Sie erweist sich als ein nützliches Hilfsmittel für die Untersuchung von Prozessen. Wir zeigen hier ihre Beziehung zu den Momenten. Entwickelt man in (2.3.21a) unter dem Integral $e^{j\chi V}$ in eine Taylorreihe um den Punkt $\chi = 0$, so ergibt sich nach der Integration, falls die Momente existieren,

$$C(\chi) = 1 + \sum_{n=1}^{\infty} \frac{(j\chi)^n}{n!} \cdot E\{v^n\}, \tag{2.3.21b}$$

und es gilt, wenn $C(\chi)$ bei $\chi = 0$ hinreichend oft differenzierbar ist

$$E\{v^n\} = (-j)^n \left. \frac{d^n C(\chi)}{d\chi^n} \right|_{\chi=0}. \tag{2.3.21c}$$

Wir geben die charakteristischen Funktionen zu den vorher betrachteten Prozessen an. Für die Gleichverteilung nach (2.3.6) ergibt sich entsprechend (2.2.37a)

$$C(\chi) = \frac{\sin \chi V_0}{\chi V_0}. \tag{2.3.22a}$$

Zur Normalverteilung (2.3.7a) gehört

$$C(\chi) = e^{-\chi^2 \sigma^2 / 2}. \tag{2.3.22b}$$

Schließlich hat man bei der Bernoulli-Verteilung (2.3.10a) die charakteristische Funktion

$$C(\chi) = \left(pe^{j\chi} + (1 - p)\right)^m, \tag{2.3.22c}$$

woraus sich dann mit (2.3.21c) die Momente bestimmen lassen.

2.3.1.5 Zwei Zufallsvariablen

Zur vollständigen Beschreibung eines stochastischen Prozesses reichen die bisher eingeführten Größen nicht aus. Es sind vielmehr Aussagen über die Zufallsvariablen eines Prozesses zu unterschiedlichen Zeitpunkten erforderlich. Wir begnügen uns hier mit Angaben zweiter Ordnung, betrachten also nur zwei Zufallsvariablen, wobei wir aber verallgemeinernd zulassen, daß sie verschiedenen stationären Prozessen angehören. Für die beiden Größen v_1 und v_2 wird jetzt eine *Verbundverteilungsfunktion* für stationäre Prozesse

$$P_{v_1 v_2}(V_1, V_2; \lambda) = W\left[(v_1 \le V_1, k) \wedge (v_2 \le V_2, k+\lambda)\right], \quad \forall k, \lambda \tag{2.3.23}$$

eingeführt, die offenbar als die Wahrscheinlichkeit dafür definiert ist, daß ein Mitglied des einen stationären Prozesses im beliebigen Punkt k einen Wert $v_1 \le V_1$ ***und*** ein Mitglied des anderen Prozesses in einem um λ versetzten Zeitpunkt einen Wert $v_2 \le V_2$ annimmt. Die Gleichung (2.3.23) beschreibt eine stets positive Funktion zweier Variablen, die mit wachsenden Werten V_1, V_2 nicht abnehmen kann.

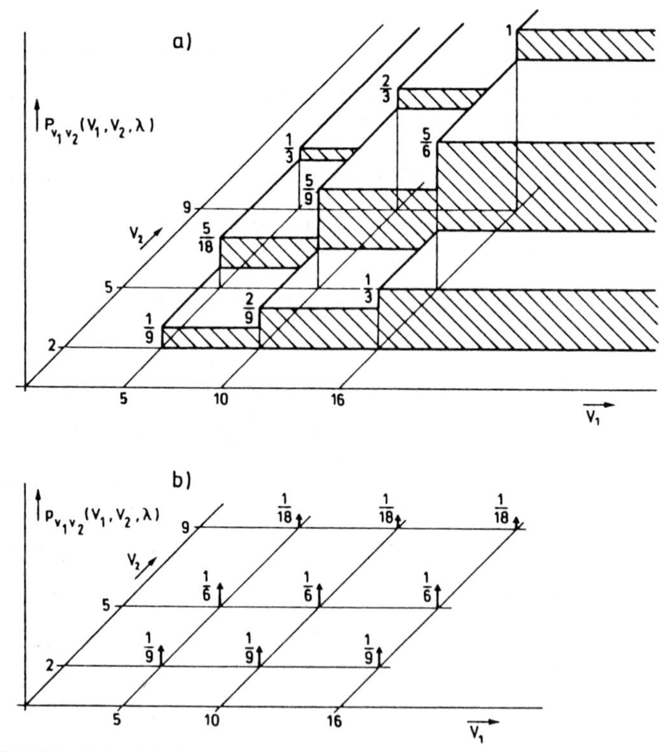

Bild 2.46: Beispiel einer Verbundverteilungsfunktion für diskrete Variable

Man stellt die Verbundverteilungsfunktion meist in ihrer Abhängigkeit von V_1 und V_2 mit λ als Parameter dar. Bild 2.46 zeigt die Funktion für den Fall diskreter Variabler mit einem willkürlich gewählten Beispiel.

Die Eigenschaften der Verbundverteilungsfunktion sind in der Tabelle 2.2 zusammengestellt. Entsprechend (2.3.5) wird die *Verbundverteilungsdichte*

$$p_{v_1 v_2}(V_1, V_2; \lambda) = \frac{\partial^2 P_{v_1 v_2}(V_1, V_2; \lambda)}{\partial V_1 \partial V_2} \qquad (2.3.24)$$

eingeführt, eine Funktion der beiden Variablen V_1 und V_2, die stets ≥ 0 ist. Ihre Eigenschaften sind ebenfalls in der Tabelle 2.2 genannt. Für das Beispiel von Bild 2.46a ist im Teilbild b die zugehörige Dichte angegeben, für die man in dem hier angenommenen diskreten Fall eine zweidimensionale Folge von δ_0-Distributionen erhält.

Glchg.	Verbundverteilungsfkt.	Glchg.	Verbundverteilungsdichtefunktion
(2.3.23)	$P_{v_1 v_2}(V_1, V_2; \lambda) =$ $= W[(v_1 \leq V_1; k) \wedge$ $\wedge (v_2 \leq V_2; k + \lambda)]$	(2.3.24)	$p_{v_1 v_2}(V_1, V_2; \lambda) =$ $= \frac{\partial^2}{\partial V_1 \partial V_2} P_{v_1 v_2}(V_1, V_2; \lambda)$
(2.3.23a)	$0 \leq P_{v_1 v_2}(V_1, V_2; \lambda) \leq 1$	(2.3.24a)	$\int_{-\infty}^{V_1} \int_{-\infty}^{V_2} p_{v_1 v_2}(\xi, \eta; \lambda) d\eta d\xi =$ $= P_{v_1 v_2}(V_1, V_2; \lambda)$
(2.3.23b)	$\lim_{V_1 \wedge V_2 \to -\infty} [P_{v_1 v_2}(V_1, V_2; \lambda)] = 0$	(2.3.24b)	$\int_{-\infty}^{V_1} \int_{-\infty}^{+\infty} p_{v_1 v_2}(\xi; \eta; \lambda) d\eta d\xi =$ $= P_{v_1}(V_1)$
(2.3.23c)	$\lim_{V_1 \wedge V_2 \to \infty} [P_{v_1 v_2}(V_1, V_2; \lambda)] = 1$	(2.3.24c)	$\int_{-\infty}^{+\infty} \int_{-\infty}^{+\infty} p_{v_1 v_2}(V_1, V_2; \lambda) dV_1 dV_2 =$ $= 1$
(2.3.23d)	$\lim_{V_2 \to \infty} [P_{v_1 v_2}(V_1, V_2; \lambda)] =$ $= P_{v_1}(V_1)$	(2.3.24d)	$\int_{-\infty}^{+\infty} p_{v_1 v_2}(V_1, V_2; \lambda) dV_2 =$ $= p_{v_1}(V_1)$
	Statistische Unabhängigkeit:		Statistische Unabhängigkeit:
(2.3.23e)	$P_{v_1 v_2}(V_1, V_2; \lambda) =$ $= P_{v_1}(V_1) \cdot P_{v_2}(V_2); \ \forall \lambda$	(2.3.24e)	$p_{v_1 v_2}(V_1, V_2; \lambda) =$ $= p_{v_1}(V_1) \cdot p_{v_2}(V_2); \ \forall \lambda$

Tabelle 2.2: Beziehungen für Verbundverteilungs- und Verbundverteilungsdichtefunktionen

Besonders erwähnt sei der Fall der statistischen Unabhängigkeit. Der Gleichung (2.3.3c) folgend erhält man unter dieser Annahme für die Verbundverteilungsdichte

$$p_{v_1 v_2}(V_1, V_2; \lambda) = p_{v_1}(V_1; k) \cdot p_{v_2}(V_2; k + \lambda)$$

und daraus wegen der vorausgesetzten Stationarität

$$p_{v_1 v_2}(V_1, V_2; \lambda) = p_{v_1}(V_1) \cdot p_{v_2}(V_2), \quad \forall \lambda. \tag{2.3.24e}$$

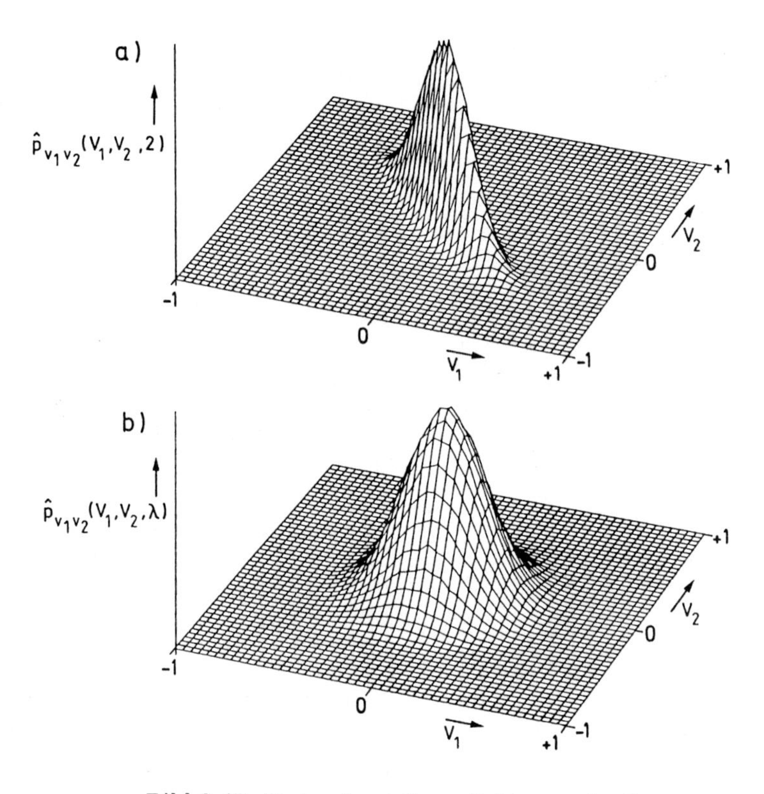

Bild 2.47: Verbundverteilungsdichten zweier Prozesse

Bild 2.47 zeigt die Verbundverteilungsdichten zweier normalverteilter Zufallsvariablen, die mittelwertfrei sind und die gleiche Varianz σ^2 haben. Es ist

$$\text{a)} \quad p_{v_1 v_2}(V_1, V_2; \lambda) = \frac{1}{\sigma^2 2\pi\sqrt{1-r^2}} e^{-(V_1^2 - 2rV_1V_2 + V_2^2)/2\sigma^2(1-r^2)},$$

wobei $r(\lambda) = E\{v_1(k)v_2(k+\lambda)\}/\sigma^2$ ist. In Bild 2.47a war $\lambda = 2$. Im Teilbild b waren die beiden Variablen unabhängig und damit $r(\lambda) = E\{v_1(k)\} \cdot E\{v_2(k+\lambda)\}/\sigma^2 = 0, \ \forall \lambda$, wegen der vorausgesetzten Mittelwertfreiheit. Dann ist

$$\text{b)} \quad p_{v_1 v_2}(V_1, V_2; \lambda) = \frac{1}{\sigma^2 2\pi} \cdot e^{-(V_1^2 + V_2^2)/2\sigma^2}, \ \forall \lambda.$$

Die Verbundverteilungsfunktion (2.3.23) wie auch die Verbundverteilungsdichte (2.3.24) kann man für $\lambda \neq 0$ unmittelbar auf eine Zufallsvariable v spezialisieren. Für $\lambda = 0$ ist eine getrennte Überlegung nötig. Offenbar ist

$$\begin{aligned} P_{vv}(V_1, V_2; 0) &= W\left[(v \leq V_1, k) \wedge (v \leq V_2, k)\right], \quad \forall k \\ &= W\left[v \leq V_1\right] = P_v(V_1), \quad \text{falls} \quad V_1 < V_2 \\ &= W\left[v \leq V_2\right] = P_v(V_2), \quad \text{falls} \quad V_1 > V_2. \end{aligned}$$

Damit folgt

$$P_{vv}(V_1, V_2, 0) = \begin{cases} P_v(V_1)\delta_{-1}(V_2 - V_1) + P_v(V_2)\delta_{-1}(V_1 - V_2), & V_1 \neq V_2 \\ P_v(V_1), & V_1 = V_2 \end{cases} \tag{2.3.25a}$$

und

$$p_{vv}(V_1, V_2, 0) = \frac{\partial^2 P_{vv}(V_1, V_2; 0)}{\partial V_1 \partial V_2} = p_v(V_1)\delta_0(V_2 - V_1), \tag{2.3.25b}$$

wobei die Differenzierung im Sinne einer verallgemeinerten Ableitung (Derivierung) zu erfolgen hat (siehe Anhang 7.1).

Im Abschnitt 2.3.1.2 haben wir ein Meßverfahren erklärt, mit dem näherungsweise die Verteilungsdichtefunktion bei einem unbekannten Prozess ermittelt werden kann. Ganz entsprechend können wir auch ein zweidimensionales Histogramm als Annäherung an die Verbundverteilungsdichte meßtechnisch bestimmen. Bei einer sehr großen Zahl N von Versuchen zählen wir dazu, wie oft die Signale $v_1(k)$ und $v_2(k)$ für einen festen Wert λ die Bedingung

$$V_1 < v_1(k) \leq V_1 + \Delta V_1 \quad \textit{und} \quad V_2 < v_2(k + \lambda) \leq V_2 + \Delta V_2$$

erfüllen. Bezeichnen wir diese Anzahl mit $n(V_1, V_2; \lambda)$, so gilt

$$p_{v_1 v_2}(V_1, V_2; \lambda)\Delta V_1 \Delta V_2 \approx \frac{n(V_1, V_2; \lambda)}{N} =: \hat{p}_{v_1 v_2}(V_1, V_2; \lambda)\Delta V_1 \Delta V_2. \tag{2.3.26}$$

Man erkennt unmittelbar, daß der zeitliche Aufwand im Vergleich zur Messung des eindimensionalen Histogramms bereits dann quadratisch ansteigt, wenn die Untersuchung nur für einen Wert von λ erfolgt. Die in Bild 2.47 dargestellten Funktionen wurden in der hier beschriebenen Weise meßtechnisch gewonnen.

Als eine Anwendung bestimmen wir den Erwartungswert der Summe $x_1 = v_1 + v_2$ der beiden Zufallsvariablen v_1 und v_2. Aus

$$E\{v_1 + v_2\} = \int_{-\infty}^{+\infty}\int_{-\infty}^{+\infty} (V_1 + V_2) p_{v_1 v_2}(V_1, V_2; \lambda) dV_1 dV_2$$

erhält man mit $\int_{-\infty}^{+\infty} p_{v_1 v_2}(V_1, V_2; \lambda) dV_{2,1} = p_{v_{1,2}}(V_{1,2})$

$$\begin{aligned} E\{v_1 + v_2\} &= \int_{-\infty}^{+\infty} V_1 \cdot p_{v_1}(V_1) dV_1 + \int_{-\infty}^{+\infty} V_2 \cdot p_{v_2}(V_2) dV_2 \\ &= E\{v_1\} + E\{v_2\} = \mu_{v_1} + \mu_{v_2} = \mu_{x_1}. \end{aligned} \tag{2.3.27a}$$

Man bestätigt leicht, daß das entsprechende Ergebnis gilt, wenn aus den Variablen v_1 und v_2 zunächst die Funktionen $g_1(v_1)$ und $g_2(v_2)$ gebildet werden. Es ist also

$$\begin{aligned} E\{g_1(v_1) + g_2(v_2)\} &= E\{g_1(v_1)\} + E\{g_2(v_2)\} \\ &= \mu_{g_1} + \mu_{g_2}. \end{aligned} \qquad (2.3.27b)$$

Für den Erwartungswert der Summe beliebig vieler Funktionen $g_\nu(v_\nu)$ von Zufallsvariablen v_ν erhält man in Verallgemeinerung dieses Ergebnisses

$$E\Big\{\sum_\nu g_\nu(v_\nu)\Big\} = \sum_\nu \mu_{g_\nu}. \qquad (2.3.27c)$$

Weiterhin bestimmen wir unter der Voraussetzung der statistischen Unabhängigkeit den Erwartungswert des Produktes $x_2 = v_1 \cdot v_2$. Es ist

$$\begin{aligned} E\{v_1 \cdot v_2\} &= \int_{-\infty}^{+\infty}\int_{-\infty}^{+\infty} V_1 V_2 \cdot p_{v_1 v_2}(V_1, V_2; \lambda) dV_1 dV_2 \\ &= \int_{-\infty}^{+\infty} V_1 p_{v_1}(V_1) dV_1 \cdot \int_{-\infty}^{+\infty} V_2 p_{v_2}(V_2) dV_2 \qquad (2.3.28a) \\ &= E\{v_1\} \cdot E\{v_2\} = \mu_{v_1} \cdot \mu_{v_2}. \end{aligned}$$

Werden aus zwei voneinander statistisch unabhängigen Variablen die Funktionen $g_1(v_1)$ und $g_2(v_2)$ gebildet, so sind diese ebenfalls voneinander statistisch unabhängig. Dann folgt

$$E\{g_1(v_1) \cdot g_2(v_2)\} = E\{g_1(v_1)\} \cdot E\{g_2(v_2)\} = \mu_{g_1} \cdot \mu_{g_2}. \qquad (2.3.28b)$$

Es sei betont, daß wir das ähnliche Ergebnis (2.3.27b) für den Summenprozeß ohne die hier erforderliche Voraussetzung der statistischen Unabhängigkeit gewonnen haben.

Für eine Anwendung von (2.3.28b) bestimmen wir die Varianz der Summe zweier statistisch unabhängiger Variablen $x_1 = v_1 + v_2$. Es ist mit (2.3.27a)

$$\begin{aligned} \sigma_{x_1}^2 &= E\left\{(x_1 - \mu_{x_1})^2\right\} = E\left\{(v_1 - \mu_{v_1} + v_2 - \mu_{v_2})^2\right\} \\ &= \sigma_{v_1}^2 + \sigma_{v_2}^2 + 2E\{(v_1 - \mu_{v_1})(v_2 - \mu_{v_2})\}. \end{aligned}$$

Dann folgt aus (2.3.28b) mit $E\{v_\nu - \mu_{v_\nu}\} = 0,\ \nu = 1, 2$

$$\sigma_{x_1}^2 = \sigma_{v_1}^2 + \sigma_{v_2}^2. \qquad (2.3.28c)$$

Weiterhin setzen wir in (2.3.28b) $g(v_\nu) = e^{j\chi v_\nu}$, $\nu = 1, 2$ und erhalten

$$E\{g(v_1) \cdot g(v_2)\} = E\left\{e^{j\chi x_1}\right\} = E\left\{e^{j\chi(v_1+v_2)}\right\} = C_{x_1}(\chi),$$

die charakteristische Funktion der Zufallsvariablen $x_1 = v_1 + v_2$.

Demnach ist

$$C_{x_1}(\chi) = C_{v_1}(\chi) \cdot C_{v_2}(\chi). \tag{2.3.29a}$$

Aus dem Faltungssatz der Fouriertransformation folgt für die Verteilungsdichte der Variablen x_1:

$$p_{x_1}(X_1) = p_{v_1}(X_1) * p_{v_2}(X_1). \tag{2.3.29b}$$

Die Beziehungen (2.3.29) lassen sich ohne weiteres auf beliebig viele voneinander statistisch unabhängige Zufallsvariablen erweitern. Werden z.B. mehrere Zufallsvariablen addiert, so ergeben sich charakteristische Funktion und Verteilungsdichte der Summe $x = \sum_{\nu} v_\nu$ entsprechend (2.3.29a,b) als

$$C_x(\chi) = \prod_{\nu} C_{v_\nu}(\chi) \tag{2.3.29c}$$

und

$$p_x(X) = \overset{*}{\prod_{\nu}} p_{v_\nu}(X) = p_{v_1}(X) * p_{v_2}(X) * p_{v_3}(X) * \ldots \tag{2.3.29d}$$

Die für zwei Variablen angegebenen Beziehungen lassen sich unmittelbar formal erweitern. Betrachtet man die m stochastischen Variablen $v_1, v_2, \ldots, v_m$, so ist deren gemeinsame Verteilungsfunktion

$$\begin{aligned} &P_{v_1,\ldots,v_m}(V_1,\ldots,V_m;\lambda_2,\ldots,\lambda_m) = \\ &W\left[(v_1 \le V_1;k) \wedge (v_2 \le V_2; k+\lambda_2) \wedge \ldots \wedge (v_m \le V_m; k+\lambda_m)\right]. \end{aligned} \tag{2.3.30a}$$

Sie ist also gleich der Wahrscheinlichkeit, daß in den angegebenen Zeitpunkten $v_\mu \le V_\mu$, $\forall \mu = 1(1)m$ gilt. Diese m-dimensionale Verteilungsfunktion hängt dabei nicht nur von den m Variablen V_μ, sondern auch von den Differenzen λ_μ, $\mu = 2(1)m$ der Betrachtungszeitpunkte ab, nicht dagegen von k, wenn wir wieder Stationarität voraussetzen. Ganz entsprechend erhalten wir die zugehörige Verteilungsdichtefunktion als

$$p_{v_1,\ldots,v_m}(V_1,\ldots,V_m;\lambda_2,\ldots,\lambda_m) = \frac{\partial^m}{\prod_{\mu=1}^{m} \partial V_\mu} P_{v_1,\ldots,v_m}(V_1,\ldots,V_m;\lambda_2,\ldots,\lambda_m). \tag{2.3.30b}$$

Für $\lambda_\mu \neq 0$ lassen sich die durch (2.3.30) beschriebenen Funktionen auf einen Zufallsprozeß spezialisieren.

Die in diesem Abschnitt für stochastische Folgen eingeführten Begriffe lassen sich ohne weiteres auf stochastische Funktionen übertragen. Dabei ist z.B. in der Verbundverteilungsfunktion $P_{v_1 v_2}(V_1, V_2; \lambda)$ an Stelle der diskreten Variablen $\lambda \in \mathbb{Z}$ die stetige Variable $\tau \in \mathbb{R}$ zu setzen und mit (2.3.23) entsprechend zu interpretieren.

2.3.1.6 Korrelation und Kovarianz

Mit den in Abschnitt 2.3.1.4 eingeführten Momenten kann man bereits wichtige quantitative Aussagen über Prozesse machen. Die Beschreibung der gegenseitigen Beziehung von Werten, die in einem gewissen Abstand stochastischen Funktionen entnommen werden, erfordert aber die Einführung weiterer Größen. Ausgehend von zwei reellen Zufallsprozessen[5] mit der Verbundverteilungsdichte $p_{v_1v_2}(V_1, V_2; \lambda)$ bilden wir die *Kreuzkorrelationsfolge*

$$\begin{aligned} \varphi_{v_1v_2}(\lambda) &= E\{v_1(k) \cdot v_2(k+\lambda)\}, \qquad \lambda \in \mathbb{Z} \\ &= \int_{-\infty}^{+\infty}\int_{-\infty}^{+\infty} V_1V_2 \cdot p_{v_1v_2}(V_1, V_2; \lambda) dV_1 dV_2. \end{aligned} \tag{2.3.31a}$$

Dieses Maß für die Verwandtschaft von Werten, die den beiden Prozessen im Abstand λ entnommen werden, ist wegen der wie stets vorausgesetzten Stationarität unabhängig von k. Man nennt zwei Prozesse *unkorreliert*, wenn

$$\varphi_{v_1v_2}(\lambda) = E\{v_1\} \cdot E\{v_2\} = \mu_{v_1}\mu_{v_2}, \qquad \lambda \in \mathbb{Z} \tag{2.3.31b}$$

ist, sie sind *orthogonal*, wenn ihre Kreuzkorrelierte identisch verschwindet. Sind zwei Prozesse statistisch unabhängig, gilt also (2.3.24e)

$$p_{v_1v_2}(V_1, V_2; \lambda) = p_{v_1}(V_1) \cdot p_{v_2}(V_2); \quad \forall\lambda,$$

so sind sie auch unkorreliert, wie man leicht bestätigt. Diese Aussage ist im allgemeinen nicht umkehrbar.

Wird nur ein Prozeß betrachtet, so spezialisiert sich (2.3.31a) auf die *Autokorrelationsfolge*

$$\varphi_{vv}(\lambda) = E\{v(k)v(k+\lambda)\} = \int_{-\infty}^{+\infty}\int_{-\infty}^{+\infty} V_1V_2 \cdot p_{vv}(V_1, V_2; \lambda) dV_1 dV_2. \tag{2.3.32a}$$

Mit (2.3.25b) erhält man daraus für $\lambda = 0$ und mit (2.3.17d)

$$\varphi_{vv}(0) = \int_{-\infty}^{+\infty} V^2 p_v(V) dV = E\{v^2\} = \sigma_v^2 + \mu_v^2. \tag{2.3.32b}$$

Für die eingeführten Korrelationen kann man leicht die folgenden Gesetzmäßigkeiten herleiten:

$$\varphi_{v_1v_2}(-\lambda) = \varphi_{v_2v_1}(\lambda), \tag{2.3.31c}$$

[5]Die Verallgemeinerung auf komplexe Prozesse wird in [2.2] behandelt.

$$|\varphi_{v_1v_2}(\lambda)|^2 \leq \varphi_{v_1v_1}(0) \cdot \varphi_{v_2v_2}(0). \tag{2.3.31d}$$

Wenn für wachsendes λ die Verbundverteilungsdichte $p_{v_1v_2}(V_1, V_2; \lambda)$ gegen das Produkt $p_{v_1}(V_1) \cdot p_{v_2}(V_2)$ geht, gilt

$$\lim_{\lambda \to \infty} \varphi_{v_1v_2}(\lambda) = \mu_{v_1}\mu_{v_2}. \tag{2.3.31e}$$

Für die Autokorrelierte erhält man

$$\varphi_{vv}(-\lambda) = \varphi_{vv}(\lambda), \tag{2.3.32c}$$

$$|\varphi_{vv}(\lambda)| \leq \varphi_{vv}(0). \tag{2.3.32d}$$

Wenn für wachsendes λ die Verbundverteilungsdichte $p_{vv}(V_1, V_2; \lambda)$ gegen $p_v(V_1) \cdot p_v(V_2)$ geht, gilt

$$\lim_{\lambda \to \infty} \varphi_{vv}(\lambda) = \mu_v^2. \tag{2.3.32e}$$

Wir definieren noch die *Kreuzkovarianzfolge*

$$\psi_{v_1v_2}(\lambda) = E\left\{(v_1(k) - \mu_{v_1})(v_2(k+\lambda) - \mu_{v_2})\right\} \tag{2.3.33a}$$

und entsprechend die *Autokovarianzfolge*

$$\psi_{vv}(\lambda) = E\left\{(v(k) - \mu_v)(v(k+\lambda) - \mu_v)\right\}. \tag{2.3.33b}$$

Beide stimmen offenbar bei mittelwertfreien Prozessen mit den oben definierten Korrelationsfolgen überein. Für sie ist wesentlich, daß sie mit wachsendem λ nach Null gehen, wenn die für die Beziehungen (2.3.31e) und (2.3.32e) gemachten Voraussetzungen gelten.

Für die Kovarianzfolgen kann man Aussagen formulieren, die den oben für Kreuz- und Autokorrelationsfolgen gefundenen entsprechen. Insbesondere ist

$$|\psi_{v_1v_2}(\lambda)|^2 \leq \psi_{v_1v_1}(0) \cdot \psi_{v_2v_2}(0) = \sigma_{v_1}^2 \sigma_{v_2}^2. \tag{2.3.33c}$$

Aus (2.3.33a) und (2.3.31b) folgt, daß bei unkorrelierten Prozessen die Kreuzkovarianzfolge identisch verschwindet.

Wir betrachten jetzt den praktisch interessierenden Fall eines Prozesses, für den

$$p_{vv}(V_1, V_2; \lambda) = p_v(V_1)p_v(V_2), \qquad \forall \lambda \neq 0 \tag{2.3.34a}$$

ist, bei dem also alle Werte für beliebiges $\lambda \neq 0$ statistisch unabhängig voneinander sind. Aus (2.3.32b,e) folgt dann

$$\varphi_{vv}(\lambda) = \begin{cases} \sigma_v^2 + \mu_v^2, & \lambda = 0 \\ \mu_v^2, & \lambda \neq 0. \end{cases} \tag{2.3.34b}$$

Für die Autokovarianzfolge erhält man

$$\psi_{vv}(\lambda) = \sigma_v^2 \gamma_0(\lambda). \tag{2.3.34c}$$

Weiterhin untersuchen wir die Autokorrelierte des Summenprozesses, der durch $x_1 = v_1 + v_2$ beschrieben wird. Es ist

$$\begin{aligned} \varphi_{x_1x_1}(\lambda) &= E\{[v_1(k) + v_2(k)][v_1(k+\lambda) + v_2(k+\lambda)]\} \\ &= \varphi_{v_1v_1}(\lambda) + \varphi_{v_2v_2}(\lambda) + \varphi_{v_1v_2}(\lambda) + \varphi_{v_2v_1}(\lambda). \end{aligned} \tag{2.3.35a}$$

Sind die Prozesse unkorreliert, so ist entsprechend (2.3.31b)

$$\varphi_{x_1x_1}(\lambda) = \varphi_{v_1v_1}(\lambda) + \varphi_{v_2v_2}(\lambda) + 2\mu_{v_1}\mu_{v_2}. \tag{2.3.35b}$$

Für $\lambda = 0$ erhält man

$$\varphi_{x_1x_1}(0) = \varphi_{v_1v_1}(0) + \varphi_{v_2v_2}(0) + 2\varphi_{v_1v_2}(0) \tag{2.3.35c}$$

und daraus bei statistischer Unabhängigkeit

$$\varphi_{x_1x_1}(0) = \sigma_{v_1}^2 + \sigma_{v_2}^2 + (\mu_{v_1} + \mu_{v_2})^2. \tag{2.3.35d}$$

Unter derselben Voraussetzung hatten wir im letzten Abschnitt auch Aussagen über den Produktprozeß $x_2 = v_1 \cdot v_2$ bekommen (siehe (2.3.28a,b)). Für seine Autokorrelierte erhält man

$$\varphi_{x_2x_2}(\lambda) = \varphi_{v_1v_1}(\lambda) \cdot \varphi_{v_2v_2}(\lambda). \tag{2.3.36}$$

Eine entsprechende Aussage gilt für die Autokovarianzfolge.

Wie zu Beginn dieser Betrachtungen über Zufallsprozesse angegeben, haben wir unsere bisherigen Aussagen stets für Folgen formuliert, soweit die Angabe eines Zeitpunktes erforderlich war. Entsprechend hängen die in diesem Abschnitt definierten Größen von der diskreten Variablen λ ab, sind also Folgen. Bei den Betrachtungen von stochastischen Funktionen, die für alle Werte der Variablen t definiert sind, werden wir auf Korrelations- bzw. Kovarianz*funktionen* geführt, die von der stetigen Variablen $\tau \in \mathbb{R}$ abhängen. Die oben für $\varphi_{..}(\lambda)$ und $\psi_{..}(\lambda)$ mit $\lambda \in \mathbb{Z}$ gefundenen Beziehungen gelten dann ebenso für $\varphi_{..}(\tau)$ und $\psi_{..}(\tau)$ mit $\tau \in \mathbb{R}$.

Lediglich ein Fall ist gesondert zu erwähnen. Wir betrachten einen kontinuierlichen Prozeß, für den

$$p_{vv}(V_1, V_2; \tau) = p_v(V_1)p_v(V_2), \qquad \forall \tau \neq 0 \tag{2.3.37a}$$

gelte, bei dem also alle Werte für beliebiges $\tau \neq 0$ voneinander statistisch unabhängig sind. Die Autokorrelationsfunktion dieses idealisierten Prozesses ist die Distribution

$$\varphi_{vv}(\tau) = \sigma_v^2 \cdot \delta_0(\tau) + \mu_v^2. \tag{2.3.37b}$$

Für die Autokovarianzfunktion erhält man

$$\psi_{vv}(\tau) = \sigma_v^2 \cdot \delta_0(\tau). \tag{2.3.37c}$$

Die hier vorgenommene Idealisierung führt insbesondere auf eine unendlich große Leistung, eine Eigenschaft, die bei realen Prozessen natürlich nicht vorliegt (siehe auch Abschnitt 2.3.2). Der entsprechende diskrete Prozeß wird durch (2.3.34) beschrieben. Seine Leistung ist endlich.

Schließlich ist noch die Autokorrelationsfolge von stochastischen Folgen zu behandeln, die durch Abtastung von stochastischen Funktionen entstanden sind. Gilt wieder $v(k) = v_0(t = kT)$, so erhält man wegen der stets vorausgesetzten Stationarität unmittelbar aus der Definitionsgleichung, daß sich z.B. die Autokorrelationsfolge $\varphi_{vv}(\lambda)$ durch die Abtastung der Autokorrelationsfunktion $\varphi_{v_0v_0}(\tau)$ bei $\tau = \lambda T$ ergibt. Es ist also

$$\varphi_{vv}(\lambda) = \varphi_{v_0v_0}(\tau = \lambda T). \tag{2.3.38}$$

Entsprechende Beziehungen gelten für die übrigen Korrelations- und Kovarianzfolgen.

2.3.1.7 Zeitmittelwerte, Ergodische Prozesse

Die Erwartungswerte für einen Zufallsprozeß haben wir stets als Scharmittelwerte gebildet, die zu bestimmten, aber wegen der vorausgesetzten Stationarität beliebigen Zeitpunkten *quer* zum Prozeß ermittelt wurden, wobei alle möglichen Mitglieder des Prozesses beteiligt sind. Bei der Bestimmung von Zeitmittelwerten betrachten wir nun jeweils eine Realisierung des interessierenden Prozesses und mitteln in Zeitrichtung, also *längs* des Prozesses. Es ist dann der zeitliche Mittelwert der Folge $v_\nu(k)$

$$\overline{v_\nu(k)} = \lim_{K\to\infty} \frac{1}{2K+1} \sum_{-K}^{+K} v_\nu(k) \tag{2.3.39a}$$

und entsprechend ihr quadratischer Zeitmittelwert(vergl.(2.1.7))

$$\overline{v_\nu^2(k)} = \lim_{K\to\infty} \frac{1}{2K+1} \sum_{-K}^{+K} v_\nu^2(k). \tag{2.3.39b}$$

Für die zeitliche Autokorrelierte erhält man

$$\overline{v_\nu(k) \cdot v_\nu(k+\lambda)} = \lim_{K\to\infty} \frac{1}{2K+1} \sum_{-K}^{+K} v_\nu(k) v_\nu(k+\lambda). \tag{2.3.39c}$$

Entsprechend lassen sich die zeitlichen Kreuzkorrelierten einführen, wobei jeweils zwei Folgen zu beteiligen sind.

Bei stochastischen Funktionen ist

$$\overline{v_\nu(t)} = \lim_{T\to\infty} \frac{1}{2T} \int_{-T}^{+T} v_\nu(t)dt, \tag{2.3.40a}$$

$$\overline{v_\nu^2(t)} = \lim_{T\to\infty} \frac{1}{2T} \int_{-T}^{+T} v_\nu^2(t)dt \tag{2.3.40b}$$

und

$$\overline{v_\nu(t)v_\nu(t+\tau)} = \lim_{T\to\infty} \frac{1}{2T} \int_{-T}^{+T} v_\nu(t)v_\nu(t+\tau)dt. \tag{2.3.40c}$$

Im allgemeinen Fall sind die so eingeführten Größen abhängig von der speziellen Folge oder Funktion und natürlich von den entsprechenden Erwartungswerten verschieden. Ist dagegen die ausgewählte Folge $v_\nu(k)$ bzw. Funktion $v_\nu(t)$ repräsentativ für den betrachteten stationären Prozeß, so stimmen die Schar- und Zeitmittelwerte überein. In diesem Fall liegt ein *ergodischer* Prozeß vor. Die Indizierung, die zur Kennzeichnung eines Mitgliedes des Prozesses nötig war, kann entfallen, und es gilt im einzelnen zunächst für Folgen z.B.

$$E\{v\} = \overline{v(k)} = \mu_v, \tag{2.3.41a}$$

$$E\left\{(v-\mu_v)^2\right\} = \overline{(v(k)-\mu_v)^2} = \sigma_v^2 \tag{2.3.41b}$$

und

$$E\{v(k)v(k+\lambda)\} = \overline{v(k)v(k+\lambda)} = \varphi_{vv}(\lambda)\ . \tag{2.3.41c}$$

Wie früher ergeben sich die entsprechenden Ausdrücke für Funktionen, wenn man k durch t und λ durch τ ersetzt.

Die Bedeutung der obigen Aussage erläutern wir am Beispiel des linearen Mittelwertes. Wie schon gesagt ist im allgemeinen Fall der entsprechend (2.3.39a) definierte zeitliche Mittelwert von ν abhängig und insofern eine stochastische Variable. Ist nun deren Erwartungswert

$$E\left\{\overline{v_\nu(k)}\right\} = \mu_v$$

und ihre Varianz

$$E\left\{\left(\overline{v_\nu(k)} - \mu_v\right)^2\right\} = 0,$$

so gilt (2.3.41a).

Es sei noch einmal ausdrücklich betont, daß Ergodizität eines Prozesses die Stationarität voraussetzt.

Zur Erläuterung konstruieren wir einen stationären aber nicht ergodischen Prozeß . Dazu gehen wir zunächst von einem ergodischen Prozeß mit den Mitgliedern $v_\nu(k)$ aus, für den also gelte

$$E\{v\} = \overline{v(k)} = \mu_v.$$

Weiterhin verwenden wir zeitlich konstante Zufallsvariable r_ν aus einem Prozeß mit dem Mittelwert $E\{r\} = \mu_r$. Wir führen jetzt einen neuen Prozeß w ein, dessen Mitglieder durch

$$w_\nu(k) = v_\nu(k) + r_\nu$$

definiert sind. Offenbar ist

$$\mu_w = E\{w\} = \mu_v + \mu_r$$

aber

$$\overline{w_\nu(k)} = \mu_v + r_\nu.$$

Nun ist zwar $E\{\overline{w_\nu(k)}\} = \mu_v + \mu_r = \mu_w$, aber $E\{(\overline{w_\nu(k)} - \mu_w)^2\} = E\{(r_\nu - \mu_r)^2\} = \sigma_r^2 \neq 0$. Der betrachtete Prozeß ist also stationär, aber nicht ergodisch.

Bei ergodischen Prozessen kann auch die näherungsweise Bestimmung der Verteilungsdichtefunktion mit einer Messung des Histogramms an einer Musterfunktion erfolgen. Generell bezeichnet man Prozesse, bei denen alle statistischen Kenngrößen aus einer bzw. bei der Kreuzkorrelation oder Kreuzkovarianz aus zwei Musterfolgen oder -funktionen gewonnen werden können, als *streng ergodisch*. Man spricht von schwacher Ergodizität, wenn die bisher genannten Erwartungswerte und Mittelwerte erster und zweiter Ordnung übereinstimmen.

Die Überprüfung der Ergodizität eines Prozesses ist außerordentlich schwierig. Meßtechnisch können praktisch nur Zeitmittelwerte bestimmt werden. Im folgenden werden wir stets voraussetzen, daß die betrachteten Prozesse ergodisch sind, obwohl praktisch wichtige Prozesse diese Eigenschaft höchstens näherungsweise haben, vielfach sogar nicht einmal stationär sind.

Korrelationsfolgen lassen sich bei ergodischen Prozessen für eine endliche Anzahl von Werten der Variablen λ meßtechnisch näherungsweise bestimmen, wenn man die erforderliche Mittelung nur über eine begrenzte Zahl von Produkten durchführt. Bild 2.48a zeigt die Anordnung für ein mögliches Verfahren. In zwei Speichern stehen jeweils ℓ Werte der Folgen $v_1(k)$ und $v_2(k)$ zur Verfügung. Durch Veränderung der Abgriffe kann man $\lambda = \lambda_1 - \lambda_2$ im Bereich $-\ell \leq \lambda \leq \ell$ wählen. Die Akkumulation der Produkte liefert die Wertefolge

$$s(\lambda, k) = \sum_{\kappa=0}^{k} v_1(\kappa) v_2(\kappa + \lambda).$$

Für hinreichend großes $k = K$ erhält man dann nach Umlegen des Schalters mit

$$\hat{\varphi}_{v_1 v_2}(\lambda) = \frac{1}{K+1} \cdot s(\lambda, K)$$

einen Schätzwert der Kreuzkorrelationsfolge $\varphi_{v_1 v_2}(\lambda)$ für das eingestellte λ.

Die Teilbilder 2.48b,c,d zeigen gemessene Kreuz- bzw. Autokorrelationsfolgen. Bild 2.48b zeigt zunächst eine gute Annäherung an das für eine Folge voneinander unabhängiger Werte zu erwartende Ergebnis $\varphi_{vv}(\lambda) = \sigma_v^2 \gamma_0(\lambda)$ als Spezialisierung von

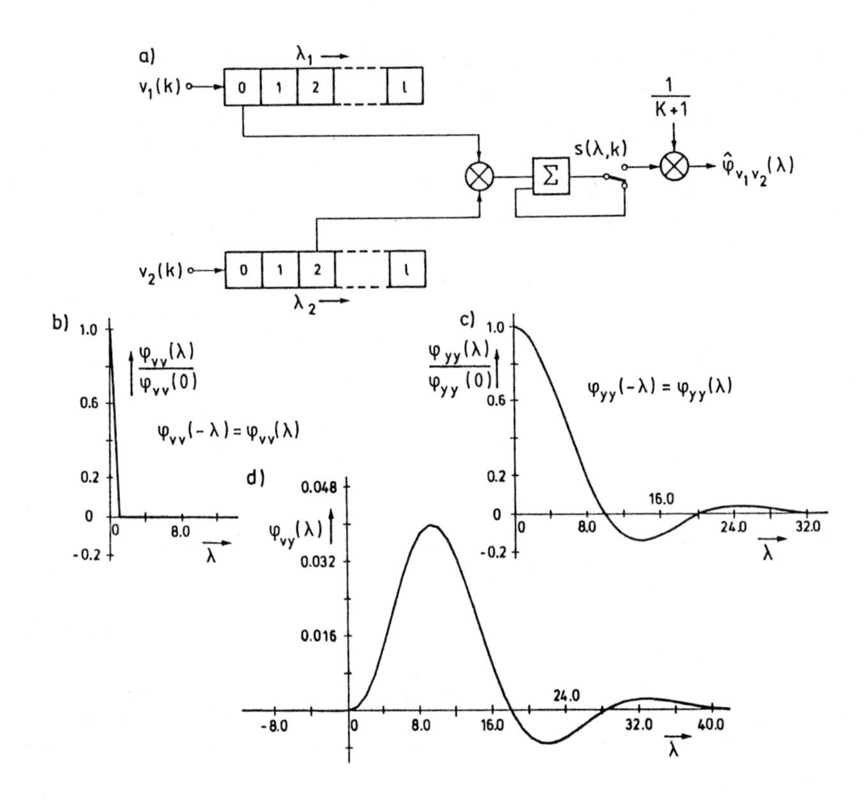

Bild 2.48: a) Zur Messung von Korrelationsfolgen; b-d) Gemessene Auto- bzw. Kreuzkorrelierte zweier Folgen

(2.3.34b) auf einen mittelwertfreien Prozeß. Bei der gemessenen Kreuzkorrelierten $\hat{\varphi}_{vy}(\lambda)$ finden wir überraschenderweise, daß sie näherungsweise für $\lambda < 0$ verschwindet. Das hängt damit zusammen, daß wir hier $y(k)$ als Reaktion eines kausalen, linearen Systems auf eine Erregung mit der Zufallsfolge $v(k)$ erzeugt haben, eine Problemstellung, die wir in Abschnitt 3.6 in allgemeiner Form untersuchen werden.

2.3.2 Betrachtung im Frequenzbereich

Auch für stochastische Signale benötigen wir eine Beschreibung im Frequenzbereich. Ähnlich wie im Abschnitt 2.2.2 beginnen wir mit der Behandlung von Funktionen. Ihr Zufallscharakter führt auch bei spektraler Betrachtung zu einigen Besonderheiten.

Da wir weiter Ergodizität und damit auch Stationarität voraussetzen, ist zunächst festzustellen, daß die betrachteten Signale nicht absolut integrierbar sind und damit die in Abschnitt 2.2.2.3 genannte hinreichende Bedingung für die Existenz des Fourierintegrals nicht erfüllen. Wichtiger ist aber, daß uns keine formelmäßige Beschreibung des einzelnen Mitgliedes eines Zufallsprozesses zur Verfügung steht. Damit ist es auch bei Zulassung von Distributionen nicht möglich, das komplexe Spektrum eines stochastischen Signals anzugeben. Aber selbst wenn es existieren sollte, würde es nur eine spektrale Beschreibung der jeweils betrachteten individuellen Funktion liefern. Für die Kennzeichnung des ganzen Prozesses wäre es nicht verwertbar.

Wir kommen zu einer Behandlung stochastischer Signale im Frequenzbereich, wenn wir von der Autokorrelationsfunktion $\varphi_{vv}(\tau)$ ausgehen, einer Zeitfunktion, die für den gesamten Prozeß eingeführt wurde. Setzen wir sie zunächst als absolut integrabel voraus, so können wir ihre Fouriertransformierte

$$\Phi_{vv}(j\omega) = \mathcal{F}\{\varphi_{vv}(\tau)\} = \int_{-\infty}^{+\infty} \varphi_{vv}(\tau)e^{-j\omega\tau}d\tau \tag{2.3.42a}$$

angeben, die als *Leistungsdichtespektrum* bezeichnet wird. Umgekehrt ist dann

$$\varphi_{vv}(\tau) = \frac{1}{2\pi}\int_{-\infty}^{+\infty} \Phi_{vv}(j\omega)e^{j\omega\tau}d\omega. \tag{2.3.42b}$$

Die Beziehungen (2.3.42) werden vielfach nach *Wiener* und *Khintchine* benannt. Wir betrachten die Eigenschaften dieser Transformation und erklären die Bedeutung von $\Phi_{vv}(j\omega)$.

Da $\varphi_{vv}(\tau)$ eine in τ gerade Funktion ist (entsprechend (2.3.32c)), erhält man nach (2.2.40a)

$$\Phi_{vv}(j\omega) = 2\int_{0}^{\infty} \varphi_{vv}(\tau)\cos\omega\tau d\tau, \tag{2.3.43a}$$

eine reelle und in ω gerade Funktion. Umgekehrt ist

$$\varphi_{vv}(\tau) = \frac{1}{\pi}\int_{0}^{\infty} \Phi_{vv}(j\omega)\cos\omega\tau d\omega \tag{2.3.43b}$$

und speziell

$$\varphi_{vv}(0) = \frac{1}{\pi}\int_{0}^{\infty} \Phi_{vv}(j\omega)d\omega. \tag{2.3.43c}$$

Andererseits ist bei einem ergodischen Prozeß

$$\varphi_{vv}(0) = E\{v^2\} = \overline{v^2(t)}$$

seine mittlere Leistung. Daher beschreibt $\Phi_{vv}(j\omega)$ offenbar die spektrale Verteilung dieser Leistung. Wir werden erwarten und in Abschnitt 3.6 zeigen, daß

$$\Phi_{vv}(j\omega) \geq 0 \quad ,\forall\omega \tag{2.3.43d}$$

gilt, eine Bedingung, die zu den in (2.3.32) angegebenen Regeln für die Autokorrelationsfunktion tritt.

Neben der hier gegebenen Einführung des Leistungsdichtespektrums als Fouriertransformierte von $\varphi_{vv}(\tau)$ gibt es einen Zugang, der vom Signal selbst ausgeht. Auf seine Behandlung sei verzichtet. Wir verweisen dazu auf die Literatur (siehe z.B. [2.14]).

Ausgehend von der Kreuzkorrelationsfunktion $\varphi_{v_1v_2}(\tau)$ kann man entsprechend ein *Kreuzleistungsdichtespektrum*

$$\Phi_{v_1v_2}(j\omega) = \int_{-\infty}^{+\infty} \varphi_{v_1v_2}(\tau)e^{-j\omega\tau}d\tau \tag{2.3.44a}$$

definieren, wenn man wieder $\varphi_{v_1v_2}(\tau)$ als absolut integrierbar annimmt. Die inverse Operation liefert

$$\varphi_{v_1v_2}(\tau) = \frac{1}{2\pi}\int_{-\infty}^{+\infty} \Phi_{v_1v_2}(j\omega)e^{j\omega\tau}d\omega. \tag{2.3.44b}$$

$\Phi_{v_1v_2}(j\omega)$ ist im allgemeinen komplex. Mit (2.3.31c) und (2.2.40b) erhalten wir

$$\Phi_{v_1v_2}(-j\omega) = \Phi^*_{v_1v_2}(j\omega) = \Phi_{v_2v_1}(j\omega). \tag{2.3.44c}$$

Wir haben bisher vorausgesetzt, daß die zu transformierenden Korrelationsfunktionen absolut integrabel sind. Das schließt z.B. Prozesse aus, die einen Mittelwert $\mu_v \neq 0$ besitzen. Auch solche Vorgänge lassen sich spektral beschreiben, wenn man verallgemeinerte Funktionen zuläßt. Z.B. enthält dann das Leistungsdichtespektrum einen additiven Term der Form $\mu_v^2 \cdot 2\pi\delta_0(\omega)$.

Die im Abschnitt 2.2.2.4 eingehend behandelte enge Beziehung zwischen den Spektren von Funktionen und Folgen gestattet uns jetzt, auch für stochastische Folgen das Leistungsdichtespektrum unmittelbar anzugeben. Es gilt ganz entsprechend zu (2.2.66)

$$\Phi_{vv}(e^{j\Omega}) = \mathscr{F}_*\{\varphi_{vv}(\lambda)\} = \sum_{\lambda=-\infty}^{+\infty} \varphi_{vv}(\lambda) \cdot e^{-j\lambda\Omega} \tag{2.3.45a}$$

und

$$\varphi_{vv}(\lambda) = \frac{1}{2\pi}\int_{-\pi}^{+\pi} \Phi_{vv}(e^{j\Omega})e^{j\lambda\Omega}d\Omega. \tag{2.3.45b}$$

$\Phi_{vv}(e^{j\Omega})$ ist periodisch in Ω, die $\varphi_{vv}(\lambda)$ sind die Koeffizienten der zugehörigen Fourierreihenentwicklung. Im übrigen ist auch $\Phi_{vv}(e^{j\Omega})$ reell und gerade in Ω, so daß die (2.3.43) entsprechenden Beziehungen

$$\Phi_{vv}(e^{j\Omega}) = \varphi_{vv}(0) + 2\sum_{\lambda=1}^{\infty} \varphi_{vv}(\lambda)\cos\lambda\Omega \tag{2.3.46a}$$

und

$$\varphi_{vv}(\lambda) = \frac{1}{\pi}\int_0^{\pi} \Phi_{vv}(e^{j\Omega})\cos\lambda\Omega d\Omega \tag{2.3.46b}$$

gelten. Schließlich können wir auch das Leistungsdichtespektrum $\Phi_{vv}(e^{j\Omega})$ einer stochastischen Folge angeben, die aus einer Musterfunktion $v_0(t)$ eines ergodischen Prozesses durch Abtastung bei $t = kT$ gewonnen wurde. Entsprechend (2.3.38) muß es sich um das Spektrum der Autokorrelationsfolge $\varphi_{vv}(\lambda)$ handeln, die man durch Abtastung der Autokorrelationsfunktion $\varphi_{v_0v_0}(\tau)$ erhält. Es gelten dann die in Abschnitt 2.2.2.5 angestellten Überlegungen. Entsprechend dem Überlagerungssatz, den wir in (2.2.77d) für das Spektrum der durch Abtastung einer determinierten Funktion entstandenen Folge angegeben haben, folgt hier

$$\Phi_{vv}(e^{j\Omega}) = \frac{1}{T}\sum_{\mu=-\infty}^{+\infty} \Phi_{v_0v_0}\left[\frac{j}{T}(\Omega - 2\mu\pi)\right], \tag{2.3.47}$$

wenn $\Phi_{v_0v_0}(j\omega)$ das Leistungsdichtespektrum des kontinuierlichen Prozesses ist.

Wir behandeln einige Beispiele. Zunächst wird ein ergodischer Prozeß mit einem im Bereich $|\omega| \leq \omega_1$ konstanten Leistungsdichtespektrum untersucht. Es sei also

$$\Phi_{v_0v_0}(j\omega) = \begin{cases} \Phi_0, & |\omega| < \omega_1 \\ 0, & |\omega| \geq \omega_1 \end{cases} \tag{2.3.48a}$$

Nach (2.2.49) gehört dazu die Autokorrelationsfunktion

$$\varphi_{v_0v_0}(\tau) = \frac{\Phi_0}{\pi}\cdot\frac{\sin\omega_1\tau}{\tau}. \tag{2.3.48b}$$

Durch Abtastung der kontinuierlichen Funktion $v_0(t)$ aus diesem Prozeß bei $t = kT$ gewinnt man eine stochastische Folge $v(k)$ mit der Autokorrelationsfolge

$$\varphi_{vv}(\lambda) = \frac{\Phi_0}{\pi T}\cdot\frac{\sin\Omega_1\lambda}{\lambda}, \qquad \Omega_1 = \omega_1 T \tag{2.3.48c}$$

und einem Leistungsdichtespektrum, das von der Wahl des Abtastintervalls T abhängt.

Weiterhin behandeln wir eine sich aus (2.3.48a,b) ergebende Idealisierung. Zunächst erhält man aus den beiden obigen Beziehungen

$$\Phi_{v_0v_0}(0) =: \Phi_0 = \int_{-\infty}^{+\infty} \varphi_{v_0v_0}(\tau)d\tau, \quad \forall\omega_1 > 0 \text{ und } \varphi_{v_0v_0}(0) = \Phi_0\omega_1/\pi.$$

Für wachsendes ω_1 geht $\varphi_{v_0v_0}(\tau) \to \Phi_0\delta_0(\tau)$. Wir erhalten den schon im Abschnitt 2.3.1.6 erklärten, durch (2.3.37) beschriebenen idealisierten Prozeß, der durch statistische Unabhängigkeit aller Werte gekennzeichnet war. Hier wird er zusätzlich dadurch charakterisiert, daß sein Leistungsdichtespektrum konstant ist. Er wird als *weißes Rauschen* bezeichnet. Dieser Prozeß ist insofern irreal, als seine Leistung mit wachsendem ω_1 unbegrenzt wächst. Auf diese Konsequenz der hier vorgenommenen Idealisierung hatten wir schon in Abschnitt 2.3.1.6 hingewiesen. Für theoretische Überlegungen ist er trotzdem sehr wichtig. Im entsprechenden diskreten Fall erhält man bei Mittelwertfreiheit aus (2.3.34b)

$$\varphi_{vv}(\lambda) = \sigma_v^2 \gamma_0(\lambda) \tag{2.3.49a}$$

und damit

$$\Phi_{vv}(e^{j\Omega}) = \sigma_v^2, \quad \forall\Omega \tag{2.3.49b}$$

als kennzeichnend für diskretes weißes Rauschen (siehe das in Bild 2.48b gezeigte Meßergebnis).

Weiterhin sei

$$\varphi_{v_0v_0}(\tau) = e^{-\alpha|\tau|} \quad \text{mit} \quad \alpha > 0. \tag{2.3.50a}$$

Man erhält für das Leistungsdichtespektrum

$$\Phi_{v_0v_0}(j\omega) = \frac{2\alpha}{\omega^2 + \alpha^2}. \tag{2.3.50b}$$

Die durch Abtastung einer Musterfunktion bei $t = kT$ gewonnene stochastische Folge hat die Autokorrelierte

$$\varphi_{vv}(\lambda) = e^{-\alpha T\cdot|\lambda|} =: \rho^{|\lambda|} \quad \text{mit} \quad \rho = e^{-\alpha T} < 1. \tag{2.3.50c}$$

Das zugehörige Leistungsdichtespektrum ist dann (vergl. (2.2.74))

$$\Phi_{vv}(e^{j\Omega}) = \frac{1-\rho^2}{1 - 2\rho\cos\Omega + \rho^2}. \tag{2.3.50d}$$

Die Reihenentwicklung von $\Phi_{vv}(e^{j\Omega})$ liefert

$$\Phi_{vv}(e^{j\Omega}) = \sum_{\mu=-\infty}^{+\infty} \frac{-2\ln\rho}{(\Omega - 2\mu\pi)^2 + (\ln\rho)^2} = \frac{1}{T}\cdot\sum_{\mu=-\infty}^{+\infty} \frac{2\alpha}{(\omega - 2\mu\pi/T)^2 + \alpha^2}$$

in Bestätigung des Überlagerungssatzes (2.3.47).

2.4 Literatur

2.1 Oppenheim, A.; Willsky, A.; Young, I.T.: *Signals and Systems*. Englewood Cliffs, N.J.: Prentice Hall, 1983

2.2 Schüßler, H.W.: *Digitale Signalverarbeitung Band I, Analyse diskreter Signale und Systeme*. 2. Auflage, Berlin: Springer- Verlag 1988

2.3 Achilles, D.: *Die Fourier-Transformation in der Signalverarbeitung.* 2. Auflage, Berlin: Springer-Verlag 1985

2.4 Doetsch, G.: *Funktionaltransformationen, Abschnitt C in Mathematische Hilfsmittel des Ingenieurs Teil I*, herausgegeben von R. Sauer und I. Szabó, Berlin: Springer-Verlag 1967

2.5 Papoulis, A.: *The Fourier Integral and its Applications.* New York: McGraw Hill 1962

2.6 Papoulis, A.: *Signal Analysis.* New York: McGraw Hill 1977

2.7 Bracewell, R.N.: *The Fourier Transform and its Applications.* Second Edition, New York: McGraw Hill 1983

2.8 Jess, J.; Schüßler, H.W.: *On the Design of Pulse- Forming Networks.* IEEE Transactions on Circuit Theory CT-12 (1965), S. 393 —400

2.9 Schüßler, H.W.; Steffen, P.: *A hybrid system for the reconstruction of a smooth function from its samples.* Circuits, Systems and Signal Processing, 3 (1984), S. 295 — 314

2.10 Bremermann, H.: *Distributions, Complex Variables, and Fourier Transforms.* Reading Ma, Addison-Wesley 1965

2.11 Schlitt, H.: *Systemtheorie für regellose Vorgänge.* Berlin: Springer-Verlag 1960

2.12 Papoulis, A.: *Probability, Random Variables and Stochastic Processes.* New York: McGraw Hill, 2. Auflage 1984

2.13 Davenport Jr, W.B.: *Probability and Random Processes.* New York: McGraw Hill 1970

2.14 Schlitt, H.; Dittrich, F.: *Statistische Methoden der Regelungstechnik.* B.I. Hochschultaschenbücher, Band 526, 1972

2.15 Hänsler, E.: *Grundlagen der Theorie statistischer Signale.* Berlin: Springer-Verlag 1983

2.16 Schlitt, H.: *Regelungstechnik, Physikalisch orientierte Darstellung fachübergreifender Prinzipien.* Vogel Buchverlag Würzburg 1988

2.17 Abramowitz, M.; Stegun, I.A.: *Handbook of Mathematical Functions.* New York: Dover Publications 1970

2.18 Bronstein, I.N.; Semendjajew, K.A.: *Taschenbuch der Mathematik.* 19. Auflage, Frankfurt: Harri Deutsch Verlag 1980

3. Systeme

3.1 Systemeigenschaften

Wir definieren im folgenden Systemarten, wobei wir von ihrer Reaktion auf Eingangsfunktionen oder -folgen ausgehen, die wir meist als Funktion einer Zeitvariablen auffassen. Es sei also

$\mathbf{v}(t)$ oder $\mathbf{v}(k)$ der Vektor der Eingangsgrößen,

$\mathbf{y}(t)$ oder $\mathbf{y}(k)$ der Vektor der Ausgangsgrößen.

Die Definition der verschiedenen Systeme erfolgt durch die Angabe von Einschränkungen für die möglichen Beziehungen (1.3) (siehe z.B. [3.1] - [3.3]). Dabei formulieren wir die Aussagen für kontinuierliche Systeme mit der Variablen t. Die entsprechenden Gleichungen für diskrete Systeme erhält man, wenn man t durch k sowie t_0 durch k_0 bzw. τ durch κ ersetzt.

Wir müssen zunächst zwischen determinierten und stochastischen Systemen unterscheiden. *Determinierte Systeme* sind dadurch gekennzeichnet, daß sie bei determinierten Eingangsgrößen, wie wir sie in Abschnitt 2.2 beschrieben haben, an ihrem Ausgang ebenfalls determinierte Signale liefern. Dagegen erhält man bei *stochastischen Systemen* auch bei Erregung mit determinierten Eingangssignalen am Ausgang Größen, für die i.a. lediglich Wahrscheinlichkeitsaussagen möglich sind, die also stochastisch sind. Das ist z.B. bei Systemen möglich, deren Komponenten nicht konstant oder determiniert variabel, sondern Zufallsvariable sind. Solche Systeme, die große reale Bedeutung haben, kann man gegebenenfalls dadurch modellieren, daß man geeignete stochastische Eingangssignale zusätzlich einführt, das System selbst aber als determiniert annimmt. Wir werden uns daher im weiteren Verlauf auf determinierte Systeme beschränken.

Nach unseren im 1. Kapitel gemachten Voraussetzungen verschwinden i.a. die Ausgangsgrößen identisch, wenn die Eingangsgrößen identisch Null sind. Ein System, bei dem $\mathbf{v}(t) = \mathbf{0}$, $\forall t$ ist, bezeichnen wir daher als *"in Ruhe befindlich"*. Ist lediglich $\mathbf{v}(t)$ für $t \geq t_0$ bekannt, so benötigen wir zur Bestimmung von $\mathbf{y}(t)$ für $t > t_0$ außer dem Eingangsvektor $\mathbf{v}(t)$ noch die Kenntnis des Zustandes des Systems für $t = t_0$, d.h. Angaben über den Inhalt der Energiespeicher im Innern. Dabei interessiert nicht, wie dieser Zustand während der Zeit $t < t_0$ entstanden ist. Wir verweisen hierzu auf die im 6. Kapitel von Band I behandelten Zustandsgleichungen elektrischer Netzwerke bzw. auf Abschnitt 4.1 dieses Bandes.

Systeme, bei denen $\mathbf{y}(t)$ in jedem Zeitpunkt $t = t_0$ ausschließlich von $\mathbf{v}(t = t_0)$, nicht dagegen von den Werten der Eingangsgröße bei $t \neq t_0$ abhängt, nennen wir *gedächtnislos*. Die im Kapitel 2 von Band I behandelten ohmschen Netzwerke waren Beispiele dafür. Entsprechend liegen Systeme *mit Gedächtnis* vor, wenn auch $\mathbf{v}(t)$ für $t \neq t_0$ Einfluß auf $\mathbf{y}(t = t_0)$ hat. Solche Systeme werden auch *dynamisch* genannt.

Wir nennen ein System *reellwertig*, wenn es bei reellen Eingangsfunktionen stets reelle Ausgangsfunktionen abgibt:

$$\begin{aligned} &\text{Aus} \quad v_\lambda(t) \quad \text{reell}, \quad \forall t, \quad \lambda = 1(1)\ell \\ &\text{folgt} \quad y_\rho(t) \quad \text{reell}, \quad \forall t, \quad \rho = 1(1)r. \end{aligned} \tag{3.1.1}$$

Für *kausale* Systeme gilt, daß der Ausgangswert in einem bestimmten, aber beliebigen Punkt t_0 ausschließlich von $\mathbf{v}(t)$ mit $t \leq t_0$ abhängt, nicht dagegen von $\mathbf{v}(t)$ mit $t > t_0$. Ist insbesondere das System für $t \leq t_0$ in Ruhe, gilt also

$$\begin{aligned} \mathbf{v}(t) \equiv \mathbf{0} \quad &\text{für} \quad t \leq t_0, \quad \text{so folgt} \\ \mathbf{y}(t) \equiv \mathbf{0} \quad &\text{für} \quad t \leq t_0. \end{aligned} \tag{3.1.2}$$

Reale Systeme, bei denen die Eingangs- und Ausgangsgrößen Funktionen der Zeit sind, sind kausal. Sind $\mathbf{v}$ und $\mathbf{y}$ dagegen Ortsfunktionen, liegt also z.B. in einem bestimmten Augenblick $v(x_1, x_2)$ als ein Bild vor (Helligkeit als Funktion der beiden Ortsvariablen x_1 und x_2), so kann in einem realen System durchaus bei einem Ausgangsbild $y(x_1, x_2)$ der Wert $y(x_{10}, x_{20})$ von $v(x_1, x_2)$ mit $x_1 > x_{10}, x_2 > x_{20}$ abhängen. Im Sinne der Definition haben wir dann ein nichtkausales System.

Lineare Systeme sind durch die Gültigkeit des Superpositionsgesetzes gekennzeichnet (siehe Bild 3.1, vergleiche Abschnitt 2.1.2 in Band I). Die Reaktionen zweier identischer, bei Beginn der Betrachung energiefreier Systeme auf $\mathbf{v}_1(t)$ bzw. $\mathbf{v}_2(t)$ seien

$$\begin{aligned} \mathbf{y}_1(t) &= S\{\mathbf{v}_1(t)\}, \\ \mathbf{y}_2(t) &= S\{\mathbf{v}_2(t)\}. \end{aligned} \tag{3.1.3a}$$

Betrachtet wird nun die Reaktion eines dritten identischen Systems auf eine beliebige Linearkombination der Eingangsgrößen $\mathbf{v}_1$ und $\mathbf{v}_2$. Es wird untersucht, ob diese Reaktion gleich derselben Linearkombination der Einzelreaktionen ist.

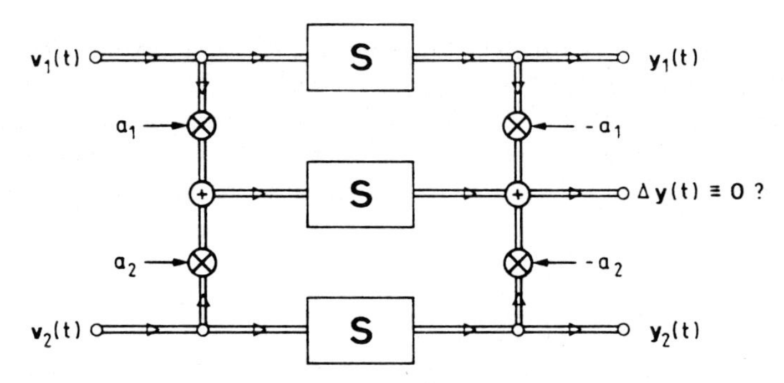

Bild 3.1: Zur Definition eines linearen Systems

Wir bezeichnen ein System als linear, wenn für beliebige $\mathbf{v}_1$ und $\mathbf{v}_2$ sowie beliebige komplexe Konstanten a_1 und a_2 gilt:

$$\begin{aligned} \mathbf{y}_3(t) &= S\{a_1\mathbf{v}_1(t) + a_2\mathbf{v}_2(t)\} \\ &= a_1 S\{\mathbf{v}_1(t)\} + a_2 S\{\mathbf{v}_2(t)\} \\ \text{und damit} \quad \mathbf{y}_3(t) &= a_1\mathbf{y}_1(t) + a_2\mathbf{y}_2(t). \end{aligned} \qquad (3.1.3b)$$

Die durch Bild 3.1 beschriebene Messung zur Kontrolle der Linearität mußte gleichzeitig an drei identischen Systemen durchgeführt werden, weil hier, im Gegensatz zur Betrachtung in Band I, zeitliche Invarianz nicht vorausgesetzt wurde. Die weiterhin angenommene Energiefreiheit führt dazu, daß die $\mathbf{y}_\nu(t)$ ausschließlich von den $\mathbf{v}_\nu(t)$ herrühren. Ein System, das zu Beginn der Untersuchung Energie enthält, ist im Sinne der Definition nichtlinear. Im übrigen läßt sich die Eigenschaft (3.1.3) auf die Überlagerung unendlich vieler Signale erweitern. Ein lineares System ist also allgemein durch die Beziehung

$$S\left\{\sum_{\nu=0}^{\infty} a_\nu \cdot \mathbf{v}_\nu(t)\right\} = \sum_{\nu=0}^{\infty} a_\nu \cdot S\{\mathbf{v}_\nu(t)\} \qquad (3.1.4)$$

gekennzeichnet. Die Voraussetzung der Linearität bedeutet eine sehr starke Idealisierung, die aber für die theoretische Behandlung von großer Bedeutung ist. Reale Systeme sind in der Regel nur für einen gewissen Wertebereich der $\mathbf{v}_\nu$ bzw. a_ν näherungsweise linear.

Bei einem *zeitlich invarianten* System ist die Reaktion auf eine Eingangsgröße $\mathbf{v}(t)$ unabhängig vom Zeitpunkt der Messung. Ist allgemein

$$\mathbf{y}_1(t) = S\{\mathbf{v}(t)\}, \qquad (3.1.5a)$$

so ist bei einem zeitlich invarianten System

$$\mathbf{y}_2(t) = S\{\mathbf{v}(t-\tau)\} = \mathbf{y}_1(t-\tau), \quad \forall \tau. \qquad (3.1.5b)$$

Reale Systeme haben in der Regel diese Eigenschaft höchstens näherungsweise.

Weiterhin bezeichnen wir, wie wir schon im Abschnitt 6.4.5 von Band I angaben, ein System als ***stabil*** bezüglich des an den Anschlußklemmen meßbaren Verhaltens, wenn es auf jede beschränkte Eingangsfunktion mit einer ebenfalls beschränkten Ausgangsfunktion reagiert. Im englischsprachigen Schrifttum wird dies "BIBO-Stabilität" genannt (von bounded input — bounded output). Ist also

$$|v_\lambda(t)| \leq M_1 < \infty, \qquad \forall t; \;\; \lambda = 1(1)\ell, \tag{3.1.6a}$$

so muß bei einem stabilen System gelten

$$|y_\rho(t)| \leq M_2 < \infty, \qquad \forall t; \;\; \rho = 1(1)r. \tag{3.1.6b}$$

Praktisch arbeitende Systeme müssen natürlich stabil sein. Für die Analyse und den Entwurf von Systemen ist aber die Ermittlung der Bedingungen, unter denen ein System stabil ist, von entscheidender Bedeutung.

Schließlich ist noch die Unterscheidung von *verlustfreien* und *verlustbehafteten* Systemen von Interesse. Für den speziellen Fall von Netzwerken hatten wir die entsprechende Untersuchung bereits in den Abschnitten 4.5 und 4.6 von Band I vorgenommen. Bei der hier zu behandelnden allgemeinen Definition setzen wir einschränkend Kausalität voraus und verlangen, daß zu den an den Klemmen auftretenden Zeitfunktionen in geeigneter Weise Leistungen als Funktion der Zeit definiert werden können. Nehmen wir weiterhin an, daß die Systeme keine gesteuerten Quellen enthalten, daß sie also passiv sind, so werden wir ein System verlustfrei nennen, wenn die gesamte hineinfließende Energie an den Ausgängen wieder erscheint. Wird im Innern Energie verbraucht, nennen wir das System entsprechend verlustbehaftet. Eine genauere Definition bringen wir im Abschnitt 3.5.2.

Wir betrachten einige Beispiele, wobei wir uns der Einfachheit wegen im wesentlichen auf Systeme mit einem Eingang und einem Ausgang beschränken.

a) $y(t) = \sum_{\nu=1}^{n} \alpha_\nu v^\nu(t), \qquad \alpha_\nu = \text{konst.}, \; \forall \nu$

beschreibt offenbar ein gedächtnisloses, kausales, zeitinvariantes und stabiles System, das für $\alpha_\nu \in \mathbb{R}$ reellwertig ist. Es ist nichtlinear, wenn $\alpha_\nu \neq 0$ ist für wenigstens einen Koeffizienten α_ν mit $\nu > 1$.

b) $y(t) = v(t - t_0), \qquad t_0 = \text{konst.}$

Für $t_0 > 0$ wird durch diese Beziehung ein Verzögerungsglied beschrieben. Es handelt sich um ein dynamisches, zeitinvariantes, lineares und kausales System. Ist $t_0 < 0$, so liegt offenbar ein nichtkausales System vor.

c) $y(t) = v_1(t) \sin \omega_T t$

ist die Gleichung der Amplitudenmodulation eines sinusförmigen Trägers der Frequenz ω_T bei Unterdrückung der Trägerschwingung. Sehen wir die Trägerfunktion als zweite

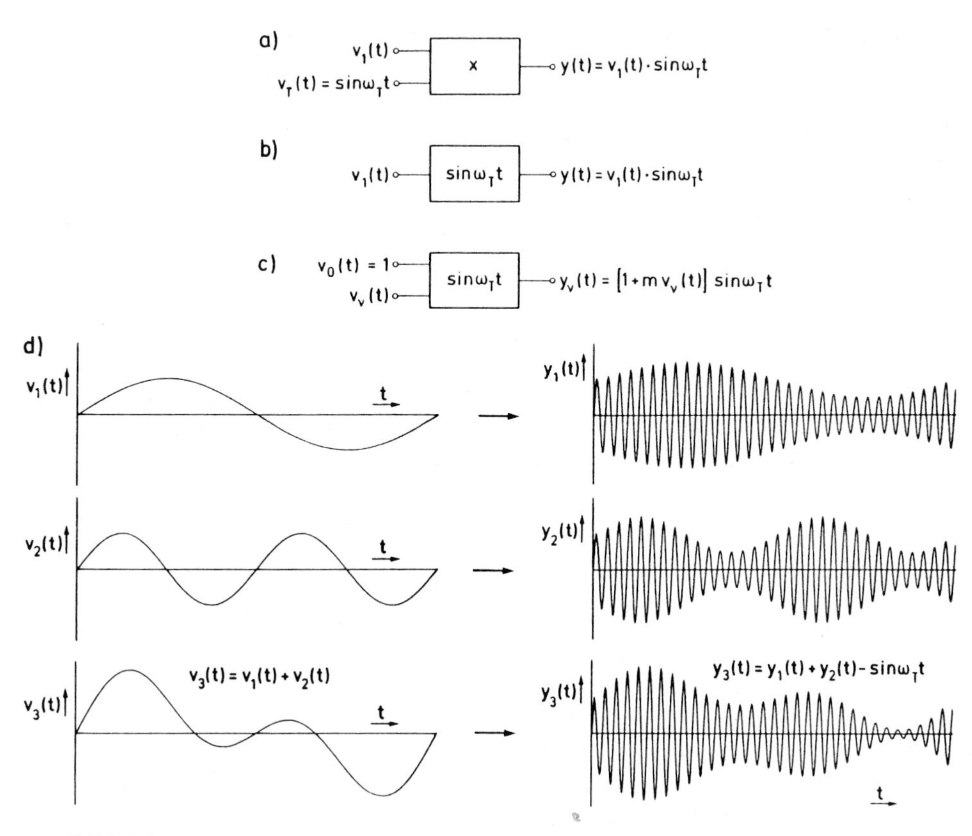

Bild 3.2: Zur Untersuchung der Systemeigenschaften eines Amplitudenmodulators

Eingangsgröße $v_T(t) = \sin \omega_T t$ an, so haben wir offenbar ein nichtlineares, zeitinvariantes System vor uns (Bild 3.2a). Fassen wir dagegen $\sin \omega_T t$ als eine dem System eigentümliche Steuergröße auf (Bild 3.2b), so ist das System linear, aber zeitvariant. Die Amplitudenmodulation im engeren Sinne, wie sie z.B. im Mittelwellenrundfunk Anwendung findet, wird durch

$$y_\nu(t) = [1 + m v_\nu(t)] \sin \omega_T t \quad \text{mit} \quad \max |m v_\nu(t)| < 1$$

beschrieben. Hier tritt am Ausgang unabhängig vom Eingangssignal $v_1(t)$ zusätzlich die Trägerschwingung auf. Wir können diese Modulation mit Bild 3.2c beschreiben, in dem wir eine zweite Eingangsgröße $v_0(t)$ eingeführt haben, für die einschränkend nur der konstante Wert 1 zugelassen wird. Das bedeutet zwar eine Abweichung von der generellen Voraussetzung, daß die Eingangsfunktionen weitgehend beliebig sein dürfen, gestattet aber die Behandlung dieses Systems, das sich als nichtlinear und zeitvariant erweist. In Bild 3.2d sind einige Eingangssignale $v_\nu(t)$ und die zugehörigen Ausgangssignale $y_\nu(t)$ angegeben. Offenbar gilt das für die Linearität entscheidende Überlagerungsgesetz nicht. Bezieht man allerdings den auf der Empfangsseite sich anschließenden Demodulator in die Betrachtung ein, der zunächst die *Einhüllende* $[1 + m \sum_\nu v_\nu(t)]$ bildet und dann die Konstante 1 abtrennt, so ergibt sich für die $v_\nu(t)$ ein insgesamt lineares System, wie es für die beabsichtigte Nachrichtenübertragung erforderlich ist.

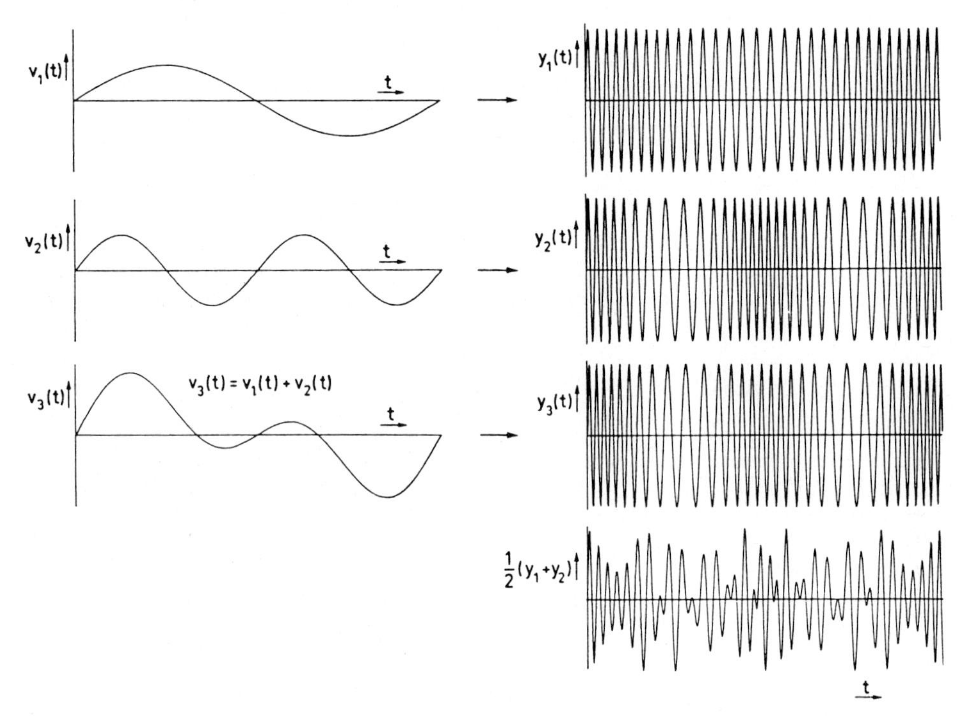

Bild 3.3: Zur Untersuchung der Systemeigenschaften eines Phasenmodulators

d) $y_\nu(t) = \sin\left[\omega_T t + \alpha v_\nu(t)\right]$ mit $\omega_T + \alpha \cdot \dfrac{dv_\nu(t)}{dt} =: \omega(t) > 0, \quad \forall t$

beschreibt die Phasenmodulation eines sinusförmigen Trägers. Wir interpretieren diese Beziehung entsprechend der Überlegung bei der Amplitudenmodulation als Gleichung eines Systems mit den beiden Eingangsgrößen $v_0(t) = \omega_T =$ konst. und $v_\nu(t)$ (siehe Bild 3.3). Das System erweist sich als nichtlinear und zeitvariant. Auch hier erhält man bei Einbeziehung des Phasendemodulators der Empfangsseite ein insgesamt lineares Übertragungssystem.

e) In Abschnitt 2.3.1.4 haben wir mit

$$E\{v^n\} = \int_{-\infty}^{+\infty} V^n p_v(V)dV$$

das n-te Moment einer Zufallsvariablen eingeführt. Setzen wir Ergodizität voraus, so können wir näherungsweise den entsprechenden Zeitmittelwert für eine repräsentative

Folge $v(k)$ bestimmen. Es ist dann

$$E\{v^n\} = \overline{v^n(k)} \approx \frac{1}{N+1}\sum_{k=0}^{N} v^n(k).$$

Daraus leiten wir die Betrachtung eines Systems ab, das durch

$$y(k) = \frac{1}{k+1}\cdot\sum_{\kappa=0}^{k} v^n(\kappa)$$

beschrieben wird und nach obiger Aussage mit wachsendem k einen Näherungswert für das gesuchte n-te Moment liefert. Diese Beziehung beschreibt offenbar ein zeitvariables, kausales und für $n > 1$ nichtlineares System, das aber stabil ist.

f) Bild 3.4 zeigt ein einfaches lineares System sowie die an ihm gemessenen Größen bei Erregung mit einem Rechteckimpuls. Neben den Momentanleistungen

$$p_1(t) = u_q(t)\cdot i_1(t) \quad \text{und}$$

$$p_2(t) = u(t)\cdot i_2(t)$$

sind die Energiefunktionen

$$w_{1,2}(t) = \int_0^t p_{1,2}(\tau)d\tau$$

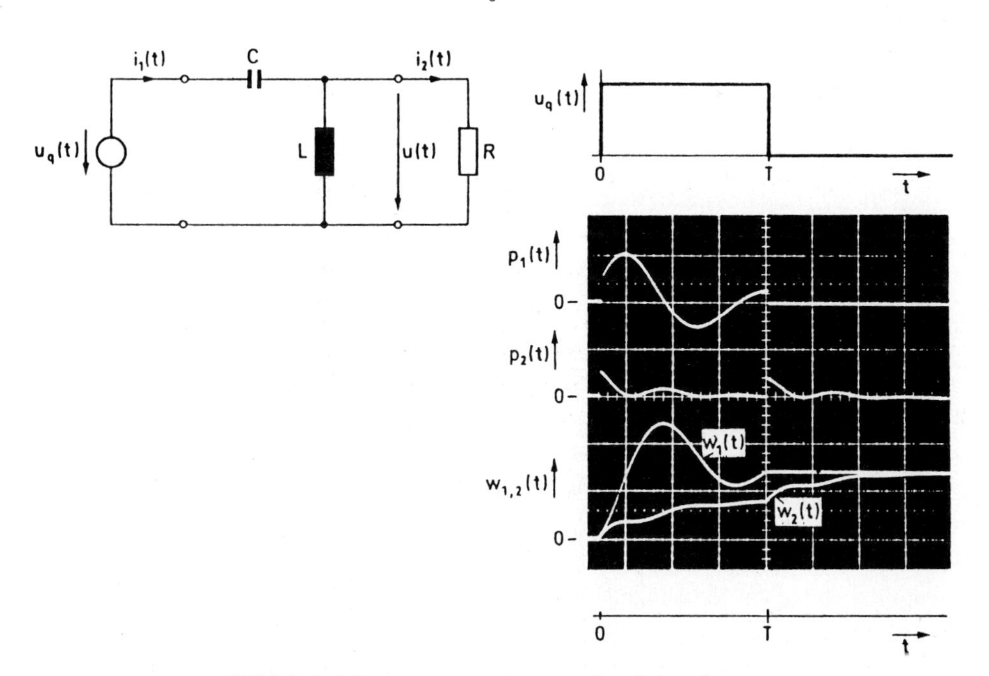

Bild 3.4: Messungen an einem verlustfreien System

dargestellt. Es ist zu erkennen, daß $p_1(t)$ zeitweise negativ ist; die zunächst in die Speicher geflossene Energie fließt in dieser Zeit in die Quelle zurück. Dagegen steigt $w_2(t)$ monoton. Es wird deutlich, daß die gesamte, von der Quelle nur während der Impulsdauer gelieferte Energie mit wachsender Zeit in dem Widerstand in Wärme umgesetzt wird. Faßt man diesen als einen außerhalb des eigentlichen Systems liegenden Nutzwiderstand auf, so liegt offenbar ein verlustfreies System vor.

g) $$y(k) = \sum_{\kappa=-\infty}^{k} v(\kappa)$$

beschreibt einen Akkumulierer und entsprechend

$$y(t) = \int_{-\infty}^{t} v(\tau) d\tau$$

einen Integrierer. Diese Systeme sind linear und zeitinvariant, aber nicht stabil.

3.2 Beschreibung von linearen Systemen im Zeitbereich

Wir beschränken uns im folgenden auf lineare und i.a. reellwertige Systeme. Dabei nehmen wir vorerst an, daß sie nur einen Eingang und einen Ausgang haben. Zeitinvarianz und Kausalität werden zunächst nicht vorausgesetzt, diese Eigenschaften werden später als Spezialisierungen eingeführt.

3.2.1 Kennzeichnung durch die Sprungantwort

Allgemein beschreiben wir ein System durch die Angabe seiner Reaktion auf eine Testfunktion oder -folge. Als erstes betrachten wir die Antwort auf eine sprungförmige Erregung im Augenblick τ bzw. κ (Bild 3.5). Die Reaktion des *allgemeinen linearen* Systems

$$h_{-1}(t,\tau) := S\{\delta_{-1}(t-\tau)\} \qquad (3.2.1a)$$

bzw.

$$h_{-1}(k,\kappa) := S\{\gamma_{-1}(k-\kappa)\} \qquad (3.2.2a)$$

wird Sprungantwort genannt.[1] Wir hatten sie bereits in Abschnitt 6.4.4 von Band I für die dort betrachteten kausalen und zeitinvarianten Netzwerke eingeführt. Im allgemeinen Fall hängt sie aber nicht nur von t bzw. k, sondern, wie oben angegeben, auch von dem Zeitpunkt τ bzw. κ ab, in dem die Sprungfunktion oder -folge an den Eingang gelegt wird.

[1] Zur Vereinfachung der Schreibweise verzichten wir hier auf eine Indizierung zur Unterscheidung der Sprungantworten von kontinuierlichen und diskreten Systemen. In der Regel werden die unterschiedlichen Argumente (t, τ bzw. k, κ) hinreichend deutlich machen, welche Systemart gemeint ist.

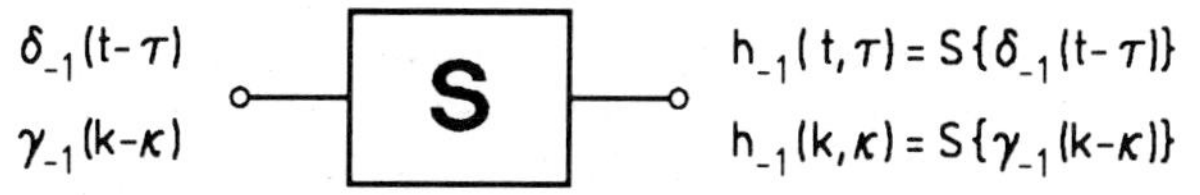

$\delta_{-1}(t-\tau)$ S $h_{-1}(t,\tau) = S\{\delta_{-1}(t-\tau)\}$

$\gamma_{-1}(k-\kappa)$ $h_{-1}(k,\kappa) = S\{\gamma_{-1}(k-\kappa)\}$

Bild 3.5: Zur Bestimmung der Sprungantwort

Im speziellen Fall eines ***kausalen*** Systems gilt für die Sprungantworten

$$h_{-1}(t,\tau) \equiv 0, \quad \forall t < \tau \qquad (3.2.1b)$$

bzw.

$$h_{-1}(k,\kappa) \equiv 0, \quad \forall k < \kappa\,. \qquad (3.2.2b)$$

In Bild 3.6 wird beispielhaft für ein kontinuierliches, kausales System der Verlauf

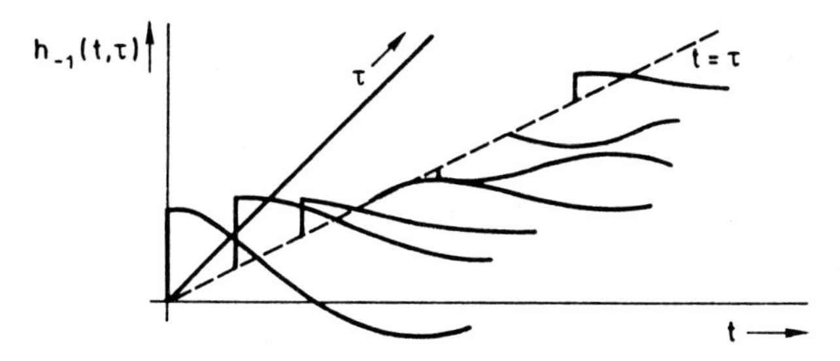

Bild 3.6: Beispiel für den Verlauf der Sprungantworten eines zeitvariablen, kausalen Systems

der Sprungantwort als Funktion der Variablen t und τ gezeigt. Daß die einzelnen Sprungantworten jeweils bei $t = \tau$ beginnen, ist kennzeichnend für die Kausalität des Systems. Bei einem ***zeitinvarianten*** System ist schließlich

$$S\{\delta_{-1}(t-\tau)\} = h_{-1}(t-\tau), \quad \forall \tau \qquad (3.2.1c)$$

bzw.

$$S\{\gamma_{-1}(k-\kappa)\} = h_{-1}(k-\kappa), \quad \forall \kappa. \qquad (3.2.2c)$$

Bei diesen Systemen tritt nur der Abstand zum Zeitpunkt der Erregung, also $t-\tau$ bzw. $k-\kappa$ als Zeitvariable auf. In Bild 3.7 ist die Sprungantwort eines kontinuierlichen, zeitinvarianten Systems dargestellt, wobei zusätzlich Kausalität angenommen wurde.

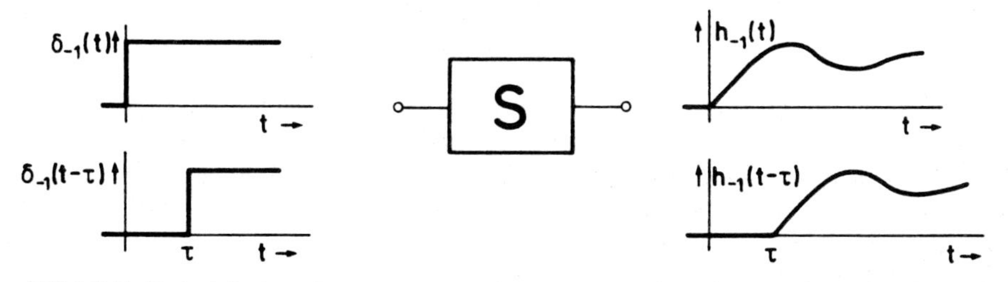

Bild 3.7: Beispiel einer Sprungantwort bei einem zeitinvarianten, kausalen System

Da wir nach den Überlegungen von Abschnitt 2.2.1 eine beliebige Signalfunktion bzw. -folge mit Hilfe der Sprungfunktion bzw. -folge darstellen können, erhalten wir wegen der vorausgesetzten Linearität Ausdrücke für die Systemreaktionen unter Verwendung der Sprungantworten. Es war nach (2.2.9a)

$$v(t) = v(-\infty) + \int_{-\infty}^{+\infty} D\left[v_1(\tau)\right] \delta_{-1}(t-\tau) d\tau + \sum_{\lambda=1}^{\ell} \Delta v(t_\lambda) \delta_{-1}(t-t_\lambda)$$

$$= v(-\infty) + \lim_{\Delta\tau_\nu \to 0} \sum_{\nu=-\infty}^{+\infty} \left[\frac{\Delta v_1(\tau_\nu)}{\Delta\tau_\nu} \delta_{-1}(t-\tau_\nu) \Delta\tau_\nu\right] + \sum_{\lambda=1}^{\ell} \Delta v(t_\lambda) \delta_{-1}(t-t_\lambda).$$

Jede der auftretenden Sprungfunktionen liefert im allgemeinen Fall eine Sprungantwort $h_{-1}(t, \tau)$. Damit ergibt sich die Gesamtantwort

$$\begin{aligned} y(t) &= v(-\infty) h_{-1}(t, -\infty) + \lim_{\Delta\tau_\nu \to 0} \sum_{\nu=-\infty}^{+\infty} \left[\frac{\Delta v_1(\tau_\nu)}{\Delta\tau_\nu} h_{-1}(t, \tau_\nu) \Delta\tau_\nu\right] + \\ &\quad + \sum_{\lambda=1}^{\ell} \Delta v(t_\lambda) h_{-1}(t, t_\lambda) \qquad (3.2.3) \\ y(t) &= v(-\infty) h_{-1}(t, -\infty) + \int_{-\infty}^{+\infty} D\left[v_1(\tau)\right] h_{-1}(t, \tau) d\tau + \sum_{\lambda=1}^{\ell} \Delta v(t_\lambda) h_{-1}(t, t_\lambda). \end{aligned}$$

Bei überall stetigen und differenzierbaren Funktionen $v(t)$ wird

$$y(t) = v(-\infty) h_{-1}(t, -\infty) + \int_{-\infty}^{+\infty} v'(\tau) h_{-1}(t, \tau) d\tau. \qquad (3.2.4a)$$

Die Spezialisierungen auf die Systemarten geben wir für diesen Fall an. Bei *kausalen, zeitvarianten* Systemen ist

$$y(t) = v(-\infty) h_{-1}(t, -\infty) + \int_{-\infty}^{t} v'(\tau) h_{-1}(t, \tau) d\tau. \qquad (3.2.4b)$$

Ist das System *zeitinvariant*, so erhält man mit

$$h_{-1}(t, -\infty) = h_{-1}(t-\tau)\big|_{\tau=-\infty} = h_{-1}(\infty)$$

im *nichtkausalen* Fall

$$y(t) = v(-\infty) h_{-1}(\infty) + \int_{-\infty}^{+\infty} v'(\tau) h_{-1}(t-\tau) d\tau = v(-\infty) h_{-1}(\infty) + v'(t) * h_{-1}(t) \quad (3.2.4c)$$

und bei *Kausalität*

$$y(t) = v(-\infty) h_{-1}(\infty) + \int_{-\infty}^{t} v'(\tau) h_{-1}(t-\tau) d\tau. \qquad (3.2.4d)$$

Das letzte Ergebnis können wir mit Hilfe der partiellen Integration noch umformen. Es ist

$$\int_{-\infty}^{t} v'(\tau)h_{-1}(t-\tau)d\tau = v(\tau)h_{-1}(t-\tau)\Big|_{-\infty}^{t} + \int_{-\infty}^{t} v(\tau)h'_{-1}(t-\tau)d\tau$$

$$= v(t)h_{-1}(0) - v(-\infty)h_{-1}(\infty) + \int_{-\infty}^{t} v(\tau)h'_{-1}(t-\tau)d\tau,$$

wobei vorausgesetzt wurde, daß $h_{-1}(t)$ differenzierbar ist. Damit folgt

$$y(t) = v(t)h_{-1}(0) + \int_{-\infty}^{t} v(\tau)h'_{-1}(t-\tau)d\tau. \tag{3.2.5a}$$

Hier ist $h_{-1}(0) = \lim_{t\to+0} h_{-1}(t)$. Ist $h_{-1}(0) \neq 0$, so muß, da das System als kausal vorausgesetzt wurde, dort eine Unstetigkeit der Sprungantwort vorliegen. Dann ist aber

$$D[h_{-1}(t)] = h_{-1}(0)\delta_0(t) + h'_{-1}(t),$$

wenn $h_{-1}(t)$ für $t \neq 0$ differenzierbar ist. Damit läßt sich der in (3.2.5a) auftretende erste Term in das Integral einbeziehen. Es ist dann

$$y(t) = \int_{-\infty}^{t} v(\tau)D[h_{-1}(t-\tau)]\,d\tau. \tag{3.2.5b}$$

Man nennt (3.2.5b) das *Duhamelsche Integral.* Wir erhalten also beim kontinuierlichen, zeitinvarianten und kausalen System die Reaktion entweder im wesentlichen als Faltung der differenzierten Eingangsfunktion mit der Sprungantwort (siehe (3.2.4d)) oder der Eingangsfunktion selbst mit der derivierten Sprungantwort (3.2.5b).

Für die Herleitung der entsprechenden Beziehungen im diskreten Fall gehen wir von (2.2.21b) aus. Es war

$$v(k) = \sum_{\kappa=-\infty}^{\infty} \Delta v(\kappa)\gamma_{-1}(k-\kappa).$$

Dann folgt im allgemeinen Fall

$$y(k) = \sum_{\kappa=-\infty}^{\infty} \Delta v(\kappa)h_{-1}(k,\kappa). \tag{3.2.6a}$$

Die Summation bis $+\infty$ deutet darauf hin, daß keine Kausalität vorliegen muß, das Argument (k,κ) darauf, daß das System i.a. zeitvariabel ist. Auch hier können wir spezialisieren. Ist das System *kausal*, aber *zeitvariant*, so folgt

$$y(k) = \sum_{\kappa=-\infty}^{k} \Delta v(\kappa)h_{-1}(k,\kappa), \tag{3.2.6b}$$

ist es *zeitinvariant*, aber *nicht kausal*, so gilt

$$y(k) = \sum_{\kappa=-\infty}^{\infty} \Delta v(\kappa) h_{-1}(k-\kappa) = \Delta v(k) * h_{-1}(k). \tag{3.2.6c}$$

Bei zeitinvarianten Systemen ergibt sich die Reaktion $y(k)$ offenbar als Faltung der Differenzenfolge $\Delta v(k)$ mit der Sprungantwort.

Schließlich ist im *kausalen, zeitinvarianten* Fall

$$y(k) = \sum_{\kappa=-\infty}^{k} \Delta v(\kappa) h_{-1}(k-\kappa). \tag{3.2.6d}$$

In der Tabelle 3.1 wurden die verschiedenen Beziehungen zusammengestellt.

3.2.2 Kennzeichnung durch die Impulsantwort

Die Reaktion des Systems auf einen Diracstoß bzw. einen diskreten Impuls läßt sich ebenso als kennzeichnende Größe für das System verwenden (Bild 3.8). Diese sogenannte Impulsantwort war schon in Abschnitt 6.4.4 von Band I für die dort betrachteten Netzwerke eingeführt worden. Hier gilt allgemeiner[2]

$$h_0(t,\tau) := S\{\delta_0(t-\tau)\} \tag{3.2.7a}$$

bzw. $$h_0(k,\kappa) := S\{\gamma_0(k-\kappa)\}\ . \tag{3.2.8a}$$

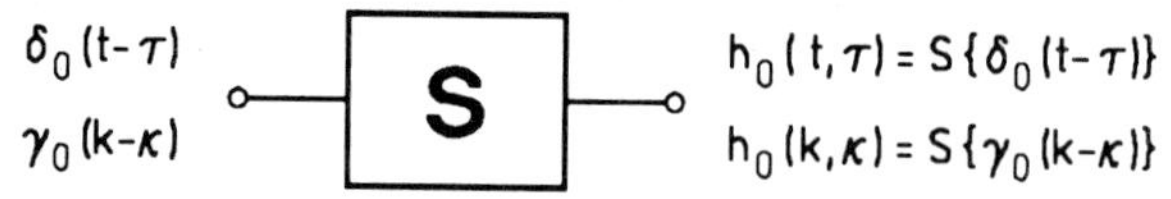

Bild 3.8: Zur Bestimmung der Impulsantwort

Die Impulsantwort hängt also wieder zusätzlich vom Zeitpunkt τ bzw. κ der Erregung ab, wenn das System zeitlich variabel ist. Die Spezialisierung führt hier entsprechend den Überlegungen bei der Sprungantwort auf

$$h_0(t,\tau) \equiv 0, \quad \forall t < \tau \tag{3.2.7b}$$

$$h_0(k,\kappa) \equiv 0, \quad \forall k < \kappa \tag{3.2.8b}$$

[2] Auch hier sehen wir davon ab, die Reaktionen von kontinuierlichen und diskreten Systemen durch eine Indizierung zu unterscheiden. Im allgemeinen werden die Argumente (t, τ bzw. k,κ) die vorliegende Systemart ausreichend kennzeichnen.

Glchg.	Erregung $v(t), v(k)$	allgemeines lineares System		kausales, zeitvariantes System	
		Glchg.	$y(t), y(k)$	Glchg.	$y(t), y(k)$
(2.2.2)	$\delta_{-1}(t-\tau)$	(3.2.1a)	$h_{-1}(t,\tau)$	(3.2.1b)	$h_{-1}(t,\tau) \equiv 0, \quad \forall t < \tau$
(2.2.9b)	$v(-\infty)+ + \int_{-\infty}^{+\infty} v'(\tau)\delta_{-1}(t-\tau)d\tau$	(3.2.4a)	$v(-\infty)\cdot h_{-1}(t,-\infty)+ + \int_{-\infty}^{\infty} v'(\tau)h_{-1}(t,\tau)d\tau$	(3.2.4b)	$v(-\infty)\cdot h_{-1}(t,-\infty)+ + \int_{-\infty}^{t} v'(\tau)h_{-1}(t,\tau)d\tau$
(2.2.13)	$\gamma_{-1}(k-\kappa)$	(3.2.2a)	$h_{-1}(k,\kappa)$	(3.2.2b)	$h_{-1}(k,\kappa) \equiv 0, \quad \forall k < \kappa$
(2.2.21b)	$\sum_{\kappa=-\infty}^{\infty} \Delta v(\kappa)\gamma_{-1}(k-\kappa)$	(3.2.6a)	$\sum_{\kappa=-\infty}^{+\infty} \Delta v(\kappa)h_{-1}(k,\kappa)$	(3.2.6b)	$\sum_{\kappa=-\infty}^{k} \Delta v(\kappa)h_{-1}(k,\kappa)$
(2.2.1)	$\delta_0(t-\tau)$	(3.2.7a)	$h_0(t,\tau)$	(3.2.7b)	$h_0(t,\tau) \equiv 0, \quad \forall t < \tau$
(2.2.11)	$\int_{-\infty}^{+\infty} v(\tau)\delta_0(t-\tau)d\tau$	(3.2.11a)	$\int_{-\infty}^{\infty} v(\tau)h_0(t,\tau)d\tau$	(3.2.11b)	$\int_{-\infty}^{t} v(\tau)h_0(t,\tau)d\tau$
(2.2.12)	$\gamma_0(k-\kappa)$	(3.2.8a)	$h_0(k,\kappa)$	(3.2.8b)	$h_0(k,\kappa) \equiv 0, \quad \forall k < \kappa$
(2.2.21a)	$\sum_{\kappa=-\infty}^{+\infty} v(\kappa)\gamma_0(k-\kappa)$	(3.2.12a)	$\sum_{\kappa=-\infty}^{+\infty} v(\kappa)h_0(k,\kappa)$	(3.2.12b)	$\sum_{\kappa=-\infty}^{k} v(\kappa)h_0(k,\kappa)$

Glchg.	Erregung $v(t), v(k)$	nichtkausales zeitinvariantes System		kausales, zeitinvariantes System	
		Glchg.	$y(t), y(k)$	Glchg.	$y(t), y(k)$
(2.2.2)	$\delta_{-1}(t-\tau)$	(3.2.1c)	$h_{-1}(t-\tau)$	(3.2.1d)	$h_{-1}(t-\tau) \equiv 0, \quad \forall t < \tau$
(2.2.9b)	$v(-\infty)+ + \int_{-\infty}^{+\infty} v'(\tau)\delta_{-1}(t-\tau)d\tau$	(3.2.4c)	$v(-\infty)\cdot h_{-1}(\infty)+ + \int_{-\infty}^{+\infty} v'(\tau)h_{-1}(t-\tau)d\tau$	(3.2.4d)	$v(-\infty)\cdot h_{-1}(\infty)+ + \int_{-\infty}^{t} v'(\tau)h_{-1}(t-\tau)d\tau$
(2.2.13)	$\gamma_{-1}(k-\kappa)$	(3.2.2c)	$h_{-1}(k-\kappa)$	(3.2.2d)	$h_{-1}(k-\kappa) = 0, \quad \forall k < \kappa$
(2.2.21b)	$\sum_{\kappa=-\infty}^{\infty} \Delta v(\kappa)\gamma_{-1}(k-\kappa)$	(3.2.6c)	$\sum_{\kappa=-\infty}^{+\infty} \Delta v(\kappa)h_{-1}(k-\kappa)$	(3.2.6d)	$\sum_{\kappa=-\infty}^{k} \Delta v(\kappa)h_{-1}(k-\kappa)$
(3.2.1)	$\delta_0(t-\tau)$	(3.2.7c)	$h_0(t-\tau)$	(3.2.7d)	$h_0(t-\tau) = 0, \quad \forall t < \tau$
(2.2.11)	$\int_{-\infty}^{+\infty} v(\tau)\delta_0(t-\tau)d\tau$	(3.2.11c)	$\int_{-\infty}^{\infty} v(\tau)h_0(t-\tau)d\tau$	(3.2.11d)	$\int_{-\infty}^{t} v(\tau)h_0(t-\tau)d\tau$
(2.2.12)	$\gamma_0(k-\kappa)$	(3.2.8c)	$h_0(k-\kappa)$	(3.2.8d)	$h_0(k-\kappa) = 0, \quad \forall k < \kappa$
(2.2.21a)	$\sum_{\kappa=-\infty}^{+\infty} v(\kappa)\gamma_0(k-\kappa)$	(3.2.12c)	$\sum_{\kappa=-\infty}^{+\infty} v(\kappa)h_0(k-\kappa)$	(3.2.12d)	$\sum_{\kappa=-\infty}^{k} v(\kappa)h_0(k-\kappa)$

Tabelle 3.1: Reaktionen linearer Systeme

beim *kausalen* und

$$S\{\delta_0(t-\tau)\} = h_0(t-\tau), \quad \forall\tau \qquad (3.2.7c)$$
$$S\{\gamma_0(k-\kappa)\} = h_0(k-\kappa), \quad \forall\kappa \qquad (3.2.8c)$$

beim *zeitinvarianten* System.

Wir betrachten zunächst den Zusammenhang zwischen der Impulsantwort und der Sprungantwort. Dazu gehen wir von der Erregung mit einem Rechteckimpuls der Breite $\Delta\tau$ und Fläche 1 aus, der bei $t=\tau$ beginnt (siehe Bild 2.5b) und den wir als

$$r_{\Delta\tau}(t-\tau) = \frac{1}{\Delta\tau}\left[\delta_{-1}(t-\tau) - \delta_{-1}(t-\tau-\Delta\tau)\right]$$

schreiben. Dann ist wegen der vorausgesetzten Linearität

$$S\left\{r_{\Delta\tau}(t-\tau)\right\} = \frac{1}{\Delta\tau}\left[h_{-1}(t,\tau) - h_{-1}(t,\tau+\Delta\tau)\right].$$

Für $\Delta\tau \longrightarrow 0$ erhalten wir

$$h_0(t,\tau) = -D_\tau\left[h_{-1}(t,\tau)\right], \qquad (3.2.9a)$$

wobei, wie angedeutet, die Derivierung nach τ vorzunehmen ist. Entsprechend erhalten wir im diskreten Fall die Impulsantwort als Reaktion auf

$$\gamma_0(k-\kappa) = \gamma_{-1}(k-\kappa) - \gamma_{-1}(k-\kappa-1)$$

als

$$h_0(k,\kappa) = h_{-1}(k,\kappa) - h_{-1}(k,\kappa+1). \qquad (3.2.10a)$$

Die Spezialisierungen auf den zeitinvarianten Fall führen auf

$$h_0(t) = D\left[h_{-1}(t)\right] \qquad (3.2.9b)$$

und

$$h_0(k) = h_{-1}(k) - h_{-1}(k-1). \qquad (3.2.10b)$$

So wie wir die Reaktion eines Systems auf eine beliebige Erregung unter Verwendung der Sprungantwort angegeben haben, können wir dafür auch die Impulsantwort verwenden. Bei allgemeinen kontinuierlichen Systemen erhalten wir für die Erregung mit einer stetigen Funktion $v(t)$ mit (2.2.11)

$$y(t) = \int_{-\infty}^{+\infty} v(\tau)h_0(t,\tau)d\tau. \qquad (3.2.11a)$$

Dabei ist das Integral im Sinne der Distributionentheorie zu verstehen, wenn $h_0(t,\tau)$ einen Impuls enthält. Die Tabelle 3.1 enthält die Spezialisierungen auf die Systemarten. Wir erwähnen nur die Beziehung für das kausale und zeitinvariante System

$$y(t) = \int_{-\infty}^{t} v(\tau)h_0(t-\tau)d\tau = v(t) * h_0(t), \tag{3.2.11d}$$

die wegen (3.2.9b) offenbar mit dem Duhamelschen Integral (3.2.5b) übereinstimmt. Für ein bei Null einsetzendes Eingangssignal wird die untere Integrationsgrenze zu Null. Wir erhalten das schon in Abschnitt 6.4.4 von Band I unter entsprechenden Bedingungen gefundene Ergebnis.

Aus (3.2.11a) folgt die Beziehung zwischen Sprung- und Impulsantwort, wenn wir dort mit geänderter Bezeichnung der Integrationsvariablen $v(\tau_1) = = \delta_{-1}(\tau_1 - \tau)$ einsetzen. Es ist

$$h_{-1}(t,\tau) = \int_{\tau}^{\infty} h_0(t,\tau_1)d\tau_1 \tag{3.2.9c}$$

und im zeitinvarianten, kausalen Fall

$$h_{-1}(t) = \int_{0}^{t} h_0(\tau)d\tau, \tag{3.2.9d}$$

eine Beziehung, die wir ebenfalls schon im Band I angegeben haben.

Für das diskrete System erhalten wir mit (2.2.21a) im allgemeinen Fall

$$y(k) = \sum_{\kappa=-\infty}^{+\infty} v(\kappa)h_0(k,\kappa) \tag{3.2.12a}$$

und die entsprechenden Spezialisierungen für kausale und zeitinvariante Systeme (siehe Tabelle 3.1). Diese Gleichung liefert auch eine zweite Beziehung zwischen Sprung- und Impulsantwort als Umkehrung von (3.2.10a). Mit $v(\kappa_1) = = \gamma_{-1}(\kappa_1 - \kappa)$ wird

$$h_{-1}(k,\kappa) = \sum_{\kappa_1=\kappa}^{\infty} h_0(k,\kappa_1) \tag{3.2.10c}$$

und im zeitinvarianten, kausalen Fall

$$h_{-1}(k) = \sum_{\kappa=0}^{k} h_0(\kappa). \tag{3.2.10d}$$

Die Beziehungen (3.2.12) können wir auch in vektorieller Form schreiben. Für eine einfachere Darstellung beschränken wir uns dabei auf kausale Systeme und setzen außerdem $v(k) = 0, \ \forall k < 0$. Mit den unendlich langen Vektoren

$$\mathbf{v}_0 = [v(0), v(1), v(2), \ldots]^T \tag{3.2.13a}$$

$$\mathbf{y}_0 = [y(0), y(1), y(2), \ldots]^T \tag{3.2.13b}$$

wird aus

$$y(k) = \sum_{\kappa=0}^{k} v(\kappa) h_0(k, \kappa)$$

die Gleichung

$$\mathbf{y}_0 = \mathbf{S} \cdot \mathbf{v}_0 \tag{3.2.14a}$$

wobei

$$\mathbf{S} = \begin{bmatrix} h_0(0,0) & 0 & 0 & 0 & \dots \\ h_0(1,0) & h_0(1,1) & 0 & 0 & \dots \\ h_0(2,0) & h_0(2,1) & h_0(2,2) & 0 & \dots \\ \vdots & & & & \end{bmatrix} \tag{3.2.14b}$$

eine unendliche untere Dreiecksmatrix ist. Ist das System außerdem zeitinvariant, so wird $\mathbf{S}$ zur *Faltungsmatrix*

$$\mathbf{S} = \begin{bmatrix} h_0(0) & 0 & 0 & 0 & \dots \\ h_0(1) & h_0(0) & 0 & 0 & \dots \\ h_0(2) & h_0(1) & h_0(0) & 0 & \dots \\ \vdots & & & & \end{bmatrix}. \tag{3.2.14c}$$

3.2.3 Eine Stabilitätsbedingung

Die Beschreibung der Systemreaktion mit Hilfe der Impulsantwort gestattet die Angabe einer Stabilitätsbedingung. Ein System mit einem Eingang und einem Ausgang ist nach (3.1.6) stabil, wenn für alle beschränkten Eingangsfunktionen

$$|v(t)| \leq M_1 < \infty, \qquad \forall t$$

auch die Ausgangsfunktionen beschränkt sind, wenn also

$$|y(t)| \leq M_2 < \infty, \qquad \forall t$$

ist. Mit (3.2.11a) gilt dann die folgende Abschätzung:

$$\begin{aligned} |y(t)| &= \left| \int_{-\infty}^{+\infty} v(\tau) h_0(t, \tau) d\tau \right| \\ &\leq \int_{-\infty}^{+\infty} |v(\tau) h_0(t, \tau)| \, d\tau = \int_{-\infty}^{+\infty} |v(\tau)| |h_0(t, \tau)| d\tau \\ &\leq M_1 \int_{-\infty}^{+\infty} |h_0(t, \tau)| \, d\tau. \end{aligned}$$

Für die Erfüllung der Stabilitätsbedingung $|y(t)| \leq M_2 < \infty, \quad \forall t$ ist offenbar hinreichend, daß

$$\int_{-\infty}^{\infty} |h_0(t, \tau)| \, d\tau \leq \frac{M_2}{M_1}, \qquad \forall t \tag{3.2.15a}$$

ist. Diese Aussage ist in dieser Form allerdings nur sinnvoll, wenn $h_0(t, \tau)$ keinen δ_0-Anteil enthält. Ist ein solcher Anteil vorhanden, so kann man ihn abspalten und die Stabilitätsuntersuchung für die Restfunktion durchführen, wie das in Abschnitt 6.4.5 von Band I für ein zeitinvariantes System gezeigt wurde.

Bei einem diskreten System erhält man mit der gleichen Überlegung aus (3.2.12a) die Bedingung

$$\sum_{\kappa=-\infty}^{+\infty} |h_0(k, \kappa)| \leq \frac{M_2}{M_1}, \qquad \forall k, \tag{3.2.15b}$$

offenbar die (3.2.15a) entsprechende Aussage.

Wir zeigen, daß die hergeleiteten Bedingungen nicht nur hinreichend, sondern auch notwendig sind. Dazu geben wir zunächst eine beschränkte Eingangsfunktion an, die zu einer unbeschränkt wachsenden Ausgangsfunktion führt, falls (3.2.15a) verletzt ist. Mit beliebigem, festem t_0 wählen wir

$$v(t) = \frac{h_0(t_0, t)}{|h_0(t_0, t)|} = \begin{cases} 1, & h_0(t_0, t) > 0 \\ 0, & h_0(t_0, t) = 0 \\ -1, & h_0(t_0, t) < 0 \end{cases}.$$

Damit erhält man aus (3.2.11a)

$$y(t) = \int_{-\infty}^{+\infty} \frac{h_0(t_0, \tau)}{|h_0(t_0, \tau)|} h_0(t, \tau) d\tau$$

und speziell für $t = t_0$ den bei Verletzung von (3.2.15a) nicht endlichen Wert

$$y(t_0) = \int_{-\infty}^{+\infty} |h_0(t_0, \tau)| \, d\tau.$$

Ebenso ist auch (3.2.15b) notwendig, denn mit

$$v(k) = \frac{h_0(k_0, k)}{|h_0(k_0, k)|} = \begin{cases} 1 & h_0(k_0, k) > 0 \\ 0 & h_0(k_0, k) = 0 \\ -1 & h_0(k_0, k) < 0 \end{cases}$$

würde sich bei beliebigem, festem k_0 auch aus (3.2.12a) ein nicht endlicher Wert $y(k_0)$ ergeben, falls (3.2.15b) verletzt ist. Im Falle zeitinvarianter Systeme lauten die Bedingungen

$$\int_{-\infty}^{+\infty} |h_0(t)| \, dt < \infty \tag{3.2.15c}$$

und

$$\sum_{k=-\infty}^{+\infty} |h_0(k)| < \infty. \tag{3.2.15d}$$

3.2.4 Zeitverhalten von linearen Systemen mit ℓ Eingängen und r Ausgängen

Die dargestellten Zusammenhänge beschränkten sich bisher auf den Fall eines Systems mit einem Eingang und einem Ausgang. Hat das System entsprechend den früheren Annahmen ℓ Eingänge und r Ausgänge, so ist eine Erweiterung möglich, wie wir sie für ein zeitinvariantes, kausales Netzwerk im Abschnitt 6.5 von Band I schon angegeben haben. Wir führen die Betrachtung wie im letzten Abschnitt nur für kontinuierliche Systeme durch und geben dann das entsprechende Ergebnis für diskrete an.

Ist $v_\lambda(t) = \delta_0(t-\tau)$ und $v_\nu(t) \equiv 0$ für $\nu \neq \lambda$, so erscheinen an den r Ausgängen die zugehörigen Impulsantworten

$$y_{\rho\lambda}(t) = h_{0\rho\lambda}(t,\tau)\,, \qquad \rho = 1(1)r, \quad \lambda = 1(1)\ell$$

(siehe Bild 6.33 in Band I). Bei beliebigem stetigen $v_\lambda(t)$ und $v_\nu(t) \equiv 0$ für $\nu \neq \lambda$ ist dann bei einem allgemeinen linearen System

$$y_{\rho\lambda}(t) = \int_{-\infty}^{+\infty} v_\lambda(\tau) h_{0\rho\lambda}(t,\tau)d\tau, \quad \rho = 1(1)r, \quad \lambda = 1(1)\ell.$$

Entsprechend erhält man bei Erregung aller ℓ Eingänge

$$y_\rho(t) = \sum_{\lambda=1}^{\ell} \int_{-\infty}^{+\infty} v_\lambda(\tau) h_{0\rho\lambda}(t,\tau)d\tau, \qquad \rho = 1(1)r. \tag{3.2.16}$$

Zweckmäßig faßt man die Impulsantworten $h_{0\rho\lambda}(t,\tau)$ zu einer Matrix zusammen:

$$\mathbf{h}_0(t,\tau) = \begin{bmatrix} h_{011}(t,\tau) & \dots & h_{01\lambda}(t,\tau) & \dots & h_{01\ell}(t,\tau) \\ \vdots & & \vdots & & \vdots \\ h_{0\rho 1}(t,\tau) & \dots & h_{0\rho\lambda}(t,\tau) & \dots & h_{0\rho\ell}(t,\tau) \\ \vdots & & \vdots & & \vdots \\ h_{0r1}(t,\tau) & \dots & h_{0r\lambda}(t,\tau) & \dots & h_{0r\ell}(t,\tau) \end{bmatrix}. \tag{3.2.17}$$

Ist, wie in (1.1) definiert, $\mathbf{v}(t)$ wieder der Vektor der Eingangs- und $\mathbf{y}(t)$ der Vektor der Ausgangsfunktionen, so folgt

$$\mathbf{y}(t) = \int_{-\infty}^{\infty} \mathbf{h}_0(t,\tau)\mathbf{v}(\tau)d\tau \tag{3.2.18}$$

bzw. bei ausführlicher Schreibweise

$$\begin{bmatrix} y_1(t) \\ \vdots \\ y_\rho(t) \\ \vdots \\ y_r(t) \end{bmatrix} = \int_{-\infty}^{+\infty} \begin{bmatrix} h_{011}(t,\tau) & \dots & h_{01\lambda}(t,\tau) & \dots & h_{01\ell}(t,\tau) \\ \vdots & & \vdots & & \vdots \\ h_{0\rho 1}(t,\tau) & \dots & h_{0\rho\lambda}(t,\tau) & \dots & h_{0\rho\ell}(t,\tau) \\ \vdots & & \vdots & & \vdots \\ h_{0r1}(t,\tau) & \dots & h_{0r\lambda}(t,\tau) & \dots & h_{0r\ell}(t,\tau) \end{bmatrix} \cdot \begin{bmatrix} v_1(\tau) \\ \vdots \\ v_\lambda(\tau) \\ \vdots \\ v_\ell(\tau) \end{bmatrix} d\tau.$$

Die entsprechende Darstellung unter Verwendung der Sprungantwort als Verallgemeinerung von (3.2.4a) sowie die Spezialisierungen auf kausale bzw. zeitinvariante Systeme sind offensichtlich und werden daher nicht ausdrücklich angegeben.

Im diskreten Fall erscheint am ρ-ten Ausgang bei Erregung an allen Eingängen

$$y_\rho(k) = \sum_{\lambda=1}^{\ell} \sum_{\kappa=-\infty}^{+\infty} v_\lambda(\kappa) h_{0\rho\lambda}(k,\kappa). \tag{3.2.19}$$

Mit den Vektoren $\mathbf{v}(k)$ und $\mathbf{y}(k)$ der Eingangs- und Ausgangsfolgen und der entsprechend (3.2.17) definierten Matrix der Impulsantworten $\mathbf{h}_0(k,\kappa)$ ist dann

$$\mathbf{y}(k) = \sum_{\kappa=-\infty}^{+\infty} \mathbf{h}_0(k,\kappa)\mathbf{v}(\kappa). \tag{3.2.20}$$

Auch hier verzichten wir auf die Angabe der Beziehungen für die speziellen Systeme.

3.3 Beschreibung von linearen Systemen im Frequenzbereich

3.3.1 Zeitinvariante Systeme

Wir betrachten lineare, zeitinvariante, stabile, nicht notwendig kausale Systeme, wobei wir zunächst annehmen, daß sie einen Eingang und einen Ausgang haben und daß sie reellwertig sind. Bei der Untersuchung kontinuierlicher Systeme erregen wir mit

$$v(t) = e^{st}, \quad \forall t, \quad \text{wobei } Re\{s\} > 0 \text{ ist} \tag{3.3.1a}$$

und bestimmen

$$y(t) = S\{v(t)\} = S\{e^{st}\}.$$

Wegen der vorausgesetzten zeitlichen Invarianz ist

$$S\{v(t+\tau)\} = S\left\{e^{s(t+\tau)}\right\} = y(t+\tau), \qquad \forall \tau \in \mathbb{R}.$$

Es ist aber $v(t+\tau) = e^{s\tau}e^{st} = e^{s\tau}v(t)$. Dann muß wegen der Linearität auch gelten

$$S\{v(t+\tau)\} = S\left\{e^{s\tau}e^{st}\right\} = e^{s\tau}y(t) ,$$

und wir erhalten

$$y(t+\tau) = e^{s\tau}y(t), \qquad \forall t, \tau \in \mathbb{R}.$$

Speziell ist für $t = 0$

$$y(\tau) = y(0)e^{s\tau},$$

wobei $y(0)$ i.a. von s abhängen wird. Wir schreiben daher $y(0) = H(s)$ und erhalten, wenn wir die Variable τ durch t ersetzen

$$y(t) = H(s)e^{st}, \tag{3.3.1b}$$

ein Ergebnis, das wir in Band I für den speziellen Fall eines durch lineare Differentialgleichungen mit konstanten Koeffizienten beschriebenen Systems ebenso erhalten haben.

Wir betrachten weiterhin den Fall $s = j\omega$, erregen also mit

$$v(t) = e^{j\omega t}, \qquad \forall t \in \mathbb{R}.$$

Nach (3.2.11c) ist allgemein

$$y(t) = \int_{-\infty}^{+\infty} v(t-\tau)h_0(\tau)d\tau.$$

Dann folgt für $v(t) = e^{j\omega t}$

$$\begin{aligned} y(t) &= \int_{-\infty}^{+\infty} e^{j\omega(t-\tau)}h_0(\tau)d\tau = e^{j\omega t}\int_{-\infty}^{+\infty} h_0(\tau)e^{-j\omega\tau}d\tau \\ &=: H(j\omega)e^{j\omega t}. \end{aligned} \tag{3.3.1c}$$

Unter der hinreichenden Voraussetzung, daß das System stabil ist, existiert

$$H(j\omega) = \int_{-\infty}^{+\infty} h_0(t)e^{-j\omega t}dt = \mathcal{F}\{h_0(t)\} \tag{3.3.1d}$$

und erweist sich als das Spektrum der Impulsantwort. Wir erhalten damit eine Verallgemeinerung des in Abschnitt 6.4.4 von Band I für kausale, lineare Systeme gefundenen Zusammenhangs. In Abschnitt 2.2.2.3 haben wir angegeben, daß die Fouriertransformierte einer absolut integrablen Funktion gleichmäßig stetig ist. Daher folgt aus der Stabilität des hier betrachteten Systems, daß die Übertragungsfunktion $H(j\omega)$ gleichmäßig stetig ist.

Die Untersuchung diskreter Systeme führen wir mit der Eingangsfolge

$$v(k) = z^k, \quad \forall k \in \mathbb{Z} \text{ mit } z \in \mathbb{C}, \quad |z| > 1 \tag{3.3.2a}$$

durch und erhalten mit der entsprechenden Argumentation wegen der vorausgesetzten Zeitinvarianz und Linearität die Ausgangsfolge[3]

$$y(k) = H(z)z^k. \tag{3.3.2b}$$

Im Falle $|z| = 1$, d.h. $v(k) = e^{j\Omega k}$ ergibt sich aus (3.2.12c) in Tabelle 3.1

$$y(k) = H(e^{j\Omega})e^{j\Omega k}, \tag{3.3.2c}$$

wobei

$$H(e^{j\Omega}) = \sum_{\kappa=-\infty}^{+\infty} h_0(k)e^{-j\Omega k} = \mathcal{F}_*\{h_0(k)\} \tag{3.3.2d}$$

nach Abschnitt 2.2.2.4 das Spektrum der Impulsantwort ist. $H(e^{j\Omega})$ ist periodisch und im Stabilitätsfall gleichmäßig stetig. Für eine ausführlichere Behandlung des diskreten Falles wird auf [3.4] verwiesen.

Wir fassen die Ergebnisse wie folgt zusammen:

Ist bei einem linearen, zeitinvarianten, stabilen, nicht notwendig kausalen System

$$v(t) = Ve^{st}, \quad \forall t; \qquad V, s \in \mathbb{C}, \quad Re\{s\} \geq 0,$$

bzw.

$$v(k) = Vz^k, \quad \forall k; \qquad V, z \in \mathbb{C}, \quad |z| \geq 1$$

so ist

$$y(t) = V \cdot H(s)e^{st} = Y(s)e^{st}$$

bzw.

$$y(k) = V \cdot H(z)z^k = Y(z)z^k.$$

$$H(s) = \frac{Y(s)}{V} \quad \text{bzw.} \quad H(z) = \frac{Y(z)}{V}$$

ist die Übertragungsfunktion des kontinuierlichen bzw. des diskreten Systems.

Damit haben wir gefunden, daß bei einer großen Klasse von Systemen, die die im ersten Band behandelten Netzwerke als Spezialfall enthält, die Reaktion auf eine Exponentialfunktion bzw. -folge von derselben Form wie die Erregung ist. Die Übertragungsfunktion beschreibt wieder die Fähigkeit des Systems zur

[3] Im Sinne einer einfachen Schreibweise verzichten wir auch hier auf eine Indizierung zur Unterscheidung von der durch (3.3.1b) für ein kontinuierliches System eingeführten Funktion $H(s)$. Das Argument (hier z, dort s) möge als Hinweis genügen, daß hier ein diskretes, dort ein kontinuierliches System vorliegt.

Übertragung dieser Funktion bzw. Folge. Im Gegensatz zu der früheren Betrachtung ist $H(s)$ jetzt nicht mehr notwendig rational.

In Abschnitt 5.1.2 von Band I hatten wir bereits untersucht, wie sich die durch (3.1.1) beschriebene Reellwertigkeit eines Systems auf die Eigenschaften der Übertragungsfunktion $H(s)$ auswirkt. Wir hatten gefunden, daß

$$H(s^*) = H^*(s) \tag{3.3.3a}$$

sein muß. Entsprechend kann man leicht zeigen, daß bei reellwertigen diskreten Systemen

$$H(z^*) = H^*(z) \tag{3.3.3b}$$

ist [3.4]. Aus (3.3.3) ergeben sich die folgenden Einzelaussagen:

$$H(\sigma) \text{ ist reell}; \qquad H(z) \text{ ist reell für } z \in \mathbb{R}, \tag{3.3.4a}$$

$$|H(s)| = |H(s^*)|; \qquad |H(z)| = |H(z^*)|, \tag{3.3.4b}$$

$$\arg H(s) = -\arg H(s^*); \qquad \arg H(z) = -\arg H(z^*), \tag{3.3.4c}$$

$$H(j\omega) = H^*(-j\omega); \qquad H(e^{j\Omega}) = H^*(e^{-j\Omega}), \tag{3.3.5a}$$

$$Re\{H(j\omega)\} =: P(\omega) = P(-\omega); \quad Re\{H(e^{j\Omega})\} =: P(e^{j\Omega}) = P(e^{-j\Omega}) \tag{3.3.5b}$$

$$Im\{H(j\omega)\} =: Q(\omega) = -Q(-\omega); \; Im\{H(e^{j\Omega})\} =: Q(e^{j\Omega}) = -Q(e^{-j\Omega}) \tag{3.3.5c}$$

$$|H(j\omega)| = |H(-j\omega)|; \qquad |H(e^{j\Omega})| = |H(e^{-j\Omega})|, \tag{3.3.5d}$$

$$-\arg H(j\omega) =: b(\omega) = -b(-\omega); \quad -\arg H(e^{j\Omega}) =: b(\Omega) = -b(-\Omega), \tag{3.3.5e}$$

$$-\ln|H(j\omega)| =: a(\omega) = a(-\omega); \quad -\ln|H(e^{j\Omega})| =: a(\Omega) = a(-\Omega). \tag{3.3.5f}$$

Hier sind $a(\cdot)$ die Dämpfung und $b(\cdot)$ die Phase der Systeme. In Abschnitt 5.4 von Band I hatten wir als weitere das System beschreibende Funktion die Gruppenlaufzeit eingeführt. Bei reellwertigen Systemen sind

$$\tau_g(\omega) = \frac{db(\omega)}{d\omega} = \tau_g(-\omega) \text{ und } \tau_g(\Omega) = \frac{db(\Omega)}{d\Omega} = \tau_g(-\Omega) \tag{3.3.5g}$$

gerade Funktionen der Frequenz.

Die Gleichungen (3.2.11c, 12c) in Tab. 3.1 sind zusammen mit den oben definierten Übertragungsfunktionen die Basis für die Bestimmung der Ausgangsfunktionen bei Erregung der Systeme mit weitgehend beliebigen determinierten Signalen, wenn wir im Frequenzbereich rechnen. Beim kontinuierlichen System wenden wir auf (3.2.11c) die Fouriertransformation an und erhalten mit

$$V(j\omega) = \mathcal{F}\{v(t)\} = \int_{-\infty}^{+\infty} v(t)e^{-j\omega t}dt$$

und $Y(j\omega) = \mathcal{F}\{y(t)\}$ aus dem Faltungssatz (2.2.51)

$$Y(j\omega) = H(j\omega) \cdot V(j\omega) \tag{3.3.6a}$$

und daraus mit der inversen Fouriertransformation

$$y(t) = \mathcal{F}^{-1}\{H(j\omega) \cdot V(j\omega)\}. \tag{3.3.6b}$$

Bild 3.9a erläutert schematisch das hier beschriebene Verfahren. Es entspricht dem von uns im Abschnitt 6.4.4 von Band I für die Berechnung des Einschwingverhaltens angewandten Rechengang, bei dem wir die Laplace-Transformation benutzt haben. Wir werden es vielfach anwenden.

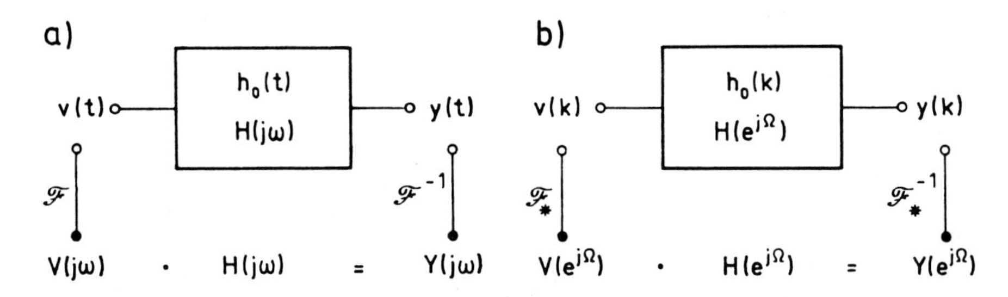

Bild 3.9: Zur Berechnung der Ausgangsfunktion linearer, zeitinvarianter Systeme im Frequenzbereich

Entsprechend können wir bei diskreten Systemen vorgehen. Mit den Spektren

$$V(e^{j\Omega}) = \mathcal{F}_*\{v(k)\} = \sum_{k=-\infty}^{+\infty} v(k)e^{-jk\Omega}$$

und

$$Y(e^{j\Omega}) = \mathcal{F}_*\{y(k)\} = \sum_{k=-\infty}^{+\infty} y(k)e^{-jk\Omega}$$

ergibt sich aus (3.2.12c) mit (3.3.2d)

$$Y(e^{j\Omega}) = H(e^{j\Omega}) \cdot V(e^{j\Omega}). \tag{3.3.7a}$$

Dann ist nach (2.2.66b) die Ausgangsfolge

$$y(k) = \mathcal{F}_*^{-1}\{Y(e^{j\Omega})\} = \frac{1}{2\pi}\int_{-\pi}^{\pi} H(e^{j\Omega})V(e^{j\Omega})e^{jk\Omega}d\Omega. \tag{3.3.7b}$$

Bild 3.9b zeigt das zugehörige Schema.

Die bisher für Systeme mit einem Eingang und einem Ausgang gemachten Aussagen lassen sich bei entsprechenden Voraussetzungen ohne weiteres auf Systeme mit ℓ

Eingängen und r Ausgängen übertragen. Man bestimmt dabei vom λ-ten Eingang zum ρ-ten Ausgang die Teilübertragungsfunktion $H_{\rho\lambda}$ und kann dann das Gesamtsystem durch eine Matrix der Form

$$\mathbf{H} = \begin{bmatrix} H_{11} & \dots & H_{1\lambda} & \dots & H_{1\ell} \\ \vdots & & \vdots & & \vdots \\ H_{\rho 1} & \dots & H_{\rho\lambda} & \dots & H_{\rho\ell} \\ \vdots & & \vdots & & \vdots \\ H_{r1} & \dots & H_{r\lambda} & \dots & H_{r\ell} \end{bmatrix} \tag{3.3.8}$$

beschreiben. Diese Matrix bzw. ihre Elemente sind im kontinuierlichen Fall Funktionen von s, im diskreten von z. Wir hatten sie für Netzwerke bereits in Abschnitt 6.5 von Band I angegeben. Für

$$\mathbf{v}(t) = \mathbf{V}e^{st}, \ \forall t, \ Re\{s\} \geq 0 \quad \text{bzw.} \quad \mathbf{v}(k) = \mathbf{V}z^k, \ \forall k, \ |z| \geq 1$$

erhält man dann $\mathbf{y}(t) = \mathbf{Y}e^{st}$ bzw. $\mathbf{y}(k) = \mathbf{Y}z^k$, wobei für den Vektor der Ausgangsamplituden gilt

$$\mathbf{Y} = \mathbf{H} \cdot \mathbf{V}. \tag{3.3.9}$$

Abschließend betrachten wir komplexwertige Systeme, die insbesondere für die Nachrichtentechnik wichtig sind und zwar nicht nur für theoretische Überlegungen. Sie haben vor allem im Zusammenhang mit analytischen Signalen große Bedeutung, die wir im Abschn. 2.2.3 als Funktionen mit einem für $\omega < 0$ verschwindendem Spektrum eingeführt haben. Bei komplexwertigen Systemen werden sicher die in den Beziehungen (3.3.5) dargestellten Symmetrieeigenschaften des Frequenzganges nicht mehr gelten, die wir im reellwertigen Fall gefunden haben. Das beeinträchtigt aber offenbar nicht die Gültigkeit von (3.3.6a) und damit die durch das Bild 3.9a beschriebene Realisierungsmöglichkeit im Frequenzbereich.

Wir untersuchen hier die Eigenschaften solcher Systeme und zeigen auch, wie durch die Verarbeitung der Komponenten eines komplexen Signals in gekoppelten reellwertigen Teilsystemen ein insgesamt komplexwertiges System realisiert werden kann. Dabei beschränken wir uns auf kontinuierliche Systeme. Entsprechende Überlegungen für den diskreten Fall finden sich in [3.4].

Wir gehen von der Impulsantwort

$$h_0(t) = h_{01}(t) + jh_{02}(t) \tag{3.3.10a}$$

eines stabilen komplexwertigen, nicht notwendig kausalen Systems aus. Dazu gehört der Frequenzgang

$$H(j\omega) = \mathcal{F}\{h_0(t)\} = \int_{-\infty}^{+\infty} h_0(t)e^{-j\omega t}dt, \tag{3.3.10b}$$

der sich offenbar in die Frequenzgänge zweier reellwertiger Teilsysteme zerlegen läßt mit

$$H_{1,2}(j\omega) = \mathscr{F}\{h_{01,2}(t)\} = P_{1,2}(\omega) + jQ_{1,2}(\omega). \tag{3.3.10c}$$

Dabei sind nach (3.3.5 b,c) $P_{1,2}(\omega)$ und $Q_{1,2}(\omega)$ gerade bzw. ungerade Funktionen. Für den Gesamtfrequenzgang folgt aus $H(j\omega) = H_1(j\omega) + jH_2(j\omega)$

$$H(j\omega) = P_1(\omega) - Q_2(\omega) + j[Q_1(\omega) + P_2(\omega)]. \tag{3.3.11a}$$

Die Symmetrieeigenschaften der beiden Komponenten gelten jetzt offenbar nicht mehr. Entsprechend ist auch $|H(j\omega)|$ keine gerade Funktion mehr:

$$\begin{aligned} |H(j\omega)|^2 &= [H_1(j\omega) + jH_2(j\omega)][H_1^*(j\omega) - jH_2^*(j\omega)] \\ &= |H_1(j\omega)|^2 + |H_2(j\omega)|^2 + 2Im\{H_1(j\omega)H_2^*(j\omega)\} \qquad (3.3.11b) \\ |H(-j\omega)|^2 &= |H_1(j\omega)|^2 + |H_2(j\omega)|^2 - 2Im\{H_1(j\omega)H_2^*(j\omega)\} \neq |H(j\omega)|^2. \end{aligned}$$

Weiterhin ist

$$\begin{aligned} b(\omega) &= -\arctan\frac{Q_1(\omega) + P_2(\omega)}{P_1(\omega) - Q_2(\omega)} \\ \text{und} \qquad & \qquad\qquad (3.3.11c) \\ b(-\omega) &= -\arctan\frac{P_2(\omega) - Q_1(\omega)}{P_1(\omega) + Q_2(\omega)} \neq -b(\omega). \end{aligned}$$

Es sei nun $v(t) = v_1(t) + jv_2(t)$ das komplexe Eingangssignal und entsprechend $y(t) = y_1(t) + jy_2(t)$ das Ausgangssignal des komplexwertigen Systems. Nach (3.3.6a) ist im Spektralbereich

$$Y(j\omega) = \mathscr{F}\{y(t)\} = H(j\omega) \cdot \mathscr{F}\{v(t)\}$$

und damit

$$Y_1(j\omega) + jY_2(j\omega) = [H_1(j\omega) + jH_2(j\omega)]\,[V_1(j\omega) + jV_2(j\omega)]\,.$$

Für die Komponenten erhält man

$$\begin{aligned} Y_1(j\omega) &= H_1(j\omega) \cdot V_1(j\omega) - H_2(j\omega)V_2(j\omega), \\ Y_2(j\omega) &= H_1(j\omega) \cdot V_2(j\omega) + H_2(j\omega)V_1(j\omega). \end{aligned} \tag{3.3.12a}$$

Das läßt sich aber interpretieren als die Wirkung eines reellwertigen Systems mit zwei Eingängen und zwei Ausgängen auf ein vektorielles Eingangssignal $\mathbf{v}(t) = [v_1(t), v_2(t)]^T$, dessen Elemente die Komponenten von $v(t)$ sind. Mit

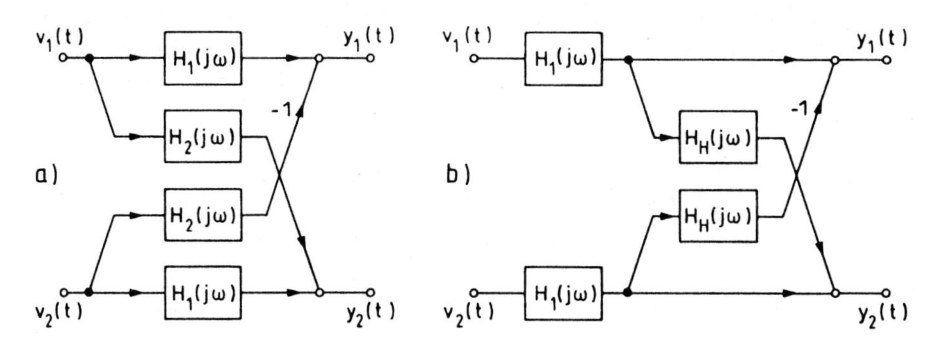

Bild 3.10: Reellwertiges System zur Realisierung eines komplexwertigen Systems

$\mathbf{V}(j\omega) = [V_1(j\omega), V_2(j\omega)]^T$ erhält man entsprechend (3.3.12a) die Komponenten des Ausgangsspektrums in der Form

$$\begin{bmatrix} Y_1(j\omega) \\ Y_2(j\omega) \end{bmatrix} = \begin{bmatrix} H_1(j\omega) & -H_2(j\omega) \\ H_2(j\omega) & H_1(j\omega) \end{bmatrix} \begin{bmatrix} V_1(j\omega) \\ V_2(j\omega) \end{bmatrix}. \qquad (3.3.12b)$$

Bild 3.10a zeigt das zugehörige Blockschaltbild.

Wir spezialisieren die Überlegungen auf das in der Nachrichtenübertragung interessierende sogenannte Einseitenbandsystem. Es ist dadurch gekennzeichnet, daß $H(j\omega) = 0$ gilt für $\omega < 0$. Aus (3.3.11a) folgen die Bindungen zwischen den Komponenten der Teilfrequenzgänge

$$Q_2(\omega) = -\text{sign}\omega \cdot P_1(\omega)$$

und

$$P_2(\omega) = \text{sign}\omega \cdot Q_1(\omega)$$

bzw. insgesamt

$$H_2(j\omega) = -j\text{sign}\omega \cdot H_1(j\omega). \qquad (3.3.13a)$$

Man erhält aus (3.3.11a)

$$H(j\omega) = H_1(j\omega)(1 + \text{sign}\omega) = \begin{cases} 2H_1(j\omega), & \omega > 0 \\ H_1(0), & \omega = 0 \\ 0, & \omega < 0. \end{cases} \qquad (3.3.14a)$$

Die Beziehung (3.3.13a) kann man in der Form

$$H_2(j\omega) = H_H(j\omega)H_1(j\omega) \qquad (3.3.13b)$$

schreiben, wobei

$$H_H(j\omega) = -j\text{sign}\omega \qquad (3.3.15a)$$

den Frequenzgang des idealen *Hilbert-Transformators* bezeichnet (vergl. (2.2.95a)). Damit geht die durch (3.3.12b) beschriebene Realisierung als ein reellwertiges System mit zwei Ein- und Ausgängen beim Einseitenbandsystem über in

$$\begin{bmatrix} Y_1(j\omega) \\ Y_2(j\omega) \end{bmatrix} = H_1(j\omega) \begin{bmatrix} 1 & -H_H(j\omega) \\ H_H(j\omega) & 1 \end{bmatrix} \begin{bmatrix} V_1(j\omega) \\ V_2(j\omega) \end{bmatrix}. \qquad (3.3.14b)$$

Bild 3.10b zeigt die Struktur.

Wir betrachten die auftretenden Impulsantworten. Die Bindung zwischen $h_{02}(t)$ und $h_{01}(t)$ erhalten wir aus (3.3.13b) in der Form

$$\begin{aligned} h_{02}(t) &= \mathscr{F}^{-1}\{H_H(j\omega)H_1(j\omega)\} \\ &= \frac{1}{2\pi}\int_{-\infty}^{+\infty} -j\,\mathrm{sign}\omega \cdot H_1(j\omega)e^{j\omega t}d\omega \qquad (3.3.13c) \\ &= h_{0H}(t) * h_{01}(t), \end{aligned}$$

wobei

$$h_{0H}(t) = \frac{1}{\pi t}\,,\ \forall t \qquad (3.3.15b)$$

die Impulsantwort des idealen Hilberttransformators ist, der offensichtlich instabil und nicht kausal ist. Wir erwähnen, daß es realisierbare und damit stabile und kausale Systeme gibt, die in einem eingeschränkten Frequenzintervall näherungsweise den in (3.3.15a) angegebenen Frequenzgang haben (z.B. [3.7]), wenn man von einer zusätzlichen linearen Phase absieht.

Mit (3.3.14a) ergibt sich die Gesamtimpulsantwort des Einseitenbandsystems

$$h_0(t) = h_{01}(t) * [\delta_0(t) + jh_{0H}(t)]\,. \qquad (3.3.14c)$$

Schließlich erhält man die Komponenten der Ausgangszeitfunktion entsprechend (3.3.14b) mit

$$\begin{bmatrix} y_1(t) \\ y_2(t) \end{bmatrix} = h_{01}(t) * \begin{bmatrix} \delta_0(t) & -h_{0H}(t) \\ h_{0H}(t) & \delta_0(t) \end{bmatrix} * \begin{bmatrix} v_1(t) \\ v_2(t) \end{bmatrix}. \qquad (3.3.14d)$$

Das durch (3.3.14) beschriebene System überführt ein beliebiges komplexes Eingangssignal in ein analytisches Ausgangssignal, das mit $h_{01}(t)$ gefaltet bzw. dessen Spektrum mit $H_1(j\omega)$ gewichtet erscheint.

3.3.2 Zeitvariante Systeme

Auch für zeitvariable Systeme können wir eine Übertragungsfunktion angeben, die jetzt allerdings nicht nur von der Frequenzvariablen ω bzw. Ω, sondern auch von der Zeit abhängt (z.B. [3.5]). Wir geben hier nur den Grundgedanken wieder und beschränken uns dabei auf die Behandlung reellwertiger kontinuierlicher Systeme mit einem Eingang und einem Ausgang. Verwendet man für die Beschreibung des Systems die jetzt auch vom Zeitpunkt τ der Erregung abhängige Impulsantwort $h_0(t, \tau)$, so ist nach (3.2.11a) die Reaktion auf eine beliebige Eingangsfunktion $v(t)$

$$y(t) = \int_{-\infty}^{+\infty} v(\tau)h_0(t, \tau)d\tau.$$

Es ist nun zweckmäßig, mit

$$\tilde{h}_0(t, \tau) := h_0(t, t - \tau) \tag{3.3.16}$$

eine Funktion von t einzuführen, die die Reaktion des Systems auf einen Impuls beschreibt, mit dem um ein Zeitintervall τ früher erregt worden ist. Im Falle der Zeitinvarianz ist $\tilde{h}_0(t, \tau) = h_0(\tau)$. Man erhält im hier interessierenden Fall aus (3.2.11a)

$$y(t) = \int_{-\infty}^{\infty} v(t - \tau)\tilde{h}_0(t, \tau)d\tau. \tag{3.3.17}$$

Die Interpretation von (3.3.17) entspricht offenbar der des üblichen Faltungsintegrals mit dem Unterschied, daß hier an Stelle von der für alle Werte von t gültigen Impulsantwort $h_0(\tau)$ die sich mit t ändernde Funktion $\tilde{h}_0(t, \tau)$ einzusetzen ist. In beiden Fällen ist aber τ der Abstand vom Erregungszeitpunkt.

Wie bei der Herleitung von (3.3.1d) für das zeitinvariante System wählen wir $v(t) = e^{j\omega t}$, $\forall t$ und erhalten aus (3.3.17)

$$\begin{aligned} y(t) &= \int_{-\infty}^{+\infty} e^{j\omega(t-\tau)}\tilde{h}_0(t, \tau)d\tau \\ &= e^{j\omega t}\int_{-\infty}^{+\infty} \tilde{h}_0(t, \tau)e^{-j\omega\tau}d\tau \\ &=: H(j\omega, t) \cdot e^{j\omega t}. \end{aligned} \tag{3.3.18a}$$

Für die Existenz von

$$H(j\omega, t) = \int_{-\infty}^{+\infty} \tilde{h}_0(t, \tau)e^{-j\omega\tau}d\tau = \mathcal{F}_\tau\left\{\tilde{h}_0(t, \tau)\right\} \tag{3.3.18b}$$

ist wieder die Stabilität eine hinreichende Voraussetzung. Wir erhalten jetzt eine zusätzlich von der Zeit abhängige Übertragungsfunktion, die wieder das — jetzt zusätzlich zeitabhängige — Spektrum der entsprechend (3.3.16) modifizierten Impulsantwort $\tilde{h}_0(t, \tau)$ ist. Man bestätigt leicht, daß hier die (3.3.5a) entsprechende Beziehung

$$H(j\omega, t) = H^*(-j\omega, t) \tag{3.3.19a}$$

gilt mit den Folgerungen

$$|H(j\omega, t) = |H(-j\omega, t)| \tag{3.3.19b}$$

und

$$-\arg H(j\omega, t) =: b(\omega, t) = -b(-\omega, t). \tag{3.3.19c}$$

Damit erhält man z.B. für $v(t) = \hat{v} \cdot \cos(\omega_0 t - \varphi)$ die Ausgangsfunktion

$$\begin{aligned} y(t) &= \frac{\hat{v}}{2}\left[H(j\omega_0, t)e^{j(\omega_0 t - \varphi)} + H^*(j\omega_0, t)e^{-j(\omega_0 t - \varphi)}\right] \\ &= \hat{v}|H(j\omega_0, t)| \cdot \cos\left[\omega_0 t - \varphi - b(\omega_0, t)\right]. \end{aligned} \tag{3.3.20}$$

Um eine allgemeinere Aussage zu bekommen, betrachten wir erneut (3.3.17). Wir unterstellen die Existenz des inversen Fourierintegrals und erhalten mit dem Verschiebungssatz

$$v(t - \tau) = \mathcal{F}^{-1}\left\{V(j\omega)e^{-j\omega\tau}\right\} = \frac{1}{2\pi}\int_{-\infty}^{+\infty} V(j\omega)e^{j\omega(t-\tau)}d\omega$$

für die Ausgangsfunktion

$$y(t) = \int_{-\infty}^{+\infty}\left[\frac{1}{2\pi}\int_{-\infty}^{+\infty} V(j\omega)e^{j\omega(t-\tau)}d\omega\right]\tilde{h}_0(t, \tau)d\tau.$$

Wenn die Reihenfolge der Integrationen vertauscht werden kann, gilt:

$$y(t) = \frac{1}{2\pi}\int_{-\infty}^{+\infty} V(j\omega)\left[\int_{-\infty}^{+\infty}\tilde{h}_0(t, \tau)e^{-j\omega\tau}d\tau\right]e^{j\omega t}d\omega.$$

Man erhält

$$\begin{aligned} y(t) &= \frac{1}{2\pi}\int_{-\infty}^{+\infty} V(j\omega)H(j\omega, t)e^{j\omega t}d\omega \\ &= \mathcal{F}^{-1}\{V(j\omega)H(j\omega, t)\}. \end{aligned} \tag{3.3.22}$$

Es ist zu beachten, daß

$$\mathcal{F}\{y(t)\} \neq V(j\omega) \cdot H(j\omega, t)$$

ist, da die Fouriertransformierte von $y(t)$ natürlich nicht von der Zeit abhängt. Da (3.3.17) keine Faltungsbeziehung beschreibt, gibt es hier also keine der Gl. (3.3.6a) entsprechende Aussage.

3.4 Beispiele

In diesem Abschnitt behandeln wir eine Reihe von linearen, zeitinvarianten diskreten oder kontinuierlichen Systemen. Um die Parallelität der Untersuchungsmethoden und der Ergebnisse, aber auch die Unterschiede deutlich zu machen, werden wir einander entsprechende Beispiele für beide Systemarten jeweils nebeneinander behandeln. Hier und in den folgenden Kapiteln werden wir zur Darstellung der Systeme neben Blockschaltbildern die Signalflußgraphen als Kurzbeschreibung verwenden. Eine Zusammenstellung ihrer Elemente und der für sie gültigen Regeln findet sich im Anhang 7.5. Zur Vereinfachung der Darstellung werden dabei nur Faktoren $\neq +1$ angegeben.

3.4.1 Verzögerungsglied

Das in Bild 3.11 dargestellte Verzögerungsglied wird beschrieben durch

$$y(k) = S\{v(k)\} =: \mathrm{D}\{v(k)\} = v(k-1), \tag{3.4.1a}$$

wobei wir die Verzögerung T als Einheit der zeitlichen Diskretisierung verwenden. $\mathrm{D}\{\cdot\}$ bezeichne hier den Verzögerungsoperator. Im kontinuierlichen Fall ist

$$y(t) = \mathrm{D}\{v(t)\} = v(t-T). \tag{3.4.2a}$$

Entsprechend gilt für die Impuls- und Sprungantworten

$$h_0(k) = \gamma_0(k-1); \quad h_{-1}(k) = \gamma_{-1}(k-1) \tag{3.4.1b}$$

$$h_0(t) = \delta_0(t-T); \quad h_{-1}(t) = \delta_{-1}(t-T). \tag{3.4.2b}$$

Bei Erregung mit $v(k) = z^k, \ \forall k \in \mathbb{Z}, \ |z| \geq 1$ wird aus (3.3.2b)

$$y(k) = H(z)z^k = z^{k-1}$$

und damit

$$H(z) = z^{-1}. \tag{3.4.1c}$$

Für $z = e^{j\Omega}$ ist dann

$$H(e^{j\Omega}) = e^{-j\Omega} = \mathcal{F}_*\{h_0(k)\}. \tag{3.4.1d}$$

Entsprechend ist im kontinuierlichen Fall für eine Erregung mit $v(t) = e^{st}, \ \forall t$, $Re\{s\} \geq 0$

$$y(t) = H(s)e^{st} = e^{s(t-T)}$$

und damit

$$H(s) = e^{-sT}, \tag{3.4.2c}$$

$$H(j\omega) = e^{-j\omega T} = \mathcal{F}\{h_0(t)\}. \tag{3.4.2d}$$

Bild 3.11 zeigt die einzelnen Funktionen.

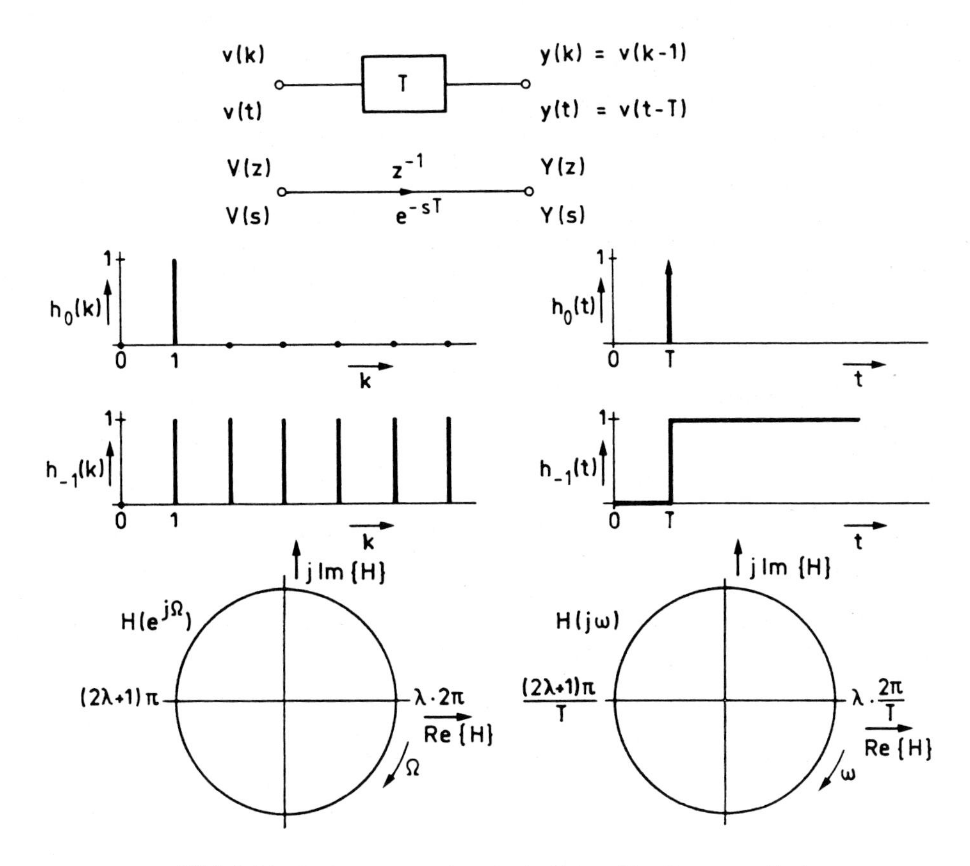

Bild 3.11: Diskretes und kontinuierliches Verzögerungsglied

3.4.2 Angenäherte und exakte Differentiation

Das in Bild 3.12 angegebene diskrete System zur numerischen Differentiation wird durch

$$y(k) = v(k) - v(k-1) \qquad (3.4.3a)$$

beschrieben. Es stellt eine einfache Näherung des Differenzierers dar, für den

$$y(t) = \frac{d}{dt} v(t) \qquad (3.4.4a)$$

gilt. Die Impuls- und Sprungantworten sind

$$h_0(k) = \gamma_0(k) - \gamma_0(k-1); \quad h_{-1}(k) = \gamma_{-1}(k) - \gamma_{-1}(k-1) \qquad (3.4.3b)$$

und

$$h_0(t) = \delta_1(t) = D[\delta_0(t)]; \quad h_{-1}(t) = \delta_0(t) = D[\delta_{-1}(t)] \ . \qquad (3.4.4b)$$

Für die Übertragungsfunktionen erhält man unmittelbar

$$H(z) = \left[1 - z^{-1}\right] = z^{-1/2} \cdot \left[z^{1/2} - z^{-1/2}\right], \qquad (3.4.3c)$$

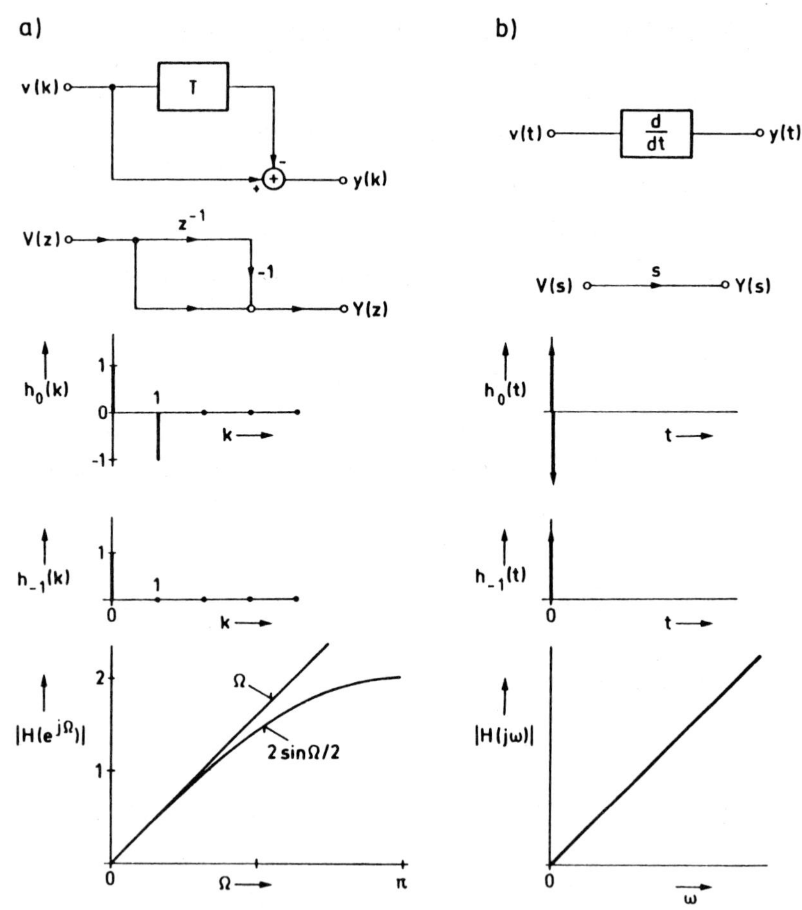

Bild 3.12: Systeme zur numerischen (angenäherten) und exakten Differentiation

$$H(e^{j\Omega}) = e^{-j\Omega/2} \cdot 2j \sin \Omega/2 = \mathscr{F}_{*}\{h_0(k)\} \tag{3.4.3d}$$

bzw.

$$H(s) = s, \tag{3.4.4c}$$

$$H(j\omega) = j\omega = \mathscr{F}\{h_0(t)\}. \tag{3.4.4d}$$

Zur Impulsantwort $h_0(t)$ des Differenzierers und ihrer Fouriertransformierten verweisen wir auf die in den Abschnitten 7.1.2 und 7.2.2 des Anhanges gegebenen Ergänzungen.

Die Beziehung (3.4.3d) läßt erkennen, daß die verwendete numerische Differentiationsformel für kleine Werte von Ω zu einer guten Approximation des durch (3.4.4d) beschriebenen gewünschten Verhaltens führt, wenn man von einer Verzögerung um 1/2 absieht (siehe Bild 3.12a unten). Signale, deren spektrale Breite klein ist im Vergleich zur Abtastfrequenz, lassen sich also mit hoher Genauigkeit numerisch differenzieren. Dieser Aussage entspricht im Zeitbereich die in diesem Fall erreichte höhere Genauigkeit bei der Approximation des Eingangssignals durch einen Polygonzug mit Knickstellen bei $t = kT$. Bezüglich anderer Differentiationsformeln wird auf Abschnitt 4.2.5.7 bzw. die dort angegebene Literatur verwiesen.

3.4.3 Angenäherte und exakte Integration

Als nächstes Beispiel behandeln wir die Integration, die nach Abschnitt 3.2.5.4 von Band I mit Hilfe eines geeignet beschalteten idealen Operationsverstärkers exakt zu realisieren ist (siehe Bild 3.13b). Zur numerischen Integration gibt es eine Vielzahl von Formeln. Wir zitieren als einfaches Beispiel die Trapezregel, die durch

$$y(k) = y(k-1) + 0,5\,[v(k) + v(k-1)] \qquad (3.4.5a)$$

beschrieben wird. Sie integriert einen Polygonzug mit Knickstellen bei $k \cdot T$ exakt. Der ideale Integrierer wird durch

$$y(t) = \int_{-\infty}^{t} v(\tau)d\tau =: \mathrm{I}\{v(t)\} \qquad (3.4.6a)$$

gekennzeichnet, wobei $\mathrm{I}\{\cdot\}$ den Integrationsoperator bezeichne. Bei der in Bild 3.13b gezeigten Realisierung tritt lediglich zusätzlich der Faktor $-1/RC$ auf. Für die Impuls-

und Sprungantworten erhält man sofort

$$h_0(k) = 0,5\gamma_0(k) + \gamma_{-1}(k-1); \quad h_{-1}(k) = 0,5\gamma_{-1}(k) + \gamma_{-2}(k); \qquad (3.4.5b)$$
$$h_0(t) = \delta_{-1}(t); \quad h_{-1}(t) = \delta_{-2}(t). \qquad (3.4.6b)$$

Hier treten die Rampenfolge

$$\gamma_{-2}(k) = k \cdot \gamma_{-1}(k) = \sum_{\kappa=-\infty}^{k} \gamma_{-1}(\kappa - 1) \qquad (3.4.7a)$$

sowie die schon in Abschnitt 7.7.4 von Band I eingeführte Rampenfunktion

$$\delta_{-2}(t) = t \cdot \delta_{-1}(t) = \int_{-\infty}^{t} \delta_{-1}(\tau)d\tau \qquad (3.4.7b)$$

auf. Nach Abschnitt 3.2.3 erkennen wir an den Impulsantworten, daß die beiden Systeme nicht stabil sind. Im diskreten Fall bekommen wir aus (3.4.5a) mit der Eingangsfolge $v(k) = Vz^k$, $\forall k$ und dem Ansatz $y(k) = Y(z)z^k$

$$Y(z)z^k = \left[Y(z)z^{-1} + 0,5(1 + z^{-1})V\right] z^k$$

und damit die Übertragungsfunktion

$$H(z) = \frac{Y(z)}{V} = \frac{1}{2} \cdot \frac{z+1}{z-1}. \qquad (3.4.5c)$$

Im kontinuierlichen Fall erhält man

$$H(s) = \frac{1}{s}. \qquad (3.4.6c)$$

Die Einführung eines Frequenzganges für den Integrierer ist wegen der Instabilität des Systems problematisch. Ersetzen wir in (3.4.5c) wie gewohnt z durch $e^{j\Omega}$, so ergibt sich

$$H(e^{j\Omega}) = \frac{1}{2j\tan\Omega/2}. \qquad (3.4.5d)$$

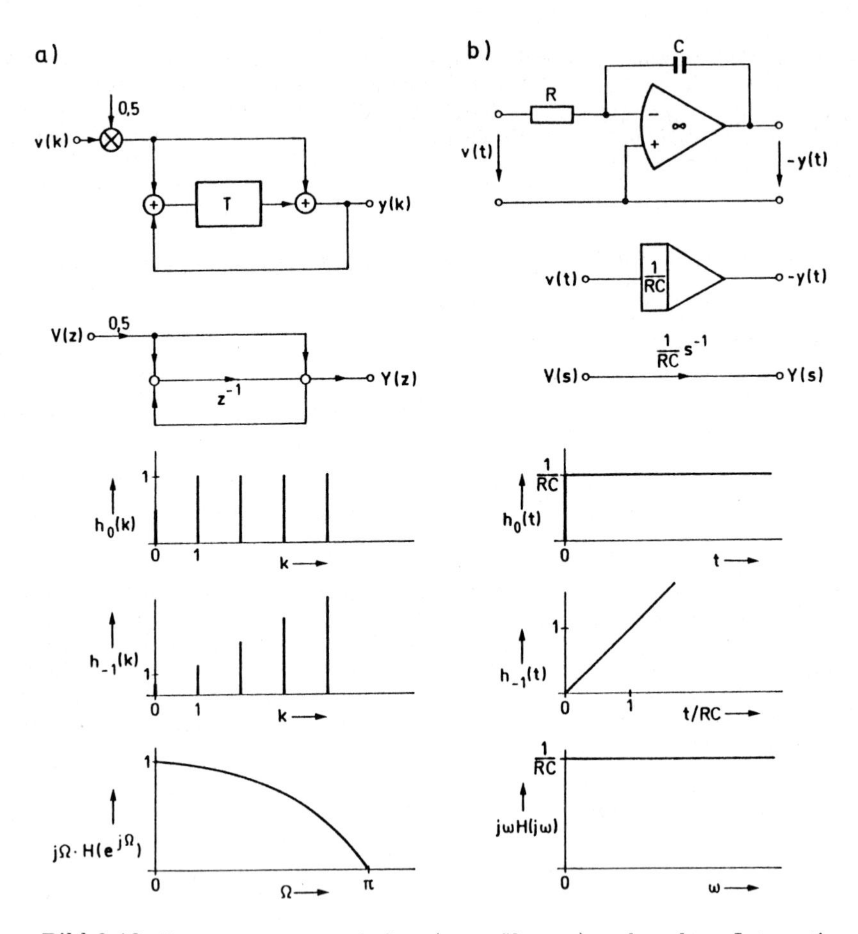

Bild 3.13: Systeme zur numerischen (angenäherten) und exakten Integration

Dagegen ist mit (3.4.5b) und (2.2.69c)

$$\mathscr{F}_* \{h_0(k)\} = \pi \sum_{\mu=-\infty}^{+\infty} \delta_0(\Omega - 2\mu\pi) + \frac{1}{2j \tan \Omega/2}.$$

Beim exakten Integrierer erhalten wir entsprechend aus (3.4.6c) für $s = j\omega$

$$H(j\omega) = \frac{1}{j\omega}, \tag{3.4.6d}$$

während mit (3.4.6b) und (2.2.65c)

$$\mathscr{F} \{h_0(t)\} = \mathscr{F} \{\delta_{-1}(t)\} = \pi\delta_0(\omega) + \frac{1}{j\omega}$$

ist. Der Grund für diese Diskrepanz ist, daß wir z.B. im kontinuierlichen Fall bei der Angabe von (3.4.6d) die Bedingung für den Übergang von der Laplace- zur Fouriertransformierten ignoriert haben (vergl. S.29). Wenn man trotzdem im Frequenzbereich die Eigenschaften eines numerischen Integrationsverfahren beurteilen will, so beschränkt man sich in der Regel auf den Vergleich des funktionalen Anteils in der Transformierten der Impulsantwort mit dem entsprechenden Wunschverlauf $1/j\omega$, hier also auf die Frage, wie gut (3.4.6d) durch (3.4.5d) approximiert wird. Zur Erleichterung dieses Vergleichs wurden in Bild 3.13 die jeweils mit $j\Omega$ bzw. $j\omega$ multiplizierten Frequenzgänge dargestellt.

3.4.4 Mittelwertbildung über ein Fenster fester Breite

Wir betrachten Systeme, die durch

$$y(k) = \frac{1}{n+1} \sum_{\kappa=k-n}^{k} v(\kappa) \qquad (3.4.8a)$$

bzw.

$$y(t) = \frac{1}{nT} \int_{t-nT}^{t} v(\tau) d\tau \qquad (3.4.9a)$$

beschrieben werden. Bild 3.14 zeigt die zugehörigen Blockschaltbilder sowie die Signalflußgraphen in beiden Fällen. Beim kontinuierlichen System wurden die eben eingeführten Bausteine Verzögerungsglied und Integrierer verwendet, wobei für die Zeitkonstante $RC = nT$ zu wählen ist. Wir weisen darauf hin, daß z.B. auch der Tonkopf eines Magnetbandgerätes, der ja eine endliche Spaltbreite besitzt, oder eine lichtempfindliche Zelle, die in einer Zeile über ein Bild geführt wird, im wesentlichen ein durch (3.4.9a) beschreibbares Verhalten zeigt.

Für die Impuls- und Sprungantworten erhält man

$$h_0(k) = \frac{1}{n+1} [\gamma_{-1}(k) - \gamma_{-1}(k-n-1)]\,;\; h_{-1}(k) = \frac{1}{n+1} [\gamma_{-2}(k+1) - \gamma_{-2}(k-n)]\,. \qquad (3.4.8b)$$

Entsprechend ist

$$h_0(t) = \frac{1}{nT} [\delta_{-1}(t) - \delta_{-1}(t-nT)]\,;\; h_{-1}(t) = \frac{1}{nT} [\delta_{-2}(t) - \delta_{-2}(t-nT)]\,. \qquad (3.4.9b)$$

Zur Bestimmung der Übertragungsfunktion setzen wir im diskreten Fall wieder $v(k) = z^k$, $\forall k \in \mathbb{Z}$, $|z| \geq 1$ und erhalten aus (3.4.8a)

$$y(k) = \frac{1}{n+1} \sum_{\kappa=k-n}^{k} z^{\kappa} = \left[\frac{1}{n+1} \sum_{\kappa=0}^{n} z^{-\kappa}\right] z^k.$$

Die Übertragungsfunktion ist also

$$H(z) = \frac{1}{n+1} \sum_{\kappa=0}^{n} z^{-\kappa} = \frac{1}{n+1} \cdot \frac{1}{z^{n/2}} \cdot \frac{z^{(n+1)/2} - z^{(n+1)/2}}{z^{1/2} - z^{-1/2}}. \qquad (3.4.8c)$$

Für den Frequenzgang folgt

$$\begin{aligned} H(e^{j\Omega}) &= e^{-jn\Omega/2} \cdot \frac{1}{n+1} \cdot \frac{\sin(n+1)\Omega/2}{\sin \Omega/2} = \mathcal{F}_* \{h_0(k)\} \\ &=: e^{-jn\Omega/2} \cdot H_0(e^{j\Omega}). \end{aligned} \qquad (3.4.8d)$$

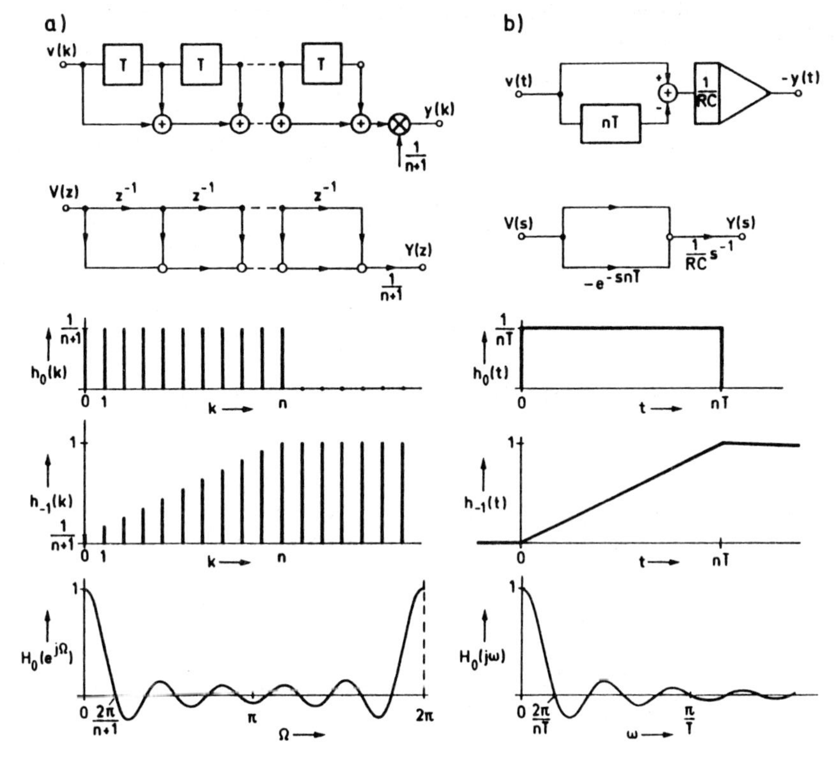

Bild 3.14: Mittelwertbildung über ein Fenster der Breite nT

Beim kontinuierlichen System ist

$$H(s) = \frac{1}{nT} \cdot \frac{1}{s} \left[1 - e^{-snT}\right] = e^{-nsT/2} \cdot \frac{e^{nsT/2} - e^{-nsT/2}}{nsT} \tag{3.4.9c}$$

und

$$\begin{aligned} H(j\omega) &= e^{-jn\omega T/2} \cdot \frac{\sin(n\omega T/2)}{n\omega T/2} = \mathcal{F}\{h_0(t)\} \\ &=: e^{-jn\omega T/2} \cdot H_0(j\omega). \end{aligned} \tag{3.4.9d}$$

In Bild 3.14 wurden die Impuls- und Sprungantworten sowie $H_0(e^{j\Omega})$ und $H_0(j\omega)$ jeweils für $n = 10$ aufgezeichnet. Zur Betonung des Unterschiedes der beiden Frequenzgänge wurde $H_0(e^{j\Omega})$ über eine volle Periode 2π gezeichnet.

3.4.5 System erster Ordnung

Bild 3.15 zeigt Systeme erster Ordnung, im kontinuierlichen Fall realisiert durch ein RC-Glied, im diskreten als Zusammenschaltung von einem Verzögerungsglied, einem Multiplizierer und einem Addierer derart, daß das multiplizierte Signal rückgeführt wird. Aus der Schaltung des diskreten Systems gewinnt man unmittelbar die beschreibende Differenzengleichung

$$y(k+1) = v(k) - c_0 y(k), \tag{3.4.10a}$$

während wir beim RC-Glied mit Hilfe der Überlegungen vom Abschnitt 6.2 in Band I erhalten

$$y'(t) = \frac{1}{RC}v(t) - \frac{1}{RC}y(t). \tag{3.4.11a}$$

Für die Impuls- und Sprungantworten ergibt sich

$$h_0(k) = [-c_0]^{k-1} \cdot \gamma_{-1}(k-1); \quad h_{-1}(k) = \frac{1}{1+c_0}\left[1 - (-c_0)^k\right]\gamma_{-1}(k); \tag{3.4.10b}$$

$$h_0(t) = \frac{1}{RC} \cdot e^{-t/RC} \cdot \delta_{-1}(t); \quad h_{-1}(t) = (1 - e^{-t/RC})\delta_{-1}(t). \tag{3.4.11b}$$

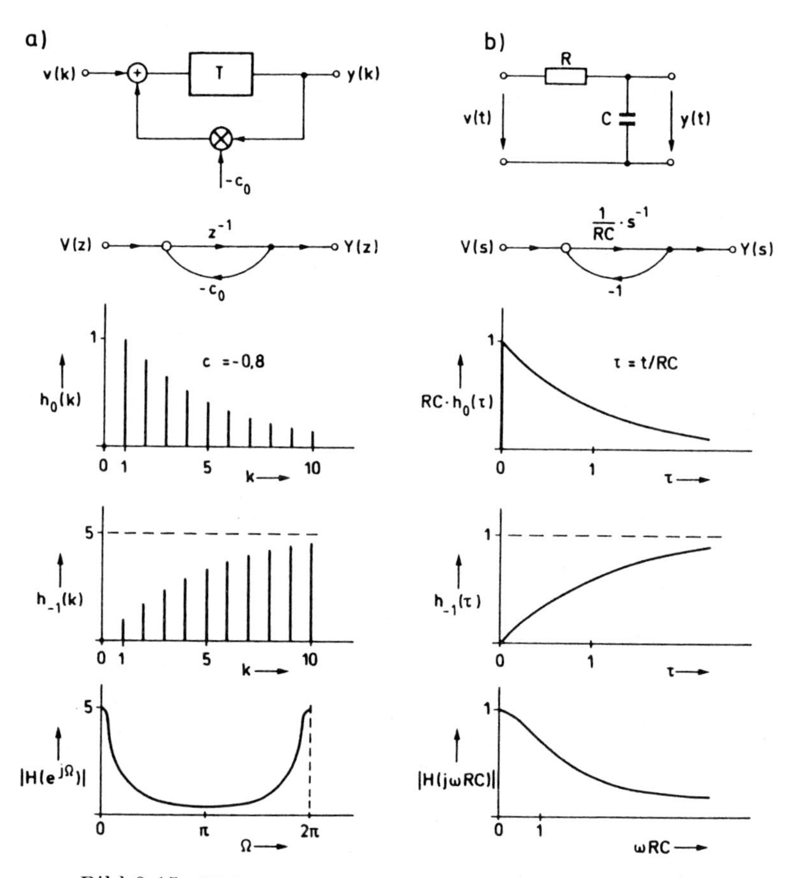

Bild 3.15: Diskretes und kontinuierliches System 1. Ordnung

Für das kontinuierliche System ist uns dieses Ergebnis aus Abschnitt 6.4.4 von Band I bekannt. Im diskreten Fall kann man die Beziehung für $h_0(k)$ leicht durch schrittweise

Berechnung bestätigen, während sich daraus $h_{-1}(k)$ mit (3.2.10d) als Summation einer geometrischen Folge ergibt. Im übrigen wird hierzu auf Abschnitt 4.2.4.2 verwiesen.

Die Übertragungsfunktion erhalten wir beim diskreten System mit der Eingangsfolge $v(k) = Vz^k$, $\forall k \in \mathbb{Z}$, $|z| \geq 1$ und dem Ansatz $y(k) = Y(z)z^k$ als

$$H(z) = \frac{1}{z + c_0}, \qquad (3.4.10c)$$

woraus für den Frequenzgang im Falle $|c_0| < 1$

$$H(e^{j\Omega}) = \frac{1}{e^{j\Omega} + c_0} = \mathscr{F}_* \{h_0(k)\} \qquad (3.4.10d)$$

folgt, wieder eine periodische Funktion. Beim RC-Glied ergibt sich in bekannter Weise

$$H(s) = \frac{1/RC}{s + 1/RC} \qquad (3.4.11c)$$

sowie

$$H(j\omega) = \frac{1/RC}{j\omega + 1/RC} = \mathscr{F}\{h_0(t)\}. \qquad (3.4.11d)$$

Bild 3.15 veranschaulicht die enge Verwandtschaft der beiden Systeme, aber auch die Unterschiede, die vor allem wieder im Frequenzgang deutlich werden.

3.5 Kausale, lineare, zeitinvariante Systeme

3.5.1 Kausalität

Nach Abschnitt 3.2.2 ist ein kausales, lineares und zeitinvariantes System dadurch gekennzeichnet, daß

$$h_0(t) = 0, \quad t < 0 \qquad (3.5.1)$$

$$\text{bzw.} \quad h_0(k) = 0, \quad k < 0 \qquad (3.5.2)$$

ist. Wir unterstellen zusätzlich Stabilität, nehmen also an, daß die Impulsantworten absolut integrabel bzw. summierbar sind. Dann existieren auch die Übertragungsfunktionen $H(j\omega)$ bzw. $H(e^{j\Omega})$, die sich im Abschnitt 3.3 als die Spektren dieser Impulsantworten ergeben haben. Im kausalen Fall ist entsprechend (3.3.1d)

$$H(j\omega) = \mathscr{F}\{h_0(t)\} = \int_0^\infty h_0(t)e^{-j\omega t}dt \qquad (3.5.3)$$

bzw. nach (3.3.2d)

$$H(e^{j\Omega}) = \mathscr{F}_*\{h_0(k)\} = \sum_{k=0}^{\infty} h_0(k)e^{-jk\Omega}. \qquad (3.5.4)$$

Andererseits haben wir im Abschnitt 2.2.3 festgestellt, daß generell bei kausalen Zeitfunktionen Beziehungen zwischen den Komponenten des Spektrums bestehen. Wir können die dort gefundenen Ergebnisse nach Änderung der Bezeichnungen unmittelbar übernehmen. Mit

$$H(j\omega) = P(\omega) + jQ(\omega) \tag{3.5.5}$$

erhalten wir für das hier betrachtete reellwertige System aus (2.2.90)

$$P(\omega) = \frac{1}{\pi} VP \int_{-\infty}^{+\infty} Q(\eta) \frac{1}{\omega - \eta} d\eta = \mathscr{H}\{Q(\omega)\}, \tag{3.5.6a}$$

$$Q(\omega) = -\frac{1}{\pi} VP \int_{-\infty}^{+\infty} P(\eta) \frac{1}{\omega - \eta} d\eta = -\mathscr{H}\{P(\omega)\}, \tag{3.5.6b}$$

wobei wir unterstellen, daß $h_0(t)$ keinen Diracanteil bei $t = 0$ enthält.

Wir zeigen noch einen andern interessanten Weg zur Herleitung von (3.5.6) [3.8]. Unter der Voraussetzung, daß $h_0(+0)$ existiert, bei $t = 0$ also kein Diracanteil vorliegt, kann man die Impulsantwort des kausalen Systems als

$$h_0(t) = h_0(t) \cdot \delta_{-1}(t)$$

schreiben. Die Fouriertransformation dieser Beziehung erfordert auf der rechten Seite die Anwendung des Multiplikationssatzes, wobei wir uns auf die Formulierung entsprechend (7.2.30) in Tabelle 7.5 stützen müssen, da $\delta_{-1}(t)$ nicht integrabel ist. Man erhält

$$\mathscr{F}\{h_0(t)\} = H(j\omega) = \frac{1}{2\pi} H(j\omega) * \mathscr{F}\{\delta_{-1}(t)\}$$

und mit (2.2.65c)

$$\begin{aligned} H(j\omega) &= \frac{1}{2\pi} H(j\omega) * \left[\pi\delta_0(\omega) + \frac{1}{j\omega}\right] \\ &= \frac{1}{2} H(j\omega) + \frac{1}{2\pi} H(j\omega) * \frac{1}{j\omega} . \end{aligned}$$

Es ist also

$$\begin{aligned} H(j\omega) &= \frac{1}{\pi} H(j\omega) * \frac{1}{j\omega} \\ &= \frac{1}{\pi j} \int_{-\infty}^{+\infty} \frac{H(j\eta)}{\omega - \eta} d\eta . \end{aligned}$$

Mit $H(j\omega) = P(\omega) + jQ(\omega)$ erhält man nach Auftrennung in Real- und Imaginärteil wieder (3.5.6).

Wir bemerken, daß wir im Abschnitt 5.7 von Band I im speziellen Fall eines durch eine rationale Übertragungsfunktion beschriebenen Systems auf anderem Wege geschlossene Ausdrücke für diese Beziehungen bekommen haben. Es ließ sich sogar $H(s)$ aus $P(\omega)$ bzw., bis auf eine additive Konstante, aus $Q(\omega)$ bestimmen.

Im diskreten Fall erhalten wir mit

$$H(e^{j\Omega}) = P(e^{j\Omega}) + jQ(e^{j\Omega}) \tag{3.5.7}$$

bei Berücksichtigung der hier vorausgesetzten Reellwertigkeit aus (2.2.92c,d)

$$P(e^{j\Omega}) = h_0(0) - \frac{1}{\pi} \cdot \sum_{k=1}^{\infty} \Big[\int_{-\pi}^{+\pi} Q(e^{j\eta}) \sin k\eta d\eta \Big] \cos k\Omega \qquad (3.5.8a)$$

$$Q(e^{j\Omega}) = - \frac{1}{\pi} \cdot \sum_{k=1}^{\infty} \Big[\int_{-\pi}^{+\pi} P(e^{j\eta}) \cos k\eta d\eta \Big] \sin k\Omega. \qquad (3.5.8b)$$

Aus (2.2.93) folgen die (3.5.6) entsprechenden Beziehungen

$$P(e^{j\Omega}) = h_0(0) + \frac{1}{2\pi} VP \int_{-\pi}^{+\pi} \frac{Q(e^{j\eta})}{\tan(\Omega - \eta)/2} d\eta = h_0(0) + \mathscr{H}\left\{Q(e^{j\Omega})\right\}, \qquad (3.5.9a)$$

$$Q(e^{j\Omega}) = -\frac{1}{2\pi} VP \int_{-\pi}^{+\pi} \frac{P(e^{j\eta})}{\tan(\Omega - \eta)/2} d\eta = -\mathscr{H}\left\{P(e^{j\Omega})\right\}. \qquad (3.5.9b)$$

Da für die numerische Durchführung der Fourierreihenentwicklung sehr effektive Algorithmen zur Verfügung stehen, ist bei diskreten Systemen in der Regel die Anwendung der Beziehungen (3.5.8) der Lösung der Integrale (3.5.9) vorzuziehen. In den angegebenen Reihenentwicklungen kann man dabei nur endlich viele Glieder berücksichtigen. Daher ist auf diesem Wege i.a. nur eine Näherungslösung zu erreichen, deren Genauigkeit nach Abschnitt 2.2.2.1 nicht nur von der Zahl der verwendeten Glieder, sondern insbesondere von den Stetigkeitseigenschaften der zu transformierenden Funktionen und ihrer Ableitungen bestimmt wird.

Wir werden die Untersuchung kausaler Systeme im Abschnitt 6.5 noch einmal aufgreifen, dort Näherungsverfahren für die Durchführung der Hilbert-Transformation vorstellen und eine Reihe von Beispielen behandeln.

3.5.2 Passivität und Verlustfreiheit

Im Abschnitt 3.1 haben wir bereits ausgehend von einer Betrachtung der Energieübertragung vom Eingang zum Ausgang eine Klassifizierung der Systeme vorgenommen und mit einem Beispiel erläutert (siehe Bild 3.4). Eine genauere Untersuchung führen wir hier für kontinuierliche Systeme durch (siehe auch Abschn. 4.2.6). Im diskreten Fall kann man entsprechend vorgehen (vergl. [3.4]).

Das betrachtete System befinde sich für $t < 0$ in Ruhe. Es werde beginnend im Nullpunkt mit der reellen, impulsfreien Funktion $v(t)$ erregt. Wir nennen

$$w_v(t) = \int_0^t v^2(\tau)d\tau \tag{3.5.10a}$$

die bis zum Zeitpunkt t in das System fließende Energie. Ihr Grenzwert, die Gesamtenergie am Eingang

$$w_v(\infty) = \int_0^\infty v^2(\tau)d\tau = \|v(t)\|_2^2 \tag{3.5.10b}$$

sei endlich. Für die am Ausgang eines passiven kausalen Systems auftretende Energie gilt dann offensichtlich

$$w_y(t) = \int_0^t y^2(\tau)d\tau \le w_v(t), \quad \forall t. \tag{3.5.11a}$$

Ein verlustfreies System ist nun durch

$$w_y(\infty) = \|y(t)\|_2^2 = \|v(t)\|_2^2 \tag{3.5.11b}$$

gekennzeichnet. Wir bemerken, daß z.B. bei der Betrachtung von elektrischen Netzwerken der Ansatz zu modifizieren ist, da dort für die Eingangsenergie

$$w(t) = \int_0^t p(\tau)d\tau = \int_0^t u(\tau)i(\tau)d\tau$$

gilt, die Leistung also i.a. das Produkt zweier unterschiedlicher Zeitfunktionen ist. Wir kommen darauf zurück.

Es interessieren die Konsequenzen von Passivität und Verlustfreiheit für die Übertragungsfunktion. Dazu gehen wir von der Darstellung der gesamten Ausgangsenergie im Frequenzbereich aus. Die Parsevalsche Gleichung (2.2.53d) liefert

$$\|y(t)\|_2^2 = \frac{1}{2\pi} \int_{-\infty}^{+\infty} |Y(j\omega)|^2 d\omega. \tag{3.5.12a}$$

Setzen wir hier mit (3.3.8a) $Y(j\omega) = H(j\omega)V(j\omega)$ ein, so erhalten wir

$$\|y(t)\|_2^2 = \frac{1}{2\pi} \int_{-\infty}^{+\infty} |H(j\omega)|^2 |V(j\omega)|^2 d\omega. \tag{3.5.12b}$$

Damit folgt aus (3.5.11b) für den Frequenzgang eines verlustfreien Systems die kennzeichnende Eigenschaft

$$|H(j\omega)|^2 = 1, \quad \forall\omega. \tag{3.5.13}$$

Netzwerke mit dieser Eigenschaft haben wir mehrfach im Band I behandelt (z.B. Abschnitte 3.2.5.1 und 5.2). Es handelt sich um Allpässe.

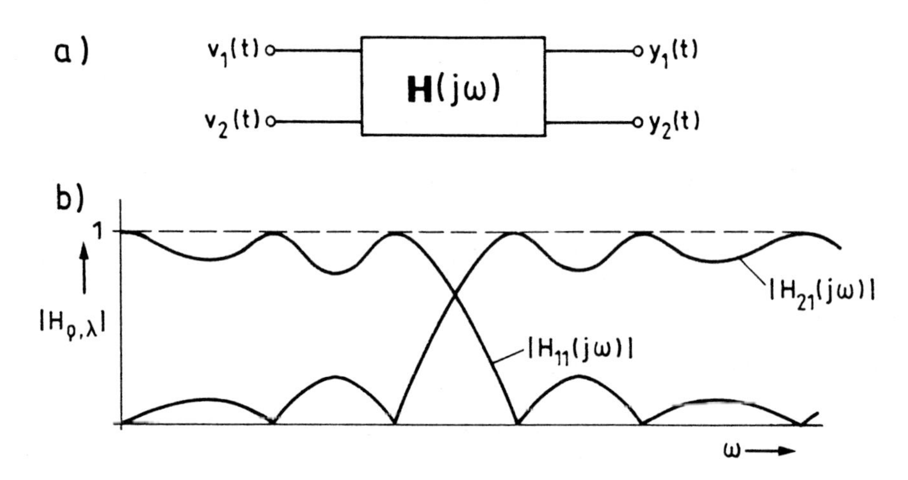

Bild 3.16: a) Zur Untersuchung eines verlustlosen Systems; b) zueinander komplementäre Betragsfrequenzgänge

Das Ergebnis ist insofern unbefriedigend, als es selektive Systeme ausschließt, die für die Anwendungen besonders interessant sind. Wir variieren den Ansatz insofern, als wir jetzt ein System mit zwei Ausgängen vorsehen, auf die sich die am Eingang eingespeiste Energie verteilt. Im Sinne eines symmetrischen Ansatzes nehmen wir an, daß auch zwei Eingänge vorhanden sind (siehe Bild 3.16). Unter sonst gleichen Voraussetzungen erregen wir das System für $t \geq 0$ mit dem reellen Eingangsvektor

$$\mathbf{v}(t) = [v_1(t), v_2(t)]^T, \tag{3.5.14a}$$

dessen Gesamtenergie

$$\|\mathbf{v}(t)\|_2^2 = \int_0^\infty \mathbf{v}^T(t)\mathbf{v}(t)dt = \|v_1(t)\|_2^2 + \|v_2(t)\|_2^2 \tag{3.5.14b}$$

endlich sei. Für den Ausgangsvektor

$$\mathbf{y}(t) = [y_1(t), y_2(t)]^T \tag{3.5.15a}$$

erhält man entsprechend die Gesamtenergie

$$\|\mathbf{y}(t)\|_2^2 = \int_0^\infty \mathbf{y}^T(t)\mathbf{y}(t)dt = \|y_1(t)\|_2^2 + \|y_2(t)\|_2^2 . \tag{3.5.15b}$$

Im verlustfreien Fall ist jetzt

$$\|\mathbf{y}(t)\|_2^2 = \|\mathbf{v}(t)\|_2^2 . \tag{3.5.16}$$

Der Übergang in den Frequenzbereich erfolgt mit

$$\mathbf{V}(j\omega) = \mathscr{F}\{\mathbf{v}(t)\}, \quad \mathbf{Y}(j\omega) = \mathscr{F}\{\mathbf{y}(t)\},$$

wobei die Parsevalsche Gleichung z.B. für die Eingangsenergie auf die Beziehung

$$\|\mathbf{v}(t)\|_2^2 = \frac{1}{2\pi} \int_{-\infty}^{+\infty} \mathbf{V}^T(j\omega)\mathbf{V}^*(j\omega)d\omega \tag{3.5.17}$$

führt. Mit der Übertragungsmatrix

$$\mathbf{H}(j\omega) = \begin{bmatrix} H_{11}(j\omega) & H_{12}(j\omega) \\ H_{21}(j\omega) & H_{22}(j\omega) \end{bmatrix} \tag{3.5.18}$$

und

$$\mathbf{Y}(j\omega) = \mathbf{H}(j\omega)\mathbf{V}(j\omega)$$

ist dann die Ausgangsenergie

$$\|\mathbf{y}(t)\|_2^2 = \frac{1}{2\pi} \int_{-\infty}^{+\infty} \mathbf{V}^T(j\omega)\mathbf{H}^T(j\omega)\mathbf{H}^*(j\omega)\mathbf{V}^*(j\omega)d\omega .$$

Offenbar ist das System verlustfrei, wenn

$$\mathbf{H}^T(j\omega)\mathbf{H}^*(j\omega) = \mathbf{E}, \quad \forall\omega \tag{3.5.19}$$

ist. Für die Teilübertragungsfunktionen erhält man daraus

$$|H_{11}(j\omega)|^2 + |H_{21}(j\omega)|^2 = 1, \quad \forall\omega \tag{3.5.20a}$$

$$|H_{12}(j\omega)|^2 + |H_{22}(j\omega)|^2 = 1, \quad \forall\omega \tag{3.5.20b}$$

$$H_{11}(j\omega)H_{12}^*(j\omega) + H_{21}(j\omega)H_{22}^*(j\omega) = 0, \quad \forall\omega . \tag{3.5.20c}$$

Wir haben zwei Paare von Übertragungsfunktionen $H_{11}(j\omega), H_{21}(j\omega)$ und $H_{12}(j\omega), H_{22}(j\omega)$, wobei die Funktionen eines Paares im Sinne von (3.5.20a,b) zueinander komplementär sind. Zusätzlich besteht die durch (3.5.20c) beschriebene Bindung zwischen den Paaren, die zusammen mit (3.5.20a,b) auch in der Form

$$|H_{11}(j\omega)|^2 = |H_{22}(j\omega)|^2 \quad (3.5.21a)$$
$$\text{und} \quad |H_{12}(j\omega)|^2 = |H_{21}(j\omega)|^2 \quad (3.5.21b)$$

ausgedrückt werden kann. Wichtig ist vor allem die Eigenschaft

$$|H_{\rho\lambda}(j\omega)|^2 \leq 1, \quad \forall\omega;\ \rho, \lambda = 1, 2. \quad (3.5.22)$$

Die Teilübertragungsfunktionen sind also beschränkt. Die erwähnte Komplementarität der einzelnen Funktionen eines Paares führt im übrigen dazu, daß zu einer Funktion $H_{1\lambda}(j\omega)$ mit Tiefpaßcharakter eine andere $H_{2\lambda}(j\omega)$ mit Hochpaßcharakter gehört (siehe Bild 3.16b). Gemeinsam bilden sie eine *Frequenzweiche*, mit der die Aufteilung eines Spektrums in die tiefer- und höherfrequenten Anteile möglich ist.

Wir haben im Abschnitt 4.6 von Band I Fragen der Energieübertragung in elektrischen Netzwerken unter Verwendung von Streuparametern bei der Beschreibung von Vierpolen behandelt. Dabei gingen wir von Spannungswellen am Eingang und Ausgang aus, mit denen sowohl die dort auftretenden Spannungen als auch die Ströme erfaßt werden. Den bei einem elektrischen Netzwerk vorliegenden Besonderheiten kann damit Rechnung getragen werden. Die Diskussion wurde dort für eine sinusförmige Erregung im Frequenzbereich durch eine Betrachtung der übertragenen Wirkleistungen durchgeführt, kann aber ebenso auf der Basis von Zeitfunktionen erfolgen. Wichtiger ist aber, daß als Bezugsgröße nicht die an das System abgegebene Leistung verwendet wurde, sondern die, die von der speisenden Quelle maximal abgegeben werden kann. Man erhält dabei dann Beziehungen für die Streuparameter an einem verlustfreien Vierpol, die völlig denen entsprechen, die wir oben für die Übertragungsfunktionen eines Systems mit zwei Eingängen und Ausgängen gefunden haben (vergl. die Beziehungen (4.42) und (4.43) in Band I mit (3.5.19) und (3.5.20) in diesem Abschnitt; siehe auch Abschnitt 5.2.4.4).

3.6 Reaktion eines linearen, zeitinvarianten Systems auf ein Zufallssignal

Das Verhalten eines linearen Systems bei Erregung mit einem Zufallssignal müssen wir getrennt untersuchen. Wir nehmen an, daß das System zeitinvariant ist, seine Impulsantwort bzw. seine Übertragungsfunktion sei bekannt. Auf seinen Eingang werde eine Zufallsfunktion bzw. -folge aus einem ergodischen Prozeß gegeben, der durch Mittelwert, Varianz und Autokorrelierte bzw. das Leistungsdichtespektrum gekennzeichnet sei. Am Ausgang des Systems wird unter den gegebenen Umständen eine Funktion bzw. eine Folge erscheinen, die wiederum Zufallscharakter hat. Die Bestimmung ihrer entsprechenden kennzeichnenden Größen ist das Ziel der Untersuchung.

Für ein lineares, nicht notwendig kausales, aber zeitinvariantes kontinuierliches System gilt die Faltungsbeziehung (3.2.11c)

$$y(t) = \int_{-\infty}^{+\infty} h_0(t-\tau)v(\tau)d\tau = \int_{-\infty}^{+\infty} h_0(\tau)v(t-\tau)d\tau.$$

Daraus ergibt sich zunächst der Mittelwert

$$\begin{aligned}\mu_y = E\{y(t)\} &= \int_{-\infty}^{+\infty} h_0(\tau)\cdot E\{v(t-\tau)\}\,d\tau \\ &= \mu_v \cdot \int_{-\infty}^{+\infty} h_0(\tau)d\tau.\end{aligned}$$

Aus (3.3.1d) folgt für $\omega = 0$: $\int_{-\infty}^{\infty} h_0(\tau)d\tau = H(0)$ und damit

$$\mu_y = \mu_v \cdot H(0). \tag{3.6.1a}$$

Die Fähigkeit des Systems zur Übertragung einer Gleichgröße beschreibt also auch, wie der Mittelwert des Eingangssignals übertragen wird.

Für die Autokorrelierte des Ausgangssignals erhält man

$$\begin{aligned}\varphi_{yy}(\tau) &= E\left\{\int_{-\infty}^{+\infty}\int_{-\infty}^{+\infty} h_0(t_1)h_0(t_2)v(t-t_1)v(t+\tau-t_2)dt_1dt_2\right\} \\ &= \int_{-\infty}^{+\infty}\int_{-\infty}^{+\infty} h_0(t_1)h_0(t_2)\underbrace{E\{v(t-t_1)v(t+\tau-t_2)\}}_{\varphi_{vv}(\tau+t_1-t_2)}dt_1dt_2\,.\end{aligned}$$

Mit der Substitution $t_0 = t_2 - t_1$ folgt

$$\begin{aligned}\varphi_{yy}(\tau) &= \int_{-\infty}^{+\infty} \varphi_{vv}(\tau-t_0)\int_{-\infty}^{+\infty} h_0(t_1)h_0(t_0+t_1)dt_1dt_0 \\ &=: \int_{-\infty}^{+\infty} \varphi_{vv}(\tau-t_0)\cdot\rho(t_0)dt_0 = \rho(\tau)*\varphi_{vv}(\tau).\end{aligned} \tag{3.6.1b}$$

Hier wurde die Autokorrelierte der Impulsantwort

$$\rho(\tau) = \int_{-\infty}^{+\infty} h_0(t) h_0(t+\tau) dt = h_0(\tau) * h_0(-\tau) \tag{3.6.1c}$$

eingeführt.

Der Vergleich mit (2.3.40c) zeigt, daß $\rho(\tau)$ anders definiert ist als die zeitliche Autokorrelierte einer stochastischen Funktion $v(t)$. Hier gehen wir von der Impulsantwort eines stabilen Systems aus, dessen Energie $\int_{-\infty}^{+\infty} h_0^2(t) dt = \rho(0)$ endlich ist. Dort betrachten wir ein Mitglied eines stationären Prozesses, für den $v^2(t)$ sicher nicht integrabel ist. Die Definition der Autokorrelierten in (2.3.40c) basiert daher auf der Leistung des Signals $v(t)$, nicht auf seiner — unendlich großen — Gesamtenergie. In Abschnitt 6.4.6.1 von Band I haben wir gezeigt, wie man $\rho(\tau)$ im Falle eines durch eine Differentialgleichung mit konstanten Koeffizienten beschriebenen kausalen Systems bestimmen kann.

Eine Darstellung im Frequenzbereich gewinnen wir mit einer Fouriertransformation von (3.6.1b). Der Faltungssatz (2.2.51) führt mit (2.3.42a) auf

$$\Phi_{yy}(j\omega) = \mathcal{F}\{\rho(\tau)\} \cdot \Phi_{vv}(j\omega).$$

Dabei ist

$$\mathcal{F}\{\rho(\tau)\} = \mathcal{F}\{h_0(\tau)\} \cdot \mathcal{F}\{h_0(-\tau)\}$$

und mit (3.3.1d) sowie (2.2.40b)

$$\mathcal{F}\{\rho(\tau)\} = |H(j\omega)|^2.$$

Es folgt schließlich

$$\Phi_{yy}(j\omega) = |H(j\omega)|^2 \cdot \Phi_{vv}(j\omega). \tag{3.6.1d}$$

Die Übertragung des Leistungsdichtespektrums des Eingangssignals wird also durch die *Leistungsübertragungsfunktion* $|H(j\omega)|^2$ beschrieben.

Die Rücktransformation von (3.6.1d) liefert

$$\varphi_{yy}(\tau) = \frac{1}{2\pi} \int_{-\infty}^{+\infty} |H(j\omega)|^2 \Phi_{vv}(j\omega) \cos \omega\tau \, d\omega. \tag{3.6.1e}$$

Aus (3.6.1b) gewinnen wir jetzt leicht mit (2.3.17d) die zusätzlich gesuchte Varianz des Ausgangssignals. Es gilt

$$\begin{aligned} \sigma_y^2 &= E\left\{y^2(t)\right\} - \mu_y^2 \\ &= \varphi_{yy}(0) - \mu_y^2. \end{aligned}$$

Setzt man in (3.6.1e) $\tau = 0$ und berücksichtigt (3.6.1a), so folgt

$$\sigma_y^2 = \frac{1}{2\pi}\int_{-\infty}^{+\infty} |H(j\omega)|^2 \Phi_{vv}(j\omega)d\omega - \mu_v^2 H^2(0) \qquad (3.6.2a)$$

$$= \int_{-\infty}^{+\infty} \rho(\tau)\varphi_{vv}(\tau)d\tau - \mu_v^2 H^2(0). \qquad (3.6.2b)$$

Wählen wir speziell weißes Rauschen der Varianz σ_v^2 mit $\mu_v = 0$ als Eingangssignal, so erhalten wir daraus

$$\sigma_y^2 = \sigma_v^2 \frac{1}{2\pi}\int_{-\infty}^{+\infty} |H(j\omega)|^2 d\omega \qquad (3.6.2c)$$

sowie

$$\sigma_y^2 = \sigma_v^2 \cdot \rho(0) = \sigma_v^2 \int_{-\infty}^{+\infty} h_0^2(t)dt \qquad (3.6.2d)$$

entsprechend der Parsevalschen Gleichung (2.2.53d).

Wir haben bereits im Abschnitt 2.3.2 angegeben, daß das Leistungsdichtespektrum $\Phi_{vv}(j\omega)$ nicht negativ werden kann. Diese wichtige Eigenschaft können wir jetzt mit (3.6.2a) herleiten, wobei wir wieder annehmen, daß $\mu_v = 0$ ist. Wir betrachten dazu einen idealen Bandpaß, der durch

$$|H(j\omega)| = \begin{cases} 1, & \omega_1 \le |\omega| \le \omega_2 \\ 0, & \text{sonst} \end{cases}$$

mit beliebigen Grenzfrequenzen ω_1 und ω_2 gekennzeichnet ist. Es folgt aus (3.6.2a)

$$\sigma_y^2 = \frac{1}{\pi}\int_{\omega_1}^{\omega_2} \Phi_{vv}(j\omega)d\omega \ge 0.$$

Diese Bedingung ist für alle Werte ω_1 und ω_2 nur dann zu erfüllen, wenn

$$\Phi_{vv}(j\omega) \ge 0, \qquad \forall\omega$$

ist, wie in (2.3.43d) angegeben. Die Bezeichnung Leistungsdichtespektrum ist damit zusätzlich erläutert.

Weiterhin bestimmen wir die Kreuzkorrelierte von Eingangs- und Ausgangssignal. Es ist allgemein

$$\varphi_{vy}(\tau) = E\{v(t)y(t+\tau)\}$$

$$= E\{v(t)\int_{-\infty}^{+\infty} h_0(t_0)\cdot v(t+\tau-t_0)dt_0\}$$

$$= \int_{-\infty}^{+\infty} h_0(t_0)\underbrace{E\{v(t)v(t+\tau-t_0)\}}_{\varphi_{vv}(\tau-t_0)}dt_0$$

$$\varphi_{vy}(\tau) = h_0(\tau)*\varphi_{vv}(\tau). \qquad (3.6.3a)$$

Durch Fouriertransformation folgt das Kreuzleistungsdichtespektrum

$$\Phi_{vy}(j\omega) = H(j\omega)\Phi_{vv}(j\omega). \qquad (3.6.3b)$$

Wird mit weißem Rauschen der Leistungsdichte σ_v^2 erregt, so ergibt sich

$$\Phi_{vy}(j\omega) = \sigma_v^2 H(j\omega) \qquad (3.6.3c)$$

und

$$\varphi_{vy}(\tau) = \sigma_v^2 h_0(\tau). \qquad (3.6.3d)$$

Damit ist eine interessante Möglichkeit zur meßtechnischen Bestimmung der Impulsantwort gefunden. Bei Erregung des Systems mit einem stochastischen Signal, das innerhalb der Übertragungsbandbreite des Systems ein konstantes Leistungsspektrum hat, läßt sich die Impulsantwort durch Kreuzkorrelation von Eingangs- und Ausgangssignal gewinnen (siehe auch Abschnitt 3.7.3).

Für diskrete Systeme können wir in gleicher Weise ganz entsprechende Aussagen herleiten, wobei wir von (3.2.12c)

$$y(k) = \sum_{\kappa=-\infty}^{+\infty} h_0(k-\kappa)v(\kappa) = \sum_{\kappa=-\infty}^{+\infty} h_0(\kappa)v(k-\kappa)$$

ausgehen. Wir verzichten auf eine ausführliche Darstellung und begnügen uns mit einer Zusammenstellung der Ergebnisse. Man erhält den Mittelwert der Ausgangsfolge

$$\mu_y = \mu_v \sum_{\kappa=-\infty}^{+\infty} h_0(\kappa) = \mu_v H(e^{j0}), \qquad (3.6.4a)$$

und ihre Autokorrelierte

$$\varphi_{yy}(\lambda) = \sum_{\ell=-\infty}^{+\infty} \varphi_{vv}(\lambda-\ell)\rho(\ell) = \rho(\lambda)*\varphi_{vv}(\lambda). \qquad (3.6.4b)$$

Hier ist

$$\begin{aligned}\rho(\lambda) &= \sum_{\kappa=-\infty}^{+\infty} h_0(\kappa)h_0(\lambda+\kappa)\\ &= h_0(\lambda)*h_0(-\lambda)\end{aligned} \qquad (3.6.4c)$$

die Autokorrelationsfolge der Impulsantwort $h_0(k)$. Für den Vergleich mit der Definition (2.3.39c) der zeitlichen Autokorrelierten einer Folge $v(k)$ gilt die oben für Funktionen gemachte Aussage. Ein allgemeines Verfahren zur Berechnung von $\rho(\lambda)$ für Systeme, die durch eine lineare Differenzengleichung mit konstanten Koeffizienten beschrieben werden, ist z.B. in [3.4] angegeben.

Durch Transformation in den Spektralbereich erhält man aus (3.6.4b,c)

$$\Phi_{yy}(e^{j\Omega}) = |H(e^{j\Omega})|^2 \cdot \Phi_{vv}(e^{j\Omega}) \tag{3.6.4d}$$

mit der Leistungsübertragungsfunktion

$$|H(e^{j\Omega})|^2 = \sum_{\lambda=-\infty}^{+\infty} \rho(\lambda)e^{-j\lambda\Omega}$$

des diskreten Systems. Es ist dann

$$\varphi_{yy}(\lambda) = \frac{1}{2\pi} \cdot \int_{-\pi}^{+\pi} |H(e^{j\Omega})|^2 \Phi_{vv}(e^{j\Omega}) \cos \lambda\Omega d\Omega. \tag{3.6.4e}$$

Für die Varianz der Ausgangsfolge folgt

$$\sigma_y^2 = \frac{1}{2\pi} \int_{-\pi}^{+\pi} |H(e^{j\Omega})|^2 \Phi_{vv}(e^{j\Omega}) d\Omega - \mu_v^2 H^2(e^{j0}) \tag{3.6.5a}$$

$$= \sum_{\lambda=-\infty}^{+\infty} \rho(\lambda)\varphi_{vv}(\lambda) - \mu_v^2 H^2(e^{j0}). \tag{3.6.5b}$$

Entsprechend unserem Vorgehen im kontinuierlichen Fall nehmen wir jetzt diskretes weißes Rauschen als Eingangssignal, das nach (2.3.49) durch die Autokorrelierte

$$\varphi_{vv}(\lambda) = \sigma_v^2 \gamma_0(\lambda)$$

und das Leistungsdichtespektrum

$$\Phi_{vv}(e^{j\Omega}) = \sigma_v^2, \quad \forall\Omega$$

gekennzeichnet ist. Damit folgt aus (3.6.5) für die Varianz der Ausgangsfolge

$$\sigma_y^2 = \sigma_v^2 \frac{1}{2\pi} \int_{-\pi}^{+\pi} |H(e^{j\Omega})|^2 d\Omega \tag{3.6.6a}$$

oder

$$\sigma_y^2 = \sigma_v^2 \cdot \rho(0) = \sigma_v^2 \sum_{k=-\infty}^{+\infty} h_0^2(k), \tag{3.6.6b}$$

wieder entsprechend der Parsevalschen Gleichung (2.2.68).

Mit derselben Überlegung wie im kontinuierlichen Fall können wir auch für diskrete Folgen aus (3.6.5a) herleiten, daß das Leistungsdichtespektrum $\Phi_{vv}(e^{j\Omega})$ nicht negativ werden kann.

Schließlich ergibt sich die Kreuzkorrelierte von Eingangs- und Ausgangsfolge eines diskreten Systems als

$$\varphi_{vy}(\lambda) = h_0(\lambda) * \varphi_{vv}(\lambda). \tag{3.6.7a}$$

Das Kreuzleistungsdichtespektrum ist

$$\Phi_{vy}(e^{j\Omega}) = H(e^{j\Omega})\Phi_{vv}(e^{j\Omega}). \tag{3.6.7b}$$

Bei Erregung mit weißem Rauschen der Varianz σ_v^2 erhält man

$$\Phi_{vy}(e^{j\Omega}) = \sigma_v^2 H(e^{j\Omega}) \tag{3.6.7c}$$

und

$$\varphi_{vy}(\lambda) = \sigma_v^2 h_0(\lambda). \tag{3.6.7d}$$

Mit der damit gegebenen Methode zur Bestimmung der Impulsantwort eines Systems wurde das in Bild 2.48d vorgestellte Meßergebnis gewonnen.

Als Beispiele behandeln wir die beiden Systeme 1. Ordnung, deren Zeit- und Frequenzverhalten wir in Abschnitt 3.4.5 untersucht haben. Für die Autokorrelierten erhält man aus (3.6.1c) bzw. (3.6.4c) mit den Impulsantworten (3.4.11b) und (3.4.10b)

$$\rho(\tau) = \frac{1}{2RC} \cdot e^{-|\tau|/RC} \tag{3.6.8a}$$

sowie

$$\rho(\lambda) = \frac{1}{1 - c_0^2}(-c_0)^{|\lambda|}. \tag{3.6.9a}$$

Die Leistungsübertragungsfunktionen sind dann

$$\mathcal{F}\{\rho(\tau)\} = |H(j\omega)|^2 = \frac{(1/RC)^2}{\omega^2 + (1/RC)^2} \tag{3.6.8b}$$

und

$$\mathcal{F}_*\{\rho(\lambda)\} = |H(e^{j\Omega})|^2 = \frac{1}{1 + 2c_0 \cos\Omega + c_0^2}. \tag{3.6.9b}$$

Der Vergleich mit dem in Abschnitt 2.3.2 behandelten Beispiel (Gl. (2.3.50)) zeigt, daß der dort untersuchte Prozeß entsteht, wenn man weißes Rauschen mit geeignet gewählter Leistung auf ein System erster Ordnung gibt.

Die Frage liegt nahe, wie sich die Verteilungsdichte eines Zufallsprozesses unter dem Einfluß eines linearen Systems verändert. Hier ist eine verhältnismäßig einfache Aussage nur möglich, wenn die einzelnen Werte der Eingangsfolge voneinander statistisch unabhängig sind. Die Ausgangsfolge des Systems

$$y(k) = \sum_{\kappa=-\infty}^{\infty} h_0(\kappa) v(k - \kappa)$$

ist dann die Summe der voneinander unabhängigen Elemente der Eingangsfolge nach ihrer Gewichtung mit den $h_0(\kappa)$.

Nach Abschnitt 2.3.1.3 führt die Multiplikation einer Zufallsvariablen, deren Verteilungsdichte $p_v(V)$ ist, mit einem Faktor $h_0(\kappa)$ auf eine Folge mit der Verteilungsdichte $p_v[V/h_0(\kappa)]/|h_0(\kappa)|$ (siehe (2.3.13)). Mit dem Ähnlichkeitssatz der Fouriertransformation (2.2.47) folgt die zugehörige charakteristische Funktion $C_\kappa(\chi) = C_v[h_0(\kappa) \cdot \chi]$, wenn $C_v(\chi)$ die charakteristische Funktion der Eingangsfolge ist. Weiterhin gilt bei Addition von unabhängigen Zufallsvariablen v_ν für die charakteristische Funktion des Summenprozesses nach Gl. (2.3.29c) in Abschnitt 2.3.1.5

$$C_y(\chi) = \prod_{\kappa=-\infty}^{\infty} C_v\left[h_0(\kappa) \cdot \chi\right]. \tag{3.6.10}$$

Wir werten dieses Ergebnis für zwei spezielle Fälle aus. Ist die Eingangsfolge normalverteilt und mittelwertfrei, so ist nach (2.3.22b)

$$C_v(\chi) = e^{-\chi^2 \sigma_v^2/2},$$

und wir erhalten

$$C_y(\chi) = \prod_\kappa e^{-h_0^2(\kappa)\chi^2\sigma_v^2/2} = e^{-\left[\sum\limits_{\kappa=-\infty}^{\infty} h_0^2(\kappa)\right]\chi^2\sigma_v^2/2}$$

Setzen wir nach (3.6.6b)

$$\sigma_y^2 = \sigma_v^2 \sum_{\kappa=-\infty}^{\infty} h_0^2(\kappa),$$

so wird

$$C_y(\chi) = e^{-\chi^2\sigma_y^2/2}, \tag{3.6.11}$$

die charakteristische Funktion eines normalverteilten Signals der Varianz σ_y^2. Bei einer Quelle mit Gauß-Verteilungsdichte, deren Werte voneinander statistisch unabhängig sind, ändert demnach eine lineare Filterung nur die Varianz, nicht aber den prinzipiellen Verlauf der Verteilungsdichtefunktion. Allerdings sind jetzt i.a. aufeinanderfolgende Werte nicht mehr voneinander unabhängig, so daß dann im Gegensatz zu der für die Eingangsfolge gültigen Beziehung (2.3.49) $\varphi_{yy}(\lambda) \neq 0$ sein kann für $\lambda \neq 0$.

Für eine zweite Spezialisierung nehmen wir an, daß

$$h_0(k) = \begin{cases} 1/\sqrt{n+1}, & 0 \le k \le n \\ 0, & \text{sonst} \end{cases}$$

ist. Für die statistisch unabhängige Eingangsfolge $v(k)$ setzen wir nur voraus, daß sie mittelwertfrei ist und daß die Taylorentwicklung ihrer charakteristischen Funktion existiert. Sie kann also eine weitgehend beliebige Verteilungsdichtefunktion haben. Mit (3.6.4a) und (3.6.6b) stellen wir zunächst fest, daß auch die Ausgangsfolge mittelwertfrei ist und daß $\sigma_y^2 = \sigma_v^2$ gilt, die Varianz also durch die Operation nicht verändert wird. Aus (3.6.10) erhalten wir

$$C_y(\chi) = \left[C_v\left(\frac{\chi}{\sqrt{n+1}}\right)\right]^{n+1}$$

und mit (2.3.21b) und $\mu_y = 0$

$$C_y(\chi) = \left[1 - \frac{\chi^2}{2(n+1)} \cdot \sigma_y^2 \mp \ldots\right]^{n+1}$$

$$= \left(\left[1 - \frac{\chi^2}{2(n+1)} \cdot \sigma_y^2 \mp \ldots\right]^{-\frac{2(n+1)}{\chi^2\sigma_y^2}}\right)^{-\frac{\chi^2\sigma_y^2}{2}}$$

Dann gilt mit $\lim\limits_{n\to\infty}(1+a/n)^{n/a} = e$

$$\lim_{n\to\infty} C_y(\chi) = e^{-\chi^2\sigma_y^2/2}. \tag{3.6.12a}$$

Man erhält also als Grenzwert die charakteristische Funktion eines normalverteilten Prozesses mit

$$p_y(Y) = \frac{1}{\sigma_y\sqrt{2\pi}} e^{-y^2/2\sigma_y^2}, \tag{3.6.12b}$$

unabhängig davon, welche Verteilungsdichte am Eingang vorlag.

Wir betrachten als Beispiel das Verhalten des in Abschnitt 3.4.4 behandelten diskreten Mittelungssystems bei Erregung mit stochastischen Signalen. Unter Verwendung der in (3.4.8b) angegebenen Impulsantwort erhält man den Mittelwert des Ausgangssignal mit (3.6.4a)

$$\mu_y = \mu_v \cdot \sum_{k=-\infty}^{+\infty} h_0(k) = \mu_v \cdot \frac{1}{n+1} \sum_{k=0}^{n} 1 = \mu_v \cdot H(e^{j0}) = \mu_v. \tag{3.6.13a}$$

Die Autokorrelierte ist nach (3.6.4b) $\varphi_{yy}(\lambda) = \rho(\lambda) * \varphi_{vv}(\lambda)$ mit

$$\rho(\lambda) = \sum_{\kappa=-\infty}^{+\infty} h_0(\kappa) \cdot h_0(\lambda+\kappa) = \frac{1}{(n+1)^2} \begin{cases} n+1-|\lambda|, & \lambda \in [-n, +n] \\ 0 & \text{sonst.} \end{cases} \tag{3.6.13b}$$

Wird mit mittelwertfreiem weißen Rauschen der Varianz σ_v^2 erregt, so erhält man nach (2.3.49a) mit $\varphi_{vv}(\lambda) = \sigma_v^2 \cdot \gamma_0(\lambda)$ für die Varianz des Ausgangssignals

$$\varphi_{yy}(0) = \sigma_y^2 = \frac{1}{n+1} \cdot \sigma_v^2. \tag{3.6.13c}$$

Für eine praktische Untersuchung wurde ein Mittelungssystem mit weißem Rauschen unterschiedlicher Verteilungsdichte erregt. Mit dem in Abschnitt 2.3.1.7 beschriebenen Verfahren (siehe Bild 2.48) wurde die Kreuzkorrelierte von Eingangs- und Ausgangsfolge sowie die Autokorrelierte der Ausgangsfolge, jeweils für $\lambda \geq 0$ gemessen. Die Bilder 3.17a,b zeigen die Ergebnisse, die wegen der Mittelung über endlich viele Werte nur näherungsweise mit den nach (3.4.8b) bzw. (3.6.13b) erwarteten übereinstimmen. Die Messungen wurden mit beiden Eingangsfolgen durchgeführt. Ihre unterschiedliche Verteilungsdichte wirkt sich auf das Meßergebnis nicht aus, da beide das gleiche konstante Leistungsdichtespektrum haben.

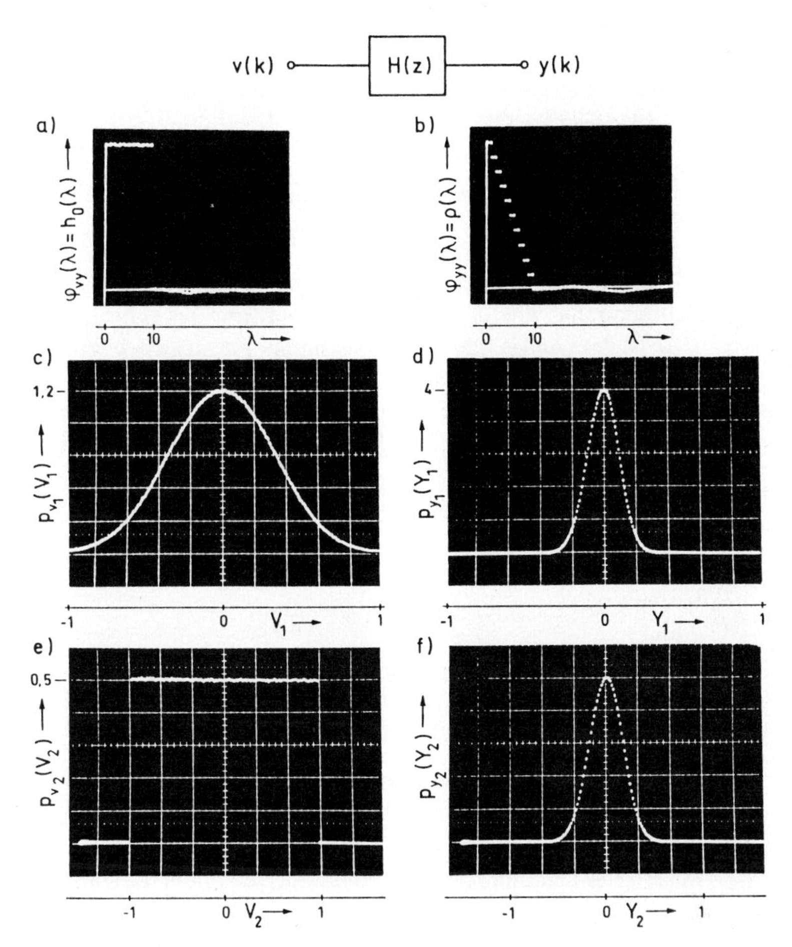

Bild 3.17: Messungen an einem System zur Mittelwertbildung bei Erregung mit stochastischen Signalen

Die Teilbilder c) und e) zeigen die gemessenen Histogramme der Eingangsfolgen, die Bilder d) und f) die Histogramme der sich jeweils ergebenden Ausgangsfolgen. Man erkennt, daß eine Normalverteilung wieder in eine Normalverteilung überführt wird, deren Varianz aber jetzt entsprechend (3.6.13c) um den Faktor $1/(n+1)$ verkleinert ist. Die Erregung mit einer gleichverteilten Folge liefert am Ausgang offenbar zumindest näherungsweise ebenfalls ein normalverteiltes Signal, wie die Bilder 3.17e,f zeigen. Das mit (3.6.12) gefundene Ergebnis wird hier schon für $n = 10$ bestätigt.

Die beschriebene Methode wird häufig zur Erzeugung einer Normalverteilung aus einer Gleichverteilung verwendet. Die in Bild 3.17b gezeigte Autokorrelierte $\varphi_{yy}(\lambda)$ läßt erkennen, daß jetzt aufeinanderfolgende Werte $y(k)$ voneinander statistisch abhängig sind. Die meist zusätzlich gewünschte Unabhängigkeit erreicht man mit einer Unterabtastung von $y(k)$. Es ist

$$y_1(k) = \begin{cases} y(k), & k = r \cdot (n+1), r \in \mathbb{Z} \\ 0, & \text{sonst} \end{cases} \tag{3.6.14}$$

eine Folge normalverteilter, voneinander statistisch unabhängiger Werte im Abstand $n+1$.

Die bisherigen Überlegungen sind zu modifizieren, wenn wir ein stationäres Zufallssignal beginnend bei $t = 0$ bzw. $k = 0$ auf den Eingang eines kausalen Systems geben. Offenbar ist das Ausgangssignal für negative Werte des Argumentes gleich Null und damit sicher nicht stationär. Die Kenngrößen, z.B. Mittelwert und Varianz hängen dann von der Zeit ab. Wir untersuchen die Zusammenhänge für diskrete Systeme. Man erhält z.B. für den Mittelwert

$$\mu_y(k) = E\{y(k)\} = E\left\{\sum_{\kappa=0}^{k} h_0(\kappa)v(k-\kappa)\right\} = \mu_v \sum_{\kappa=0}^{k} h_0(\kappa).$$

Mit (3.2.10d) ist dann

$$\mu_y(k) = \mu_v \cdot h_{-1}(k). \tag{3.6.15}$$

Für die Varianz des Ausgangssignals erhält man

$$\begin{aligned} \sigma_y^2(k) = {} & E\{y^2(k)\} - \mu_y^2(k) \\ = {} & E\left\{\sum_{\mu=0}^{k}\sum_{\kappa=0}^{k} h_0(\mu)h_0(\kappa)v(k-\mu)v(k-\kappa)\right\} - \mu_y^2(k). \end{aligned}$$

Setzt man statistische Unabhängigkeit aufeinanderfolgender Eingangswerte voraus, so ist nach (2.3.34b)

$$E\{v(k-\mu)v(k-\kappa)\} = \varphi_{vv}(\mu-\kappa) = \sigma_v^2\gamma_0(\mu-\kappa) + \mu_v^2.$$

Damit folgt unter Verwendung von (3.6.15)

$$\begin{aligned} \sigma_y^2(k) &= \sigma_v^2 \sum_{\mu=0}^{k}\sum_{\kappa=0}^{k} h_0(\mu)h_0(\kappa)\gamma_0(\mu-\kappa) + \mu_v^2\left[\sum_{\mu=0}^{k} h_0(\mu)\sum_{\kappa=0}^{k} h_0(\kappa) - h_{-1}^2(k)\right] \\ &= \sigma_v^2 \sum_{\kappa=0}^{k} h_0^2(\kappa) =: \sigma_v^2 w(k). \end{aligned} \tag{3.6.16}$$

Bild 3.18 zeigt die Ergebnisse von Messungen an einem diskreten Tiefpaß, der die Spektralanteile jenseits einer Grenzfrequenz $\Omega_g = \pi/10$ weitgehend unterdrückt. Zu seiner Kennzeichnung wurden die Sprung- und Impulsantwort sowie die Folge $w(k)$ angegeben. Es wurden dann zwei unterschiedliche statistisch unabhängige Folgen aus einem stationären Prozeß mit $\mu_v = 1$ und $\sigma_v^2 = 1$ bei $k = 0$ auf den Eingang geschaltet. Man erkennt das Einschwingen des Mittelwertes $\mu_y(k)$ entsprechend der Sprungantwort $h_{-1}(k)$ und der Varianz $\sigma_y^2(k)$ entsprechend $w(k)$. Im eingeschwungenen Zustand ist die Varianz nach (3.6.6) um den Faktor $w(\infty) \approx 0,1$ kleiner als σ_v^2.

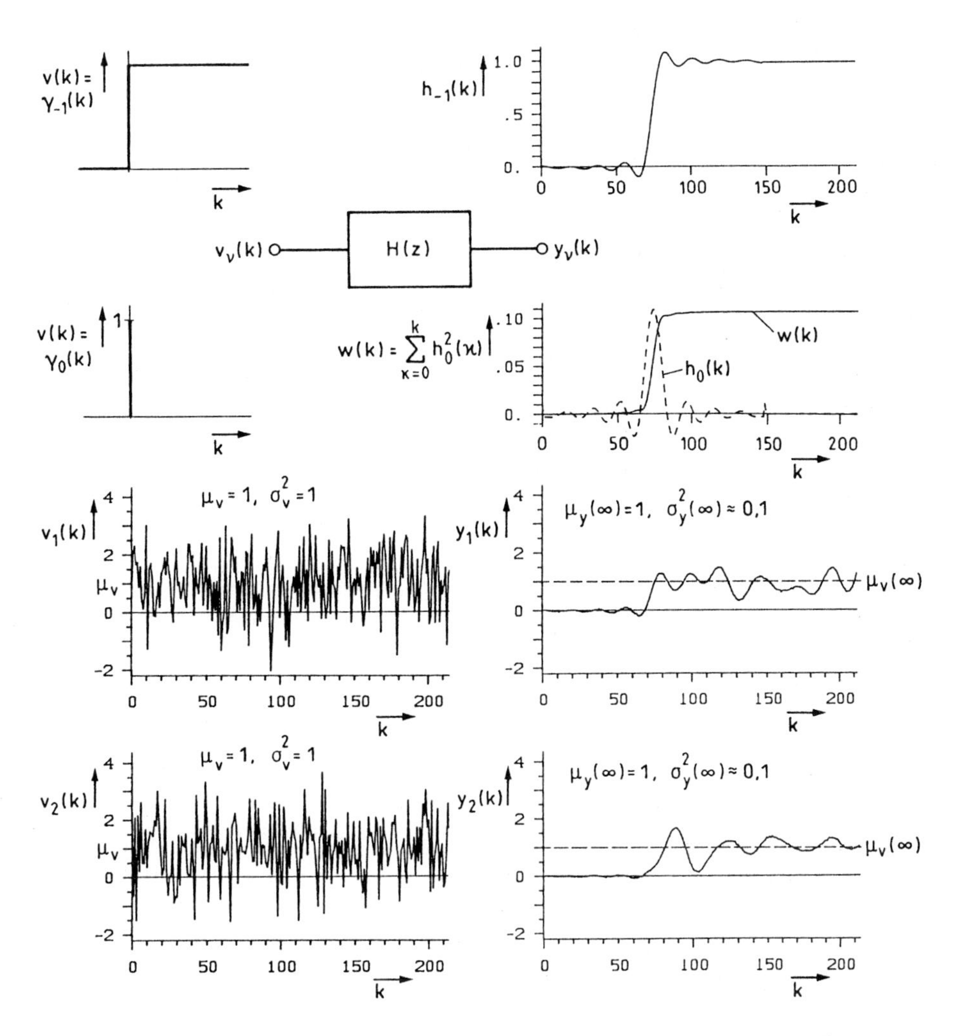

Bild 3.18: Zum Einschwingen eines Systems bei geschalteter stochastischer Erregung

3.7 Bemerkungen zu nichtlinearen Systemen

In den Abschnitten 3.2 bis 3.6 haben wir ausschließlich lineare Systeme untersucht. Auch in den folgenden Kapiteln werden wir uns überwiegend auf diese Klasse beschränken, obwohl reale Systeme, wie mehrfach betont wurde, höchstens näherungsweise und sicher nur in einem eingeschränkten Wertebereich die in (3.1.1) formulierte Bedingung für die Linearität erfüllen. Der Grund für diese Einschränkung ist vor allem, daß man nur unter dieser Annahme sehr allgemeine Aussagen machen kann. Bei praktischen Aufgaben wird häufig ein näherungweise lineares Verhalten angestrebt. Die Abweichung in der Reaktion eines realen, nichtlinearen Systems vom linearen Modell wird dann als Verzerrung bezeichnet und durch ein geeignetes Fehlermaß beschrieben. Ist dagegen die Nichtlinearität eine wesentliche, für die Funktion eines Systems bestimmende Größe, so ist in der Regel in jedem Einzelfall eine gesonderte Untersuchung erforderlich.

In diesem Abschnitt beschäftigen wir uns kurz mit dem nicht erwünschten nichtlinearen Verhalten von Systemen, den dadurch hervorgerufenen Verzerrungen und Möglichkeiten zu ihrer Beschreibung und Messung (z.B. [3.9] - [3.12]).

3.7.1 Reguläre Verzerrungen

Läßt sich für den Zusammenhang zwischen Eingangs- und Ausgangszeitfunktion eines Systems eine eindeutige Kennlinie angeben, die im interessierenden Bereich durch eine Taylorreihe beschreibbar ist und reduziert sich diese Reihe bei Verringerung der Aussteuerung gleichmäßig auf das lineare Glied, so spricht man von regulären nichtlinearen Verzerrungen. Verstärkende Bauelemente wie Transistoren haben in gewissen Grenzen diese Eigenschaft. Wir hatten sie in Abschnitt 7.3.1.2 von Band I durch ein für kleine Signalwerte gültiges lineares Modell beschrieben. Im allgemeinen gilt bei einer Kennlinie n-ten Grades

$$y[v(t)] = y(t) = \sum_{\nu=0}^{n} \alpha_\nu v^\nu(t). \tag{3.7.1}$$

Offenbar beschreibt (3.7.1) ein System ohne Gedächtnis (siehe Abschnitt 3.1). Um zu einer auch meßtechnisch erfaßbaren Aussage über die Verzerrung zu kommen, geht man von $v(t) = \hat{v} \cdot \cos \omega_1 t$ aus. Für die dann ebenfalls periodische Ausgangsfunktion erhält man ein Kosinuspolynom n-ten Grades

$$y(t) = \sum_{\nu=0}^{n} \hat{y}_\nu \cos \nu\omega_1 t, \tag{3.7.2a}$$

wobei die Scheitelwerte $\hat{y}_\nu$ von $\hat{v}$ und den α_ν abhängen. Die störenden Anteile sind

$$y_s(t) = \sum_{\substack{\nu=0 \\ \nu \neq 1}}^{n} \hat{y}_\nu \cos \nu\omega_1 t = y(t) - \hat{y}_1 \cos \omega_1 t. \tag{3.7.2b}$$

Welche Auswirkungen es hat, wenn der Überlagerungssatz nicht gilt, wird deutlicher, wenn wir die Eingangsfunktion

$$v(t) = \sum_{\lambda=0}^{\ell} \hat{v}_\lambda \cos(\omega_\lambda t + \varphi_\lambda) \tag{3.7.3a}$$

mit beliebigen ω_λ verwenden. Es ergibt sich allgemein

$$y(t) = \sum_\mu \hat{y}_\mu \cos(\omega_\mu t + \psi_\mu), \tag{3.7.3b}$$

wobei für die Frequenzen ω_μ im Ausgangssignal gilt

$$\omega_\mu = \sum_{\lambda=0}^{\ell} i_{\mu\lambda}\omega_\lambda. \tag{3.7.3c}$$

Hier sind die $i_{\mu\lambda}$ positive und negative ganze Zahlen einschließlich Null, für die gilt

$$\sum_{\lambda=0}^{\ell} |i_{\mu\lambda}| \leq n \, , \qquad \forall \mu. \tag{3.7.3d}$$

Es treten also i.a. Spektrallinien bei ganzzahligen Linearkombinationen der Frequenzen des Eingangssignals auf, die in ihrer Größe von der nichtlinearen Kennlinie und der Erregung abhängen. Die höchste vorkommende Frequenz im Ausgangssignal ist $n\omega_\ell$, wenn ω_ℓ die höchste Frequenz im Eingangssignal ist.

Als Beispiel behandeln wir eine Kennlinie 3. Grades ohne konstantes Glied (s. Bild 3.19). Mit

$$y(v) = \sum_{\nu=1}^{3} \alpha_\nu v^\nu \quad \text{und} \quad v = v(t) = \hat{v}\cos\omega_1 t \quad \text{folgt zunächst}$$

$$y(t) = \sum_{\nu=0}^{3} \hat{y}_\nu \cos \nu\omega_1 t$$

$$\text{mit} \quad \hat{y}_0 = \frac{1}{2}\alpha_2\hat{v}^2, \hat{y}_1 = \alpha_1\hat{v} + \frac{3}{4}\alpha_3\hat{v}^3, \tag{3.7.4}$$

$$\hat{y}_2 = \frac{1}{2}\alpha_2\hat{v}^2, \hat{y}_3 = \frac{1}{4}\alpha_3\hat{v}^3.$$

Das Ergebnis für eine quadratische Kennlinie ergibt sich aus (3.7.4) mit $\alpha_3 = 0$. Setzen wir jetzt $v(t) = \hat{v}_1\cos(\omega_1 t + \varphi_1) + \hat{v}_2\cos(\omega_2 t + \varphi_2)$, so erhalten wir

$$y(t) = \sum_\mu \hat{y}_\mu \cos(\omega_\mu t + \psi_\mu),$$

wobei die ω_μ und die zugehörigen Scheitelwerte der Zusammenstellung in Bild 3.19 zu entnehmen sind. Das Bild erläutert außerdem dieses Ergebnis durch quantitative Angabe der auftretenden Spektrallinien für $\alpha_1 = 1$, $\alpha_2 = 1/2$, $\alpha_3 = 1/3$ und $\omega_1 = 2\omega_0$, $\omega_2 = 4\omega_0$. Durch unterschiedliche Stricharten wurde die Zuordnung der einzelnen Spektralanteile zu den Potenzen des Eingangssignals gekennzeichnet. Bemerkenswert ist neben dem starken Beitrag des Gliedes dritter Ordnung zum Nutzsignal, daß bei den angenommenen Frequenzwerten weitere Anteile mit dem Frequenzen ω_1 und ω_2 erscheinen, die proportional zu α_2 sind. Wesentlich ist dabei, daß ihre Phasen nicht mit den jeweiligen Phasen der Komponenten des Eingangssignals übereinstimmen. Aus der Tabelle ist z.B. zu entnehmen, daß hier bei $\omega_1 = \omega_2 - \omega_1$ ein Kreuzterm auftritt,

ω_μ	ψ_μ	$\hat{y}_\mu$	ω_μ	ψ_μ	$\hat{y}_\mu$
0	0	$\alpha_2(\hat{v}_1^2+\hat{v}_2^2)/2$	$2\omega_1$	$2\varphi_1$	$\alpha_2\hat{v}_1^2/2$
			$2\omega_2$	$2\varphi_2$	$\alpha_2\hat{v}_2^2/2$
ω_1	φ_1	$\alpha_1\hat{v}_1+$ $+3\alpha_3\hat{v}_1[\hat{v}_1^2/2+\hat{v}_2^2]/2$	$2\omega_1\pm\omega_2$	$2\varphi_1\pm\varphi_2$	$3\alpha_3\hat{v}_1^2\hat{v}_2/4$
ω_2	φ_2	$\alpha_1\hat{v}_2+$ $+3\alpha_3\hat{v}_2[\hat{v}_2^2/2+\hat{v}_1^2]/2$	$2\omega_2\pm\omega_1$	$2\varphi_2\pm\varphi_1$	$3\alpha_3\hat{v}_1\hat{v}_2^2/4$
			$3\omega_1$	$3\varphi_1$	$\alpha_3\hat{v}_1^3/4$
$\omega_1\pm\omega_2$	$\varphi_1\pm\varphi_2$	$\alpha_2\hat{v}_1\hat{v}_2$	$3\omega_2$	$3\varphi_2$	$\alpha_3\hat{v}_2^3/4$

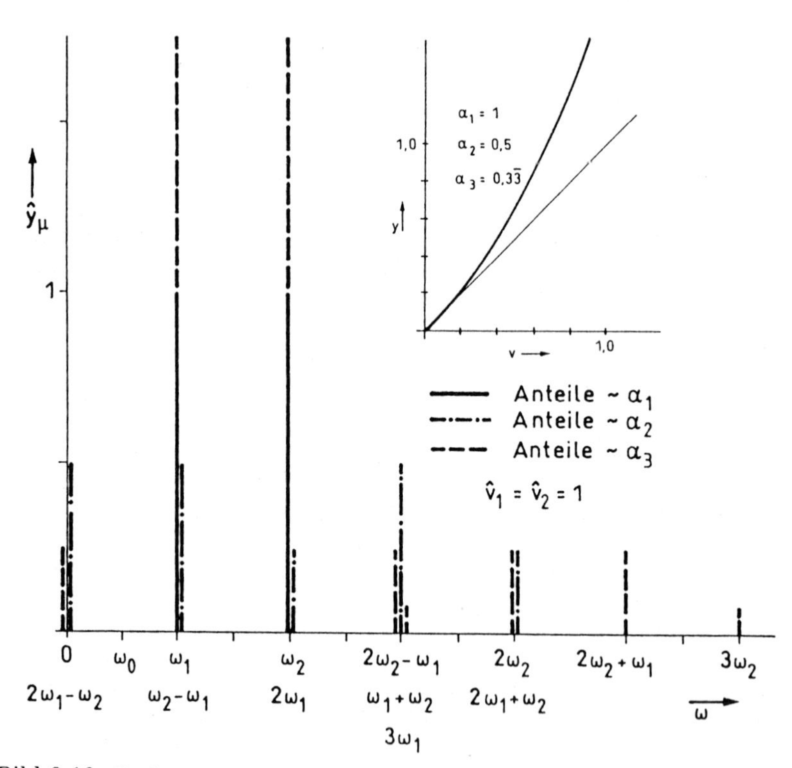

Bild 3.19: Spektrum am Ausgang eines nichtlinearen Systems dritter Ordnung

der von beiden Komponenten des Eingangssignals abhängt und die Phase $\varphi_2 - \varphi_1$hat. Wir werden diese Beobachtung in Abschnitt 3.7.3 verwenden.

Für die Anwendung ist die Wirkung eines nichtlinearen Systems auf ein stochastisches Signal natürlich von größerem Interesse. Eine entsprechende Untersuchung geht über den Rahmen dieses Buches hinaus. Wir beschränken uns auf die Mitteilung des Ergebnisses für einen speziellen Fall. Es sei $v(t)$ ein normalverteiltes, mittelwertfreies Signal mit der Autokorrelierten $\varphi_{vv}(\tau)$. Betrachtet wird nur das quadratische Glied, wir setzen also $y(t) = v^2(t)$. Man erhält für die Autokorrelierte des Ausgangssignals (siehe z.B. [3.11])

$$\varphi_{yy}(\tau) = \varphi_{vv}^2(0) + 2\varphi_{vv}^2(\tau). \tag{3.7.5a}$$

Das Leistungsdichtespektrum ist dann

$$\Phi_{yy}(j\omega) = \varphi_{vv}^2(0)\delta_0(\omega) + \frac{1}{\pi}\Phi_{vv}(j\omega) * \Phi_{vv}(j\omega). \tag{3.7.5b}$$

Bild 3.20 zeigt schematisch dieses Spektrum für den Fall, daß

$$\Phi_{vv}(j\omega) = \begin{cases} \pi \cdot \varphi_{vv}(0)/\omega_g, & |\omega| < \omega_g \\ 0 & |\omega| \geq \omega_g \end{cases}$$

ist. Es tritt als Störung zusätzlich zum Nutzspektrum auf, dessen Übertragung entsprechend dem linearen Glied der für das System insgesamt gültigen Kennlinie erfolgt.

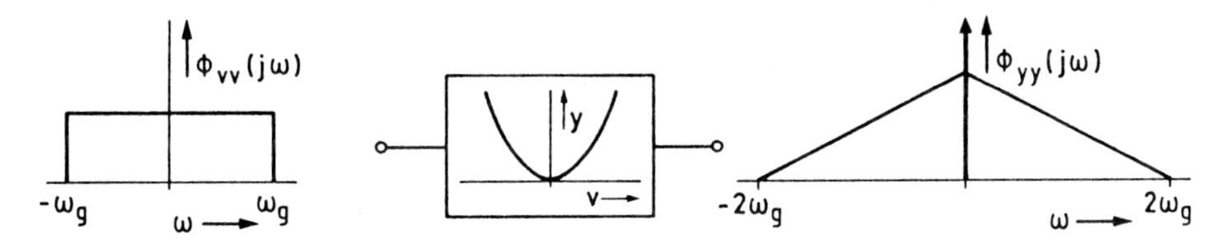

Bild 3.20: Beispiel für das Störspektrum bei quadratischer Kennlinie

Die Beziehungen (3.7.3) und das obige Beispiel zeigen, daß das Spektrum des Ausgangssignals eines nichtlinearen Systems breiter als das Eingangsspektrum ist. Es ist nun interessant und für Anwendungen in der Nachrichtentechnik wichtig, daß eine völlige Rekonstruktion des Eingangssignals dann möglich ist, wenn die nichtlineare Kennlinie eindeutig umkehrbar ist. Ein weiteres nichtlineares Glied mit der inversen Kennlinie

$$w[y(v)] = y^{-1}[y(v)] = v \tag{3.7.6}$$

liefert die Entzerrung. Man erhält diese Kennlinie durch Spiegelung von $y(v)$ an der Geraden $y = v$. Das Verfahren wird angewendet zur Komprimierung eines Signals $v(t)$

auf der Sendeseite. Die Expandierung auf der Empfangsseite wird allerdings nur dann das ursprüngliche Signal liefern, wenn $y(t)$ abgesehen von einer zeitlichen Verschiebung ohne Veränderung vorliegt. Bild 3.21 zeigt das Ausgangssignal eines Kompressors und sein Spektrum bei sinusförmigem Eingangssignal sowie die entsprechenden Größen am Ausgang des Expanders. Insgesamt ergibt die Verwendung dieses *Kompanders* eine Verminderung des Einflusses einer additiven Störung, wenn das zu übertragende Signal klein ist, bei Tolerierung einer größeren Störung für große Werte von v. Angestrebt wird ein konstantes Verhältnis von Signal-/Störleistung.

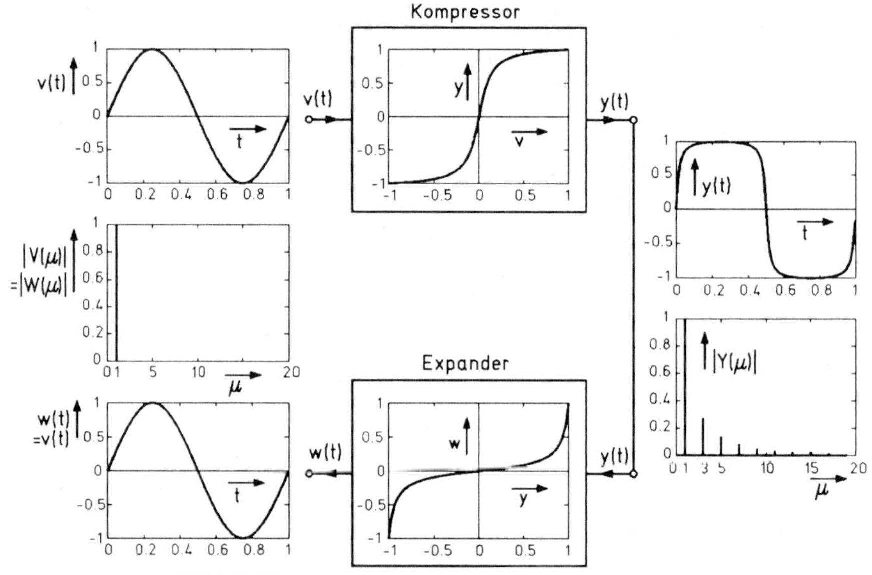

Bild 3.21: Zur Wirkungsweise eines Kompanders

3.7.2 Beschreibung nichtlinearer Systeme

Wir schließen hier zunächst eine Darstellung zweier üblicher Größen zur quantitativen Beschreibung nichtlinearer Systeme und der von ihnen verursachten Verzerrungen an. Das gebräuchlichste Maß ist der *Klirrfaktor*, der für eine sinusförmige Erregung und eine sich daraus ergebende periodische Ausgangsfunktion $y(t)$ definiert ist. Man geht aus von der Fourierreihenentwicklung der Ausgangsfunktion, für die im allgemeinen Fall gilt

$$y(t) = \sum_{\nu=0}^{\infty} \hat{y}_\nu \cos[\nu\omega_1 t + \varphi_\nu].$$

Bei Beschränkung auf den mittelwertfreien Anteil

$$y(t) = \sum_{\nu=1}^{\infty} \hat{y}_\nu \cos[\nu\omega_1 t + \varphi_\nu]$$

ist der Effektivwert von $y(t)$ mit $T = 2\pi/\omega_1$ nach (2.2.25)

$$Y_{\text{eff}} = \sqrt{\sum_{\nu=1}^{\infty} Y_{\nu\text{eff}}^2} = \sqrt{\frac{1}{2}\sum_{\nu=1}^{\infty} \hat{y}_\nu^2} = \sqrt{\frac{1}{T}\int_{t_0}^{t_0+T} y^2(t)dt}.$$

Dann wird der Klirrfaktor k definiert als

$$k = \frac{\text{Effektivwert der Oberschwingungen}}{\text{Effektivwert von } y(t)};$$

$$k = \frac{\sqrt{\sum_{\nu=2}^{\infty} Y_{\nu\text{eff}}^2}}{Y_{\text{eff}}}. \qquad (3.7.7a)$$

Gebräuchlich ist auch die Verwendung von Einzelklirrfaktoren

$$k_\nu = \frac{Y_{\nu\text{eff}}}{Y_{\text{eff}}}, \quad \nu = 2, 3, \ldots . \qquad (3.7.7b)$$

Offenbar ist

$$k = \sqrt{\sum_{\nu=2}^{\infty} k_\nu^2}. \qquad (3.7.7c)$$

Im Beispiel einer Kennlinie 3. Ordnung erhält man mit den Angaben von Bild 3.19

$$k_2 = \frac{\alpha_2 \hat{v}^2}{2\sqrt{2}Y_{\text{eff}}} \approx \frac{\alpha_2}{2\alpha_1}\hat{v} \qquad (3.7.7d)$$

$$k_3 = \frac{\alpha_3 \hat{v}^3}{4\sqrt{2}Y_{\text{eff}}} \approx \frac{\alpha_3}{4\alpha_1}\hat{v}^2, \qquad (3.7.7e)$$

wobei die Näherung für $Y_{\text{eff}} \approx \alpha_1\hat{v}/\sqrt{2}$ verwendet wurde, die aber nur für $\alpha_2, \alpha_3 \ll \alpha_1$ gilt.

In der Regelungstechnik wird häufig das zu untersuchende gedächtnisfreie System durch die Parallelschaltung eines, allerdings von der Aussteuerung abhängigen linearen mit einem nichtlinearen modelliert und damit eine quantitative Beschreibung gewonnen (z.B. [3.10]). Dabei gehen wir von einem mittelwertfreien Eingangssignal aus, das Mitglied eines stationären Prozesses ist. Das Ausgangssignal läßt sich dann in der Form

$$y(t, \sigma_v) = K(\sigma_v)v(t) + n(t, \sigma_\nu)$$

darstellen (siehe Bild 3.22). Es enthält das Eingangssignal multipliziert mit der *äquivalenten Verstärkung* $K(\sigma_v)$ Diese Größe beschreibt das lineare Modellsystem, das natürlich wegen der Abhängigkeit von der Streuung σ_v des Eingangssignals nicht der strengen Linearitätsdefinition von Abschnitt 3.1 entspricht.

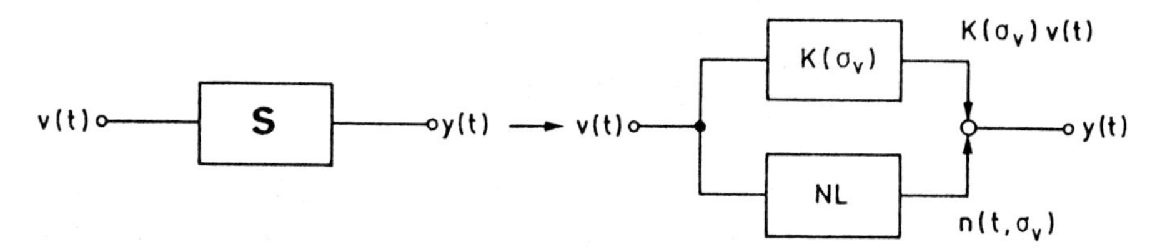

Bild 3.22: Zur Modellierung eines gedächtnisfreien nichtlinearen Systems

$K(\sigma_v)$ wird jetzt so gewählt, daß der quadratische Mittelwert von $n(t,\sigma_v)$ minimal wird. Man erhält zunächst

$$\begin{aligned} E\{n^2(t,\sigma_v)\} &= E\{[y(t) - K(\sigma_v)v(t)]^2\} \\ &= E\{y^2(t)\} - 2K(\sigma_v)\varphi_{vy}(0) + K^2(\sigma_v)\sigma_v^2. \end{aligned}$$

Dieser Ausdruck wird für

$$K(\sigma_v) = \frac{1}{\sigma_v^2}\varphi_{vy}(0) \tag{3.7.8}$$

minimal. Dann wird die Wirkung der Verzerrung durch

$$\min E\{n^2(t,\sigma_v)\} =: N(\sigma_v) = E\{y^2(t)\} - K^2(\sigma_v)\sigma_v^2 \tag{3.7.9}$$

beschrieben, die Differenz der mittleren Leistungen des Gesamtsystems und des linearen Modellsystems. Eine quantitative Aussage über die Eigenschaften des Systems erhält man, wenn man die Leistung des Nutzanteils im Ausgangssignal $S = K^2(\sigma_v)\sigma_v^2$ auf diese Störleistung bezieht. Es ist

$$\frac{S(\sigma_v)}{N(\sigma_v)} = \frac{K^2(\sigma_v)\sigma_v^2}{\min E\{n^2(t,\sigma_v)\}}. \tag{3.7.10}$$

Wird das System durch die Kennlinie $y(v)$ beschrieben, so ist mit

$$\varphi_{vy}(0) = E\{v \cdot y(v)\} = \int_{-\infty}^{+\infty} V \cdot y(V) p_v(V) dV$$

bei normalverteiltem Eingangssignal

$$K(\sigma_v) = \frac{1}{\sigma_v^3\sqrt{2\pi}} \int_{-\infty}^{+\infty} V \cdot y(V) e^{-V^2/2\sigma_v^2} dV.$$

Die partielle Integration führt auf

$$K(\sigma_v) = \frac{1}{\sigma_v\sqrt{2\pi}} \int_{-\infty}^{+\infty} \frac{dy(V)}{dV} e^{-V^2/2\sigma_v^2} dV. \tag{3.7.11}$$

Es liegt nahe, das mit Bild 3.22 eingeführte Modell für gedächtnisfreie Systeme auf nichtlineare Systeme mit Gedächtnis zu erweitern. Dazu ist im wesentlichen das bisher nur durch $K(\sigma_v)$ beschriebene spezielle lineare Teilsystem durch ein allgemeines zu ersetzen, das durch seine Übertragungsfunktion gekennzeichnet ist. Bild 3.23 zeigt das erweiterte Modell, jetzt für den Fall eines diskreten Systems, da wir im folgenden ein mit digitalen Methoden arbeitendes Verfahren zur meßtechnischen Untersuchung vorstellen wollen. Ebenso wie die äquivalente Verstärkung wird auch die Übertragungsfunktion i.a. von der Aussteuerung abhängen (Bild 3.23b). Wir beschränken die folgenden Untersuchungen im wesentlichen auf *schwach nichtlineare* Systeme, die dadurch charakterisiert seien, daß die Abhängigkeit von der Aussteuerung vernachlässigt werden kann, solange das System in seinem üblichen Arbeitsbereich betrieben wird (Bild 3.23c). Im übrigen sind die Teilsysteme dadurch definiert, daß für ihre Ausgangssignale gilt

$$E\{y_L(k+m)n(k)\} = 0, \quad \forall\, m. \tag{3.7.12}$$

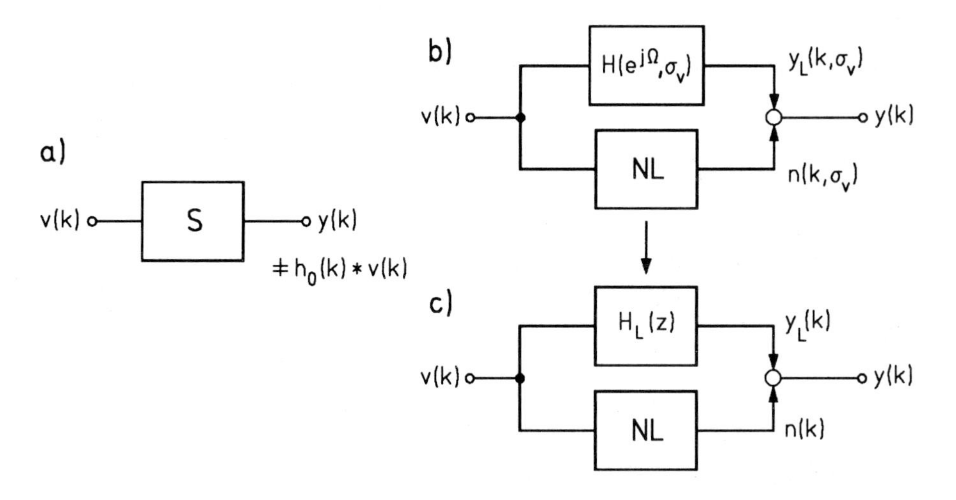

Bild 3.23: Zur Modellierung eines gedächtnisbehafteten schwach nichtlinearen Systems

Kennzeichnend ist also die Orthogonalität der Ausgangsfolgen der beiden Teilsysteme (vgl. S. 96). Angestrebt wird die Beschreibung des linearen Teilsystems durch seine Übertragungsfunktion $H(e^{j\Omega})$ und des die Nichtlinearitäten beschreibenden Teilsystems durch die Angabe des Leistungsdichtespektrums $\Phi_{nn}\,(e^{j\Omega})$ sowie der mittleren Störleistung $\varphi_{nn}(0) = \frac{1}{\pi}\int_0^{\pi} \Phi_{nn}(e^{j\Omega})d\Omega$.

3.7.3 Ein Verfahren zur Messung der Eigenschaften nichtlinearer Systeme

Wir beginnen mit der Beschreibung eines Meßverfahrens zur Bestimmung des Frequenzganges $H(e^{j\Omega})$ eines streng linearen Systems in den äquidistanten Punkten $\Omega_\mu = \mu 2\pi/M$. Dabei verwenden wir eine periodische Eingangsfolge $\tilde{v}(k)$ der Periode M, von der wir lediglich voraussetzen, daß ihre Spektralwerte $V(\mu) \neq 0, \forall\mu$ sind. Wir können diese Bedingung sehr einfach erfüllen, wenn wir $\tilde{v}(k)$ als periodische Fortsetzung der Folge $v(k)$ erzeugen, die ihrerseits durch inverse Diskrete Fouriertransformation geeignet gewählter Spektralwerte $V(\mu)$ entstanden ist. Nach (2.2.33b) ist also

$$v(k) = DFT^{-1}\{V(\mu)\} = \frac{1}{M}\sum_{\mu=0}^{M-1} V(\mu) w_M^{-\mu k}, \quad k = 0(1)(M-1). \tag{3.7.13}$$

Es sei nun

$$V(\mu) = |V| e^{j\varphi(\mu)}, \; \mu = 0(1)M-1, \text{wobei } \varphi(\mu) = -\varphi(M-\mu) \tag{3.7.14}$$

zu beachten ist, damit $v(k)$ reell wird. Die Beträge seien also gleich für alle Werte von μ, die Phasen können unter Beachtung der in (3.7.14) angegebenen Bedingung beliebig gewählt werden. Im Hinblick auf die spätere Erweiterung verwenden wir für $\varphi(\mu)$ statistisch unabhängige Zufallswerte, die im Intervall $[-\pi, \pi)$ gleichverteilt sind. Wir erwähnen, daß in diesem Fall die Werte $v(k)$ näherungsweise normalverteilt sind.

Die Erregung des Systems mit $\tilde{v}(k)$ führt im eingeschwungenen Zustand zu einer periodischen Ausgangsfolge $\tilde{y}(k)$. Für ihre Spektralwerte gilt

$$Y(\mu) = Y(e^{j\Omega_\mu}) = H(e^{j\Omega_\mu}) \cdot V(\mu), \tag{3.7.15}$$

offenbar eine Spezialisierung der Gleichung (3.3.7a) auf die diskreten Frequenzpunkte $\Omega_\mu = \mu \cdot 2\pi/M$. Man erhält die Werte $Y(\mu)$ mit einer Diskreten Fouriertransformation einer Periode von $\tilde{y}(k)$. Es ist

$$Y(\mu) = DFT\{\tilde{y}(k)\} = \sum_{k=0}^{M-1} \tilde{y}(k) w_M^{\mu k}, \; \mu = 0(1)(M-1). \tag{3.7.16}$$

Für die Werte des gesuchten Frequenzganges ergibt sich

$$H(e^{j\Omega_\mu}) = \frac{Y(\mu)}{V(\mu)} = \frac{1}{|V|} Y(\mu) e^{-j\varphi(\mu)}. \tag{3.7.17}$$

Bild 3.24 zeigt das Blockschaltbild des Verfahrens. Seine Ausführung erfordert im wesentlichen zwei Diskrete Fouriertransformationen, die mit geeigneten Algorithmen sehr schnell erfolgen können, falls M eine Zweierpotenz ist.

Wir gehen jetzt zur Untersuchung eines nichtlinearen Systems über. Im Abschnitt 3.7.1 haben wir beispielhaft ein gedächtnisfreies nichtlineares System betrachtet, das durch eine Kennlinie dritten Grades beschrieben wird. Bild 3.19 zeigt die Komponenten des Ausgangssignals für den Fall der Erregung mit der Summe zweier Sinusfunktionen unterschiedlicher Frequenz und Phase. Das Ausgangssignal enthielt mit den gewählten Frequenzwerten z.B. bei der Frequenz ω_1 den Anteil

$$y_1(t) = \hat{v}_1[\alpha_1 + \frac{3}{2}\alpha_3(\frac{1}{2}\hat{v}_1^2 + \hat{v}_2^2)] cos(\omega_1 t + \varphi_1) + \alpha_2 \hat{v}_1 \hat{v}_2 cos(\omega_1 t + \varphi_2 - \varphi_1).$$

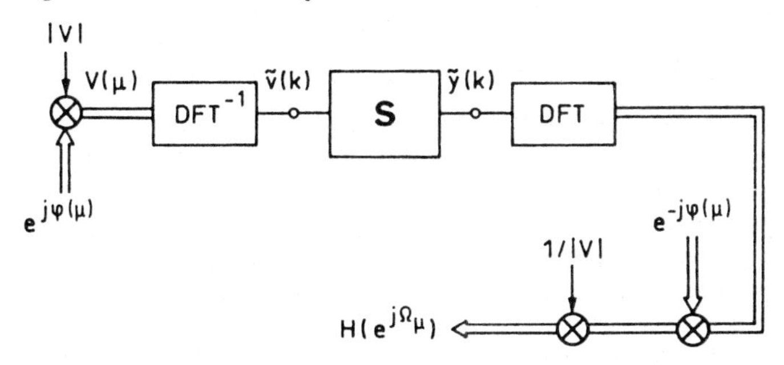

Bild 3.24: Blockschaltbild der Frequenzgangmessung an einem linearen diskreten System

Der erste Term entspricht in Frequenz und Phase dem Anteil im Eingangssignal und ist daher als Reaktion des linearen, aber hier aussteuerungsabhängigen Teilsystems aufzufassen. Nur für $\alpha_3 \ll \alpha_1$ wäre von einem schwach nichtlinearen System zu sprechen. Der zweite Term, ein Kreuzanteil, wird von den beiden Komponenten im Eingangssignal bestimmt. Er ist als Störung anzusehen. Das interessierende Meßverfahren muß die Auftrennung beider Anteile leisten. Das gelingt mit einer Ensemblemittelung über eine hinreichend große Zahl von Einzelmessungen, wenn mit geeignet gewählten unterschiedlichen Mehrtonsignalen erregt wird [3.12]:

Als Eingangssignale werden nacheinander Mitglieder eines Ensembles periodischer Zufallssignale $\tilde{v}_\lambda(k)$ verwendet. Der Index λ kennzeichnet die verschiedenen Mitglieder. Ihre Erzeugung erfolgt wieder durch inverse DFT der jeweiligen Spektralwerte, wobei in der hier zu beschreibenden einfachsten Version

$$V_\lambda(\mu) = |V| e^{j\varphi_\lambda(\mu)}, \quad \mu = 0(1)M-1 \text{ mit } \varphi_\lambda(\mu) = -\varphi_\lambda(M-\mu) \tag{3.7.18}$$

sei. Die Phasen $\varphi_\lambda(\mu)$ sind bezüglich μ und λ unabhängige, im Intervall $[-\pi, \pi)$ gleichverteilte Zufallswerte. Am Ausgang des Systems erhält man nach Abklingen des Einschwingvorganges die periodische Folge

$$\tilde{y}_\lambda(k) = \tilde{y}_{L\lambda}(k) + \tilde{n}_\lambda(k). \tag{3.7.19a}$$

Hier ist $\tilde{y}_{L\lambda}(k)$ die Reaktion des linearen Teilsystems, die sich in der Form

$$\tilde{y}_{L\lambda}(k) = \frac{1}{M} \sum_{\mu=0}^{M-1} H(e^{j\Omega_\mu})\, V_\lambda(\mu) w_M^{-\mu k} \tag{3.7.19b}$$

mit den gesuchten Werten $H(e^{j\Omega_\mu})$ darstellen läßt. Ihre Bestimmung erfolgt nun so, daß der Erwartungswert

$$E\left\{\tilde{n}_\lambda^2(k)\right\} = E\left\{ |\tilde{y}_\lambda(k) - \frac{1}{M} \sum_{\mu=0}^{M-1} H(e^{j\Omega_\mu}) V_\lambda(\mu) w_M^{-\mu k}|^2 \right\} \tag{3.7.20}$$

minimal wird. Die Differentiation nach $H^*(e^{j\Omega_\rho})$ liefert die Bedingungsgleichungen für das Minimum

$$E\left\{ [\tilde{y}_\lambda(k) - \frac{1}{M} \sum_{\mu=0}^{M-1} H(e^{j\Omega_\mu}) V_\lambda(\mu) w_M^{-\mu k}] V_\lambda^*(\rho) w_M^{\rho k} \right\} = 0, \; \rho = 0(1)M-1, \tag{3.7.21}$$

aus der sich die $H(e^{j\Omega_\mu})$ bestimmen lassen. Man erhält zunächst

$$\frac{1}{M}\sum_{\mu=0}^{M-1} H(e^{j\Omega_\mu}) w_M^{(\rho-\mu)k} E\{V_\lambda(\mu)V_\lambda^*(\rho)\} = E\{\tilde{y}_\lambda(k) w_M^{\rho k} V_\lambda^*(\rho)\}.$$

Mit der in (3.7.18) angegebenen Wahl von $V_\lambda(\mu)$ ist

$$V_\lambda(\mu)V_\lambda^*(\rho) = |V|^2 e^{j[\varphi_\lambda(\mu)-\varphi_\lambda(\rho)]}.$$

Unter Beachtung der Festlegungen für die Phasen folgt

$$E\{V_\lambda(\mu)V_\lambda^*(\rho)\} = \begin{cases} 0 & , \quad \rho \neq \mu \\ |V|^2 & , \quad \rho = \mu. \end{cases} \tag{3.7.22}$$

Dann ist

$$\frac{1}{M} H(e^{j\Omega_\rho}) \cdot |V|^2 = E\left\{\tilde{y}_\lambda(k) w_M^{\rho k}\, V_\lambda^*(\rho)\right\}.$$

Die Summation über $k = 0(1)M-1$ liefert mit

$$Y_\lambda(\rho) = \sum_{k=0}^{M-1} \tilde{y}_\lambda(k) w_M^{\rho k} = DFT\{\tilde{y}_\lambda(k)\}$$

$$H(e^{j\Omega_\rho}) = \frac{1}{|V|^2}\, E\{Y_\lambda(\rho)V_\lambda^*(\rho)\}. \tag{3.7.23a}$$

Ersetzt man wieder ρ durch μ, so folgt mit $V_\lambda^*(\mu) = |V|e^{-j\varphi_\lambda(\mu)}$ schließlich

$$H(e^{j\Omega_\mu}) = \frac{1}{|V|} \cdot E\left\{Y_\lambda(\mu)e^{-j\varphi_\lambda(\mu)}\right\}, \tag{3.7.23b}$$

das (3.7.17) entsprechende Ergebnis. Da der Erwartungswert nur näherungsweise durch Mittelung über endlich viele Mitglieder des Ensembles bestimmt werden kann, erhält man die Schätzwerte

$$\hat{H}(e^{j\Omega_\mu}) := \frac{1}{|V|}\frac{1}{L}\sum_{\lambda=1}^{L} Y_\lambda(\mu)e^{-j\varphi_\lambda(\mu)} \approx H(e^{j\Omega_\mu}). \tag{3.7.24}$$

Die Zahl L der für eine gewünschte Genauigkeit nötigen Versuche hängt von der Störung und damit vom Grad der Abweichung von der Linearität ab. Beim streng linearen System ist $L = 1$ (siehe (3.7.17)).

Wir prüfen, ob die gefundene Lösung der Orthogonalitätsforderung (3.7.12) für die Definition der Teilsysteme genügt. Mit $\tilde{n}_\lambda(k) = \tilde{y}_\lambda(k) - \tilde{y}_{L\lambda}(k)$ und (3.7.19b) erhält man aus (3.7.21)

$$E\left\{\tilde{n}_\lambda(k)V_\lambda^*(\rho)w_M^{\rho k}\right\} = 0, \quad \rho = 0(1)M-1.$$

Die Multiplikation mit $H^*(e^{j\Omega_\rho})w_M^{\rho m}/M$, wobei $m \in \mathbb{Z}$ beliebig ist, und anschließender Summation über ρ liefert

$$E\left\{\tilde{n}_\lambda(k)\frac{1}{M}\sum_{\rho=0}^{M-1} H^*(e^{j\Omega_\rho}) \cdot V_\lambda^*(\rho) \cdot w_M^{\rho(k+m)}\right\} = 0.$$

Es ist

$$\frac{1}{M}\sum_{\rho=0}^{M-1} H^*(e^{j\Omega_\rho})V_\lambda^*(\rho)w_M^{\rho(k+m)} = \tilde{y}_{L\lambda}^*(k+m) = \tilde{y}_{L\lambda}(k+m),$$

da die Signale reell sind. Damit folgt, wie erforderlich

$$E\{\tilde{n}_\lambda(k)\tilde{y}_{L\lambda}(k+m)\} = 0, \quad \forall m.$$

Wir kommen zur Bestimmung des Leistungsdichtespektrums $\Phi_{nn}(e^{j\Omega})$ der Störung $\tilde{n}_\lambda(k)$. Zunächst erhält man aus (3.7.19a) für das Störspektrum des λ-ten Einzelversuchs unter Verwendung der für $H(e^{j\Omega_\mu})$ gefundenen Schätzwerte $\hat{H}(e^{j\Omega_\mu})$

$$\begin{aligned} N_\lambda(\mu) &= Y_\lambda(\mu) - H(e^{j\Omega_\mu})\cdot V_\lambda(\mu) \\ &\approx Y_\lambda(\mu) - \hat{H}(e^{j\Omega_\mu})\cdot V_\lambda(\mu). \end{aligned}$$

Daraus folgen die Schätzwerte

$$\hat{\Phi}_{nn}(e^{j\Omega_\mu}) = \frac{1}{M}E\left\{|Y_\lambda(\mu) - \hat{H}(e^{j\Omega_\mu})V_\lambda(\mu)|^2\right\} \qquad (3.7.25)$$

$$\approx \frac{1}{M}\frac{1}{L}\sum_{\lambda=1}^{L}|Y_\lambda(\mu) - \hat{H}(e^{j\Omega_\mu})V_\lambda(\mu)|^2. \qquad (3.7.26)$$

Es ist

$$|Y_\lambda(\mu) - \hat{H}(e^{j\Omega_\mu})V_\lambda(\mu)|^2 = |Y_\lambda(\mu)|^2 + |\hat{H}(e^{j\Omega_\mu})|^2|V|^2 - 2Re\left\{\hat{H}^*(e^{j\Omega_\mu})Y_\lambda(\mu)V_\lambda^*(\mu)\right\}.$$

Die Mittelung über L Versuche liefert

$$\frac{1}{L}\sum_{\lambda=1}^{L}(\cdot) = \frac{1}{L}\sum_{\lambda=1}^{L}|Y_\lambda(\mu)|^2 + |\hat{H}(e^{j\Omega_\mu})|^2|V|^2 - 2Re\left\{\hat{H}^*(e^{j\Omega_\mu})\frac{1}{L}\sum_{\lambda=1}^{L}Y_\lambda(\mu)V_\lambda^*(\mu)\right\}.$$

Mit (3.7.23,24) erhält man

$$Re\{\cdot\} = Re\left\{\hat{H}^*(e^{j\Omega_\mu})\cdot\hat{H}(e^{j\Omega_\mu})\cdot|V|^2\right\} = |\hat{H}(e^{j\Omega_\mu})|^2|V|^2$$

und damit aus (3.7.26)

$$\hat{\Phi}_{nn}(e^{j\Omega_\mu}) \approx \frac{1}{M}\left[\frac{1}{L}\sum_{\lambda=1}^{L}|Y_\lambda(\mu)|^2 - |\hat{H}(e^{j\Omega_\mu})|^2|V|^2\right].$$

Schließlich ist

$$\varphi_{nn}(0) \approx \frac{1}{M}\sum_{\mu=0}^{M-1}\hat{\Phi}_{nn}(e^{j\Omega_\mu}). \qquad (3.7.27)$$

Bild 3.25 zeigt das Ablaufdiagramm für die simultane Bestimmung von $\hat{H}(e^{j\Omega_\mu})$ und $\hat{\Phi}_{nn}(e^{j\Omega_\mu})$. Der Mehraufwand im Vergleich zu der Untersuchung eines linearen Systems liegt im wesentlichen in der L-fachen Ausführung der vorher beschriebenen Einzelmessung. Erfüllt ein System nicht die im letzten Abschnitt genannten Voraussetzungen für die schwache Nichtlinearität, so ist die Messung für unterschiedliche Aussteuerungen mehrfach auszuführen. Wir zeigen im nächsten Abschnitt Meßbeispiele.

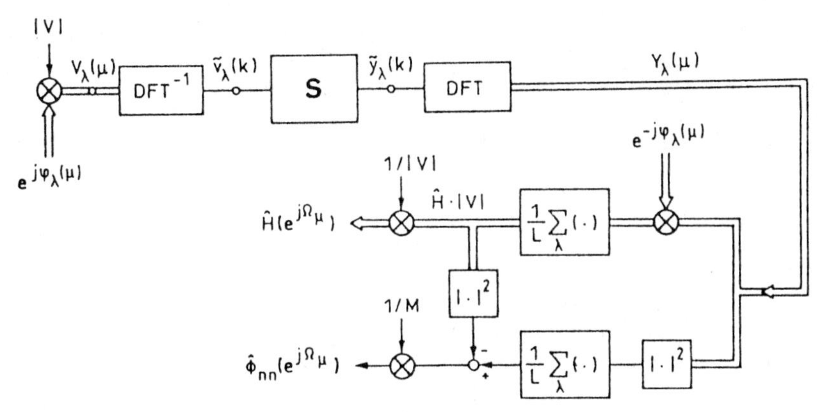

Bild 3.25: Blockschaltbild für die Untersuchung eines nichtlinearen Systems

3.7.4 Nichtreguläre nichtlineare Verzerrungen

Wenn der Zusammenhang zwischen Eingangs- und Ausgangszeitfunktion zwar eindeutig ist, aber nicht durch eine Taylorreihe beschrieben werden kann und daher u.a. auch sicher keine eindeutige Umkehrung möglich ist oder wenn die Kennlinie eine Feinstruktur aufweist, so spricht man von nichtregulären nichtlinearen Verzerrungen [3.9]. Wir behandeln hier beispielhaft die Übersteuerungs- und die Quantisierungsverzerrungen, sowie die Rundungsfehler nach Multiplikationen.

3.7.4.1 Übersteuerung

Die in Bild 3.26 gezeigte sogenannte Übersteuerungs- oder Sättigungskennlinie ist für $v \in [-1,1]$ linear. Für $|v| > 1$ ist dagegen $y = \text{sign } v$. Wird auf ein dadurch beschriebenes System die Funktion $v(t) = \hat{v}\cos\omega_1 t$ gegeben, so hat die Ausgangsfunktion einen Verlauf, der im Teilbild b für $\hat{v} = \sqrt{2}$ gezeigt ist. Für die Amplitude $\hat{y}_1$ der Grundwelle ergibt sich mit einer Fourierreihenentwicklung

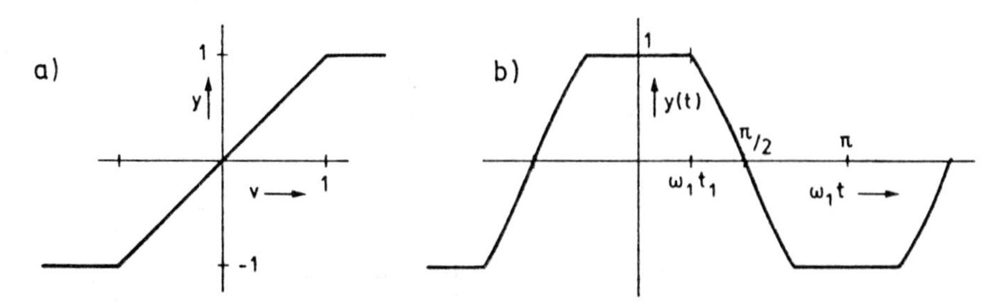

Bild 3.26: Zur Untersuchung der Verzerrung bei einer Übersteuerungskennlinie

$$\hat{y}_1(\hat{v}) = \frac{4}{\pi} \sin \omega_1 t_1 + \hat{v} \left[1 - \frac{1}{\pi}(2\omega_1 t_1 + \sin 2\omega_1 t_1) \right] \tag{3.7.28}$$

mit $\omega_1 t_1 = \arccos \frac{1}{\hat{v}}$. Der Klirrfaktor ist

$$k = \frac{\sqrt{Y_{\text{eff}}^2 - \hat{y}_1^2/2}}{Y_{\text{eff}}}, \tag{3.7.29}$$

wobei $Y_{\text{eff}} = \sqrt{\frac{1}{2\pi} \int\limits_0^{2\pi} y^2(\omega_1 t) d\omega_1 t}$ der Effektivwert von $y(t)$ ist.

Bild 3.27a zeigt $k(\hat{v})$. Für wachsende Werte von $\hat{v}$ geht $y(t)$ gegen eine Rechteckschwingung und $k(\hat{v})$ gegen den zugehörigen Klirrfaktor $\sqrt{\pi^2 - 8}/\pi$.

Für die äquivalente Verstärkung erhalten wir in diesem Fall

$$K(\sigma_v) = \frac{1}{\sigma_v \sqrt{2\pi}} \int\limits_{-1}^{1} e^{-V^2/2\sigma_v^2} dV = \text{erf}(1/\sigma_v \sqrt{2}), \tag{3.7.30}$$

wobei $\text{erf}(x) = \frac{2}{\sqrt{\pi}} \int\limits_0^x e^{-\xi^2} d\xi$ die in Abschnitt 2.3.1.2 eingeführte Gaußsche Fehlerintegralfunktion ist. Bild 3.27b zeigt $K(\sigma_v)$ in Abhängigkeit von σ_v sowie das mit (3.7.10) ermittelte Verhältnis von Signal- und Störleistung. Angegeben sind weiterhin die Meßwerte, die mit dem in Abschnitt 3.7.3 beschriebenen Meßverfahren erzielt worden sind. Sie sind offenbar in ausgezeichneter Übereinstimmung mit den theoretisch gefundenen Werten.

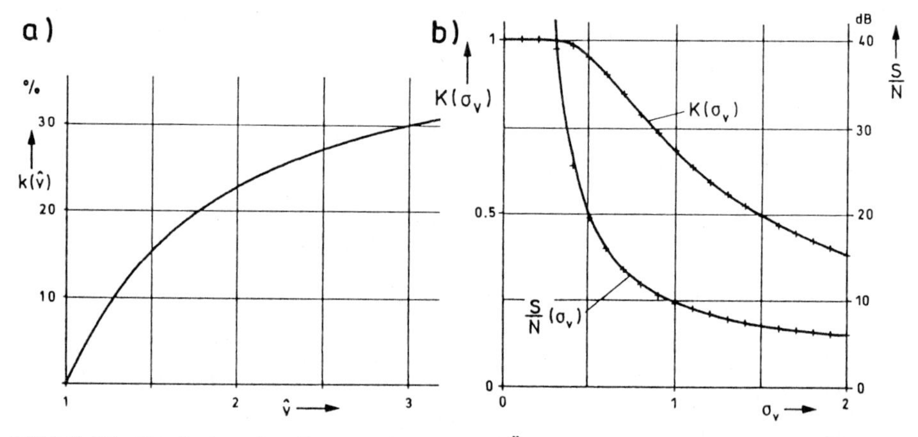

Bild 3.27: Ergebnisse der Untersuchung einer Übersteuerungskennlinie. a) Klirrfaktor, b) Äquivalente Verstärkung und S/N-Verhältnis

3.7.4.2 Quantisierung

Bei der Einführung der Folgen $v(k)$ im Abschnitt 2.1 haben wir angenommen, daß diese beliebige, i.a. komplexe Werte annehmen können. In digitalen Systemen sind aber wegen der begrenzten Wortlänge immer nur endlich viele verschiedene Zahlen darstellbar. Wird die Wertefolge aus einer kontinuierlichen Funktion $v_0(t)$ gewonnen, so ist eine Quantisierung erforderlich, für die z.B. die in Bild 3.28 gezeigte Quantisierungskennlinie gilt. Bezeichnen wir die Quantisierungsstufe mit Q, so ist die quantisierte Folge $[v(k)]_Q = [v_0(kT)]_Q$ in einem eingeschränkten Bereich gleich ganzzahligen Vielfachen von Q. Es gilt dann

$$[v(k)]_Q = \mu \cdot Q \quad \text{für} \quad v(k) \in \left[\left(\mu - \frac{1}{2}\right) Q, \left(\mu + \frac{1}{2}\right) Q\right), \mu \in \mathbb{Z}, \tag{3.7.31}$$

wobei $-2^{w-1} \leq \mu \leq 2^{w-1} - 1$ ist, wenn w die Wortlänge des als Dualzahl dargestellten Wertes $[v(k)]_Q$ ist.

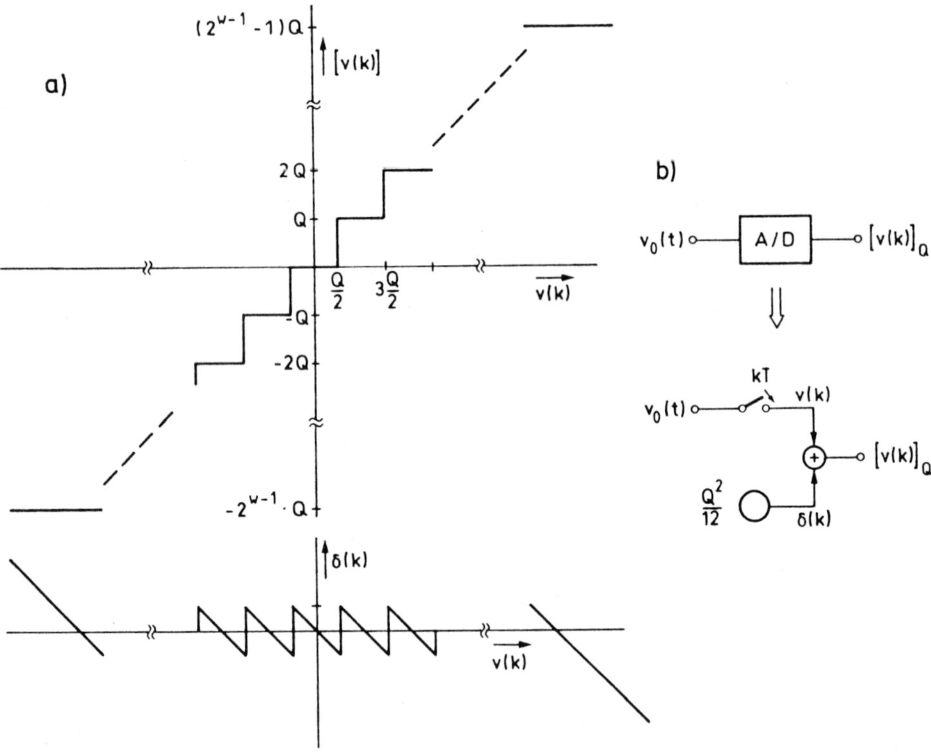

Bild 3.28: Zur Untersuchung eines A/D-Umsetzers. a) Quantisierungskennlinie, b) Ersatzschaltung für einen A/D-Umsetzer

Wir beschränken uns hier auf die Behandlung des Quantisierungsfehlers $\delta(k)$, betrachten also nicht die offenbar zusätzlich auftretende Übersteuerung, wenn

$v_0(t)$ zu groß wird. Für ihn gilt

$$\delta(k) = [v(k)]_Q - v(k) \in \left(-\frac{Q}{2}, \frac{Q}{2}\right]. \tag{3.7.32}$$

$\delta(k)$ kann in der Regel als stochastische Variable aufgefaßt werden, auch dann, wenn $v(k)$ selbst determiniert ist. Ist die Quantisierungsstufe Q hinreichend klein, so ist $\delta(k)$ näherungsweise gleichverteilt. Es gilt also $p_\delta(\Delta) = 1/Q$ für $\Delta \in (-Q/2, Q/2]$. Damit kann man den Fehler durch

$$E\{\delta(k)\} = \mu_\delta = 0 \tag{3.7.33a}$$

und

$$E\{\delta^2(k)\} = \sigma_\delta^2 = \frac{1}{Q}\int_{-Q/2}^{+Q/2} \Delta^2 d\Delta = \frac{Q^2}{12} \tag{3.7.33b}$$

beschreiben (siehe Abschnitt 2.3.1.4). Außerdem ist meist die Annahme zulässig, daß aufeinander folgende Fehlerwerte $\delta(k)$ voneinander statistisch unabhängig sind. Dann ist

$$\varphi_{\delta\delta}(\lambda) = \frac{Q^2}{12} \cdot \gamma_0(\lambda). \tag{3.7.33c}$$

Zusammenfassend können wir einen quantisierenden Abtaster (einen *Analog-Digital-Umsetzer*) modellhaft durch die Kombination eines idealen Abtasters mit einer Quelle beschreiben, die eine durch (3.7.33) gekennzeichnete stochastische Folge liefert (siehe Bild 3.28b). Offensichtlich ist die Größe der Quantisierungsverzerrung unabhängig von der Aussteuerung, wenn nur $\max|v(k)|$ so groß ist, daß die für $\delta(k)$ gemachten Annahmen gelten. Für eine genauere Untersuchung wird z.B. auf [3.4] verwiesen.

3.7.4.3 Realer Multiplizierer

Bei der Beschreibung eines diskreten Systems durch eine Differenzengleichung, die wir bisher nur beispielhaft in Abschnitt 3.4.5 gezeigt haben, aber im 4. Kapitel ausführlich behandeln werden, nehmen wir meist an, daß die auftretenden Multiplikationen der Signale mit Koeffizienten exakt ausgeführt werden, wobei beide Faktoren beliebige reelle Zahlen sind. Diese Annahmen treffen für reale Systeme nicht zu. Die auftretenden Zahlen haben eine begrenzte Wortlänge, insbesondere muß aber die Wortlänge des Produktes z.B. durch Rundung derart verkürzt werden, daß die sich ergebende Zahl weiterverarbeitet werden kann.

Wir betrachten die Multiplikation der Variablen $v(k)$ mit einer Konstanten a. Es sei $|v(k)| \leq 1$, $|a| \leq 1$. Beide Zahlen seien ganzzahlige Vielfache der Quantisierungsstufe Q mit der Wortlänge w. Das Produkt $y(k) = a \cdot v(k)$ hat dann i.a. zunächst die Wortlänge $2w$ und ist ein ganzzahliges Vielfaches von Q^2. Die Wortlängenverkürzung durch Rundung führt zu einem Fehler

$$\delta_R(k) = [y(k)]_R - y(k) = \lambda(k) \cdot Q^2,$$

wobei Q^{-1} verschiedene Fehlerwerte möglich sind derart, daß für $y(k) > 0$

$$-\frac{Q}{2} < \delta_R(k) \leq \frac{Q}{2}$$

ist (siehe Bild 3.29 a). Obwohl die Rundungsoperation im Detail völlig determiniert abläuft, kann für eine modellhafte Betrachtung $\delta_R(k)$ als eine Zufallsvariable angesehen werden, die im angegebenen Intervall gleichverteilt ist und deren Werte statistisch unabhängig sind. Damit kann der Rundungsfehler ebenso behandelt werden wie der Quantisierungsfehler des A/D-Umsetzers. Bild 3.29 b zeigt das Ersatzschaltbild des realen Multiplizierers mit Rundung (vgl. Bild 3.28b). Für eine genauere Betrachtung wird wieder auf [3.4] verwiesen. Die meßtechnische Untersuchung eines Multiplizierers mit Rundung mit dem in Abschnitt 3.7.3. beschriebenen Verfahren zeigt eine ausgezeichnete Übereinstimmung mit dem hier beschriebenen Modell.

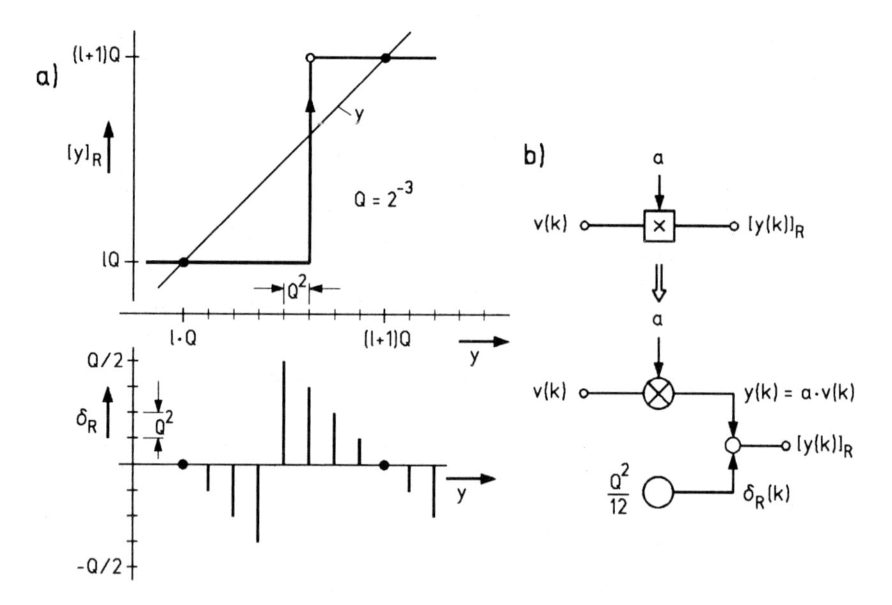

Bild 3.29: Zur Untersuchung eines realen Multiplizierers mit Rundung

Als Beispiel für die Anwendung des in Abschnitt 3.7.3 beschriebenen Meßverfahrens zeigen wir die Ergebnisse einer Untersuchung des bereits in Abschnitt 3.4.5 betrachteten Systems erster Ordnung, jetzt unter Berücksichtigung einer Realisierung mit beschränkter Wortlänge. Bild 3.30 a zeigt das Blockschaltbild. Der Vergleich mit Bild 3.15 läßt erkennen, daß eine zusätzliche Skalierung vorgenommen wurde, durch die mit den hier verwendeten Zahlenwerten

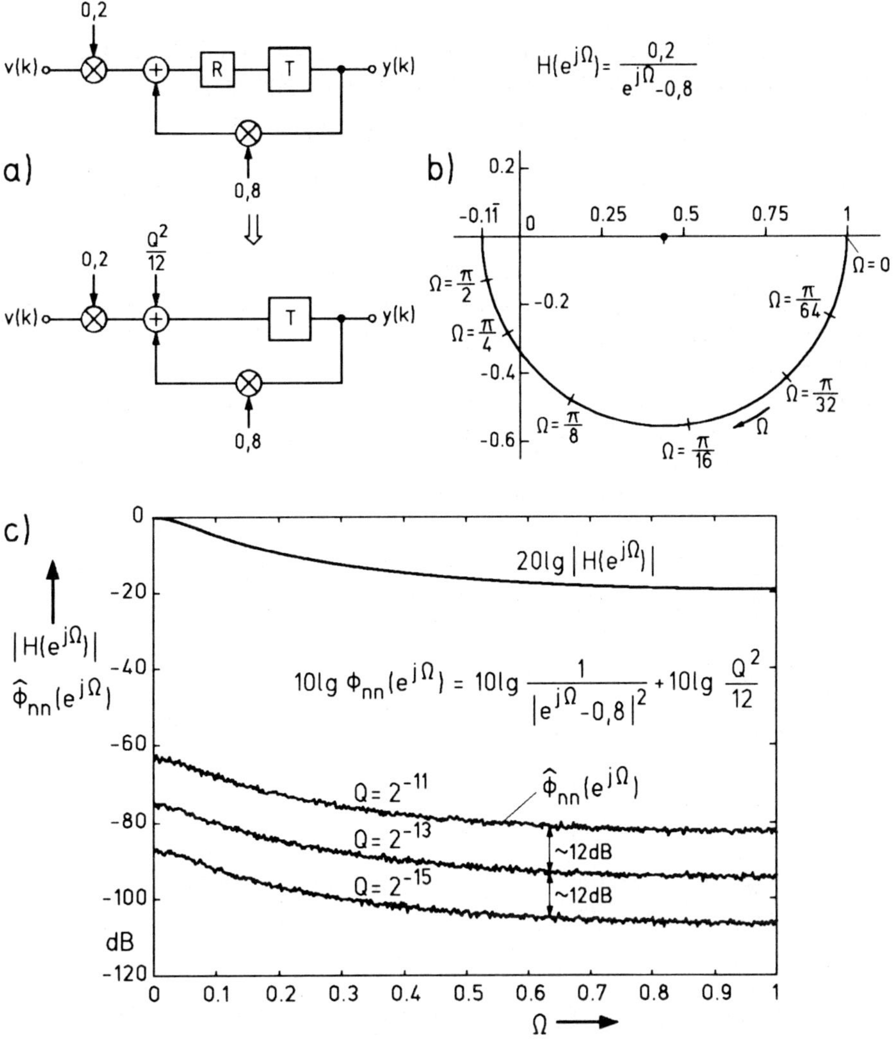

Bild 3.30: Zur Untersuchung eines realisierten digitalen Systems 1. Ordnung

$$H(e^{j\Omega}) = \frac{0,2}{e^{j\Omega} - 0,8} \quad \text{und damit } H(1) = 1$$

erreicht wird. Wie angegeben erfolgt die Rundung erst nach der Addition der beiden exakten Multiplikationsergebnisse, so daß nur eine Rauschquelle zur Modellierung des Rundungsfehlers einzuführen ist. Ihre Wirkung am Ausgang wird durch die Leistungsübertragungsfunktion

$$|H_i(e^{j\Omega})|^2 = \frac{1}{|e^{j\Omega} - 0,8|^2}$$

bestimmt, wird also durch die Eingangsskalierung nicht beeinflußt.

Bild 3.30b zeigt das Ergebnis der Messung des komplexen Frequenzganges. Da $H(e^{j\Omega})$ die gebrochen lineare Abbildung des Einheitskreises der z-Ebene beschreibt (vergl.

Abschn. 5.5.4 in Bd. I) ergibt sich für $0 \leq \Omega \leq \pi$ ein Halbkreis als Ortskurve des Frequenzganges. Im Teilbild c sind weiterhin $20\lg|H(e^{j\Omega})|$ sowie

$$10\lg\hat{\Phi}_{nn}(e^{j\Omega}) = 10\lg\left[\frac{Q^2}{12}|H_i(e^{j\Omega})|^2\right]$$

für unterschiedliche Werte Q angegeben. Die Mittelung erfolgte über $L = 100$ Versuche und liefert, wie auch erkennbar ist, nur Schätzwerte. Dagegen stimmt das Ergebnis der Frequenzgangmessung bei der gewählten Darstellung mit dem erwarteten Verlauf exakt überein. Im übrigen verlaufen wegen $|H_i(e^{j\Omega})|^2 = 25|H(e^{j\Omega})|^2$ die Kurven für $10\lg\hat{\Phi}_{nn}(e^{j\Omega})$ parallel zu der für $20\lg|H(e^{j\Omega})|$ mit den Abständen $10\lg 25[Q^2/12]$.

3.7.5 Hystereseverzerrungen

Schließlich behandeln wir noch den Fall eines nichtlinearen Systems, bei dem kein eindeutiger Zusammenhang zwischen Eingangs- und Ausgangsgröße vorliegt. Da sich Kennlinien dieser Art vor allem durch die Magnetisierungskurven in Spulen und Übertragern mit ferromagnetischen Kernen ergeben (siehe Abschnitt 7.2.3 in Band I) spricht man hier von Hystereseverzerrungen. Um sie einer theoretischen Untersuchung zugänglich zu machen, beschreibt man die Kennlinie in der in Bild 3.31a angegebenen Weise näherungsweise durch zwei Parabeläste. Es gilt

$$\begin{aligned} &\text{aufsteigender Ast (I):} \quad y = -\hat{y} + \alpha_1[v+\hat{v}] + \alpha_2[v+\hat{v}]^2, \\ &\text{absteigender Ast (II):} \quad y = \hat{y} + \alpha_1[v-\hat{v}] - \alpha_2[v-\hat{v}]^2. \end{aligned} \tag{3.7.34}$$

Hier sind α_1 und α_2 die die Kennlinie beschreibenden, vom Material abhängigen Konstanten. Zwischen den Scheitelwerten $\hat{v}$ und $\hat{y}$ besteht die Beziehung

$$\hat{y} = \alpha_1\hat{v} + 2\alpha_2\hat{v}^2.$$

Mit $v(t) = \hat{v}\cos\omega_1 t$ ergibt sich dann

$$\left.\begin{aligned} &\text{Ast I:} \quad y(t) = \hat{y}\cos\omega_1 t - \frac{1}{2}\alpha_2\hat{v}^2(1-\cos 2\omega_1 t) \\ &\text{Ast II:} \quad y(t) = \hat{y}\cos\omega_1 t + \frac{1}{2}\alpha_2\hat{v}^2(1-\cos 2\omega_1 t) \end{aligned}\right\} =: y_0(t) + \Delta y(t). \tag{3.7.35}$$

Für den Anteil $\Delta y(t)$ gilt offenbar

$$\Delta y(t) = \frac{1}{2}\alpha_2\hat{v}^2(1-\cos 2\omega_1 t)\cdot f_U(t), \tag{3.7.36}$$

wobei $f_U(t)$ die Schaltfunktion ist, die durch

$$f_U(t) = \begin{cases} +1, & 2i\pi \leq \omega_1 t < (2i+1)\pi \quad \text{(Ast II)} \\ -1, & (2i+1)\pi \leq \omega_1 t < 2i\pi \quad \text{(Ast I)} \end{cases} \quad i \in \mathbb{Z} \tag{3.7.37}$$

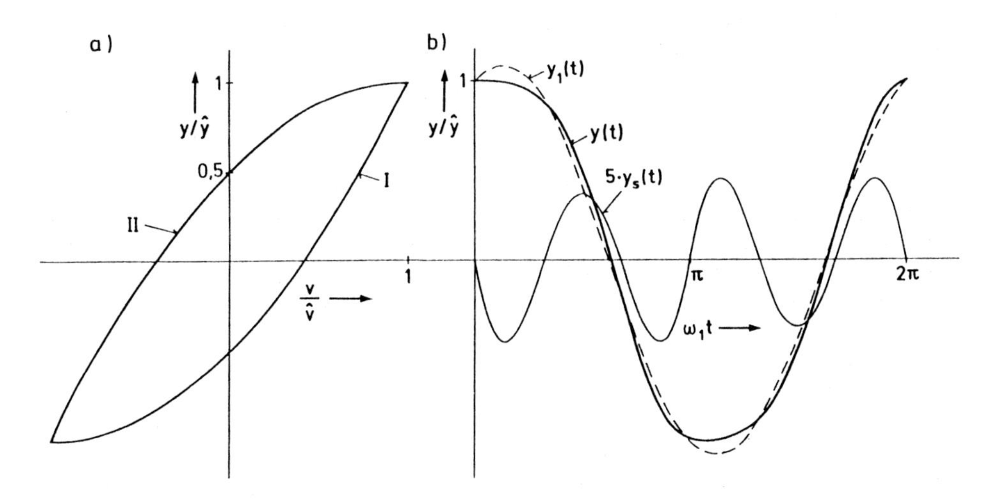

Bild 3.31: Zur Untersuchung der Hystereseverzerrungen. a) Durch Parabeläste angenäherte Hystereseschleife, b) Ausgangszeitfunktion

definiert ist. Mit der Fourierreihenentwicklung

$$f_U(t) = \frac{4}{\pi} \cdot \sum_{\nu=1}^{\infty} \frac{\sin(2\nu-1)\omega_1 t}{(2\nu-1)}$$

ergibt sich schließlich

$$\begin{aligned} y(t) &= \hat{y}\cos\omega_1 t + \frac{8}{3\pi}\alpha_2\hat{v}^2\sin\omega_1 t - \frac{8}{\pi}\alpha_2\hat{v}^2\sum_{i=1}^{\infty}\frac{\sin(2i+1)\omega_1 t}{(2i+1)[(2i+1)^2-4]} \\ &=: y_1(t) + y_s(t). \end{aligned} \qquad (3.7.39)$$

Der Scheitelwert der Grundschwingung $y_1(t) = \hat{y}_1\cos(\omega_1 t - b)$ hängt wie bei regulären Verzerrungen von der Aussteuerung ab. Hier liegt außerdem eine von $\hat{v}$ abhängige Phasenverschiebung vor. Es ist

$$b = \arctan\frac{8\alpha_2\hat{v}}{3\pi(\alpha_1 + 2\alpha_2\hat{v})}.$$

Eine Hysteresekennlinie ist daher ein System mit Gedächtnis. Der störende Anteil enthält nur ungeradzahlige Harmonische, wobei die dritte Harmonische überwiegt, da die Komponenten mit dem Kehrwert der dritten Potenz von i nach Null gehen. Das wird auch in Bild 3.31b deutlich, in dem für die im Teilbild a gezeichnete Kennlinie mit $\alpha_1 = 0$ und $\alpha_2 = 0,5$ die Ausgangsfunktion $y(t)$, die Grundschwingung $y_1(t)$ und vergrößert der Störanteil $y_s(t)$ dargestellt sind.

Wir weisen noch darauf hin, daß bei den Hystereseverzerrungen die Scheitelwerte aller höheren Harmonischen proportional zu $\hat{v}^2$ sind, während bei den regulären Verzerrungen die ν-te Oberschwingung Anteile enthält, die proportional zu $\hat{v}^\nu$ sind.

3.8 Literatur

3.1 Padulo, L.; Arbib, M.A.: *Systemtheory. A unified state-space approach to continuous and discrete systems.* Washington: Hemisphere Publishing Corporation 1974

3.2 Unbehauen, R.: *Systemtheorie. Grundlagen für Ingenieure.* 5. Auflage, München: Oldenbourg 1990

3.3 Oppenheim, A.; Willsky, A.; Young, I.T.: *Signals and Systems.* Englewood Cliffs, N.J.: Prentice Hall 1983

3.4 Schüßler, H.W.: *Digitale Signalverarbeitung Band I, Analyse diskreter Signale und Systeme.* Berlin: Springer 1988

3.5 Zadeh, L.A.: *Frequency Analysis of Variable Networks.* Proc. IRE, Bd. 38 (1950), S. 291 — 299

3.6 Reid, J.G.: *Linear System Fundamentals. Continuous and Discrete, Classic and Modern.* New York: McGraw Hill 1983

3.7 Hermann, O.: *Quadraturfilter mit rationalem Übergangsfaktor.* AEÜ Bd. 23 (1969), S. 77-84

3.8 Mecklenbräuker, W.: *Signal- und Systemtheorie.* Vorlesungsskriptum, T.U. Wien 1989

3.9 Küpfmüller, K.: *Die Systemtheorie der elektrischen Nachrichtenübertragung.* 4. Auflage, Stuttgart: Hirzel-Verlag 1974

3.10 Schlitt, H.; Dittrich, F.:*Statistische Methoden der Regelungstechnik.* B.I. Hochschultaschenbücher, Mannheim, Band 526, 1972

3.11 Hänsler, E.: *Grundlagen der Theorie statistischer Signale.* Berlin: Springer-Verlag 1983

3.12 Schüßler, H.W., Dong, Y.: *A New Method for Measuring the Performance of Weakly Nonlinear and Noisy Systems.* FREQUENZ Bd. 44 (1990), S.82-87

4. Kausale Systeme, beschrieben durch gewöhnliche Differential– oder Differenzengleichungen

4.1 Zustandskonzept und Zustandsgleichungen

Im Abschnitt 6.3 von Band I haben wir bereits die Zustandsgleichungen elektrischer Netzwerke angegeben und behandelt. Wir erweitern jetzt das Konzept insofern, als wir nur noch voraussetzen, daß die betrachteten kontinuierlichen Systeme durch gewöhnliche Differentialgleichungen beschrieben werden. Damit werden neben den Netzwerken z.B. mechanische und elektromechanische Gebilde in die Betrachtung einbezogen. Wichtig ist aber vor allem, daß wir ganz entsprechend auch diskrete Systeme behandeln können, die durch gewöhnliche Differenzengleichungen beschrieben werden.

Wir wiederholen zunächst unter diesen verallgemeinerten Voraussetzungen die Definition des Zustandes eines Systems, die wir in Band I spezialisiert auf Netzwerke schon gegeben hatten:

> Der Zustand eines Systems in einem Augenblick $t = t_0$ (bzw. $k = k_0$) umfaßt die Gesamtheit aller Angaben, die neben dem Verlauf des Eingangssignals $\mathbf{v}$ für $t \geq t_0$ ($k \geq k_0$) bekannt sein müssen, um das Verhalten des Systems einschließlich seines Ausgangssignals $\mathbf{y}$ für $t \geq t_0$ ($k \geq k_0$) bestimmen zu können. Er wird durch den Vektor $\mathbf{x}(t_0)$ bzw. $\mathbf{x}(k_0)$ mit n Komponenten beschrieben; (siehe Bild 4.1).

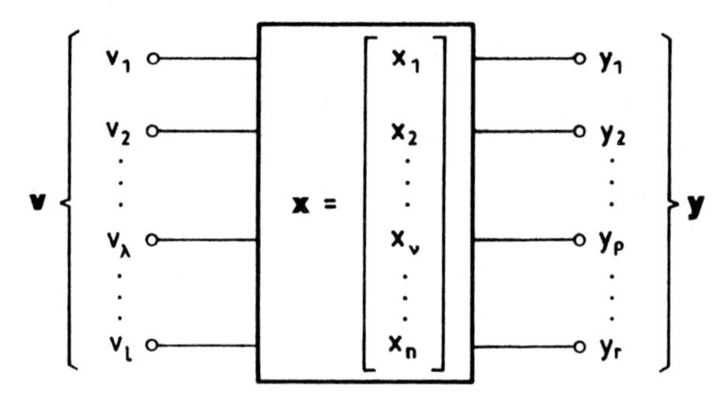

Bild 4.1: Zur Beschreibung eines Systems mit Zustandsgleichungen

Der Zustand $\mathbf{x}(t_0)$ bzw. $\mathbf{x}(k_0)$ hat sich als Ergebnis der Erregung des Systems bis zu diesem Zeitpunkt ergeben. Für das weitere Verhalten bei $t > t_0$ $(k > k_0)$ ist es gleichgültig, auf welchem Wege dieser Zustand erreicht worden ist. Bild 4.2 veranschaulicht diese Aussage für ein System mit zwei Zustandsvariablen $x_1(t)$ und $x_2(t)$, einem Eingang und einem Ausgang. Dargestellt wurde das Verhalten des Systems für die Erregung mit zwei Eingangsfunktionen $v^{(1)}(t)$ und $v^{(2)}(t)$, die für $t < t_0$ unterschiedlich sind, aber für $t \geq t_0$ übereinstimmen. Die sich ergebenden Vektoren $\mathbf{x}^{(1)}(t)$ und $\mathbf{x}^{(2)}(t)$ wurden in der sogenannten Zustandsebene mit t als Parameter gezeichnet. Hier ist die Annahme wichtig, daß $\mathbf{x}^{(1)}(t_0) = \mathbf{x}^{(2)}(t_0) =: \mathbf{x}(t_0)$ ist, daß also auf unterschiedlichen Wegen ein bestimmter Zustand erreicht wurde. Ausgehend von $\mathbf{x}(t_0)$ ergibt sich dann für ein bestimmtes $v(t)$ für $t > t_0$ sowohl $\mathbf{x}(t)$ wie $y(t)$ unabhängig von $\mathbf{x}^{(1)}(t)$ und $\mathbf{x}^{(2)}(t)$ für $t < t_0$.

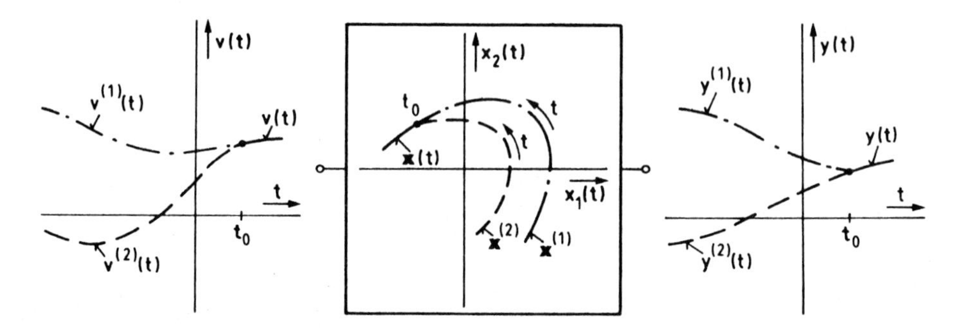

Bild 4.2: Beispiel zur Erläuterung der Bedeutung des Zustandes in einem Augenblick $t = t_0$

Die bisherigen Aussagen fassen wir wie folgt zusammen. Wir beschreiben die zu untersuchenden Systeme durch

$$\mathbf{x}'(t) = \mathbf{f}\,[\mathbf{x}(t),\ \mathbf{x}(t_0),\ \mathbf{v}(t)], \quad t \geq t_0 \qquad (4.1.1a)$$

$$\mathbf{y}(t) = \mathbf{g}\,[\mathbf{x}(t),\ \mathbf{x}(t_0),\ \mathbf{v}(t)], \quad t \geq t_0 \qquad (4.1.1b)$$

im kontinuierlichen und

$$\mathbf{x}(k+1) = \mathbf{f}\,[\mathbf{x}(k),\ \mathbf{x}(k_0),\ \mathbf{v}(k)], \quad k \geq k_0 \qquad (4.1.2a)$$

$$\mathbf{y}(k) \quad = \mathbf{g}\left[\mathbf{x}(k),\ \mathbf{x}(k_0),\ \mathbf{v}(k)\right], \quad k \geq k_0 \tag{4.1.2b}$$

im diskreten Fall. Dabei nennen wir (4.1.1a) und (4.1.2a) die Zustandsgleichungen, (4.1.1b) und (4.1.2b) die Ausgangsgleichungen der betrachteten Systeme. Entsprechend früherem sind $\mathbf{v}$ und $\mathbf{y}$ Vektoren mit ℓ bzw. r Komponenten, während der Zustandsvektor $\mathbf{x}$ n Komponenten enthalten möge. Die vektoriellen Funktionen $\mathbf{f}$ und $\mathbf{g}$ sind hier weitgehend beliebig; bisher haben wir also weder Linearität noch Zeitinvarianz vorausgesetzt. Im nächsten Abschnitt werden wir allerdings zunächst eine derartige Einschränkung vornehmen und die so gekennzeichnete Klasse von Systemen eingehend untersuchen.

4.2 Lineare, zeitinvariante Systeme

4.2.1 Vorbemerkung

In diesem Abschnitt behandeln wir ausführlich Systeme, die durch lineare Differential- bzw. Differenzengleichungen mit konstanten Koeffizienten beschrieben werden. Dabei kann es sich nicht nur um elektrische, sondern z.B. auch um mechanische oder elektromechanische Systeme handeln. Wir wollen die Äquivalenz zunächst an Beispielen zeigen und dann einige Analogieaussagen machen.

Der in Abschnitt 6.2.4 von Band I ausführlich behandelte Reihenschwingkreis von Bild 4.3a wird durch die Differentialgleichung

$$u_q(t) = L\frac{d^2q(t)}{dt^2} + R\frac{dq(t)}{dt} + \frac{1}{C}q(t) \tag{4.2.1}$$

beschrieben. Mit den Zustandsgrößen $x_1(t) = u_C(t) = \frac{1}{C}q(t)$ und $x_2(t) = i(t) = \frac{dq(t)}{dt}$ sowie der Ausgangsgröße $y(t) = u_C(t)$ erhält man

$$\begin{bmatrix} x_1'(t) \\ x_2'(t) \end{bmatrix} = \begin{bmatrix} u_C'(t) \\ i'(t) \end{bmatrix} = \begin{bmatrix} 0 & \frac{1}{C} \\ -\frac{1}{L} & -\frac{R}{L} \end{bmatrix} \cdot \begin{bmatrix} u_C(t) \\ i(t) \end{bmatrix} + \begin{bmatrix} 0 \\ \frac{1}{L} \end{bmatrix} u_q(t), \tag{4.2.2a}$$

$$y(t) = [1 \quad 0] \begin{bmatrix} u_C(t) \\ i(t) \end{bmatrix}. \tag{4.2.2b}$$

Der Anfangszustand $\mathbf{x}(t_0)$ wird durch die Spannung am Kondensator $u_C(t_0)$ und den Strom in der Spule $i(t_0)$ in diesem Augenblick bestimmt.

Wir betrachten weiterhin die in Bild 4.3b gezeigte mechanische Anordnung aus Feder, (beschrieben mit der Federkonstanten c), Masse m und Reibung b. Ganz entsprechend den gewohnten Annahmen im elektrischen Fall setzen wir die Feder als masselos, die Masse als starr und das die Reibung beschreibende Element sowie die Verbindungen als masselos und starr voraus. Wir arbeiten also auch hier mit idealisierten, konzentrierten Elementen. Mit den Bezeichnungen

$$f(t) \mathrel{\hat{=}} \text{Kraft}$$

$$g(t) \mathrel{\hat{=}} \text{Auslenkung}$$

$$w(t) = \frac{dg(t)}{dt} \mathrel{\hat{=}} \text{Geschwindigkeit}$$

werden sie durch die Gleichungen

$$\text{Masse:} \quad f(t) = m\frac{dw(t)}{dt}; \qquad w(t) = \frac{1}{m}\int_{-\infty}^{t} f(\tau)d\tau \tag{4.2.3a}$$

$$\text{Feder:} \quad f(t) = c\int_{-\infty}^{t} w(\tau)d\tau; \qquad w(t) = \frac{1}{c}\frac{df(t)}{dt} \tag{4.2.3b}$$

$$\text{Reibung:} \quad f(t) = bw(t); \qquad w(t) = \frac{1}{b}f(t) \tag{4.2.3c}$$

definiert. Greift an der gezeichneten Anordnung eine Kraft $f_q(t)$ an, so lautet die das System beschreibende Gleichung

$$f_q(t) = m\frac{d^2g(t)}{dt^2} + b\frac{dg(t)}{dt} + cg(t). \tag{4.2.4}$$

Die formale Übereinstimmung mit Gleichung (4.2.1) ist offensichtlich. Verwendet man die Auslenkung $g(t)$ und die Geschwindigkeit $w(t)$ als Zustandsgrößen und $g(t)$ zugleich als Ausgangsgröße, so folgt

$$\begin{bmatrix} x_1'(t) \\ x_2'(t) \end{bmatrix} = \begin{bmatrix} g'(t) \\ w'(t) \end{bmatrix} = \begin{bmatrix} 0 & 1 \\ -\frac{c}{m} & -\frac{b}{m} \end{bmatrix} \begin{bmatrix} g(t) \\ w(t) \end{bmatrix} + \begin{bmatrix} 0 \\ \frac{1}{m} \end{bmatrix} \cdot f_q(t), \tag{4.2.5a}$$

$$y(t) = g(t) = [1 \quad 0] \begin{bmatrix} g(t) \\ w(t) \end{bmatrix}. \tag{4.2.5b}$$

Die Ähnlichkeit der in (4.2.3) angegebenen Definitionsgleichungen für mechanische Elemente mit den vertrauten für elektrische läßt sich verwenden, um elektrische Ersatzschaltbilder für mechanische Gebilde (oder umgekehrt) einzuführen. Dabei gibt es offenbar zwei Möglichkeiten, die wir am Beispiel der Masse erläutern. Der Vergleich von

$$f(t) = m\frac{dw(t)}{dt}; \qquad w(t) = \frac{1}{m}\int_{-\infty}^{t} f(\tau)d\tau$$

mit den Gleichungen für die Induktivität

$$u(t) = L\frac{di(t)}{dt}; \qquad i(t) = \frac{1}{L}\int_{-\infty}^{t} u(\tau)d\tau$$

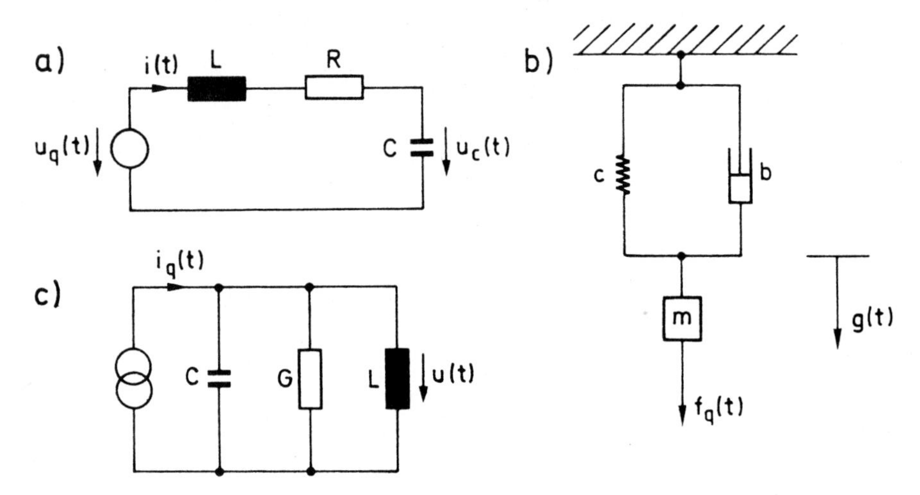

Bild 4.3: Elektrische Systeme zweiter Ordnung in Analogie zu einem mechanischen System

und die Kapazität

$$u(t) = \frac{1}{C} \int_{-\infty}^{t} i(\tau) d\tau; \qquad i(t) = C \frac{du(t)}{dt}$$

zeigt, daß entweder eine Induktivität oder eine Kapazität als Analogon für die Masse verwendet werden kann. Es folgt dann im ersten Fall der Strom $i(t)$ als die der Geschwindigkeit $w(t)$ analoge Größe, im zweiten ist es die Spannung. Die einander entsprechenden Größen sind für die erste und zweite Analogie in Tabelle 4.1 zusammengestellt. Man erkennt unmittelbar, daß der Reihenschwingkreis von Bild 4.3a auf der Basis der Analogie erster Art der mechanischen Anordnung entspricht. Man erhält den dazu dualen Parallelschwingkreis von Bild 4.3c, wenn man die Analogie zweiter Art verwendet; (siehe auch [4.1]).

Mechanik	Analogie			
	1. Art		2. Art	
Masse m	Induktivität	$L \hat{=} m$	Kapazität	$C \hat{=} m$
Feder c	Kapazität	$C \hat{=} 1/c$	Induktivität	$L \hat{=} 1/c$
Reibung b	Widerstand	$R \hat{=} b$	Leitwert	$G \hat{=} b$
Geschwindigkeit w	Strom	$i \hat{=} w$	Spannung	$u \hat{=} w$
Kraft f	Spannung	$u \hat{=} f$	Strom	$i \hat{=} f$

Tabelle 4.1: Elektrische Analoga mechanischer Größen

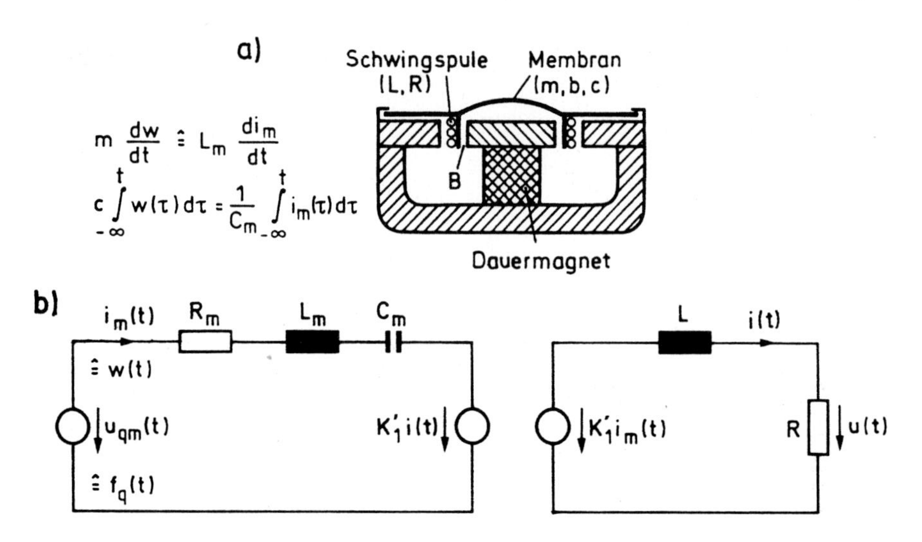

Bild 4.4: Elektrodynamisches System; a) Prinzipieller Aufbau; b) Elektrische Ersatzschaltung für die Verwendung als Mikrofon

Als drittes Beispiel betrachten wir ein elektrodynamisches System (Bild 4.4a), das im Prinzip sowohl als Mikrofon wie als Lautsprecher zu arbeiten vermag und dabei als elektrisch-mechanischer Energiewandler die eine Energieform in die andere überführt (z.B. [4.2]). Bei seiner Verwendung als Mikrofon liegt eine durch den Schalldruck hervorgerufene mechanische Kraft $f_q(t)$ als Quellgröße vor, die die schwingungsfähige Membran bewegt. An ihr ist eine Spule befestigt, die sich in einem homogenen permanenten Magnetfeld bewegt. Nach dem Induktionsgesetz wird dabei in der Spule eine Spannung

$$u_i(t) = B \cdot \ell \cdot w(t) =: K_1 w(t); \quad [K_1] = Vs/m$$

induziert, wenn $w(t)$ wieder die Geschwindigkeit der Spule, B die magnetische Induktion und ℓ die Drahtlänge im Luftspalt ist. Da die Spule eine Induktivität L hat und im Stromkreis ein ohmscher Widerstand R vorhanden ist, gilt auf der elektrischen Seite

$$u_i(t) = K_1 w(t) = i(t)R + L\frac{di(t)}{dt}. \tag{4.2.6a}$$

Der Strom $i(t)$ ruft andererseits eine mechanische Gegenkraft $f(t) = B \cdot \ell \cdot i(t) = K_1 i(t)$ hervor. Im mechanischen Teil der Anordnung sind die Masse m der Membran, die proportional zu ihrer Auslenkung $g(t) = \int_{-\infty}^{t} w(\tau)d\tau$ wachsende Rückstellkraft und die Wirkung der Reibung zu berücksichtigen. Es gilt daher

$$f_q(t) = m\frac{dw(t)}{dt} + bw(t) + c\int_{-\infty}^{t} w(\tau)d\tau + K_1 i(t), \tag{4.2.6b}$$

wobei wieder die oben eingeführten Größen m, b und c zur Kennzeichnung des mechanischen Systems verwendet wurden. Mit Hilfe der Analogie erster Art nach Tabelle 4.1 erhält man dann das in Bild 4.4b gezeigte Ersatzschaltbild, in dem mit dem Index m die den mechanischen Teil beschreibenden elektrischen Größen bezeichnet sind. Die Kopplung der beiden Kreise geschieht mit stromgesteuerten Spannungsquellen, wobei gilt $K_1' = K_1 \cdot m/As$. Mit den Zustandsgrößen $x_1(t) = g(t), x_2(t) = w(t)(\hat{=} i_m(t))$ und $x_3(t) = i(t)$ erhält man aus (4.2.6)

$$\begin{bmatrix} x_1'(t) \\ x_2'(t) \\ x_3'(t) \end{bmatrix} = \begin{bmatrix} g'(t) \\ w'(t) \\ i'(t) \end{bmatrix} = \begin{bmatrix} 0 & 1 & 0 \\ -c/m & -b/m & -K_1/m \\ 0 & K_1/L & -R/L \end{bmatrix} \cdot \begin{bmatrix} g(t) \\ w(t) \\ i(t) \end{bmatrix} + \begin{bmatrix} 0 \\ 1/m \\ 0 \end{bmatrix} \cdot f_q(t) \tag{4.2.7a}$$

$$u(t) = [0 \quad 0 \quad R] \cdot \begin{bmatrix} g(t) \\ w(t) \\ i(t) \end{bmatrix}. \tag{4.2.7b}$$

Wir betonen noch einmal, daß das System umkehrbar ist. Wird es als Lautsprecher verwendet, so liegt eine Spannungsquelle im elektrischen Kreis. Der dadurch verursachte Strom ruft eine Kraftwirkung auf der mechanischen Seite hervor, die zu einer Bewegung der Membran und damit zu einer Schallabstrahlung führt. Die Gleichungen (4.2.7) ändern sich dann entsprechend.

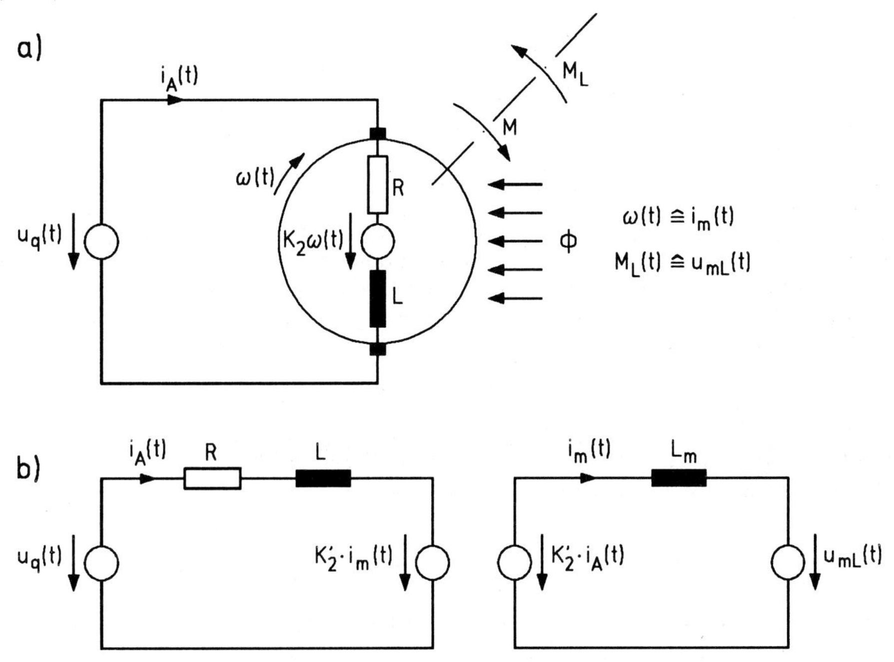

Bild 4.5: Zur Untersuchung eines Gleichstrommotors; a) Prinzipielle Anordnung; b) Elektrisches Ersatzschaltbild

Schließlich betrachten wir einen Gleichstrommotor, wobei wir, wie stets in diesem Abschnitt, ein streng lineares Verhalten annehmen (siehe Bild 4.5a). Das magnetische Feld werde durch einen konstanten Strom in der Feldwicklung erzeugt und sei daher konstant. Die Ankerwicklung ist über Kommutator und Bürsten mit der angelegten Spannungsquelle verbunden. Dann gilt für den Ankerkreis (z.B. [4.3])

$$u_q(t) = K_2\omega(t) + R \cdot i_A(t) + L\frac{di_A(t)}{dt}. \tag{4.2.8a}$$

Hier enthält die Konstante K_2 den magnetischen Fluß, $\omega(t)$ ist die Winkelgeschwindigkeit der Maschine, $i_A(t)$ der Strom im Anker, während R und L die elektrischen

Größen des Ankers sind. Das erzeugte Drehmoment $M(t)$ der Maschine ist unter den gemachten idealisierenden Annahmen dem Ankerstrom $i_A(t)$ mit demselben Faktor K_2 proportional

$$M(t) = K_2 \cdot i_A(t), \; [K_2] = Vs, \tag{4.2.8b}$$

während bei Vernachlässigung der Reibung die Winkelbeschleunigung durch die Differenz von Drehmoment $M(t)$ und Lastmoment $M_L(t)$ bestimmt wird. Mit dem Trägheitsmoment θ der gesamten rotierenden Anordnung einschließlich der Belastungsmaschine ist dann

$$\theta \frac{d\omega(t)}{dt} = M(t) - M_L(t). \tag{4.2.8c}$$

Verwendet man $i_A(t)$ und $\omega(t)$ als Zustandsgrößen, so lassen sich die Beziehungen (4.2.8) in die Gleichungen

$$\begin{bmatrix} x_1'(t) \\ x_2'(t) \end{bmatrix} = \begin{bmatrix} i_A'(t) \\ \omega'(t) \end{bmatrix} = \begin{bmatrix} -R/L & -K_2/L \\ K_2/\theta & 0 \end{bmatrix} \cdot \begin{bmatrix} i_A(t) \\ \omega(t) \end{bmatrix} + \begin{bmatrix} 1/L & 0 \\ 0 & -1/\theta \end{bmatrix} \cdot \begin{bmatrix} u_q(t) \\ M_L(t) \end{bmatrix}$$

$$M(t) = [K_2 \quad 0] \cdot \begin{bmatrix} i_A(t) \\ \omega(t) \end{bmatrix} \tag{4.2.9}$$

überführen.

Auch hier kann man ein elektrisches Ersatzschaltbild angeben. In Bild 4.5b wurde der Strom $i_m(t)$ als Analogon für die Winkelgeschwindigkeit $\omega(t)$ verwendet. Entsprechend werden Momente in Spannungen und das Trägheitsmoment θ in eine Induktivität überführt. Die Kopplung der beiden Kreise geschieht wieder durch stromgesteuerte Spannungsquellen, wobei $K_2' = K_2 \cdot 1/As$ ist.

4.2.2 Zustandsgleichungen, realisierende Basisstrukturen, Übertragungsfunktionen

Die folgenden Überlegungen gelten unabhängig davon, mit welchen Bauelementen die betrachteten Systeme realisiert werden. Wir nehmen lediglich an, daß eine Beschreibung durch eine lineare Differential- bzw. Differenzengleichung n-ter Ordnung mit konstanten Koeffizienten vorliegt, wobei wir uns zunächst auf Systeme mit einem Eingang und einem Ausgang beschränken. Daraus entwickeln wir entsprechend (4.1.1) und (4.1.2) die Zustands- und Ausgangsgleichung des Systems sowie vier realisierende Strukturen. Die dafür benötigten Bausteine sind in Bild 4.6 zusammengestellt. Für den diskreten Fall ist die Verwendung eines Verzögerungsgliedes kennzeichnend, das durch den Operator

$$\mathrm{D}\{x(k)\} = x(k-1) \tag{4.2.10}$$

beschrieben wird. Es speichert einen Wert für die Zeit T, die Dauer eines Taktes. Wir haben es schon im ersten Beispiel von Abschnitt 3.4 eingeführt. Dort haben wir gefunden, daß seine Übertragungsfunktion $H(z) = z^{-1} \hat{=} e^{-sT}$ ist.

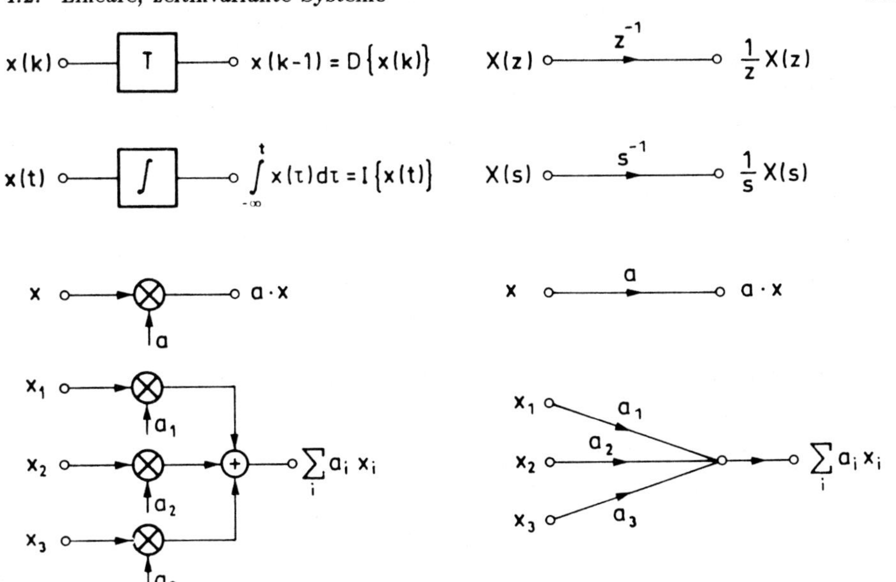

Bild 4.6: Elemente linearer Systeme

Bei kontinuierlichen Systemen benötigen wir einen Integrierer, der durch

$$\mathrm{I}\{x(t)\} = \int_{-\infty}^{t} x(\tau) d\tau \tag{4.2.11}$$

definiert ist. Wir haben ihn im 3. Beispiel von Abschnitt 3.4 untersucht und gefunden, daß seine Übertragungsfunktion $H(s) = s^{-1}$ ist. Weiterhin werden wir bei beiden Systemarten Multiplizierer verwenden, mit denen wir eine diskrete oder kontinuierliche Variable mit einer Konstanten multiplizieren können, sowie Summierer, die die Addition von Folgen oder Funktionen ermöglichen. In Bild 4.6 sind auch die entsprechenden Elemente der Signalflußgraphen zusammengestellt. Wir werden völlig einheitliche Strukturen für diskrete und kontinuierliche Systeme erhalten, wenn wir für die Übertragungsfunktionen von Verzögerungsglied und Integrierer die einheitliche Bezeichnung $G^{-1}(s)$ verwenden. Die gegebenenfalls nötige Spezialisierung gelingt dann, wenn wir im diskreten Fall $G(s) = e^{sT} = z$, im kontinuierlichen $G(s) = s$ setzen (siehe Bild 4.7). Die folgenden Betrachtungen führen dabei auf Anordnungen, die im kontinuierlichen Fall unmittelbar am Analogrechner realisierbar sind, bei dem Integration und Summation mit rückgekoppelten Operationsverstärkern mit hoher Genauigkeit durchgeführt werden (siehe [4.4] und Abschnitt 3.2.5.4 in Band I). Diskrete Systeme lassen sich in diesen Strukturen entweder fest verdrahtet aufbauen [4.5] oder an einem programmierbaren Gerät realisieren. Die Überlegungen sind insofern noch allgemeiner gültig, als man mit anderen Übertragungsfunktionen $G^{-1}(s)$ auf weitere Systeme geführt wird [4.4].

Zur Einführung zeigen wir das Verfahren zur Aufstellung der Zustandsgleichun-

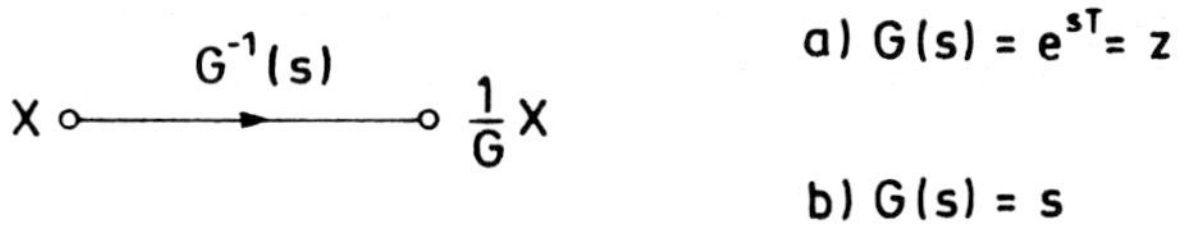

$$X \circ \xrightarrow{G^{-1}(s)} \circ \ \frac{1}{G} X \qquad \text{a) } G(s) = e^{sT} = z \qquad \text{b) } G(s) = s$$

Bild 4.7: Zur Einführung eines einheitlichen Bausteins mit der Übertragungsfunktion $G^{-1}(s)$

gen und der Entwicklung entsprechender Strukturen am Beispiel von Systemen zweiter Ordnung.

4.2.2.1 Beispiele

Wir betrachten ein kontinuierliches System, das durch

$$y''(t) + c_1 y'(t) + c_0 y(t) = b_2 v''(t) + b_1 v'(t) + b_0 v(t) \tag{4.2.12}$$

beschrieben sei. Zunächst integrieren wir

$$y''(t) - b_2 v''(t) + c_1 y'(t) - b_1 v'(t) = b_0 v(t) - c_0 y(t) =: x_2'(t) \tag{4.2.13a}$$

und erhalten die Zustandsvariable am Ausgang des Integrierers als

$$\begin{aligned} x_2(t) &= \mathrm{I}\{b_0 v(t) - c_0 y(t)\} \\ &= y'(t) - b_2 v'(t) + c_1 y(t) - b_1 v(t). \end{aligned}$$

In einem zweiten Schritt integrieren wir

$$y'(t) - b_2 v'(t) = x_2(t) + b_1 v(t) - c_1 y(t) =: x_1'(t). \tag{4.2.13b}$$

Es ergibt sich

$$\begin{aligned} x_1(t) &= \mathrm{I}\{x_2(t) - c_1 y(t) + b_1 v(t)\} \\ &= y(t) - b_2 v(t). \end{aligned}$$

Die Ausgangsgleichung wird dann

$$y(t) = x_1(t) + b_2 v(t).$$

Setzt man dieses Ergebnis in (4.2.13) ein, so erhält man

$$\mathbf{x}'(t) = \mathbf{A}\mathbf{x}(t) + \mathbf{b}v(t) \tag{4.2.14a}$$

$$y(t) = \mathbf{c}^T\mathbf{x}(t) + dv(t), \tag{4.2.14b}$$

wobei

$$\mathbf{A} =: \mathbf{A}_1 = \begin{bmatrix} -c_1 & 1 \\ -c_0 & 0 \end{bmatrix}; \mathbf{b} =: \mathbf{b}_1 = \begin{bmatrix} b_1 - b_2 c_1 \\ b_0 - b_2 c_0 \end{bmatrix}; \mathbf{c}^T =: \mathbf{c}_1^T = [1 \ \ 0]; d = d_1 = b_2 \tag{4.2.15}$$

ist. Der in Bild 4.8a gezeichnete allgemeine Signalflußgraph gibt die zugehörige Struktur an, wenn wir $G(s) = s$ setzen. Die in (4.2.15) zusätzlich angegebene Indizierung weist auf die hier vorliegende *erste* Anordnung zur Darstellung des betrachteten Systems hin.[1]

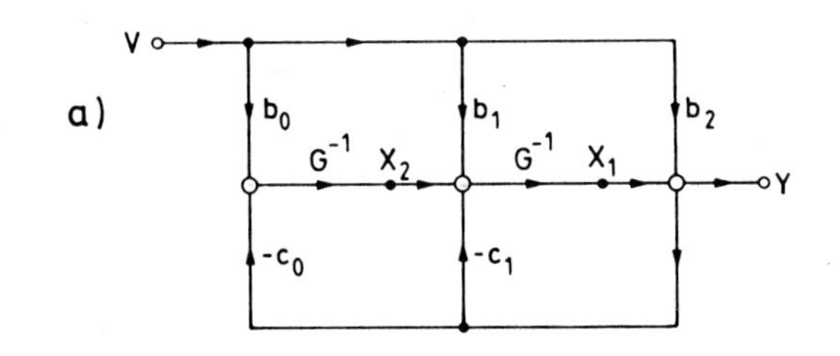

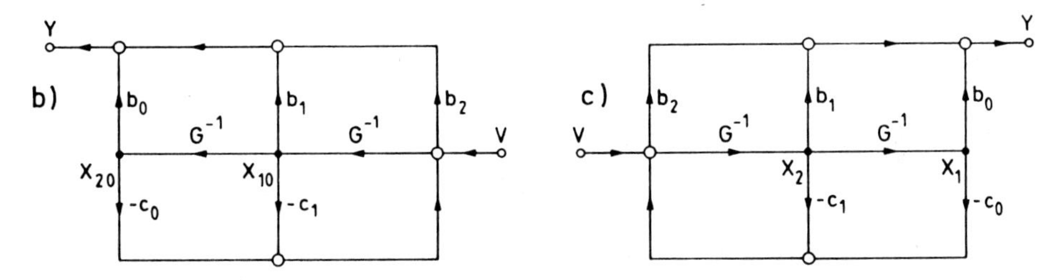

Bild 4.8: Signalflußgraphen allgemeiner Systeme 2. Ordnung; a) erste Struktur; b) transponierte erste Struktur; c) zweite Struktur

Das entsprechende diskrete System wird durch

$$y(k+2) + c_1 y(k+1) + c_0 y(k) = b_2 v(k+2) + b_1 v(k+1) + b_0 v(k) \tag{4.2.16}$$

beschrieben. Wir gewinnen daraus mit

$$y(k+2) = -c_1 y(k+1) - c_0 y(k) + b_2 v(k+2) + b_1 v(k+1) + b_0 v(k)$$

eine rekursive Beziehung, mit der wir die Werte $y(k)$ für $k > k_0 + 1$ bestimmen können, wenn neben $v(k)$ für $k \geq k_0$ auch die Anfangswerte $y(k_0)$ und $y(k_0+1)$ bekannt sind. Zur Herleitung der Zustandsgleichung wenden wir ganz entsprechend zu unserem Vorgehen beim kontinuierlichen System auf

$$y(k+2) - b_2 v(k+2) + c_1 y(k+1) - b_1 v(k+1) = b_0 v(k) - c_0 y(k) =: x_2(k+1) \tag{4.2.17a}$$

den durch (4.2.10) definierten Verzögerungsoperator an und erhalten

$$x_2(k) = \mathrm{D}\{b_0 v(k) - c_0 y(k)\}.$$

Im zweiten Schritt geben wir

$$y(k+1) - b_2 v(k+1) = x_2(k) + b_1 v(k) - c_1 y(k) =: x_1(k+1) \tag{4.2.17b}$$

[1] Zur Vereinfachung der Darstellung geben wir in den Signalflußgraphen nur Faktoren $\neq +1$ an.

auf den Eingang des Verzögerungsgliedes.

Es folgt

$$\begin{aligned} x_1(k) &= \mathrm{D}\{x_2(k) + b_1 v(k) - c_1 y(k)\} \\ &= y(k) - b_2 v(k) \end{aligned}$$

und damit

$$y(k) = x_1(k) + b_2 v(k).$$

Mit diesem Ergebnis erhält man aus (4.2.17)

$$\begin{aligned} \mathbf{x}(k+1) &= \mathbf{A}\mathbf{x}(k) + \mathbf{b}v(k) \\ y(k) &= \mathbf{c}^T\mathbf{x}(k) + dv(k) \end{aligned} \tag{4.2.18}$$

wobei für $\mathbf{A}$, $\mathbf{b}$, $\mathbf{c}^T$ und d wieder (4.2.15) gilt. Die Struktur von Bild 4.8a ist auch hier gültig, wenn wir $G(s) = e^{sT} = z$ setzen.

Wir bestimmen weiterhin für die durch (4.2.12) und (4.2.16) beschriebenen Systeme die zugehörigen Übertragungsfunktionen $H(s)$ bzw. $H(z)$. Entsprechend Abschnitt 3.3 setzen wir dazu im kontinuierlichen Fall $v(t) = Ve^{st}$, $\forall t$, $Re\{s\} \geq 0$, $V \in \mathbb{C}$. Mit dem Ansatz $y(t) = Y(s) \cdot e^{st}$ ergibt sich aus (4.2.12)

$$(s^2 + c_1 s + c_0)Y(s)e^{st} = (b_2 s^2 + b_1 s + b_0)Ve^{st}$$

und damit

$$H(s) = \frac{Y(s)}{V} = \frac{b_2 s^2 + b_1 s + b_0}{s^2 + c_1 s + c_0}. \tag{4.2.19a}$$

Für $s = j\omega$ erhält man speziell

$$H(j\omega) = \frac{-b_2\omega^2 + jb_1\omega + b_0}{-\omega^2 + jc_1\omega + c_0}. \tag{4.2.19b}$$

Wir können bei der Bestimmung der Übertragungsfunktion ebenso von (4.2.14) ausgehen. Für den Zustandsvektor gilt dann der Ansatz

$$\mathbf{x}(t) = \mathbf{X}(s) \cdot e^{st}$$

mit dem zunächst unbekannten Vektor der komplexen Amplituden $\mathbf{X}(s)$. Aus (4.2.14a) folgt

$$s\mathbf{X}(s)e^{st} = \mathbf{A}\mathbf{X}(s)e^{st} + \mathbf{b}Ve^{st}$$

und damit

$$\mathbf{X}(s) = (s\mathbf{E} - \mathbf{A})^{-1}\mathbf{b}V. \tag{4.2.20a}$$

Mit der Gleichung (4.2.14b) erhält man

$$H(s) = \frac{Y(s)}{V} = \mathbf{c}^T(s\mathbf{E} - \mathbf{A})^{-1}\mathbf{b} + d. \tag{4.2.20b}$$

Setzt man hier $\mathbf{A}, \mathbf{b}, \mathbf{c}^T$ und d aus (4.2.15) ein, so ergibt sich wieder (4.2.19a). Wir können die entsprechende Herleitung für das durch (4.2.16) bzw. (4.2.18) beschriebene diskrete System durchführen, wobei wir $v(k) = V \cdot z^k$, $\forall k, |z| \geq 1, V \in \mathbb{C}$ setzen und die Ansätze $y(k) = Y(z)z^k$ bzw. $\mathbf{x}(k) = \mathbf{X}(z)z^k$ verwenden. Man erhält an Stelle von (4.2.19) für die Übertragungsfunktion

$$H(z) = \frac{b_2 z^2 + b_1 z + b_0}{z^2 + c_1 z + c_0} \tag{4.2.21a}$$

und für den Frequenzgang

$$H(e^{j\Omega}) = \frac{b_2 e^{j2\Omega} + b_1 e^{j\Omega} + b_0}{e^{j2\Omega} + c_1 e^{j\Omega} + c_0}. \tag{4.2.21b}$$

Die (4.2.20) entsprechenden Beziehungen sind

$$\mathbf{X}(z) = (z\mathbf{E} - \mathbf{A})^{-1}\mathbf{b}V, \tag{4.2.22a}$$
$$H(z) = \mathbf{c}^T(z\mathbf{E} - \mathbf{A})^{-1}\mathbf{b} + d. \tag{4.2.22b}$$

Eine für beide Systeme gültige Darstellung erhält man offenbar wieder, wenn man oben für s bzw. z wie vorher G setzt. Z.B. wird dann die Übertragungsfunktion

$$H(G) = \frac{b_2 G^2 + b_1 G + b_0}{G^2 + c_1 G + c_0}. \tag{4.2.23}$$

Im Abschnitt 7.5 wird gezeigt, daß eine Transponierung des Signalflußgraphen eines Systems mit einem Eingang und einem Ausgang, bei der in allen Zweigen die Pfeilrichtungen geändert werden, die zugehörige Übertragungsfunktion nicht ändert. Mit dieser Operation entsteht aus Bild 4.8a zunächst die Struktur von Teilbild b und nach Herumdrehen und mit den Bezeichnungen $X_1 := X_{20}$, $X_2 := X_{10}$ schließlich das Bild 4.8c, das die zweite mögliche Anordnung für das System darstellt. Sie wird durch die Größen

$$\mathbf{A}_2 = \begin{bmatrix} 0 & 1 \\ -c_0 & -c_1 \end{bmatrix}, \mathbf{b}_2 = \begin{bmatrix} 0 \\ 1 \end{bmatrix}, \mathbf{c}_2^T = [b_0 - b_2 c_0, b_1 - b_2 c_1], d_2 = b_2 \tag{4.2.24}$$

beschrieben. Der Vergleich mit (4.2.15) zeigt, daß gilt

$$\begin{aligned} \mathbf{A}_2 &= \begin{bmatrix} 0 & 1 \\ 1 & 0 \end{bmatrix} \cdot \mathbf{A}_1^T \cdot \begin{bmatrix} 0 & 1 \\ 1 & 0 \end{bmatrix}; \mathbf{b}_2 = \begin{bmatrix} 0 & 1 \\ 1 & 0 \end{bmatrix} \cdot \mathbf{c}_1; \\ \mathbf{c}_2^T &= \mathbf{b}_1^T \cdot \begin{bmatrix} 0 & 1 \\ 1 & 0 \end{bmatrix}; \quad d_2 = d_1. \end{aligned} \tag{4.2.25}$$

Neben der nach (7.5.3) nötigen Transponierung wird hier die Vertauschung der Reihenfolge der Variablen berücksichtigt.

4.2.2.2 Systeme n-ter Ordnung

Die bisher am Beispiel eines Systems 2. Ordnung dargestellten Überlegungen lassen sich ohne weiteres auf ein System n-ter Ordnung verallgemeinern. Wir zeigen das zunächst ausgehend von der Differenzengleichung

$$\begin{aligned} &y(k+n) + c_{n-1}y(k+n-1) + \ldots + c_1 y(k+1) + c_0 y(k) = \\ &= b_m v(k+m) + b_{m-1}v(k+m-1) + \ldots + b_1 v(k+1) + b_0 v(k). \end{aligned} \tag{4.2.26}$$

Wegen der vorausgesetzten Kausalität muß hier $m \leq n$ sein. Ohne Einschränkung der Allgemeingültigkeit setzen wir im folgenden $m = n$. Zur Herleitung der Zustandsgleichung und einer realisierenden Struktur bilden wir im ersten Schritt

$$\begin{aligned} x_n(k) = \mathrm{D}\{b_0 v(k) - c_0 y(k)\} = \; & y(k+n-1) \; - \; b_n v(k+n-1) \\ & + c_{n-1}\, y(k+n-2) \; - \; b_{n-1} v(k+n-2) \\ & + \ldots \\ & + c_1 y(k) \; - \; b_1 v(k). \end{aligned}$$

Weiter ist

$$\begin{aligned} x_{n-1}(k) = \mathrm{D}\{x_n(k) + b_1 v(k) - c_1 y(k)\} = \; & y(k+n-2) - b_n v(k+n-2) \\ & + \ldots \\ & + c_2 y(k) - b_2 v(k). \end{aligned}$$

Entsprechend werden $x_\nu(k), \nu = (n-2)(-1)1$ definiert. Für die Zustandsvariable $x_1(k)$ ergibt sich schließlich

$$x_1(k) = \mathrm{D}\{x_2(k) + b_{n-1} v(k) - c_{n-1} y(k)\} = y(k) - b_n v(k)$$

und damit

$$y(k) = x_1(k) + b_n v(k).$$

Setzt man diese Ausgangsgleichung in die Beziehungen für die $x_\nu(k),\; \nu = 2(1)n$ ein, so folgt wieder (4.2.18)

$$\begin{aligned} \mathbf{x}(k+1) &= \mathbf{A}\mathbf{x}(k) + \; \mathbf{b}v(k) \\ y(k) &= \mathbf{c}^T \mathbf{x}(k) + \; dv(k), \end{aligned}$$

wobei in Verallgemeinerung von (4.2.15) jetzt gilt

$$\mathbf{A} =: \mathbf{A}_1 = \begin{bmatrix} -c_{n-1} & 1 & 0 & \ldots & 0 \\ -c_{n-2} & 0 & 1 & & 0 \\ \vdots & & & & \vdots \\ \vdots & \vdots & & & 0 \\ -c_1 & 0 & \ldots & 0 & 1 \\ -c_0 & 0 & \ldots & \ldots & 0 \end{bmatrix} ; \; \mathbf{b} =: \mathbf{b}_1 = \begin{bmatrix} b_{n-1} & - b_n c_{n-1} \\ b_{n-2} & - b_n c_{n-2} \\ \vdots & \\ \vdots & \\ b_1 & - b_n c_1 \\ b_0 & - b_n c_0 \end{bmatrix} \tag{4.2.27}$$

$$\mathbf{c}^T =: \mathbf{c}_1^T = [1\; 0\; \ldots 0] ; \quad d =: d_1 = b_n .$$

Bild 4.9 zeigt den Signalflußgraphen der zugehörigen Struktur in allgemeiner Form, d.h. wieder mit dem durch $G^{-1}(s)$ beschriebenen Baustein. Mit $G = z$ erhält man die erste Struktur zur Realisierung eines Systems, das durch eine

Differenzengleichung n-ter Ordnung beschrieben wird. Durch die eben bei dem System zweiter Ordnung beschriebene Transponierung mit anschließender Umkehrung der Reihenfolge der Zustandsvariablen erhält man die in Bild 4.10 dargestellte zweite Struktur. Für sie gilt in Verallgemeinerung von (4.2.24)

$$\mathbf{A}_2 = \begin{bmatrix} 0 & 1 & 0 & 0 & \dots & 0 \\ 0 & 0 & 1 & 0 & \dots & 0 \\ \vdots & & \ddots & \ddots & \ddots & \vdots \\ & & & \ddots & \ddots & 0 \\ 0 & 0 & 0 & \dots & 0 & 1 \\ -c_0 & -c_1 & -c_2 & \dots & & -c_{n-1} \end{bmatrix} ; \mathbf{b}_2 = \begin{bmatrix} 0 \\ 0 \\ \vdots \\ \vdots \\ 0 \\ 1 \end{bmatrix} \tag{4.2.28}$$

$$\mathbf{c}_2^T = [b_0 - b_n c_0, b_1 - b_n c_1, \dots, b_{n-1} - b_n c_{n-1}] ; \quad d_2 = b_n .$$

Die Beziehung zu den Größen der ersten Struktur wird auch hier durch (4.2.25) beschrieben. $\mathbf{A}_2$ wird auch als *Frobenius-Matrix* bezeichnet.

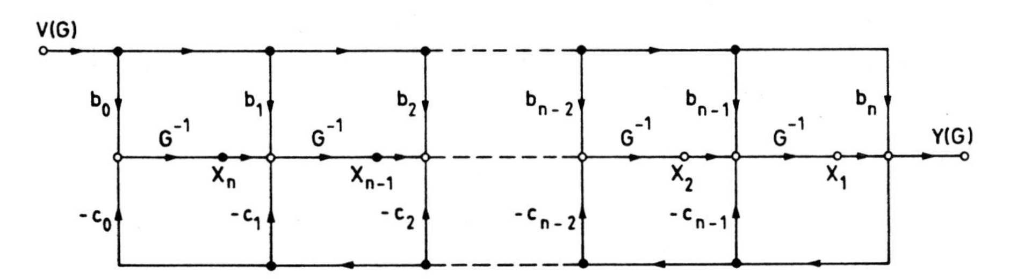

Bild 4.9: Erste Struktur eines allgemeinen Systems n-ter Ordnung

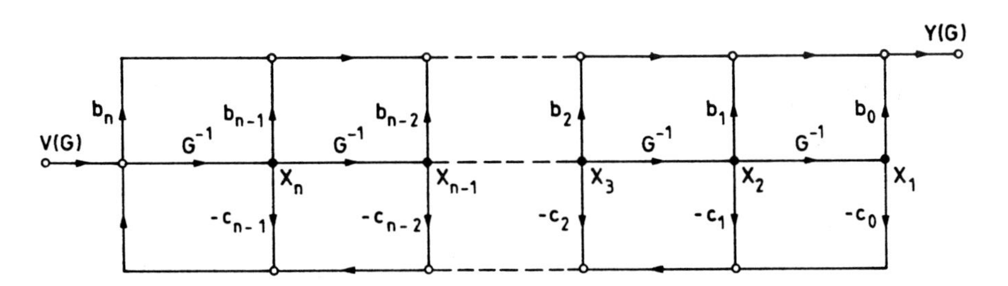

Bild 4.10: Zweite Struktur eines allgemeinen Systems n-ter Ordnung

Die Differentialgleichung n-ter Ordnung

$$\begin{aligned} & y^{(n)}(t) + c_{n-1}y^{(n-1)}(t) + \dots + c_1 y'(t) + c_0 y(t) = \\ & b_m v^{(m)}(t) + b_{m-1}v^{(m-1)}(t) + \dots + b_1 v'(t) + b_0 v(t) \end{aligned} \tag{4.2.29}$$

behandeln wir entsprechend. Zunächst gehen wir auch hier von der Bedingung $m \leq n$ aus, jetzt allerdings aus Stabilitätsgründen (siehe auch Abschnitt 5.1.2 in Band I). Wir wählen wieder $m = n$. Unser Vorgehen unterscheidet sich von dem für die Differenzengleichung im wesentlichen nur dadurch, daß wir den Integrationsoperator an Stelle der Verzögerung verwenden. Für die ν-te Zustandsvariable gilt z.B.

$$x_\nu(t) = \mathrm{I}\left\{x_{\nu+1}(t) + b_{n-\nu}v(t) - c_{n-\nu}y(t)\right\}, \quad \nu = n(-1)1.$$

Man erhält schließlich wieder (4.2.14)

$$\begin{aligned} \mathbf{x}'(t) &= \mathbf{A}\mathbf{x}(t) + \mathbf{b}v(t) \\ y(t) &= \mathbf{c}^T\mathbf{x}(t) + dv(t), \end{aligned}$$

wobei die Größen $\mathbf{A}, \mathbf{b}, \mathbf{c}^T$ und d durch (4.2.27) beschrieben sind. Dazu gehört dann wieder die Struktur von Bild 4.9, wenn wir dort $G = s$ setzen. Als weitere mögliche Anordnung gilt natürlich die von Bild 4.10, für die auch im Fall des kontinuierlichen Systems die Beziehungen (4.2.28) gültig sind.

Im letzten Abschnitt haben wir für die durch Differenzen- bzw. Differentialgleichungen beschriebenen Systeme zweiter Ordnung mit dem in Abschnitt 3.3 eingeführten Verfahren auch die Übertragungsfunktionen bestimmt. Bei Systemen n-ter Ordnung gehen wir entsprechend vor. Wir erhalten bei erneuter Verwendung von $G(s)$ in Verallgemeinerung von (4.2.23) mit $c_n = 1$

$$H(G) = \frac{\sum_{\mu=0}^{m} b_\mu G^\mu}{\sum_{\nu=0}^{n} c_\nu G^\nu}, \tag{4.2.30}$$

oder, wenn wir von den Zustandsgleichungen (4.2.14) bzw. (4.2.18) ausgehen

$$\mathbf{X}(G) = (G\mathbf{E} - \mathbf{A})^{-1}\mathbf{b}V \tag{4.2.31a}$$

sowie

$$H(G) = \mathbf{c}^T(G\mathbf{E} - \mathbf{A})^{-1}\mathbf{b} + d. \tag{4.2.31b}$$

Wie immer ergibt sich mit $G(s) = e^{sT} = z$ die Spezialisierung auf diskrete Systeme, während (4.2.30) und (4.2.31) für $G(s) = s$ kontinuierliche Systeme beschreiben.

Ausgehend von (4.2.30) entwickeln wir zwei weitere allgemeine realisierende Strukturen. Sind $G_{0\mu}$ die Nullstellen des Zähler- und $G_{\infty\nu}$ die Nullstellen des

Nennerpolynoms von $H(G)$, so gilt allgemein

$$H(G) = b_m \cdot \frac{\prod_{\mu=1}^{m}(G - G_{0\mu})}{\prod_{\nu=1}^{n}(G - G_{\infty\nu})}. \tag{4.2.32}$$

Wir setzen jetzt ein reellwertiges System voraus, das nach Abschnitt 3.3 mit der hier gewählten Darstellung durch $H(G^*) = H^*(G)$ gekennzeichnet ist. Ist danach $G_{0\mu}$ eine komplexe Nullstelle, so muß $G_{0\kappa} = G_{0\mu}^*$ ebenfalls Nullstelle sein. Ebenso ist mit einer komplexen Polstelle $G_{\infty\nu}$ auch $G_{\infty\lambda} = G_{\infty\nu}^*$ eine Polstelle. Dann können wir in (4.2.32) die zugehörigen Linearfaktoren jeweils zu Polynomen zweiter Ordnung mit reellen Koeffizienten zusammenfassen. Es ist also z.B.

$$(G - G_{\infty\lambda})(G - G_{\infty\lambda}^*) = G^2 + c_{1\lambda}G + c_{0\lambda}, \tag{4.2.33}$$

wobei

$$c_{1\lambda} = -2Re\{G_{\infty\lambda}\}, \; c_{0\lambda} = |G_{\infty\lambda}|^2$$

ist. Bei reellen Null- oder Polstellen ist eine willkürliche Zusammenfassung der entsprechenden Linearfaktoren zu Polynomen zweiter Ordnung möglich, aber i.a. nicht erforderlich. In jedem Fall können wir aber die Übertragungsfunktion in der Form

$$H(G) = \prod_{\lambda=1}^{\ell} H_\lambda(G) \tag{4.2.34a}$$

als Produkt von Teilübertragungsfunktionen $H_\lambda(G)$ ersten oder zweiten Grades mit ausschließlich reellen Koeffizienten darstellen. Nach willkürlicher Aufteilung des gemeinsamen Faktors b_m gilt also entweder

$$H_\lambda(G) =: H_\lambda^{(1)}(G) = \frac{b_{1\lambda}G + b_{0\lambda}}{G + c_{0\lambda}} \tag{4.2.34b}$$

oder

$$H_\lambda(G) =: H_\lambda^{(2)}(G) = \frac{b_{2\lambda}G^2 + b_{1\lambda}G + b_{0\lambda}}{G^2 + c_{1\lambda}G + c_{0\lambda}} \tag{4.2.34c}$$

mit $b_{i\lambda}, c_{i\lambda} \in \mathbb{R}$, $i = 0, 1, 2$. Der Produktdarstellung (4.2.34a) entspricht die Kaskadenanordnung der Teilsysteme, die durch (4.2.34b,c) beschrieben werden. Bild 4.11a zeigt diese Struktur, das Teilbild b mögliche Realisierungen für die Teilsysteme, wobei willkürlich wieder die in Bild 4.8a gezeigte erste Struktur gewählt wurde. Natürlich können in einer Kaskadenstruktur auch Teilsysteme mit einer Ordnung $n_\lambda > 2$ verwendet werden. Im allgemeinen ist lediglich $n_\lambda = 2$ der kleinste mögliche Grad, wenn die Teilsysteme reellwertig sein sollen.

Aus der Herleitung der Kaskadenform ergibt sich sofort, daß wir hier mit den Koeffizienten $b_{i\lambda}$ und $c_{i\lambda}$, $i = 0, 1, 2$ unmittelbar die Null- bzw. Polstellen von

$H(G)$ kontrollieren können. Das wird in Bild 4.11c für die Polstellen veranschaulicht. Im Gegensatz dazu gestatten die Strukturen der Bilder 4.9 und 4.10 die Einstellung der Koeffizienten von Zähler- und Nennerpolynom. Sie werden auch als erste und zweite direkte Form bezeichnet. Allen drei Strukturen ist gemeinsam, daß sie stets angegeben werden können und daß sie genau n Bausteine mit der Übertragungsfunktion $G^{-1}(s)$ benötigen, also mit der Mindestzahl von Verzögerungsgliedern bzw. Integrierern auskommen. Sie werden daher auch kanonische Strukturen genannt.

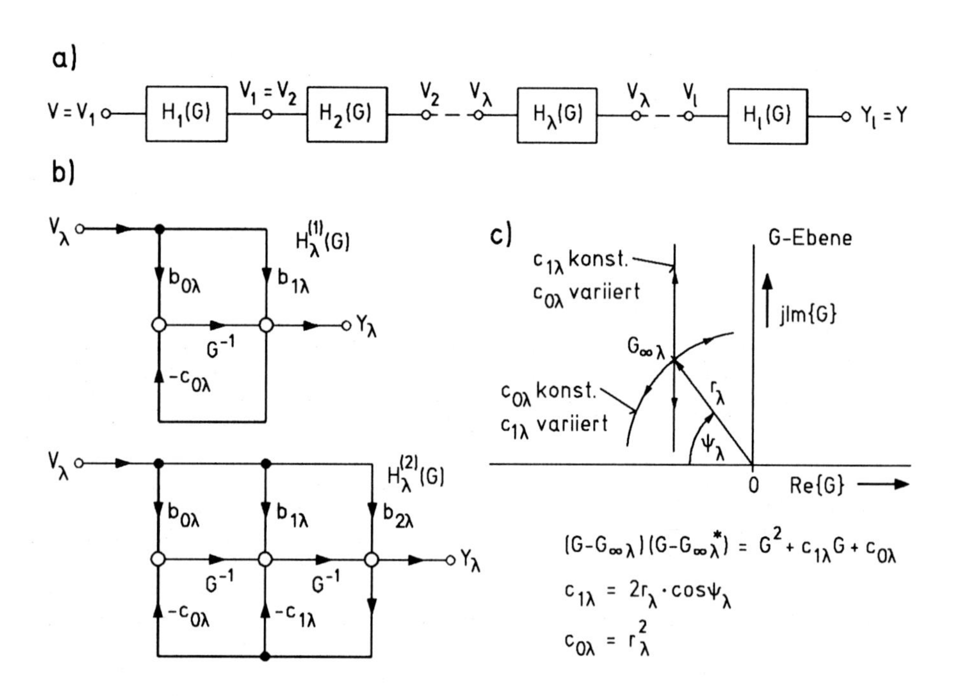

Bild 4.11: Zur Kaskadenstruktur eines Systems. a) allgemeine Anordnung; b) Signalflußgraphen von Teilsystemen; c) Abhängigkeit der Polstellen von den Koeffizienten

Am Beispiel eines kontinuierlichen Systems zeigen wir, wie man die Zustandsgleichungen der Form (4.2.14) für eine Kaskadenschaltung erhält. Wir nehmen dazu an, daß das λ-te Teilsystem durch

$$\begin{aligned}\mathbf{x}'_\lambda(t) &= \mathbf{A}_\lambda \mathbf{x}_\lambda(t) + \mathbf{b}_\lambda v_\lambda(t)\\ y_\lambda(t) &= \mathbf{c}_\lambda^T \mathbf{x}_\lambda(t) + d_\lambda v_\lambda(t)\end{aligned}$$

beschrieben wird. Nach Bild 4.11 ist nun

$$v_\lambda(t) = y_{\lambda-1}(t) = \mathbf{c}_{\lambda-1}^T \cdot \mathbf{x}_{\lambda-1}(t) + d_{\lambda-1} \cdot v_{\lambda-1}(t).$$

Damit folgt

$$\begin{aligned}\mathbf{x}'_\lambda(t) &= \mathbf{b}_\lambda \mathbf{c}_{\lambda-1}^T \mathbf{x}_{\lambda-1}(t) + \mathbf{A}_\lambda \mathbf{x}_\lambda(t) + \mathbf{b}_\lambda d_{\lambda-1} v_{\lambda-1}(t)\\ y_\lambda(t) &= d_\lambda \mathbf{c}_{\lambda-1}^T \mathbf{x}_{\lambda-1}(t) + \mathbf{c}_\lambda^T \mathbf{x}_\lambda(t) + d_\lambda d_{\lambda-1} v_{\lambda-1}(t).\end{aligned}$$

Hier ist entsprechend $v_{\lambda-1}(t) = y_{\lambda-2}(t)$ einzusetzen. So ist fortzufahren, bis man mit $v_1(t) = v(t)$ zur Eingangsfunktion des Gesamtsystems kommt. Man erhält zusammenfassend

$$\begin{bmatrix} \mathbf{x}_1'(t) \\ \mathbf{x}_2'(t) \\ \mathbf{x}_3'(t) \\ \vdots \end{bmatrix} = \begin{bmatrix} \mathbf{A}_1 & \mathbf{0} & \mathbf{0} & \mathbf{0}\ldots \\ \mathbf{b}_2\mathbf{c}_1^T & \mathbf{A}_2 & \mathbf{0} & \mathbf{0}\ldots \\ \mathbf{b}_3 d_2 \mathbf{c}_1^T & \mathbf{b}_3\mathbf{c}_2^T & \mathbf{A}_3 & \mathbf{0}\ldots \\ \vdots & \vdots & \vdots & \end{bmatrix} \begin{bmatrix} \mathbf{x}_1(t) \\ \mathbf{x}_2(t) \\ \mathbf{x}_3(t) \\ \vdots \end{bmatrix} + \begin{bmatrix} \mathbf{b}_1 \\ \mathbf{b}_2 d_1 \\ \mathbf{b}_3 d_2 d_1 \\ \vdots \end{bmatrix} v(t)$$

$$y(t) = \left[\prod_{\lambda=2}^{\ell} d_\lambda \mathbf{c}_1^T; \prod_{\lambda=3}^{\ell} d_\lambda \mathbf{c}_2^T; \prod_{\lambda=4}^{\ell} d_\lambda \mathbf{c}_3^T; \ldots \right] \cdot \begin{bmatrix} \mathbf{x}_1(t) \\ \mathbf{x}_2(t) \\ \mathbf{x}_3(t) \\ \vdots \end{bmatrix} + \prod_{\lambda=1}^{\ell} d_\lambda v(t). \tag{4.2.35}$$

Dieses Ergebnis gilt für die Kaskadenschaltung von beliebigen Teilsystemen mit jeweils einem Eingang und einem Ausgang, ist also nicht auf Blöcke maximal zweiten Grades beschränkt. Kennzeichnend für die Struktur ist, daß die **A**-Matrix längs der Hauptdiagonalen die Matrizen $\mathbf{A}_\lambda$ der Teilsysteme enthält. Die Kopplung zwischen den Blöcken wird durch die Elemente unterhalb der Hauptdiagonalen beschrieben.

Wir behandeln als Beispiel ein kontinuierliches System mit $n = 5$ und $m = 4$. Zwei der Nullstellen seien reell. Für die Zuordnung der Null- und Polstellen zu den drei Teilsystemen wählen wir willkürlich unter den sechs möglichen die in Bild 4.12a skizzierte aus. Das Teilbild 4.12b zeigt den Signalflußgraphen des Gesamtsystems, wobei eine der $3! = 6$ möglichen Reihenfolgen gewählt worden ist. Die Zahl der verschiedenen Kaskaden-Strukturen zur Realisierung eines Systems mit einer gegebenen Übertragungsfunktion $H(G)$ kann außerordentlich groß werden. Ist $m = n = 2\ell$ und sind ℓ komplexe Pol- und Nullstellenpaare vorhanden, so können insgesamt $(\ell!)^2$ unterschiedliche Anordnungen angegeben werden, die in dem betrachteten Idealfall alle gleichwertig sind. Unter Realisierungsgesichtspunkten zeigen sich allerdings sowohl bei kontinuierlichen wie bei diskreten Systemen erhebliche Unterschiede (z.B. [4.5]).

Die Zustandsbeschreibung (4.2.35) führt beim Beispiel von Bild 4.12b mit den dort angegebenen Bezeichnungen auf

$$\mathbf{x}'(t) = \left[\begin{array}{c|cc|cc} -c_{01} & 0 & 0 & 0 & 0 \\ \hline b_{12} & -c_{12} & 1 & 0 & 0 \\ b_{02} & -c_{02} & 0 & 0 & 0 \\ \hline 0 & (b_{13} - b_{23}c_{13}) & 0 & -c_{13} & 1 \\ 0 & (b_{03} - b_{23}c_{03}) & 0 & -c_{03} & 0 \end{array}\right] \cdot \mathbf{x}(t) + \begin{bmatrix} b_{01} - b_{11}c_{01} \\ b_{12}b_{11} \\ b_{02}b_{11} \\ 0 \\ 0 \end{bmatrix} v(t)$$

$$y(t) = [0 \quad b_{23} \quad 0 \quad 1 \quad 0] \cdot \mathbf{x}(t).$$

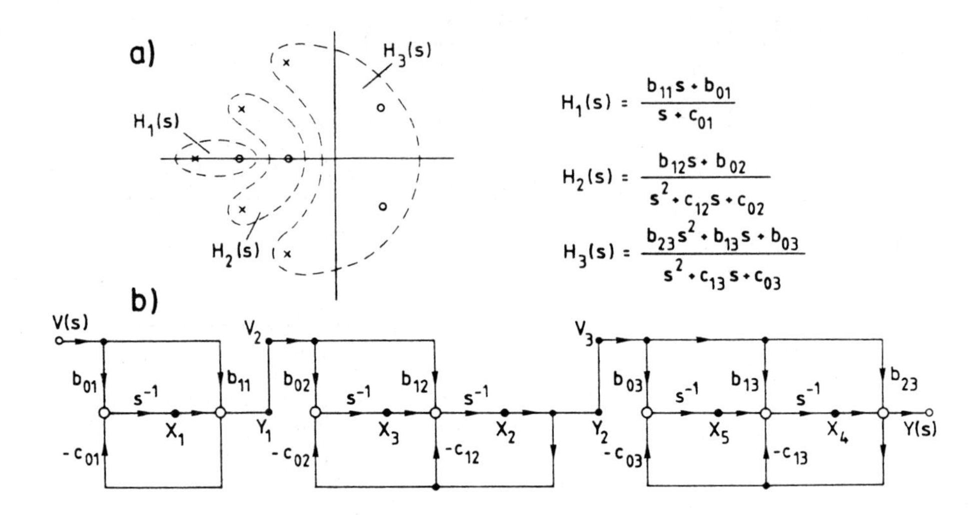

Bild 4.12: Beispiel eines kontinuierlichen Systems 5. Ordnung in Kaskadenform

Als vierte kanonische Struktur leiten wir die Parallelform her. Die Partialbruchzerlegung von $H(G)$ liefert, wenn wir wieder ohne Einschränkung der Allgemeingültigkeit $m = n$ und $c_n = 1$ setzen,

$$H(G) = \frac{\sum\limits_{\mu=0}^{n} b_\mu G^\mu}{\prod\limits_{\nu=1}^{n}(G - G_{\infty\nu})} = b_n + \sum_{\nu=1}^{n} \frac{B_\nu}{G - G_{\infty\nu}}, \tag{4.2.36a}$$

wenn $G_{\infty\nu} \neq G_{\infty\kappa}, \forall\nu \neq \kappa$ und

$$H(G) = b_n + \sum_{\nu=1}^{n_0} \sum_{\kappa=1}^{n_\nu} \frac{B_{\nu\kappa}}{(G - G_{\infty\nu})^\kappa}, \tag{4.2.36b}$$

wenn der Pol bei $G_{\infty\nu}$ die Vielfachheit $n_\nu \geq 1$ hat und n_0 verschiedene Polstellen vorhanden sind. Für die Koeffizienten gilt (siehe Abschnitt 5.1.1 in Bd. I)

$$B_\nu = \lim_{G \to G_{\infty\nu}} (G - G_{\infty\nu}) \cdot H(G) \tag{4.2.36c}$$

und

$$B_{\nu\kappa} = \frac{1}{(n_\nu - \kappa)!} \lim_{G \to G_{\infty\nu}} \frac{d^{n_\nu - \kappa}}{dG^{n_\nu - \kappa}} \left[(G - G_{\infty\nu})^{n_\nu} H(G)\right]. \tag{4.2.36d}$$

Weiterhin ist

$$b_n = \lim_{G \to \infty} H(G). \tag{4.2.36e}$$

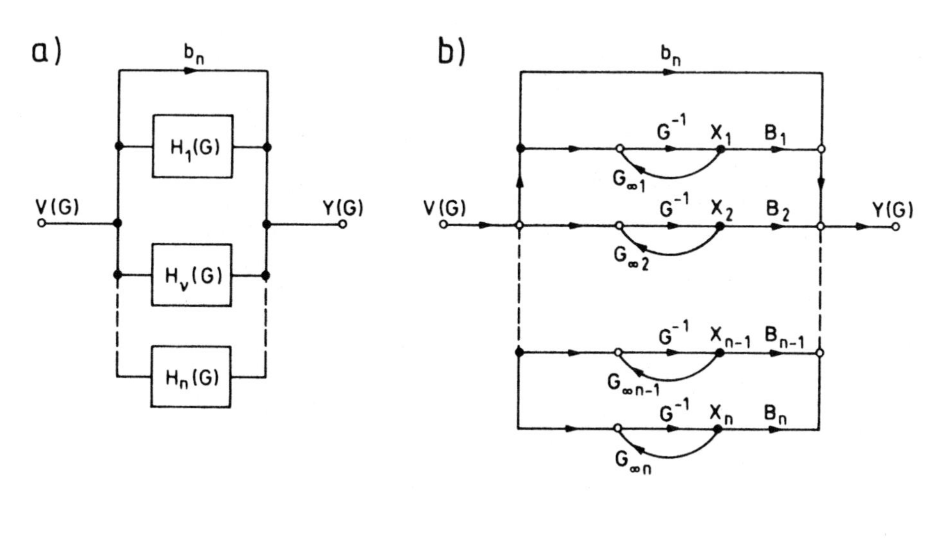

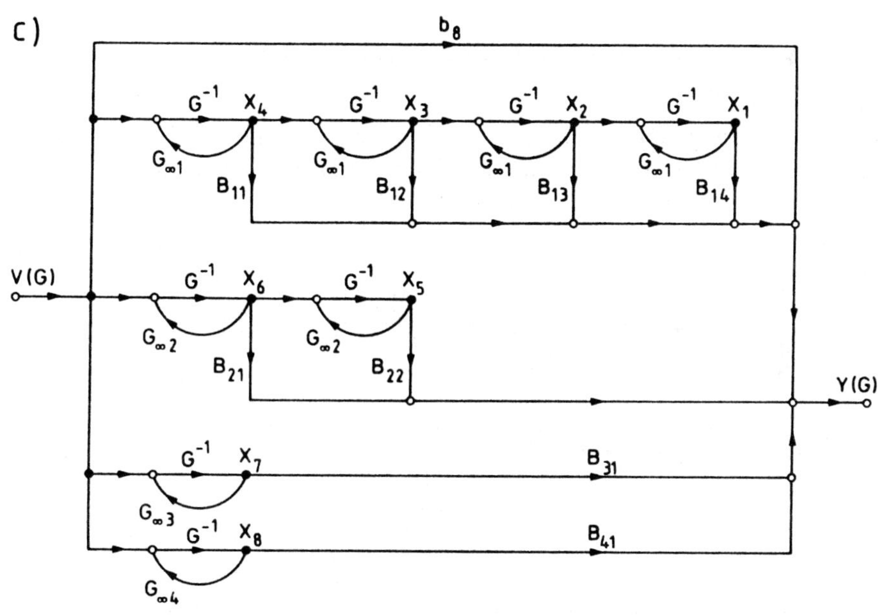

Bild 4.13: Zur Parallelstruktur eines Systems. a) allgemeine Anordnung; b) Signalflußgraph bei einfachen Polen; c) Signalflußgraph bei z.T. mehrfachen Polen für ein Beispiel

Der in (4.2.36a,b) gegebenen Summendarstellung, die man allgemein als

$$H(G) = b_n + \sum_{\nu=1}^{n} H_\nu(G)$$

schreiben kann, entspricht offenbar eine Parallelanordnung von Teilsystemen mit den Übertragungsfunktionen $H_\lambda(G)$. Bild 4.13a zeigt die prinzipielle Struktur, das Teilbild b den Signalflußgraphen für den Fall einfacher Pole. Für die Matrizen der zugehörigen Zustands- und Ausgangsgleichung erhalten wir

$$\mathbf{A} = \begin{bmatrix} G_{\infty 1} & 0 & \dots & 0 \\ 0 & G_{\infty 2} & \dots & 0 \\ \vdots & \vdots & \ddots & \vdots \\ 0 & 0 & \dots & G_{\infty n} \end{bmatrix} = diag\,[G_{\infty\nu}] \qquad (4.2.37)$$

$$\mathbf{b} = [1, 1, \dots, 1]^T, \qquad \mathbf{c}^T = [B_1, B_2, \dots, B_n], \quad d = b_n.$$

Bei mehrfachen Polen sind die Struktur und die Matrizen komplizierter. Im Interesse einer übersichtlichen Darstellung geben wir sie für ein Beispiel an, wobei wir $n = 8$, $n_0 = 4, n_1 = 4, n_2 = 2, n_3 = n_4 = 1$ wählen. Es ist also

$$H(G) = b_8 + \sum_{\kappa=1}^{4} \frac{B_{1\kappa}}{(G - G_{\infty 1})^\kappa} + \sum_{\kappa=1}^{2} \frac{B_{2\kappa}}{(G - G_{\infty 2})^\kappa} + \frac{B_{31}}{G - G_{\infty 3}} + \frac{B_{41}}{G - G_{\infty 4}}. \quad (4.2.38a)$$

Würden wir hier jeden Summanden getrennt realisieren, wie es Bild 4.13a nahelegt, so würden wir im allgemeinen Fall $\sum_{\nu=1}^{n_0} \sum_{\kappa=1}^{n_\nu} \kappa$ Bausteine mit der Übertragungsfunktion $G^{-1}(s)$ benötigen, im vorliegenden Beispiel also 15. Um auch bei mehrfachen Polen eine kanonische Schaltung zu bekommen, bildet man für jeden Pol $G_{\infty\nu}$ der Vielfachheit n_ν eine Kaskade von n_ν identischen Teilsystemen mit der Übertragungsfunktion $1/(G - G_{\infty\nu})$. Die nach der Partialbruchzerlegung erforderlichen n_ν unterschiedlichen Teilsysteme erhält man dann durch Abgriffe an der Kaskade und Multiplikation mit den $B_{\nu\kappa}$. Bild 4.13c zeigt das Verfahren für das gewählte Beispiel. Numeriert man die Zustandsvariablen so wie in dem Bild angegeben, so erhält man für die Matrizen

$$\mathbf{A} = \left[\begin{array}{cccc|cc|c|c} G_{\infty 1} & 1 & 0 & 0 & 0 & 0 & 0 & 0 \\ 0 & G_{\infty 1} & 1 & 0 & 0 & 0 & 0 & 0 \\ 0 & 0 & G_{\infty 1} & 1 & 0 & 0 & 0 & 0 \\ 0 & 0 & 0 & G_{\infty 1} & 0 & 0 & 0 & 0 \\ \hline 0 & 0 & 0 & 0 & G_{\infty 2} & 1 & 0 & 0 \\ 0 & 0 & 0 & 0 & 0 & G_{\infty 2} & 0 & 0 \\ \hline 0 & 0 & 0 & 0 & 0 & 0 & G_{\infty 3} & 0 \\ \hline 0 & 0 & 0 & 0 & 0 & 0 & 0 & G_{\infty 4} \end{array}\right] \qquad (4.2.38b)$$

$$\mathbf{b} = [0, 0, 0, 1, 0, 1, 1, 1]^T,$$

$$\mathbf{c}^T = [B_{14}, B_{13}, B_{12}, B_{11}, B_{22}, B_{21}, B_{31}, B_{41}], \; d = b_8.$$

Die in der **A**-Matrix gekennzeichneten $(n_\nu \times n_\nu)$-Untermatrizen der Form

$$\begin{bmatrix} G_{\infty\nu} & 1 & 0 & \dots & 0 \\ 0 & \ddots & & & \vdots \\ \vdots & \ddots & \ddots & & 0 \\ \vdots & & \ddots & \ddots & 1 \\ 0 & \dots & \dots & 0 & G_{\infty\nu} \end{bmatrix} \tag{4.2.39}$$

werden als *Jordan-Blöcke* bezeichnet.

Bisher wurde nicht berücksichtigt, daß die Polstellen $G_{\infty\nu}$ und die Koeffizienten $B_{\nu\kappa}$ komplex sein können. Setzen wir wieder ein reellwertiges System voraus, so treten in (4.2.36a,b) Paare von Termen auf, die zueinander konjugiert komplexe Polstellen und Koeffizienten haben.

Im Fall einfacher Pole ist dann

$$\begin{aligned} &\frac{B_\lambda}{G - G_{\infty\lambda}} + \frac{B_\lambda^*}{G - G_{\infty\lambda}^*} = \frac{b'_{1\lambda} G + b'_{0\lambda}}{G^2 + c_{1\lambda} G + c_{0\lambda}} \\ &\text{mit} \quad c_{1\lambda} = -2Re\{G_{\infty\lambda}\}, \quad c_{0\lambda} = |G_{\infty\lambda}|^2 \quad \text{wie früher,} \\ &\text{aber} \quad b'_{1\lambda} = 2Re\{B_\lambda\}, \quad b'_{0\lambda} = -2Re\{B_\lambda G_{\infty\lambda}^*\}. \end{aligned} \tag{4.2.40}$$

Bei mehrfachen Polen geht man entsprechend vor. Auf die Darstellung sei hier verzichtet.

Bild 4.14 zeigt den Signalflußgraphen für ein kontinuierliches System 5. Grades in Anlehnung an das Beispiel von Bild 4.12. Für die Matrizen erhalten wir

$$\mathbf{A} = \left[\begin{array}{c|cc|cc} -c_{01} & 0 & 0 & 0 & 0 \\ \hline 0 & -c_{12} & 1 & 0 & 0 \\ 0 & -c_{02} & 0 & 0 & 0 \\ \hline 0 & 0 & 0 & -c_{13} & 1 \\ 0 & 0 & 0 & -c_{03} & 0 \end{array}\right], \quad \mathbf{b} = [b'_{01}, b'_{12}, b'_{02}, b'_{13}, b'_{03}]^T$$

$$\mathbf{c}^T = [1, \ 1, \ 0, \ 1, \ 0], \qquad d = 0.$$

Unsere bisherigen Überlegungen verallgemeinern wir jetzt insofern, als wir ℓ Eingänge und r Ausgänge zulassen. Wie früher fassen wir die Eingangsgrößen v_λ, $\lambda = 1(1)\ell$ zu einem Eingangsvektor $\mathbf{v}$ und die Ausgangsgrößen $y_\rho, \rho = 1(1)r$ zu einem Ausgangsvektor $\mathbf{y}$ zusammen. Das System sei wie bisher n-ter

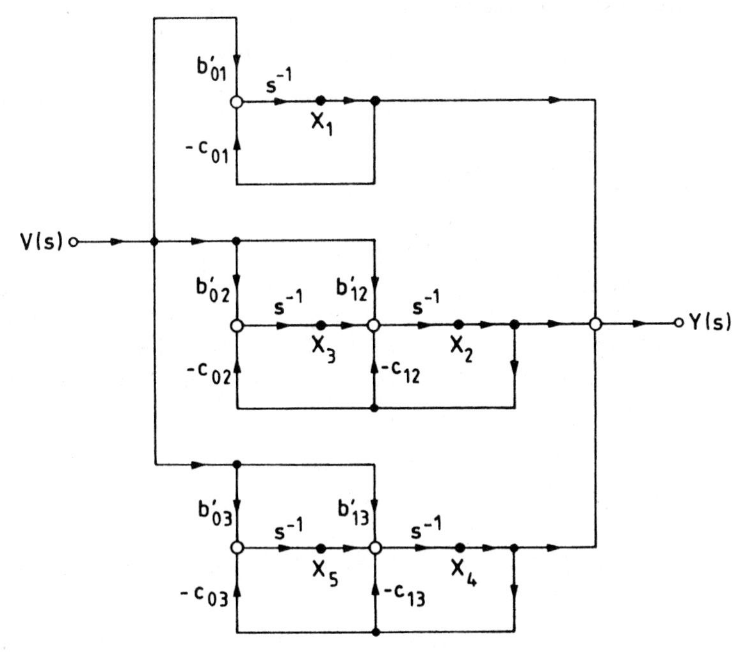

Bild 4.14: Beispiel eines kontinuierlichen Systems 5. Ordnung in Parallelstruktur

Ordnung, der Zustandsvektor wird weiterhin mit $\mathbf{x}$ bezeichnet. Im Falle eines kontinuierlichen Systems ist dann

$$\mathbf{x}'(t) = \mathbf{A}\mathbf{x}(t) + \mathbf{B}\mathbf{v}(t) \qquad (4.2.41a)$$

$$\mathbf{y}(t) = \mathbf{C}\mathbf{x}(t) + \mathbf{D}\mathbf{v}(t) \qquad (4.2.41b)$$

als Spezialisierung von (4.1.1) auf die hier betrachteten linearen Systeme. Die auftretenden Matrizen haben die folgenden Dimensionen

$$\begin{array}{ll} \mathbf{A} : n \times n; & \mathbf{B} : n \times \ell \\ \mathbf{C} : r \times n; & \mathbf{D} : r \times \ell. \end{array} \qquad (4.2.41c)$$

Das entsprechende diskrete System wird beschrieben durch

$$\mathbf{x}(k+1) = \mathbf{A}\mathbf{x}(k) + \mathbf{B}\mathbf{v}(k) \qquad (4.2.42a)$$

$$\mathbf{y}(k) = \mathbf{C}\mathbf{x}(k) + \mathbf{D}\mathbf{v}(k). \qquad (4.2.42b)$$

Es kann manchmal zweckmäßig sein, jeweils die beiden Gleichungen (4.2.41a,b) bzw. (4.2.42a,b) zu einer einzigen zusammenzufassen. Man erhält im diskreten Fall

$$\begin{bmatrix} \mathbf{x}(k+1) \\ \mathbf{y}(k) \end{bmatrix} = \begin{bmatrix} \mathbf{A} & \mathbf{B} \\ \mathbf{C} & \mathbf{D} \end{bmatrix} \begin{bmatrix} \mathbf{x}(k) \\ \mathbf{v}(k) \end{bmatrix} =: \mathbf{S} \begin{bmatrix} \mathbf{x}(k) \\ \mathbf{v}(k) \end{bmatrix}. \qquad (4.2.43a)$$

Die hier auftretende Systemmatrix

$$\mathbf{S} = \begin{bmatrix} \mathbf{A} & \mathbf{B} \\ \mathbf{C} & \mathbf{D} \end{bmatrix} \tag{4.2.43b}$$

hat offenbar die Dimension $(n + r) \times (n + \ell)$.

Zur Bestimmung der Übertragungsmatrizen gehen wir entsprechend unseren allgemeinen Überlegungen in Abschnitt 3.3 vor. Wir setzen ohne Einschränkung der Allgemeingültigkeit $\mathbf{v}(t) = \mathbf{V}e^{st}$, $\forall t$, $Re\{s\} \geq 0$, wobei wir annehmen, daß $v_\lambda(t) = V_\lambda e^{st}, V_\lambda \in \mathbb{C}$, $\lambda = 1(1)\ell$ ist, alle Eingangsfunktionen sich also höchstens durch ihre komplexen Amplituden unterscheiden. Für Zustands- und Ausgangsvektor machen wir die Ansätze

$$\begin{aligned} \mathbf{x}(t) &= \mathbf{X}(s)e^{st} \\ \mathbf{y}(t) &= \mathbf{Y}(s)e^{st} \end{aligned}$$

mit den zunächst unbekannten Vektoren $\mathbf{X}(s)$ und $\mathbf{Y}(s)$ der komplexen Amplituden. Damit folgt aus (4.2.41)

$$\mathbf{X}(s) = (s\mathbf{E} - \mathbf{A})^{-1}\mathbf{B}\mathbf{V} \tag{4.2.44a}$$

und

$$\mathbf{H}(s) = \mathbf{C}(s\mathbf{E} - \mathbf{A})^{-1}\mathbf{B} + \mathbf{D}, \tag{4.2.44b}$$

wobei wieder $\mathbf{Y}(s) = \mathbf{H}(s)\mathbf{V}(s)$ gilt. Entsprechend erhalten wir mit $\mathbf{v}(k) = \mathbf{V}z^k$, $\forall k$, $|z| \geq 1$ aus (4.2.42)

$$\mathbf{X}(z) = (z\mathbf{E} - \mathbf{A})^{-1}\mathbf{B}\mathbf{V} \tag{4.2.45a}$$

und

$$\mathbf{H}(z) = \mathbf{C}(z\mathbf{E} - \mathbf{A})^{-1}\mathbf{B} + \mathbf{D}. \tag{4.2.45b}$$

Bild 4.15 zeigt die generelle Struktur zur Realisierung der betrachteten Systeme. Angedeutet ist, daß jeweils Vektoren angegebener Dimension addiert bzw. mit Matrizen multipliziert werden. Weiterhin gilt $\mathbf{G}^{-1} = G^{-1}(s) \cdot \mathbf{E}$, wobei $\mathbf{E}$ die Einheitsmatrix n-ter Ordnung ist. Entsprechend früherem beschreibt also dieser Block im kontinuierlichen Fall die Integration und im diskreten die Verzögerung des Zustandsvektors.

Wir betrachten als einfaches Beispiel das schon in Abschnitt 6.5 von Band I behandelte kontinuierliche System, das durch

$$\mathbf{A}_1 = \begin{bmatrix} -4 & 1 \\ -3 & 0 \end{bmatrix}, \mathbf{B}_1 = \begin{bmatrix} 2 & 1 \\ 1 & 2 \end{bmatrix}, \mathbf{C}_1 = \begin{bmatrix} 1 & 0 \\ 0 & 1 \end{bmatrix}, \mathbf{D} = \begin{bmatrix} 1 & 0 \\ 0 & 1 \end{bmatrix}$$

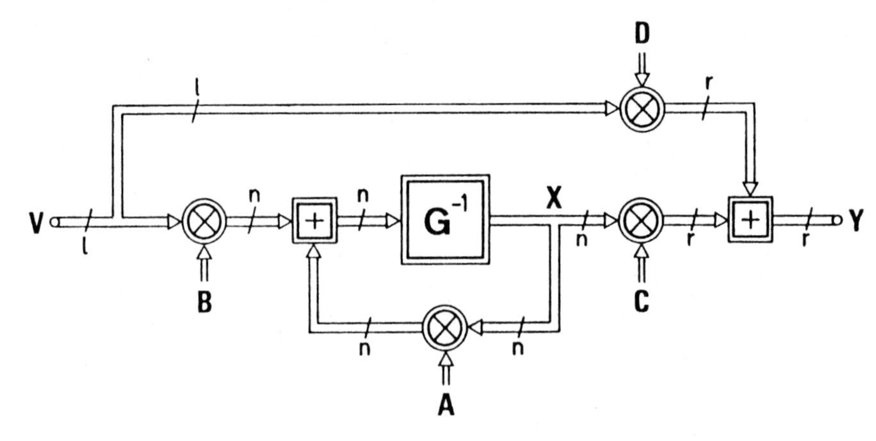

Bild 4.15: Allgemeine Struktur eines Systems n-ter Ordnung mit ℓ Eingängen und r Ausgängen

beschrieben wird. Bild 4.16a zeigt den Signalflußgraphen in Anlehnung an die Darstellung von Bild 4.15. Für die Übertragungsmatrix erhalten wir mit (4.2.44b) nach Zwischenrechnung

$$\mathbf{H}(s) = \frac{1}{s^2+4s+3}\begin{bmatrix} s^2+6s+4 & s+2 \\ s-2 & s^2+6s+8 \end{bmatrix}.$$

4.2.2.3 Transformation von Zustandsvektoren

Die folgenden Überlegungen führen wir beispielhaft für ein kontinuierliches System durch, das nach (4.2.41) durch

$$\begin{aligned}\mathbf{x}'(t) &= \mathbf{A}\mathbf{x}(t) + \mathbf{B}\mathbf{v}(t) \\ \mathbf{y}(t) &= \mathbf{C}\mathbf{x}(t) + \mathbf{D}\mathbf{v}(t)\end{aligned}$$

beschrieben sei. Die Überlegungen gelten ebenso für diskrete Systeme. Mit Hilfe einer nichtsingulären $(n \times n)$-Transformationsmatrix $\mathbf{T}$ führen wir einen neuen Zustandsvektor $\mathbf{q}(t)$ derart ein, daß

$$\mathbf{x}(t) = \mathbf{T}\cdot\mathbf{q}(t) \tag{4.2.46}$$

gilt. Durch Einsetzen in (4.2.41) erhalten wir nach elementaren Umformungen

$$\begin{aligned}\mathbf{q}'(t) &= \mathbf{T}^{-1}\mathbf{A}\mathbf{T}\mathbf{q}(t) + \mathbf{T}^{-1}\mathbf{B}\mathbf{v}(t) &=:& \ \mathbf{A}_q\mathbf{q}(t) + \mathbf{B}_q\mathbf{v}(t) \\ \mathbf{y}(t) &= \mathbf{C}\mathbf{T}\mathbf{q}(t) + \mathbf{D}\mathbf{v}(t) &=:& \ \mathbf{C}_q\mathbf{q}(t) + \mathbf{D}_q\mathbf{v}(t).\end{aligned} \tag{4.2.47}$$

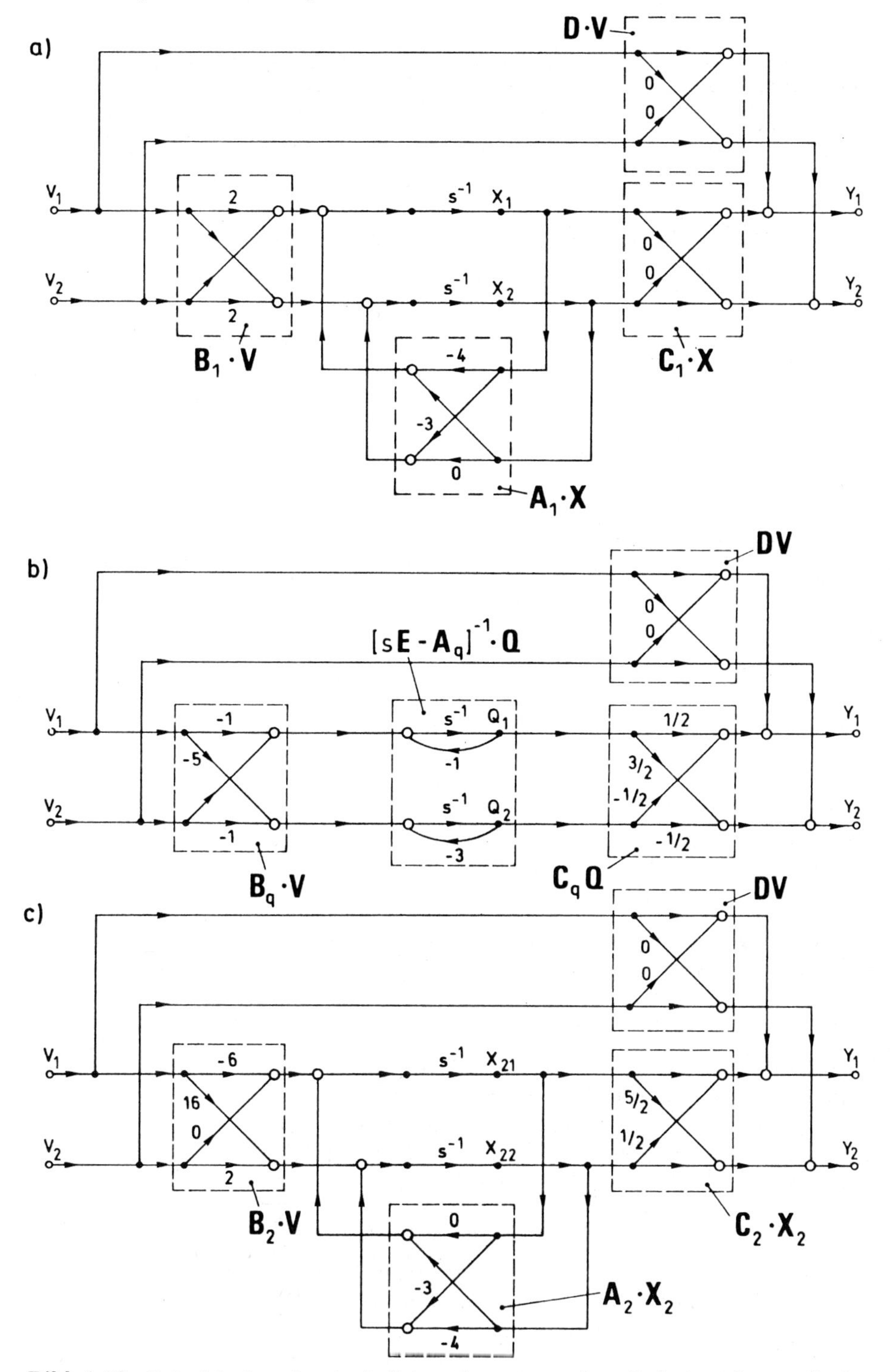

Bild 4.16: Beispiel eines kontinuierlichen Systems zweiter Ordnung, dargestellt in drei zueinander äquivalenten Strukturen

Die Beziehungen für die durch den Index q gekennzeichneten Matrizen des transformierten Systems sind unmittelbar zu erkennen.

Wir zeigen zunächst, daß die Transformation die Eigenwerte nicht ändert. Im ursprünglichen System sind die Eigenwerte $s_{\infty\nu}$ die Lösungen der Gleichung $|s\mathbf{E} - \mathbf{A}| = 0$. Entsprechend sind nach der Transformation die Nullstellen des Polynoms $|s\mathbf{E} - \mathbf{A}_q|$ zu bestimmen. Es gilt

$$\begin{aligned} s\mathbf{E} - \mathbf{A}_q &= s\mathbf{T}^{-1}\mathbf{T}\mathbf{E} - \mathbf{T}^{-1}\mathbf{A}\mathbf{T} \\ &= \mathbf{T}^{-1}(s\mathbf{E} - \mathbf{A})\mathbf{T} \end{aligned}$$

und damit

$$\begin{aligned} |s\mathbf{E} - \mathbf{A}_q| &= |\mathbf{T}^{-1}| \cdot |s\mathbf{E} - \mathbf{A}| \cdot |\mathbf{T}| \\ &= |s\mathbf{E} - \mathbf{A}|. \end{aligned}$$

Die charakteristischen Polynome beider Matrizen und damit ihre Eigenwerte stimmen also überein. Aber auch die Übertragungsmatrix des Systems ändert sich bei der Transformation nicht: Entsprechend (4.2.44b) ist

$$\mathbf{H}_q(s) = \mathbf{C}_q(s\mathbf{E} - \mathbf{A}_q)^{-1}\mathbf{B}_q + \mathbf{D}_q.$$

Mit

$$\begin{aligned} (s\mathbf{E} - \mathbf{A}_q)^{-1} &= \left[\mathbf{T}^{-1}(s\mathbf{E} - \mathbf{A})\mathbf{T}\right]^{-1} \\ &= \mathbf{T}^{-1}(s\mathbf{E} - \mathbf{A})^{-1}\mathbf{T}, \end{aligned}$$

sowie $\mathbf{C}_q = \mathbf{C}\mathbf{T}, \mathbf{B}_q = \mathbf{T}^{-1}\mathbf{B}$ und $\mathbf{D}_q = \mathbf{D}$ folgt

$$\begin{aligned} \mathbf{H}_q(s) &= \mathbf{C}\mathbf{T} \cdot \mathbf{T}^{-1}(s\mathbf{E} - \mathbf{A})^{-1}\mathbf{T} \cdot \mathbf{T}^{-1}\mathbf{B} + \mathbf{D} \\ &= \mathbf{C}(s\mathbf{E} - \mathbf{A})^{-1}\mathbf{B} + \mathbf{D} = \mathbf{H}(s). \end{aligned} \qquad (4.2.48)$$

In diesem Sinne liefert die Transformation ein äquivalentes System mit geänderter Struktur. Zum Beispiel können wir die Überführung in die Parallelform vornehmen, der ja im Fall einfacher Eigenwerte die Transformation von $\mathbf{A}$ in eine Diagonalmatrix entspricht. Wir beschränken uns auf diesen wichtigen Sonderfall und setzen dazu $\mathbf{T} = \mathbf{M}$, wobei $\mathbf{M}$ wie in Band I die zu $\mathbf{A}$ gehörige Modalmatrix ist, deren Spaltenvektoren $\mathbf{m}_\nu$, $\nu = 1(1)n$, die linear unabhängigen Eigenvektoren von $\mathbf{A}$ sind. Damit erhält man für $\mathbf{A}_q$ die Diagonalmatrix der Eigenwerte von $\mathbf{A}$. Es ist also

$$\mathbf{M}^{-1}\mathbf{A}\mathbf{M} = \operatorname{diag}\left[s_{\infty 1}, \ldots, s_{\infty\nu}, \ldots, s_{\infty n}\right]. \qquad (4.2.49a)$$

Da die Eigenvektoren $\mathbf{m}_\nu$ nur bis auf multiplikative Konstanten eindeutig sind, liefert die Transformation auf die Diagonalform bezüglich der Matrizen $\mathbf{B}_q$ und $\mathbf{C}_q$ kein eindeutiges Ergebnis.

Wir zeigen abschließend, wie man eine Matrix $\mathbf{T}$ findet, mit der man eine durch $\mathbf{A}$ gekennzeichnete gegebene Struktur in eine äquivalente Form überführt, die eine gewünschte Matrix $\mathbf{A}_q$ hat. Dazu gehen wir von der Transformation beider in die Diagonalform aus. Sind $\mathbf{M}$ und $\mathbf{M}_q$ die zu $\mathbf{A}$ und $\mathbf{A}_q$ gehörenden Modalmatrizen, so folgt aus der zu fordernden Übereinstimmung der Eigenwerte

$$\mathbf{M}^{-1}\mathbf{A}\mathbf{M} = \mathbf{M}_q^{-1}\mathbf{A}_q\mathbf{M}_q = \text{diag}\,[s_{\infty 1}, \ldots, s_{\infty n}].$$

Dann erhält man

$$\mathbf{A}_q = \mathbf{M}_q\mathbf{M}^{-1} \cdot \mathbf{A} \cdot \mathbf{M}\mathbf{M}_q^{-1}$$

und daher für die gesuchte Transformationsmatrix

$$\mathbf{T} = \mathbf{M}\mathbf{M}_q^{-1}. \tag{4.2.49b}$$

Wir zeigen als Beispiel die Bestimmung von $\mathbf{T}$ für die Transformation der ersten direkten Struktur in die zweite, setzen also $\mathbf{A} = \mathbf{A}_1$ und $\mathbf{A}_q = \mathbf{A}_2$, wobei $\mathbf{A}_1$ und $\mathbf{A}_2$ in (4.2.27) bzw. (4.2.28) angegeben sind. Für ihre Modalmatrizen gelten nun die folgenden Aussagen:

Zu der Frobeniusmatrix $\mathbf{A}_2$ erhält man als Modalmatrix die aus den Eigenwerten $s_{\infty\nu}$ gebildete *Vandermondesche Matrix* [4.7]

$$\mathbf{M}_q = \mathbf{V} = \begin{bmatrix} 1 & 1 & \ldots & 1 \\ s_{\infty 1} & s_{\infty 2} & \ldots & s_{\infty n} \\ \vdots & \vdots & & \vdots \\ \vdots & \vdots & & \vdots \\ s_{\infty 1}^{n-1} & s_{\infty 2}^{n-1} & \ldots & s_{\infty n}^{n-1} \end{bmatrix}. \tag{4.2.49c}$$

Weiterhin ergibt sich die Inverse der Modalmatrix von $\mathbf{A}_1$ aus $\mathbf{V}^T$ als

$$\mathbf{M}^{-1} =: \mathbf{W} = \mathbf{V}^T \cdot \begin{bmatrix} 0 & & \ldots & 0 & 1 \\ \vdots & & & & 0 \\ 0 & & & & \vdots \\ 1 & 0 & \ldots & & 0 \end{bmatrix} = \begin{bmatrix} s_{\infty 1}^{n-1} & \ldots & s_{\infty 1} & 1 \\ s_{\infty 2}^{n-1} & \ldots & s_{\infty 2} & 1 \\ \vdots & & \vdots & \vdots \\ \vdots & & \vdots & \vdots \\ s_{\infty n}^{n-1} & \ldots & s_{\infty n} & 1 \end{bmatrix}. \tag{4.2.49d}$$

Man beweist diese Aussagen, indem man bestätigt, daß

$$\mathbf{W} \cdot \mathbf{A}_1 = \text{diag}\,[s_{\infty 1}, \ldots, s_{\infty n}] \cdot \mathbf{W}$$

bzw.

$$\mathbf{A}_2 \cdot \mathbf{V} = \mathbf{V} \cdot \text{diag}\,[s_{\infty 1}, \ldots, s_{\infty n}]$$

gilt. Jetzt kann man einen geschlossenen Ausdruck für $\mathbf{T}^{-1}$ angeben. Es ist

$$\mathbf{T}^{-1} = \mathbf{M}_q \cdot \mathbf{M}^{-1} = \begin{bmatrix} \sum\limits_\nu s_{\infty\nu}^{n-1} & \sum\limits_\nu s_{\infty\nu}^{n-2} & \ldots & \sum\limits_\nu s_{\infty\nu} & n \\ \sum\limits_\nu s_{\infty\nu}^{n} & \sum\limits_\nu s_{\infty\nu}^{n-1} & \ldots & \sum\limits_\nu s_{\infty\nu}^{2} & \sum\limits_\nu s_{\infty\nu} \\ \vdots & \vdots & & \vdots & \vdots \\ \vdots & \vdots & & \vdots & \vdots \\ \sum\limits_\nu s_{\infty\nu}^{2(n-1)} & \sum\limits_\nu s_{\infty\nu}^{2n-3} & \ldots & \sum\limits_\nu s_{\infty\nu}^{n} & \sum\limits_\nu s_{\infty\nu}^{n-1} \end{bmatrix} \tag{4.2.49e}$$

eine sogenannte *Toeplitz-Matrix*, die dadurch gekennzeichnet ist, daß in jeder Diagonalen parallel zur Hauptdiagonalen die Elemente identisch sind.

Wir erläutern die Ergebnisse mit einem einfachen Zahlenbeispiel und verwenden dazu das bereits im letzten Abschnitt untersuchte System 2. Ordnung. Die Matrix $\mathbf{A}$ war als

$$\mathbf{A} = \mathbf{A}_1 = \begin{bmatrix} -4 & 1 \\ -3 & 0 \end{bmatrix}$$

gegeben, die Eigenwerte sind $s_{\infty 1} = -1, s_{\infty 2} = -3$. Aus (4.2.49d) folgt

$$\mathbf{W} = \mathbf{M}^{-1} = \begin{bmatrix} -1 & 1 \\ -3 & 1 \end{bmatrix} \text{ und damit } \mathbf{M} = \frac{1}{2}\begin{bmatrix} 1 & -1 \\ 3 & -1 \end{bmatrix}.$$

Die Transformation auf Diagonalform liefert

$$\mathbf{A}_q = \mathbf{M}^{-1}\mathbf{A}_1\mathbf{M} = \begin{bmatrix} -1 & 0 \\ 0 & -3 \end{bmatrix}; \quad \mathbf{B}_q = \mathbf{M}^{-1}\mathbf{B} = -\begin{bmatrix} 1 & -1 \\ 5 & 1 \end{bmatrix}$$

$$\mathbf{C}_q = \mathbf{C}\mathbf{M} = \frac{1}{2}\begin{bmatrix} 1 & -1 \\ 3 & -1 \end{bmatrix}; \quad \mathbf{D}_q = \mathbf{D} = \begin{bmatrix} 1 & 0 \\ 0 & 1 \end{bmatrix}.$$

Damit erhalten wir die in Bild 4.16b dargestellte Struktur. Man prüft leicht nach, daß die Übertragungsmatrix dieselbe ist wie für das ursprüngliche System. Zur Transformation in die zweite direkte Form verwenden wir nach (4.2.49e)

$$\mathbf{T}^{-1} = \begin{bmatrix} s_{\infty 1} + s_{\infty 2} & 2 \\ s_{\infty 1}^2 + s_{\infty 2}^2 & s_{\infty 1} + s_{\infty 2} \end{bmatrix} = \begin{bmatrix} -4 & 2 \\ 10 & -4 \end{bmatrix}$$

und

$$\mathbf{T} = \frac{1}{4}\begin{bmatrix} 4 & 2 \\ 10 & 4 \end{bmatrix}.$$

Man erhält

$$\mathbf{A}_2 = \mathbf{T}^{-1}\mathbf{A}_1\mathbf{T} = \begin{bmatrix} 0 & 1 \\ -3 & -4 \end{bmatrix}; \quad \mathbf{B}_2 = \mathbf{T}^{-1}\mathbf{B} = \begin{bmatrix} -6 & 0 \\ 16 & 2 \end{bmatrix}$$

$$\mathbf{C}_2 = \mathbf{C}\cdot\mathbf{T} = \frac{1}{4}\begin{bmatrix} 4 & 2 \\ 10 & 4 \end{bmatrix}; \quad \mathbf{D}_2 = \mathbf{D} = \begin{bmatrix} 1 & 0 \\ 0 & 1 \end{bmatrix}.$$

Weiterhin ist

$$\begin{bmatrix} x_{21}(t) \\ x_{22}(t) \end{bmatrix} = \mathbf{T}^{-1}\,\mathbf{x}(t) = \begin{bmatrix} -4x_1(t) + 2x_2(t) \\ 10x_1(t) - 4x_2(t) \end{bmatrix}.$$

Bild 4.16c zeigt diese dritte äquivalente Struktur.

Die hier für ein kontinuierliches System erklärte Transformation kann genauso für ein diskretes durchgeführt werden. Wir erhalten völlig gleichwertige Aussagen.

4.2.3 Die Lösung der Zustandsgleichung im Zeitbereich

4.2.3.1 Kontinuierliche Systeme

Im Abschnitt 6.3 von Band I haben wir eingehend die Zustandsgleichungen elektrischer Netzwerke und ihre Lösung behandelt. Sie haben die allgemeine, in (4.2.41) angegebene Gestalt. Hier haben wir lediglich insofern eine Erweiterung vorgenommen, als wir jetzt beliebige, nicht notwendig elektrische Systeme zulassen, deren gemeinsames Kennzeichen ihre Beschreibung durch (4.2.41) ist. Daher können wir uns bei kontinuierlichen Systemen im wesentlichen darauf beschränken, die in Band I gefundene Lösung zu zitieren. Ausgehend von dem durch $\mathbf{x}(t_0)$ beschriebenen Zustand bei $t = t_0$ ist für $t \geq t_0$

$$\mathbf{x}(t) = \boldsymbol{\phi}(t - t_0)\mathbf{x}(t_0) + \int_{t_0}^{t} \boldsymbol{\phi}(t - \tau)\mathbf{B}\mathbf{v}(\tau)d\tau \tag{4.2.50a}$$

und

$$\mathbf{y}(t) = \mathbf{C}\boldsymbol{\phi}(t - t_0)\mathbf{x}(t_0) + \mathbf{C}\int_{t_0}^{t} \boldsymbol{\phi}(t - \tau)\mathbf{B}\mathbf{v}(\tau)d\tau + \mathbf{D}\mathbf{v}(t). \tag{4.2.50b}$$

Hier ist

$$\boldsymbol{\phi}(t) = e^{\mathbf{A}t} = \sum_{i=0}^{\infty} \frac{\mathbf{A}^i}{i!} t^i \tag{4.2.50c}$$

die Übergangsmatrix, die ebenso wie $\mathbf{A}$ eine $n \times n$-Matrix ist. Für ihre Bestimmung wurden in Band I zwei Methoden angegeben. Wir zitieren hier die für den Sonderfall, daß $\mathbf{A}$ nur einfache Eigenwerte hat, die wir wie in (4.2.49a) mit $s_{\infty\nu}$, $\nu = 1(1)n$ bezeichnen. Mit der Modalmatrix $\mathbf{M}$ erhält man

$$\begin{aligned}\boldsymbol{\phi}(t) &= \mathbf{M} \cdot \begin{bmatrix} e^{s_{\infty 1} t} & 0 & \dots & 0 \\ 0 & e^{s_{\infty 2} t} & \ddots & \vdots \\ \vdots & \ddots & \ddots & 0 \\ 0 & \dots & 0 & e^{s_{\infty n} t} \end{bmatrix} \cdot \mathbf{M}^{-1} \\ &= \mathbf{M} \cdot \operatorname{diag}\left[e^{s_{\infty 1} t}, \dots, e^{s_{\infty \nu} t}, \dots, e^{s_{\infty n} t}\right] \cdot \mathbf{M}^{-1}.\end{aligned} \tag{4.2.50d}$$

Im Abschnitt 3.2 haben wir die Beschreibung linearer Systeme im Zeitbereich behandelt. Das dort gefundene Ergebnis (3.2.18) spezialisieren wir auf den Fall des hier vorliegenden zeitinvarianten, kausalen Systems, wobei wir zusätzlich annehmen, daß die Erregung $\mathbf{v}(t)$ bei $t = 0$ einsetzt und in diesem Augenblick $\mathbf{x}(0) = \mathbf{0}$ ist. Dann gilt einerseits

$$\mathbf{y}(t) = \int_{0}^{t} \mathbf{h}_0(t - \tau)\mathbf{v}(\tau)d\tau, \tag{4.2.51a}$$

wobei $\mathbf{h}_0(t)$ die Matrix der Impulsantworten des Systems ist, andererseits folgt aus (4.2.50b) unter den gemachten Annahmen

$$\mathbf{y}(t) = \mathbf{C} \int_0^t \boldsymbol{\phi}(t-\tau)\mathbf{B}\mathbf{v}(\tau)d\tau + \mathbf{D}\mathbf{v}(t). \tag{4.2.51b}$$

Der Vergleich zeigt, daß bei den in diesem Kapitel untersuchten Systemen gilt

$$\mathbf{h}_0(t) = \mathbf{C}\boldsymbol{\phi}(t)\mathbf{B}\delta_{-1}(t) + \mathbf{D}\delta_0(t). \tag{4.2.52}$$

In Band I haben wir im Abschnitt 6.5 dieses Ergebnis mit Hilfe der Laplace-Transformation gewonnen. Von dort übernehmen wir aus Abschnitt 6.4.4 auch die Impulsantwort eines Systems mit einem Eingang und einem Ausgang, die man durch Spezialisierung von (4.2.52) nach Berechnung von $\boldsymbol{\phi}(t)$ auch hier bekommen kann. Es ist

$$h_0(t) = b_n\delta_0(t) + \sum_{\nu=1}^{n_0}\sum_{\kappa=1}^{n_\kappa} B_{\nu\kappa}\frac{t^{\kappa-1}}{(\kappa-1)!}\cdot e^{s_{\infty\nu}t}\delta_{-1}(t) \tag{4.2.53a}$$

bzw. im Fall einfacher Eigenwerte der Matrix **A**

$$h_0(t) = b_n\delta_0(t) + \sum_{\nu=1}^{n} B_\nu e^{s_{\infty\nu}t}\delta_{-1}(t). \tag{4.2.53b}$$

Durch Integration von $\mathbf{h}_0(t)$ können wir auch eine Matrix der Sprungantworten bestimmen, die nach den Überlegungen in Abschnitt 3.2.1 auch zur Beschreibung eines Systems mit ℓ Eingängen und r Ausgängen verwendet werden kann. Wir erhalten aus (4.2.52) mit (4.2.50c)

$$\begin{aligned}\mathbf{h}_{-1}(t) &= \left[\mathbf{C}\int_0^t \boldsymbol{\phi}(\tau)\mathbf{B}d\tau + \mathbf{D}\right]\delta_{-1}(t) \\ &= \left[\mathbf{C}\mathbf{A}^{-1}\left[\boldsymbol{\phi}(t)-\mathbf{E}\right]\mathbf{B} + \mathbf{D}\right]\delta_{-1}(t).\end{aligned} \tag{4.2.54}$$

Interessant ist eine Betrachtung des Grenzwertes $\lim_{t\to\infty}\mathbf{h}_{-1}(t)$. Zunächst überlegen wir, unter welchen Bedingungen er existiert. Nach Abschnitt 3.2.3 ist ein kausales System mit einem Eingang und Ausgang bezüglich seines an den Klemmen meßbaren Verhaltens stabil, wenn $\int_0^\infty |h_0(t)|dt$ existiert. Bei einem allgemeinen System mit ℓ Eingängen und r Ausgängen muß jede Teilimpulsantwort $h_{0\rho\lambda}(t)$, $\rho = 1(1)r$, $\lambda = 1(1)\ell$, diese Bedingung erfüllen. Dann existieren aber auch die Grenzwerte aller Teilsprungantworten $h_{-1\rho\lambda}(\infty) = \int_0^\infty h_{0\rho\lambda}(t)dt$ und damit auch der Grenzwert $\lim_{t\to\infty}\mathbf{h}_{-1}(t)$.

Für die Existenz der Grenzwerte ist sicher notwendig und im vorliegenden Fall auch hinreichend, daß $\lim_{t\to\infty} h_{0\rho\lambda}(t) = 0$, $\forall\rho,\lambda$ ist. Es folgt

$$\lim_{t\to\infty}\mathbf{h}_0(t) = \lim_{t\to\infty}\mathbf{C}\boldsymbol{\phi}(t)\mathbf{B} = \mathbf{0}. \tag{4.2.55}$$

Damit erhalten wir aus (4.2.54)

$$\mathbf{h}_{-1}(\infty) = -\mathbf{C}\mathbf{A}^{-1}\mathbf{B} + \mathbf{D}. \tag{4.2.56a}$$

Durch eine einfache Überlegung können wir dieses Ergebnis auch unmittelbar aus (4.2.41) gewinnen. Wir nehmen an, daß an allen ℓ Eingängen mit $\delta_{-1}(t)$ erregt wird. Bei einem stabilen System wird der Grenzwert $\mathbf{x}(\infty)$ existieren. Dann ist aber $\mathbf{x}'(\infty) = \mathbf{0}$ und man erhält aus (4.2.41a)

$$\mathbf{x}(\infty) = -\mathbf{A}^{-1}\mathbf{B}\mathbf{v}(\infty), \tag{4.2.56b}$$

wobei $\mathbf{v}(\infty) = [1, 1, \ldots, 1]^T$ ist. Dann folgt mit (4.2.41b)

$$\begin{aligned} \mathbf{y}(\infty) &= \left[-\mathbf{C}\mathbf{A}^{-1}\mathbf{B} + \mathbf{D}\right] \mathbf{v}(\infty) \\ &= \mathbf{h}_{-1}(\infty)\mathbf{v}(\infty). \end{aligned} \tag{4.2.56c}$$

Schließlich kann man auch von der in (4.2.44b) angegebenen Übertragungsmatrix $\mathbf{H}(s)$ ausgehen. Offensichtlich erhält man das in (4.2.56a) angegebene Ergebnis als

$$\mathbf{h}_{-1}(\infty) = \mathbf{H}(0).$$

Als Beispiel behandeln wir ein System 2. Grades mit einem Eingang und einem Ausgang. Es sei zunächst in der ersten direkten Form gegeben und nach (4.2.15) durch

$$\mathbf{A} = \begin{bmatrix} -c_1 & 1 \\ -c_0 & 0 \end{bmatrix}, \quad \mathbf{b} = \begin{bmatrix} b_1 - b_2 c_1 \\ b_0 - b_2 c_0 \end{bmatrix}, \quad \mathbf{c}^T = [1 \quad 0],\ d = b_2$$

beschrieben. Bild 4.17a zeigt den Signalflußgraphen. Die Eigenwerte der Matrix $\mathbf{A}$ sind $s_{\infty 1,2}$. Es sei $s_{\infty 1} = s^*_{\infty 2} =: s_\infty = \sigma_\infty + j\omega_\infty = -re^{-j\psi}$, wobei $r = \sqrt{c_0}$ und $\psi = \arctan \omega_\infty / |\sigma_\infty|$ der gegen die negative σ-Achse gemessene Polwinkel ist (vergl. Bild 4.11). Mit (4.2.49d) erhält man

$$\mathbf{M}^{-1} = \begin{bmatrix} s_\infty & 1 \\ s^*_\infty & 1 \end{bmatrix} \quad \text{und} \quad \mathbf{M} = \frac{1}{s_\infty - s^*_\infty} \begin{bmatrix} 1 & -1 \\ -s^*_\infty & s_\infty \end{bmatrix}.$$

Für die Übergangsmatrix ergibt sich mit (4.2.50d)

$$\boldsymbol{\phi}(t) = \mathbf{M} \cdot \begin{bmatrix} e^{s_\infty t} & 0 \\ 0 & e^{s^*_\infty t} \end{bmatrix} \cdot \mathbf{M}^{-1}$$

und daraus nach Zwischenrechnung

$$\boldsymbol{\phi}(t) = \frac{r}{\omega_\infty} \cdot e^{\sigma_\infty t} \cdot \begin{bmatrix} -\sin(\omega_\infty t - \psi) & \frac{1}{r} \sin \omega_\infty t \\ -r \sin \omega_\infty t & \sin(\omega_\infty t + \psi) \end{bmatrix}.$$

Es sei nun zunächst $v(t) = 0$ und $x_1(0) = x_2(0) =: x(0)$. Dann erhält man für den Zustandsvektor des sich ergebenden Ausschwingvorgangs mit (4.2.50a)

$$\mathbf{x}_a(t) = x(0) \frac{\sqrt{1 - c_1 + c_0}}{\omega_\infty} e^{\sigma}_{\infty} t \cdot e^{\sigma_\infty t} \cdot \begin{bmatrix} \sin(\omega_\infty t + \varphi_1) \\ r \sin(\omega_\infty t + \varphi_2) \end{bmatrix}$$

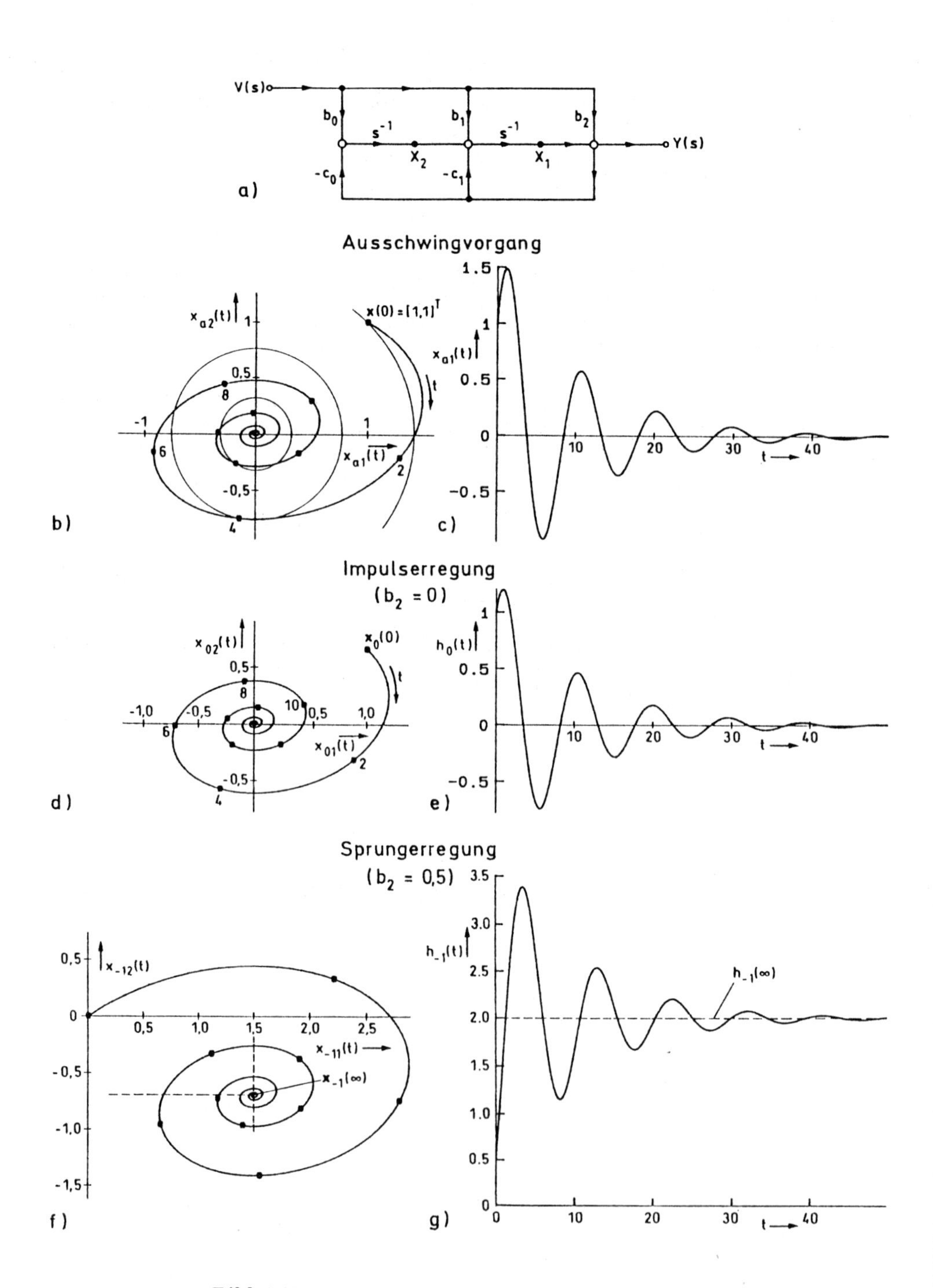

Bild 4.17: Zeitverhalten eines Systems 2. Ordnung

mit

$$\varphi_1 = \arctan \frac{r \sin \psi}{1 - r \cos \psi}, \quad \varphi_2 = \arctan \frac{\sin \psi}{r - \cos \psi}.$$

Bild 4.17b zeigt $\mathbf{x}_a(t)$ für ein numerisches Beispiel, für das die folgenden normierten Zahlenwerte verwendet wurden

$$\left.\begin{array}{l} c_0 = 4/9 \\ c_1 = 0,2 \end{array}\right\} \begin{array}{l} \sigma_\infty = -0,1; \ \omega_\infty = 0,6591 \\ r = 2/3, \ \psi = 81,37^\circ \end{array} , x(0) = 1.$$

An dem Ergebnis ist bemerkenswert, daß $|\mathbf{x}_a(t)| = [x_{a_1}^2(t) + x_{a_2}^2(t)]^{1/2}$, der Betrag des Vektors $\mathbf{x}_a(t)$, trotz des Faktors $e^{\sigma_\infty t}$ nicht monoton abnimmt, wie der Vergleich mit den Kreisen $|\mathbf{x}_a(t)| = const.$ zeigt. Im Teilbild c ist die am Ausgang erscheinende Funktion $y_a(t) = x_{a_1}(t)$ dargestellt.

Wir wählen jetzt $\mathbf{b} = [1 \;\; r]^T$ und $d = 0$. Für $\mathbf{x}(0) = \mathbf{0}$ ergibt sich bei Erregung mit $v(t) = \delta_0(t)$ nach Zwischenrechnung der Zustandsvektor

$$\mathbf{x}_0(t) = \boldsymbol{\phi}(t) \cdot \mathbf{b} = \frac{e^{\sigma_\infty t}}{\cos \psi/2} \cdot \begin{bmatrix} \cos(\omega_\infty t - \psi/2) \\ r \cos(\omega_\infty t + \psi/2) \end{bmatrix}.$$

Bild 4.17d zeigt dieses Ergebnis, das Teilbild e die Impulsantwort $h_0(t) = x_{01}(t)$. In den weiteren Bildern f und g sind die Ergebnisse für Sprungerregung dargestellt. Bei der Sprungantwort wurde $d = 0,5$ angenommen, woraus $h_{-1}(0) = 0,5$ folgt. Im übrigen erhält man die Ausdrücke für $\mathbf{x}_{-1}(t)$ und $h_{-1}(t)$ durch Integration obiger Ergebnisse. Wir beschränken uns auf die Angabe der Grenzwerte. Durch Spezialisierung von (4.2.56b) erhält man

$$\begin{aligned} \mathbf{x}_{-1}(\infty) &= -\mathbf{A}^{-1}\mathbf{b} \cdot 1 \\ &= \frac{1}{c_0} \begin{bmatrix} r \\ r c_1 - c_0 \end{bmatrix} = \begin{bmatrix} 1/r \\ c_1/r - 1 \end{bmatrix}. \end{aligned}$$

An dem Beispiel wollen wir auch die Wirkung einer Transformation zeigen. Das transformierte System sei durch die Matrix

$$\mathbf{A}_q = \begin{bmatrix} \sigma_\infty & \omega_\infty \\ -\omega_\infty & \sigma_\infty \end{bmatrix}$$

beschrieben. Sie läßt sich mit

$$\mathbf{M}_q = \begin{bmatrix} 1 & 1 \\ j & -j \end{bmatrix} \quad \text{und} \quad \mathbf{M}_q^{-1} = \frac{1}{-2j} \begin{bmatrix} -j & -1 \\ -j & 1 \end{bmatrix}$$

diagonalisieren. Dann erhält man mit Hilfe der oben für die gegebene Matrix $\mathbf{A}$ gefundene Modalmatrix gemäß (4.2.49b) die Transformationsmatrix

$$\mathbf{T} = \mathbf{M} \cdot \mathbf{M}_q^{-1} = \frac{1}{2\omega_\infty} \begin{bmatrix} 0 & -1 \\ \omega_\infty & \sigma_\infty \end{bmatrix}.$$

Da eine Skalierung für die folgende Betrachtung unwesentlich ist, verwenden wir statt dessen

$$\mathbf{T} = \begin{bmatrix} 0 & -1 \\ \omega_\infty & \sigma_\infty \end{bmatrix}, \quad \mathbf{T}^{-1} = \frac{1}{\omega_\infty} \begin{bmatrix} \sigma_\infty & 1 \\ -\omega_\infty & 0 \end{bmatrix}$$

und erhalten zunächst mit (4.2.47)

$$\mathbf{b}_q = \mathbf{T}^{-1}\mathbf{b} = \begin{bmatrix} (\sigma_\infty + r)/\omega_\infty \\ -1 \end{bmatrix} = \begin{bmatrix} \tan\psi/2 \\ -1 \end{bmatrix}; \quad \mathbf{c}_q^T = \mathbf{c}^T \cdot \mathbf{T} = [0 \quad -1].$$

Bild 4.18a zeigt den Signalflußgraphen der neuen Struktur. Wir bestimmen die Übergangsfunktion. Es ist

$$\boldsymbol{\phi}_q(t) = \mathbf{M}_q \cdot \begin{bmatrix} e^{s_\infty t} & 0 \\ 0 & e^{s_\infty^* t} \end{bmatrix} \cdot \mathbf{M}_q^{-1} = e^{\sigma_\infty t} \begin{bmatrix} \cos\omega_\infty t & \sin\omega_\infty t \\ -\sin\omega_\infty t & \cos\omega_\infty t \end{bmatrix}.$$

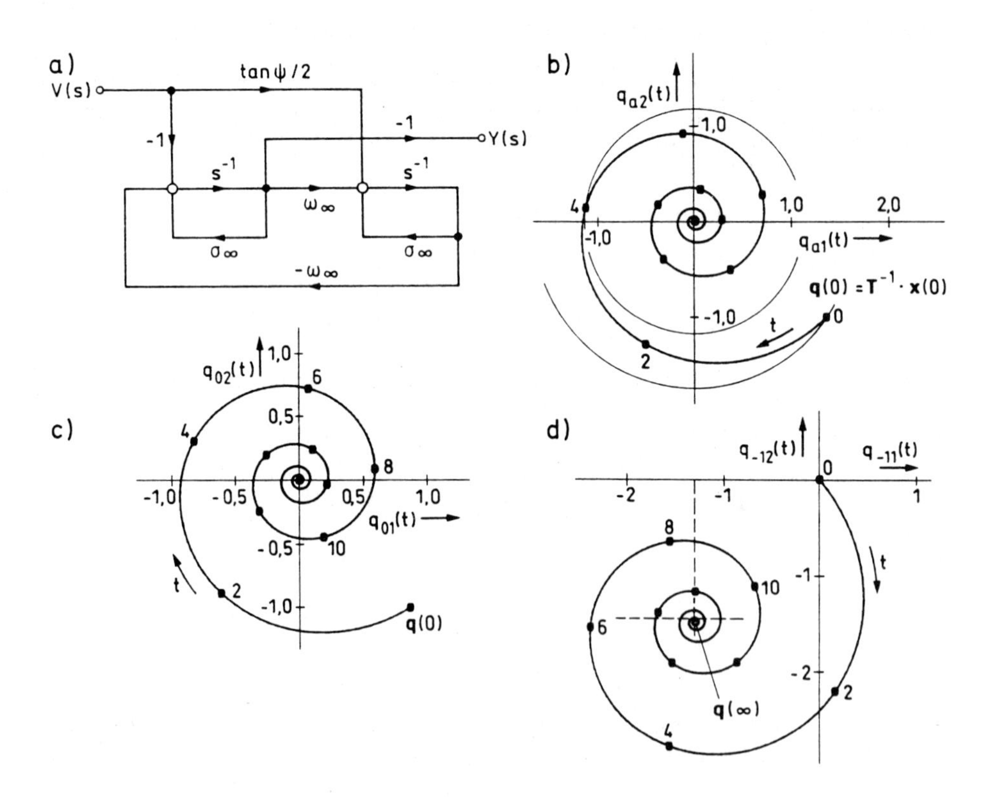

Bild 4.18: Zeitverhalten eines "normalen" Systems, das zu dem von Bild 4.17 äquivalent ist

Der Unterschied der Systeme wird bei der Betrachtung des Ausschwingverhaltens besonders deutlich. Mit dem transformierten Anfangsvektor

$$\mathbf{q}(0) = \mathbf{T}^{-1} \cdot \begin{bmatrix} 1 \\ 1 \end{bmatrix} x(0) = \frac{1}{\omega_\infty} \begin{bmatrix} \sigma_\infty + 1 \\ -\omega_\infty \end{bmatrix} \cdot x(0)$$

erhält man

$$\mathbf{q}_a(t) = \boldsymbol{\phi}_q(t) \cdot \mathbf{q}(0) = x(0) \cdot \frac{\sqrt{1 - c_1 + c_0}}{\omega_\infty} \cdot e^{\sigma_\infty t} \begin{bmatrix} \cos(\omega_\infty t + \varphi_1) \\ -\sin(\omega_\infty t + \varphi_1) \end{bmatrix}$$

mit

$$\varphi_1 = \arctan \frac{r \sin \psi}{1 - r \cos \psi} .$$

Bild 4.18b zeigt $\mathbf{q}_a(t)$. Charakteristisch ist, daß der Betrag $|\mathbf{q}_a(t)|$ proportional zu $e^{\sigma_\infty t}$ monoton abnimmt. Entsprechend verhält sich der Zustandsvektor bei Impuls- und Sprungerregung. Die Bilder 4.18c,d zeigen die Ergebnisse. Für die Matrix $\mathbf{A}_q$ dieses Systems gilt $\mathbf{A}_q^T \mathbf{A}_q = \mathbf{A}_q \mathbf{A}_q^T$, sie ist normal. Entsprechend nennt man die durch sie gekennzeichneten Systeme normal. Wir betonen, daß nach den allgemeinen Aussagen bei der Untersuchung der Transformation die Ausgangsfunktionen $y(t)$ in allen Fällen die gleichen sind wie die in Bild 4.17 gezeigten des ursprünglichen Systems.

4.2.3.2 Diskrete Systeme

Betrachtet wird das durch (4.2.42) beschriebene diskrete System. Im Punkte $k = k_0$ liege der Zustand $\mathbf{x}(k_0)$ vor. Dann folgt aus (4.2.42a)

$$\mathbf{x}(k_0 + 1) = \mathbf{A}\mathbf{x}(k_0) + \mathbf{B}\mathbf{v}(k_0)$$

und daraus

$$\begin{aligned} \mathbf{x}(k_0 + 2) &= \mathbf{A}\mathbf{x}(k_0 + 1) + \mathbf{B}\mathbf{v}(k_0 + 1) \\ &= \mathbf{A}^2\mathbf{x}(k_0) + \mathbf{A}\mathbf{B}\mathbf{v}(k_0) + \mathbf{B}\mathbf{v}(k_0 + 1). \end{aligned}$$

Entsprechend ist

$$\begin{aligned} \mathbf{x}(k_0 + 3) &= \mathbf{A}\mathbf{x}(k_0 + 2) + \mathbf{B}\mathbf{v}(k_0 + 2) \\ &= \mathbf{A}^3\mathbf{x}(k_0) + \mathbf{A}^2\mathbf{B}\mathbf{v}(k_0) + \mathbf{A}\mathbf{B}\mathbf{v}(k_0 + 1) + \mathbf{B}\mathbf{v}(k_0 + 2). \end{aligned}$$

Durch vollständige Induktion ist leicht zu beweisen, daß allgemein für $k > k_0$ gilt

$$\mathbf{x}(k) = \mathbf{A}^{(k-k_0)}\mathbf{x}(k_0) + \sum_{\kappa=k_0}^{k-1} \mathbf{A}^{k-\kappa-1}\mathbf{B}\mathbf{v}(\kappa). \qquad (4.2.57a)$$

Für den Ausgangsvektor erhält man dann mit (4.2.42b)

$$\mathbf{y}(k) = \mathbf{C}\mathbf{A}^{(k-k_0)}\mathbf{x}(k_0) + \mathbf{C}\sum_{\kappa=k_0}^{k-1} \mathbf{A}^{k-\kappa-1}\mathbf{B}\mathbf{v}(\kappa) + \mathbf{D}\mathbf{v}(k). \tag{4.2.57b}$$

Man erkennt die formale Verwandtschaft mit den für kontinuierliche Systeme gefundenen Beziehungen (4.2.50).

Auch hier erhalten wir eine Übergangsmatrix, die als

$$\boldsymbol{\phi}(k) = \mathbf{A}^k \tag{4.2.57c}$$

definiert ist. Setzen wir wieder voraus, daß $\mathbf{A}$ nur einfache Eigenwerte hat und bezeichnen wir diese im diskreten Fall mit $z_{\infty\nu}$, $\nu = 1(1)n$, so ist

$$\begin{aligned} \mathbf{A}^k &= \mathbf{M}\begin{bmatrix} z_{\infty 1}^k & 0 & \dots & 0 \\ 0 & z_{\infty 2}^k & \ddots & \vdots \\ \vdots & \ddots & \ddots & 0 \\ 0 & \dots & 0 & z_{\infty n}^k \end{bmatrix}\mathbf{M}^{-1} \\ &= \mathbf{M}\cdot \operatorname{diag}\left[z_{\infty 1}^k, \dots, z_{\infty\nu}^k, \dots, z_{\infty n}^k\right]\cdot \mathbf{M}^{-1}. \end{aligned} \tag{4.2.58}$$

Die Folgen der Form $z_{\infty\nu}^k$ nennen wir die *Eigenschwingungen* des Systems.

Wir bestimmen auch hier die Matrix der Impulsantworten. Durch Spezialisierung von (3.2.20) auf die Gleichung für ein zeitinvariantes, kausales System, das nur für $k \geq 0$ erregt wird und für dessen Anfangszustand $\mathbf{x}(0) = \mathbf{0}$ gilt, erhalten wir zunächst

$$\mathbf{y}(k) = \sum_{\kappa=0}^{k} \mathbf{h}_0(k-\kappa)\mathbf{v}(\kappa) = \mathbf{h}_0(k) * \mathbf{v}(k). \tag{4.2.59a}$$

Aus (4.2.57b) ergibt sich mit denselben Annahmen bezüglich des Anfangszustandes und der Erregung

$$\begin{aligned} \mathbf{y}(k) &= \mathbf{C}\cdot\sum_{\kappa=0}^{k-1} \mathbf{A}^{k-\kappa-1}\mathbf{B}\mathbf{v}(\kappa) + \mathbf{D}\mathbf{v}(k). \\ &= \mathbf{C}\cdot\sum_{\kappa=0}^{k-1} \boldsymbol{\phi}(k-\kappa-1)\mathbf{B}\mathbf{v}(\kappa) + \mathbf{D}\mathbf{v}(k). \end{aligned} \tag{4.2.59b}$$

Der Vergleich führt auf

$$\begin{aligned} \mathbf{h}_0(k) &= \mathbf{C}\mathbf{A}^{k-1}\mathbf{B}\,\gamma_{-1}(k-1) + \mathbf{D}\,\gamma_0(k) \\ &= \mathbf{C}\boldsymbol{\phi}(k-1)\mathbf{B}\,\gamma_{-1}(k-1) + \mathbf{D}\,\gamma_0(k). \end{aligned} \tag{4.2.60}$$

Im Abschnitt 4.2.5 werden wir zeigen, daß die Spezialisierung auf ein System mit einem Eingang und einem Ausgang auf die Impulsantwort

$$h_0(k) = B_0\,\gamma_0(k) + \sum_{\nu=1}^{n_0}\sum_{\kappa=1}^{n_\nu} B_{\nu\kappa}\binom{k}{\kappa-1} z_{\infty\nu}^{k+1-\kappa}\,\gamma_{-1}(k) \tag{4.2.61a}$$

führt, wobei B_0 und die $B_{\nu\kappa}$ die Koeffizienten der Partialbruchentwicklung von $H(z)/z$ sind. Im Falle einfacher Eigenwerte ist

$$h_0(k) = B_0\,\gamma_0(k) + \sum_{\nu=1}^{n} B_\nu z_{\infty\nu}^{k}\,\gamma_{-1}(k). \tag{4.2.61b}$$

Man erkennt wieder die enge Verwandtschaft mit den Beziehungen (4.2.53) für den kontinuierlichen Fall.

An diese Ergebnisse schließen wir eine vorläufige Bemerkung zur Stabilität. Offenbar sind die einzelnen Elemente der Matrix der Impulsantworten Linearkombinationen der Eigenschwingungen des Systems, die im Falle einfacher Eigenwerte die Form $z_{\infty\nu}^k$ haben. Da bei einem stabilen System die Impulsantworten absolut summierbar sein müssen, ergibt sich, daß $|z_{\infty\nu}| < 1, \forall\nu$ sein muß. Während also bei einem stabilen kontinuierlichen System die Eigenwerte der Matrix $\mathbf{A}$ im Innern der linken s-Halbebene liegen müssen, ist beim diskreten System das Innere des Einheitskreises der z- Ebene das für die Stabilität kennzeichnende Gebiet. Andererseits gilt aber nach (2.2.15) $z = e^{sT}$, eine Beziehung, die die Abbildung der linken s-Halbebene in das Innere des Einheitskreises der z-Ebene beschreibt. Insofern sind die beiden Aussagen über die zulässige Lage der Eigenwerte nur bedingt verschieden. Wir werden uns in weiteren Abschnitten noch eingehend mit Stabilitätsuntersuchungen befassen.

Für die Matrix der Sprungantworten erhalten wir in Verallgemeinerung von (3.2.10d)

$$\mathbf{h}_{-1}(k) = \sum_{\kappa=0}^{k} \mathbf{h}_0(\kappa)$$

und hier aus (4.2.60)

$$\begin{aligned}\mathbf{h}_{-1}(k) &= \mathbf{C}\sum_{\kappa=1}^{k} \mathbf{A}^{\kappa-1}\mathbf{B}\,\gamma_{-1}(k-1) + \mathbf{D}\,\gamma_{-1}(k)\\ &= \mathbf{C}(\mathbf{E}-\mathbf{A})^{-1}(\mathbf{E}-\mathbf{A}^k)\mathbf{B}\,\gamma_{-1}(k-1) + \mathbf{D}\,\gamma_{-1}(k).\end{aligned} \tag{4.2.62}$$

Wir bestimmen auch hier den Grenzwert der Matrix der Sprungantworten $\lim_{k\to\infty}\mathbf{h}_{-1}(k)$. Bezüglich seiner Existenz können wir ganz entsprechende Überlegungen anstellen wie vorher beim kontinuierlichen System. Wieder ist die Stabilität des Systems entscheidend, für die notwendig ist, daß

$$\lim_{k\to\infty}\mathbf{h}_0(k) = \lim_{k\to\infty}\mathbf{C}\mathbf{A}^k\mathbf{B} = \mathbf{0}$$

ist. Dann folgt aus (4.2.62)

$$\mathbf{h}_{-1}(\infty) = \mathbf{C}(\mathbf{E}-\mathbf{A})^{-1}\mathbf{B} + \mathbf{D}. \tag{4.2.63}$$

Dieses Ergebnis läßt sich auch unmittelbar aus (4.2.42) gewinnen, wenn wir eine dem oben beschriebenen Vorgehen bei kontinuierlichen Systemen entsprechende Überlegung anstellen: Bei Erregung des Systems mit Sprungfolgen an allen Eingängen erhält man für den Grenzwert des Zustandsvektors aus (4.2.42a)

$$\begin{aligned}\mathbf{x}(\infty) &= \mathbf{A}\mathbf{x}(\infty) + \mathbf{B} \\ &= (\mathbf{E} - \mathbf{A})^{-1}\mathbf{B}\end{aligned}$$

und damit aus (4.2.42b) wieder (4.2.63).

Da weiterhin

$$\mathbf{h}_{-1}(\infty) = \mathbf{H}(z = 1)$$

gilt, kann man den Grenzwert auch aus der in (4.2.45b) angegebenen Übertragungsmatrix bestimmen.

4.2.4 Die Lösung der Zustandsgleichung im Frequenzbereich

Im Abschnitt 4.2.2.2 haben wir insofern bereits die Lösung der Zustandsgleichungen im Frequenzbereich behandelt, als wir entsprechend dem Vorgehen in Abschnitt 3.3 mit Erregungen der Form $\mathbf{v}(t) = \mathbf{V}\cdot e^{st}$, $\forall t$ bzw. $\mathbf{v}(k) = \mathbf{V}\cdot z^k$, $\forall k$ gearbeitet und die Vektoren der komplexen Amplituden der Zustands- und Ausgangsgrößen in Abhängigkeit von s bzw. z bestimmt haben. Wir konnten für die Systeme dann Matrizen von Übertragungsfunktionen angeben, die sich als rationale Funktionen von s bzw. z erwiesen. Sie beschreiben daher zunächst nur das Verhalten der Systeme für die angenommene exponentielle Erregung. Da wir natürlich an der Lösung für weitgehend beliebige Eingangsgrößen interessiert sind, ist eine Verallgemeinerung nötig, mit der wir uns in diesem Abschnitt beschäftigen.

4.2.4.1 Kontinuierliche Systeme

Die hier gestellte Aufgabe ist mit der Laplace-Transformation zu lösen. Wir haben sie im Abschnitt 6.5 des Bandes I behandelt, so daß wir uns auch für die Rechnung im Frequenzbereich auf das Zitat der dort gefundenen Ergebnisse beschränken können:

Das System werde für $t \geq 0$ durch eine weitgehend beliebige vektorielle Funktion $\mathbf{v}(t)$ erregt. Es sei $\mathscr{L}\{\mathbf{v}(t)\} = \mathbf{V}(s)$. Im Augenblick $t = 0$ werde der Zustand durch $\mathbf{x}(+0)$ beschrieben. Dann gilt für die Laplace-Transformierten von Zustands- und Ausgangsvektor

$$\mathbf{X}(s) = \mathscr{L}\{\mathbf{x}(t)\} = \mathbf{\Phi}(s)\mathbf{x}(+0) + \mathbf{\Phi}(s)\mathbf{B}\mathbf{V}(s) \tag{4.2.64a}$$

sowie

$$\mathbf{Y}(s) = \mathscr{L}\{\mathbf{y}(t)\} = \mathbf{C\Phi}(s)\mathbf{x}(+0) + \mathbf{C\Phi}(s)\mathbf{BV}(s) + \mathbf{DV}(s). \tag{4.2.64b}$$

Hier ist

$$\mathbf{\Phi}(s) = (s\mathbf{E} - \mathbf{A})^{-1}. \tag{4.2.64c}$$

Bei verschwindenden Anfangswerten, d.h. für $\mathbf{x}(+0) = \mathbf{0}$, erhält man

$$\mathbf{Y}(s) = \mathbf{H}(s)\mathbf{V}(s), \tag{4.2.65a}$$

wobei

$$\mathbf{H}(s) = \mathbf{C}(s\mathbf{E} - \mathbf{A})^{-1}\mathbf{B} + \mathbf{D} \tag{4.2.65b}$$

gleich der mit (4.2.44b) eingeführten Übertragungsmatrix ist, der damit eine wesentlich erweiterte Bedeutung zukommt. Die inverse Laplace-Transformation von (4.2.64a,b) bzw. (4.2.65a) führt mit dem Faltungssatz auf

$$\mathbf{x}(t) = \mathscr{L}^{-1}\{\mathbf{\Phi}(s)\}\,\mathbf{x}(+0) + \mathscr{L}^{-1}\{\mathbf{\Phi}(s)\}\,\mathbf{B} * \mathbf{v}(t) \tag{4.2.66a}$$

$$\mathbf{y}(t) = \mathbf{C}\mathscr{L}^{-1}\{\mathbf{\Phi}(s)\}\,\mathbf{x}(+0) + \mathscr{L}^{-1}\{\mathbf{H}(s)\} * \mathbf{v}(t). \tag{4.2.66b}$$

Der Vergleich mit (4.2.50) und (4.2.52) zeigt, daß gilt

$$\mathscr{L}^{-1}\{\mathbf{\Phi}(s)\} = \boldsymbol{\phi}(t) = e^{\mathbf{A}t} \tag{4.2.67a}$$

$$\mathscr{L}^{-1}\{\mathbf{H}(s)\} = \mathbf{h}_0(t) = \mathbf{C}\boldsymbol{\phi}(t)\mathbf{B}\delta_{-1}(t) + \mathbf{D}\delta_0(t). \tag{4.2.67b}$$

Methoden zur Bestimmung von $\boldsymbol{\phi}(t)$ aus $\mathbf{\Phi}(s)$ wurden in Band I, Abschnitt 7.6 behandelt bzw. in Abschnitt 6.5 mit Zahlenbeispielen erläutert.

4.2.4.2 Diskrete Systeme

Die Bestimmung des Einschwingverhaltens diskreter Systeme über eine Betrachtung im Frequenzbereich werden wir hier ausführlicher darstellen. Dabei verwenden wir als Hilfsmittel die Z-Transformation, die zwar mit der Laplace-Transformation eng verwandt ist, aber auch hinreichend viele Unterschiede aufweist, die eine getrennte Behandlung rechtfertigen. Der Anhang 7.4 bringt eine Zusammenstellung von Definition und Eigenschaften dieser Transformation und ihrer wichtigsten Sätze. Hier benötigen wir nur die Angaben über die sogenannte einseitige Z-Transformation, die sich auf rechtsseitige Folgen bezieht, die also für $k < 0$ identisch verschwinden. Der Abschnitt 7.4 des Anhanges bringt dafür auch eine Tabelle von Transformierten wichtiger Folgen. Für eine ausführliche Darstellung muß auf die Literatur verwiesen werden.

Als einfaches Beispiel für die Anwendung der Z-Transformation behandeln wir ein diskretes System 2. Ordnung, das durch die Differenzengleichung (4.2.16)

$$y(k+2) + c_1 y(k+1) + c_0 y(k) = b_2 v(k+2) + b_1 v(k+1) + b_0 v(k)$$

bzw. durch die entsprechende Zustandsgleichung (4.2.18) beschrieben sei. Mit den in (4.2.15) angegebenen Matrizen ist, wenn wir die Schreibweise von (4.2.43) wählen,

$$\begin{bmatrix} x_1(k+1) \\ x_2(k+1) \\ y(k) \end{bmatrix} = \begin{bmatrix} -c_1 & 1 & b_1 - b_2 c_1 \\ -c_0 & 0 & b_0 - b_2 c_0 \\ 1 & 0 & b_2 \end{bmatrix} \cdot \begin{bmatrix} x_1(k) \\ x_2(k) \\ v(k) \end{bmatrix}. \tag{4.2.68}$$

Das System werde mit einer bei $k = 0$ einsetzenden Folge $v(k)$ erregt. Sein Anfangszustand $\mathbf{x}(0) = [x_1(0), x_2(0)]^T$ sei bekannt.

Die Z-Transformation der obigen Differenzengleichung führt bei Anwendung des Verschiebungssatzes (7.4.11a) auf

$$Y(z)[z^2+c_1 z+c_0]-(z^2+c_1 z)y(0)-zy(1) = V(z)[b_2 z^2+b_1 z+b_0]-(b_2 z^2+b_1 z)v(0)-zb_2 v(1).$$

Hier sind $V(z) = Z\{v(k)\}$ und $Y(z) = Z\{y(k)\}$ die Z-Transformierten der bekannten Eingangsfolge $v(k)$ und der gesuchten Ausgangsfolge $y(k)$. Es folgt

$$Y(z) = Y_a(z) + H(z)V(z) \tag{4.2.69a}$$

$$\text{mit} \quad Y_a(z) = \frac{z^2[y(0) - b_2 v(0)] + z[c_1 y(0) - b_1 v(0) + y(1) - b_2 v(1)]}{z^2 + c_1 z + c_0} \tag{4.2.69b}$$

$$\text{und} \quad H(z) = \frac{b_2 z^2 + b_1 z + b_0}{z^2 + c_1 z + c_0}. \tag{4.2.69c}$$

In (4.2.69a) beschreibt $Y_a(z)$ den durch die Anfangswerte bestimmten Beitrag zur Gesamtlösung. Die beiden hier benötigten Werte $y(0)$ und $y(1)$ gewinnt man aus dem gegebenen Anfangszustand $\mathbf{x}(0)$, wenn man (4.2.68) für $k = 0$ und $k = 1$ auswertet. Es ist

$$\begin{aligned} y(0) &= x_1(0) + b_2 v(0) \\ y(1) &= -c_1 x_1(0) + x_2(0) + (b_1 - b_2 c_1)v(0) + b_2 v(1). \end{aligned}$$

Damit folgt unmittelbar

$$Y_a(z) = \frac{x_1(0)z^2 + x_2(0)z}{z^2 + c_1 z + c_0}. \tag{4.2.69d}$$

$H(z)$ ist wieder die mit (4.2.21a) eingeführte Übertragungsfunktion des Systems, mit der aber jetzt offenbar das Verhalten für weitgehend beliebige Eingangsfolgen beschrieben werden kann und nicht nur, wie in Abschnitt 4.2.2.1 für $v(k) = V_0 z^k$, $\forall k$. Die Beziehung zu der dortigen Rechnung verdeutlichen wir, indem wir hier die Rechnung für $v(k) = V_0 z_0^k \cdot \gamma_{-1}(k)$ durchführen, wobei V_0 und z_0 zunächst beliebige komplexe Konstanten sind. Nach (7.4.5) ist

$$V(z) = Z\{v(k)\} = V_0 \cdot \frac{z}{z - z_0}.$$

Weiterhin gelte für das Nennerpolynom von $H(z)$ und $Y_a(z)$

$$z^2 + c_1 z + c_0 = (z - z_{\infty 1})(z - z_{\infty 2}) \quad \text{mit} \quad z_{\infty 1} \neq z_{\infty 2} \neq z_0.$$

Dann können wir $Y(z)$ mit einer Partialbruchzerlegung in der folgenden Form darstellen:

$$\begin{aligned} Y(z) &= B_{a1}\frac{z}{z - z_{\infty 1}} + B_{a2}\frac{z}{z - z_{\infty 2}} + V(z_{\infty 1})B_1\frac{z}{z - z_{\infty 1}} + \\ &+ V(z_{\infty 2})B_2\frac{z}{z - z_{\infty 2}} + H(z_0)V_0\frac{z}{z - z_0}. \end{aligned} \tag{4.2.70a}$$

Hier sind

$$B_{a1,2} = \lim_{z \to z_{\infty 1,2}} (z - z_{\infty 1,2}) \frac{Y_a(z)}{z} = \frac{x_1(0) z_{\infty 1,2} + x_2(0)}{z_{\infty 1,2} - z_{\infty 2,1}}, \tag{4.2.70b}$$

$$\begin{aligned} V(z_{\infty 1,2}) B_{1,2} &= \lim_{z \to z_{\infty 1,2}} (z - z_{\infty 1,2}) V(z) \frac{H(z)}{z} \\ &= \frac{V_0 z_{\infty 1,2}}{z_{\infty 1,2} - z_0} \cdot \lim_{z \to z_{\infty 1,2}} (z - z_{\infty 1,2}) \frac{H(z)}{z} = \frac{V_0 z_{\infty 1,2}}{z_{\infty 1,2} - z_0} \cdot B_{1,2}. \end{aligned} \tag{4.2.70c}$$

Die Rücktransformation von (4.2.70a) liefert mit (7.4.5) für $k \geq 0$

$$y(k) = B_{a1} z_{\infty 1}^k + B_{a2} z_{\infty 2}^k + \frac{V_0 z_{\infty 1}}{z_{\infty 1} - z_0} B_1 z_{\infty 1}^k + \frac{V_0 z_{\infty 2}}{z_{\infty 2} - z_0} B_2 z_{\infty 2}^k + H(z_0) V_0 z_0^k. \tag{4.2.71a}$$

Wir unterscheiden drei Anteile:

Der *Ausschwinganteil*

$$y_a(k) = B_{a1} z_{\infty 1}^k + B_{a2} z_{\infty 2}^k \tag{4.2.71b}$$

wird in seinem zeitlichen Verlauf durch die Eigenwerte $z_{\infty 1,2}$ des Systems bestimmt. Die Gleichung (4.2.70b) zeigt, daß er nur für $\mathbf{x}(0) \neq \mathbf{0}$ auftritt.

Der *Einschwinganteil*

$$y_{\mathrm{ein}}(k) = \frac{V_0 z_{\infty 1}}{z_{\infty 1} - z_0} B_1 \cdot z_{\infty 1}^k + \frac{V_0 z_{\infty 2}}{z_{\infty 2} - z_0} B_2 \cdot z_{\infty 2}^k \tag{4.2.71c}$$

besteht aus den für das System charakteristischen Eigenschwingungen $B_1 z_{\infty 1}^k$ und $B_2 z_{\infty 2}^k$, die entsprechend dem Wert von $V(z)$ in den Punkten $z = z_{\infty 1}$ bzw. $z = z_{\infty 2}$ angeregt werden.

Der *Erregeranteil*

$$y_{\mathrm{err}}(k) = H(z_0) V_0 z_0^k \tag{4.2.71d}$$

ist von der Form der erregenden Folge. Seine Größe wird durch die Fähigkeit des Systems bestimmt, eine durch z_0 charakterisierte Exponentialfolge zu übertragen, d.h. durch den Wert der Übertragungsfunktion $H(z)$ bei $z = z_0$. Nur dieser Anteil wurde bei der Betrachtung in Abschnitt 4.2.2.1 erfaßt.

Der Vergleich mit der entsprechenden Untersuchung eines kontinuierlichen Systems zweiter Ordnung in Abschnitt 6.4.1 von Band I zeigt die enge Verwandtschaft der Ergebnisse in beiden Fällen.

Gehen wir bei der Lösung von der Zustandsgleichung (4.2.18) aus, so erhalten wir mit der Z-Transformation

$$\begin{aligned} z\mathbf{X}(z) - z\mathbf{x}(0) &= \mathbf{A}\mathbf{X}(z) + \mathbf{b}V(z) \\ Y(z) &= \mathbf{c}^T \mathbf{X}(z) + dV(z), \end{aligned}$$

wobei $\mathbf{X}(z) = Z\{\mathbf{x}(k)\}$ die Z-Transformierte des Zustandsvektors ist. Es folgt

$$\begin{aligned}
\mathbf{X}(z) &= z(z\mathbf{E}-\mathbf{A})^{-1}\mathbf{x}(0) + (z\mathbf{E}-\mathbf{A})^{-1}\mathbf{b}V(z) =: \mathbf{\Phi}(z)\mathbf{x}(0) + z^{-1}\mathbf{\Phi}(z)\mathbf{b}V(z) \\
Y(z) &= \mathbf{c}^T z(z\mathbf{E}-\mathbf{A})^{-1}\mathbf{x}(0) + [\mathbf{c}^T(z\mathbf{E}-\mathbf{A})^{-1}\mathbf{b} + d]V(z) = \\
&= \mathbf{c}^T\mathbf{\Phi}(z)\mathbf{x}(0) + [\mathbf{c}^T z^{-1}\mathbf{\Phi}(z)\mathbf{b} + d]V(z).
\end{aligned} \tag{4.2.72a}$$

Hier wurde die Bezeichnung

$$\mathbf{\Phi}(z) = z(z\mathbf{E}-\mathbf{A})^{-1}$$

eingeführt. Mit den Größen $\mathbf{A}, \mathbf{b}, \mathbf{c}^T$ und d aus (4.2.18) erhält man auch hier $Y(z)$ in der Form

$$Y(z) = Y_a(z) + H(z)V(z),$$

wobei $Y_a(z)$ und $H(z)$ wieder durch (4.2.69d,c) beschrieben werden.

Das bisher am Beispiel eines Systems zweiter Ordnung gezeigte Verfahren läßt sich ohne weiteres verallgemeinern. Durch Z-Transformation der Gleichungen (4.2.42) kommt man mit denselben Rechenschritten wie oben auf

$$\mathbf{X}(z) = \mathbf{\Phi}(z)\mathbf{x}(0) + z^{-1}\mathbf{\Phi}(z)\mathbf{B}\mathbf{V}(z) \tag{4.2.73a}$$

$$\mathbf{Y}(z) = \mathbf{C}\mathbf{\Phi}(z)\mathbf{x}(0) + [\mathbf{C}z^{-1}\mathbf{\Phi}(z)\mathbf{B} + \mathbf{D}]\mathbf{V}(z). \tag{4.2.73b}$$

Hier sind $\mathbf{V}(z) = Z\{\mathbf{v}(k)\}$ und $\mathbf{Y}(z) = Z\{\mathbf{y}(k)\}$ die Z-Transformierten von Eingangs- und Ausgangsvektor und wie oben

$$\mathbf{\Phi}(z) = z(z\mathbf{E}-\mathbf{A})^{-1}. \tag{4.2.73c}$$

Der Term

$$\mathbf{Y}_a(z) = \mathbf{C}\mathbf{\Phi}(z)\mathbf{x}(0) \tag{4.2.74a}$$

bestimmt offenbar das Ausschwingverhalten, entsprechend $Y_a(z)$ in (4.2.69d) im obigen Beispiel. Der Vergleich mit (4.2.57b) zeigt für $k_0 = 0$, daß

$$\mathbf{A}^k = Z^{-1}\left\{z(z\mathbf{E}-\mathbf{A})^{-1}\right\} = Z^{-1}\{\mathbf{\Phi}(z)\} \tag{4.2.74b}$$

sein muß. Diese Möglichkeit zur Berechnung von $\mathbf{A}^k$ entspricht der mit (4.2.67a) beschriebenen Bestimmung von $\boldsymbol{\phi}(t)$ für kontinuierliche Systeme.

Weiterhin können wir den zweiten Term in (4.2.73b), der zu $\mathbf{V}(z)$ proportional ist, mit (4.2.45b) in der Form

$$[\mathbf{C}(z\mathbf{E}-\mathbf{A})^{-1}\mathbf{B} + \mathbf{D}]\mathbf{V}(z) = \mathbf{H}(z)\mathbf{V}(z) \tag{4.2.75a}$$

schreiben. Damit haben wir auch die Bedeutung der Übertragungsmatrix verallgemeinert.

Bei einem zu Beginn nicht erregten System folgt aus $\mathbf{Y}(z) = \mathbf{H}(z)\mathbf{V}(z)$ durch Rücktransformation

$$\mathbf{y}(k) = Z^{-1}\{\mathbf{H}(z)\mathbf{V}(z)\} = \mathbf{h}_0(k) * \mathbf{v}(k). \tag{4.2.75b}$$

Hier ist

$$\mathbf{h}_0(k) = Z^{-1}\{\mathbf{H}(z)\} = Z^{-1}\left\{\mathbf{C}(z\mathbf{E}-\mathbf{A})^{-1}\mathbf{B}+\mathbf{D}\right\} \qquad (4.2.75c)$$

die Matrix der Impulsantworten, für die nach (4.2.60) auch gilt

$$\mathbf{h}_0(k) = \mathbf{C}\mathbf{A}^{k-1}\mathbf{B}\,\gamma_{-1}(k-1) + \mathbf{D}\,\gamma_0(k).$$

Man erkennt, daß dieses Ergebnis sich auch mit (4.2.74b) aus (4.2.75c) ergibt. Bei diskreten Systemen hängen also Übertragungsmatrix und Matrix der Impulsantworten über die Z-Transformation miteinander zusammen, so wie bei kontinuierlichen über die Laplace-Transformation (siehe Gl. (4.2.67b)).

Bei der Berechnung von $\mathbf{A}^k$ bzw. $\mathbf{h}_0(k)$ haben wir uns bisher auf den Fall einfacher Eigenwerte von $\mathbf{A}$ beschränkt. Mit dem hier gefundenen Ergebnis können wir jetzt den allgemeinen Fall behandeln. Dazu gehen wir zunächst so vor, wie es in Abschnitt 7.6 von Band I für die Berechnung der Übergangsmatrix bei kontinuierlichen Systemen beschrieben wurde. Wir nehmen an, daß die Eigenwerte $z_{\infty\nu}$ von $\mathbf{A}$ die Vielfachheit $n_\nu \geq 1$ besitzen, wobei n_0 verschiedene Eigenwerte vorhanden sind und wieder $\sum_{\nu=1}^{n_0} n_\nu = n$ gelte. Von den zu $z_{\infty\nu}$ gehörenden Eigenvektoren seien m_ν voneinander linear unabhängig, wobei $0 < m_\nu \leq n_\nu$ ist. Dann führen wir eine Partialbruchzerlegung von $\mathbf{N}^{-1}(z) = (z\mathbf{E}-\mathbf{A})^{-1}$ durch und erhalten nach dem zitierten Abschnitt 7.6 in Band I

$$z\mathbf{N}^{-1}(z) = z(z\mathbf{E}-\mathbf{A})^{-1} = \sum_{\nu=1}^{n_0}\sum_{\kappa=1}^{m_\nu} \mathbf{B}_{\nu\kappa}\frac{z}{(z-z_{\infty\nu})^\kappa}, \qquad (4.2.76)$$

wobei

$$\mathbf{B}_{\nu\kappa} = \frac{1}{(n_\nu-\kappa)!}\lim_{z\to z_{\infty\nu}} \frac{d^{n_\nu-\kappa}}{dz^{n_\nu-\kappa}}\left[(z-z_{\infty\nu})^{n_\nu}\cdot\mathbf{N}^{-1}(z)\right]$$

die Koeffizienten der Partialbruchentwicklung von $\mathbf{N}^{-1}(z)$ sind. Die inverse Z-Transformation von (4.2.76) liefert dann mit (7.4.9a) aus Tabelle 7.6

$$\mathbf{A}^k = \sum_{\nu=1}^{n_0}\sum_{\kappa=1}^{m_\nu} \mathbf{B}_{\nu\kappa}\binom{k}{\kappa-1} z_{\infty\nu}^{k-\kappa+1}, \quad k \geq 0. \qquad (4.2.77)$$

Hier ist bemerkenswert, daß die einzelnen Terme jeweils für $k < \kappa - 1$ verschwinden. Mit (4.2.77) bekommen wir für die Matrix der Impulsantworten aus (4.2.60).

$$\mathbf{h}_0(k) = \sum_{\nu=1}^{n_0}\sum_{\kappa=1}^{m_\nu} \mathbf{C}\cdot\mathbf{B}_{\nu\kappa}\mathbf{B}\binom{k-1}{\kappa-1} z_{\infty\nu}^{k-\kappa}\,\gamma_{-1}(k-1) + \mathbf{D}\,\gamma_0(k). \qquad (4.2.78)$$

Ein anderes Verfahren wird in [4.5] beschrieben.

4.2.5 Ergänzende Betrachtungen diskreter Systeme

Im Band I haben wir die Eigenschaften der Übertragungsfunktionen kontinuierlicher Systeme sowie ihre Impuls- und Sprungantworten eingehend behandelt. Wir schließen hier unter Verwendung unserer bisherigen Ergebnisse eine Untersuchung diskreter Systeme und der sie im Zeit- und Frequenzbereich beschreibenden Funktionen an. Zur Vereinfachung der Darstellung beschränken wir uns auf reellwertige Systeme mit einem Eingang und einem Ausgang. Wir werden die Verwandtschaften und die Unterschiede zu den entsprechenden Eigenschaften kontinuierlicher Systeme jeweils aufzeigen.

4.2.5.1 Impuls- und Sprungantwort

Zunächst spezialisieren wir die Ergebnisse des letzten Abschnittes auf ein System mit einem Eingang und einem Ausgang. Aus (4.2.75c) folgt mit (4.2.30)

$$h_0(k) = Z^{-1}\left\{\mathbf{c}^T(z\mathbf{E}-\mathbf{A})^{-1}\mathbf{b}+d\right\} \qquad (4.2.79a)$$

$$= Z^{-1}\{H(z)\} = Z^{-1}\left\{\frac{\sum\limits_{\mu=0}^{m} b_\mu z^\mu}{\sum\limits_{\nu=0}^{n} c_\nu z^\nu}\right\}. \qquad (4.2.79b)$$

Bei einem kausalen System ist $h_0(k) \equiv 0,\ k < 0$. Nach der Definition der Z-Transformation ist daher

$$H(z) = Z\{h_0(k)\} = \sum_{k=0}^{\infty} h_0(k) z^{-k}. \qquad (4.2.79c)$$

Mit Hilfe einer Durchdivision erhalten wir andererseits mit $c_n = 1$

$$H(z) = b_m z^{m-n} + (b_{m-1} - b_m c_{n-1}) z^{m-(n+1)} + \ldots$$

Der Vergleich mit (4.2.79c) zeigt, daß aus Kausalitätsgründen $m \leq n$ sein muß.

Wenn wir die Partialbruchzerlegung (4.2.36b) der Übertragungsfunktion für diskrete Systeme spezialisieren, erhalten wir

$$H(z) = b_n + \sum_{\nu=1}^{n_0} \sum_{\kappa=1}^{n_\nu} \frac{B_{\nu\kappa}}{(z - z_{\infty\nu})^\kappa} \qquad (4.2.80)$$

und daraus mit (7.4.9a) für die Impulsantwort

$$h_0(k) = b_n \gamma_0(k) + \sum_{\nu=1}^{n_0} \sum_{\kappa=1}^{n_\nu} B_{\nu\kappa} \binom{k-1}{\kappa-1} z_{\infty\nu}^{k-\kappa} \gamma_{-1}(k-1), \qquad (4.2.81a)$$

offenbar das (4.2.78) entsprechende Ergebnis. Bei einfachen Polen ist

$$h_0(k) = b_n \gamma_0(k) + \sum_{\nu=1}^{n} B_\nu \cdot z_{\infty\nu}^{k-1} \cdot \gamma_{-1}(k-1). \qquad (4.2.81b)$$

Die Sprungantwort des Systems können wir aus

$$h_{-1}(k) = Z^{-1}\left\{\frac{z}{z-1} \cdot H(z)\right\}$$

bestimmen. Hier ist nach (7.4.6)

$$\frac{z}{z-1} = Z\left\{\gamma_{-1}(k)\right\}.$$

Mit Hilfe einer Partialbruchzerlegung von $\frac{z}{z-1}H(z)$ und Rücktransformation folgt

$$h_{-1}(k) = \left[H(1) + \sum_{\nu=1}^{n_0}\sum_{\kappa=1}^{n_\nu} \frac{B_{\nu\kappa}}{z_{\infty\nu}-1} \cdot \binom{k}{\kappa-1} \cdot z_{\infty\nu}^{k-\kappa+1}\right] \gamma_{-1}(k), \qquad (4.2.82a)$$

bzw. im Falle einfacher Pole

$$h_{-1}(k) = \left[H(1) + \sum_{\nu=1}^{n} \frac{B_\nu}{z_{\infty\nu}-1} \cdot z_{\infty\nu}^{k}\right] \gamma_{-1}(k). \qquad (4.2.82b)$$

4.2.5.2 Stabilität

In Abschnitt 3.2.3 haben wir gefunden, daß die Impulsantwort eines bezüglich seines Eingangs-Ausgangsverhaltens stabilen diskreten Systems absolut summierbar sein muß. In dem hier betrachteten zeitinvarianten kausalen Fall muß also

$$\sum_{k=0}^{\infty} |h_0(k)| \leq M < \infty$$

sein. Die in (4.2.81a) angegebene Impulsantwort besteht aus Termen der Form $P_{\nu,\kappa-1}(k) \cdot z_{\infty\nu}^{k-\kappa}$, wobei $P_{\nu,\kappa-1}(k)$ ein Polynom in k vom Grade $\kappa - 1$ ist. Wegen

$$\sum_{k=0}^{\infty} |h_0(k)| \leq |b_n| + \sum_{\nu=1}^{n_0}\sum_{\kappa=1}^{n_\nu}\sum_{k=0}^{\infty} |P_{\nu,\kappa-1}(k) \cdot z_{\infty\nu}^{k-\kappa}|$$

müssen diese Terme alle absolut summierbar sein. Als notwendige und hinreichende Bedingung für die von außen erkennbare Stabilität eines Systems erhalten wir damit

$$|z_{\infty\nu}| < 1, \qquad \forall\nu, \qquad (4.2.83a)$$

wie das im Abschnitt 4.2.3.2 schon für den Fall einfacher Eigenwerte von $\mathbf{A}$ festgestellt worden war. Gilt für einen oder mehrere Pole

$$|z_{\infty\nu}| = 1, \; n_\nu = 1, \tag{4.2.83b}$$

liegen also einfache Pole auf dem Einheitskreis, während die übrigen im Innern liegen, so haben wir eine zwar nicht abklingende, aber beschränkte Impulsantwort. In diesem Fall liegt ein bedingt stabiles System vor, das z.B. im Falle einer beschränkten Erregung endlicher Dauer zu einer beschränkten Reaktion führt. Schließlich haben wir ein instabiles System, wenn

$$\left.\begin{array}{l} |z_{\infty\nu}| > 1 \\ \text{oder} \\ |z_{\infty\nu}| = 1 \text{ mit } n_\nu > 1 \end{array}\right\} \begin{array}{c}\text{für wenigstens} \\ \text{ein } \nu\end{array} \tag{4.2.83c}$$

ist. Die Bedingungen (4.2.83) entsprechen denen von Abschnitt 6.4.5 in Band I für kontinuierliche Systeme.

Die Kontrolle der Stabilität eines durch seine Übertragungsfunktion $H(z)$ gegebenen Systems erfordert offenbar die Untersuchung des Nennerpolynoms

$$N(z) = \sum_{\nu=0}^{n} c_\nu z^\nu = \prod_{\nu=1}^{n} (z - z_{\infty\nu}) \quad \text{mit } c_n = 1.$$

Da nach (4.2.83a) die $z_{\infty\nu}$ alle im Einheitskreis liegen müssen, können wir im diskreten Fall nicht unmittelbar mit den Stabilitätstests arbeiten, die wir in Abschnitt 5.6 von Band I für Hurwitzpolynome angegeben haben. Wenn wir allerdings durch eine geeignete rationale Transformation das Innere des Einheitskreises der z-Ebene umkehrbar eindeutig auf die offene linke Halbebene einer Hilfsvariablen w abbilden können, so lassen sich Routh- und Hurwitztest anwenden. Die bilineare Transformation

$$z = -\frac{w+1}{w-1} \tag{4.2.84}$$

leistet diese Abbildung. Mit ihr erhält man

$$N\left(-\frac{w+1}{w-1}\right) = \frac{1}{(w-1)^n} \cdot \sum_{\nu=0}^{n} (-1)^\nu c_\nu (w+1)^\nu (w-1)^{n-\nu} = \frac{\tilde{N}(w)}{(w-1)^n}.$$

Für die Stabilität eines diskreten Systems ist dann notwendig und hinreichend, daß $\tilde{N}(w)$ ein Hurwitzpolynom ist, was mit den zitierten Methoden von Band I untersucht werden kann.

Wir leiten mit diesem Verfahren die Bedingungen her, die die Koeffizienten eines Polynoms zweiten Grades im Stabilitätsfall erfüllen müssen. Aus

$$N(z) = z^2 + c_1 z + c_0$$

folgt

$$N\left(-\frac{w+1}{w-1}\right) = \frac{(1 - c_1 + c_0)w^2 + 2(1 - c_0)w + (1 + c_1 + c_0)}{(w-1)^2}.$$

Für ein Hurwitzpolynom zweiten Grades ist notwendig und hinreichend, daß alle Koeffizienten das gleiche Vorzeichen haben und nicht verschwinden (siehe Abschnitt 5.6.2 in Band I). Nehmen wir ohne Einschränkung der Allgemeingültigkeit an, daß sie positiv sind, so folgt aus

$$1 - c_1 + c_0 > 0$$

und

$$1 + c_1 + c_0 > 0$$

zunächst

$$|c_1| < 1 + c_0. \tag{4.2.85a}$$

Damit und aus $1 - c_0 > 0$ erhält man weiterhin

$$|c_0| < 1. \tag{4.2.85b}$$

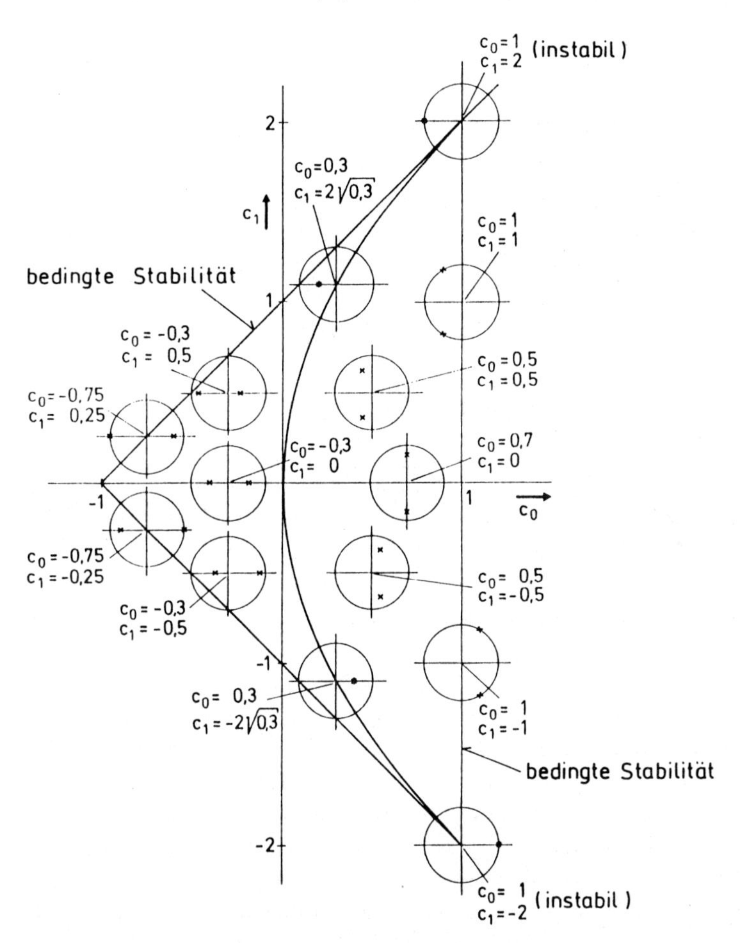

Bild 4.19: Wertebereich der Koeffizienten c_0, c_1 bei einem stabilen bzw. bedingt stabilen System zweiter Ordnung

Bild 4.19 zeigt das Dreieck, in dem die Koeffizientenpaare (c_0, c_1) liegen müssen. Es ist angegeben, welche charakteristischen Pollagen sich für bestimmte Wertepaare ergeben.

Insbesondere bestätigt man leicht, daß sich für

$$0 < c_0 < 1, \quad |c_1| < 2\sqrt{c_0} \tag{4.2.86a}$$

Paare von zueinander konjugiert komplexen Polen ergeben, für die gilt

$$z_{\infty 1,2} = \rho_\infty e^{\pm j\psi_\infty}, \rho_\infty = +\sqrt{c_0}, \psi_\infty = \arccos\left[-\frac{c_1}{2\rho_\infty}\right]. \tag{4.2.86b}$$

Neben der Möglichkeit, die von Hurwitzpolynomen her bekannten Tests zur Stabilitätskontrolle zu verwenden, gibt es algebraische Methoden, mit denen unmittelbar Polynome daraufhin untersucht werden können, ob ihre Nullstellen im Innern des Einheitskreises liegen. Es sei dazu z.B. auf [4.5,7,8] verwiesen. Auf die Darstellung wird hier verzichtet.

4.2.5.3 Frequenzgang

Aus der Übertragungsfunktion eines diskreten Systems

$$H(z) = \frac{\sum\limits_{\mu=0}^{m} b_\mu z^\mu}{\sum\limits_{\nu=0}^{n} c_\nu z^\nu} = b_m \cdot \frac{\prod\limits_{\mu=1}^{m}(z - z_{0\mu})}{\prod\limits_{\nu=1}^{n}(z - z_{\infty\nu})} =: \frac{Z(z)}{N(z)}$$

erhalten wir mit $z = e^{j\Omega}$ den Frequenzgang

$$H(e^{j\Omega}) = \frac{\sum\limits_{\mu=0}^{m} b_\mu e^{j\mu\Omega}}{\sum\limits_{\nu=0}^{n} c_\nu e^{j\nu\Omega}} = b_m \cdot \frac{\prod\limits_{\mu=1}^{m}(e^{j\Omega} - z_{0\mu})}{\prod\limits_{\nu=1}^{n}(e^{j\Omega} - z_{\infty\nu})} = |H(e^{j\Omega})|e^{-jb(\Omega)}, \tag{4.2.87}$$

offenbar eine periodische Funktion in Ω.

Bild 4.20 zeigt als Beispiel $H(e^{j\Omega})$ für ein System mit $m = n = 3$. Gewählt wurde ein Cauerfilter (vergl. Abschnitt 4.2.5.7), dessen Betragsfrequenzgang für $|\Omega| \le \Omega_D$ um maximal δ_D von 1 und für $\Omega_S \le |\Omega| \le \pi$ um maximal δ_S von Null abweicht. Im Pol-Nullstellendiagramm ist dargestellt, wie sich die Funktion aus den einzelnen Linearfaktoren von Zähler- und Nennerpolynom zusammensetzt. Die Reellwertigkeit des Systems, die sich aus $b_\mu, c_\nu \in \mathbb{R}$ ergibt, führt zu $H(e^{j\Omega}) = H^*(e^{-j\Omega})$ und damit zu einer Kurve, die spiegelbildlich zur reellen Achse liegt. Das Bild zeigt, daß $H(e^{j\Omega})$ für $|\Omega| \le \Omega_D$ innerhalb eines Kreisringes um den Nullpunkt mit den Radien 1 und $1 - \delta_D$ bleibt. Vergrößert wurde der Frequenzgang im Sperrbereich $\Omega_S \le |\Omega| \le \pi$ dargestellt. Hier liegt $H(e^{j\Omega})$ innerhalb eines Kreises mit dem Radius δ_S. Es ist, wie in Abschnitt 3.3.1 angegeben, $|H(e^{j\Omega})|$ eine gerade und $b(\Omega)$ eine ungerade Funktion in Ω. Im Bild 4.20 sind diese Funktionen und zusätzlich die Gruppenlaufzeit $\tau_g(\Omega) = \dfrac{db(\Omega)}{d\Omega}$ für das behandelte Beispiel angegeben. Für $\Omega = \Omega_0$, d.h. in der Nullstelle des Frequenzganges, springt die Phase um π, die Gruppenlaufzeit hat dort einen Diracanteil.

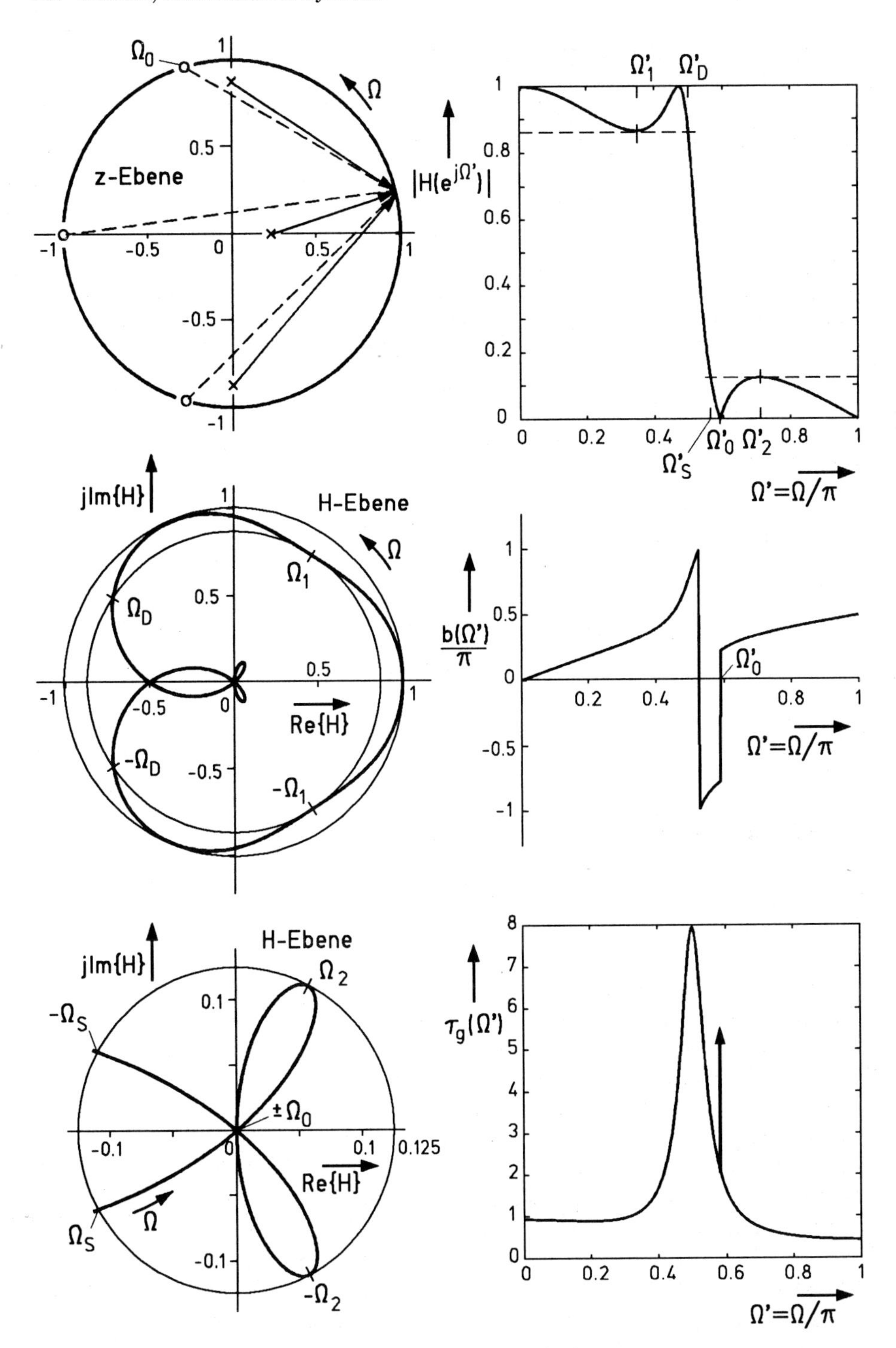

Bild 4.20: Beispiel für den Frequenzgang $H(e^{j\Omega})$ eines diskreten Systems

Wir zeigen, wie man den Frequenzgang und seine Komponenten zweckmäßig berechnet. Zunächst gehen wir dabei von den Koeffizienten des Zähler- und Nennerpolynoms aus, um die Werte $H(e^{j\Omega_\lambda})$ mit $\Omega_\lambda = \lambda \cdot \frac{2\pi}{M}$; $\lambda = 0(1)M-1$ zu errechnen. Dazu ergänzen wir beim Nennerpolynom die Koeffizienten c_ν, $\nu = 0(1)n$ durch $M-1-n$ Nullen und unterwerfen die so entstandene Folge c'_ν der Länge M der DFT. Es ist dann

$$N^*(e^{j\Omega_\lambda}) = \mathrm{DFT}\left\{c'_\nu\right\}.$$

Entsprechend wird $Z^*(e^{j\Omega_\lambda})$ bestimmt, so daß sich der gesuchte Frequenzgang als

$$H(e^{j\Omega_\lambda}) = \frac{Z(e^{j\Omega_\lambda})}{N(e^{j\Omega_\lambda})} = \left[\frac{\mathrm{DFT}\left\{b'_\mu\right\}}{\mathrm{DFT}\left\{c'_\nu\right\}}\right]^* \tag{4.2.88}$$

ergibt. Daraus gewinnt man Betrag, Dämpfung und Phase in bekannter Weise.

Die Gruppenlaufzeit könnte man durch numerische Differentiation der Phase bestimmen. Wir zeigen eine andere Möglichkeit. Ausgehend von

$$\begin{aligned} N(e^{j\Omega}) &= N_R(e^{j\Omega}) + jN_I(e^{j\Omega}), \\ Z(e^{j\Omega}) &= Z_R(e^{j\Omega}) + jZ_I(e^{j\Omega}) \end{aligned}$$

und

$$b(\Omega) = \arctan\frac{N_I}{N_R} - \arctan\frac{Z_I}{Z_R}$$

erhält man zunächst

$$\tau_g(\Omega) = \frac{N'_I N_R - N'_R N_I}{|N|^2} - \frac{Z'_I Z_R - Z'_R Z_I}{|Z|^2}. \tag{4.2.89a}$$

Es ist nun z.B.

$$\begin{aligned} N'(e^{-j\Omega}) &= N'_R(e^{j\Omega}) - jN'_I(e^{j\Omega}) \\ &= -j\sum_{\nu=1}^{n} \nu c_\nu e^{-j\nu\Omega} = -j\mathcal{F}_*\{\nu c_\nu\} \\ &= -\sum_{\nu=1}^{n} \nu c_\nu \sin\nu\Omega - j\sum_{\nu=1}^{n} \nu c_\nu \cos\nu\Omega. \end{aligned}$$

Man erhält so

$$\begin{aligned} N'_R(e^{j\Omega}) &= Im\left\{\mathcal{F}_*\{\nu c_\nu\}\right\}, \\ N'_I(e^{j\Omega}) &= Re\left\{\mathcal{F}_*\{\nu c_\nu\}\right\}. \end{aligned}$$

Die Folge der Werte $N'(e^{j\Omega_\lambda})$, $\Omega_\lambda = \lambda\frac{2\pi}{M}$ läßt sich dann wieder durch die DFT der um $M-1-n$ Nullen ergänzten Folge der Werte νc_ν leicht berechnen. Entsprechend ist bei der Bestimmung der Werte $Z'(e^{j\Omega_\lambda})$ vorzugehen, so daß man mit zwei weiteren Diskreten Fouriertransformationen alle für die numerische Berechnung von $\tau_g(\Omega)$ in den Punkten Ω_λ nötigen Werte erhält.

Geht man von den Polen $z_{\infty\nu} = \rho_{\infty\nu} \cdot e^{j\psi_{\infty\nu}}$ und Nullstellen $z_{0\mu} = \rho_{0\mu} \cdot e^{j\psi_{0\mu}}$ aus, so ergibt sich aus (4.2.87) nach elementarer Zwischenrechnung

$$|H(e^{j\Omega})| = |b_m| \cdot \frac{\prod_{\mu=1}^{m} \sqrt{1 - 2\rho_{0\mu}\cos(\Omega - \psi_{0\mu}) + \rho_{0\mu}^2}}{\prod_{\nu=1}^{n} \sqrt{1 - 2\rho_{\infty\nu}\cos(\Omega - \psi_{\infty\nu}) + \rho_{\infty\nu}^2}}, \tag{4.2.90}$$

$$\begin{aligned} b(\Omega) &= \sum_{\nu=1}^{n} \arctan \frac{\sin\Omega - \rho_{\infty\nu}\sin\psi_{\infty\nu}}{\cos\Omega - \rho_{\infty\nu}\cos\psi_{\infty\nu}} \\ &\quad - \sum_{\mu=1}^{m} \arctan \frac{\sin\Omega - \rho_{0\mu}\sin\psi_{0\mu}}{\cos\Omega - \rho_{0\mu}\cos\psi_{0\mu}} \quad (\pm\pi\,\mathrm{sign}\,\Omega), \end{aligned} \tag{4.2.91a}$$

$$\begin{aligned} \tau_g(\Omega) = \frac{db(\Omega)}{d\Omega} &= \sum_{\nu=1}^{n} \frac{1 - \rho_{\infty\nu}\cos(\Omega - \psi_{\infty\nu})}{1 - 2\rho_{\infty\nu}\cos(\Omega - \psi_{\infty\nu}) + \rho_{\infty\nu}^2} \\ &\quad - \sum_{\mu=1}^{m} \frac{1 - \rho_{0\mu}\cos(\Omega - \psi_{0\mu})}{1 - 2\rho_{0\mu}\cos(\Omega - \psi_{0\mu}) + \rho_{0\mu}^2}. \end{aligned} \tag{4.2.92a}$$

In der Beziehung (4.2.91a) für $b(\Omega)$ entfällt der Term $(\pm\pi\,\mathrm{sign}\,\Omega)$, falls $b_m > 0$ ist.

Bild 4.21a zeigt einen der Summanden von (4.2.91a) für den Fall $\psi = 0$ in Abhängigkeit von Ω mit ρ als Parameter. Verwendet wurde das positive Vorzeichen entsprechend dem Phasenbeitrag einer Polstelle. Mit gleichem Vorzeichen wurden auch die Beiträge von Nullstellen für $\rho\ (= \rho_{0\mu}) \geq 1$ angegeben, die einen prinzipiell anderen Verlauf haben. Speziell für $\rho_{0\mu} = 1$ erhält man den für $0 < |\Omega| < \pi$ linearen Phasenbeitrag

$$b_\mu(\Omega) = -\left[\frac{\Omega}{2} + \frac{\pi}{2}\mathrm{sign}\,\Omega\right], \tag{4.2.91b}$$

wie im Bild angegeben. Die Frequenzgänge der Phasenanteile für eine komplexe Pol- oder Nullstelle gewinnt man aus

$$b_1(\Omega) = b_0(\Omega - \psi) + \psi, \tag{4.2.91c}$$

wenn $b_0(\Omega)$ der gezeichnete Phasenanteil einer reellen Null- oder (für $\rho < 1$) auch Polstelle und $b_1(\Omega)$ der gesuchte Phasenanteil einer komplexen Null- oder Polstelle mit Winkel $\psi \neq 0$ und gleichem Radius ρ ist. Hier ist also eine Verschiebung in Abszissen- und Ordinatenrichtung erforderlich.

Wir betrachten weiterhin den Zuwachs, den die Phase $b(\Omega)$ erfährt, wenn Ω von 0 bis π monoton wächst. Die Mehrdeutigkeit der Phase und der Beitrag durch ein gegebenenfalls negatives Vorzeichen von b_m seien dabei nicht berücksichtigt. Für unsere Überlegung ist die Lage der m Nullstellen der Übertragungsfunktion wesentlich. Wir setzen mit $m = \sum_{\lambda=1}^{5} m_\lambda$

$$Z(z) = b_m(z-1)^{m_1}(z+1)^{m_2} \cdot \prod_{\mu=1}^{m_3}(z - z_{0\mu}^{(1)}) \cdot \prod_{\mu=1}^{m_4}(z - z_{0\mu}^{(2)}) \cdot \prod_{\mu=1}^{m_5}(z - \rho_{0\mu}).$$

Es liege also eine m_1-fache Nullstelle bei $z = 1$, eine m_2-fache bei $z = -1$. Weiterhin sei $|z_{0\mu}^{(1)}| \leq 1$, aber $z_{0\mu}^{(1)} \neq \pm 1, |z_{0\mu}^{(2)}| > 1$, aber $z_{0\mu}^{(2)} \neq \rho_{0\mu} > 1$. Die m_5 Nullstellen auf

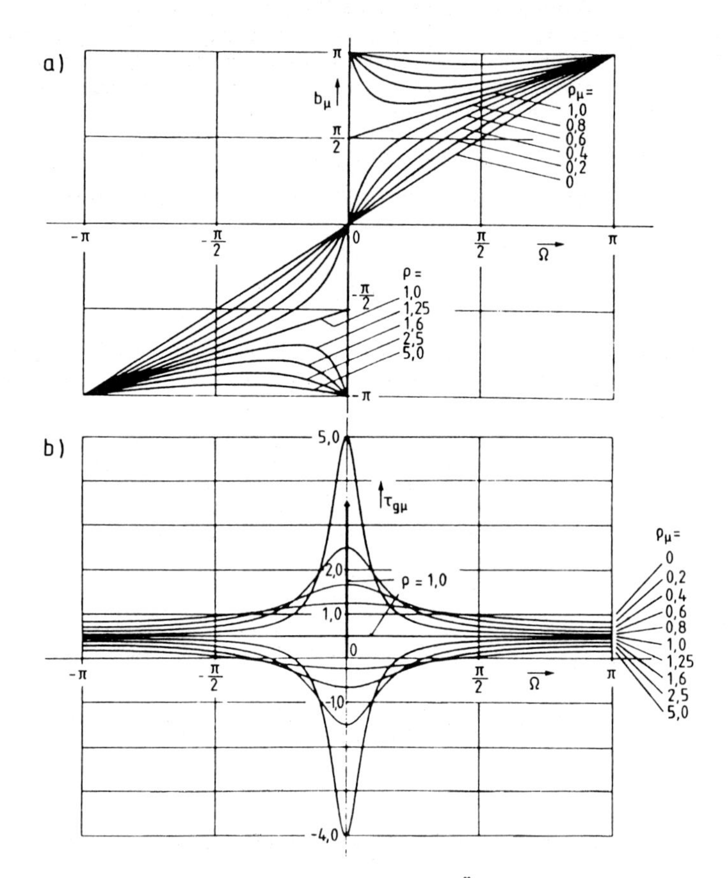

Bild 4.21: Beiträge einer Pol- oder Nullstelle der Übertragungsfunktion zum Frequenzgang der Phase und der Gruppenlaufzeit

der positiv reellen Achse außerhalb des Einheitskreises sind also getrennt angegeben. Mit diesen Bezeichnungen erhält man für die Phase des Systems

$$\lim_{\Omega\to+0} b(\Omega) = b(+0) = -\left[\frac{m_1}{2}+m_5\right]\pi$$

$$\lim_{\Omega\to\pi-0} b(\Omega) = b(\pi-0) = (n-m_1-\frac{m_2}{2}-m_3-m_5)\pi.$$

Damit folgt für den Phasenzuwachs

$$\Delta b = b(\pi-0)-b(+0) = \left(n-\frac{m_1+m_2}{2}-m_3\right)\pi. \qquad (4.2.91\text{d})$$

Die außerhalb des Einheitskreises liegenden Nullstellen liefern offenbar keinen Beitrag zum Phasenzuwachs.

Bild 4.21b zeigt den Verlauf des Gruppenlaufzeitbeitrages einer reellen Pol- bzw. Nullstelle. Ein Winkel $\psi \neq 0$ erfordert eine entsprechende Verschiebung in Abszissenrichtung. Aus den Kurven bzw. aus (4.2.92a) erkennt man, daß wegen $\rho_{\infty\nu} < 1$ die von den Polstellen herrührenden Gruppenlaufzeitanteile stets positiv sind. Entsprechend sind die Beiträge der Nullstellen für $\rho_{0\mu} < 1$ immer negativ. Dagegen erhält man für $\rho_{0\mu} > 1$ eine Funktion mit Vorzeichenwechsel, wobei für $|\Omega - \psi_{0\mu}| < \arccos 1/\rho$ positive Beiträge zur Gesamtlaufzeit entstehen. Für $\rho_{0\mu} = 1$ und mit dem Nullstellenwinkel $\psi_{0\mu}$ ergibt sich aus (4.2.91b) der Beitrag

$$\tau_{g\mu}(\Omega) = -[0,5 + \pi\delta_0(\Omega - \psi_{0\mu})]. \tag{4.2.92b}$$

Unter Berücksichtigung solcher von den Nullstellen auf dem Einheitskreis herrührenden Anteile gilt mit (4.2.91d)

$$\int_0^\pi \tau_g(\Omega)d\Omega = \Delta b. \tag{4.2.92c}$$

Daraus folgt, daß die Fläche des Gruppenlaufzeitbeitrages einer bei $z_{0\mu} = \rho > 1$ liegenden Nullstelle oder eines außerhalb des Einheitskreises liegenden Nullstellenpaares gleich Null ist.

Wir bestimmen den Beitrag, den zwei spiegelbildlich zum Einheitskreis liegende Nullstellen zur Gruppenlaufzeit liefern. Es sei also

$$z_{0\mu} = 1/z_{0\lambda}^*, \quad \text{d.h.} \quad \rho_{0\lambda} = 1/\rho_{0\mu}, \psi_{0\mu} = \psi_{0\lambda}.$$

Aus (4.2.92a) erhält man mit

$$\begin{aligned} \tau_{g0\mu}(\Omega) &= -\frac{1 - \rho_{0\mu}\cos(\Omega - \psi_{0\mu})}{1 - 2\rho_{0\mu}\cos(\Omega - \psi_{0\mu}) + \rho_{0\mu}^2}, \\ \tau_{g0\lambda}(\Omega) &= -\frac{\rho_{0\mu}^2 - \rho_{0\mu}\cos(\Omega - \psi_{0\mu})}{1 - 2\rho_{0\mu}\cos(\Omega - \psi_{0\mu}) + \rho_{0\mu}^2}. \end{aligned}$$

Es ist also

$$\tau_{g0\mu}(\Omega) + \tau_{g0\lambda}(\Omega) = -1. \tag{4.2.92d}$$

Wir werden in Abschnitt 4.2.5.6 von diesem Ergebnis Gebrauch machen.

In Abschnitt 5.4.1 von Band I wurden die Bode-Diagramme behandelt, mit denen man, ausgehend von den Polen und Nullstellen der Übertragungsfunktion eines kontinuierlichen Systems, Dämpfung und Phase über einer logarithmischen Frequenzskala darstellt. Man kann dieses für die Praxis sehr wichtige Verfahren auch bei einem diskreten System verwenden, wenn man durch eine geeignete Transformation seine Übertragungsfunktion in die eines kontinuierlichen Systems überführt, dessen Bode-Diagramm man dann in gewohnter Weise bestimmt. Die schon im letzten Abschnitt eingeführte bilineare Transformation (4.2.84) $z = -\dfrac{w+1}{w-1}$, mit der wir dort die algebraischen Stabilitätstests für kontinuierliche Systeme für diskrete verwendbar machten, ist auch hier einsetzbar. Sie bildet die Peripherie des Einheitskreises der z-Ebene umkehrbar eindeutig auf die imaginäre Achse der w-Ebene ab. Ist $w = \zeta + j\eta$, so gilt

$$\eta = \tan\frac{\Omega}{2}; \tag{4.2.93a}$$

das Intervall $0 \le \Omega \le \pi$ wird also auf die Halbachse $\eta \ge 0$ transformiert. Ausgehend von

$$H(z) = b_m \cdot \frac{\prod_{\mu=1}^{m}(z - z_{0\mu})}{\prod_{\nu=1}^{n}(z - z_{\infty\nu})}$$

erhält man

$$\tilde{H}(w) = b_m \frac{\prod_{\mu=1}^{m}(1+z_{0\mu})}{\prod_{\nu=1}^{n}(1+z_{\infty\nu})} \cdot (1-w)^{n-m} \frac{\prod_{\mu=1}^{m}(w-w_{0\mu})}{\prod_{\nu=1}^{n}(w-w_{\infty\nu})},$$

wobei die Null- und Polstellen in der z-Ebene entsprechend

$$w_\lambda = \frac{z_\lambda - 1}{z_\lambda + 1} \tag{4.2.93b}$$

in die der w-Ebene transformiert werden. Nach dieser Umrechnung läßt sich das Bode-Diagramm über der logarithmierten η-Achse bestimmen. Der dabei gewonnene Verlauf von Dämpfung und Phase ist natürlich entsprechend (4.2.93a) in Abszissenrichtung, nicht dagegen bezüglich der Ordinate verzerrt.

4.2.5.4 Mindestphasensysteme und Allpässe

In Abschnitt 5.2 von Band I haben wir stabile kontinuierliche Systeme untersucht und sie nach der Lage ihrer Nullstellen klassifiziert. Wir gehen hier entsprechend vor und betrachten zunächst zwei stabile diskrete Systeme mit gleichen Polstellen $z_{\infty\nu}$, aber unterschiedlichen Nullstellen. Es sei

$$H_1(z) = \frac{Z_1(z)}{N(z)} = b_m^{(1)} \frac{\prod_{\mu=1}^{m}(z - z_{0\mu}^{(1)})}{N(z)}; \; H_2(z) = \frac{Z_2(z)}{N(z)} = b_m^{(2)} \frac{\prod_{\mu=1}^{m}(z - z_{0\mu}^{(2)})}{N(z)}.$$

Speziell nehmen wir an, daß mit $z_{0\mu}^{(1)} =: z_{0\mu} = \rho_{0\mu} e^{j\psi_{0\mu}} \neq 0$ der Betrag $\rho_{0\mu} < 1$ ist, während $z_{0\mu}^{(2)} = \dfrac{1}{z_{0\mu}^*} = \dfrac{1}{\rho_{0\mu}} \cdot e^{j\psi_{0\mu}}$, $\forall \mu$ ist, daß also die Nullstellen des zweiten Systems spiegelbildlich zu denen des ersten in bezug auf den Einheitskreis liegen. Wir betrachten die Beiträge entsprechender Linearfaktoren zum Betrags- und Phasenfrequenzgang bzw. Gruppenlaufzeitgang. Nach (4.2.90) ist

$$|e^{j\Omega} - z_{0\mu}| = \sqrt{1 - 2\rho_{0\mu}\cos(\Omega - \psi_{0\mu}) + \rho_{0\mu}^2}$$

sowie

$$|e^{j\Omega} - \frac{1}{z_{0\mu}^*}| = \frac{1}{\rho_{0\mu}}\sqrt{1 - 2\rho_{0\mu}\cos(\Omega - \psi_{0\mu}) + \rho_{0\mu}^2}.$$

Damit folgt

$$|H_2(e^{j\Omega})| = \frac{b_m^{(2)}}{b_m^{(1)}} \frac{1}{\prod_{\mu=1}^{m} \rho_{0\mu}} \cdot |H_1(e^{j\Omega})|. \tag{4.2.94a}$$

Im letzten Abschnitt wurde bereits festgestellt, daß die bei $z_{0\mu}$ liegende Nullstelle den stets negativen Beitrag

$$\tau_{g0\mu}^{(1)}(\Omega) = -\frac{1 - \rho_{0\mu}\cos(\Omega - \psi_{0\mu})}{1 - 2\rho_{0\mu}\cos(\Omega - \psi_{0\mu}) + \rho_{0\mu}^2},$$

die bei $1/z_{0\mu}^*$ liegende des zweiten Systems den bereichsweise positiven Beitrag

$$\tau_{g0\mu}^{(2)}(\Omega) = -\frac{\rho_{0\mu}^2 - \rho_{0\mu}\cos(\Omega - \psi_{0\mu})}{1 - 2\rho_{0\mu}\cos(\Omega - \psi_{0\mu}) + \rho_{0\mu}^2}$$

zur Gesamtlaufzeit liefert. Da stets $|\tau_{g0\mu}^{(2)}| < |\tau_{g0\mu}^{(1)}|$ ist, muß insgesamt beim Vergleich der Gruppenlaufzeiten beider Systeme gelten

$$\tau_g^{(1)}(\Omega) < \tau_g^{(2)}(\Omega), \quad \forall\Omega. \tag{4.2.94b}$$

Wenn man von der konstanten Phase $-m_5\pi$ absieht, die gegebenenfalls durch m_5 Nullstellen auf der positiv reellen Achse in den Punkten $1/\rho_{0\mu}$ hervorgerufen wird, gilt weiterhin für die Phasenfrequenzgänge

$$b^{(1)}(\Omega) < b^{(2)}(\Omega), \quad \forall\Omega. \tag{4.2.94c}$$

Damit haben beide Systeme bis auf einen konstanten Faktor denselben Betragsfrequenzgang, das erste System aber eine geringere Laufzeit und Phase.

Wir überlegen, ob es Systeme mit der Übertragungsfunktion $H_{M1}(z)$ gibt, die der Bedingung $|H_{M1}(e^{j\Omega})| = |H_1(e^{j\Omega})|$ genügen, dabei aber eine noch kleinere Phase als das erste System, d.h. die zu $|H_1(e^{j\Omega})|$ gehörige Mindestphase haben. Es gibt sie dann, wenn in $H_1(z)$ der Grad m des Zählerpolynoms kleiner als n, der Grad des Nennerpolynoms ist. Offenbar erfüllt

$$H_{M1}(z) = z^{n-m} \cdot H_1(z)$$

die Bedingung für den Betragsfrequenzgang, hat aber die Phase

$$b_{M1}(\Omega) = b^{(1)}(\Omega) - (n - m)\Omega.$$

Kennzeichnend für ein Mindestphasensystem der bisher betrachteten Art ist damit die Bedingung für die Nullstellen

$$|z_{0\mu}| < 1, \quad \forall\mu. \tag{4.2.95a}$$

Ein Gradunterschied von Zähler- und Nennerpolynom, der zu einer gegebenenfalls mehrfachen Nullstelle im Unendlichen führen würde, ist damit ausgeschlossen.

Für die durch (4.2.95a) charakterisierten minimalphasigen Systeme ist wichtig, daß für sie ein inverses stabiles und ebenfalls minimalphasiges System existiert. Offenbar hat $H(z) = 1/H_{M1}(z)$ diese Eigenschaft. Verzichtet man auf die Invertierbarkeit, so wird ein minimalphasiges System mit der Übertragungsfunktion $H_{M2}(z)$ durch die Bedingung

$$|z_{0\mu}| \leq 1, \quad \forall\mu \tag{4.2.95b}$$

beschrieben.

Wir vergleichen mit den entsprechenden Überlegungen im kontinuierlichen Fall. Nach Abschnitt 5.2 von Band I gilt für ein nicht notwendig invertierbares minimalphasiges System $Re\{s_{0\mu}\} \leq 0,\ \forall\mu$. Damit sind im Gegensatz zum hier betrachteten diskreten Fall gegebenenfalls mehrfache Nullstellen der Übertragungsfunktion im Unendlichen zugelassen.

Weiterhin betrachten wir die Übertragungsfunktion

$$H(z) = b_m \cdot \frac{\prod_{\mu=1}^{m_1}(z - z_{0\mu}^{(1)}) \cdot \prod_{\mu=1}^{m_2}(z - z_{0\mu}^{(2)})}{\prod_{\nu=1}^{n}(z - z_{\infty\nu})}, \quad m_1 + m_2 = m \leq n$$

eines beliebigen stabilen Systems. Für m_1 Nullstellen gelte $|z_{0\mu}^{(1)}| \leq 1$, für die übrigen m_2 dagegen $|z_{0\mu}^{(2)}| > 1$. Die Erweiterung mit $z^{n-m} \cdot \prod_{\mu=1}^{m_2}(1 - z_{0\mu}^{(2)} z)$ liefert

$$\begin{aligned} H(z) &= b_m \cdot \frac{z^{n-m}\prod_{\mu=1}^{m_1}(z - z_{0\mu}^{(1)})\prod_{\mu=1}^{m_2}(1 - z_{0\mu}^{(2)} z)}{\prod_{\nu=1}^{n}(z - z_{\infty\nu})} \cdot \frac{\prod_{\mu=1}^{m_2}(z - z_{0\mu}^{(2)})}{z^{n-m}\prod_{\mu=1}^{m_2}(1 - z_{0\mu}^{(2)} z)} \\ H(z) &=: H_{M2}(z) \cdot H_A(z). \end{aligned} \qquad (4.2.96)$$

Der erste Faktor beschreibt offenbar ein minimalphasiges System, während die Übertragungsfunktion

$$H_A(z) = \frac{1}{z^{n-m}} \cdot \frac{\prod_{\mu=1}^{m_2}(z - z_{0\mu}^{(2)})}{\prod_{\mu=1}^{m_2}(1 - z_{0\mu}^{(2)} z)} = \frac{(-1)^{m_2}}{\prod_{\mu=1}^{m_2} z_{0\mu}^{(2)}} \cdot \frac{1}{z^{n-m}} \cdot \frac{\prod_{\mu=1}^{m_2}(z - z_{0\mu}^{(2)})}{\prod_{\mu=1}^{m_2}(z - 1/z_{0\mu}^{(2)})} \qquad (4.2.97a)$$

dadurch gekennzeichnet ist, daß ihre Polstellen spiegelbildlich zu den Nullstellen in bezug auf den Einheitskreis liegen. Mit Hilfe von (4.2.90) findet man, daß

$$|H_A(e^{j\Omega})| = H_A(1) = 1, \quad \forall\Omega \qquad (4.2.97b)$$

gilt, das zugehörige System also ein Allpaß ist. Bild 4.22 veranschaulicht die Zerlegung der Übertragungsfunktion des allgemeinen Systems entsprechend (4.2.96).

Für eine Diskussion des Zeitverhaltens des Gesamtsystems und der Teilsysteme wird z.B. auf [4.5] verwiesen.

Wir betrachten die Eigenschaften einer Allpaß-Übertragungsfunktion noch etwas genauer. Allgemein ist

$$H_A(z) = b_n \cdot \frac{\prod_{\nu=1}^{n}(1 - z_{\infty\nu} z)}{\prod_{\nu=1}^{n}(z - z_{\infty\nu})}, \quad |H_A(e^{j\Omega})| = |b_n| \qquad (4.2.98a)$$

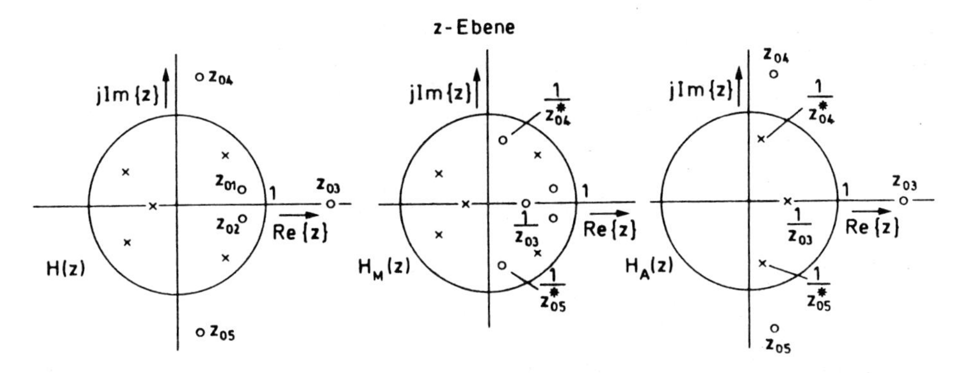

Bild 4.22: Zur Zerlegung eines Systems in ein Minimalphasensystem und einen Allpaß

die Übertragungsfunktion eines reellwertigen Allpasses n-ten Grades. Zähler- und Nennerpolynom sind spiegelbildlich zueinander. Es ist

$$H_A(z) = b_n \cdot \frac{\sum\limits_{\nu=0}^{n} c_{n-\nu} z^{\nu}}{\sum\limits_{\nu=0}^{n} c_{\nu} z^{\nu}} = b_n \cdot \frac{z^n \sum\limits_{\nu=0}^{n} c_{\nu} z^{-\nu}}{\sum\limits_{\nu=0}^{n} c_{\nu} z^{\nu}} = b_n \frac{z^n N(z^{-1})}{N(z)}. \tag{4.2.98b}$$

Für Phasengang und Gruppenlaufzeit erhält man nach Zusammenfassung einander entsprechender Terme in (4.2.91a) und (4.2.92a) und mit $\rho_{\infty\nu} = 1/\rho_{0\nu} =: \rho_\nu < 1$, $\psi_{\infty\nu} = \psi_{0\nu} =: \psi_\nu$ und für $b_n > 0$

$$b_A(\Omega) = \sum_{\nu=1}^{n} \arctan \frac{(1-\rho_\nu^2)\sin(\Omega - \psi_\nu)}{(1+\rho_\nu^2)\cos(\Omega - \psi_\nu) - 2\rho_\nu}, \tag{4.2.99a}$$

$$\tau_{gA}(\Omega) = \sum_{\nu=1}^{n} \frac{1-\rho_\nu^2}{1 - 2\rho_\nu \cos(\Omega - \psi_\nu) + \rho_\nu^2}. \tag{4.2.99b}$$

Es gilt $\tau_{gA}(\Omega) > 0$, $\forall\Omega$. Aus (4.2.91d) und (4.2.92c) ergibt sich der Phasenzuwachs bzw. die Gruppenlaufzeitfläche

$$\Delta b = n\pi. \tag{4.2.99c}$$

Bezüglich einer weitergehenden Diskussion der Eigenschaften von $H_A(z)$ und der Behandlung unterschiedlicher realisierender Strukturen wird auf die Literatur verwiesen (z.B. [4.5]).

4.2.5.5 Nichtrekursive Systeme

Die Differenzengleichung eines Systems n-ter Ordnung (4.2.26)

$$y(k+n) = -\sum_{\nu=0}^{n-1} c_\nu y(k+\nu) + \sum_{\mu=0}^{m} b_\mu v(k+\mu)$$

besagt, daß der Ausgangswert im Augenblick $k+n$ unter Verwendung der bereits früher errechneten Werte $y(k+\nu)$, $\nu = 0(1)(n-1)$ bestimmt wird, wenn die entsprechenden Koeffizienten $c_\nu \neq 0$ sind. Ist das der Fall, so sprechen wir von einem *rekursiven System*. Sind dagegen die $c_\nu = 0$, $\nu = 0(1)(n-1)$, so ergibt sich offenbar $y(k+n)$ als Linearkombination von $(m+1)$ Werten der Eingangsfolge $v(k)$. Da jetzt früher errechnete Werte $y(k+\nu)$, $\nu < n$ nicht berücksichtigt werden, wird ein solches System *nichtrekursiv* genannt. Es hat eine Reihe bemerkenswerter Eigenschaften. Zunächst gilt für seine Übertragungsfunktion mit $m = n$

$$H(z) = \frac{1}{z^n}\sum_{\mu=0}^{n} b_\mu z^\mu = \sum_{\mu=0}^{n} b_{n-\mu} z^{-\mu} = \sum_{k=0}^{n} h_0(k) z^{-k}. \qquad (4.2.100a)$$

Offenbar hat die Impulsantwort die endliche Länge $n+1$. Diese Eigenschaft nichtrekursiver Systeme führt zu einer anderen Bezeichnung. Man nennt sie auch FIR-Systeme (von finite impulse response). Entsprechend werden rekursive auch IIR-Systeme genannt (von infinite impulse response).

Es sei angemerkt, daß unter Umständen auch ein rekursives System eine Impulsantwort endlicher Länge haben kann. Dieser Fall liegt z.B. vor, wenn wir ein nichtrekursives System, dessen Übertragungsfunktion Nullstellen mit $|z_{0\mu}| > 1$ hat, entsprechend Abschnitt 4.2.5.4 in ein minimalphasiges und einen Allpaß zerlegen. Da es, abgesehen vom trivialen Fall $H_A(z) = b_n z^{-n}$, keinen nichtrekursiven Allpaß gibt, ist das Gesamtsystem rekursiv, hat aber eine Impulsantwort endlicher Länge. (Vergl. Abschn. 4.2.7, spez. Bild 4.31).

Die Übertragungsfunktion eines nichtrekursiven Systems ist durch einen n-fachen Pol bei $z = 0$ gekennzeichnet. Damit folgt sofort, daß es stets stabil ist. Andererseits führt sicher dieselbe Spezialisierung der Koeffizienten c_ν im kontinuierlichen Fall auf ein instabiles System. Hier gibt es daher keine unmittelbare Analogie zwischen beiden Bereichen.

Aus (4.2.100a) folgt sofort der Frequenzgang eines nichtrekursiven Systems als trigonometrisches Polynom

$$H(e^{j\Omega}) = \sum_{k=0}^{n} h_0(k) e^{-jk\Omega}. \qquad (4.2.100b)$$

Der in Abschnitt 3.5 diskutierte Zusammenhang zwischen Real- und Imaginärteil des Frequenzganges eines kausalen Systems ist hier besonders einfach. Mit

$H(e^{j\Omega}) = P(e^{j\Omega}) + jQ(e^{j\Omega})$ ist (vergl. (3.5.8))

$$P(e^{j\Omega}) = h_0(0) + \sum_{k=1}^{n} h_0(k) \cos k\Omega, \qquad (4.2.100c)$$

$$Q(e^{j\Omega}) = -\sum_{k=1}^{n} h_0(k) \sin k\Omega. \qquad (4.2.100d)$$

Von Interesse sind weiterhin die Matrizen der Zustandsgleichungen. Durch Spezialisierung von (4.2.27) erhält man z.B. für die erste direkte Form

$$\mathbf{A} = \begin{bmatrix} 0 & 1 & 0 & \dots & 0 \\ 0 & 0 & 1 & & 0 \\ \vdots & & & & \\ 0 & \dots & & 0 & 1 \\ 0 & \dots & & \dots & 0 \end{bmatrix}; \; \mathbf{b} = \begin{bmatrix} b_{n-1} \\ b_{n-2} \\ \vdots \\ b_1 \\ b_0 \end{bmatrix} = \begin{bmatrix} h_0(1) \\ h_0(2) \\ \vdots \\ h_0(n-1) \\ h_0(n) \end{bmatrix} \qquad (4.2.101)$$

$$\mathbf{c}^T = [1, 0, \dots, 0]; \quad d = b_n = h_0(0).$$

Man bestätigt leicht, daß die Eigenwerte von $\mathbf{A}$ sämtlich Null sind. Weiterhin ist, wie nach (4.2.60) und (4.2.100a) erforderlich,

$$\mathbf{A}^k = \left[\begin{array}{ccc|ccccc} 0 & \dots & 0 & 1 & 0 & & \dots & 0 \\ \vdots & & \vdots & 0 & \ddots & & \ddots & \vdots \\ \vdots & & \vdots & \vdots & (n-k) & \times & (n-k) & 0 \\ \vdots & n \times k & \vdots & 0 & \dots & & 0 & 1 \\ \hline \vdots & & \vdots & 0 & \dots & & \dots & 0 \\ \vdots & & \vdots & & k & \times & (n-k) & \vdots \\ \vdots & & \vdots & \vdots & & & & \vdots \\ 0 & \dots & 0 & 0 & \dots & & \dots & 0 \end{array}\right] = \mathbf{0}, \quad \forall k \geq n$$

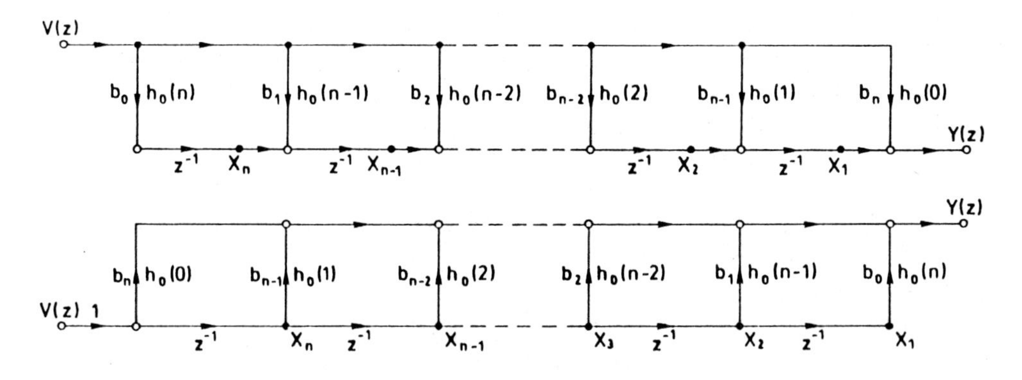

Bild 4.23: Erste und zweite direkte Struktur eines nichtrekursiven Systems

Mögliche Strukturen nichtrekursiver Systeme gewinnt man durch entsprechende Spezialisierung der allgemeinen Anordnungen. Von praktischem Interesse sind insbesondere die direkten Strukturen, deren Signalflußgraphen Bild 4.23 zeigt. Weitere mögliche Anordnungen, die allerdings meist nicht mehr kanonisch sind, finden sich z.B. in [4.9,10]. Von großer Bedeutung ist die Realisierung mit der sogenannten schnellen Faltung, die unter Verwendung der schnellen Fouriertransformation entsprechend dem in Bild 3.9b dargestellten Schema im wesentlichen im Frequenzbereich arbeitet. Es wird dazu auf die Literatur verwiesen (z.B. [4.5]).

4.2.5.6 Systeme linearer Phase

Nichtrekursive diskrete Systeme sind auch deshalb wichtig, weil sie die einzigen stabilen Systeme sind, mit denen man durch geeignete Wahl der Koeffizienten eine exakt lineare Phase bzw. eine konstante Gruppenlaufzeit erreichen kann. Wir haben bereits in Abschnitt 4.2.5.3 festgestellt, daß zwei spiegelbildlich zum Einheitskreis liegende Nullstellen einen konstanten Beitrag zur Gruppenlaufzeit liefern (siehe (4.2.92d)). Gleiches gilt für eine Nullstelle auf dem Einheitskreis, abgesehen von einem Diracanteil (siehe (4.2.92b)). Zur Herleitung der entsprechenden Übertragungsfunktion machen wir für das Zählerpolynom von $H(z) = z^{-n} \cdot \sum\limits_{\nu=0}^{n} b_\nu z^\nu$ den Ansatz

$$Z(z) = \sum_{\nu=0}^{n} b_\nu z^\nu = b_n (z-1)^{n_1} \cdot (z+1)^{n_2} \cdot \prod_{\nu=1}^{n_3} (z - z_{0\nu})(z - z_{0\nu}^{-1}), \qquad (4.2.102)$$

wobei $0 < |z_{0\nu}| \leq 1$, aber $z_{0\nu} \neq \pm 1$ ist. Offenbar existiert zu jeder komplexen Nullstelle $z_{0\nu}$ mit $|z_{0\nu}| < 1$ eine dazu in bezug auf den Einheitskreis spiegelbildliche bei $z_{0\lambda} = 1/z_{0\nu}^*$. Wegen der Reellwertigkeit des Systems treten diese Nullstellen in Quadrupeln auf, während die auf dem Einheitskreis in Paaren bei $z_{0\nu}$ und $z_{0\nu}^{-1} = z_{0\nu}^*$ liegen, falls $z_{0\nu} \neq \pm 1$ ist (siehe Bild 4.24). Die Vielfachheit n_1 einer gegebenenfalls bei $z = 1$ liegenden Nullstelle bestimmt die Eigenschaft des Polynoms. Man bestätigt leicht, daß

$$z^n Z(z^{-1}) = (-1)^{n_1} Z(z) \qquad (4.2.103a)$$

gilt, woraus für die Koeffizienten die Bedingung

$$b_\nu = (-1)^{n_1} b_{n-\nu} \qquad (4.2.103b)$$

folgt. Es ergibt sich z.B. für den geraden Grad $n = 2N$

$$\begin{aligned} Z(z) &= b_0 z^0 \quad + b_1 z^1 \quad + b_2 z^2 \quad + \ldots \quad + b_{N-1} z^{N-1} + b_N z^N \\ &\quad \pm b_0 z^n \quad \pm b_1 z^{n-1} \quad \pm b_2 z^{n-2} \quad \pm \ldots \quad \pm b_{N-1} z^{N+1}, \end{aligned} \qquad (4.2.103c)$$

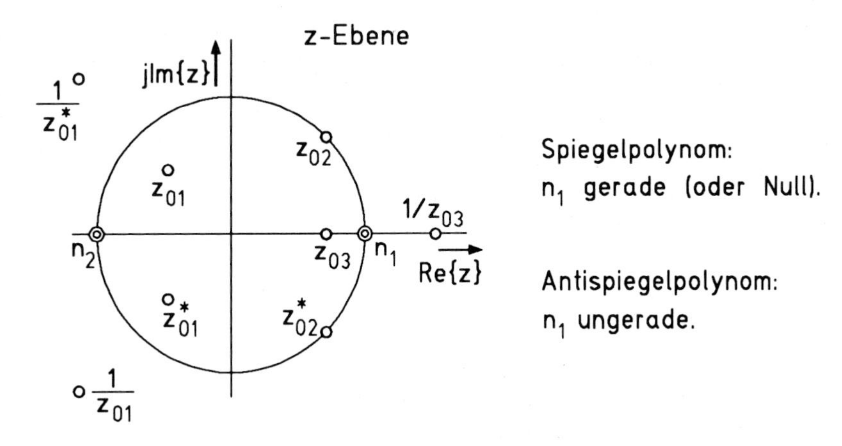

Bild 4.24: Mögliche Lagen der Nullstellen von Spiegel- und Antispiegelpolynomen

wobei die Vorzeichen in der zweite Zeile gleich $(-1)^{n_1}$ sind. Offenbar muß wegen (4.2.103b) $b_N = 0$ sein, falls n_1 ungerade ist. Wegen der durch (4.2.103) beschriebenen Eigenschaften nennt man $Z(z)$ ein *Spiegelpolynom*, wenn n_1 gerade (oder Null) ist und ein *Antispiegelpolynom*, wenn n_1 ungerade ist. Die sich ergebende Linearphasigkeit illustrieren wir für den mit (4.2.103c) dargestellten Fall. Dazu bilden wir $Z_0(z) = z^{-N} Z(z)$ und betrachten $Z_0(e^{j\Omega})$. Es ist im Falle $(-1)^{n_1} = 1$

$$Z_0(e^{j\Omega}) = b_N + 2\sum_{\nu=1}^{N} b_{N-\nu} \cdot \cos \nu\Omega \tag{4.2.104a}$$

ein reelles Kosinuspolynom. Ein ungerader Wert von n_1 führt mit $b_N = 0$ auf das imaginäre Sinuspolynom

$$Z_0(e^{j\Omega}) = -2j\sum_{\nu=1}^{N} b_{N-\nu} \sin \nu\Omega. \tag{4.2.104b}$$

Unter Verwendung der Werte der Impulsantwort stellen wir die vier insgesamt möglichen unterschiedlichen Übertragungsfunktionen zusammenfassend dar. Mit

$$H_0(z) = z^{n/2} \cdot H(z) = \sum_{k=0}^{n} h_0(k) z^{-k+n/2} \tag{4.2.105}$$

erhält man in den vier durch n_1 und n_2 gekennzeichneten Fällen:

1. n_1 gerade, n_2 gerade,

$$n = 2N; h_0(k) = h_0(n-k), k = 0(1)(N-1),$$

$$H_{01}(z) = h_0(N) + \sum_{k=0}^{N-1} h_0(k) \cdot \left[z^{N-k} + z^{-(N-k)}\right]; \qquad (4.2.106a)$$

$$H_{01}(e^{j\Omega}) = h_0(N) + 2\sum_{k=0}^{N-1} h_0(k)\cos(N-k)\Omega.$$

2. n_1 gerade, n_2 ungerade,

$$n = 2N+1; h_0(k) = h_0(n-k), k = 0(1)N,$$

$$H_{02}(z) = \sum_{k=0}^{N} h_0(k) \cdot \left[z^{(n-2k)/2} + z^{-(n-2k)/2}\right]; \qquad (4.2.106b)$$

$$H_{02}(e^{j\Omega}) = 2\sum_{k=0}^{N} h_0(k)\cos[(n-2k)\Omega/2].$$

3. n_1 ungerade, n_2 gerade,

$$n = 2N+1; h_0(k) = -h_0(n-k), k = 0(1)N,$$

$$H_{03}(z) = \sum_{k=0}^{N} h_0(k) \cdot \left[z^{(n-2k)/2} - z^{-(n-2k)/2}\right]; \qquad (4.2.106c)$$

$$H_{03}(e^{j\Omega}) = 2j\sum_{k=0}^{N} h_0(k)\sin[(n-2k)\Omega/2].$$

4. n_1 ungerade, n_2 ungerade,

$$n = 2N; h_0(k) = -h_0(n-k), k = 0(1)(N-1), h_0(N) = 0,$$

$$H_{04}(z) = \sum_{k=0}^{N-1} h_0(k) \cdot \left[z^{N-k} - z^{-(N-k)}\right] \qquad (4.2.106d)$$

$$H_{04}(e^{j\Omega}) = 2j\sum_{k=0}^{N-1} h_0(k)\sin(N-k)\Omega.$$

Nach (4.2.105) unterscheidet sich der Frequenzgang $H(e^{j\Omega})$ von den $H_{0\mu}(e^{j\Omega})$ durch die lineare Phase $\Delta b(\Omega) = n \cdot \Omega/2$. Die Funktionen $H_{0\mu}(e^{j\Omega})$ selbst sind offenbar rein reell oder rein imaginär. Zu beachten ist, daß $H_{01}(e^{j\Omega})$ und $H_{04}(e^{j\Omega})$ die Periode 2π, $H_{02}(e^{j\Omega})$ und $H_{03}(e^{j\Omega})$ dagegen die Periode 4π haben. Der effektive Frequenzgang $H(e^{j\Omega})$ hat natürlich stets die Periode 2π.

Beispiele für nichtrekursive Systeme linearer Phase haben wir bereits in Abschnitt 3.4 kennengelernt. Das dort vorgestellte System zur Mittelwertbildung hatte, abgesehen von der linearen Phase, eine Übertragungsfunktion von der Form H_{01} oder H_{02} und ist im übrigen zusätzlich minimalphasig, da alle Nullstellen auf dem Einheitskreis liegen.

Das System zur angenäherten Differentiation wird durch $H_{03}(e^{j\Omega})$ beschrieben (vergl. (3.4.3d)). Die in Abschnitt 3.4.3 betrachtete angenäherte Integration ergab ein rekursives System, das zwar ebenfalls eine lineare Phase hat, aber, wie für die Integration kennzeichnend, nur bedingt stabil ist.

4.2.5.7 Charakteristische Frequenzgänge

In Abschnitt 5.4.2 von Band I haben wir kontinuierliche Systeme und die zugehörigen Realisierungen mit passiven Vierpolen vorgestellt, deren Betragsfrequenzgänge ein gegebenes Tiefpaßtoleranzschema befriedigen. Auch diskrete Systeme lassen sich so entwerfen, daß sie bestimmte Forderungen an ihren Frequenzgang erfüllen. Die in dem genannten Abschnitt kurz beschriebenen Standardapproximationen für einen Tiefpaß gibt es auch im diskreten Fall. Dabei kann man die beim Entwurf kontinuierlicher selektiver Systeme für die Übertragungsfunktionen gefundenen Ergebnisse auch für diskrete rekursive Systeme verwenden. Dazu überführt man die im s-Bereich vorliegenden Pole und Nullstellen mit Hilfe der schon in Abschnitt 4.2.5.2 erwähnten bilinearen Transformation in den z-Bereich.

Eine detaillierte Darstellung geht über den Rahmen dieses Buches hinaus. Wir verweisen dazu z.B. auf [4.11] und stellen hier nur einige Beispiele in Form von Meßergebnissen an realisierten Systemen vor. Bild 4.25 zeigt zunächst das vorgegebene Toleranzschema sowohl in Abhängigkeit von f wie von der normierten Frequenz $\Omega = \omega T$. Bei den realisierten Filtern wurde eine Abtastfrequenz $f_a = 1/T = 20$ kHz verwendet. Da der Frequenzgang eines diskreten Systems stets periodisch ist, ist das gezeichnete Toleranzschema als eine halbe Periode aus einem ebenfalls periodischen Schema zu verstehen. In Bild 4.26 ist nun das gemessene Frequenzverhalten von vier rekursiven digitalen Systemen dargestellt, deren Betragsfrequenzgänge das Toleranzschema erfüllen. Gezeigt werden jeweils der komplexe Frequenzgang $H(e^{j\Omega})$, zur besseren Darstellung des Verhaltens im Sperrbereich z.T. vergrößert, $|H(e^{j\Omega})|, a(\Omega) = -20\lg|H(e^{j\Omega})|, b(\Omega)$ und $\tau_g(\Omega)$. Die Filter sind durch folgende Eigenschaften gekennzeichnet:

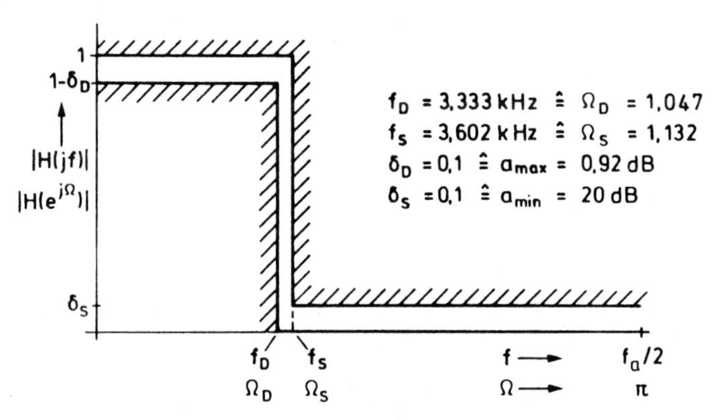

Bild 4.25: Toleranzschema eines digitalen Tiefpasses mit $f_a = 1/T = 20$ kHz

a) *Potenzfilter* (Bilder 4.26a)

$|H(e^{j\Omega})|$ verläuft bei $\Omega = 0$ maximal flach, d.h. die ersten $(2n - 1)$ Ableitungen von $|H(e^{j\Omega})|$ verschwinden bei $\Omega = 0$. Bei $z = -1$ $(\Omega = \pi)$ liegt eine n-fache Nullstelle der Übertragungsfunktion. $|H(e^{j\Omega})|$ fällt monoton mit wachsendem Ω bis zu dieser Nullstelle. Die Toleranzgrenzen werden nur bei $\Omega = 0$ berührt und bei $\Omega = \Omega_D$ und $\Omega = \Omega_S$ geschnitten. Zur Erfüllung des hier gegebenen Toleranzschemas ist ein System vom Grade $n = 32$ erforderlich.

b) *Tschebyscheff-Filter I* (Bilder 4.26b)

Im Durchlaßbereich wird eine gleichmäßige Approximation des Wunschverhaltens erreicht. Kennzeichnend ist, daß alle Maximalwerte von $|H(e^{j\Omega})|$ gleich 1 und alle Minimalwerte gleich $1 - \delta'_D \geq 1 - \delta_D$ sind. Auch diese Übertragungsfunktion hat bei $z = -1$ $(\Omega = \pi)$ eine n-fache Nullstelle. Nach dem letzten Maximalwert fällt $|H(e^{j\Omega})|$ monoton mit wachsendem Ω bis zu dieser Nullstelle. Im Sperrbereich wird die Toleranzgrenze nur bei $\Omega = \Omega_S$ geschnitten. Wegen der besseren Ausnutzung des Toleranzschemas im Durchlaßbereich ist hier nur ein System vom Grade $n = 10$ erforderlich. In diesem Fall wurden zusätzlich Impuls- und Sprungantwort angegeben.

c) *Tschebyscheff-Filter II* (Bilder 4.26c)

Kennzeichnend ist hier eine gleichmäßige Approximation in dem Sperrbereich $\Omega_S \leq |\Omega| \leq \pi$. Dort gilt, daß alle Maximalwerte von $|H(e^{j\Omega})|$ gleich $\delta'_S \leq \delta_S$ sind. Entsprechend tangiert die Ortskurve $H(e^{j\Omega})$ in diesem Bereich einen Kreis mit Radius δ'_S von innen. Im Durchlaßbereich fällt $|H(e^{j\Omega})|$ vom Werte $|H(1)| = 1$ beginnend mit wachsendem Ω monoton bis zur ersten Nullstelle im Sperrbereich. Die Meßergebnisse lassen deutlich die Nullstellen von $|H(e^{j\Omega})|$ erkennen. An diesen Punkten wird $a(\Omega)$ unendlich, während $b(\Omega)$ Sprünge um π aufweist. Wegen der korrespondierenden Anforderungen ist auch hier ein System 10. Grades zur Befriedigung des gegebenen Toleranzschemas nötig.

d) *Cauer-Filter* (Bilder 4.26d)

Hier wird sowohl im Durchlaß- wie im Sperrbereich eine gleichmäßige Approximation erreicht. Wegen der damit erhaltenen vollständigen Ausnutzung des Toleranzschemas sind diese Filter insofern optimal, als ihr Grad minimal ist. In dem hier behandelten Beispiel läßt sich das Toleranzschema bereits mit einem Filter 4. Grades erfüllen. Die kennzeichnenden Eigenschaften dieses Filtertyps sind insbesondere in dem gemessenen Verlauf $|H(e^{j\Omega})|$ zu erkennen. Für den Entwurf dieser Filter sind Programme publiziert worden, die auch Besonderheiten einer digitalen Realisierung zu berücksichtigen gestatten [4.12].

Wird neben Selektionseigenschaften eine lineare Phase verlangt, so sind nach den Ergebnissen des Abschnittes 4.2.5.6 nichtrekursive Systeme mit entsprechend gewählten Koeffizienten zu verwenden. Auch in diesem Fall gibt es verschiedene Approximationen zur Erfüllung des Toleranzschemas (z.B. [4.11]). Hier sei nur die wichtigste in Meßergebnissen vorgestellt, mit der man wie beim Cauer-Filter eine gleichmäßige Approximation im Durchlaß- und Sperrbereich erreicht. Da jetzt ein nichtrekursives System verwendet und außerdem Linearphasigkeit verlangt wird, ist der erforderliche Grad des Filters wesentlich höher als im rekursiven Fall. Das bedeutet allerdings i.a. keine entsprechende Vermehrung des Realisierungsaufwandes. Im vorliegenden Fall ist $n = 68$ erforderlich. Die Meßergebnisse in Bild 4.27 lassen die Linearphasigkeit des Systems in der Symmetrie der Impulsantwort und in $b(\Omega)$ sowie die kennzeichnenden Eigenschaften der Approximation in $H(e^{j\Omega}), |H(e^{j\Omega})|$ und $a(\Omega)$ erkennen. Bemerkens-

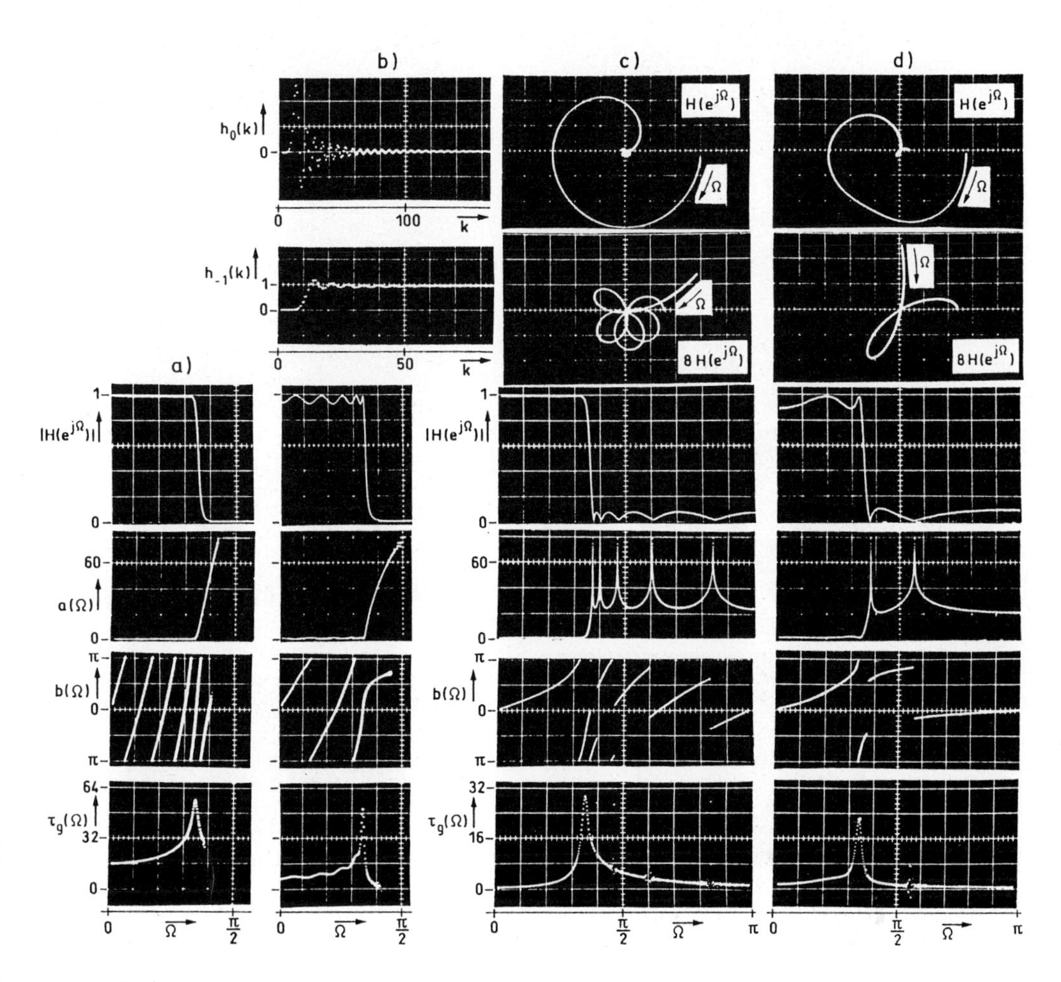

Bild 4.26: Ergebnisse von Messungen an vier rekursiven Filtern, die das Toleranzschema von Bild 4.25 erfüllen

wert ist, daß im Gegensatz zum rekursiven Fall hier keine geschlossene Lösung des Approximationsproblems vorliegt. Vielmehr sind numerische Verfahren zur Bestimmung der Koeffizienten nötig, für die Programme publiziert worden sind [4.12].

In Abschnitt 3.4.2 hatten wir bereits die angenäherte Differentiation als Beispiel für ein nichtrekursives System behandelt. Die dortige Überlegung ging von einem gewünschten Zeitverhalten aus. Man kann nun näherungsweise differenzierende Systeme auch dadurch entwerfen, daß man mit $H_{03}(e^{j\Omega})$ oder $H_{04}(e^{j\Omega})$ (siehe (4.2.106c,d)) den Frequenzgang des idealen Differenzierers $H_D(e^{j\Omega}) = j\Omega$, $|\Omega| < \pi$ approximiert. Das kann wieder in verschiedener Weise geschehen.

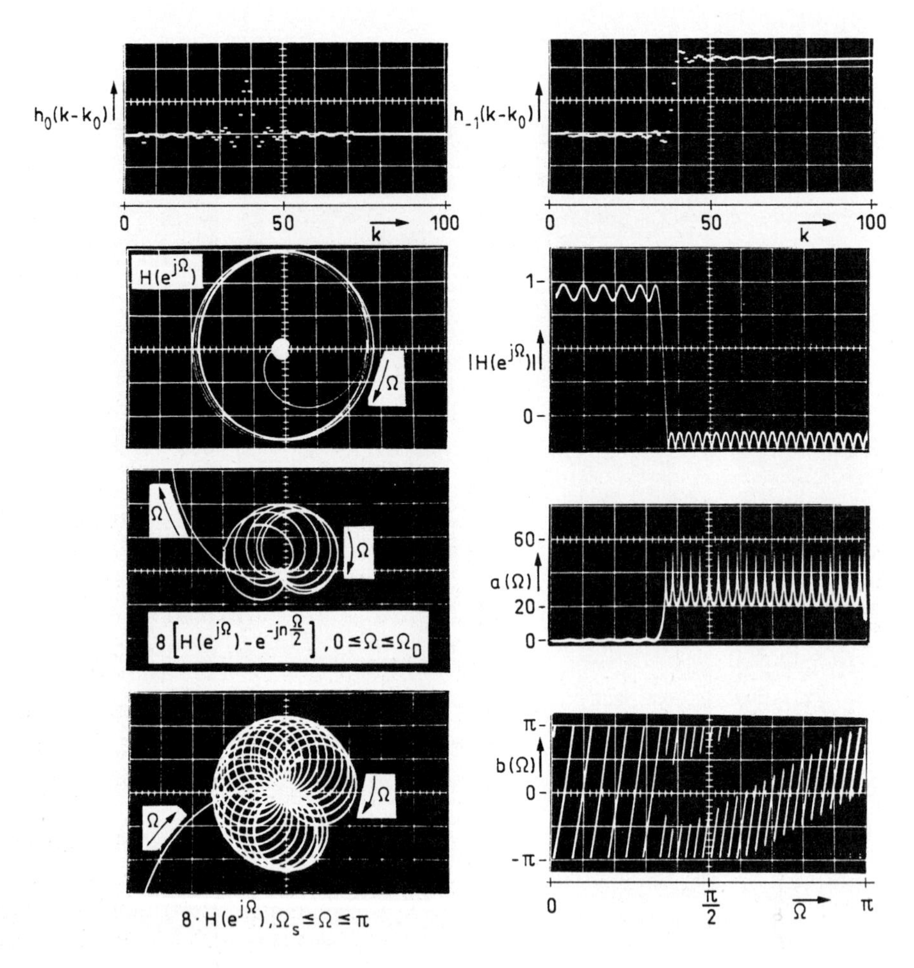

Bild 4.27: Zeit- und Frequenzverhalten eines nichtrekursiven digitalen Filters 68. Grades mit linearer Phase zur Erfüllung des Toleranzschemas von Bild 4.25

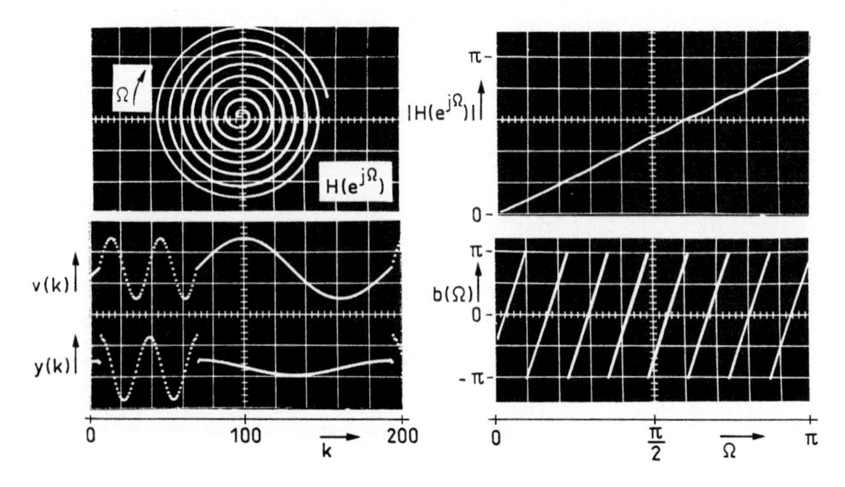

Bild 4.28: Zeit- und Frequenzverhalten eines digitalen Differenzierers 31. Grades

Bild 4.28 zeigt Meßergebnisse an einem System, dessen Frequenzgang den Wunschverlauf $H_D(e^{j\Omega})$ so annähert, daß der relative Fehler

$$\varepsilon(\Omega) = \frac{1}{j\Omega}\left[j\Omega - H_{03}(e^{j\Omega})\right]$$

den Wert Null gleichmäßig approximiert. Hier hat $H_{03}(e^{j\Omega})$ die in (4.2.106c) angegebene Form. Der vorgestellte Differenzierer hat den Grad $n = 31$. Seine Wirkung auf ein sinusförmiges Eingangssignal unterschiedlicher Frequenz sowie sein Frequenzverhalten sind in dem Bild dargestellt. Der Entwurf solcher Systeme ist mit den bereits zitierten Programmen ebenfalls möglich.

4.2.6 Passive Systeme

Wir greifen die in Abschnitt 3.5.2 behandelte Frage der Passivität von stabilen Systemen noch einmal auf, wobei wir jetzt einen anderen Ansatz verwenden, der von dem Zustandsvektor $\mathbf{x}(t)$ bzw. von $\mathbf{x}(k)$ ausgeht. Es sei $\mathbf{v} \equiv \mathbf{0}$, aber $\mathbf{x}(0) \neq \mathbf{0}$. Untersucht wird die Veränderung der im System gespeicherten Energie für $t > 0$ bzw. $k > 0$. Offenbar ist es sinnvoll, ein System passiv zu nennen, bei dem die Energie nur kleiner werden oder (punktuell) konstant bleiben kann; es ist verlustlos, wenn die Energie über der Zeit konstant bleibt. Gesucht werden die Eigenschaften der Matrix $\mathbf{A}$ eines so beschriebenen passiven bzw. verlustlosen Systems. Die Matrizen $\mathbf{B}, \mathbf{C}$ und $\mathbf{D}$ spielen bei dieser Betrachtung keine Rolle.

Da wir die hier zu untersuchenden Systeme mit Hilfe einer physikalischen Überlegung definiert haben, muß offenbar auch die Energie in Anlehnung an physikalische Eigenschaften eingeführt werden. Es liegt zunächst nahe, unter Bezug auf Abschnitt 3.5.2, Glchg. (3.5.14), die bei einem kontinuierlichen System im Augenblick t gespeicherte Energie durch

$$w_1(t) = \mathbf{x}^T(t) \cdot \mathbf{x}(t)$$

zu definieren. Mit $\mathbf{x}(t) = e^{\mathbf{A}t} \cdot \mathbf{x}(0)$ (siehe (4.2.50)) folgt

$$w_1(t) = \mathbf{x}^T(0) \cdot \left(e^{\mathbf{A}t}\right)^T \cdot e^{\mathbf{A}t} \cdot \mathbf{x}(0).$$

Das System wäre dann passiv, wenn für beliebige $\mathbf{x}(0) \neq \mathbf{0}$

$$\frac{dw_1(t)}{dt} = \mathbf{x}^T(0) \cdot \left[e^{\mathbf{A}t}\right]^T \cdot (\mathbf{A} + \mathbf{A}^T) \cdot e^{\mathbf{A}t} \cdot \mathbf{x}(0) \leq 0, \quad \forall t > 0$$

ist. Dazu ist erforderlich, daß die offenbar symmetrische Matrix

$$\mathbf{Q} := -(\mathbf{A} + \mathbf{A}^T) \tag{4.2.107}$$

positiv (semi-)definit ist:

Eine symmetrische $n \times n$ Matrix ist positiv definit, wenn ihre (stets reellen) Eigenwerte alle positiv sind. Sie ist positiv semidefinit, wenn sie einen Rang $r < n$ hat und – gegebenenfalls nach Umordnung – ihre ersten r Eigenwerte positiv, die übrigen $n - r$ aber Null sind. Entsprechende Aussagen gelten für die Hauptabschnittsdeterminanten von $\mathbf{Q}$. Weitere Bemerkungen zu positiv definiten Formen finden sich in den Abschnitten 4.4.1 und 4.4.2. Im übrigen wird auf die Literatur verwiesen (z.B. [4.6]).

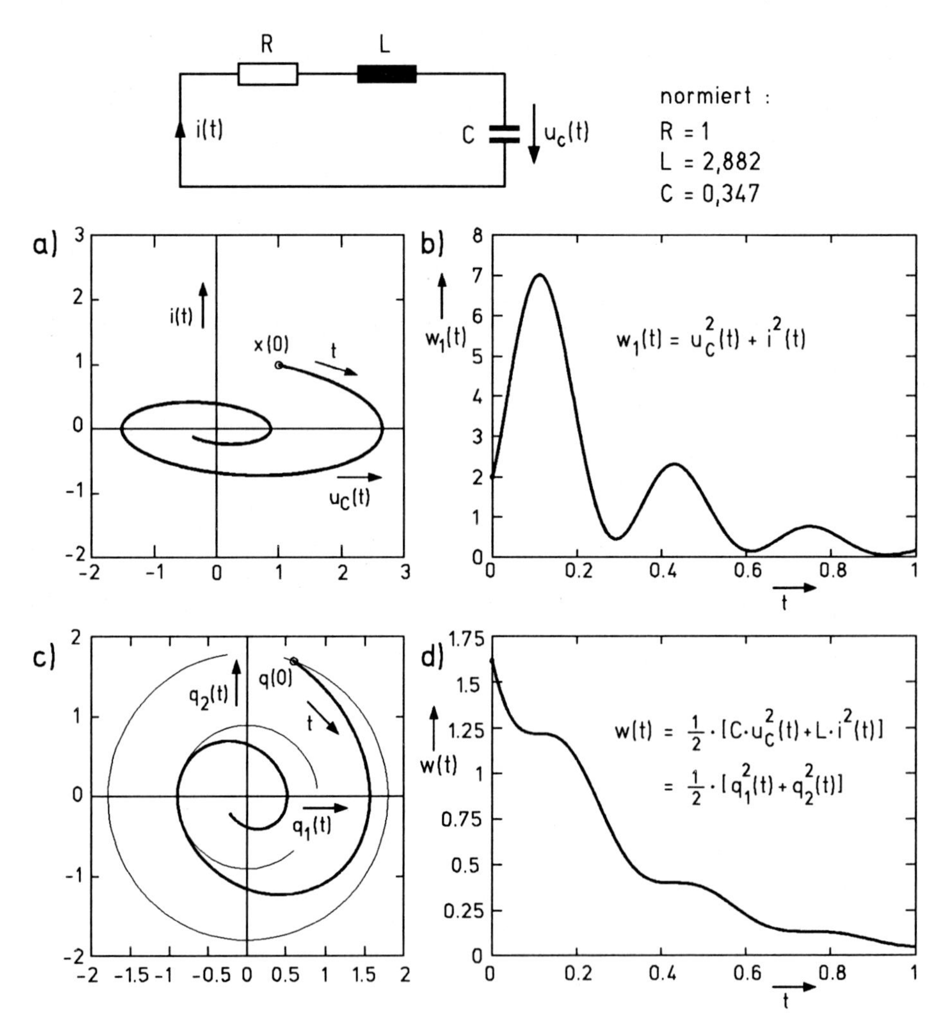

Bild 4.29: Zum Ausschwingverhalten eines Reihenschwingkreises

Als Beispiel betrachten wir den in Abschnitt 4.2.1 untersuchten Reihenschwingkreis. Dort hatte sich in (4.2.2a)

$$\mathbf{A} = \begin{bmatrix} 0 & \frac{1}{C} \\ -\frac{1}{L} & -\frac{R}{L} \end{bmatrix}$$

ergeben, wobei die Größen der Elemente ebenso wie die Zeitfunktionen als normiert angenommen werden. Man erhält

$$\mathbf{Q} = -(\mathbf{A} + \mathbf{A}^T) = \begin{bmatrix} 0 & \frac{1}{L} - \frac{1}{C} \\ \frac{1}{L} - \frac{1}{C} & \frac{2R}{L} \end{bmatrix}.$$

Diese Matrix erfüllt die Bedingung (4.2.107) nicht. Bild 4.29a zeigt für ein Zahlenbeispiel den Zustandsvektor $\mathbf{x}(t) = [u_c(t) \quad i(t)]^T$, das Teilbild b den Verlauf von $w_1(t) = u_c^2(t) + i^2(t)$, der offensichtlich dem erwarteten Verhalten eines passiven Systems widerspricht. Der Grund ist natürlich, daß die in diesem Netzwerk gespeicherte Energie nicht mit $w_1(t)$, sondern durch

$$w(t) = \frac{1}{2} C \cdot u_c^2(t) + \frac{1}{2} L \cdot i^2(t)$$

beschrieben wird (siehe Band I, Abschnitt 3.1.2). Eine entsprechende Gewichtung der Zustandsvariablen führt auf den transformierten Zustandsvektor

$$\mathbf{q}(t) = \frac{1}{\sqrt{2}} \begin{bmatrix} \sqrt{C} & 0 \\ 0 & \sqrt{L} \end{bmatrix} \cdot \begin{bmatrix} u_C(t) \\ i(t) \end{bmatrix}; \quad \mathbf{q}(0) = \frac{1}{\sqrt{2}} \begin{bmatrix} \sqrt{C} & 0 \\ 0 & \sqrt{L} \end{bmatrix} \cdot \begin{bmatrix} u_C(0) \\ i(0) \end{bmatrix}. \tag{4.2.108a}$$

Es ist dann offensichtlich

$$w(t) = \mathbf{q}^T(t)\mathbf{q}(t) = \mathbf{x}^T(t) \cdot \mathbf{P} \cdot \mathbf{x}(t), \tag{4.2.108b}$$

wobei $\mathbf{P} = 0,5 \cdot \text{diag}[C \quad L]$ positiv definit ist. Man erhält nach Abschnitt 4.2.2.3 die transformierte Matrix

$$\mathbf{A}_q = \mathbf{P}^{1/2} \cdot \mathbf{A} \cdot \mathbf{P}^{-1/2}, \tag{4.2.108c}$$

und speziell hier

$$\mathbf{A}_q = \begin{bmatrix} 0 & \frac{1}{\sqrt{LC}} \\ -\frac{1}{\sqrt{LC}} & -\frac{R}{L} \end{bmatrix}.$$

Mit (4.2.107) ergibt sich

$$\mathbf{Q}_q = \begin{bmatrix} 0 & 0 \\ 0 & \frac{2R}{L} \end{bmatrix},$$

eine offenbar positiv semidefinite Matrix vom Rang 1. Die Teilbilder 4.29c,d zeigen den Verlauf von $\mathbf{q}(t)$ und den der tatsächlichen Energiefunktion $w(t)$ des Reihenschwingkreises. Man erkennt, daß $w(t)$ Sattelpunkte aufweist, daß also der Differentialquotient punktuell Null ist. Dort ist jeweils $i(t) = 0$. Wir stellen fest, daß $\mathbf{A}_q$ ein passives System beschreibt, das aber bei entsprechender Transformation der Matrizen $\mathbf{B}$ und $\mathbf{C}$ nach Abschnitt 4.2.2.3 keine Änderung in seinem Eingangs–Ausgangsverhalten zeigt.

Das in dem Beispiel gefundene Ergebnis läßt sich, zunächst ausgehend von elektrischen Netzwerken, in der folgenden Weise verallgemeinern:

a) Enthält das Netzwerk insgesamt k Kapazitäten $C_\kappa, \kappa = 1(1)k$, und ℓ Induktivitäten $L_\lambda, \lambda = 1(1)\ell$, und sind die entsprechenden Zustandsvariablen, die Kondensatorspannungen $u_{C\kappa}(t)$ und Spulenströme $i_{L\lambda}(t)$ unabhängig, so gilt für die gespeicherte Energie die Beziehung (4.2.108b) mit

$$\mathbf{P} = 0,5 \cdot \mathrm{diag}[C_1, \ldots C_k, L_1, \ldots L_\ell]$$

b) Die durch (4.2.108b) gegebene quadratische Form beschreibt auch den allgemeinen Fall eines Systems, bei dem die Zahl der Energiespeicher die Zahl der unabhängigen Zustandsvariablen übersteigt. Jetzt ist $\mathbf{P}$ allerdings nicht mehr eine Diagonalmatrix, aber wie im vorher betrachteten speziellen Fall positiv definit (siehe das folgende Beispiel). Zur Allgemeingültigkeit dieser Aussage wird z.B. auf [4.6] verwiesen.

c) Die durch (4.2.108a) im Beispiel beschriebene Transformation der Zustandsvariablen läßt sich bei Vorliegen einer positiv definiten Matrix $\mathbf{P}$ allgemein als

$$\mathbf{q}(t) = \mathbf{P}^{1/2} \cdot \mathbf{x}(t) \tag{4.2.108d}$$

formulieren. Die mit (4.2.108c) zu bestimmende zugehörige Matrix $\mathbf{A}_q$ beschreibt dann ein passives System. Mit ihr ergibt sich aus (4.2.107)

$$\mathbf{Q}_q = -[\mathbf{P}^{1/2} \cdot \mathbf{A} \cdot \mathbf{P}^{-1/2} + \mathbf{P}^{-1/2} \cdot \mathbf{A}^T \cdot \mathbf{P}^{1/2}]\,. \tag{4.2.108e}$$

Im Abschnitt 4.4.2 zeigen wir in einem anderen Zusammenhang, wie eine geeignete Matrix $\mathbf{P}$ gefunden werden kann.

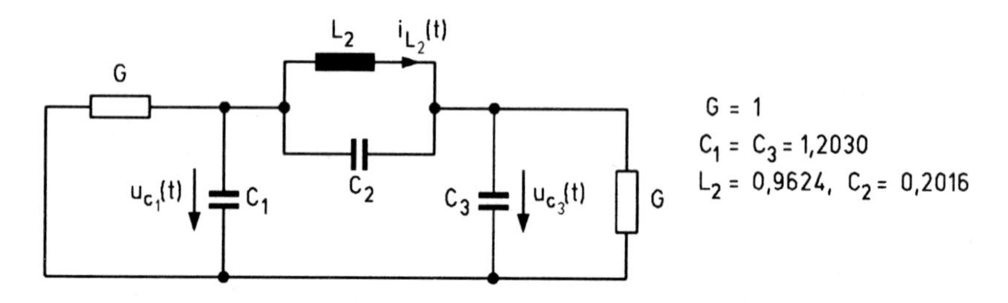

Bild 4.30: Tiefpaß 3. Grades mit Dämpfungspol

Als weiteres Beispiel betrachten wir die in Bild 4.30 angegebene Schaltung mit 4 Energiespeichern, aber nur drei unabhängigen Zustandsvariablen. Wählt man als Zustandsvektor

$$\mathbf{x}(t) = [u_{C1}(t) \quad i_{L2}(t) \quad u_{C3}(t)]^T\,,$$

so erhält man für die $\mathbf{A}$-Matrix mit der Bezeichnung $D = \sum_{i \neq k} C_i C_k\,, \quad i,k = 1(1)3$

$$\mathbf{A} = \frac{1}{D}\begin{bmatrix} -G\cdot(C_2+C_3) & -C_3 & -G\cdot C_2 \\ D/L_2 & 0 & -D/L_2 \\ -G\cdot C_2 & C_1 & -G(C_1+C_2) \end{bmatrix},$$

die nicht die Passivitätsbedingung (4.2.107) erfüllt. Für die gespeicherte Energie ergibt sich aus

$$w(t) = \frac{1}{2}\sum_{i=1}^{3} C_i u_{Ci}^2(t) + \frac{1}{2}L_2 i_{L2}^2(t)$$

mit $u_{C2}(t) = u_{C1}(t) - u_{C3}(t)$

$$w(t) = \frac{1}{2}\left[(C_1 + C_2)u_{C1}^2(t) - 2C_2 u_{C1}(t)u_{C3}(t) + (C_2 + C_3)u_{C3}^2(t) + L_2 i_{L2}^2(t)\right],$$

ein Ausdruck, der sich in der Form (4.2.108b)

$$w(t) = \mathbf{x}^T(t)\cdot\mathbf{P}\cdot\mathbf{x}(t)$$

darstellen läßt, wobei gilt

$$\mathbf{P} = \frac{1}{2}\begin{bmatrix} C_1 + C_2 & 0 & -C_2 \\ 0 & L_2 & 0 \\ -C_2 & 0 & C_2 + C_3 \end{bmatrix}.$$

P erweist sich als positiv definit.

Das Beispiel wird mit den in Bild 4.30 angegebenen normierten Zahlenwerten des Cauerfilters C0325.30 weitergeführt [4.32]. Man erhält aus (4.2.108d) mit

$$\mathbf{P}^{1/2} = \begin{bmatrix} 0,8359 & 0 & -0,0603 \\ 0 & 0,6937 & 0 \\ -0,0603 & 0 & 0,8359 \end{bmatrix}$$

die Zustandsvariablen des transformierten Systems

$$\begin{bmatrix} q_1(t) \\ q_2(t) \\ q_3(t) \end{bmatrix} = \begin{bmatrix} 0,8359u_{C1}(t) - 0,0603u_{C3}(t) \\ 0,6937i_{L2}(t) \\ -0,0603u_{C1}(t) + 0,8359u_{C3}(t) \end{bmatrix},$$

jetzt im Gegensatz zu dem Fall einer Diagonalmatrix **P** als Linearkombination der ursprünglichen Variablen. Für die Matrix des transformierten Systems folgt aus (4.2.108c)

$$\mathbf{A}_q = \begin{bmatrix} -0,7269 & -0,8043 & -0,1043 \\ 0,8043 & 0 & -0,8043 \\ -0,1043 & 0,8043 & -0,7269 \end{bmatrix}$$

Dazu gehört nach (4.2.107) eine positiv semidefinite Matrix $\mathbf{Q}_q$ mit Rang 2. Die Passivitätsbedingung ist damit erfüllt.

Wir stellen noch eine Verbindung zu dem im Abschnitt 4.2.3.1 behandelten Beispiel her. Zunächst erkennt man sofort, daß die Matrix

$$\mathbf{A} = \begin{bmatrix} -c_1 & 1 \\ -c_0 & 0 \end{bmatrix}$$

die Passivitätsbedingung (4.2.107) nicht erfüllt. Im Zusammenhang mit dem in Bild 4.17b für ein Zahlenbeispiel vorgestellten Ausschwingvorgang hatten wir schon darauf hingewiesen, daß $|\mathbf{x}_a(t)|^2 = \mathbf{x}_a^T(t) \cdot \mathbf{x}_a(t)$ nicht monoton abnimmt. Die dort vorgenommene Transformation mit

$$\mathbf{T} = \begin{bmatrix} 0 & -1 \\ \omega_\infty & \sigma_\infty \end{bmatrix}, \quad \mathbf{T}^{-1} = \frac{1}{\omega_\infty} \begin{bmatrix} \sigma_\infty & 1 \\ -\omega_\infty & 0 \end{bmatrix}$$

führte dagegen auf ein System mit der normalen Matrix

$$\mathbf{A}_q = \begin{bmatrix} \sigma_\infty & \omega_\infty \\ -\omega_\infty & \sigma_\infty \end{bmatrix},$$

bei dem der in Bild 4.18b gezeigte Ausschwingvorgang ein passives Verhalten erkennen läßt. Es ist

$$\mathbf{Q}_q = -\left[\mathbf{A}_q + \mathbf{A}_q^T\right] = \begin{bmatrix} -2\sigma_\infty & 0 \\ 0 & -2\sigma_\infty \end{bmatrix}$$

offensichtlich positiv definit. Mit $\mathbf{q}(t) = \mathbf{T}^{-1} \cdot \mathbf{x}(t)$ folgt weiterhin

$$\mathbf{q}^T(t)\mathbf{q}(t) = \mathbf{x}^T(t)(\mathbf{T}^{-1})^T\mathbf{T}^{-1}\mathbf{x}(t).$$

Es ist (vergl. (4.2.108b))

$$(\mathbf{T}^{-1})^T\mathbf{T}^{-1} =: \mathbf{P} = \frac{1}{\omega_\infty^2} \begin{bmatrix} \sigma_\infty^2 + \omega_\infty^2 & \sigma_\infty \\ \sigma_\infty & 1 \end{bmatrix},$$

eine positiv definite Matrix. Der Ausschwingvorgang klingt hier monoton ab, er hat keine Sattelpunkte.

Es sei noch einmal betont, daß die hier beschriebenen Transformationen nur zu einer Veränderung des "inneren" Systems führen. Es wird passiv, ändert aber sein Übertragungsverhalten nicht.

Bei dem letzten Beispiel hatte sich eine normale Matrix $\mathbf{A}_q$ ergeben, die zu einem passiven System gehört. Es ist interessant, daß die durch derartige Matrizen gekennzeichneten *normalen Systeme* (siehe Seite 221) zugleich passiv sind, wie jetzt gezeigt werden soll:

$\mathbf{A}$ sei die reelle normale Matrix eines stabilen Systems: Es ist $\mathbf{A} \cdot \mathbf{A}^T = \mathbf{A}^T \cdot \mathbf{A}$ und für die Eigenwerte λ_ν von $\mathbf{A}$ gelte $\mathrm{Re}\{\lambda_\nu\} =: \sigma_{\infty_\nu} < 0$, $\forall \nu$. Eine normale Matrix läßt sich stets unitär diagonalisieren. Mit $\Lambda = \mathrm{diag}[\lambda_1, \ldots, \lambda_\nu, \ldots, \lambda_n]$ ist

$$\mathbf{A} = [\mathbf{U}^*]^T \cdot \Lambda \cdot \mathbf{U},$$

wobei $[\mathbf{U}^*]^T \cdot \mathbf{U} = \mathbf{E}$ ist. Diese Darstellung von $\mathbf{A}$ wird in (4.2.107) eingesetzt, wobei $\mathbf{A}^T = [\mathbf{A}^*]^T$ verwendet wird. Man erhält

$$\begin{aligned} \mathbf{Q} &= -\left[[\mathbf{U}^*]^T \cdot \Lambda \cdot \mathbf{U} + [\mathbf{U}^*]^T \cdot \Lambda^* \cdot \mathbf{U}\right] \\ &= -[\mathbf{U}^*]^T \cdot [\Lambda + \Lambda^*] \cdot \mathbf{U}. \end{aligned}$$

$\mathbf{Q}$ ist positiv definit, weil

$$-(\Lambda + \Lambda^*) = -2 \cdot \text{diag}[\sigma_{\infty_1}, \ldots, \sigma_{\infty_\nu}, \ldots, \sigma_{\infty_n}]$$

für ein stabiles System positiv definit ist. Damit ist gezeigt, daß ein normales stabiles System zugleich passiv ist.

Wir führen die entsprechenden Überlegungen für ein diskretes System durch. Auch hier nehmen wir an, daß keine Erregung am Eingang vorliegt und $\mathbf{x}(0) \neq \mathbf{0}$ ist. Nach Abschnitt 4.2.3.2 ergibt sich dann aus

$$\mathbf{x}(k+1) = \mathbf{A} \cdot \mathbf{x}(k)$$

die Lösung

$$\mathbf{x}(k) = \mathbf{A}^k \cdot \mathbf{x}(0).$$

Gehen wir von

$$w_1(k) = \mathbf{x}^T(k)\mathbf{x}(k) = \sum_{\nu=1}^{n} x_\nu^2(k)$$

als Maß für die im Augenblick k im System gespeicherte Energie aus, so erhält man zunächst

$$w_1(k) = \mathbf{x}^T(0) \cdot [\mathbf{A}^T]^k \cdot \mathbf{A}^k \cdot \mathbf{x}(0)$$

und

$$\begin{aligned} \Delta w_1(k+1) &= w_1(k+1) - w_1(k) \\ &= \mathbf{x}^T(0) \cdot [\mathbf{A}^T]^k \cdot [\mathbf{A}^T\mathbf{A} - \mathbf{E}] \cdot \mathbf{A}^k \cdot \mathbf{x}(0). \end{aligned}$$

Offenbar ist

$$\Delta w_1(k+1) \leq 0\,, \ \forall k \geq 0\,,$$

wenn

$$\mathbf{Q} = -[\mathbf{A}^T\mathbf{A} - \mathbf{E}] \tag{4.2.109}$$

positiv semidefinit ist.

Hier lassen sich ähnliche Betrachtungen anschließen wie im kontinuierlichen Fall, die jetzt allerdings nicht wie beim Beispiel eines passiven Netzwerks von einer physikalischen Vorstellung gestützt werden, sondern von allgemeinen Aussagen über quadratische Formen ausgehen [4.6]. Verwendet man entsprechend (4.2.108b)

$$w(k) = \mathbf{x}^T(k) \cdot \mathbf{P} \cdot \mathbf{x}(k)\,, \tag{4.2.110a}$$

wobei $\mathbf{P}$ positiv definit ist, so läßt sich dieser Ausdruck wieder als Energie im transformierten System interpretieren, für dessen Zustandsvektor

$$\mathbf{q}(k) = \mathbf{P}^{1/2} \cdot \mathbf{x}(k) \tag{4.2.110b}$$

gilt (vergl. (4.2.108d)) und das wie im kontinierlichen Fall durch

$$\mathbf{A}_q = \mathbf{P}^{1/2} \cdot \mathbf{A} \cdot \mathbf{P}^{-1/2} \tag{4.2.110c}$$

beschrieben wird. Mit dieser Matrix ergibt sich aus (4.2.109) die positiv semidefinite Matrix

$$\mathbf{Q}_q = -[\mathbf{P}^{-1/2} \cdot \mathbf{A}^T \cdot \mathbf{P} \cdot \mathbf{A} \cdot \mathbf{P}^{-1/2} - \mathbf{E}] . \tag{4.2.110d}$$

Schließlich zeigen wir, daß ebenso wie im kontinuierlichen Fall auch ein diskretes stabiles System mit normaler Matrix $\mathbf{A}$ stets passiv ist. Es sei wieder $\mathbf{A} \cdot \mathbf{A}^T = \mathbf{A}^T \cdot \mathbf{A}$, für die Eigenwerte gelte $|\lambda_\nu| < 1, \ \forall \nu$. Mit $\Lambda = \text{diag}[\lambda_1, \ldots, \lambda_\nu, \ldots, \lambda_n]$, $\mathbf{A} = [\mathbf{U}^*]^T \Lambda \mathbf{U}$ sowie $\mathbf{A}^T = [\mathbf{A}^*]^T$ erhält man aus (4.2.109)

$$\begin{aligned} \mathbf{Q} = & \ -\left[[\mathbf{U}^*]^T \Lambda^* \mathbf{U} \cdot [\mathbf{U}^*]^T \Lambda \mathbf{U} - \mathbf{E}\right] \\ = & \ -[\mathbf{U}^*]^T [\Lambda^* \Lambda - \mathbf{E}] \mathbf{U} . \end{aligned}$$

$\mathbf{Q}$ ist positiv definit, da

$$\mathbf{E} - \Lambda^* \Lambda = \text{diag}[1 - |\lambda_1|^2, \ldots, 1 - |\lambda_\nu|^2, \ldots, 1 - |\lambda_n|^2]$$

bei der vorausgesetzten Stabilität positiv definit ist. Ein diskretes normales System ist also auch passiv.

Im Zusammenhang mit Stabilitätsuntersuchungen in Abschnitt 4.4.2 kommen wir auf die Überlegungen dieses Abschnittes noch einmal zurück.

4.2.7 Zusammenfassung

Die in dem Abschnitt 4.2 für kontinuierliche und diskrete, zeitinvariante und lineare, kausale und reellwertige Systeme gefundenen Beziehungen werden hier vergleichend zusammengestellt. Dabei werden auch z.T. Ergebnisse aus dem 3. Kapitel und aus Band I herangezogen. Gezeigt wird dabei die weitgehende Symmetrie in den möglichen Beschreibungen der beiden Systemarten, aber auch die Unterschiede, die sich ergeben haben.

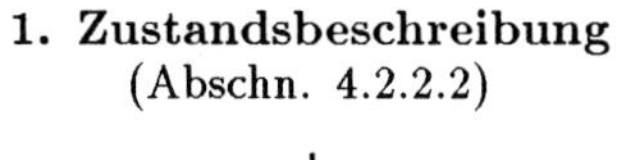

1. Zustandsbeschreibung
(Abschn. 4.2.2.2)

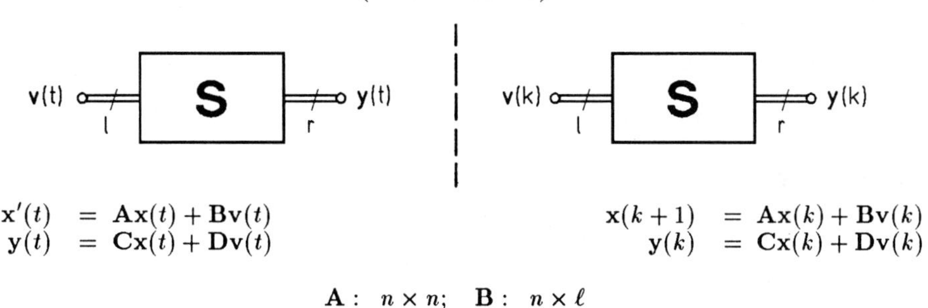

$$\begin{aligned} \mathbf{x}'(t) &= \mathbf{A}\mathbf{x}(t) + \mathbf{B}\mathbf{v}(t) \\ \mathbf{y}(t) &= \mathbf{C}\mathbf{x}(t) + \mathbf{D}\mathbf{v}(t) \end{aligned}$$

$$\begin{aligned} \mathbf{x}(k+1) &= \mathbf{A}\mathbf{x}(k) + \mathbf{B}\mathbf{v}(k) \\ \mathbf{y}(k) &= \mathbf{C}\mathbf{x}(k) + \mathbf{D}\mathbf{v}(k) \end{aligned}$$

$$\mathbf{A}: \; n \times n; \quad \mathbf{B}: \; n \times \ell$$
$$\mathbf{C}: \; r \times n; \quad \mathbf{D}: \; r \times \ell$$

Alle Matrizen sind reell

2. Zeitbereich
(Abschn. 4.2.3)

$$\begin{aligned} \mathbf{x}(t) &= \boldsymbol{\phi}(t-t_0)\mathbf{x}(t_0) + \\ &+ \int_{t_0}^{t} \boldsymbol{\phi}(t-\tau)\mathbf{B}\mathbf{v}(\tau)d\tau \\ \mathbf{y}(t) &= \mathbf{C}\boldsymbol{\phi}(t-t_0)\mathbf{x}(t_0) + \\ &+ \mathbf{C}\int_{t_0}^{t} \boldsymbol{\phi}(t-\tau)\mathbf{B}\mathbf{v}(\tau)d\tau + \mathbf{D}\mathbf{v}(t) \\ &\text{mit} \quad \boldsymbol{\phi}(t) = e^{\mathbf{A}t} = \sum_{i=0}^{\infty} \frac{\mathbf{A}^i}{i!} t^i \end{aligned}$$

$$\begin{aligned} \mathbf{x}(k) &= \boldsymbol{\phi}(k-k_0)\mathbf{x}(k_0) + \\ &+ \sum_{\kappa=k_0}^{k-1} \boldsymbol{\phi}(k-\kappa-1)\mathbf{B}\mathbf{v}(\kappa) \\ \mathbf{y}(k) &= \mathbf{C}\boldsymbol{\phi}(k-k_0)\mathbf{x}(k_0) + \\ &+ \mathbf{C}\sum_{\kappa=k_0}^{k-1} \boldsymbol{\phi}(k-\kappa-1)\mathbf{B}\mathbf{v}(\kappa) + \mathbf{D}\mathbf{v}(k) \\ &\text{mit} \quad \boldsymbol{\phi}(k) = \mathbf{A}^k \end{aligned}$$

3. Frequenzbereich
(Abschn. 4.2.4)

$$\begin{aligned} \mathbf{X}(s) &= \boldsymbol{\Phi}(s)\mathbf{x}(+0) + \boldsymbol{\Phi}(s)\mathbf{B}\mathbf{V}(s) \\ \mathbf{Y}(s) &= \mathbf{C}\boldsymbol{\Phi}(s)\mathbf{x}(+0) + \\ &+ [\mathbf{C}\boldsymbol{\Phi}(s)\mathbf{B} + \mathbf{D}]\mathbf{V}(s) \end{aligned}$$

$$\begin{aligned} \mathbf{X}(z) &= \boldsymbol{\Phi}(z)\mathbf{x}(0) + z^{-1}\boldsymbol{\Phi}(z)\mathbf{B}\mathbf{V}(z) \\ \mathbf{Y}(z) &= \mathbf{C}\boldsymbol{\Phi}(z)\mathbf{x}(0) + \\ &+ [\mathbf{C}z^{-1}\boldsymbol{\Phi}(z)\mathbf{B} + \mathbf{D}]\mathbf{V}(z) \end{aligned}$$

mit $\mathbf{V}(s) = \mathcal{L}\{\mathbf{v}(t)\}$	mit $\mathbf{V}(z) = Z\{\mathbf{v}(k)\}$
$\mathbf{X}(s) = \mathcal{L}\{\mathbf{x}(t)\}$	$\mathbf{X}(z) = Z\{\mathbf{x}(k)\}$
$\mathbf{Y}(s) = \mathcal{L}\{\mathbf{y}(t)\}$	$\mathbf{Y}(z) = Z\{\mathbf{y}(k)\}$
$\mathbf{\Phi}(s) = \mathcal{L}\{\boldsymbol{\phi}(t)\} = (s\mathbf{E}-\mathbf{A})^{-1}$	$\mathbf{\Phi}(z) = Z\{\boldsymbol{\phi}(k)\} = z(z\mathbf{E}-\mathbf{A})^{-1}$

4. Matrix der Impulsantworten, Übertragungsmatrix
(Abschn. 4.2.2; 4.2.3)

Für $\mathbf{x}(+0) = \mathbf{0}$ gilt :

$$\mathbf{y}(t) = \int_0^t \mathbf{h}_0(t-\tau)\mathbf{v}(\tau)d\tau,$$

mit $\mathbf{h}_0(t) = \mathbf{C}\boldsymbol{\phi}(t)\mathbf{B}\delta_{-1}(t) + \mathbf{D}\delta_0(t)$.

$$\mathbf{Y}(s) = \mathbf{H}(s)\mathbf{V}(s)$$

mit $\mathbf{H}(s) = \mathbf{C}\mathbf{\Phi}(s)\mathbf{B} + \mathbf{D} = \mathcal{L}\{\mathbf{h}_0(t)\}$.

Für $\mathbf{x}(0) = \mathbf{0}$ gilt:

$$\mathbf{y}(k) = \sum_{\kappa=0}^{k} \mathbf{h}_0(k-\kappa)\mathbf{v}(\kappa)$$

mit $\mathbf{h}_0(k) = \mathbf{C}\boldsymbol{\phi}(k-1)\mathbf{B}\gamma_{-1}(k-1) + \mathbf{D}\gamma_0(k)$.

$$\mathbf{Y}(z) = \mathbf{H}(z)\mathbf{V}(z)$$

mit $\mathbf{H}(z) = \mathbf{C}z^{-1}\mathbf{\Phi}(z)\mathbf{B} + \mathbf{D} = Z\{\mathbf{h}_0(k)\}$.

Beschränkung auf Systeme mit einem Eingang und Ausgang

$$\mathbf{x}'(t) = \mathbf{A}\mathbf{x}(t) + \mathbf{b}v(t)$$
$$y(t) = \mathbf{c}^T\mathbf{x}(t) + dv(t)$$

$$\mathbf{x}(k+1) = \mathbf{A}\mathbf{x}(k) + \mathbf{b}v(k)$$
$$y(k) = \mathbf{c}^T\mathbf{x}(k) + dv(k)$$

$$\mathbf{A}: n \times n; \quad \mathbf{b}: n \times 1$$
$$\mathbf{c}^T: 1 \times n; \quad d: 1 \times 1$$

5. Übertragungsfunktion, Impulsantwort
(Bd. I, Abschn. 6.4.4 und Band II, Abschn. 4.2.5.1)

$$H(s) = \mathbf{c}^T(s\mathbf{E}-\mathbf{A})^{-1}\mathbf{b} + d = \frac{\sum_{\mu=0}^{m} b_\mu s^\mu}{\sum_{\nu=0}^{n} c_\nu s^\nu} = b_m \frac{\prod_{\mu=1}^{m}(s-s_{0\mu})}{\prod_{\nu=1}^{n}(s-s_{\infty\nu})}$$

$$H(z) = \mathbf{c}^T(z\mathbf{E}-\mathbf{A})^{-1}\mathbf{b} + d = \frac{\sum_{\mu=0}^{m} b_\mu z^\mu}{\sum_{\nu=0}^{n} c_\nu z^\nu} = b_m \frac{\prod_{\mu=1}^{m}(z-z_{0\mu})}{\prod_{\nu=1}^{n}(z-z_{\infty\nu})}$$

mit $c_n = 1$; $b_\mu, c_\nu \in \mathbb{R}$; $m \le n$

Mit $s_{\infty\nu} = \sigma_{\infty\nu} + j\omega_{\infty\nu}$, $\omega_{\infty\nu} \neq 0$ ist auch $s^*_{\infty\nu}$ Polstelle,

mit $s_{0\mu} = \sigma_{0\mu} + j\omega_{0\mu}$, $\omega_{0\mu} \neq 0$ ist auch $s^*_{0\mu}$ Nullstelle.

Mit $z_{\infty\nu} = \rho_{\infty\nu}e^{j\psi_{\infty\nu}}$, $\psi_{\infty\nu} \neq 0, \pi$ ist auch $z^*_{\infty\nu}$ Polstelle,

mit $z_{0\mu} = \rho_{0\mu}e^{j\psi_{0\mu}}$, $\psi_{0\mu} \neq 0, \pi$ ist auch $z^*_{0\mu}$ Nullstelle.

a) n_0 verschiedene Pole, n_ν = Vielfachheit des ν-ten Pols

$$H(s)=b_n+\sum_{\nu=1}^{n_0}\sum_{\kappa=1}^{n_\nu}\frac{B_{\nu\kappa}}{(s-s_{\infty\nu})^\kappa},$$

$$h_0(t)=b_n\delta_0(t)+ +\sum_{\nu=1}^{n_0}\sum_{\kappa=1}^{n_\nu}B_{\nu\kappa}\frac{t^{\kappa-1}}{(\kappa-1)!}e^{s_{\infty\nu}t}\delta_{-1}(t)$$

$$H(z)=b_n+\sum_{\nu=1}^{n_0}\sum_{\kappa=1}^{n_\nu}\frac{B_{\nu\kappa}}{(z-z_{\infty\nu})^\kappa},$$

$$h_0(k)=b_n\gamma_0(k)+ +\sum_{\nu=1}^{n_0}\sum_{\kappa=1}^{n_\nu}B_{\nu\kappa}\binom{k-1}{\kappa-1}z_{\infty\nu}^{k-\kappa}\gamma_{-1}(k-1)$$

b) n verschiedene Pole

$$H(s)=b_n+\sum_{\nu=1}^{n}\frac{B_\nu}{s-s_{\infty\nu}},$$

$$h_0(t)=b_n\delta_0(t)+\sum_{\nu=1}^{n}B_\nu e^{s_{\infty\nu}t}\delta_{-1}(t).$$

$$H(z)=b_n+\sum_{\nu=1}^{n}\frac{B_\nu}{z-z_{\infty\nu}},$$

$$h_0(k)=b_n\gamma_0(k)+\sum_{\nu=1}^{n}B_\nu z_{\infty\nu}^{k-1}\gamma_{-1}(k-1).$$

6. Frequenzgang

(Bd. I, Abschn. 5.4 und Band II, Abschn. 4.2.5.3)

$$s=j\omega$$

$$H(j\omega)=\frac{\sum_{\mu=0}^{m}b_\mu(j\omega)^\mu}{\sum_{\nu=0}^{n}c_\nu(j\omega)^\nu}$$

$$=P(\omega)+j(Q(\omega)$$

rational in ω.

$$z=e^{j\omega T}=:e^{j\Omega}$$

$$H(e^{j\Omega})=\frac{\sum_{\mu=0}^{m}b_\mu e^{j\mu\Omega}}{\sum_{\nu=0}^{n}c_\nu e^{j\nu\Omega}},$$

$$=P(e^{j\Omega})+jQ(e^{j\Omega})$$

rational in $e^{j\Omega}$,
periodisch in Ω, Periode 2π.

$H(-j\omega)=H^*(j\omega)$,
$-\ln H(j\omega)=a(\omega)+jb(\omega)$.
$a(\omega)=a(-\omega)$,
$b(\omega)=-b(-\omega)$.

$H(e^{-j\Omega})=H^*(e^{j\Omega})$,
$-\ln H(e^{j\Omega})=a(\Omega)+jb(\Omega)$.
$a(\Omega)=a(-\Omega)$,
$b(\Omega)=-b(-\Omega)$.

$$a(\omega)=-\ln|b_m|+\sum_{\nu=1}^{n}a_{\infty\nu}(\omega)-\sum_{\mu=1}^{m}a_{0\mu}(\omega)$$

mit

$$a_{\infty\nu}(\omega)=\ln|j\omega-s_{\infty\nu}|,$$
$$a_{0\mu}(\omega)=\ln|j\omega-s_{0\mu}|.$$

$$b(\omega)=(\pm\pi)+\sum_{\nu=1}^{n}b_{\infty\nu}(\omega)-\sum_{\mu=1}^{m}b_{0\mu}(\omega)$$

$$a(\Omega)=-\ln|b_m|+\sum_{\nu=1}^{n}a_{\infty\nu}(\Omega)-\sum_{\mu=1}^{m}a_{0\mu}(\Omega)$$

mit

$$a_{\infty\nu}(\Omega)=\ln|e^{j\Omega}-z_{\infty\nu}|$$
$$a_{0\mu}(\Omega)=\ln|e^{j\Omega}-z_{0\mu}|.$$

$$b(\Omega)=(\pm\pi)+\sum_{\nu=1}^{n}b_{\infty\nu}(\Omega)-\sum_{\mu=1}^{m}b_{0\mu}(\Omega)$$

mit

$$b_{\infty\nu}(\omega) = \arctan \frac{\omega - \omega_{\infty\nu}}{-\sigma_{\infty\nu}},$$

$$b_{0\mu} = \arctan \frac{\omega - \omega_{0\mu}}{-\sigma_{0\mu}}.$$

$$\tau_g(\omega) = \frac{db}{d\omega} = \sum_{\nu=1}^{n} \tau_{g\infty\nu}(\omega) - \sum_{\mu=1}^{m} \tau_{g0\mu}(\omega)$$

mit

$$\tau_{g\infty\nu}(\omega) = \frac{-\sigma_{\infty\nu}}{\sigma^2_{\infty\nu} + (\omega - \omega_{\infty\nu})^2}$$

$$\tau_{g0\mu}(\omega) = \frac{-\sigma_{0\mu}}{\sigma^2_{0\mu} + (\omega - \omega_{0\mu})^2}$$

mit

$$b_{\infty\nu}(\Omega) = \arctan \frac{\sin\Omega - \rho_{\infty\nu}\sin\psi_{\infty\nu}}{\cos\Omega - \rho_{\infty\nu}\cos\psi_{\infty\nu}},$$

$$b_{0\mu}(\Omega) = \arctan \frac{\sin\Omega - \rho_{0\mu}\sin\psi_{0\mu}}{\cos\Omega - \rho_{0\mu}\cos\psi_{0\mu}}.$$

$$\tau_g(\Omega) = \frac{db}{d\Omega} = \sum_{\nu=1}^{n} \tau_{g\infty\nu}(\Omega) - \sum_{\mu=1}^{m} \tau_{g0\mu}(\Omega)$$

mit

$$\tau_{g\infty\nu}(\Omega) = \frac{1 - \rho_{\infty\nu}\cos(\Omega - \psi_{\infty\nu})}{1 - 2\rho_{\infty\nu}\cos(\Omega - \psi_{\infty\nu}) + \rho^2_{\infty\nu}},$$

$$\tau_{g0\mu}(\Omega) = \frac{1 - \rho_{0\mu}\cos(\Omega - \psi_{0\mu})}{1 - 2\rho_{0\mu}\cos(\Omega - \psi_{0\mu}) + \rho^2_{0\mu}}.$$

7. Stabilität

(Bd. I, Abschn. 6.4.5 und Band II, Abschn. 4.2.5.2)

a) strikte Stabilität

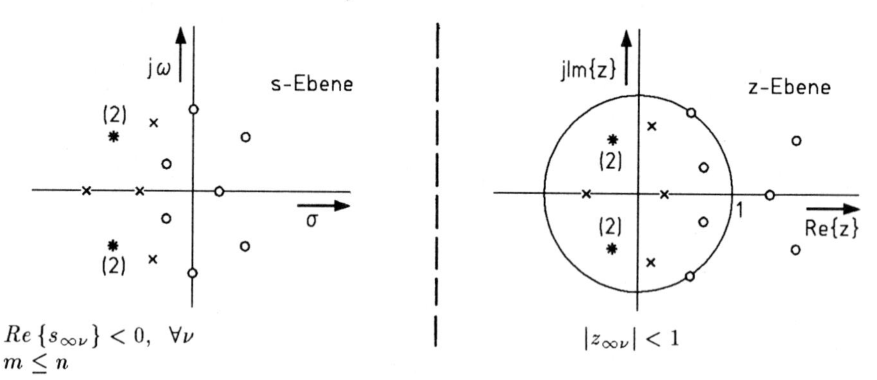

$Re\,\{s_{\infty\nu}\} < 0, \quad \forall\nu$
$m \le n$

$|z_{\infty\nu}| < 1$

b) bedingte Stabilität

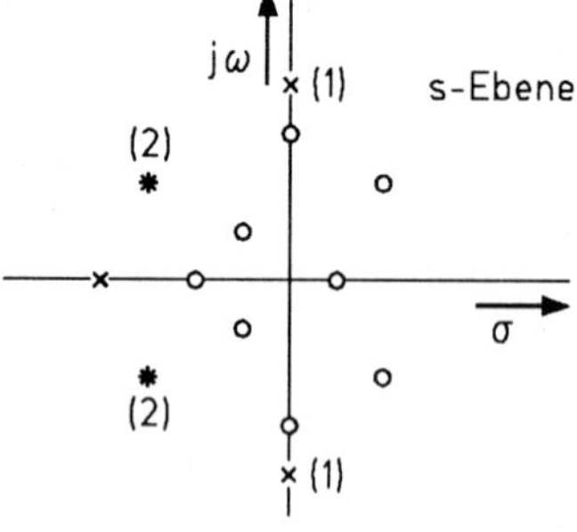

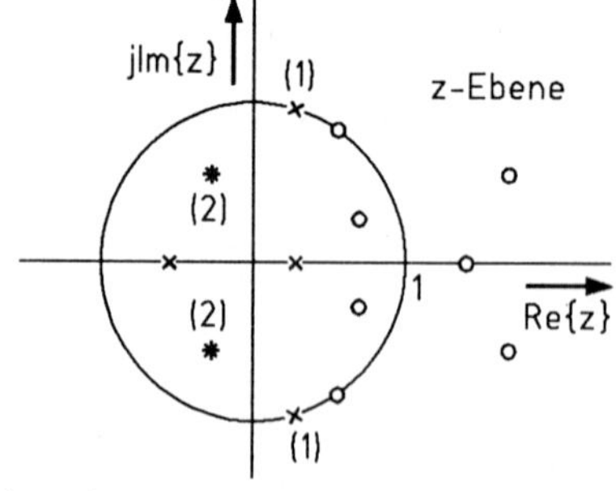

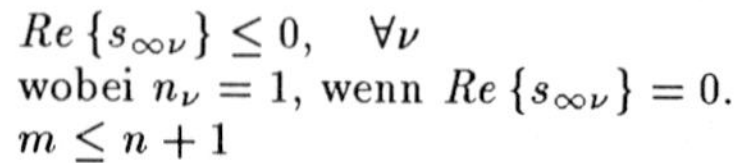

$Re\,\{s_{\infty\nu}\} \le 0, \quad \forall\nu$
wobei $n_\nu = 1$, wenn $Re\,\{s_{\infty\nu}\} = 0$.
$m \le n + 1$

$|z_{\infty\nu}| \le 1, \quad \forall\nu$
wobei $n_\nu = 1$, wenn $|z_{\infty\nu}| = 1$.

8. Kausalität
(Abschnitt 3.5.1)

$h_0(t) = 0, \qquad t < 0$	$h_0(k) = 0, \qquad k < 0$ $m \leq n$
$P(\omega) = P(\infty) + \mathscr{H}\left\{Q(\omega)\right\}$ $Q(\omega) = \qquad - \mathscr{H}\left\{P(\omega)\right\}$	$P(e^{j\Omega}) = h_0(0) + \mathscr{H}\left\{Q(e^{j\Omega})\right\}$ $Q(e^{j\Omega}) = \qquad - \mathscr{H}\left\{P(e^{j\Omega})\right\}$

9. Minimalphasige, stabile, kausale Systeme
(Bd. I, Abschn. 5.2 und Band II, Abschn. 4.2.5.4)

a) invertierbar

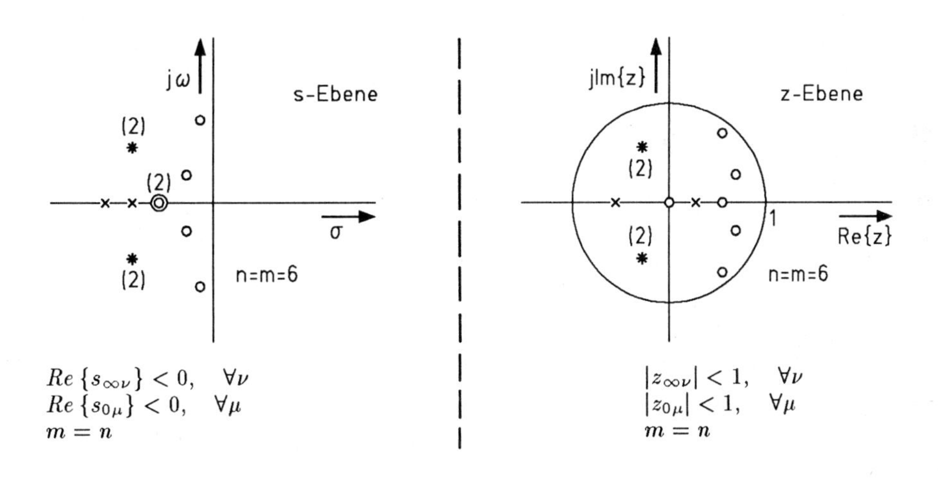

$Re\left\{s_{\infty\nu}\right\} < 0, \quad \forall\nu$ $Re\left\{s_{0\mu}\right\} < 0, \quad \forall\mu$ $m = n$	$\lvert z_{\infty\nu}\rvert < 1, \quad \forall\nu$ $\lvert z_{0\mu}\rvert < 1, \quad \forall\mu$ $m = n$

b) nicht invertierbar

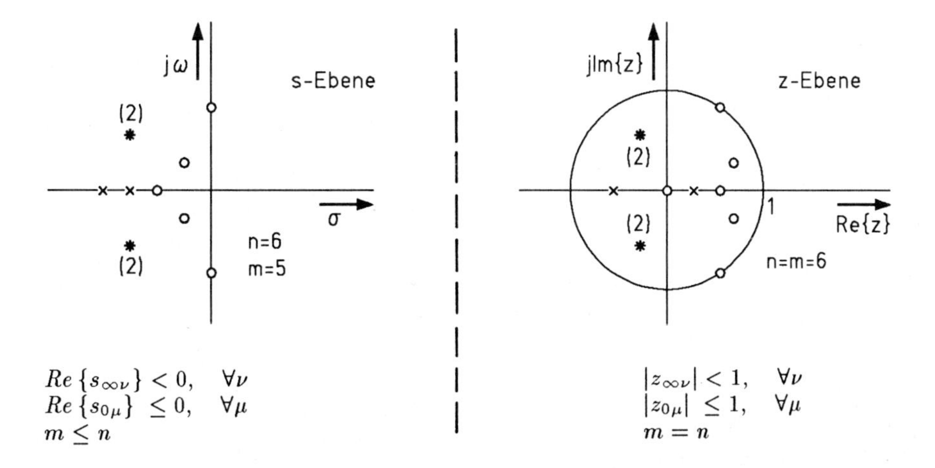

$Re\left\{s_{\infty\nu}\right\} < 0, \quad \forall\nu$ $Re\left\{s_{0\mu}\right\} \leq 0, \quad \forall\mu$ $m \leq n$	$\lvert z_{\infty\nu}\rvert < 1, \quad \forall\nu$ $\lvert z_{0\mu}\rvert \leq 1, \quad \forall\mu$ $m = n$

10. Stabile Allpässe
(Bd. I, Abschn. 5.2 und Band II, Abschn. 4.2.5.4)

$|H(j\omega)| = |H_A(j\omega)| = |b_n|$

$|H(e^{j\Omega})| = |H_A(e^{j\Omega})| = |b_n|$

$Re\,\{s_{\infty\nu}\} < 0, \quad \forall\nu$
$s_{0\nu} = -s^*_{\infty\nu}$

$|z_{\infty\nu}| < 1, \quad \forall\nu$
$z_{0\nu} = 1/z^*_{\infty\nu}, \quad \forall\nu$

$$H_A(s) = b_n \frac{\prod_{\nu=1}^{n}(s + s_{\infty\nu})}{\prod_{\nu=1}^{n}(s - s_{\infty\nu})} = (-1)^n b_n \cdot \frac{N(-s)}{N(s)}$$

$$H_A(z) = b_n \frac{\prod_{\nu=1}^{n}(1 - z_{\infty\nu} z)}{\prod_{\nu=1}^{n}(z - z_{\infty\nu})} = b_n \cdot z^n \frac{N(z^{-1})}{N(z)}$$

11. Nichtrekursive Systeme; Impulsantwort endlicher Dauer
(Abschn. 4.2.5.5)

$h_0(t) \equiv 0, \quad t \notin [0,\ T_0]$

$h_0(k) \equiv 0, \quad k \notin [0,\ n]$

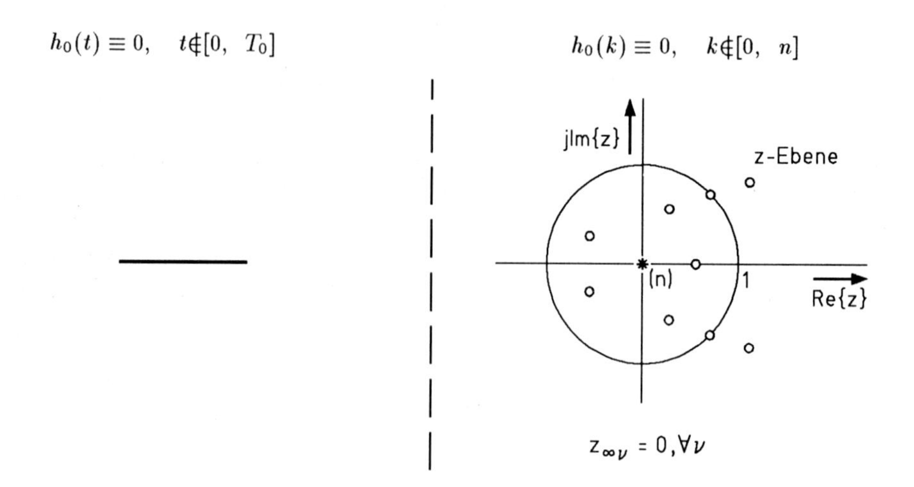

$z_{\infty\nu} = 0, \forall\nu$

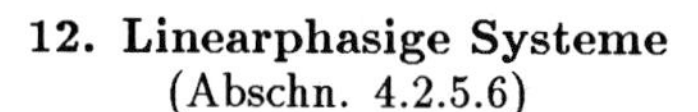

12. Linearphasige Systeme
(Abschn. 4.2.5.6)

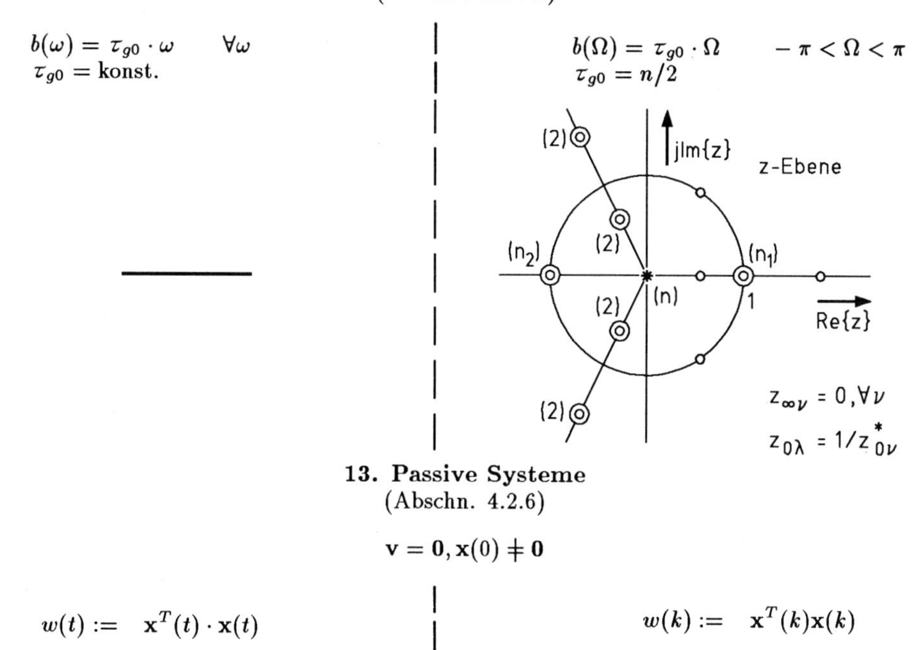

$b(\omega) = \tau_{g0} \cdot \omega \quad \forall\omega$ $\tau_{g0} = \text{konst.}$	$b(\Omega) = \tau_{g0} \cdot \Omega \quad -\pi < \Omega < \pi$ $\tau_{g0} = n/2$
—	$z_{\infty\nu} = 0, \forall\nu$ $z_{0\lambda} = 1/z^*_{0\nu}$

13. Passive Systeme
(Abschn. 4.2.6)

$\mathbf{v} = \mathbf{0}, \mathbf{x}(0) \neq \mathbf{0}$

$w(t) := \mathbf{x}^T(t) \cdot \mathbf{x}(t)$	$w(k) := \mathbf{x}^T(k)\mathbf{x}(k)$
	$\Delta w(k+1) := w(k+1) - w(k)$
$\frac{dw(t)}{dt} \leq 0, \ \forall t > 0$	$\Delta w(k+1) \leq 0, \ \forall k \geq 0$
$\mathbf{Q} = -[\mathbf{A} + \mathbf{A}^T]$	$\mathbf{Q} = -[\mathbf{A}^T\mathbf{A} - \mathbf{E}]$

$\mathbf{Q}$ positiv (semi-)definit

4.2.8 Steuerbarkeit und Beobachtbarkeit

Die folgenden Überlegungen gelten wieder für kontinuierliche und diskrete Systeme. Bisher haben wir immer stillschweigend angenommen, daß alle Eigenschwingungen eines Systems in der zugehörigen Impulsantwort enthalten sind bzw. daß sie vom Eingang her angeregt werden können. Das ist nun nicht immer der Fall, wie wir zunächst am Beispiel des in Bild 4.31 angegebenen Netzwerks zeigen.

Die Schaltung wird durch die Zustandsgleichungen

$$\mathbf{x}'(t) = \begin{bmatrix} u'_C(t) \\ i'_L(t) \end{bmatrix} = \mathbf{A} \begin{bmatrix} u_C(t) \\ i_L(t) \end{bmatrix} + \mathbf{b} \cdot i_q(t)$$

$$y(t) =: u_C(t) = \mathbf{c}^T \begin{bmatrix} u_C(t) \\ i_L(t) \end{bmatrix}$$

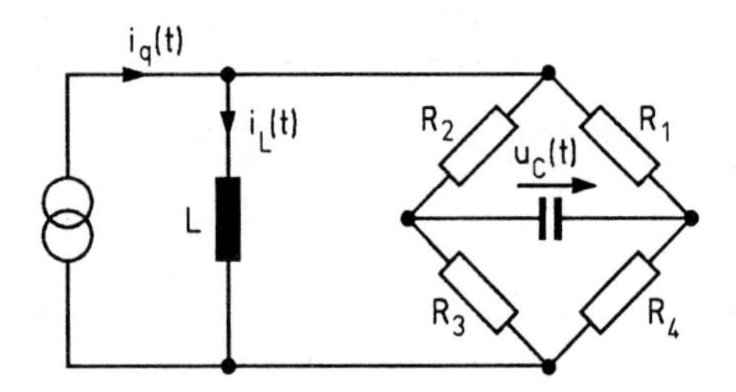

Bild 4.31: Beispiel eines potentiell nicht vollständig steuerbaren und beobachtbaren Systems

beschrieben. Für beliebige Werte der Bauelemente gilt dann

$$\mathbf{A} = -\begin{bmatrix} \frac{1}{C}\left[\frac{1}{R_1+R_2}+\frac{1}{R_3+R_4}\right] & \frac{1}{C}\left[\frac{R_1}{R_1+R_2}-\frac{R_4}{R_3+R_4}\right] \\ \frac{1}{L}\left[\frac{R_2}{R_1+R_2}-\frac{R_3}{R_3+R_4}\right] & \frac{1}{L}\left[\frac{R_1R_2}{R_1+R_2}+\frac{R_3R_4}{R_3+R_4}\right] \end{bmatrix}$$

$$\mathbf{b} = \begin{bmatrix} \frac{1}{C}\left[\frac{R_1}{R_1+R_2}-\frac{R_4}{R_3+R_4}\right] \\ \frac{1}{L}\left[\frac{R_1R_2}{R_1+R_2}+\frac{R_3R_4}{R_3+R_4}\right] \end{bmatrix}, \quad \mathbf{c}^T = [1 \quad 0].$$

Ist $R_1R_3 = R_2R_4 = R_0^2$, so ist die Brücke abgeglichen. In diesem Spezialfall ist

$$\mathbf{A} = \begin{bmatrix} -\frac{1}{T_1} & 0 \\ 0 & -\frac{1}{T_2} \end{bmatrix}; \quad \mathbf{b} = \begin{bmatrix} 0 \\ \frac{1}{T_2} \end{bmatrix}; \quad \mathbf{c}^T = [1 \quad 0]$$

mit $T_1 = \dfrac{CR_0^2(R_1+R_2)}{R_0^2+R_1R_2}; \quad T_2 = \dfrac{L(R_1+R_2)}{R_0^2+R_1R_2}.$

Liegt ein Anfangszustand $[u_C(t_0), i_L(t_0)]^T$ vor, so erhält man mit (4.2.50) als Lösung

$$\begin{bmatrix} u_C(t) \\ i_L(t) \end{bmatrix} = \begin{bmatrix} e^{-(t-t_0)/T_1}\cdot u_C(t_0) \\ e^{-(t-t_0)/T_2}\cdot i_L(t_0) \end{bmatrix} + \begin{bmatrix} 0 \\ \frac{1}{T_2}\int\limits_{t_0}^{t} e^{-(t-\tau)/T_2}\cdot i_q(\tau)d\tau \end{bmatrix}$$

$$y(t) = u_C(t) = e^{-(t-t_0)/T_1}\cdot u_C(t_0).$$

Offensichtlich ist die Eigenschwingung mit der Eigenfrequenz $s_{\infty 1} = -1/T_1$ vom Eingang her nicht zu beeinflussen; sie ist nicht *steuerbar*. Ebenso tritt die Eigenschwingung mit der Frequenz $s_{\infty 2} = -1/T_2$ nicht am Ausgang auf. Man sagt, sie ist nicht *beobachtbar*.

Im allgemeinen Fall eines Systems n-ter Ordnung mit ℓ Eingängen und r Ausgängen sprechen wir von *vollständiger Steuerbarkeit*, wenn jede der n Eigenschwingungen von jedem der ℓ Eingänge her angeregt werden kann und von

vollständiger Beobachtbarkeit, wenn jede der n Eigenschwingungen an jedem der r Ausgänge auftritt.

Es stellt sich damit das Problem, durch eine Untersuchung der Matrizen $\mathbf{A}, \mathbf{B}$ und $\mathbf{C}$ die Steuerbarkeit des Systems zu kontrollieren. Für eine allgemeine Behandlung der Aufgabe wird auf die Literatur verwiesen (z.B. [4.13]). Hier beschränken wir uns auf Matrizen $\mathbf{A}$, deren Eigenwerte einfach sind. Wir gehen von einer Transformation des Systems in die Parallelform aus, bei der unmittelbar feststellbar ist, ob alle Teilsysteme erster Ordnung mit allen Ein- und Ausgängen verbunden sind. Wir zeigen die Überlegungen für den Fall eines kontinuierlichen Systems. Die Ergebnisse sind ohne Einschränkung auf diskrete Systeme übertragbar.

Zunächst untersuchen wir die Steuerbarkeit vom Eingang λ aus, setzen also $v_\kappa(t) \equiv 0, \kappa \neq \lambda$. Dann ist

$$\mathbf{x}'(t) = \mathbf{A}\mathbf{x}(t) + \mathbf{b}_\lambda v_\lambda(t),$$

wobei wie früher $\mathbf{b}_\lambda = \mathbf{B}\mathbf{e}_\lambda$ der λ-te Spaltenvektor von $\mathbf{B}$ ist, den man durch Multiplikation mit dem λ-ten Einheitsvektor $\mathbf{e}_\lambda = [0, \ldots, 1, \ldots, 0]^T$ aus $\mathbf{B}$ erhält. Durch Transformation mit der Modalmatrix $\mathbf{M}$ erhält man

$$\begin{aligned} \mathbf{q}'(t) &= \mathbf{M}^{-1}\mathbf{A}\mathbf{M}\mathbf{q}(t) + \mathbf{M}^{-1}\mathbf{b}_\lambda v_\lambda(t), \\ &= \mathbf{A}_q \mathbf{q}(t) + \mathbf{b}_{q\lambda} v_\lambda(t). \end{aligned}$$

Hier ist wieder

$$\mathbf{A}_q = \mathbf{M}^{-1}\mathbf{A}\mathbf{M} = \operatorname{diag}[s_{\infty 1}, \ldots, s_{\infty\nu}, \ldots, s_{\infty n}]$$

die Diagonalmatrix der Eigenwerte von $\mathbf{A}$. Die Lösung dieser transformierten Gleichung ist dann nach Abschnitt 4.2.3.1 unter Berücksichtigung eines Anfangszustandes $\mathbf{q}(t_0)$

$$\mathbf{q}(t) = e^{\mathbf{A}_q(t-t_0)} \cdot \mathbf{q}(t_0) + \int_{t_0}^{t} e^{\mathbf{A}_q(t-\tau)} \mathbf{b}_{q\lambda} v_\lambda(\tau) d\tau.$$

Hier ist unmittelbar zu sehen, daß vom Eingang λ nur dann alle Eigenschwingungen $e^{s_{\infty\nu} t}$ angeregt werden, wenn keines der Elemente des Spaltenvektors $\mathbf{b}_{q\lambda}$ verschwindet. Diese Bedingung muß für alle λ, $\lambda = 1(1)\ell$ erfüllt sein. Ein System mit n verschiedenen Eigenfrequenzen ist nur dann vollständig steuerbar, wenn alle Elemente der transformierten Matrix $\mathbf{B}_q = \mathbf{M}^{-1}\mathbf{B}$ von Null verschieden sind. Es muß also sein

$$b_{q\nu\lambda} = [\mathbf{B}_q]_{\nu\lambda} \neq 0; \nu = 1(1)n, \lambda = 1(1)\ell. \tag{4.2.111}$$

Die Kontrolle dieser Vorschrift erfordert offenbar die Bestimmung der Eigenwerte und der Modalmatrix. Um das zu vermeiden, führen wir eine Matrix ein, die nur die Größen $\mathbf{A}$ und $\mathbf{b}_\lambda$ enthält und deren Untersuchung zu der gewünschten Aussage über die Steuerbarkeit führt. Sie ergibt sich aus folgender Überlegung: In der obigen Herleitung war offenbar wesentlich, daß der Vektor $e^{\mathbf{A}_q t} \cdot \mathbf{b}_{q\lambda}$ keine identisch verschwindenden Elemente enthält. Da $e^{\mathbf{A}_q}$ aus den Potenzen $\mathbf{A}_q^\nu, \nu = 0(1)n-1$ errechnet werden kann, haben nur die Vektoren $\mathbf{A}_q^\nu \cdot \mathbf{b}_{q\lambda}, \nu = 0(1)n-1$ Einfluß auf die Steuerbarkeit vom Eingang λ her. Wir bilden zunächst mit ihnen eine $n \times n$ Matrix und definieren

$$\mathbf{S}_{0\lambda} = \mathbf{M}\left[\mathbf{b}_{q\lambda}, \mathbf{A}_q\mathbf{b}_{q\lambda}, \mathbf{A}_q^2\mathbf{b}_{q\lambda}, \ldots, \mathbf{A}_q^{n-1}\mathbf{b}_{q\lambda}\right] .$$

Wegen

$$\mathbf{A}_q^\nu \mathbf{b}_{q\lambda} = \mathbf{M}^{-1}\mathbf{A}^\nu \mathbf{b}_\lambda$$

ist aber $\mathbf{S}_{0\lambda}$ in der Form

$$\mathbf{S}_{0\lambda} = \left[\mathbf{b}_\lambda, \mathbf{A}\mathbf{b}_\lambda, \mathbf{A}^2\mathbf{b}_\lambda, \ldots, \mathbf{A}^{n-1}\mathbf{b}_\lambda\right], \tag{4.2.112a}$$

also ausschließlich mit den ursprünglichen Größen des Systems angebbar. Das betrachtete System mit unterschiedlichen Eigenfrequenzen ist vom Eingang λ her steuerbar, wenn diese Matrix nicht singulär ist. Es ist vollständig steuerbar, wenn gilt

$$\Delta^{S_{0\lambda}} = |\mathbf{S}_{0\lambda}| \neq 0; \quad \lambda = 1(1)\ell \tag{4.2.112b}$$

Eine äquivalente Definition eines steuerbaren Systems basiert auf der Forderung, daß es durch geeignete Wahl des Eingangsvektors $\mathbf{v}(t)$ im endlich langen Intervall $0 \leq t \leq t_1$ möglich sein muß , einen gegebenen Anfangszustand $\mathbf{x}(0)$ in einen beliebigen Endzustand $\mathbf{x}(t_1)$, z.B. $\mathbf{x}(t_1) = 0$ zu überführen [4.13]. Man erhält mit diesem Ansatz bei Spezialisierung auf die einzelnen Eingänge ebenfalls die Bedingungen (4.2.112).

Für die Untersuchung der vollständigen Beobachtbarkeit gehen wir entsprechend vor. Ist $\mathbf{v}(t) = \mathbf{0}$, so erhalten wir am ρ-ten Ausgang

$$y_\rho(t) = \mathbf{c}^{(\rho)}\mathbf{x}(t) = \mathbf{e}_\rho^T\mathbf{C}\mathbf{x}(t)$$

mit dem ρ-ten Zeilenvektor $\mathbf{c}^{(\rho)}$ von $\mathbf{C}$. Es ist $\mathbf{e}_\rho^T = [0, \ldots, 1, \ldots, 0]$ der ρ-te Zeilen-Einheitsvektor. Nach Transformation mit $\mathbf{T} = \mathbf{M}$ erhält man unter denselben Voraussetzungen wie oben

$$y_\rho(t) = \mathbf{c}_q^{(\rho)}\mathbf{q}(t) = \mathbf{e}_\rho^T\mathbf{C} \cdot \mathbf{M}e^{\mathbf{A}_q(t-t_0)}\mathbf{q}(t_0).$$

Man erkennt sofort, daß alle Eigenschwingungen nur dann am ρ-ten Ausgang zu beobachten sind, wenn sämtliche Elemente des Zeilenvektors $\mathbf{c}_q^{(\rho)}$ ungleich Null sind. Da für vollständige Beobachtbarkeit diese Bedingung für alle r Ausgänge erfüllt sein muß, ist zu fordern, daß alle Elemente der transformierten Matrix $\mathbf{C}_q = \mathbf{CM}$ von Null verschieden sein müssen. Es muß also gelten

$$c_{q\nu}^{(\rho)} = [\mathbf{C}_q]_{\rho\nu} \neq 0; \rho = 1(1)r, \nu = 1(1)n. \tag{4.2.113}$$

Auch hier kann man durch Untersuchung bestimmter Matrizen die bisher nötige Berechnung der Eigenwerte und der Modalmatrix vermeiden. Für die Kontrolle der Beobachtbarkeit am ρ-ten Ausgang prüft man, ob die Matrix

$$\mathbf{B}_0^{(\rho)} = (\mathbf{M}^T)^{-1} \cdot \left[\mathbf{c}_q^{(\rho)T}, \mathbf{A}_q\mathbf{c}_q^{(\rho)T}, \mathbf{A}_q^2\mathbf{c}_q^{(\rho)T}, \ldots, \mathbf{A}_q^{n-1}\mathbf{c}_q^{(\rho)T}\right]$$

nicht singulär ist. Sie läßt sich wegen

$$\mathbf{A}_q^{\nu}\mathbf{c}_q^{(\rho)T} = \mathbf{M}^T(\mathbf{A}^T)^{\nu}\mathbf{c}^{(\rho)T}$$

als

$$\mathbf{B}_0^{(\rho)} = \left[\mathbf{c}^{(\rho)T}, \mathbf{A}^T\mathbf{c}^{(\rho)T}, (\mathbf{A}^T)^2\mathbf{c}^{(\rho)T}, \ldots, (\mathbf{A}^T)^{n-1}\mathbf{c}^{(\rho)T}\right] \tag{4.2.114a}$$

mit den ursprünglich gegebenen Größen des Systems darstellen. Als Bedingung für die vollständige Beobachtbarkeit eines Systems mit unterschiedlichen Eigenfrequenzen erhalten wir

$$\Delta^{B_0^{(\rho)}} = |\mathbf{B}_0^{(\rho)}| \neq 0; \rho = 1(1)r. \tag{4.2.114b}$$

Die Untersuchung der Bedingungen für die Beobachtbarkeit kann auch von der Forderung ausgehen, daß es bei einem beobachtbaren System möglich sein muß aus der Kenntnis des Eingangsvektors $\mathbf{v}(t)$ und des Ausgangsvektors $\mathbf{y}(t)$ für $0 \leq t \leq t_1$ den Anfangszustand $\mathbf{x}(0)$ des Systems zu bestimmen [4.13]. Man erhält auch damit die Forderungen (4.2.114).

Abschließend zeigen wir, daß man eine pauschale Aussage über die Steuerbarkeit *und* Beobachtbarkeit mit einer Untersuchung der Elemente der Übertragungsmatrix bekommt. Nach (4.2.44b) und (4.2.48) ist

$$\begin{aligned}\mathbf{H}(s) &= \mathbf{C}(s\mathbf{E} - \mathbf{A})^{-1}\mathbf{B} + \mathbf{D} \\ &= \mathbf{C}_q(s\mathbf{E} - \mathbf{A}_q)^{-1}\mathbf{B}_q + \mathbf{D},\end{aligned}$$

wobei

$$(s\mathbf{E} - \mathbf{A}_q)^{-1} = \operatorname{diag}\left[\frac{1}{s - s_{\infty 1}}, \ldots, \frac{1}{s - s_{\infty\nu}}, \ldots, \frac{1}{s - s_{\infty n}}\right]$$

eine Diagonalmatrix ist. Für die Teilübertragungsfunktion vom λ-ten Eingang zum ρ-ten Ausgang erhält man

$$\begin{aligned}H_{\rho\lambda}(s) &= \mathbf{c}_q^{(\rho)}(s\mathbf{E} - \mathbf{A}_q)^{-1}\mathbf{b}_{q\lambda} + d_{\rho\lambda} \\ &= \sum_{\nu=1}^{n} c_{q\nu}^{(\rho)} \frac{1}{s - s_{\infty\nu}} b_{q\nu\lambda} + d_{\rho\lambda}.\end{aligned} \tag{4.2.115}$$

Diese Übertragungsfunktion hat also nur dann einen Pol bei $s_{\infty\nu}$, wenn sowohl $c_{q\nu}^{(\rho)}$ als auch $b_{q\nu\lambda}$ von Null verschieden sind, wenn also die entsprechende

Eigenschwingung sowohl vom λ-ten Eingang steuerbar wie am ρ-ten Ausgang beobachtbar ist. Das ganze System ist demnach dann vollständig steuerbar und beobachtbar, wenn alle Teilübertragungsfunktionen $H_{\rho\lambda}, \rho = 1(1)r, \lambda = 1(1)\ell$ Polstellen bei allen Werten $s_{\infty\nu}, \nu = 1(1)n$ enthalten.

Wir schließen hier eine Bemerkung an. In Abschnitt 5.2 von Band I haben wir gezeigt, daß die Übertragungsfunktion eines nichtminimalphasigen kontinuierlichen Systems mit einem Eingang und Ausgang sich als Produkt der Übertragungsfunktionen eines minimalphasigen Systems und eines Allpasses darstellen läßt. Entsprechendes gilt für diskrete Systeme, wie in Abschnitt 4.2.5.4 in diesem Kapitel gezeigt wurde (s. Bild 4.22). Wird das System durch eine Kaskade der entsprechenden Teilsysteme realisiert, so sind offenbar die Eigenschwingungen des Allpasses entweder nicht steuerbar oder nicht beobachtbar, abhängig von der Reihenfolge der Teilsysteme.

Wir behandeln zwei numerische Beispiele. In Abschnitt 4.2.2.3 haben wir bereits das durch

$$\mathbf{A} = \begin{bmatrix} -4 & 1 \\ -3 & 0 \end{bmatrix}, \quad \mathbf{B} = \begin{bmatrix} 2 & 1 \\ 1 & 2 \end{bmatrix}, \quad \mathbf{C} = \begin{bmatrix} 1 & 0 \\ 0 & 1 \end{bmatrix}, \quad \mathbf{D} = \begin{bmatrix} 1 & 0 \\ 0 & 1 \end{bmatrix},$$

beschriebene System in die Parallelform transformiert. Bild 4.16b läßt unmittelbar erkennen, daß das System vollständig steuerbar und beobachtbar ist. Wir schließen die Kontrolle entsprechend (4.2.112) und (4.2.114) an. Es ist

$$\mathbf{S}_{01} = [\mathbf{b}_1, \mathbf{A}\mathbf{b}_1] = \left[\begin{bmatrix} 2 \\ 1 \end{bmatrix}, \begin{bmatrix} -4 & 1 \\ -3 & 0 \end{bmatrix}\begin{bmatrix} 2 \\ 1 \end{bmatrix}\right] = \begin{bmatrix} 2 & -7 \\ 1 & -6 \end{bmatrix},$$

$$\mathbf{S}_{02} = [\mathbf{b}_2, \mathbf{A}\mathbf{b}_2] = \left[\begin{bmatrix} 1 \\ 2 \end{bmatrix}, \begin{bmatrix} -4 & 1 \\ -3 & 0 \end{bmatrix}\begin{bmatrix} 1 \\ 2 \end{bmatrix}\right] = \begin{bmatrix} 1 & -2 \\ 2 & -3 \end{bmatrix},$$

$$\mathbf{B}_0^{(1)} = [\mathbf{c}^{(1)T}, \mathbf{A}^T \cdot \mathbf{c}^{(1)T}] = \left[\begin{bmatrix} 1 \\ 0 \end{bmatrix}, \begin{bmatrix} -4 & -3 \\ 1 & 0 \end{bmatrix}\begin{bmatrix} 1 \\ 0 \end{bmatrix}\right] = \begin{bmatrix} 1 & -4 \\ 0 & 1 \end{bmatrix},$$

$$\mathbf{B}_0^{(2)} = [\mathbf{c}^{(2)T}, \mathbf{A}^T \cdot \mathbf{c}^{(2)T}] = \left[\begin{bmatrix} 0 \\ 1 \end{bmatrix}, \begin{bmatrix} -4 & -3 \\ 1 & 0 \end{bmatrix}\begin{bmatrix} 0 \\ 1 \end{bmatrix}\right] = \begin{bmatrix} 0 & -3 \\ 1 & 0 \end{bmatrix}.$$

Offensichtlich sind diese Matrizen, wie erforderlich, alle nicht singulär.

Für ein zweites Beispiel ändern wir die Matrizen **B** und **C**. Es sei jetzt bei gleichem **A** und **D**

$$\mathbf{B} = \begin{bmatrix} 1 & 1 \\ 1 & 3 \end{bmatrix}; \quad \mathbf{C} = \begin{bmatrix} -3 & 1 \\ 1 & -1 \end{bmatrix}.$$

Bild 4.32a zeigt den entsprechenden Signalflußgraphen. Die Transformation des Systems in die Parallelform führt auf

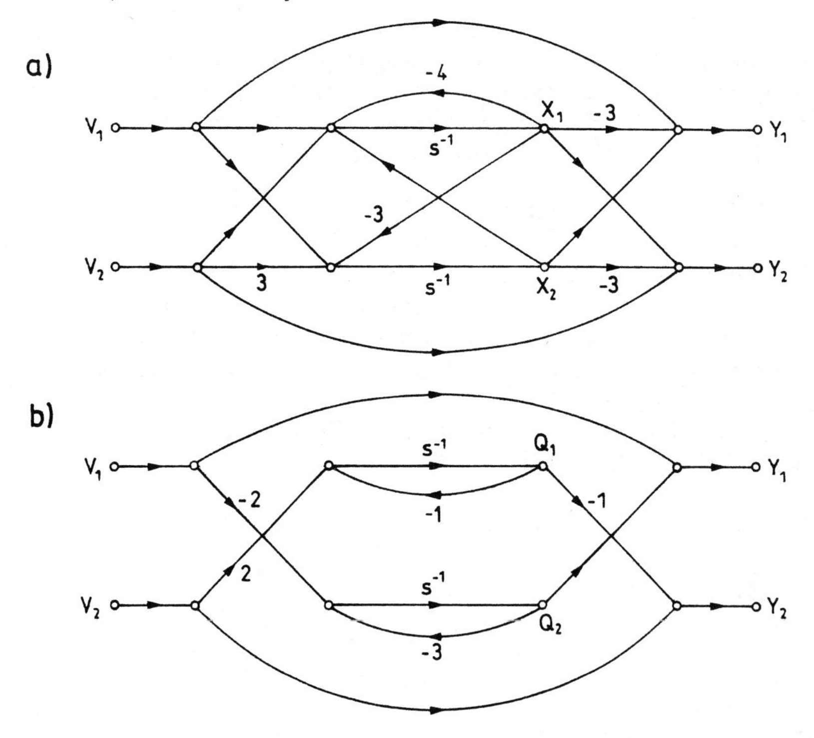

Bild 4.32: Beispiel eines nicht vollständig steuerbaren und beobachtbaren Systems

$$\mathbf{B}_q = \mathbf{M}^{-1}\mathbf{B} \quad = \quad \begin{bmatrix} -1 & 1 \\ -3 & 1 \end{bmatrix} \cdot \begin{bmatrix} 1 & 1 \\ 1 & 3 \end{bmatrix} = \begin{bmatrix} 0 & 2 \\ -2 & 0 \end{bmatrix},$$

$$\mathbf{C}_q = \mathbf{C}\mathbf{M} \quad = \frac{1}{2} \begin{bmatrix} 1 & -1 \\ 3 & -1 \end{bmatrix} \cdot \begin{bmatrix} -1 & 1 \\ -3 & 1 \end{bmatrix} = \begin{bmatrix} 0 & 1 \\ -1 & 0 \end{bmatrix}.$$

Der in Bild 4.32b gezeigte Signalflußgraph läßt erkennen, daß z.B. die Eigenschwingung e^{-t} vom Eingang 1 nicht steuerbar und am Ausgang 1 nicht beobachtbar ist.

Die Übertragungsmatrix kann man aus Bild 4.32b unmittelbar ablesen. Es ist

$$\mathbf{H}(s) = \begin{bmatrix} \dfrac{-2}{s+3} + 1 & 0 \\ 0 & \dfrac{-2}{s+1} + 1 \end{bmatrix}.$$

Die Teilübertragungsfunktionen $H_{12}(s)$ und $H_{21}(s)$ sind Null, in den beiden andern erscheint jeweils eine Polstelle nicht. Die Kontrolle entsprechend (4.2.112) und (4.2.114) liefert

$$\mathbf{S}_{01} = \begin{bmatrix} 1 & -3 \\ 1 & -3 \end{bmatrix}; \quad \mathbf{S}_{02} = \begin{bmatrix} 1 & -1 \\ 3 & -3 \end{bmatrix};$$

$$\mathbf{B}_0^{(1)} = \begin{bmatrix} -3 & 9 \\ 1 & -3 \end{bmatrix}; \quad \mathbf{B}_0^{(2)} = \begin{bmatrix} 1 & -1 \\ -1 & 1 \end{bmatrix}.$$

Diese Matrizen sind offensichtlich alle singulär.

Als weiteres Beispiel betrachten wir die Realisierung eines linearphasigen und nichtminimalphasigen (und nichtrekursiven) Systems durch die Kaskadenanordnung eines Allpasses mit einem minimalphasigen nichtrekursiven System. Bild 4.33 zeigt die Pol-Nullstellendiagramme der Teilsysteme sowie die Impulsantworten des Allpasses und des Gesamtsystems. Offensichtlich sind die Eigenschwingungen des Allpasses am Ausgang nicht beobachtbar. Diese Aussage gilt für beliebige realisierende Strukturen der Teilsysteme und entsprechend verschiedene Matrizen $\mathbf{A}$ und Vektoren $\mathbf{c}^T$.

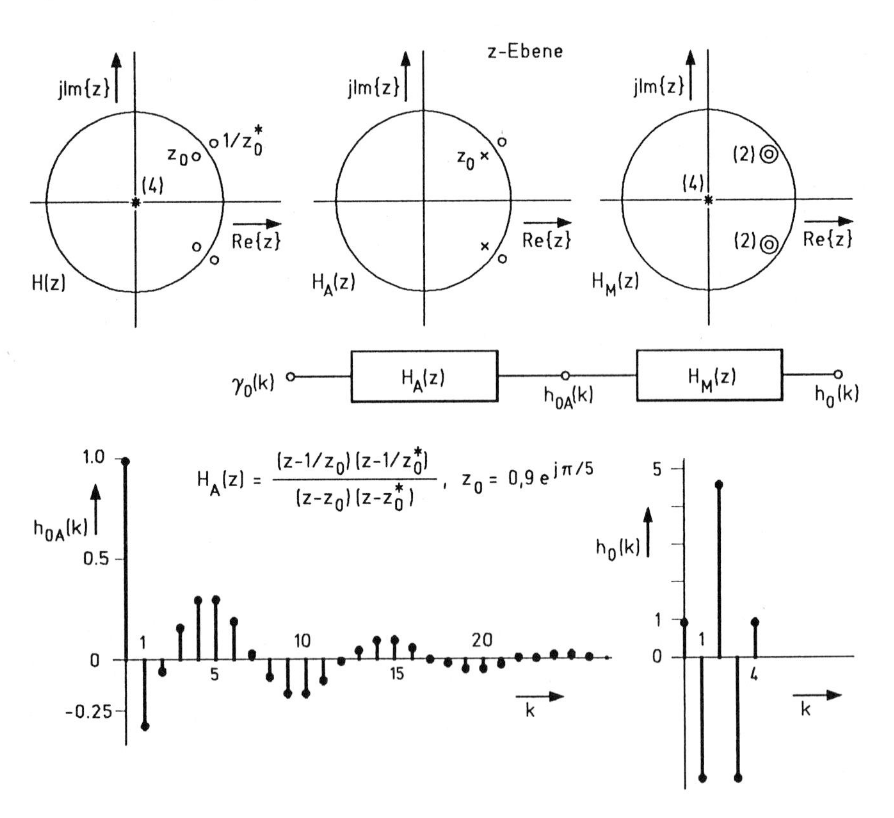

Bild 4.33: Zur Untersuchung eines nicht beobachtbaren Systems

4.2.9 Ergänzende Betrachtungen zur Stabilität linearer, zeitinvarianter Systeme

4.2.9.1 Stabilitätsuntersuchung basierend auf den Zustandsvariablen

Bei unseren bisherigen Überlegungen zur Frage der Stabilität waren wir stets von einer Definition ausgegangen, die sich auf die am Ausgang zu beobachtende Reaktion bei Erregung mit einer beschränkten Eingangsfunktion bezog. Wir wurden dabei auf eine Bedingung für die Impulsantwort geführt, die bei strikt stabilen Systemen absolut integrierbar bzw. summierbar sein muß (siehe Abschnitt 3.2.3). Das ergab dann eine Aussage über die zulässige Lage der Eigenwerte.

Die Betrachtungen des letzten Abschnittes haben nun gezeigt, daß es Systeme gibt, bei denen Eigenschwingungen vom Eingang her nicht beeinflußbar oder (und) am Ausgang nicht beobachtbar sind. Sie können dann in der Impulsantwort nicht in Erscheinung treten und sind daher auch in der bisherigen Definition der Stabilität nicht erfaßbar. Eine vollständige Untersuchung der Stabilität muß sich daher unmittelbar auf den Zustandsvektor beziehen. Wir führen die entsprechende Überlegung zunächst für lineare, zeitinvariante Systeme der in diesem Kapitel behandelten Art durch. Für sie gilt nach (4.2.50a)

$$\mathbf{x}(t) = \boldsymbol{\phi}(t - t_0)\mathbf{x}(t_0) + \int_{t_0}^{t} \boldsymbol{\phi}(t - \tau)\mathbf{B}\mathbf{v}(\tau)d\tau$$

mit $\boldsymbol{\phi}(t) = e^{\mathbf{A}t}$, sowie im diskreten Fall nach (4.2.57a)

$$\mathbf{x}(k) = \mathbf{A}^{(k-k_0)} \cdot \mathbf{x}(k_0) + \sum_{\kappa=k_0}^{k-1} \mathbf{A}^{k-\kappa-1}\mathbf{B}\mathbf{v}(\kappa).$$

Bei einem stabilen System wird man sicher fordern, daß alle Komponenten des Zustandsvektors stets beschränkt bleiben. Da sie die Eigenschwingungen des Systems enthalten, die bei einem vollständig steuerbaren und beobachtbaren System auch in der Impulsantwort auftreten, werden wir im wesentlichen dieselben Stabilitätsbedingungen erhalten wie in Abschnitt 6.4.5 von Band I für das kontinuierliche und in Abschnitt 4.2.5.2 für das diskrete System.

Die Ausdrücke für die Zustandsvektoren enthalten nun außer den von der Erregung abhängigen Termen einen von den Anfangswerten bestimmten Anteil. Dieser ist zusätzlich zu betrachten. Ausgehend von $\mathbf{x}(t_0)$ bzw. $\mathbf{x}(k_0)$ treten in den Komponenten von $\mathbf{x}$ Eigenschwingungen auf, die für beliebige Werte der Anfangszustände beschränkt bleiben, wenn

a) im kontinuierlichen Fall für die Eigenwerte von **A** gilt

$$\sigma_{\infty\nu} = Re\{s_{\infty\nu}\} \leq 0, \nu = 1(1)n_0, \qquad (4.2.116a)$$

wobei die bei $s_{\infty\nu} = j\omega_{\infty\nu}$ liegenden Eigenwerte einfach sein müssen, während entsprechend

b) im diskreten Fall

$$|z_{\infty\nu}| \leq 1, \nu = 1(1)n_0 \qquad (4.2.116b)$$

vorzuschreiben ist, mit dem Zusatz, daß die auf dem Einheitskreis liegenden Eigenwerte einfach sein müssen. Diese Vorschriften waren bei erregten Systemen für die bedingte Stabilität genannt worden.

Unter dem Einfluß einer Erregung erhält man zunächst mit derselben Argumentation wie in Abschnitt 3.2.3, daß alle Komponenten von $\mathbf{x}(t)$ absolut integrabel bzw. die von $\mathbf{x}(k)$ absolut summierbar sein müssen. Dann folgen aus (4.2.50a) und (4.2.57a) wieder die vertrauten Stabilitätsbedingungen

$$Re\{s_{\infty\nu}\} < 0, \nu = 1(1)n_0 \qquad (4.2.117a)$$

im kontinuierlichen und

$$|z_{\infty\nu}| < 1, \nu = 1(1)n_0 \qquad (4.2.117b)$$

im diskreten Fall.

Bei nichtlinearen bzw. zeitvariablen Systemen sind die Stabilitätsuntersuchungen wesentlich schwieriger. Wir werden dazu in den Abschnitten 4.3 und 4.4 einige einführende Angaben machen.

4.2.9.2 Graphische Stabilitätstests

Im Abschnitt 5.6.3 von Band I haben wir zwei algebraische Methoden vorgestellt, mit denen man untersuchen kann, ob die Nullstellen eines Polynoms $N(s)$ in der offenen linken Halbebene liegen, ohne diese Nullstellen selbst zu berechnen. Wir geben hier ergänzend zwei graphische Verfahren an, das Nyquist-Kriterium und die Wurzelort-Methode, die insbesondere in der Regelungstechnik zur Stabilitätskontrolle bei einem rückgekoppelten System nach Bild 4.34 häufig verwendet werden (z.B. [4.14,15]). Die Herleitungen beziehen sich zunächst auf kontinuierliche Systeme, die Ergebnisse werden später auf diskrete übertragen. Die dargestellte Anordnung besteht aus der Zusammenschaltung von zwei linearen und zeitinvarianten Teilsystemen mit jeweils einem Eingang und Ausgang, die vollständig steuerbar und beobachtbar sind und daher durch die Übertragungsfunktionen $v_0F_1(s)$ und $F_2(s)$ hinreichend beschrieben werden. Charakteristisch ist, daß die Ausgangsgröße über das Teilsystem mit der Übertragungsfunktion

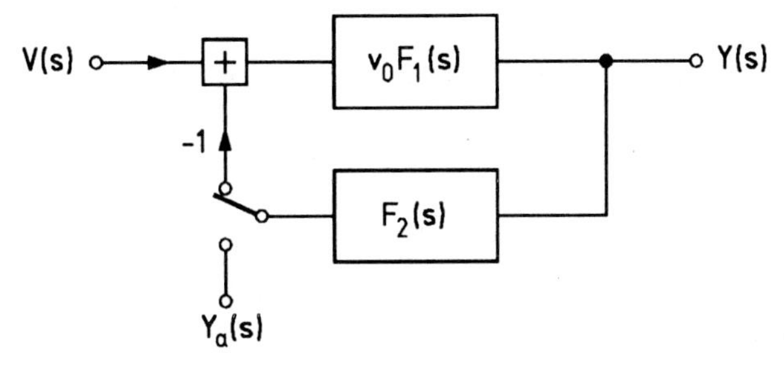

Bild 4.34: Blockschaltbild eines rückgekoppelten Systems

$F_2(s)$ auf den Eingang rückgekoppelt wird. v_0 bezeichnet eine reelle, i.a. wählbare Verstärkung. Die Analyse ergibt

$$\begin{aligned} Y(s) &= v_0 F_1(s) \cdot [V(s) - Y(s)F_2(s)] \qquad \text{und damit} \\ H(s) &= \frac{Y(s)}{V(s)} = \frac{v_0 F_1(s)}{1 + v_0 F_1(s) F_2(s)}. \end{aligned} \qquad (4.2.118a)$$

Für die Untersuchung der Stabilität genügt offenbar die Betrachtung der Nennerfunktion $F(s) = 1 + v_0 F_1(s) F_2(s)$, die im Rahmen dieser Überlegungen zunächst rational in s sei. Das rückgekoppelte System ist sicher dann stabil, wenn die Nullstellen von $F(s)$ in der offenen linken s-Halbebene liegen. Dem entspricht die Aussage, daß die Übertragungsfunktion des offenen Kreises, die in Bild 4.34 nach Umlegen des Schalters als

$$F_a(s) = \frac{Y_a(s)}{V(s)} = v_0 \cdot F_1(s) F_2(s) =: v_0 \cdot F_0(s) \qquad (4.2.118b)$$

zu bestimmen ist, für $Re\{s\} \geq 0$ nicht gleich -1 werden darf. Bei den zu beschreibenden Verfahren geht es um die Untersuchung von $F_a(s)$ bzw. $F_0(s)$.

a) Nyquist-Kriterium (1932)

Das als erstes zu erläuternde Nyquist-Kriterium geht von einer Untersuchung des Frequenzganges $F_a(j\omega)$ bzw. $F_0(j\omega)$ des offenen Kreises aus, der vorläufig selbst stabil sei. Zu seiner Herleitung betrachten wir zunächst einige allgemeine Zusammenhänge bei der durch rationale Funktionen vermittelten Abbildung doppelpunktfreier geschlossener Kurven.

Wir beginnen mit einem Polynom zweiten Grades. Es sei

$$\begin{aligned} N(s) &= (s - s_\infty)(s - s_\infty^*) \\ &= |s - s_\infty| \cdot |s - s_\infty^*| \cdot e^{j(\varphi_1 + \varphi_2)} = |s - s_\infty| \cdot |s - s_\infty^*| e^{j\varphi}. \end{aligned}$$

Bewegt sich s auf einer einfach geschlossenen Kurve, die im Innern die Nullstellen s_∞ und s_∞^* enthält, so wachsen $\varphi_1 = \arg\{s - s_\infty\}$ und $\varphi_2 = \arg\{s - s_\infty^*\}$ bei einem Umlauf jeweils um 2π (siehe Bild 4.35a). Liegt die Nullstelle s_∞ dagegen außerhalb der geschlossenen Kurve in der s-Ebene, so erfährt der Winkel φ_1 bei dieser Variation von

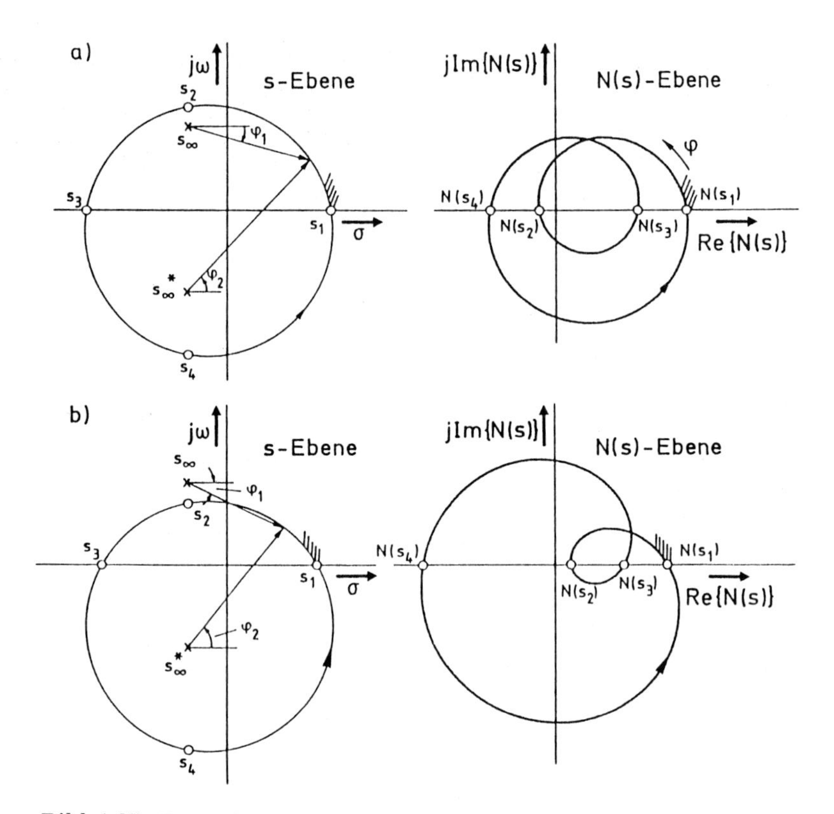

Bild 4.35: Zur Abbildung einer geschlossenen Kurve durch ein Polynom

s keinen Zuwachs (Bild 4.35b). Allgemein gilt, daß die Zahl der Umläufe der Bildkurve um den Nullpunkt der $N(s)$-Ebene — die sogenannte Windungszahl — gleich der Zahl der von der Kurve in der s-Ebene umfaßten Nullstellen des Polynoms ist. Wichtig ist weiterhin, daß das in der s-Ebene rechts von der durchlaufenen Kurve liegende Gebiet auch in der Bildebene rechts von der Bildkurve liegt [4.16]. In Bild 4.35 ist das durch Schraffur angedeutet.

Will man diesen Zusammenhang für einen Stabilitätstest verwenden, so wählt man die geschlossene Kurve so, daß sie im Grenzfall die rechte s-Halbebene umfaßt. Z.B. bestimmt man $N(s)$ für $s = j\omega$ im Bereich $-R \leq \omega \leq R$ und weiterhin für $s = R \cdot e^{j\psi}$ mit $\pi/2 \geq \psi \geq -\pi/2$. Bild 4.36 zeigt wieder das Verhalten für ein quadratisches Polynom $N(s)$. Im Falle a liegen seine Nullstellen links, die Bildkurve $N(s)$ umläuft den Nullpunkt nicht.

Bei rechts liegenden Nullstellen wird der Nullpunkt von $N(s)$ zweimal umlaufen (Bild 4.36b). Zu beachten ist noch, daß das betrachtete Gebiet in der s-Ebene im Gegensatz zu Bild 4.35 im mathematisch negativen Sinne umlaufen wird. Entsprechend beträgt der Zuwachs des Winkels der Bildkurve im Falle von Bild 4.36b bei einem Umlauf $2 \cdot (-2\pi)$, der Nullpunkt wird also im mathematisch negativen Sinne umlaufen. Daher erkennt man die Instabilität auch ohne Untersuchung der Bildkurve des Halbkreises mit dem Radius R, wenn man beobachtet, auf welcher Seite der Ortskurve $N(j\omega)$ der Nullpunkt in der $N(s)$-Ebene liegt. Da die rechte Halbebene rechts von der in positiver

Richtung durchlaufenden imaginären Achse der s-Ebene liegt, muß das Bild der rechten Halbebene auch rechts von der Bildkurve liegen. Enthält die rechte s-Halbebene mindestens eine Nullstelle, so wird rechts von $N(j\omega)$ auch der Nullpunkt der $N(s)$-Ebene liegen. Damit wird es möglich, eine Instabilität zu erkennen. Wir bemerken, daß die Ortskurve $N(j\omega)$ offenbar bei $\omega = \omega_\nu$ durch den Nullpunkt gehen wird, wenn $N(s)$ auf der imaginären Achse bei $s = j\omega_\nu$ eine Nullstelle hat, das zugehörige System also höchstens bedingt stabil ist.

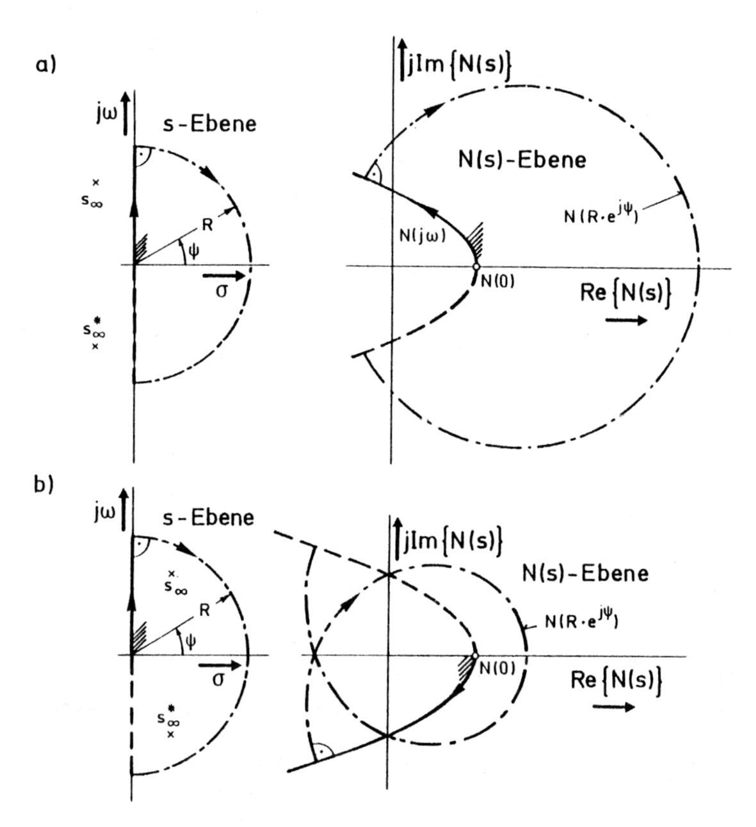

Bild 4.36: Zur Abbildung der imaginären Achse durch a) ein stabiles, b) ein instabiles System

Man kann ebenso die durch eine rationale Funktion vermittelte Abbildung einer geschlossenen Kurve in der s-Ebene betrachten. Als einfaches Beispiel behandeln wir

$$H(s) = \frac{1}{s + c_0},$$

wobei wir $s = -c_0 + R \cdot e^{j\varphi}$ setzen (Bild 4.37a). Bei einem Umlauf um den Pol bei $s = -c_0$ wächst der Winkel der Bildkurve offenbar um -2π. Damit wird jetzt das Äußere der Kurve in der s-Ebene in das Innere der Bildkurve in der $H(s)$-Ebene abgebildet und umgekehrt. Tatsächlich ist ja der Nullpunkt der $H(s)$-Ebene das Abbild des Punktes $s = \infty$ und der Punkt $H(s) = \infty$ das Abbildung von $s = -c_0$. Das bedeutet in anderer Formulierung: Wird in der s-Ebene eine Polstelle auf einer einfach geschlossenen Kurve im mathematisch positiven Sinn umlaufen, so umläuft die Bildkurve den Nullpunkt in mathematisch negativem Sinne.

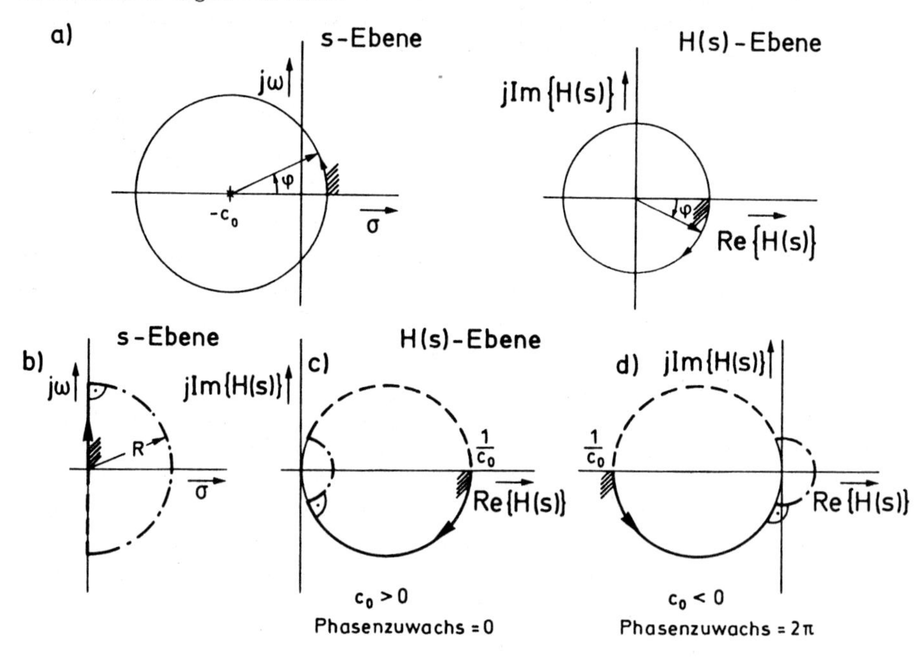

Bild 4.37: Zur Abbildung einer geschlossenen Kurve durch $H(s) = 1/(s + c_0)$

Die Bilder 4.37b-d machen diese Aussage bei dem gleichen Beispiel für einen — in der Grenze — Umlauf um die rechte Halbebene deutlich. Die zugehörigen Bildkurven in Bild 4.37c und d müssen hier für $R < \infty$ nach den Ergebnissen von Abschnitt 5.5 in Band I aus Kreisstücken bestehen. Die Kurve in der s-Ebene wird wieder in mathematisch negativem Sinn durchlaufen. Im Falle einer Instabilität würde der Nullpunkt in der $H(s)$-Ebene im positiven Sinne umlaufen werden, er muß also links von der Bildkurve liegen. Das ist für $c_0 < 0$ (Bild 4.37d) der Fall. Wir formulieren die Aussage noch mit Hilfe einer Betrachtung der abgebildeten Gebiete. Die Schraffuren deuten an, daß für $c_0 < 0$ die rechte s-Halbebene in das Innere der Bildkurve, für $c_0 > 0$ dagegen auf das Äußere abgebildet wird. Im letzteren Fall enthält das Bildgebiet also den unendlich fernen Punkt. Auch daran erkennt man die Instabilität. Für $R \to \infty$ ergibt sich das Bild der imaginären Achse, das hier in beiden Fällen zu einem Vollkreis wird, der die imaginäre Achse der Bildebene einmal von rechts und einmal von links tangiert. Bei Betrachtung der Seiten der Ortskurve erkennt man, daß für $R \to \infty$ nur bei $c_0 < 0$ der Nullpunkt nach wie vor in mathematisch positivem Sinne umlaufen wird, bzw. daß das Bild der rechten Halbebene — das ist das Äußere des Kreises $H(j\omega)$ — den Punkt $H(s) = \infty$ enthält.

Unsere Ergebnisse für Polynome und ihre Kehrwerte führen uns zu der folgenden allgemeinen Aussage über die Bildkurve bei einer rationalen Funktion:

Wird in der s-Ebene ein Gebiet auf einer einfach geschlossenen Kurve im mathematisch positiven Sinne einmal umfahren, so trägt jede Nullstelle innerhalb des Gebietes 2π, jede Polstelle dagegen -2π zum Gesamtwinkel der Bildkurve bei. Damit umläuft die Ortskurve den Nullpunkt der Bildebene gerade $m_1 - n_1$ mal im mathematisch positiven Sinn, wenn in der s-Ebene m_1 Nullstellen und n_1 Polstellen innerhalb des umfaßten Gebietes liegen.

Für die Anwendung dieses Ergebnisses beim Nyquist-Kriterium beschränken wir uns wie gesagt auf den wichtigen Fall, daß die in Bild 4.34 gezeigten Teilsysteme mit den Übertragungsfunktionen $F_1(s)$ und $F_2(s)$ selbst stabil sind. Dann wird auch $F(s) = 1 + v_0 F_1(s) F_2(s)$ nur Polstellen im Innern der linken Halbebene haben. Wir betrachten $F(j\omega)$. Unter den gemachten Voraussetzungen ist die Zahl der Umläufe von $F(j\omega)$ um den Nullpunkt gleich der Zahl der uns interessierenden Nullstellen von $F(s)$ in der offenen rechten Halbebene.

Wir haben schon oben festgestellt, daß eine Nullstelle von $F(s)$ dadurch bestimmt ist, daß $F_a(s) = v_0 F_1(s) F_2(s)$ gleich -1 wird. Statt wie eben beschrieben die Zahl der Umläufe von $F(j\omega)$ um den Nullpunkt festzustellen, bestimmt man die Zahl der Umläufe von $F_a(j\omega)$ um den Punkt -1. Das ist deshalb von besonderem Interesse, weil diese Funktion als Frequenzgang des offenen oder aufgeschnittenen Regelkreises zwischen dem Eingang des Systems und dem Ausgang nach Umlegen des eingezeichneten Schalters in Bild 4.34 gemessen werden kann. Damit ergibt sich das Kriterium von Nyquist:

Ein rückgekoppeltes System mit der Übertragungsfunktion

$$H(s) = \frac{v_0 \cdot F_1(s)}{1 + v_0 \cdot F_1(s) F_2(s)}$$

und der stabilen Übertragungsfunktion

$$F_a(s) = v_0 \cdot F_1(s) F_2(s) := v_0 \cdot F_0(s) \tag{4.2.119}$$

des aufgeschnittenen Regelkreises ist genau dann stabil, wenn der Punkt -1 der $F_a(s)$-Ebene stets links von der Ortskurve $F_a(j\omega)$ liegt.

Wir behandeln einige einfache Beispiele von $F_0(s) = F_1(s) F_2(s)$. Bild 4.38 zeigt die Ortskurven $F_0(j\omega)$ für

$$F_0(s) = \frac{2}{s+1}, \qquad F_0(s) = \frac{2}{s^2 + \sqrt{2}s + 1}, \qquad F_0(s) = \frac{2}{s^3 + 2s^2 + 2s + 1}$$

Man erkennt, daß in den Fällen a) und b) der Punkt -1 für beliebige positive Werte von v_0 nicht umlaufen wird. Da die Ortskurve $F_0(j\omega)$ im Fall c) die negativ reelle Achse schneidet, wird das zugehörige System instabil, wenn v_0 größer als ein gewisser Grenzwert wird. Die genauere Untersuchung zeigt, daß der Schnittpunkt bei $\omega = \omega_\lambda = \sqrt{2}$ ist. Es ist $F_0(j\omega_\lambda) = -2/3$, und wir erhalten die Stabilitätsbedingung $v_0 < 1,5$.

Bei negativen Werten für v_0 werden die Ortskurven am Nullpunkt gespiegelt. Offenbar wird nur für $v_0 > -0,5$ ein Umlaufen des Punktes -1 vermieden.

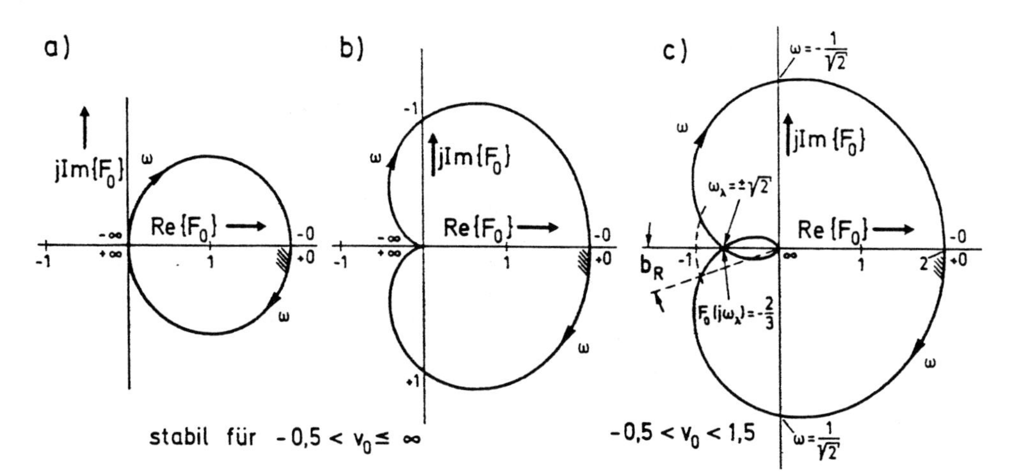

Bild 4.38: Ortskurven $F_0(j\omega)$ für drei Beispiele

Für die praktische Stabilitätsuntersuchung nach dem Nyquist-Kriterium wird bei bekannter Übertragungsfunktion $F_a(s)$ häufig das in Abschnitt 5.4 von Band I beschriebene Bode-Diagramm verwendet. Dazu zeichnet man die Funktionen $a(\omega) = -20\lg|F_a(j\omega)|$ und $b(\omega) = -\arg\{F_a(j\omega)\}$ über einer logarithmischen Frequenzskala auf, wobei man von den dadurch möglichen Vereinfachungen Gebrauch machen kann, die im zitierten Abschnitt beschrieben wurden.

Bei den Frequenzen, für die $b(\omega)$ ein ungeradzahliges Vielfaches von π ist, wird dann $a(\omega)$ kontrolliert. Ist an diesen Stellen stets $a > 0$, so ist das System stabil, während $a = 0$ oder $a < 0$ auf ein bedingt stabiles bzw. instabiles Verhalten schließen lassen.

Im Stabilitätsfall gibt der Abstand von den kritischen Werten einen Hinweis auf den Spielraum, den man noch im stabilen Bereich hat. Dieser Abstand a_R wird auch als *Dämpfungsreserve* bezeichnet. Entsprechend kann man den Wert der Phase an den Stellen betrachten, an denen die Dämpfung zu Null wird. Der Abstand b_R von π (bzw. von ungeradzahligen Vielfachen von π) wird dann entsprechend als *Phasenreserve* bezeichnet.

Bild 4.39 erläutert die Zusammenhänge für das Beispiel von Bild 4.38c. Aufgezeichnet wurden Dämpfung und Phase von $F_0(j\omega)$. Mit den Bezeichnungen von Band I ist mit $\Omega = \omega/1, \zeta = 0,5$

$$a(\Omega) = -6\text{dB} + (20\lg|1 + j\Omega| + 20\lg|1 - \Omega^2 + j2\zeta\Omega|)\text{dB}$$

$$b(\Omega) = \arctan\Omega + \arctan\frac{2\zeta\Omega}{1-\Omega^2}.$$

Es ergibt sich $a_R = 3,5$ dB (bei $\Omega = \sqrt{2}$) und $b_R = 0,11\pi$ (bei $\Omega = \sqrt[6]{3}$). Die angegebene Dämpfungsreserve entspricht dem bei der Diskussion des Nyquistdiagramms

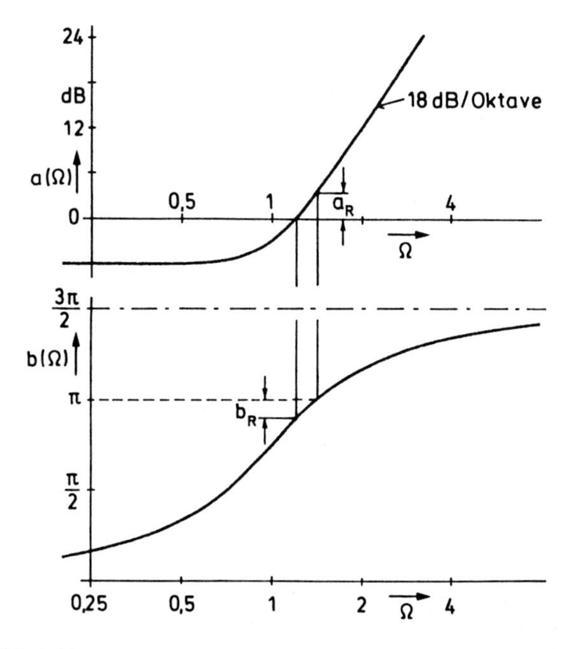

Bild 4.39: Stabilitätskontrolle mit Hilfe des Bode-Diagramms

in Bild 4.38c angegebenen Grenzwert von v_0. Der Winkel b_R wurde in Bild 4.38c eingezeichnet.

Das Nyquist-Kriterium läßt sich auf bedingt stabile oder instabile offene Regelkreise erweitern [4.14]. Eine Stabilitätskontrolle durch Messung von $F_a(j\omega)$ ist dann natürlich nicht mehr möglich. Wir verzichten hier auf eine eingehende Darstellung und begnügen uns damit, an einem Beispiel das Vorgehen im Fall einer bedingt stabilen Übertragungsfunktion $F_0(s)$ zu zeigen. Man ermittelt wieder $F_0(j\omega)$, umgeht aber die auf der imaginären Achse liegende Polstelle auf einem kleinen in der rechten Halbebene liegenden Halbkreis mit dem Radius r. Die Kurve wird auf einem großen Halbkreis, ebenfalls in der rechten Halbebene, geschlossen, so daß sie wie vorher keinen der Pole von $F_0(s)$ umfaßt. Bild 4.40 zeigt die Kurve in der s-Ebene und ihre Abbildung für

$$F_0(s) = \frac{1}{s(s+1)}.$$

Offenbar ist das zugehörige System mit geschlossenem Regelkreis für alle positiven Werte von v_0 stabil.

Unsere bisherigen Überlegungen haben keinen Gebrauch davon gemacht, daß $F_0(s)$ rational ist. Tatsächlich gilt die Aussage (4.2.119) auch dann, wenn die kontinuierlichen Teilsysteme Verzögerungen enthalten und damit $F_0(s)$ nicht mehr rational in s ist. Auch dieser interessante Fall sei hier nicht weiter behandelt (siehe z.B. [4.14]).

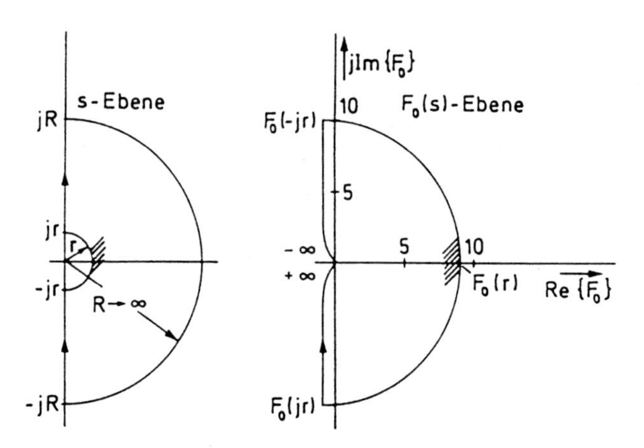

Bild 4.40: Beispiel für die Anwendung des Nyquist-Kriteriums bei bedingt stabilem offenen Regelkreis

Etwas ausführlicher wollen wir dagegen die Anwendung des Nyquist-Kriteriums auf diskrete Systeme betrachten. Die bei der Herleitung gemachte Einschränkung, daß ein kontinuierliches System vorliegt, haben wir nur insofern verwendet, als wir den Frequenzgang $F_0(j\omega)$ als Grenzfall der Abbildung einer geschlossenen Kurve in der rechten s-Halbebene aufgefaßt haben. Aus seinem Verlauf konnten wir schließen, ob in der rechten Halbebene $v_0 \cdot F_0(s) = -1$ und damit der geschlossene Kreis instabil werden kann. Falls die Struktur von Bild 4.34 ein diskretes, rückgekoppeltes System mit der Übertragungsfunktion des offenen Kreises

$$F_a(z) = v_0 F_1(z) F_2(z) =: v_0 F_0(z)$$

beschreibt, wobei $F_1(z)$ und $F_2(z)$ die Übertragungsfunktionen entsprechender diskreter Teilsysteme sind, ist festzustellen, ob außerhalb des Einheitskreises der z-Ebene $v_0 F_0(z) = -1$ werden kann. Da auch $F_0(e^{j\Omega})$ als Grenzfall der Abbildung einer geschlossenen Kurve im Äußeren des Einheitskreises der z-Ebene aufgefaßt werden kann (siehe Bild 4.41), gilt auch für diskrete Systeme das Nyquist-Kriterium in der Formulierung (4.2.119), wenn wir dort s durch z und $j\omega$ durch $e^{j\Omega}$ ersetzen.

Wir behandeln drei Beispiele. Bild 4.42 zeigt zunächst $F_0(e^{j\Omega})$ für

$$F_0(z) = \frac{z + b_0}{z + c_0} \quad \text{mit} \quad |c_0| < 1.$$

Diese Funktion beschreibt eine gebrochen lineare Abbildung, die nach Abschnitt 5.5.4 von Band I den Kreis $z = e^{j\Omega}$ stets in Kreise in der $F_0(z)$-Ebene überführt. Sie liegen symmetrisch zur reellen Achse, wenn b_0 und c_0 reell sind. Im Teilbild 4.42a wurde $|b_0| < 1$ angenommen. Der Kreis liegt vollständig in der rechten $F_0(z)$-Halbebene. Er wird den Punkt -1 für $v_0 > 0$ sicher nicht umlaufen, der geschlossene Regelkreis ist also stets stabil. In dem Bild wurde angedeutet, welche Kurve man erhält, wenn man statt des Einheitskreises den in Bild 4.41 angegebenen aufgeschnittenen Kreisring abbildet.

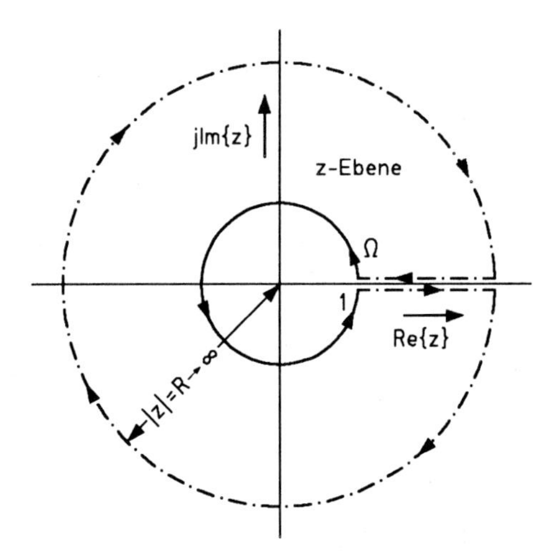

Bild 4.41: Zur Abbildung des Gebietes $|z| > 1$

Das Teilbild 4.42b gilt für $b_0 > 1$. Hier liegt die Ortskurve $F_0(e^{j\Omega})$ zum Teil in der linken Halbebene, wird also bei hinreichend großem v_0 den Punkt -1 umlaufen. Das System ist für $v_0 > (1 - c_0)/(b_0 - 1)$ instabil. Weiterhin wurde

$$F_0(z) = \frac{z+1}{2z(z^2 - z + 0,5)}$$

untersucht. Die in Bild 4.42c gezeigte Ortskurve $F_0(e^{j\Omega})$ umläuft den Punkt -1, das zugehörige System ist also bei $v_0 = 1$ sicher instabil. Der Schnittpunkt mit der reellen Achse wird für $\Omega_\infty = 0,9119$ erreicht und liegt bei $-2,22$. Der geschlossene Regelkreis würde daher nur für $-0,5 < v_0 < 1/2,22 = 0,45$ stabil sein.

Auch bei diskreten Systemen kann man für die praktische Stabilitätsprüfung die Bode-Diagramme verwenden, wobei man, wie in Abschnitt 4.2.5.3 angegeben, zunächst eine bilineare Transformation von $F_0(z)$ vornehmen muß, mit der man dann das Problem weitgehend auf die Untersuchung eines kontinuierlichen Systems zurückführt [4.17].

b) Wurzelortsverfahren

In der Regelungstechnik wird u.a. noch ein weiteres Verfahren sehr häufig zur Stabilitätsuntersuchung angewendet, mit dem es ebenfalls möglich ist, aus den bekannten Eigenschaften des offenen Kreises die unbekannten des geschlossenen Kreises zu bestimmen. Dabei werden hier die Lagen der Polstellen der Übertragungsfunktion $H(s)$ in ihrer Abhängigkeit von dem reellen Verstärkungsfaktor v_0 ermittelt. Wichtig ist dabei, daß die generelle Form der dabei erhaltenen sogenannten Wurzelortskurven mit einfachen Regeln aus den bekannten Pol- und Nullstellen von $F_a(s)$ bestimmt werden kann.

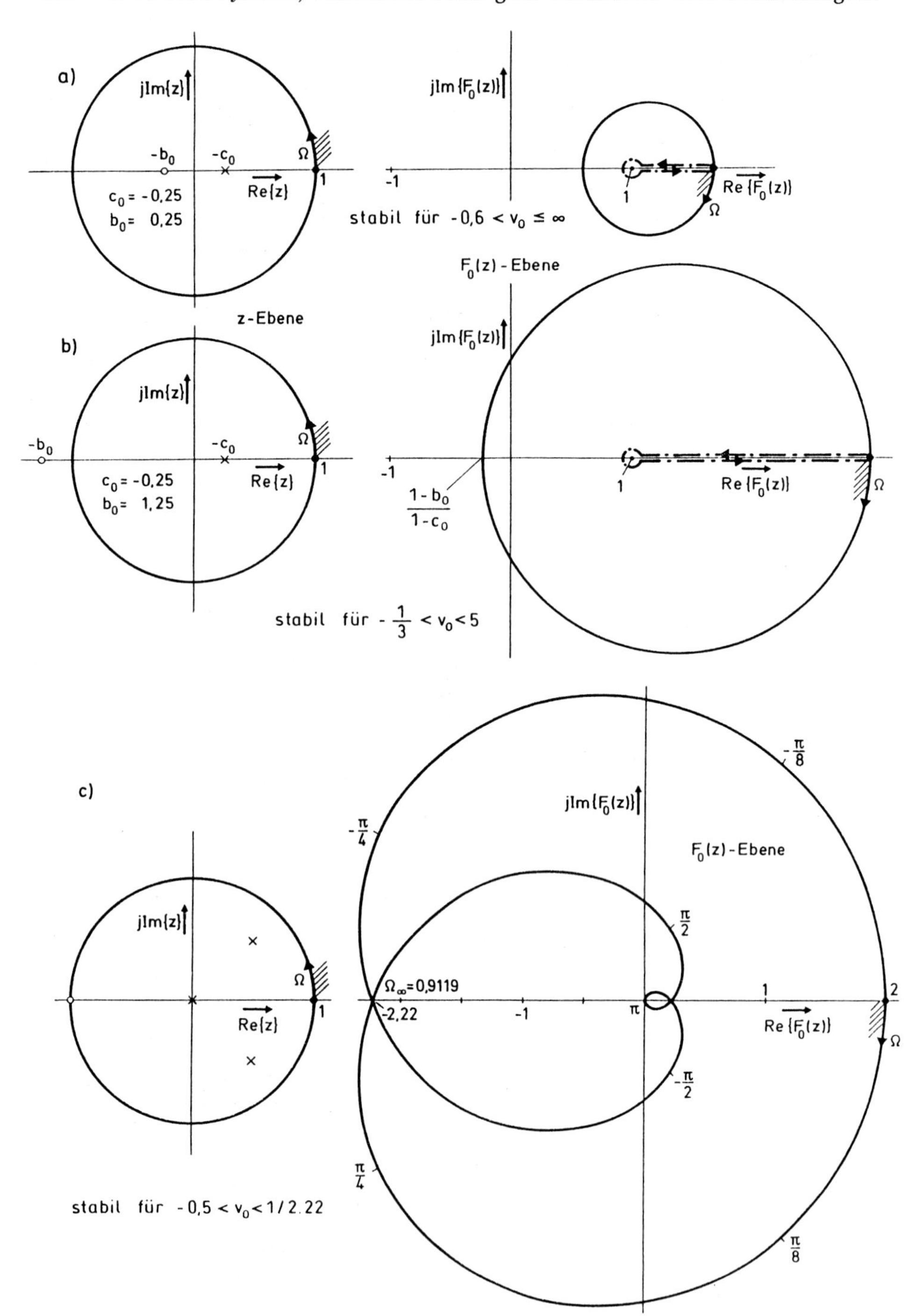

Bild 4.42: Beispiele für die Anwendung des Nyquist-Kriteriums bei diskreten Systemen

Wir gehen wieder von (4.2.118a)

$$H(s) = \frac{v_0 F_1(s)}{1 + v_0 F_1(s) F_2(s)} = \frac{v_0 F_1(s)}{1 + v_0 F_0(s)} = \frac{Z(s)}{N(s)}$$

aus. Mit

$$F_0(s) = \frac{Z_0(s)}{N_0(s)} \quad \text{wird} \quad H(s) = \frac{v_0 F_1(s) \cdot N_0(s)}{N_0(s) + v_0 Z_0(s)}.$$

Im folgenden nehmen wir $v_0 \geq 0$ an. Für das Nennerpolynom $N(s)$ gilt

$$N(s) = N_0(s) + v_0 Z_0(s). \tag{4.2.120}$$

Offenbar ist $N(s) = N_0(s)$ für $v_0 = 0$. Wegen

$$H(s) = \frac{F_1(s)}{\frac{1}{v_0} + F_0(s)} = \frac{F_1(s) \cdot N_0(s)}{\frac{1}{v_0} N_0(s) + Z_0(s)}$$

gehen die Nullstellen von $N(s)$ für $v_0 \to \infty$ in die von $Z_0(s)$ über.

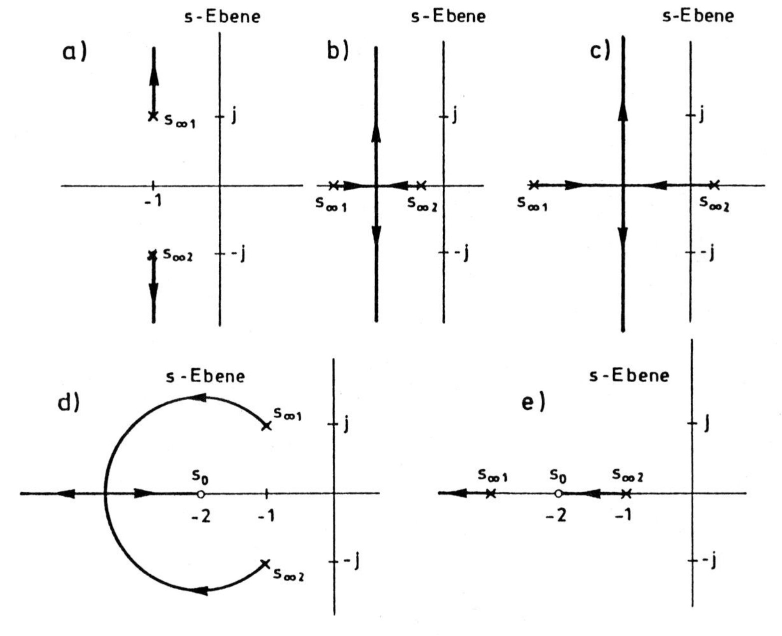

Bild 4.43: Beispiele einfacher Wurzelortskurven

Bild 4.43 erläutert diese Zusammenhänge an einfachen Beispielen. In den Teilbildern a) bis c) wurde

$$F_0(s) = \frac{1}{s^2 + c_1 s + c_0} = \frac{1}{(s - s_{\infty 1})(s - s_{\infty 2})}$$

mit unterschiedlichen Werten $s_{\infty\nu}$ gewählt. Man erkennt, daß die Ortskurven für wachsendes v_0 gegen ∞ gehen, d.h. zu den Nullstellen von $F_0(s)$. Das Teilbild c veranschaulicht, daß ein instabiler offener Regelkreis von einem gewissen Mindestwert für v_0 an zu einem stabilen geschlossenen Kreis führen kann. Für die Teilbilder d und e wurde

$$F_0(s) = \frac{s - s_0}{(s - s_{\infty 1})(s - s_{\infty 2})},$$

wieder für unterschiedliche Polstellen $s_{\infty\nu}$ gewählt. Es wird deutlich, daß einer der Äste der Wurzelortskurve zu der im Endlichen, der andere zu der im Unendlichen liegenden Nullstelle von $F_0(s)$ wandert.

Die bisherigen Ergebnisse können wir in den folgenden ersten Regeln formulieren:

Regel 1: Die Wurzelortskurven beginnen für $v_0 = 0$ in den Polen von $F_0(s)$ und enden für $v_0 \to \infty$ in den Nullstellen von $F_0(s)$. Dabei ist der Punkt $s = \infty$ eine gegebenenfalls mehrfache Nullstelle von $F_0(s)$, wenn der Nennergrad von $F_0(s)$ größer als der Zählergrad ist.

Regel 2: Die Zahl der Wurzelortskurven ist gleich der Zahl der Pole von $F_0(s)$.

Da $F_0(s)$ reelle Koeffizienten hat, können wir hinzufügen:

Regel 3: Die Wurzelortskurven liegen symmetrisch zur reellen Achse.

Für die weitergehenden Aussagen stellen wir zunächst eine allgemeine Beziehung für die Wurzelortskurve auf. Offenbar muß für eine Nullstelle s_λ des Nenners von $H(s)$ entsprechend (4.2.118) gelten:

$$v_0 F_0(s_\lambda) = v_0 b_m \frac{\prod\limits_{\mu=1}^{m} (s_\lambda - s_{0\mu})}{\prod\limits_{\nu=1}^{n} (s_\lambda - s_{\infty\nu})} = -1. \tag{4.2.121a}$$

Wenn wir $b_m > 0$ unterstellen, läßt sich diese Beziehung aufspalten in

$$v_0 = \frac{1}{|F_0(s_\lambda)|} \tag{4.2.121b}$$

und

$$\arg\{F_0(s_\lambda)\} = (2i + 1)\pi$$

bzw.

$$\sum_{\mu=1}^{m} \arg\{s_\lambda - s_{0\mu}\} - \sum_{\nu=1}^{n} \arg\{s_\lambda - s_{\infty\nu}\} = (2i + 1)\pi \tag{4.2.121c}$$

mit $i \in \mathbb{Z}$. Die von v_0 unabhängige Beziehung (4.2.121c) ist die eigentliche Gleichung der Ortskurve. Jeder Punkt s_λ, der sie erfüllt, ist Punkt der Ortskurve. Mit (4.2.121b) wird dann nur ihre Parametrierung in v_0 beschrieben.

Die Gleichung (4.2.121c) gestattet zunächst sehr leicht die Bestimmung der Teile der Wurzelortskurve, die auf der reellen Achse liegen. Für sie gilt

> **Regel 4**: Ein Punkt der reellen Achse ist dann Punkt der Wurzelortskurve, wenn er links von einer ungeraden Zahl von Polen und Nullstellen liegt, die gegebenenfalls entsprechend ihrer Vielfachheit zu zählen sind.

Zum Beweis setzen wir in (4.2.121c) $s_\lambda = \sigma_\lambda$. Für die von reellen Polstellen herrührenden Anteile gilt dann (siehe Bild 4.44)

$$\arg\{\sigma_\lambda - \sigma_{\infty\nu}\} = \begin{cases} 0, & \text{wenn } \sigma_\lambda > \sigma_{\infty\nu} \; (\sigma_\lambda \text{ rechts vom Pol}) \\ \pi, & \text{wenn } \sigma_\lambda < \sigma_{\infty\nu} \; (\sigma_\lambda \text{ links vom Pol}). \end{cases}$$

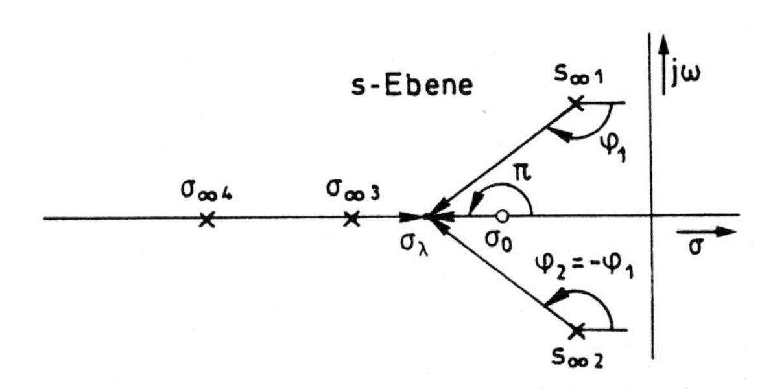

Bild 4.44: Zur Herleitung von Regel 4

Entsprechende Anteile erhält man für die reellen Nullstellen. Komplexe Pol- und Nullstellen liefern dagegen insgesamt keinen Beitrag zur linken Seite, da sich ihre Anteile paarweise aufheben. Damit die Summe der Winkelbeiträge ein ungeradzahliges Vielfaches von π ist, muß offenbar die Zahl der rechts vom Punkt σ_λ liegenden Pol- bzw. Nullstellen ungerade sein, was durch Regel 4 ausgedrückt wird. Die im Komplexen liegenden Pol- und Nullstellen können dabei mitgezählt werden, da sie ohnehin stets paarweise auftreten. Die Beispiele von Bild 4.43 veranschaulichen diese Regel.

Falls $m < n$ ist, gehen $n - m$ Zweige der Wurzelortskurve nach ∞. In diesem Fall kann man Aussagen über die Asymptoten dieser Zweige machen. Es gilt

> **Regel 5**: Die Asymptoten der ins Unendliche gehenden Äste der Wurzelortskurven sind Geraden, die unter den Winkeln
>
> $$\psi_{\infty i} = \frac{(2i+1)}{n-m}\pi, \quad i = 0(1)(n-m-1) \qquad (4.2.122a)$$

gegen die reelle Achse geneigt sind und diese im *Wurzelschwerpunkt*

$$\sigma_w = \frac{\sum_{\nu=1}^{n} \sigma_{\infty\nu} - \sum_{\mu=1}^{m} \sigma_{0\mu}}{n-m} \tag{4.2.122b}$$

schneiden.

Die Aussage läßt sich wieder mit (4.2.121c) beweisen. Für $s_\lambda \to \infty$ werden die Beiträge jedes Pols und jeder Nullstelle zur Gesamtphase gleich $\psi_{\infty i}$. Es ist also $(n-m)\psi_{\infty i} = (2i+1)\pi$. Damit folgt sofort (4.2.122a). Die Herleitung von (4.2.122b) ist langwieriger. Man geht so vor, daß man im Endlichen eine Tangente an die Wurzelortskurve legt und dann ihren Schnittpunkt mit der reellen Achse bestimmt. Den gesuchten Schnittpunkt der Asymptoten findet man, wenn man den Berührungspunkt ins Unendliche wandern läßt. Auf den Beweis sei hier verzichtet (siehe z.B. [4.14]). Die Beispiele von Bild 4.43 illustrieren auch die Aussage von Regel 5. Ein weiteres Beispiel behandeln wir am Schluß dieses Abschnittes.

Die bisher behandelten Regeln gestatten bereits, im konkreten Einzelfall den prinzipiellen Verlauf der Wurzelortskurve zu skizzieren. Weitere Regeln führen zu einer genaueren Aussage:

Hat die Untersuchung der Asymptoten nach Regel 5 ergeben, daß Schnittpunkte der Wurzelortskurve mit der imaginären Achse zu erwarten sind, so interessiert die Lage dieser Schnittpunkte und der zugehörige Wert von v_0. Es wird damit festgestellt, bei welcher Verstärkung der geschlossene Regelkreis mit welcher Frequenz ω_λ schwingt. Aus (4.2.120) folgt unmittelbar

> **Regel 6**: Die Schnittpunkte ω_λ der Wurzelortskurve mit der imaginären Achse und die zugehörige Verstärkung $v_{0\lambda}$ ergeben sich als Lösung von
>
> $$N_0(j\omega_\lambda) + v_{0\lambda} Z_0(j\omega_\lambda) = 0. \tag{4.2.123}$$

Die Aufspaltung dieser komplexen Gleichung in Real- und Imaginärteil führt auf zwei i.a. nichtlineare Gleichungen für ω_λ und $v_{0\lambda}$, die sich bei nicht zu hochgradigen Systemen elementar lösen lassen. Ein Beispiel wird später das Verfahren illustrieren.

Wir behandeln weiterhin die Regel über den Austrittswinkel eines Astes der Wurzelortskurve aus einer Polstelle bzw. über den Eintrittswinkel in eine Nullstelle. Es gilt

> **Regel 7**: Ist s_ρ Pol- oder Nullstelle von $F_0(s)$ der Vielfachheit n_ρ, so ist der Austritts- bzw. der Eintrittswinkel der Wurzelortskurven

bei diesem Punkt

$$\psi_{a_i} = \pm\frac{1}{n_\rho}\left[\sum_{\substack{\mu=1\\ s_{0\mu} \neq s_\rho}}^{m} \arg\{s_\rho - s_{0\mu}\} - \sum_{\substack{\nu=1\\ s_{\infty\nu} \neq s_\rho}}^{n} \arg\{s_\rho - s_{\infty\nu}\} - (2i+1)\pi\right] \tag{4.2.124}$$

mit $i = 0(1)(n_\rho - 1)$. Das obere Vorzeichen gilt für eine Polstelle s_ρ, das untere für eine Nullstelle.

Die Aussage folgt unmittelbar aus (4.2.121c) bei Betrachtung eines Punktes s_λ der Wurzelortskurve in der Nähe von s_ρ. Bild 4.45 erläutert den Zusammenhang für den einfachen Pol $s_{\infty 1} =: s_\rho\,(n_1 = 1)$. Die angegebenen Zeiger $(s_\lambda - s_{\infty 2})$ und $(s_\lambda - s_0)$ gehen mit $s_\lambda \to s_\rho$ in $(s_\rho - s_{\infty 2})$ und $(s_\rho - s_0)$ über, der Zeiger $s_\lambda - s_\rho$ wird zur Tangente an die Ortskurve, deren Winkel gegen die reelle Achse der gesuchte Wert ψ_a ist. Aus der Winkelbedingung (4.2.121c) ergibt sich dann (4.2.124).

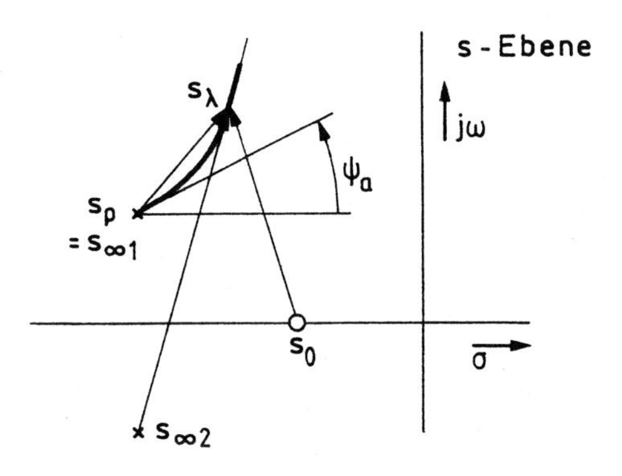

Bild 4.45: Zur Herleitung von Regel 7

In den Beispielen von Bild 4.43 waren Verzweigungspunkte der Wurzelortskurven aufgetreten. Auch sie lassen sich vorab verhältnismäßig leicht bestimmen. Offenbar sind sie dadurch gekennzeichnet, daß für sie der Nenner der Übertragungsfunktion eine doppelte Nullstelle hat. Für diese Punkte $s_{\lambda v}$ muß dann gleichzeitig gelten:

$$v_0 F_0(s_{\lambda v}) + 1 = 0$$

und

$$\left.\frac{dF_0(s)}{ds}\right|_{s=s_{\lambda v}} =: F_0'(s_{\lambda v}) = 0. \tag{4.2.125}$$

Um zu einer Lösung dieser Gleichungen zu kommen, bilden wir zunächst

$$\ln[v_0 F_0(s)] = \ln v_0 + \ln b_m + \sum_{\mu=1}^{m} \ln(s - s_{0\mu}) - \sum_{\nu=1}^{n} \ln(s - s_{\infty\nu}).$$

Die anschließende Differentiation nach s liefert allgemein

$$\frac{v_0 F_0'(s)}{v_0 F_0(s)} = \sum_{\mu=1}^{m} \frac{1}{s - s_{0\mu}} - \sum_{\nu=1}^{n} \frac{1}{s - s_{\infty\nu}}.$$

Für einen Punkt s_λ der Wurzelortskurve muß dann wegen $v_0 F_0(s_\lambda) = -1$ gelten

$$v_0 F_0'(s_\lambda) = \sum_{\nu=1}^{n} \frac{1}{s_\lambda - s_{\infty\nu}} - \sum_{\mu=1}^{m} \frac{1}{s_\lambda - s_{0\mu}}.$$

Ist nun s_λ speziell Verzweigungspunkt $s_{\lambda v}$, so erhält man mit (4.2.125)

Regel 8: Die von den Pol- und Nullstellen verschiedenen Verzweigungspunkte $s_{\lambda v}$ ergeben sich als Lösung von

$$\sum_{\nu=1}^{n} \frac{1}{s_{\lambda v} - s_{\infty\nu}} - \sum_{\mu=1}^{m} \frac{1}{s_{\lambda v} - s_{0\mu}} = 0. \tag{4.2.126a}$$

Verzweigungspunkte auf der reellen Achse bei $s_{\lambda v} = \sigma_{\lambda v}$ erhält man daraus als Lösung von

$$\sum_{\nu=1}^{n} \frac{\sigma_{\lambda v} - \sigma_{\infty\nu}}{|\sigma_{\lambda v} - s_{\infty\nu}|^2} - \sum_{\mu=1}^{m} \frac{\sigma_{\lambda v} - \sigma_{0\mu}}{|\sigma_{\lambda v} - s_{0\mu}|^2} = 0, \tag{4.2.126b}$$

wobei $\sigma_{\infty\nu}$ und $\sigma_{0\mu}$ die Realteile der Polstelle $s_{\infty\nu}$ bzw. Nullstelle $s_{0\mu}$ sind.

Von Interesse ist noch der Winkel zwischen den Kurvenstücken an einem Verzweigungspunkt. Für ihn gilt (siehe [4.14])

$$\Delta\varphi = \frac{2\pi}{z}, \tag{4.2.126c}$$

wobei z die Zahl der Äste ist, die sich im Verzweigungspunkt $s_{\lambda v}$ treffen. Zur Herleitung dieser Beziehung nehmen wir an, daß zu $s_{\lambda v}$ der Wert $v_{0\lambda}$ der Verstärkung gehört. Wir betrachten nun $F_{01}(s) = v_1 F_0(s)$ mit $v_1 = v_0 - v_{0\lambda}$. Die Wurzelortskurve für F_{01} stimmt in ihrem Verlauf offenbar mit der ursprünglichen überein, ist aber jetzt anders beziffert. Da der Verzweigungspunkt $s_{\lambda v}$ der Ausgangsortskurve jetzt dem Parameterwert $v_1 = 0$ entspricht, muß er zugleich Startpunkt der Äste bei der neuen Bezifferung sein. Damit ist die Beziehung

(4.2.124) anzuwenden, wobei $s_{\lambda v}$ wie ein Pol mit der Vielfachheit $n_\rho = z$ aufzufassen ist, von dem entsprechend z Äste ausgehen. Für die Differenz zwischen ihren Austrittswinkeln erhält man (4.2.126c).

Die bisher angegebenen Regeln gestatten bereits weitgehend die genauere Konstruktion der Wurzelortskurven. Für weitere Gesetzmäßigkeiten sei auf die Literatur verwiesen (z.B. [4.14]).

Wir behandeln einige numerische Beispiele:

1. Es sei

$$F_0(s) = \frac{s+1}{(s+3)(s^2+4s+8)}.$$

Nach Regel 2 werden sich drei Wurzelortskurven ergeben, von denen eine zur Nullstelle bei $s_0 = -1$, die anderen beiden zu den beiden im Unendlichen liegenden Nullstellen verlaufen (Regel 1). Nach Aufzeichnung der Pol- und Nullstellen (Bild 4.46a) erkennt man mit Regel 4 sofort, daß die reelle Achse im Bereich $-3 \le \sigma \le -1$ Wurzelortskurve ist. Für die Asymptoten der ins Unendliche verlaufenden Wurzelortskurven erhält man mit (4.2.122), Regel 5

$$\begin{aligned} \psi_{\infty i} &= \frac{2i+1}{2} \cdot \pi = \begin{cases} \pi/2, & i=0 \\ 3\pi/2, & i=1 \end{cases} \\ \sigma_w &= -3. \end{aligned}$$

Die Austrittswinkel aus den Pol- und Nullstellen sind nach (4.2.124)

$$\begin{array}{llll} s_{\infty 1}: & \psi_{a1} & = \arg\{-1+2j\} - \arg\{4j\} - \arg\{1+2j\} - \pi & = 2,498 \\ s_{\infty 2}: & \psi_{a2} & = \arg\{-1-2j\} - \arg\{-4j\} - \arg\{1-2j\} - \pi & = -2,498 \\ s_{\infty 3}: & \psi_{a3} & = \arg\{-2\} - \arg\{-1-2j\} - \arg\{1-2j\} - \pi & = 0 \\ s_0: & \psi_a & = \arg\{1-2j\} + \arg\{1+2j\} + \arg\{2\} + \pi & = \pi. \end{array}$$

Damit läßt sich die Wurzelortskurve bereits vollständig angeben (Bild 4.46a).

2. Es sei

$$F_0(s) = \frac{s+1}{(s+3)(s+2)(s^2+4s+8)}.$$

Hier müssen sich vier Wurzelortskurven ergeben, von denen sich drei ins Unendliche erstrecken. Für ihre Asymptoten findet man

$$\psi_{\infty i} = \frac{2i+1}{n-m}\pi = (2i+1)\cdot\frac{\pi}{3} = \begin{cases} \pi/3, & i=0 \\ \pi, & i=1 \\ 5\pi/3, & i=2 \end{cases}$$

und als Schnittpunkt mit der reellen Achse

$$\sigma_w = -\frac{8}{3}.$$

Bei diesem Beispiel treten Schnittpunkte der Wurzelortskurve mit der imaginären Achse auf. Nach Regel 6 bekommen wir sie durch die Lösung von

$$(j\omega_\lambda+3)(j\omega_\lambda+2)(-\omega_\lambda^2+4j\omega_\lambda+8)+v_{0\lambda}(j\omega_\lambda+1)=0$$

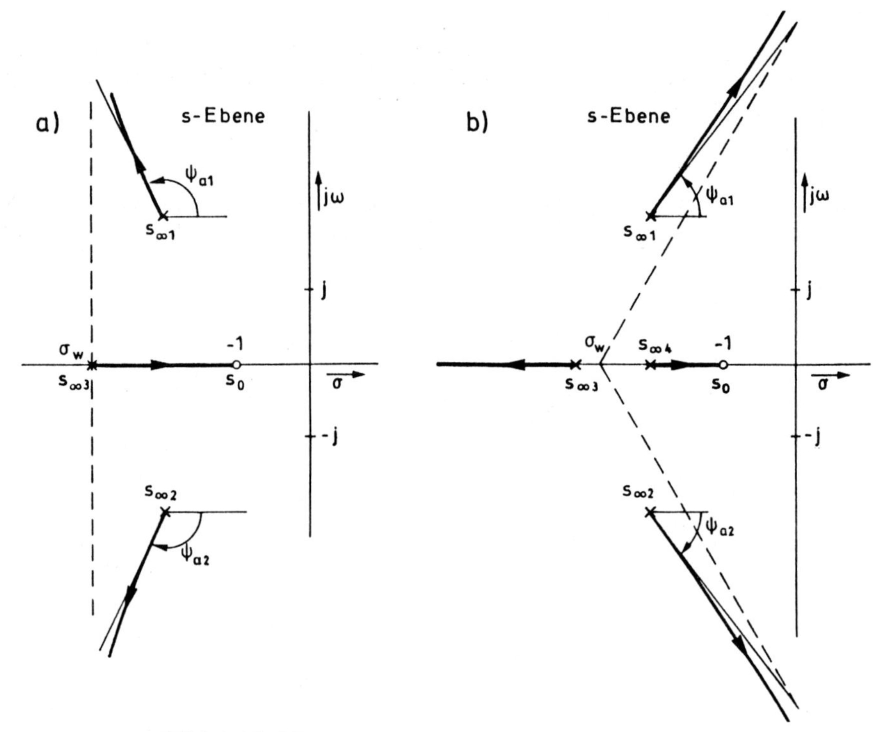

Bild 4.46: Wurzelortskurven zu den Beispielen 1 und 2

bzw.

$$\omega_\lambda^4 - 34\omega_\lambda^2 + 48 + v_{0\lambda} \quad = 0$$

$$\omega_\lambda(-9\omega_\lambda^2 + 64 + v_{0\lambda}) \quad = 0.$$

Man erhält

$$\omega_\lambda \quad = \pm 5,06$$

$$\text{und} \quad v_{0\lambda} \quad = 166,6.$$

Der geschlossene Regelkreis wird für $v_0 \geq v_{0\lambda}$ instabil. Wir bestimmen noch die Austrittswinkel aus den Polen. Sie sind

$$s_{\infty 1,2}: \quad \psi_{a1,2} \quad = \pm 0,9275$$

$$s_{\infty 3,4}: \quad \psi_{a3,4} \quad = \pi,\ 0.$$

Bild 4.46b zeigt die sich ingesamt ergebenden Wurzelortskurven.

3. Weiterhin sei

$$F_0(s) = \frac{s - s_0}{s(s+1)(s+4)}$$

für $s_0 = -0,5$ (Fall a) und $s_0 = -2,5$ (Fall b) betrachtet. Es ergibt sich sofort, daß zwei Wurzelortskurven ins Unendliche gehen. Aus Regel 4 folgt im Fall a, daß die reelle Achse zwischen den Punkten -1 und -4 Wurzelortskurve sein muß, die offenbar aus $s_{\infty 2} = -1$ und $s_{\infty 3} = -4$ austreten muß. Daher muß zwischen beiden ein Verzweigungspunkt liegen, den man mit Hilfe der Regel 8 durch Lösung der Gleichung

$$\frac{1}{\sigma_{\lambda v}} + \frac{1}{\sigma_{\lambda v} + 1} + \frac{1}{\sigma_{\lambda v} + 4} - \frac{1}{\sigma_{\lambda v} + 0,5} = 0$$

bekommt. Man erhält im Fall a) $\sigma_{\lambda v} = -2,375$. Für den Schnittpunkt der Asymptoten mit der reellen Achse ergibt sich $\sigma_w = -2,25$. In Bild 4.47a ist mit diesen Angaben der Verlauf der Wurzelortskurve skizziert.

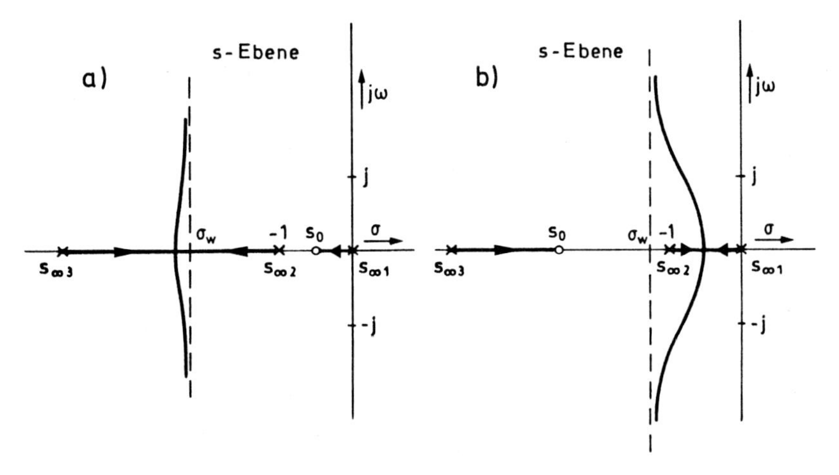

Bild 4.47: Wurzelortskurven zu den Beispielen 3a,b

Im Fall b) ergeben sich in gleicher Weise die Werte $\sigma_{\lambda v} = -0,527$ für den Verzweigungspunkt und $\sigma_w = -1,25$ für den Schnittpunkt der Asymptoten mit der reellen Achse. Auch hier wurde die Wurzelortskurve auf Grund dieser Angaben, d.h. ohne weitere Rechnung skizziert (siehe Bild 4.47b). Bei anderen Zahlenwerten für die Pole und Nullstellen können auch mehr als ein Verzweigungspunkt auftreten [4.14]. Auf die Diskussion solcher Fälle sei hier verzichtet.

Die bisherigen Überlegungen wurden stets für nicht negative Werte der Verstärkung v_0 durchgeführt. Man erhält ganz entsprechende Regeln, wenn man von $v_0 \leq 0$ ausgeht. Der wesentliche Unterschied zeigt sich bereits bei der Gleichung (4.2.121a), die sich in $|v_0| F_0(s_\lambda) = +1$ ändert. Damit wird $\arg\{F_0(s_\lambda)\} = 2i\pi$ die Gleichung der Wurzelortskurve, aus der sich alle Modifikationen der Regeln leicht herleiten lassen.

Wir haben uns in der obigen Darstellung und in den Beispielen auf die Untersuchung kontinuierlicher Systeme bezogen. Man erkennt aber unmittelbar, daß wir von dieser Voraussetzung nur bei der Regel 6 Gebrauch gemacht haben. Alle übrigen Regeln beziehen sich primär auf rationale Funktionen, die natürlich auch als Funktion in z aufgefaßt werden können und damit auch für die Stabilitätsuntersuchung rückgekoppelter diskreter Systeme gültig bleiben (siehe z.B. [4.18, 19]). Es ändern sich lediglich die nach Konstruktion der Ortskurven zu ziehenden Schlußfolgerungen, da hier zu prüfen ist, ob die Wurzelortskurve den Einheitskreis verläßt. Dafür ist hinreichend, daß der Grad des Zählerpolynoms kleiner als der des Nennerpolynoms ist, daß also wenigstens ein Ast der Wurzelortskurve nach $z = \infty$ geht. Generell erhält man als Bedingungsgleichung für einen Schnittpunkt mit dem Einheitskreis die der früheren Regel 6 entsprechende

> **Regel 6'**: Die Schnittpunkte $e^{j\psi_\lambda}$ der Wurzelortskurve mit dem Einheitskreis und die zugehörige Verstärkung $v_{0\lambda}$ ergeben sich als Lösung von
>
> $$N_0\left(e^{j\psi_\lambda}\right) + v_{0\lambda} Z_0\left(e^{j\psi_\lambda}\right) = 0. \tag{4.2.127}$$

Auch hier erfordert die Bestimmung der beiden Unbekannten ψ_λ und $v_{0\lambda}$ die Lösung der sich ergebenden beiden nichtlinearen Gleichungen für Real- und Imaginärteil.

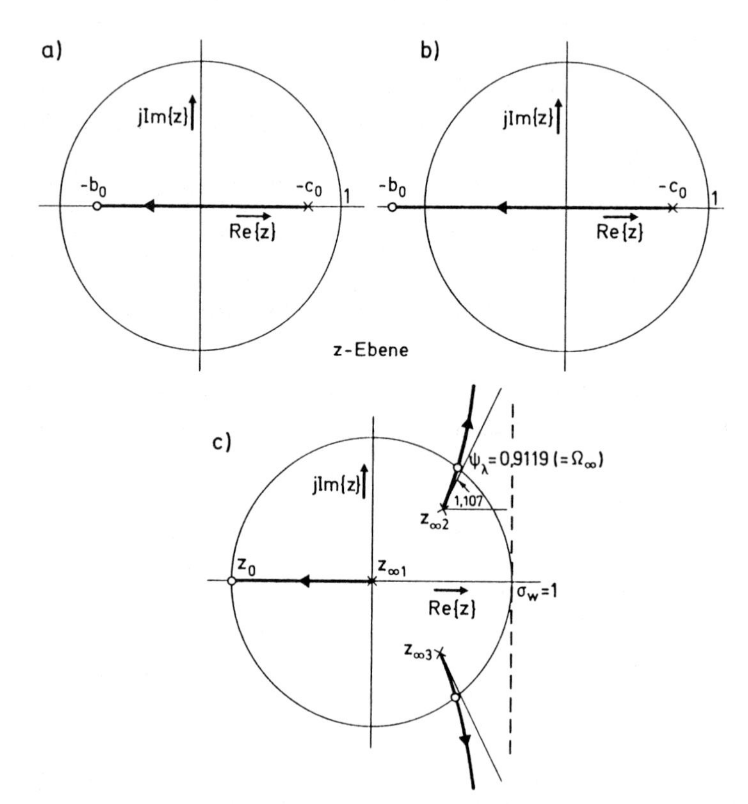

Bild 4.48: Wurzelortskurven bei diskreten Systemen

Als Beispiele betrachten wir die Systeme, die wir oben bereits mit dem Nyquist-Kriterium untersucht haben. Bild 4.48a,b zeigt die Wurzelortskurven für

$$F_0(z) = \frac{z + b_0}{z + c_0}.$$

Es ist unmittelbar zu erkennen, daß der geschlossene Kreis für $|b_0| > 1$ instabil werden kann. Das Teilbild c zeigt die Wurzelortskurven für ein diskretes System mit

$$F_0(z) = \frac{z+1}{2z(z^2 - z + 0,5)}.$$

Die Konstruktion ergibt sich sofort mit den behandelten Regeln. In diesem Beispiel läßt sich auch die Lösung von (4.2.127) leicht finden. Man erhält $v_{0\lambda} = 0,45, \psi_\lambda = 0,9119$, wie schon bei der Untersuchung der Ortskurve $F_0(e^{j\Omega})$ (vergl. Bild 4.42c).

4.2.10 Anwendungen

Analoge und diskrete Systeme der in diesem Kapitel bisher betrachteten Art werden für die unterschiedlichsten Aufgaben eingesetzt. Von Interesse ist insbesondere ihre Anwendung als Filter. In Abschnitt 5.4.2 von Band I haben wir Netzwerke mit den Elementen R, L und C beispielhaft vorgestellt, die als Tiefpässe geeignet sind. Das Verhalten entsprechender diskreter Systeme haben wir in Abschnitt 4.2.5.7 gezeigt. Zu Systemen mit andern Selektionseigenschaften, die z.B. als Bandpässe wirken, kommt man durch geeignete Frequenztransformationen von Tiefpässen. Für die Behandlung dieser zur Systemsynthese gehörenden Probleme, die über den Rahmen dieses Buches hinausgehen, wird auf die Literatur verwiesen (z.B. [4.5], [4.11]). Sowohl mit kontinuierlichen wie mit diskreten Systemen lassen sich auch Aufgaben behandeln, die primär im Zeitbereich formuliert sind. Auch dafür haben wir in früheren Abschnitten Beispiele angegeben. Erwähnt seien Netzwerke zur Verzögerung und Impulsformung sowie Mittelung über ein Fenster endlicher Breite, die wir in den Abschnitten 5.4.2 und 6.4.7 von Band I gezeigt haben, und der nichtrekursive Differenzierer, der in Abschnitt 4.2.5.7 dieses Bandes vorgestellt wurde.

In diesem Abschnitt wollen wir zwei Beispiele behandeln, bei denen es primär um die Beziehungen zwischen kontinuierlichen und diskreten Systemen oder um ihr Zusammenspiel geht.

a) Simulation
Zunächst beschäftigen wir uns mit der Aufgabe, ein kontinuierliches System, das durch eine rationale Übertragungsfunktion in s beschrieben wird, durch ein diskretes System möglichst genau nachzubilden. Diese Problemstellung formulieren wir mit Hilfe von Bild 4.49 wie folgt genauer:

Beschreibt der Operator S^c das kontinuierliche System, so gilt allgemein

$$y_0(t) = S^c\{v_0(t)\}. \tag{4.2.128a}$$

Hier ist $v_0(t)$ eine zunächst beliebige Eingangsfunktion, die auch Impulse und Sprungstellen enthalten darf. Gesucht wird ein diskretes System, gekennzeichnet durch den Operator S^d, derart, daß

$$S^d\{v(k) = v_0(kT)\} = y(k) \approx y_0(kT) \tag{4.2.128b}$$

ist. Die Ausgangsfolge des gesuchten diskreten Systems soll also wenigstens näherungsweise mit Abtastwerten der Ausgangsfunktion $y_0(t)$ des kontinuierlichen Systems übereinstimmen, wenn es mit Abtastwerten der Eingangsfunktion $v_0(t)$ erregt wird. Das Intervall T soll beliebig gewählt werden können, ist aber dann fest.

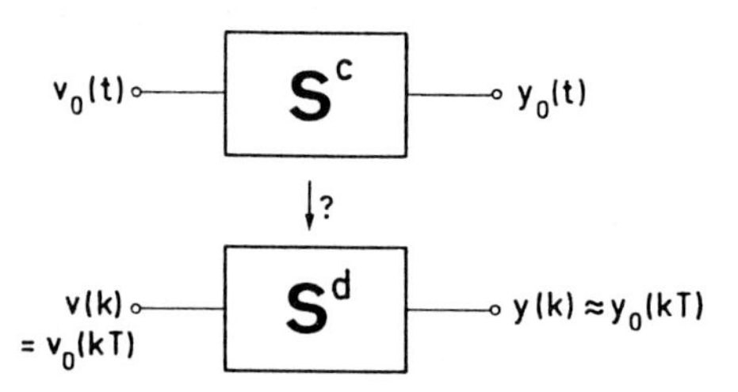

Bild 4.49: Zur Aufgabenstellung bei der digitalen Simulation kontinuierlicher Systeme

Bei der in diesem Kapitel behandelten Klasse von Systemen führt die beschriebene Aufgabe offenbar auf die numerische Lösung gewöhnlicher Differentialgleichungen, und zwar für den durch Linearität und Zeitinvarianz gekennzeichneten einfachen Sonderfall. Gegen die Verwendung bekannter numerischer Verfahren zur Behandlung von Differentialgleichungen spricht allerdings, daß bei praktischen Simulationsaufgaben auch stochastische Eingangssignale zugelassen werden sollen, aber auch, daß die hier vorliegenden Vereinfachungen möglichst weitgehend für eine Beschleunigung der Simulation genutzt werden sollen.

Wir machen zunächst eine Vorbemerkung. Nach (3.2.11d) erhalten wir für die Reaktion eines linearen, kausalen und zeitinvarianten kontinuierlichen Systems auf eine bei $t = 0$ einsetzende Erregung

$$y_0(t) = \int_0^t v_0(\tau) \cdot h_0^c(t-\tau) d\tau. \tag{4.2.128c}$$

Hier und generell in diesem Abschnitt kennzeichnen wir die Größen des kontinuierlichen Systems durch den hochgestellten Index c, um Verwechslungen zu vermeiden.

Wenden wir für eine numerische Näherungslösung dieses Integrals die Rechteckregel an, so erhalten wir mit $t = kT$

$$\begin{aligned} y_0(kT) \approx y(k) = {} & T \cdot \sum_{\kappa=0}^{k} v_0(\kappa T) h_0^c[(k-\kappa)T] \\ = {} & T \cdot \sum_{\kappa=0}^{k} v(\kappa) \cdot h_0(k-\kappa). \end{aligned} \tag{4.2.128d}$$

Wir haben also bei hinreichend klein gewähltem Abtastintervall T ein brauchbares Ergebnis dann zu erwarten, wenn wir ein diskretes System zur Simulation verwenden, dessen Impulsantwort in den Abtastpunkten mit der des zu simulierenden Systems übereinstimmt, wenn wir von dem Faktor T absehen. Die Operation, mit der man aus einem kontinuierlichen System ein diskretes mit einer im beschriebenen Sinne gleichen Impulsantwort bekommt, wird als *impulsinvariante Transformation* bezeichnet. Sie liefert also ein diskretes System, das für beliebige Eingangsfunktionen dann zur Simulation verwendet werden kann, wenn das Abtastintervall T klein genug gewählt wird. Daß diese Bedingung eine wesentliche Einschränkung bedeutet, erkennt man, wenn man (4.2.128c) und (4.2.128d) in den Frequenzbereich überführt. Man erhält

$$Y_0(j\omega) = V_0(j\omega) \cdot H^c(j\omega) \tag{4.2.128e}$$

bzw.

$$Y(e^{j\Omega}) = V(e^{j\Omega}) \cdot H(e^{j\Omega}). \tag{4.2.128f}$$

Eine Übereinstimmung beider Beziehungen ist überhaupt nur für $|\Omega| = |\omega T| < \pi$ zu erreichen und das auch nur dann, wenn

$$\begin{matrix} |V_0(j\omega)| = 0 \\ \text{oder} \\ |H^c(j\omega)| = 0 \end{matrix} \qquad \text{für} \quad |\omega| \geq \pi/T \tag{4.2.128g}$$

gilt, wenn also entsprechend der Aussage des Abtasttheorems $v_0(t)$ oder $h_0^c(t)$ durch ihre Abtastwerte $v_0(kT)$ bzw. $h_0^c(kT)$ vollständig beschrieben werden.

Das hier gefundene Ergebnis entspricht nicht der eingangs formulierten Aufgabenstellung, bei der wir beliebige kontinuierliche Systeme, nicht spektral begrenzte Eingangssignale und auch beliebige Werte von T zulassen wollten. Wir gehen daher hier einen anderen Weg. Dabei ist allerdings eine eindeutige Lösung der gestellten Aufgabe in dem Sinne, daß zu einem gegebenen kontinuierlichen System ein einziges diskretes gefunden werden kann, das für sämtliche Eingangsfunktionen in gewünschter Weise reagiert, nicht möglich. Wir müssen uns i.a. auf bestimmte Klassen von Eingangssignalen beschränken und dafür jeweils unterschiedliche simulierende diskrete Systeme durch geeignete Transformationen der Übertragungsfunktion

$$H^c(s) = b_m \cdot \frac{\prod\limits_{\mu=1}^{m} (s - s_{0\mu})}{\prod\limits_{\nu=1}^{n} (s - s_{\infty\nu})}$$

des kontinuierlichen Systems berechnen. Um einfache Ausdrücke zu erreichen, beschränken wir uns hier auf den Fall $m < n$ und nehmen außerdem an, daß die Pole einfach sind. Dann gilt entsprechend (4.2.36)

$$H^c(s) = \sum_{\nu=1}^{n} \frac{B_\nu}{s - s_{\infty\nu}} \text{ mit } B_\nu = \lim_{s \to s_{\infty\nu}} (s - s_{\infty\nu}) H^c(s).$$

Wir bestimmen nun zunächst drei diskrete Systeme derart, daß ihre Reaktionen auf charakteristische Testfolgen mit den Abtastwerten der Reaktionen des kontinuierlichen Systems auf entsprechende Testfunktionen übereinstimmen. Bild 4.50 veranschaulicht den Grundgedanken. Es ist dargestellt, daß wir den Diracstoß , die Sprungfunktion sowie die sogenannte Rampenfunktion $\delta_{-2}(t) = t \cdot \delta_{-1}(t)$ verwenden. Der Entwurf der drei gesuchten diskreten Systeme mit den Übertragungsfunktionen $H^{(i)}(z)$, $i = 1, 2, 3$ muß dann so erfolgen, daß

1. bei der schon oben definierten *impulsinvarianten Transformation*

$$h_0^{(1)}(k) = Z^{-1}\left\{H^{(1)}(z)\right\} := h_0^c(t = kT), \tag{4.2.129a}$$

2. bei der *sprunginvarianten Transformation*

$$h_{-1}^{(2)}(k) = Z^{-1}\left\{\frac{z}{z-1}\cdot H^{(2)}(z)\right\} := h_{-1}^{c}(t=kT), \tag{4.2.129b}$$

3. bei der *rampeninvarianten Transformation*

$$h_{-2}^{(3)}(k) = Z^{-1}\left\{\frac{z}{(z-1)^2}H^{(3)}(z)\right\} := h_{-2}^{c}(t=kT) \tag{4.2.129c}$$

ist. Hier wurde $Z\{\gamma_{-2}(k)\} = \frac{z}{(z-1)^2}$, die Z-Transformierte der Rampenfolge $\gamma_{-2}(k) = k\cdot\gamma_{-1}(k)$ verwendet. Für die hier benötigten Reaktionen des kontinuierlichen Systems erhält man nach Abschnitt 6.4 von Band I

$$h_0^c(t) = \mathscr{L}^{-1}\{H^c(s)\} = \sum_{\nu=1}^{n} B_\nu e^{s_{\infty\nu}t}\cdot\delta_{-1}(t), \tag{4.2.130a}$$

$$h_{-1}^c(t) = \mathscr{L}^{-1}\left\{\frac{1}{s}H^c(s)\right\} = \left[H^c(0) + \sum_{\nu=1}^{n}\frac{B_\nu}{s_{\infty\nu}}e^{s_{\infty\nu}t}\right]\delta_{-1}(t), \tag{4.2.130b}$$

$$h_{-2}^c(t) = \mathscr{L}^{-1}\left\{\frac{1}{s^2}H^c(s)\right\} = \left[H^c(0)t + \sum_{\nu=1}^{n}\frac{B_\nu}{s_{\infty\nu}^2}\cdot\left(e^{s_{\infty\nu}t}-1\right)\right]\delta_{-1}(t). \tag{4.2.130c}$$

Mit (4.2.129a) ist dann

$$h_0^{(1)}(k) = \sum_{\nu=1}^{n} B_\nu e^{s_{\infty\nu}Tk}\gamma_{-1}(k).$$

Daraus folgt mit $z_{\infty\nu} = e^{s_{\infty\nu}T}$

$$H^{(1)}(z) = Z\left\{h_0^{(1)}(k)\right\} = \sum_{\nu=1}^{n} B_\nu\cdot\frac{z}{z-z_{\infty\nu}} = \frac{P^{(1)}(z)}{N(z)}. \tag{4.2.131a}$$

Entsprechend erhält man aus (4.2.129b,c)

$$H^{(2)}(z) = \frac{z-1}{z}\cdot Z\left\{h_{-1}^{(2)}(k)\right\} = H^c(0) + \sum_{\nu=1}^{n}\frac{B_\nu}{s_{\infty\nu}}\frac{z-1}{z-z_{\infty\nu}} = \frac{P^{(2)}(z)}{N(z)}, \tag{4.2.131b}$$

$$H^{(3)}(z) = H^c(0)T + \sum_{\nu=1}^{n}\frac{B_\nu}{s_{\infty\nu}^2}(z_{\infty\nu}-1)\frac{z-1}{z-z_{\infty\nu}} = \frac{P^{(3)}(z)}{N(z)}. \tag{4.2.131c}$$

In den obigen Beziehungen ist angedeutet, daß die drei Übertragungsfunktionen denselben Nenner $N(z) = \prod_{\nu=1}^{n}(z-z_{\infty\nu})$ haben. Sie unterscheiden sich in ihren Zählerpolynomen $P^{(i)}(z)$. Man bestätigt leicht, daß die drei beschriebenen Transformationen stabile kontinuierliche Systeme in stabile diskrete überführen. In [4.21] wird gezeigt, daß die

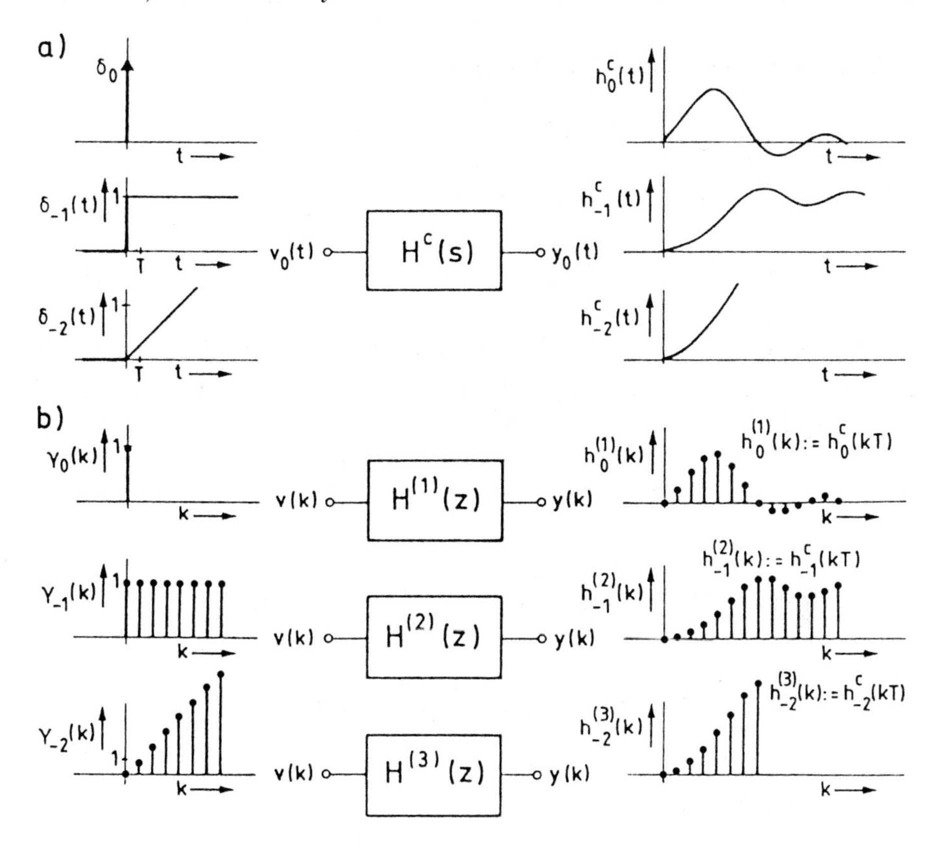

Bild 4.50: Zur Erläuterung der impuls-, sprung- und rampeninvarianten Transformation

hier zur Vereinfachung der Beziehungen vorgenommene Beschränkung auf einfache Pole und den Fall $m < n$ nicht notwendig ist.

Der Vollständigkeit wegen beziehen wir auch die schon erwähnte bilineare Transformation in unsere Überlegungen ein [4.22]. Sie lautet in allgemeiner Form

$$s = \frac{2}{T}\frac{z-1}{z+1} \tag{4.2.132a}$$

und transformiert eine Übertragungsfunkton $H^c(s)$ in

$$H^{(4)}(z) = H^c\left(\frac{2}{T}\frac{z-1}{z+1}\right) = \frac{P^{(4)}(z)}{N^{(4)}(z)}. \tag{4.2.131d}$$

Diese Transformation ist offenbar primär im Frequenzbereich definiert. Ein Punkt s_λ in der s-Ebene - z.B. eine Pol- oder Nullstelle - wird entsprechend

$$z_\lambda = \frac{1+s_\lambda T/2}{1-s_\lambda T/2} \tag{4.2.132b}$$

umkehrbar eindeutig in einen Punkt der z-Ebene überführt, die imaginäre Achse der s-Ebene entsprechend

$$\Omega = 2 \arctan \omega T/2 \tag{4.2.132c}$$

auf den Einheitskreis der z-Ebene abgebildet. In (4.2.131d) ist angedeutet, daß sich $H^{(4)}(z)$ sowohl bezüglich des Zähler- wie des Nennerpolynoms von den vorher erhaltenen Übertragungsfunktionen unterscheidet. Allerdings gilt

$$\lim_{T\to 0} T \cdot H^{(1)}(z) = \lim_{T\to 0} H^{(2)}(z) = \lim_{T\to 0} \frac{1}{T} \cdot H^{(3)}(z) = \lim_{T\to 0} H^{(4)}(z) = H^c(s).$$

In Bild 4.51 werden die vier Transformationen für ein einfaches Beispiel miteinander verglichen. Es wurde die normierte Übertragungsfunktion

$$H^c(s) = \frac{s}{(s - s_\infty)(s - s_\infty^*)} \text{ mit } s_\infty = [-1 + j\pi]/10$$

gewählt. Für dieses System sowohl wie für die vier durch die Transformationen (4.2.131) und (4.2.132) gewonnenen diskreten wurden jeweils die Frequenzgänge sowie die charakteristischen Ausgangszeitfunktionen bzw. -folgen angegeben. Man erkennt, daß nur die Erregung mit den "richtigen" Testfolgen zu fehlerfreien Ergebnissen führt. Die Ausgangsfolgen für die Erregung mit den "falschen" Testfolgen sowie die Frequenzgänge sind fehlerhaft. Weiterhin führt die bilineare Transformation (4.2.132a) auf ein diskretes System, dessen Frequenzgang, abgesehen von der durch (4.2.132c) beschriebenen Verzerrung in Abszissenrichtung, dem des kontinuierlichen Systems entspricht. Die charakteristischen Ausgangsfolgen sind hier fehlerbehaftet.

Ergänzend sei erwähnt, daß die bilineare Transformation z.B. einen kontinuierlichen Allpaß in einen diskreten überführt. Die im Zeitbereich definierten Transformationen (4.2.131a...c) führen i.a. zwar auf allpaßhaltige Systeme, nicht dagegen auf Allpässe. Trotzdem sind die Reaktionen auf die "richtigen" Testfolgen, der Herleitung entsprechend, fehlerfrei.

Die impuls- und die sprunginvariante Transformation kann auch bezüglich der Zustandsvektoren durchgeführt werden. Für ein durch

$$\begin{aligned} \frac{d\mathbf{x}^c(t)}{dt} &= \mathbf{A}^c\mathbf{x}^c(t) + \mathbf{b}^c v_0(t) \\ y_0^c(t) &= (\mathbf{c}^c)^T \cdot \mathbf{x}^c(t) + d^c \cdot v_0(t) \end{aligned}$$

beschriebenes kontinuierliches System mit einem Eingang und einem Ausgang sowie $\mathbf{x}^c(0) \neq \mathbf{0}$ findet man durch Spezialisierung von (4.2.50a) als Reaktion auf $v_0(t) = \delta_0(t)$

$$\mathbf{x}^c(t) = \left[e^{\mathbf{A}^c t} \cdot \mathbf{x}^c(0) + e^{\mathbf{A}^c t}\mathbf{b}^c\right] \delta_{-1}(t) =: \mathbf{f}_a^c(t) + \mathbf{f}_0^c(t) \tag{4.2.133a}$$

und als Antwort auf $v_0(t) = \delta_{-1}(t)$

$$\begin{aligned} \mathbf{x}^c(t) &= \mathbf{f}_a^c(t) + \int_0^t e^{\mathbf{A}^c \tau}\mathbf{b}^c d\tau =: \mathbf{f}_a^c(t) + \mathbf{f}_{-1}^c(t) \\ &= \mathbf{f}_a^c(t) + (\mathbf{A}^c)^{-1}\left[e^{\mathbf{A}^c t} - \mathbf{E}\right] \mathbf{b}^c \delta_{-1}(t). \end{aligned} \tag{4.2.133b}$$

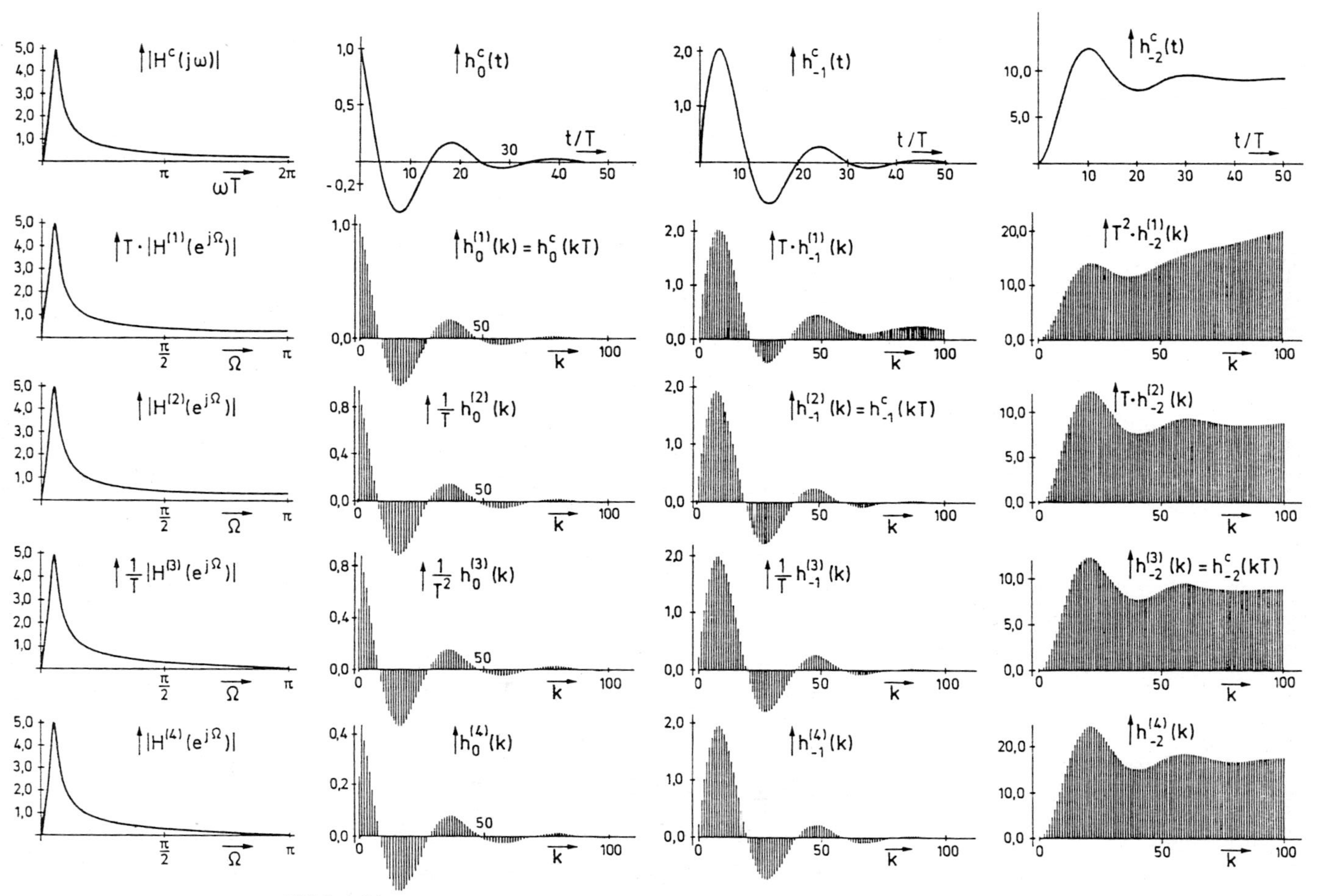

Bild 4.51: Vergleich der vier Transformationsmethoden an einem Beispiel

Mit

$$y_0^c(t) = (\mathbf{c}^c)^T \mathbf{x}^c(t) + d^c \cdot v_0(t)$$

ergibt sich jeweils das Ausgangssignal.

Entsprechend erhält man für ein durch

$$\mathbf{x}(k+1) = \mathbf{A}\mathbf{x}(k) + \mathbf{b}v(k)$$

beschriebenes diskretes System aus (4.2.57a) mit $v(k) = \gamma_0(k)$

$$\mathbf{x}(k) = \mathbf{A}^k \cdot \mathbf{x}(0)\gamma_{-1}(k) + \mathbf{A}^{k-1}\mathbf{b}\gamma_{-1}(k-1) =: \mathbf{f}_a(k) + \mathbf{f}_0(k) \tag{4.2.134a}$$

und für $v(k) = \gamma_{-1}(k)$

$$\begin{aligned} \mathbf{x}(k) = & \ \mathbf{f}_a(k) + \sum_{\kappa=1}^{k} \mathbf{A}^{\kappa-1} \cdot \mathbf{b} \cdot \gamma_{-1}(k-1) =: \mathbf{f}_a(k) + \mathbf{f}_{-1}(k) \\ = & \ \mathbf{f}_a(k) + (\mathbf{A} - \mathbf{E})^{-1} \left[\mathbf{A}^k - \mathbf{E}\right] \mathbf{b}\gamma_{-1}(k-1). \end{aligned} \tag{4.2.134b}$$

Das Ausgangssignal ist dann jeweils

$$y(k) = \mathbf{c}^T \mathbf{x}(k) + d \cdot v(k).$$

Für den Fall der Erregung mit Impulsen zeigt zunächst der Vergleich von $\mathbf{f}_a^c(kT) = e^{\mathbf{A}^c Tk} \cdot \mathbf{x}^c(0)$ und $\mathbf{f}_0^c(kT) = e^{\mathbf{A}^c Tk} \cdot \mathbf{b}^c$ mit $\mathbf{f}_a(k) = \mathbf{A}^k \cdot \mathbf{x}(0)$ und $\mathbf{f}_0(k) = \mathbf{A}^{k-1} \cdot \mathbf{b}$, daß

$$\mathbf{A} = e^{\mathbf{A}^c T}, \mathbf{b} = \mathbf{b}^c, \mathbf{c} = \mathbf{c}^c, d = d^c, \mathbf{x}(0) = \mathbf{x}^c(0) \tag{4.2.135}$$

zu wählen sind. Die zeitliche Verschiebung zwischen $\mathbf{f}_0^c(kT)$ und $\mathbf{f}_0(k)$ läßt sich mit der in Bild 4.52b angegebenen Struktur vemeiden. Am Ausgang erhält man mit

$$y(k) = y_a^c(kT) + h_0^c(kT)$$

die Summe der Abtastwerte des Ausschwingvorganges und der Impulsantwort des kontinuierlichen Systems.

Bei der sprunginvarianten Transformation ist die unmittelbare Einbeziehung des Ausschwinganteiles nicht möglich. Mit $\mathbf{x}(0) = \mathbf{0}$ führt der Vergleich von $\mathbf{x}^c(kT) = \mathbf{f}_{-1}^c(kT) = (\mathbf{A}^c)^{-1} \left[e^{\mathbf{A}^c Tk} - \mathbf{E}\right] \mathbf{b}^c$ mit

$$\mathbf{f}_{-1}(k) = (\mathbf{A} - \mathbf{E})^{-1} [\mathbf{A}^k - \mathbf{E}] \cdot \mathbf{b}$$

zunächst wieder auf $\mathbf{A} = e^{\mathbf{A}^c T}, \mathbf{b} = \mathbf{b}^c, \mathbf{c} = \mathbf{c}^c, d = d^c$. Mit der Anordnung von Bild 4.52c erhält man dann für ein sprungförmiges Eingangssignal $\mathbf{x}^c(kT)$ und $y(k) = \mathbf{h}_{-1}^c(kT)$.

In Abschnitt 4.2.6 hatten wir passive Systeme betrachtet, die dadurch gekennzeichnet sind, daß beim Ausschwingvorgang die gespeicherte Energie nicht zunehmen kann. Gehört $\mathbf{A}^c$ zu einem passiven kontinuierlichen System, ist also nach (4.2.107) $\mathbf{Q}^c = -[\mathbf{A}^c + (\mathbf{A}^c)^T]$ positiv (semi-)definit, so ist auch das zugehörige simulierende diskrete

System mit $\mathbf{A} = e^{\mathbf{A}^c T}$ passiv. Das erkennt man mit folgender Überlegung. Da für den Ausschwingvorgang des diskreten Systems $\mathbf{x}(k) = \mathbf{x}^c(t = kT) =: \mathbf{x}^c(kT)$ ist, muß auch

$$w(k) = \mathbf{x}^T(k) \cdot \mathbf{x}(k) = [\mathbf{x}^c(kT)]^T \cdot \mathbf{x}^c(kT) = w^c(kT)$$

gelten. Die Energiefolge $w(k)$ entsteht also durch Abtastung der Energiefunktion $w^c(t)$. Da aber $w^c(t)$ bei einem passiven System nicht zunehmen, sondern höchstens Sattelpunkte aufweisen kann, muß die Folge $w(k)$ monoton abnehmen. Daher ist die nach (4.2.109) für das simulierende diskrete System zur Prüfung der Passivität zu bestimmende Matrix $\mathbf{Q} = -[\mathbf{A}^T \cdot \mathbf{A} - \mathbf{E}]$ sogar dann positiv definit, wenn die Matrix $\mathbf{Q}^c$ des simulierten passiven kontinuierlichen Systems positiv semidefinit ist.

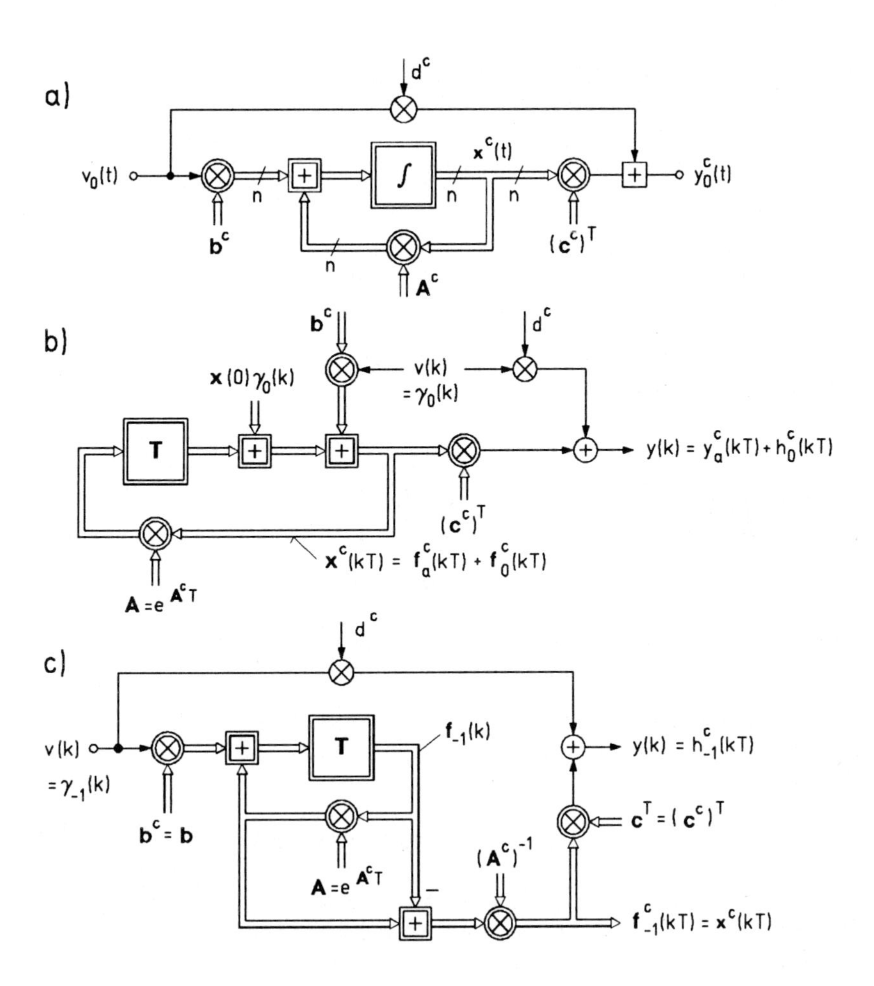

Bild 4.52: Zur impuls- und sprunginvarianten Transformation für Zustandsvektoren

Als Beispiel wird in Bild 4.53 das Einschwingverhalten eines Tiefpasses 5. Grades bei Sprungerregung gezeigt. In Band I wurde dieselbe Schaltung bereits behandelt (siehe

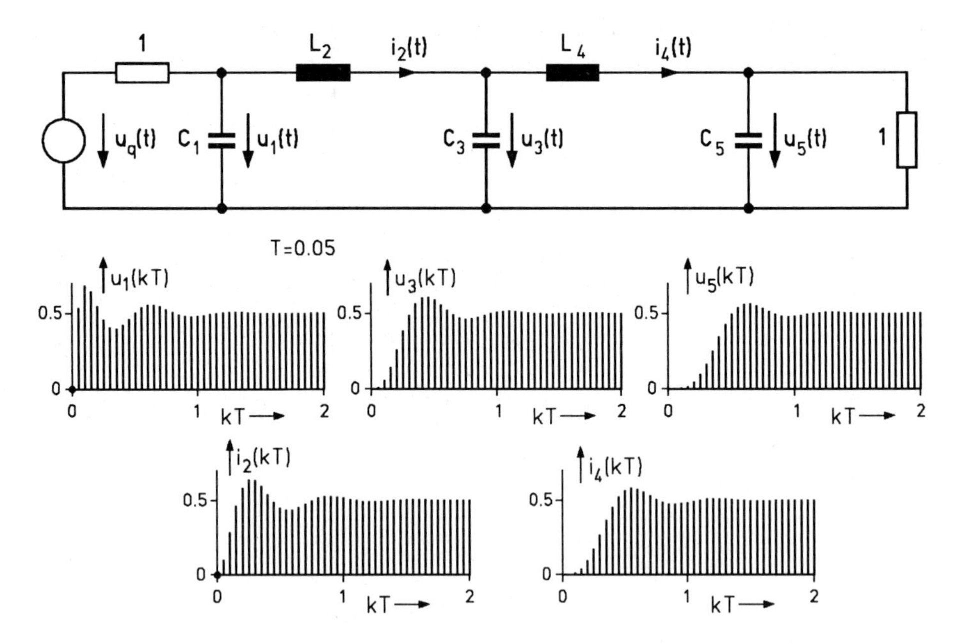

Bild 4.53: Einschwingverhalten eines Tiefpasses bei Sprungerregung

Abschnitt 6.3.2). Ihr Einschwingverhalten wurde mit dem Analogrechner bestimmt (Abschnitt 6.6, Bild 6.37).

Die für die Erregung mit einer einzelnen Testfolge entworfenen Systeme liefern wegen der Linearität und Zeitinvarianz natürlich auch dann exakte Ergebnisse, wenn sie mit einer Folge von gegeneinander um ganzzahlige Vielfache von T verschobenen, gewichteten Testfolgen erregt werden. Die jeweils zugelassenen Klassen von Eingangszeitfunktionen des kontinuierlichen Systems und die zugehörigen Eingangsfolgen der entsprechenden diskreten Systeme sind also:

Folge gewichteter Impulse

$$v_0^{(1)}(t) = \sum_{\kappa=0}^{\infty} v_\kappa^{(1)} \delta_0(t-\kappa T) \to v^{(1)}(k) = \sum_{\kappa=0}^{\infty} v_\kappa^{(1)} \cdot \gamma_0(k-\kappa) \tag{4.2.136a}$$

Treppenkurve

$$v_0^{(2)}(t) = \sum_{\kappa=0}^{\infty} v_\kappa^{(2)} \delta_{-1}(t-\kappa T) \to v^{(2)}(k) = \sum_{\kappa=0}^{\infty} v_0^{(2)}(\kappa T+0) \cdot \gamma_0(k-\kappa), \tag{4.2.136b}$$

Polygon

$$v_0^{(3)}(t) = \sum_{\kappa=0}^{\infty} v_\kappa^{(3)} \delta_{-2}(t-\kappa T) \to v^{(3)}(k) = \frac{1}{T} \sum_{\kappa=0}^{\infty} v_0^{(3)}(\kappa T) \cdot \gamma_0(k-\kappa). \tag{4.2.136c}$$

Die besonderen Eigenschaften der im Zeitbereich definierten Transformationen seien noch einmal betont: Weder die mit (4.2.136) beschriebenen Eingangszeitfunktionen

$v_0^{(i)}(t)$ noch die zugehörigen Ausgangssignale $y_0^{(i)}(t)$ des kontinuierlichen Systems sind spektral begrenzt. Man erreicht mit den durch die Übertragungsfunktionen $H^{(i)}(z), i = 1\ldots3$ beschriebenen diskreten Systemen, daß für ihre Ausgangsfolgen exakt $y^{(i)}(k) = y_0^{(i)}(kT)$ gilt und zwar unabhängig von dem Abtastintervall T, das bei der Transformation verwendet wurde. Entsprechendes gilt für die Transformation in bezug auf den Zustandsvektor. Da aber die Voraussetzungen für die Gültigkeit des Abtasttheorems nicht erfüllt sind, beschreiben diese Abtastwerte die jeweiligen Zeitfunktionen natürlich nicht vollständig. Auch lassen sich die zugehörigen Spektren mit ihnen nicht bestimmen. Da aber für viele Anwendungen in der Nachrichtentechnik oder Regelungstechnik nur die Abtastwerte interessieren, sind diese Transformationen trotzdem von großer Bedeutung.

Verwendet man die Transformationen für eine Eingangsfunktion $v_0(t)$, die zu keiner der drei Klassen gehört, ergeben sich Fehler, deren Größe natürlich davon abhängt, wie gut $v_0(t)$ durch eine der $v_0^{(i)}(t)$ dargestellt werden kann. Für eine genauere Untersuchung dieser Simulationsverfahren einschließlich der prinzipiellen und der durch die begrenzte Wortlänge entstehenden numerischen Fehler wird auf [4.21] verwiesen.

b) Digital-Analog Umsetzung und Glättung

Wir behandeln weiterhin die Aufgabe, zu einer Folge von Abtastwerten $y(k)$, die z.B. am Ausgang eines diskreten Systems auftritt, eine kontinuierliche und glatte Zeitfunktion $y_0(t)$ zu bestimmen derart, daß möglichst

$$y_0(kT + \tau_0) = y(k) \tag{4.2.137}$$

ist. Hier ist τ_0 eine von dem Umsetzer abhängige, weitgehend beliebige konstante Verzögerung. Die einfachste Anordnung für die Überführung einer Wertefolge in eine Funktion besteht aus einem Digital-Analog Umsetzer, der im Idealfall eine treppenförmige Ausgangsfunktion liefert, und einem analogen Glättungsfilter mit der Übertragungsfunktion $H^c(s)$ (siehe Bild 4.54a). Mit dem Rechteckimpuls der Breite T

$$r(t) = \delta_{-1}(t) - \delta_{-1}(t-T) = \begin{cases} 1, & 0 \leq t < T \\ 0, & \text{sonst} \end{cases} \tag{4.2.138a}$$

ist

$$y_{1a}(t) = \sum_k y(k) r(t - kT). \tag{4.2.138b}$$

Die Ausgangsfunktion des Glättungsfilters wird hier

$$y_{0a}(t) = \sum_k y(k) \cdot h_r^c(t - kT), \tag{4.2.138c}$$

wobei mit

$$h_r^c(t) = h_{-1}^c(t) - h_{-1}^c(t-T) \tag{4.2.138d}$$

die Antwort auf $r(t)$ bezeichnet wird. Die Vorschrift (4.2.137) wird für beliebige Werte von $y(k)$ erfüllt, wenn für die Rechteckantwort die Interpolationsbedingung

$$h_r^c(t) = \begin{cases} 1, & t = \tau_0 \\ 0, & t = \tau_0 + \lambda T; \quad \lambda = \pm 1, \pm 2, \ldots \end{cases} \tag{4.2.138e}$$

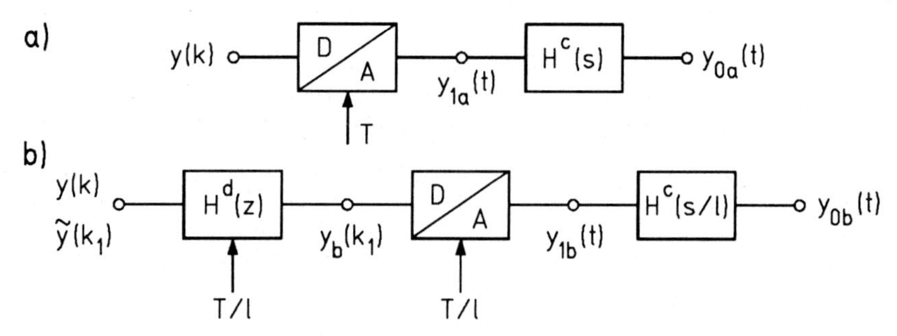

Bild 4.54: Zur Aufgabenstellung bei der Umsetzung einer Wertefolge in eine glatte Funktion. a) direkte Umsetzung, b) mit zusätzlicher digitaler Interpolation

gilt. Außerdem muß mit $y_{0a}(t)$ auch $h_r^c(t)$ stetig und glatt, d.h. wenigstens einmal stetig differenzierbar sein. Nach den Überlegungen von Abschnitt 6.4.4 in Band I muß daher der Gradunterschied von Zähler- und Nennerpolynom der Übertragungsfunktion des Glättungsfilters mindestens zwei betragen. Wir wählen mit

$$H^c(s) = \frac{b_0}{s^2 + c_1 s + c_0} = \frac{b_0}{(s - s_{\infty 1}) \cdot (s - s_{\infty 2})} \tag{4.2.139a}$$

die einfachste Übertragungsfunktion dieser Art. Weiterhin wird man sinnvollerweise fordern, daß $y_{0a}(t) = 1, \forall t$ wird, wenn $y(k) = 1, \forall k$ ist. Dann folgt sofort $H^c(0) = 1$ und $b_0 = c_0$.

Ist $s_{\infty 1} = s_{\infty 2}^* =: s_\infty = \sigma_\infty + j\omega_\infty$, so erhält man mit $\psi = \arctan \omega_\infty / \sigma_\infty$ die Rechteckantwort

$$h_r^c(t) = \begin{cases} 1 + e^{\sigma_\infty t} \sin(\omega_\infty t - \psi)/\sin\psi, \; 0 \le t \le T \\ e^{\sigma_\infty t}\left[\sin(\omega_\infty t - \psi) - e^{-\sigma_\infty T} \cdot \sin\left[\omega_\infty (t - T) - \psi\right]\right]/\sin\psi, \; t \ge T. \end{cases} \tag{4.2.139b}$$

Zur Vereinfachung wählen wir $\tau_0 = T$. Dann ist mit $\omega_\infty T = \psi$ die Forderung (4.2.138e) zunächst für $t = T$ und darüber hinaus aus Kausalitätsgründen für $\lambda < 0$ erfüllt. Dagegen läßt sich die Interpolationsbedingung für $\lambda > 1$ nur näherungweise befriedigen. Wir wählen $\psi = 150°$ und damit die Pollagen eines Besselfilters 2. Ordnung (siehe Abschnitt 5.4.2 von Band I). Man erhält $h_r^c(2T) \approx 10^{-4}$. Bild 4.55a zeigt die Oszillogramme von $r(t)$ und $h_r^c(t)$. In Bild 4.55b wird eine Sinusfunktion, die durch Abtastung und anschließende D/A-Umsetzung gewonnene Treppenkurve $y_{1a}(t)$ sowie die am Ausgang des beschriebenen Glättungsfilters erscheinende Funktion $y_{0a}(t)$ gezeigt. Man erkennt, daß die Reproduktion der ursprünglichen Funktion nur mit recht grober Annäherung gelingt.

Verbesserungen lassen sich sowohl mit Glättungsfiltern höheren Grades erzielen (z.B. [4.23]) als auch dadurch, daß man zweistufig arbeitet, wie das in Bild 4.54b angedeutet wird. Zu den gegebenen Werten $y(k)$, die im Abstand T aufeinanderfolgen, werden in dem durch $H^d(z)$ beschriebenen digitalen Filter nach einer geeigneten Interpolationsvorschrift $(\ell - 1)$ Zwischenwerte errechnet. Die Ausgangswerte $y_b(k_1)$ erscheinen dann im Abstand T/ℓ. Die anschließende D/A-Umsetzung führt wieder auf eine Treppenkurve, hier mit $y_{1b}(t)$ bezeichnet, deren Stufenbreite aber jetzt um den Faktor ℓ kleiner ist. Die anschließende Glättung erfolgt mit dem gleichen kontinuierlichen Filter.

Für den Entwurf des digitalen Interpolators gibt es eine Vielzahl von Möglichkeiten. Üblicherweise geht man dabei von Vorschriften an die Ausgangsfolge $y_b(k_1)$ aus und entwirft das diskrete Teilsystem so, daß seine Impulsantwort aus Abtastwerten einer geeigneten Interpolationsfunktion besteht [4.24]. Für die hier vorliegende Aufgabe ist es aber sinnvoller, den Interpolator im Hinblick auf Anforderungen an die kontinuierliche Ausgangsfunktion $y_{0b}(t)$ zu entwerfen [4.25]. Das bedeutet, daß nicht die Impulsantwort des digitalen Filters allein, sondern die der in Bild 4.54b gezeichneten Kaskade von Interpolator, D/A-Umsetzer und Glättungsfilter einen Wunschverlauf approximieren muß . Diese Gesamtimpulsantwort hat die Form

$$h_{0g}(t) = \sum_{k_1} h_0^d(k_1) \cdot h_{r\ell}^c[t - k_1 T/\ell]. \tag{4.2.140a}$$

Hier ist $h_0^d(k_1)$ die Impulsantwort eines digitalen Systems und

$$h_{r\ell}^c(t) = h_{-1}^c(t) - h_{-1}^c(t - T/\ell) \tag{4.2.140b}$$

die Reaktion des oben beschriebenen Glättungsfilters auf einen Rechteckimpuls der Länge T/ℓ. Ist $H^c(s)$ und damit $h_{r\ell}^c(t)$ festgelegt, so sind noch die $h_0^d(k_1)$ zweckmäßig zu wählen. Man kann nun dem Entwurf eine der in Abschnitt 2.2.2.6 vorgestellten gut konvergierenden Interpolationsfunktionen zugrunde legen. Unter Bezug auf (2.2.81d) und Bild 2.31c wählen wir z.B. die Wunschfunktion

$$w(t) = \frac{\sin \pi(t - \tau_0)/T}{\pi(t - \tau_0)/T} \cdot \frac{\sin \alpha\pi(t - \tau_0)/T}{\alpha\pi(t - \tau_0)/T}. \tag{4.2.141}$$

Auf eine detaillierte Beschreibung des Approximationsverfahrens sei hier verzichtet (siehe [4.26]). Wir beschränken uns auf die Wiedergabe einiger Meßergebnisse. Verwendet wurde ein nichtrekursives System vom Grade $n = 24$. Es wurde so entworfen, daß die in (4.2.140a) angegebene Impulsantwort $h_{0g}(t)$ des Gesamtsystems die Wunschfunktion (4.2.141) für $\alpha = 0,5$ und $\ell = 4$ im Sinne des minimalen mittleren Fehlerquadrats approximiert. Bild 4.55c zeigt die Impulsantwort hinter dem D/A-Umsetzer

$$h_{0r}^d(t) = h_{0*}^d(t) * r(4t).$$

Hier ist $h_{0*}^d(t) = \sum_{k_1} h_0^d(k_1) \cdot \delta_0(t - k_1 T/4)$ die der Impulsantwort $h_0^d(k_1)$ des digitalen Systems zugeordnete verallgemeinerte Funktion (siehe Abschnitt 2.2.2.4). Dieses Teilbild zeigt weiterhin die Gesamtimpulsantwort $h_{0g}(t)$. Schließlich läßt die in Bild 4.55d dargestellte Rekonstruktion einer Sinusfunktion aus ihren Abtastwerten die gegenüber Bild 4.55b erzielte Verbesserung erkennen.

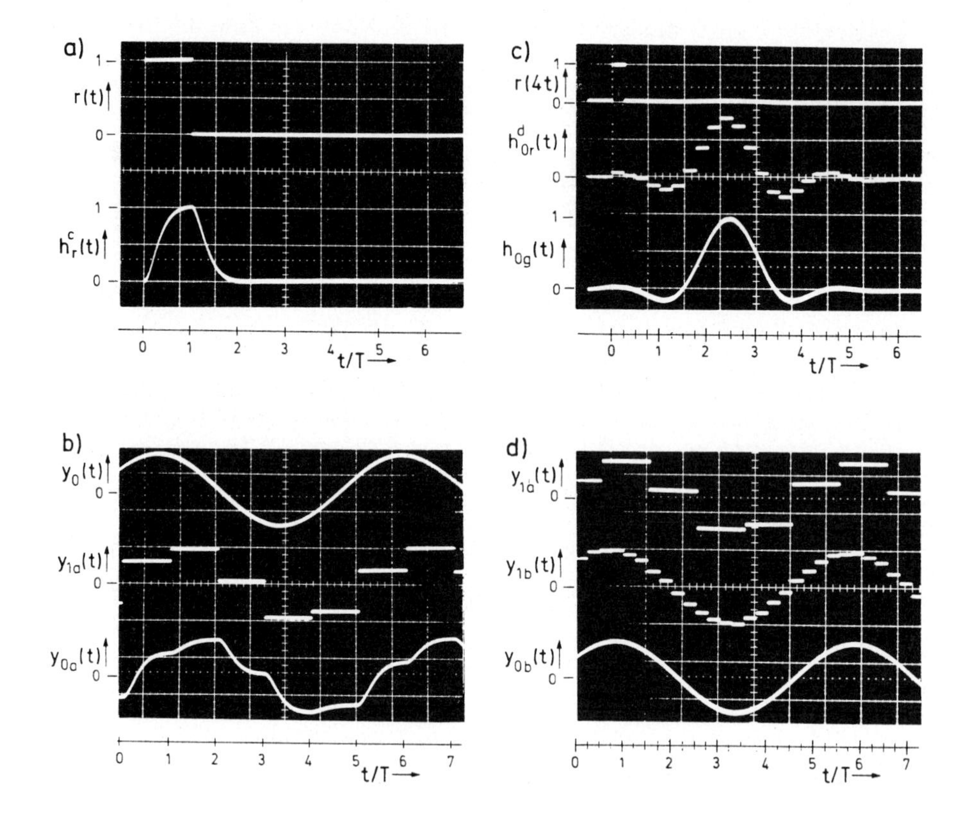

Bild 4.55: Zur Digital-Analogumsetzung

a) Rechteckantwort eines einfachen Glättungsfilters
b) Direkte Umsetzung einer Sinusfolge
c) Impulsantwort des D/A-Umsetzers mit digitaler Interpolation
d) Umsetzung einer Sinusfolge mit zusätzlicher digitaler Interpolation

4.3 Lineare, zeitvariante Systeme

Wir haben uns in diesem Kapitel bisher ausschließlich mit Systemen beschäftigt, die durch gewöhnliche, lineare Differential- oder Differenzengleichungen mit konstanten Koeffizienten beschrieben werden. Die ausführliche Behandlung ist wegen der großen Bedeutung dieser Klasse von Systemen sicher gerechtfertigt. Sie lassen sich bei eingeschränktem Wertebereich der Variablen als Modelle für viele reale Gebilde einsetzen, so daß die für sie möglichen sehr allgemeinen Aussagen auch weitgehend anwendbar sind.

In diesem Abschnitt entfällt zunächst die bisher gemachte Voraussetzung der Zeitinvarianz. Wir lassen also zu, daß die Koeffizienten der das System beschreibenden Differential- oder Differenzengleichungen Funktionen der Zeit sind. Da jetzt nur vergleichsweise wenige generelle Aussagen möglich sind, die Lösungen vielmehr weitgehend von der zeitlichen Abhängigkeit der Koeffizienten bestimmt werden, sind die folgenden verhältnismäßig kurzen Betrachtungen lediglich als erste Einführung in den Problemkreis aufzufassen. Eine ausführlichere Behandlung findet sich z.B. in [4.13], [4.26] - [4.28].

Wir untersuchen Systeme mit ℓ Eingängen und r Ausgängen, die durch

$$\mathbf{x}'(t) = \mathbf{A}(t) \cdot \mathbf{x}(t) + \mathbf{B}(t) \cdot \mathbf{v}(t) \qquad (4.3.1a)$$
$$\mathbf{y}(t) = \mathbf{C}(t) \cdot \mathbf{x}(t) + \mathbf{D}(t) \cdot \mathbf{v}(t) \qquad (4.3.1b)$$

bzw. im diskreten Fall durch

$$\mathbf{x}(k+1) = \mathbf{A}(k) \cdot \mathbf{x}(k) + \mathbf{B}(k) \cdot \mathbf{v}(k) \qquad (4.3.2a)$$
$$\mathbf{y}(k) = \mathbf{C}(k) \cdot \mathbf{x}(k) + \mathbf{D}(k) \cdot \mathbf{v}(k) \qquad (4.3.2b)$$

beschrieben werden. Der Vergleich mit Abschnitt 4.2.2.2 zeigt, daß hier lediglich die Systemmatrizen $\mathbf{A}, \mathbf{B}, \mathbf{C}$ und $\mathbf{D}$ als zeitabhängig eingeführt worden sind. Daher ist auch die in Bild 4.15 gezeigte allgemeine Struktur zur Realisierung dieser Beziehungen nur insofern zu ändern, als bei den dort auftretenden Matrizen jetzt ihre Zeitabhängigkeit zu berücksichtigen ist. Liegen Systeme mit einem Eingang und einem Ausgang vor, die durch Differential- bzw. Differenzengleichungen mit variablen Koeffizienten beschrieben werden, so gelten entsprechend die in den Bildern 4.9 und 4.10 dargestellten direkten Strukturen, wiederum mit zeitlich veränderlichen Koeffizienten. Eine Transformation in die Kaskaden- oder Parallelform, die ja in Abschnitt 4.2.2.2 ausgehend von einer Zerlegung der Übertragungsfunktion gefunden wurde, ist hier nicht möglich. Diese Strukturen sind aber natürlich dann verwendbar, wenn die Systemmatrizen in (4.3.1) und (4.3.2) primär in den Formen gegeben sind, die diese Anordnungen beschreiben.

4.3.1 Die Lösung der Zustandsgleichung

Auch im zeitvarianten Fall zeigen kontinuierliche und diskrete Systeme viele Ähnlichkeiten. Wir beschränken uns daher hier auf den kontinuierlichen Fall. Diskrete zeitvariable Systeme werden entsprechend in [4.5] behandelt. Zunächst untersuchen wir die sich aus (4.3.1) mit $\mathbf{v}(t) = \mathbf{0}$ ergebenden homogenen Gleichungen.

4.3.1.1 Behandlung der homogenen Gleichungen

Wir betrachten zur Einführung die homogene, skalare Differentialgleichung für $x(t)$,

$$x'(t) = a(t)x(t), \tag{4.3.3a}$$

mit bekanntem Anfangswert $x(t_0)$. Die in Abschnitt 6.2.1 von Band I beschriebene Separation der Variablen führt auf die Lösung

$$x(t) = x(t_0)\exp\left[\int_{t_0}^{t} a(\Theta)d\Theta\right], \tag{4.3.3b}$$

ganz entsprechend dem zeitinvarianten Fall. Die in (4.2.50c) eingeführte Übergangsmatrix reduziert sich auf ein Element, hängt aber jetzt von t und τ ab. Es ist

$$\boldsymbol{\phi}(t,\tau) = \varphi(t,\tau) = \exp\left[\int_{\tau}^{t} a(\Theta)d\Theta\right]. \tag{4.3.3c}$$

Dieses Ergebnis läßt sich allerdings nur unter sehr einschränkenden Voraussetzungen auf die Lösung der homogenen, vektoriellen Differentialgleichung

$$\mathbf{x}'(t) = \mathbf{A}(t)\cdot\mathbf{x}(t) \tag{4.3.4a}$$

mit dem Anfangsvektor $\mathbf{x}(t_0)$ übertragen. Eine Diagonalisierung von $\mathbf{A}(t)$ führt i.a. nicht zum Ziel, da die Modalmatrix auch zeitabhängig sein wird. Um die Bedingungen für die Gültigkeit einer (4.3.3c) entsprechenden Lösung von (4.3.4a) herzuleiten, setzen wir versuchsweise für die Übergangsmatrix

$$\boldsymbol{\phi}(t,\tau) = \exp\left[\int_{\tau}^{t}\mathbf{A}(\Theta)d\Theta\right] = \mathbf{E} + \int_{\tau}^{t}\mathbf{A}(\Theta)d\Theta + \frac{1}{2}\int_{\tau}^{t}\mathbf{A}(\Theta)d\Theta\cdot\int_{\tau}^{t}\mathbf{A}(\eta)d\eta + \ldots$$

Dann ist

$$\mathbf{A}(t)\cdot\boldsymbol{\phi}(t,\tau) = \mathbf{A}(t) + \mathbf{A}(t)\cdot\int_{\tau}^{t}\mathbf{A}(\Theta)d\Theta + \ldots$$

Andererseits folgt aus dem Ansatz

$$\frac{\partial}{\partial t}\boldsymbol{\phi}(t,\tau) = \mathbf{A}(t) + \frac{1}{2}\mathbf{A}(t)\cdot\int_{\tau}^{t}\mathbf{A}(\Theta)d\Theta + \frac{1}{2}\int_{\tau}^{t}\mathbf{A}(\Theta)d\Theta\cdot\mathbf{A}(t) + \ldots$$

Der Vergleich zeigt, daß

$$\boldsymbol{\phi}(t,\tau) = \exp\left[\int_{\tau}^{t}\mathbf{A}(\Theta)d\Theta\right] \tag{4.3.4b}$$

nur dann Lösung von (4.3.4a) sein kann, wenn

$$\mathbf{A}(t)\cdot\int_{\tau}^{t}\mathbf{A}(\Theta)d\Theta = \int_{\tau}^{t}\mathbf{A}(\Theta)d\Theta\cdot\mathbf{A}(t)\,, \quad \forall t,\tau$$

ist. Die Differentiation nach τ führt auf die für die Gültigkeit von (4.3.4b) notwendige Bedingung

$$\mathbf{A}(t)\mathbf{A}(\tau) = \mathbf{A}(\tau)\mathbf{A}(t), \quad \forall t,\tau, \tag{4.3.4c}$$

die sich auch als hinreichend erweist. Ein einfacher Sonderfall liegt z.B. vor, wenn $\mathbf{A}(t) = \mathbf{A}_0\cdot a(t)$ ist, wobei $\mathbf{A}_0$ konstant ist und nur die skalare Funktion $a(t)$ die Zeitabhängigkeit trägt.

Eine für beliebige Matrizen $\mathbf{A}(t)$ gültige Beziehung für $\boldsymbol{\phi}(t,\tau)$ ist nicht angebbar. Man kann lediglich zeigen, daß eine eindeutige Lösung existiert, wenn $\mathbf{A}(t)$ in t stetig ist (z.B. [4.13]). Im übrigen muß man eine auf ein gegebenes Problem zugeschnittene Lösung suchen und nötigenfalls numerisch bestimmen. Ist $\boldsymbol{\phi}(t,\tau)$ gefunden, so ist

$$\mathbf{x}(t) = \boldsymbol{\phi}(t,t_0)\mathbf{x}(t_0) \tag{4.3.5a}$$

die Lösung von (4.3.4a). Das bedeutet, daß die Übergangsmatrix durch

$$\frac{\partial}{\partial t}\boldsymbol{\phi}(t,\tau) = \mathbf{A}(t)\cdot\boldsymbol{\phi}(t,\tau) \tag{4.3.5b}$$

charakterisiert ist.

Die folgenden Eigenschaften der Übergangsmatrix sind von Bedeutung:

$$\boldsymbol{\phi}(t_0,t_0) = \mathbf{E}, \tag{4.3.6a}$$

$$\boldsymbol{\phi}(t_2,t_0) = \boldsymbol{\phi}(t_2,t_1)\cdot\boldsymbol{\phi}(t_1,t_0), \tag{4.3.6b}$$

$$\boldsymbol{\phi}(t_0,t_1) = \boldsymbol{\phi}^{-1}(t_1,t_0), \tag{4.3.6c}$$

$$\boldsymbol{\phi}(t_1,t_0) = \boldsymbol{\phi}(t_1,0)\boldsymbol{\phi}(0,t_0) = \boldsymbol{\phi}(t_1,0)\cdot\boldsymbol{\phi}^{-1}(t_0,0), \tag{4.3.6d}$$

$$\Delta^{\boldsymbol{\phi}} = |\boldsymbol{\phi}(t_1,t_0)| = \exp\left[\int_{t_0}^{t_1} sp\mathbf{A}(\tau)d\tau\right]. \tag{4.3.6e}$$

Man erhält (4.3.6a) unmittelbar aus (4.3.5a) für $t = t_0$, da

$$\mathbf{x}(t_0) = \boldsymbol{\phi}(t_0, t_0)\mathbf{x}(t_0)$$

für beliebige Anfangsvektoren $\mathbf{x}(t_0)$ gelten muß . Die Beziehung (4.3.6b) ergibt sich aus folgender Überlegung: Ausgehend vom Anfangszustand $\mathbf{x}(t_0)$ wird

$$\mathbf{x}(t_1) = \boldsymbol{\phi}(t_1, t_0)\mathbf{x}(t_0) \quad \text{und} \quad \mathbf{x}(t_2) = \boldsymbol{\phi}(t_2, t_0)\mathbf{x}(t_0).$$

Wählt man andererseits das oben bestimmte $\mathbf{x}(t_1)$ als Anfangszustand, so ist

$$\mathbf{x}(t_2) = \boldsymbol{\phi}(t_2, t_1)\mathbf{x}(t_1) = \boldsymbol{\phi}(t_2, t_1)\boldsymbol{\phi}(t_1, t_0)\mathbf{x}(t_0),$$

und damit (4.3.6b) bewiesen. Hierbei wurde nicht vorausgesetzt, daß etwa $t_2 \geq t_1 \geq t_0$ ist.

Man kann zeigen, daß $\boldsymbol{\phi}^{-1}(t, \tau)$ stets existiert, wenn die Elemente von $\mathbf{A}(t)$ beschränkt sind [4.26]. Unter dieser Voraussetzung erhalten wir (4.3.6c) aus (4.3.6b), wenn wir dort $t_2 = t_0$ setzen und auf der linken Seite (4.3.6a) berücksichtigen. Diese Gleichung besagt: beschreibt $\boldsymbol{\phi}(t_1, t_0)$ den Übergang vom Zustand im Augenblick t_0 in den im Augenblick t_1, so beschreibt ihre Inverse den Übergang in umgekehrter Richtung.

Weiterhin erhält man (4.3.6d) aus (4.3.6b,c). Für den Beweis der Beziehung (4.3.6e), mit der die Determinante von $\boldsymbol{\phi}(t_1, t_0)$ aus der Spur der Matrix $\mathbf{A}(t)$ berechnet werden kann, sei auf [4.26] verwiesen. Die Gleichung läßt sich für die Kontrolle von Rechnungen mit Vorteil verwenden.

Die obigen Beziehungen schließen natürlich den zeitinvarianten Fall mit ein. Zunächst ist die Bedingung (4.3.4c) erfüllt und damit folgt aus (4.3.4b) mit konstanter Matrix $\mathbf{A}$ entsprechend dem früheren Ergebnis (4.2.50c)

$$\boldsymbol{\phi}(t, \tau) = \boldsymbol{\phi}(t - \tau) = \exp[\mathbf{A}(t - \tau)].$$

Wir betrachten ein Beispiel [4.26]. Es sei

$$\mathbf{A}(t) = \begin{bmatrix} \alpha & e^{-t} \\ -e^{-t} & \alpha \end{bmatrix}. \tag{4.3.7a}$$

Man prüft leicht nach, daß hier (4.3.4c) erfüllt ist. Dann können wir $\boldsymbol{\phi}(t, \tau)$ mit Hilfe von (4.3.4b) angeben. Für die Eigenwerte von $\mathbf{A}(t)$ erhält man $\lambda_{1,2} = \alpha \pm je^{-t}$, und es ergibt sich zunächst

$$\mathbf{A}(t) = \mathbf{M} \cdot \boldsymbol{\Lambda}(t) \cdot \mathbf{M}^{-1}$$

mit

$$\mathbf{M} = \begin{bmatrix} j & j \\ -1 & 1 \end{bmatrix}, \quad \mathbf{M}^{-1} = \frac{1}{2} \cdot \begin{bmatrix} -j & -1 \\ -j & 1 \end{bmatrix}, \quad \boldsymbol{\Lambda}(t) = \begin{bmatrix} \alpha + je^{-t} & 0 \\ 0 & \alpha - je^{-t} \end{bmatrix}.$$

Aus (4.3.4b) folgt dann

$$\begin{aligned} \boldsymbol{\phi}(t, \tau) &= \mathbf{M} \cdot \exp\left[\int_\tau^t \boldsymbol{\Lambda}(\Theta) d\Theta\right] \cdot \mathbf{M}^{-1} \\ &= e^{\alpha(t-\tau)} \cdot \begin{bmatrix} \cos(e^{-\tau} - e^{-t}) & \sin(e^{-\tau} - e^{-t}) \\ -\sin(e^{-\tau} - e^{-t}) & \cos(e^{-\tau} - e^{-t}) \end{bmatrix}. \end{aligned} \tag{4.3.7b}$$

Durch Einsetzen von (4.3.4a) bestätigt man, daß diese Übergangsmatrix die Differentialgleichung für das angegebene $\mathbf{A}(t)$ erfüllt. Auch kann man die Beziehungen (4.3.6) leicht verifizieren.

Von besonderem Interesse ist der Fall eines Systems, bei dem die Matrix $\mathbf{A}(t)$ intervallweise konstant ist. Gilt

$$\mathbf{A}(t) = \mathbf{A}_\lambda = konst. \qquad t_\lambda \leq t < t_{\lambda+1}, \tag{4.3.8a}$$

so folgt aus (4.3.6b) unter Bezug auf einen Anfangszeitpunkt t_0

$$\boldsymbol{\phi}(t, t_0) = \exp[\mathbf{A}_\ell(t - t_\ell)] \cdot \boldsymbol{\phi}(t_\ell, t_0), \; t_\ell \leq t < t_{\ell+1}. \tag{4.3.8b}$$

Durch entsprechende Entwicklung von $\boldsymbol{\phi}(t_\ell, t_0)$ erhält man mit $\Delta t_\lambda = t_{\lambda+1} - t_\lambda$

$$\boldsymbol{\phi}(t, t_0) = \exp[\mathbf{A}_\ell(t - t_\ell)] \cdot \prod_{\lambda=0}^{\ell-1} \exp[\mathbf{A}_\lambda \Delta t_\lambda], \; t_\ell \leq t < t_{\ell+1}. \tag{4.3.8c}$$

Da i.a. $\mathbf{A}_\kappa \cdot \mathbf{A}_\lambda \neq \mathbf{A}_\lambda \cdot \mathbf{A}_\kappa \quad \forall \kappa \neq \lambda$ ist, muß dabei die Reihenfolge der Faktoren beachtet werden. Es ist also hier

$$\prod_{\lambda=0}^{\ell-1} \exp[\mathbf{A}_\lambda \Delta t_\lambda] = \exp[\mathbf{A}_{\ell-1}\Delta t_{\ell-1}] \exp[\mathbf{A}_{\ell-2}\Delta t_{\ell-2}] \ldots \exp[\mathbf{A}_0 \Delta t_0].$$

b) Periodisch zeitvariable Systeme

Häufig liegt ein periodisch zeitvariantes System vor. Es ist dadurch gekennzeichnet, daß seine Parameter periodische Funktionen der Zeit mit derselben Periode $T_0 > 0$ sind. Wir betrachten zunächst die homogene Gleichung, für die $\mathbf{A}(t + T_0) = \mathbf{A}(t), \quad \forall t$ gilt.

Für die Übergangsmatrix eines kontinuierlichen, periodisch zeitvariablen Systems gilt nun, daß mit $\boldsymbol{\phi}(t, t_0)$ auch $\boldsymbol{\phi}(t + T_0, t_0)$ eine Lösung von (4.3.5b) ist. Dabei existiert eine bezüglich t konstante, nichtsinguläre Matrix $\mathbf{K}$ derart, daß

$$\boldsymbol{\phi}(t + T_0, t_0) = \boldsymbol{\phi}(t, t_0) \cdot \mathbf{K} \tag{4.3.9a}$$

ist, wie man durch Einsetzen leicht bestätigt. Mit $\boldsymbol{\phi}(t_0, t_0) = \mathbf{E}$ folgt

$$\mathbf{K} = \boldsymbol{\phi}(t_0 + T_0, t_0). \tag{4.3.9b}$$

Aus (4.3.9a) ergibt sich weiterhin

$$\boldsymbol{\phi}(t + \kappa T_0, t_0) = \boldsymbol{\phi}(t, t_0)\mathbf{K}^\kappa. \tag{4.3.9c}$$

Im allgemeinen Fall wird $\mathbf{K}$ von t_0 abhängen. Wir zeigen kurz, daß $\mathbf{K}$ auch bezüglich t_0 konstant ist, wenn die Bedingung (4.3.4c)

$$\mathbf{A}(t)\mathbf{A}(t_0) = \mathbf{A}(t_0)\mathbf{A}(t)$$

erfüllt ist und daher (4.3.4b)

$$\boldsymbol{\phi}(t,t_0) = \exp\left[\int_{t_0}^{t} \mathbf{A}(\Theta)d\Theta\right]$$

gilt. Dazu schreiben wir die periodische Matrix $\mathbf{A}(t)$ in der Form

$$\mathbf{A}(t) = \mathbf{A}_0 + \tilde{\mathbf{A}}(t),$$

wobei $\mathbf{A}_0$ eine konstante Matrix und $\int_{t_0}^{t_0+T_0} \tilde{\mathbf{A}}(\Theta)d\Theta = \mathbf{0}$ ist. Dann ist

$$\mathbf{K} = \boldsymbol{\phi}(t_0+T_0,t_0) = \exp[\mathbf{A}_0 T_0]$$

unabhängig von t_0.

Da die Matrix $\mathbf{K}$ nichtsingulär ist, können wir sie in der Form

$$\mathbf{K} = \exp[\mathbf{L}T_0] \tag{4.3.9d}$$

darstellen, wobei offenbar in dem durch (4.3.4c) gekennzeichneten Spezialfall die Matrix $\mathbf{L}$ gleich dem Mittelwert von $\mathbf{A}(t)$ ist. Damit schreiben wir $\boldsymbol{\phi}(t,t_0)$ in der Form

$$\boldsymbol{\phi}(t,t_0) = \mathbf{P}(t,t_0)\cdot\exp[\mathbf{L}(t-t_0)]. \tag{4.3.10a}$$

Die so eingeführte Matrix

$$\mathbf{P}(t,t_0) = \boldsymbol{\phi}(t,t_0)\cdot\exp[-\mathbf{L}(t-t_0)] \tag{4.3.10b}$$

erweist sich als periodisch in t und t_0: Es ist zunächst

$$\begin{aligned}\mathbf{P}(t+T_0,t_0) = {} & \boldsymbol{\phi}(t+T_0,t_0)\cdot\exp[-\mathbf{L}T_0]\cdot\exp[-\mathbf{L}(t-t_0)] \\ = {} & \boldsymbol{\phi}(t,t_0)\cdot\mathbf{K}\cdot\mathbf{K}^{-1}\cdot\exp[-\mathbf{L}(t-t_0)] = \mathbf{P}(t,t_0).\end{aligned}$$

Weiterhin gilt

$$\begin{aligned}\mathbf{P}(t,t_0+T_0) &= \boldsymbol{\phi}(t,t_0+T_0)\cdot\exp[-\mathbf{L}(t-t_0-T_0)], \\ &= \boldsymbol{\phi}(t,t_0)\boldsymbol{\phi}(t_0,t_0+T_0)\cdot\mathbf{K}\cdot\exp[-\mathbf{L}(t-t_0)], \\ &= \boldsymbol{\phi}(t,t_0)\cdot\boldsymbol{\phi}^{-1}(t_0+T_0,t_0)\cdot\mathbf{K}\cdot\exp[-\mathbf{L}(t-t_0)], \\ &= \boldsymbol{\phi}(t,t_0)\cdot\mathbf{K}^{-1}\cdot\mathbf{K}\cdot\exp[-\mathbf{L}(t-t_0)] = \mathbf{P}(t,t_0).\end{aligned}$$

In der Darstellung (4.3.10a) erscheint die Übergangsmatrix als Produkt einer periodischen Matrix $\mathbf{P}(t,t_0)$ mit der Einhüllenden $\exp[\mathbf{L}(t-t_0)]$. Ist $\mathbf{L}$ auch bezüglich t_0 konstant, so ist diese Einhüllende zugleich Übergangsmatrix zu der Differentialgleichung

$$\mathbf{z}'(t) = \mathbf{L} \cdot \mathbf{z}(t), \tag{4.3.11a}$$

in der $\mathbf{L}$ als Koeffizientenmatrix auftritt. Für die Stabilität des untersuchten periodisch zeitvarianten Systems sind dann offenbar die Eigenwerte von $\mathbf{L}$ maßgebend. Liegen sie alle in der offenen linken Halbebene, so ist

$$\lim_{t\to\infty} \boldsymbol{\phi}(t, t_0) = \mathbf{0}, \tag{4.3.11b}$$

liegen sie in der abgeschlossenen linken Halbebene derart, daß die gegebenenfalls auf der imaginären Achse liegenden Eigenwerte einfach sind, so bleiben die Komponenten von $\boldsymbol{\phi}(t, t_0)$ beschränkt. Die Betrachtung von (4.3.9c) führt auf eine äquivalente Stabilitätsaussage, die sich auf $\mathbf{K}$ bezieht. Hier erscheint, wie sonst bei diskreten Systemen, der Einheitskreis als zugelassenes Gebiet für die Lage der Eigenwerte der zu untersuchenden Matrix $\mathbf{K}$.

Wir wenden dieses Ergebnis bei der Behandlung eines Systems an, bei dem $\mathbf{A}(t)$ intervallweise konstant ist, nehmen also an, daß innerhalb einer Periode die konstanten Matrizen $\mathbf{A}_\lambda, \lambda = 0(1)\ell - 1$ jeweils für ein Intervall $\Delta t_\lambda = t_{\lambda+1} - t_\lambda$ maßgebend sind. Nach (4.3.8c) gilt zunächst innerhalb der ersten Periode $t_0 \leq t < t_0 + T_0$

$$\boldsymbol{\phi}(t, t_0) = \exp[\mathbf{A}_i(t - t_i)] \cdot \prod_{\lambda=0}^{i-1} \exp[\mathbf{A}_\lambda \Delta t_\lambda], t_i \leq t < t_{i+1} \leq t_\ell = T_0 + t_0. \tag{4.3.12a}$$

Mit (4.3.9b) ist dann

$$\mathbf{K} = \prod_{\lambda=0}^{\ell-1} \exp[\mathbf{A}_\lambda \Delta t_\lambda]. \tag{4.3.12b}$$

Im allgemeinen Fall, in dem für das Produkt der einzelnen Matrizen $\mathbf{A}_\lambda$ nicht das kommutative Gesetz gilt, wird $\mathbf{K}$ von t_0 abhängen. Es wird dann ℓ unterschiedliche Werte für $\mathbf{K}$ geben. Gilt dagegen das kommutative Gesetz, so ist

$$\mathbf{K} = \prod_{\lambda=0}^{\ell-1} \exp[\mathbf{A}_\lambda \Delta t_\lambda] = \exp\left[\sum_{\lambda=0}^{\ell-1} \mathbf{A}_\lambda \Delta t_\lambda\right] \tag{4.3.12c}$$

Weiterhin folgt aus (4.3.10b)

$$\begin{aligned} \mathbf{P}(t, t_0) &= \boldsymbol{\phi}(t, t_0)\mathbf{K}^{-(t-t_0)/T_0} \\ &= \exp[\mathbf{A}_i(t - t_i)] \cdot \prod_{\lambda=0}^{i-1} \exp[\mathbf{A}_\lambda \Delta t_\lambda] \cdot \prod_{\lambda=0}^{\ell-1} \exp[-\mathbf{A}_\lambda \Delta t_\lambda (t - t_0)/T_0]. \end{aligned} \tag{4.3.12d}$$

Sind speziell die $\mathbf{A}_\lambda$ kommutativ, so ist wieder eine Vereinfachung entsprechend (4.3.12c) möglich.

Zur Erläuterung behandeln wir zwei Beispiele. Zunächst sei

$$\mathbf{A}_\lambda = \begin{bmatrix} 0 & \omega_\lambda/\alpha \\ -\alpha\omega_\lambda & 0 \end{bmatrix}, \quad \lambda = 0(1)\ell - 1, \; \alpha \neq 0. \tag{4.3.13a}$$

Für die einzelnen zugehörigen Übergangsmatrizen gilt bezogen auf den Punkt t_λ

$$\boldsymbol{\phi}_\lambda(t-t_\lambda) = \exp[\mathbf{A}_\lambda(t-t_\lambda)] = \begin{bmatrix} \cos\omega_\lambda(t-t_\lambda) & [\sin\omega_\lambda(t-t_\lambda)]/\alpha \\ -\alpha\sin\omega_\lambda(t-t_\lambda) & \cos\omega_\lambda(t-t_\lambda) \end{bmatrix}. \tag{4.3.13b}$$

Offenbar handelt es sich um bedingt stabile Systeme mit ungedämpften Eigenschwingungen der Frequenz ω_λ. Ausgehend von einem Anfangszustand

$$\mathbf{x}_\lambda(t_\lambda) = [x_{1\lambda}(t_\lambda),\; x_{2\lambda}(t_\lambda)]^T$$

erhalten wir nach elementarer Zwischenrechnung

$$\begin{aligned} x_{1\lambda}(t) &= [\hat{x}_{2\lambda}/\alpha]\cdot\cos[\omega_\lambda(t-t_\lambda)-\varphi_\lambda] \\ x_{2\lambda}(t) &= -\hat{x}_{2\lambda}\cdot\sin[\omega_\lambda(t-t_\lambda)-\varphi_\lambda] \\ \text{mit } \hat{x}_{2\lambda} &= \sqrt{\alpha^2 x_{1\lambda}^2(t_\lambda)+x_{2\lambda}^2(t_\lambda)},\quad \varphi_\lambda = \arctan\frac{x_{2\lambda}(t_\lambda)}{\alpha x_{1\lambda}(t_\lambda)}. \end{aligned} \tag{4.3.13c}$$

Diese Beziehungen beschreiben eine Ellipse, deren Achsen mit den Koordinatenachsen zusammenfallen. Den allgemeinen Überlegungen entsprechend wird bei Umschaltung auf $\mathbf{A}_{\lambda+1}$ im Augenblick $t_{\lambda+1} = t_\lambda + \Delta t_\lambda$ der erreichte Endwert $\mathbf{x}_\lambda(t_{\lambda+1})$ zum Anfangswert $\mathbf{x}_{\lambda+1}(t_{\lambda+1})$ des nächsten Intervalls. Man bestätigt leicht, daß im vorliegenden Fall, bei dem der Parameter α konstant ist, $\hat{x}_{2(\lambda+1)} = \hat{x}_{2\lambda} =: \hat{x}_2$ ist. Der Zustandsvektor bewegt sich also unabhängig von λ stets auf derselben Ellipse mit den Halbachsen $\hat{x}_2$ und $\hat{x}_1 = \hat{x}_2/\alpha$. Mit ω_λ ändert sich lediglich seine Winkelgeschwindigkeit, wir haben einen Sinusgenerator mit intervallweise unterschiedlicher Frequenz erhalten.

Für das Produkt der durch (4.3.13a) beschriebenen Matrizen gilt das kommutative Gesetz. Daher ist nach (4.3.12a) mit $t_0 = 0$

$$\begin{aligned} \boldsymbol{\phi}(t,0) &= \exp[\mathbf{A}_i(t-t_i)]\cdot\prod_{\lambda=0}^{i-1}\exp[\mathbf{A}_\lambda\Delta t_\lambda] \\ &= \exp[\mathbf{A}_i(t-t_i)]\cdot\exp\left[\sum_{\lambda=0}^{i-1}\mathbf{A}_\lambda\Delta t_\lambda\right] \end{aligned} \qquad t_i \le t < t_{i+1} \le T_0 \tag{4.3.14a}$$

Man erhält

$$\begin{aligned} \mathbf{K} &= \prod_{\lambda=0}^{\ell-1}\exp[\mathbf{A}_\lambda\Delta t_\lambda] = \exp\left[\sum_{\lambda=0}^{\ell-1}\mathbf{A}_\lambda\Delta t_\lambda\right] = \exp[\mathbf{L}T_0] \\ &= \begin{bmatrix} \cos\omega_m T_0 & [\sin\omega_m T_0]/\alpha \\ -\alpha\sin\omega_m T_0 & \cos\omega_m T_0 \end{bmatrix}, \end{aligned} \tag{4.3.14b}$$

wobei $\omega_m = \frac{1}{T_0}\cdot\sum_{\lambda=0}^{\ell-1}\omega_\lambda\cdot\Delta t_\lambda$ die mittlere Frequenz während einer Periode bezeichnet,

und

$$\mathbf{L} = \frac{1}{T_0}\sum_{\lambda=0}^{\ell-1}\mathbf{A}_\lambda\Delta t_\lambda = \begin{bmatrix} 0 & \omega_m/\alpha \\ -\alpha\omega_m & 0 \end{bmatrix} \tag{4.3.14c}$$

ist. Die Eigenwerte von $\mathbf{L}$ liegen bei $\pm j\omega_m$ und sind einfach. Das System ist bedingt stabil, wie wir schon aus der Untersuchung des Zustandsvektors entnehmen konnten. Schließlich wird

$$\begin{aligned}\mathbf{P}(t,0) &= \exp[\mathbf{A}_i(t-t_i)]\cdot\exp\left[\sum_{\lambda=0}^{i-1}\mathbf{A}_\lambda\Delta t_\lambda\right]\cdot\exp\left[\left(\sum_{\lambda=0}^{\ell-1}\mathbf{A}_\lambda\Delta t_\lambda\right)t/T_0\right]\\ &= \begin{bmatrix}\cos(\Delta\omega_i t-\Delta\varphi_i) & \frac{1}{\alpha}\cdot\sin(\Delta\omega_i t-\Delta\varphi_i)\\ -\alpha\cdot\sin(\Delta\omega_i t-\Delta\varphi_i) & \cos(\Delta\omega_i t-\Delta\varphi_i)\end{bmatrix},\quad t_i\le t<t_{i+1}\le T_0\end{aligned}$$

wobei

$$\Delta\omega_i=\omega_i-\omega_m,\ \Delta\varphi_i=\omega_i t_i-\sum_{\lambda=0}^{i-1}\omega_\lambda\Delta t_\lambda$$

gesetzt wurde.

Weiterhin betrachten wir Systeme, die intervallweise in Verallgemeinerung von (4.3.13a) durch

$$\mathbf{A}_\lambda=\begin{bmatrix}0 & \omega_\lambda/\alpha_\lambda\\ -\alpha_\lambda\omega_\lambda & 0\end{bmatrix}\tag{4.3.15a}$$

beschrieben werden. Die Beziehungen (4.3.13b,c) für die einzelnen Übergangsmatrizen lassen sich offensichtlich hier auch verwenden, wenn wir α durch den jeweiligen Wert α_λ ersetzen. Innerhalb des Intervalls $t\in[t_\lambda,t_{\lambda+1}]$ bewegt sich der Zustandsvektor i.a. wieder auf einer Ellipse mit den Halbachsen $\hat{x}_{2\lambda}$ und $\hat{x}_{1\lambda}=\hat{x}_{2\lambda}/\alpha_\lambda$. Die Umschaltung auf $\mathbf{A}_{\lambda+1}$ im Augenblick $t_{\lambda+1}=t_\lambda+\Delta t_\lambda$ führt aber jetzt auf eine andere Ellipse mit den Halbachsen

$$\begin{aligned}\hat{x}_{2(\lambda+1)} &= \hat{x}_{2\lambda}\cdot\sqrt{(\alpha_{\lambda+1}/\alpha_\lambda)^2\cdot\cos^2(\omega_\lambda\Delta t_\lambda-\varphi_\lambda)+\sin^2(\omega_\lambda\Delta t_\lambda-\varphi_\lambda)}\\ \text{und}\quad \hat{x}_{1(\lambda+1)} &= \hat{x}_{2(\lambda+1)}/\alpha_{\lambda+1},\end{aligned}\tag{4.3.15b}$$

die, abhängig von den Parametern, größer oder kleiner als $\hat{x}_{2\lambda}$ und $\hat{x}_{1\lambda}$ sein können. Wir kommen darauf zurück.

Für das Produkt der durch (4.3.15a) beschriebenen Matrizen $\mathbf{A}_\lambda$ gilt i.a. nicht das kommutative Gesetz. Zur Vereinfachung beschränken wir uns auf die Umschaltung zwischen nur zwei Matrizen $\mathbf{A}_0$ und $\mathbf{A}_1$. Die Matrix $\mathbf{K}$ hängt jetzt vom Startaugenblick ab. Es ist zunächst

$$\begin{aligned}\mathbf{K}_0 &= \exp[\mathbf{A}_1\Delta t_1]\cdot\exp[\mathbf{A}_0\Delta t_0]\\ &= \begin{bmatrix}\cos\beta_1\cos\beta_0-\left(\frac{\alpha_0}{\alpha_1}\right)\sin\beta_1\sin\beta_0 & \left(\frac{1}{\alpha_0}\right)\cos\beta_1\sin\beta_0+\left(\frac{1}{\alpha_1}\right)\sin\beta_1\cos\beta_0\\ -\alpha_1\sin\beta_1\cos\beta_0-\alpha_0\cos\beta_1\sin\beta_0 & \cos\beta_1\cos\beta_0-\left(\frac{\alpha_1}{\alpha_0}\right)\sin\beta_1\sin\beta_0\end{bmatrix}.\end{aligned}\tag{4.3.15c}$$

Hier wurde $\beta_\lambda=\omega_\lambda\Delta t_\lambda,\ \lambda=0,1$ gesetzt. Man erhält hieraus

$$\mathbf{K}_1=\exp[\mathbf{A}_0\Delta t_0]\cdot\exp[\mathbf{A}_1\Delta t_1],\tag{4.3.15d}$$

wenn man oben die Indizes 0 und 1 vertauscht. Die Eigenwerte der Matrizen $\mathbf{K}_\lambda$ ergeben sich als Lösung von

$$p^2 + d_1 p + 1 = 0$$

mit

$$d_1 = -\left[2\cos\beta_1 \cos\beta_0 - \left(\frac{\alpha_1}{\alpha_0} + \frac{\alpha_0}{\alpha_1}\right)\sin\beta_1 \sin\beta_0\right].$$

Das System ist instabil, wenn $|d_1| > 2$ wird. Eine genauere Untersuchung zeigt, daß $|d_1|$ für $\cos\beta_1 = \cos\beta_0 = 0$, d.h. für $\beta_1 = (2k_1 + 1)\pi/2$, $\beta_0 = (2k_0 + 1)\pi/2$ mit $k_{0,1} \in \mathbb{N}_0$ maximal wird. Es ist dann

$$\max|d_1| = \frac{\alpha_1}{\alpha_0} + \frac{\alpha_0}{\alpha_1} > 2 \text{ für } \alpha_0 \neq \alpha_1. \tag{4.3.16a}$$

Für die zugehörigen Eigenwerte von $\mathbf{K}$ erhält man $|p_1| = \alpha_0/\alpha_1$ und $|p_2| = \alpha_1/\alpha_0$. Da einer dieser Werte sicher größer als 1 ist, kann das System bei geeigneter Wahl von β_1 und β_0 also instabil werden. Ist dagegen $|d_1| < 2$, so liegen die Eigenwerte von $\mathbf{K}$ auf dem Einheitskreis bei $p_{1,2} = e^{\pm j\psi}$, das System ist bedingt stabil. Dabei gilt

$$\psi = \arccos(-d_1/2). \tag{4.3.16b}$$

Wir betrachten ein numerisches Beispiel, mit dem wir einerseits zeigen wollen, daß der Zustandsvektor $\mathbf{x}(t)$ periodisch werden kann, andererseits, daß Instabilität möglich ist. Dazu bestimmen wir zunächst d_1 so, daß mit einem ganzzahligen Wert κ

$$\mathbf{x}(t + \kappa T_0) = \mathbf{x}(t)$$

bzw.

$$\boldsymbol{\phi}(t + \kappa T_0, t_0) = \boldsymbol{\phi}(t, t_0)$$

ist. Aus (4.3.9c) folgt dann, daß $\mathbf{K}^\kappa = \mathbf{E}$ sein muß . Das erreichen wir für

$$\kappa \cdot \psi = i \cdot 2\pi \quad \rightarrow \quad \psi = \frac{i}{\kappa} \cdot 2\pi \tag{4.3.16c}$$

mit ganzzahligem i. Wir wählen nun willkürlich $i = 2$, $\kappa = 5$ und erhalten mit $\psi = 4\pi/5$ den Wert $d_1 = 1,6180$. Ebenfalls willkürlich setzen wir $\beta_0 = \beta_1 = \pi/3$ und erhalten $\alpha_0/\alpha_1 = 2,4089$. Setzen wir nun $\alpha_0 = 1$, so bewegt sich $\mathbf{x}_\lambda(t)$ für $\lambda = 0$ auf einem Kreis, für $\lambda = 1$ dagegen auf einer Ellipse mit dem Achsenverhältnis 1:2,4089. Bild 4.56 zeigt $\mathbf{x}(t)$ als ausgezogene Kurve für $\mathbf{x}(0) = [1, 0]^T$. Die obige Überlegung läßt auch erkennen, daß $\mathbf{x}(t)$ nur dann periodisch wird, wenn $2\pi/\psi$ rational ist.

Wählen wir in diesem Beispiel bei gleichen Werten für α_0 und α_1 die Werte $\beta_0 = \beta_1 = \pi/2$, so ist das System instabil. In Bild 4.56 ist gestrichelt der divergierende Verlauf von $\mathbf{x}(t)$ ausgehend vom gleichen Anfangswert angedeutet.

4.3.1.2 Behandlung der inhomogenen Gleichungen

Ist die Übergangsmatrix bekannt, so können wir auch die Lösung der inhomogenen Gleichung bestimmen. Wir betrachten das durch (4.3.1)

$$\mathbf{x}'(t) = \mathbf{A}(t) \cdot \mathbf{x}(t) + \mathbf{B}(t) \cdot \mathbf{v}(t)$$

$$\mathbf{y}(t) = \mathbf{C}(t) \cdot \mathbf{x}(t) + \mathbf{D}(t) \cdot \mathbf{v}(t)$$

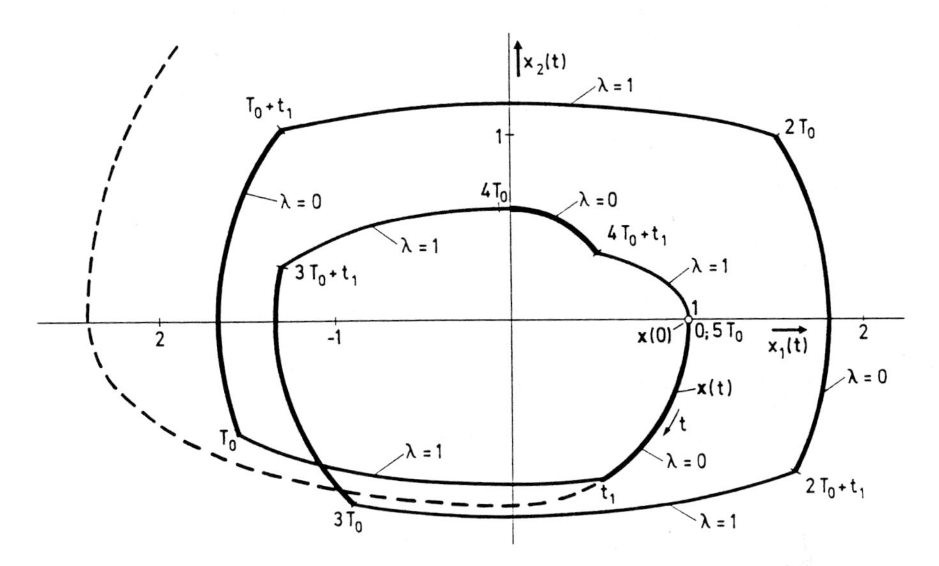

Bild 4.56: Zustandsvektor bei einem periodisch zeitvariablen System, dessen Matrix $\mathbf{A}(t)$ abwechselnd die konstanten Werte $\mathbf{A}_\lambda, \lambda = 0, 1$ annimmt.

——— System ist bedingt stabil, $\mathbf{x}(t)$ ist periodisch
$\lambda = 0$: $\mathbf{x}_0(t)$ liegt auf Kreisen
$\lambda = 1$: $\mathbf{x}_1(t)$ liegt auf Ellipsen
\- - - - - - System ist instabil

beschriebene kontinuierliche System. Ist $\boldsymbol{\phi}(t, t_0)$ die zugehörige Übergangsmatrix und $\mathbf{x}(t_0)$ der Anfangszustand, so ist

$$\mathbf{x}(t) = \boldsymbol{\phi}(t, t_0)\mathbf{x}(t_0) + \int_{t_0}^{t} \boldsymbol{\phi}(t, \tau)\mathbf{B}(\tau)\mathbf{v}(\tau)d\tau \tag{4.3.17a}$$

$$\mathbf{y}(t) = \mathbf{C} \cdot \boldsymbol{\phi}(t, t_0)\mathbf{x}(t_0) + \mathbf{C}\int_{t_0}^{t} \boldsymbol{\phi}(t, \tau)\mathbf{B}(\tau)\mathbf{v}(\tau)d\tau + \mathbf{D}(t)\mathbf{v}(t) \tag{4.3.17b}$$

die Lösung von (4.3.1), wie wir jetzt zeigen werden.

Man erkennt zunächst, daß diese Beziehungen speziell für $\boldsymbol{\phi}(t, \tau) = \boldsymbol{\phi}(t - \tau)$ und konstante Matrizen in die für das zeitinvariante System übergehen, die wir in (4.2.50a,b) angegeben haben. Wir können sie im allgemeinen Fall durch Einsetzen in (4.3.1) verifizieren, wenn wir beachten, daß

$$\frac{\partial}{\partial t}[\boldsymbol{\phi}(t, \tau)] = \mathbf{A}(t) \cdot \boldsymbol{\phi}(t, \tau)$$

ist und man außerdem damit

$$\frac{\partial}{\partial t}\int_{t_0}^{t} \boldsymbol{\phi}(t,\tau)\mathbf{B}(\tau)\mathbf{v}(\tau)d\tau = \mathbf{A}(t)\cdot\int_{t_0}^{t} \boldsymbol{\phi}(t,\tau)\mathbf{B}(\tau)\mathbf{v}(\tau)d\tau + \boldsymbol{\phi}(t,t)\mathbf{B}(t)\mathbf{v}(t)$$

erhält, wobei nach (4.3.6a) $\boldsymbol{\phi}(t,t) = \mathbf{E}$ ist.

Eine Herleitung von (4.3.17a) ist wie folgt möglich. Zunächst zeigt man, daß

$$\frac{\partial}{\partial t}\left[\boldsymbol{\phi}^{-1}(t,\tau)\right] = -\boldsymbol{\phi}^{-1}(t,\tau)\mathbf{A}(t) \tag{4.3.18a}$$

ist. Dazu betrachten wir

$$\frac{\partial}{\partial t}\left[\boldsymbol{\phi}^{-1}(t,\tau)\boldsymbol{\phi}(t,\tau)\right] = \mathbf{0}$$

und erhalten

$$\frac{\partial}{\partial t}\left[\boldsymbol{\phi}^{-1}(t,\tau)\right]\boldsymbol{\phi}(t,\tau) = -\boldsymbol{\phi}^{-1}(t,\tau)\cdot\frac{\partial}{\partial t}[\boldsymbol{\phi}(t,\tau)].$$

Mit $\frac{\partial}{\partial t}[\boldsymbol{\phi}(t,\tau)] = \mathbf{A}(t)\cdot\boldsymbol{\phi}(t,\tau)$ ergibt sich nach Multiplikation mit $\boldsymbol{\phi}^{-1}(t,\tau)$ von rechts (4.3.18a). Es ist nun

$$\frac{\partial}{\partial t}\left[\boldsymbol{\phi}^{-1}(t,\tau)\right]\mathbf{x}(t) = -\boldsymbol{\phi}^{-1}(t,\tau)\mathbf{A}(t)\mathbf{x}(t).$$

Andererseits folgt aus (4.3.1a) durch Multiplikation mit $\boldsymbol{\phi}^{-1}(t,\tau)$ von links

$$\boldsymbol{\phi}^{-1}(t,\tau)\mathbf{x}'(t) = \boldsymbol{\phi}^{-1}(t,\tau)\mathbf{A}(t)\mathbf{x}(t) + \boldsymbol{\phi}^{-1}(t,\tau)\mathbf{B}(t)\mathbf{v}(t).$$

Die Addition der letzten beiden Beziehungen liefert

$$\frac{\partial}{\partial t}\left[\boldsymbol{\phi}^{-1}(t,\tau)\mathbf{x}(t)\right] = \boldsymbol{\phi}^{-1}(t,\tau)\mathbf{B}(t)\mathbf{v}(t).$$

Wir wählen nun $\tau = t_0$ und erhalten durch Integration von t_0 bis t zunächst

$$\boldsymbol{\phi}^{-1}(t,t_0)\mathbf{x}(t) - \boldsymbol{\phi}^{-1}(t_0,t_0)\mathbf{x}(t_0) = \int_{t_0}^{t} \boldsymbol{\phi}^{-1}(\tau,t_0)\mathbf{B}(\tau)\mathbf{v}(\tau)d\tau.$$

Mit $\boldsymbol{\phi}^{-1}(t_0,t_0) = \mathbf{E}$ (siehe (4.3.6a,c)) ergibt sich nach Linksmultiplikation mit $\boldsymbol{\phi}(t,t_0)$

$$\mathbf{x}(t) = \boldsymbol{\phi}(t,t_0)\mathbf{x}(t_0) + \boldsymbol{\phi}(t,t_0)\int_{t_0}^{t} \boldsymbol{\phi}^{-1}(\tau,t_0)\mathbf{B}(\tau)\mathbf{v}(\tau)d\tau.$$

Aus (4.3.6b,c) folgt

$$\boldsymbol{\phi}(t,t_0)\boldsymbol{\phi}^{-1}(\tau,t_0) = \boldsymbol{\phi}(t,t_0)\boldsymbol{\phi}(t_0,\tau) = \boldsymbol{\phi}(t,\tau)$$

und damit schließlich (4.3.17a)

$$\mathbf{x}(t) = \boldsymbol{\phi}(t, t_0)\mathbf{x}(t_0) + \int_{t_0}^{t} \boldsymbol{\phi}(t, \tau)\mathbf{B}(\tau)\mathbf{v}(\tau)d\tau.$$

Setzt man dieses Ergebnis in (4.3.1b) ein, so folgt unmittelbar die Beziehung (4.3.17b)

$$\mathbf{y}(t) = \mathbf{C}(t)\boldsymbol{\phi}(t, t_0)\mathbf{x}(t_0) + \mathbf{C}(t)\int_{t_0}^{t} \boldsymbol{\phi}(t, \tau)\mathbf{B}(\tau)\mathbf{v}(\tau)d\tau + \mathbf{D}(t)\mathbf{v}(t).$$

In Abschnitt 3.2.4 hatten wir die Reaktion eines allgemeinen linearen Systems mit Hilfe der Impulsantwortmatrix $\mathbf{h}_0(t, \tau)$ ausgedrückt. Aus (3.2.18) erhalten wir bei Spezialisierung auf kausale Systeme

$$\mathbf{y}(t) = \int_{-\infty}^{t} \mathbf{h}_0(t, \tau)\mathbf{v}(\tau)d\tau. \tag{4.3.19a}$$

Andererseits können wir (4.3.17b) mit $\mathbf{x}(t_0) = \mathbf{0}$ und $t_0 = -\infty$ als

$$\begin{aligned}\mathbf{y}(t) = {} & \mathbf{C}(t) \cdot \int_{-\infty}^{t} \boldsymbol{\phi}(t, \tau)\mathbf{B}(\tau)\mathbf{v}(\tau)d\tau + \mathbf{D}(t)\mathbf{v}(t) \\ = {} & \int_{-\infty}^{t} \left[\mathbf{C}(t)\boldsymbol{\phi}(t, \tau)\mathbf{B}(\tau) + \mathbf{D}(\tau)\delta_0(t-\tau)\right]\mathbf{v}(\tau)d\tau\end{aligned}$$

schreiben. Der Vergleich führt auf

$$\mathbf{h}_0(t, \tau) = \mathbf{C}(t)\boldsymbol{\phi}(t, \tau)\mathbf{B}(\tau)\delta_{-1}(t-\tau) + \mathbf{D}(t)\delta_0(t-\tau). \tag{4.3.19b}$$

Die Spezialisierung auf zeitinvariante Systeme liefert wieder (4.2.52)

$$\mathbf{h}_0(t) = \mathbf{C}\boldsymbol{\phi}(t)\mathbf{B}\delta_{-1}(t) + \mathbf{D}\delta_0(t).$$

Auch bei zeitvariablen Systemen stellt sich natürlich die Aufgabe, die Steuerbarkeit und Beobachtbarkeit des Zustandsvektors $\mathbf{x}(t)$ zu untersuchen. Auf die Behandlung sei hier verzichtet. Wir verweisen dazu auf die Literatur (z.B. [4.13], [4.26]).

4.4 Allgemeine Systeme

Wir betrachten nun allgemeine kausale Systeme, die durch gewöhnliche Differential- oder Differenzengleichungen beschrieben werden. Weder Linearität noch

Zeitinvarianz werden vorausgesetzt. In Abschnitt 3.7 haben wir bereits einige Bemerkungen zu nichtlinearen Systemen gemacht. Dort wurde insbesondere der einfache Fall gedächtnisfreier Systeme behandelt, die durch eine Kennlinie $y[v(t)]$ beschrieben werden. Trotzdem hingen Untersuchungsmethoden und Ergebnisse stark vom betrachteten Beispiel und von der Eingangsgröße ab. Bei dynamischen Systemen ist es noch schwieriger, zu allgemeinen Aussagen zu kommen.

Wir beschränken uns in diesem Abschnitt auf eine Einführung in ein allerdings sehr wichtiges Teilproblem der Systemanalyse, auf die Untersuchung der Stabilität. Damit greifen wir unter sehr allgemeinen Voraussetzungen eine Fragestellung erneut auf, die wir bei linearen Systemen bereits eingehend behandelt haben. Die dort gefundenen Ergebnisse werden sich dabei als Spezialfälle der jetzt durchzuführenden Betrachtungen erweisen. Es geht bei diesen Überlegungen nicht so sehr um das Auffinden der Lösungen von nichtlinearen Differential- oder Differenzengleichungen, sondern vielmehr um Methoden, mit denen man die Stabilität eines Systems zu untersuchen vermag. Dazu benötigen wir eine geeignete Definition der Stabilität sowie weitere Begriffe. Es sei ausdrücklich betont, daß die folgende Darstellung nur als erster Hinweis auf Probleme und Methoden dienen kann. Für eine eingehende Darstellung muß auf die umfangreiche Literatur über gewöhnliche Differentialgleichungen, auf allgemeine Stabilitätsuntersuchungen (z.B. [4.29]) sowie für Anwendungen speziell in der Regelungstechnik z.B. auf [4.30] verwiesen werden.

4.4.1 Stabilitätsdefinition nach LYAPUNOV

Wir betrachten zunächst nicht erregte Systeme, setzen also $\mathbf{v}(t) \equiv \mathbf{0}$. Sie seien durch die Gleichungen

$$\mathbf{x}'(t) = \mathbf{f}[t, \mathbf{x}(t)], \quad \mathbf{x}(t_0) = \mathbf{x}_0 \tag{4.4.1a}$$

bzw.

$$\mathbf{x}(k+1) = \mathbf{f}[k, \mathbf{x}(k)], \quad \mathbf{x}(k_0) = \mathbf{x}_0 \tag{4.4.2a}$$

beschrieben. Hier ist $\mathbf{x}$ der Zustandsvektor, dessen Anfangswert $\mathbf{x}(t_0)$ bzw. $\mathbf{x}(k_0)$ bekannt sein möge. $\mathbf{f}$ ist eine zunächst beliebige vektorielle Funktion. Nichtlineare und zeitvariante Systeme werden also ausdrücklich in die Betrachtungen einbezogen. Die Lösungen der obigen Gleichungen seien $\boldsymbol{\xi}[t, \mathbf{x}(t_0)]$ bzw. $\boldsymbol{\xi}[k, \mathbf{x}(k_0)]$, wobei eine stetige Abhängigkeit vom Anfangszustand vorliegen möge. Es sei nun angenommen, daß es einen Gleichgewichtszustand $\mathbf{x}_g$ gebe, in dem das System in Ruhe ist, von dem ausgehend es also keine Änderungen mehr gibt. Nach den obigen Ausgangsgleichungen ist $\mathbf{x}_g$ durch

$$\mathbf{0} = \mathbf{f}[t, \mathbf{x}_g] \tag{4.4.1b}$$

bzw.

$$\mathbf{x}_g = \mathbf{f}[k, \mathbf{x}_g] \tag{4.4.2b}$$

gekennzeichnet. Wenn man den Gleichgewichtszustand als Anfangsvektor wählt, erhält man daher aus seiner Definition

$$\boldsymbol{\xi}[t, \mathbf{x}_g] \equiv \mathbf{x}_g \qquad \forall t \geq t_0 \tag{4.4.1c}$$

bzw.

$$\boldsymbol{\xi}[k, \mathbf{x}_g] \equiv \mathbf{x}_g \qquad \forall k \geq k_0. \tag{4.4.2c}$$

Wir geben jetzt eine erste anschauliche Definition der Stabilität. Nach LYAPUNOV (1892) wird ein System dann als stabil bezeichnet, wenn es bei hinreichend kleiner Auslenkung δ aus dem Gleichgewichtszustand $\mathbf{x}_g$ eine vorgeschriebene Umgebung ε von $\mathbf{x}_g$ nicht verläßt. Bild 4.57a zeigt den Zustandsvektor eines in diesem Sinne stabilen, das Teilbild b entsprechend den eines instabilen kontinuierlichen Systems zweiter Ordnung.

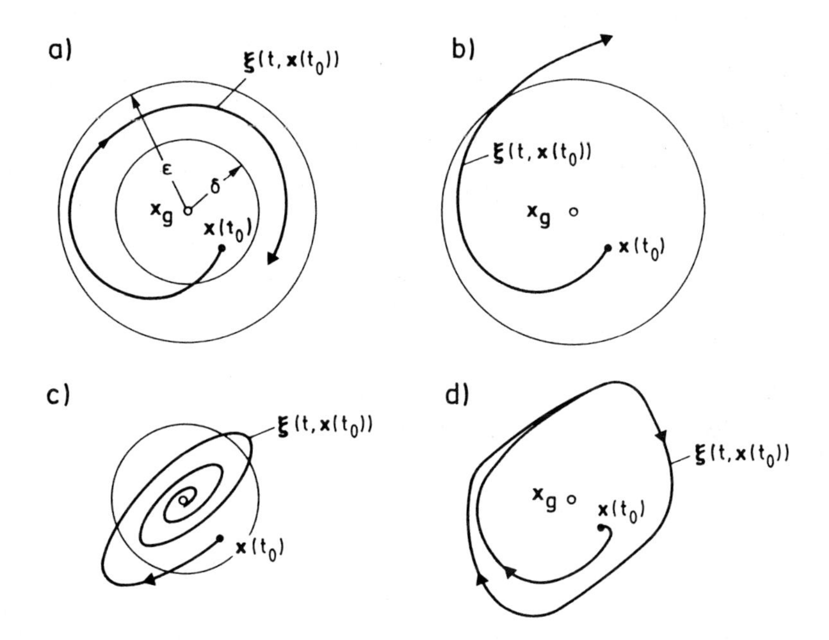

Bild 4.57: Beispiele für Zustandsvektoren bei Systemen zweiter Ordnung. Der Gleichgewichtszustand $\mathbf{x}_g$ ist bei a) stabil, bei b) instabil, bei c) asymptotisch stabil und im Falle d) instabil, aber beschränkt

Für eine generelle Aussage benötigen wir den Betrag oder die Norm eines Vektors als Maß für die Entfernung zweier Punkte im n-dimensionalen Raum. Lassen wir für eine allgemeine Formulierung komplexe Werte für die Elemente des Vektors $\mathbf{q}$ zu, so ist seine Euklidische Norm definiert als der Zahlenwert

$$||\mathbf{q}|| = +\sqrt{(\mathbf{q}^*)^T\mathbf{q}} = +\sqrt{\sum_{\nu=1}^{n} |q_\nu|^2}. \tag{4.4.3a}$$

Die unmittelbar einleuchtenden Eigenschaften dieser Norm sind

$$||\mathbf{q}|| < \infty, \text{ wenn } |q_\nu| < \infty, \ \nu = 1(1)n \tag{4.4.3b}$$

$$||\mathbf{q}|| > 0, \text{ wenn } \mathbf{q} \neq \mathbf{0} \tag{4.4.3c}$$

$$||\mathbf{q}_1 + \mathbf{q}_2|| \leq ||\mathbf{q}_1|| + ||\mathbf{q}_2|| \quad \text{(Dreiecksungleichung)} \tag{4.4.3d}$$

$$||\alpha\mathbf{q}|| = |\alpha| \cdot ||\mathbf{q}||, \quad \alpha \in \mathbb{C}. \tag{4.4.3e}$$

Jetzt können wir die allgemeine Definition der Stabilität für den kontinuierlichen Fall wie folgt angeben:

Ein Gleichgewichtszustand $\mathbf{x}_g$ heißt genau dann *stabil*, wenn für beliebige Werte t_0 und $\varepsilon > 0$ ein Wert $\delta = \delta(\varepsilon, t_0) > 0$ so angegeben werden kann, daß

$$||\boldsymbol{\xi}[t, \mathbf{x}(t_0)] - \mathbf{x}_g|| < \varepsilon \qquad \forall t > t_0 \tag{4.4.4a}$$

ist, wenn für den sonst beliebigen Anfangszustand $\mathbf{x}(t_0)$ gilt

$$||\mathbf{x}(t_0) - \mathbf{x}_g|| < \delta.$$

Wir betrachten einige Spezialfälle von stabilen Systemen:

a) Ein System heißt *gleichmäßig stabil*, wenn der zulässige Auslenkungsbereich δ zwar von ε, nicht aber von t_0 abhängt. (4.4.4b)

Ist ein System entsprechend (4.4.4a) stabil, so ist offenbar für die gleichmäßige Stabilität hinreichend, daß es zeitinvariant ist.

b) Ein System heißt *asymptotisch stabil*, wenn $\lim_{t\to\infty} ||\boldsymbol{\xi}[t, \mathbf{x}(t_0)] - \mathbf{x}_g|| = 0$ für $||\mathbf{x}(t_0) - \mathbf{x}_g|| < \delta$ gilt. (4.4.4c)

Charakteristisch für die asymptotische Stabilität ist also, daß das System nach Auslenkung in den ursprünglichen Zustand zurückkehrt. Dabei nennt man den größtmöglichen Wert von δ den Einzugsbereich des Gleichgewichtspunktes. Bild (4.57c) zeigt $\boldsymbol{\xi}[t, \mathbf{x}(t_0)]$ für ein asymptotisch stabiles System.

c) Ein System heißt *global asymptotisch stabil*, wenn $\lim_{t\to\infty} ||\boldsymbol{\xi}[t, \mathbf{x}(t_0)] - \mathbf{x}_g|| = 0$ für beliebiges $\mathbf{x}(t_0)$ gilt. (4.4.4d)

Kennzeichnend für die globale asymptotische Stabilität ist also, daß der Einzugsbereich nicht beschränkt ist. Ein solches System kann natürlich nur einen Gleichgewichtszustand haben.

Bei Systemen, die im Sinne der Definition (4.4.4a) instabil sind, kann man noch eine Unterscheidung treffen. Abgesehen von dem Fall, daß $||\boldsymbol{\xi}[t, \mathbf{x}(t_0)] - \mathbf{x}_g||$ über alle Grenzen wächst (Bild 4.57b) kann es vorkommen, daß diese Norm beschränkt bleibt:

d) Kann man stets einen Wert $\delta > 0$ und eine endliche Schranke $K(t_0, \delta) > 0$ so angeben, daß

$$||\boldsymbol{\xi}[t, \mathbf{x}(t_0)] - \mathbf{x}_g|| < K(t_0, \delta), \qquad \forall t > t_0 \tag{4.4.4e}$$

ist, wenn gilt $||\mathbf{x}(t_0) - \mathbf{x}_g|| < \delta$, so nennt man den Gleichgewichtszustand *beschränkt*. Er heißt *gleichmäßig beschränkt*, wenn K nicht von t_0 abhängt.

Zu dieser Kategorie gehören Systeme, die bei geringer Auslenkung in einen anderen Gleichgewichtszustand übergehen, aber auch solche, die dann zu ungedämpften aber beschränkten Eigenschwingungen fähig sind (siehe Bild 4.57d).

Die hier gegebenen Definitionen lassen sich ohne weiteres auf diskrete Systeme übertragen. Man hat lediglich t durch k bzw. t_0 durch k_0 zu ersetzen.

Wir wenden die obigen Überlegungen zunächst auf lineare kontinuierliche Systeme an, die im allgemeinen Fall für $\mathbf{v}(t) = \mathbf{0}$ durch (4.3.1a)

$$\mathbf{x}'(t) = \mathbf{A}(t) \cdot \mathbf{x}(t)$$

beschrieben werden. $\mathbf{x}_g = \mathbf{0}$ ist hier der einzige Gleichgewichtszustand, wenn wir voraussetzen, daß $\mathbf{A}(t)$ nicht singulär wird. Wenn wir von einem Anfangszustand $\mathbf{x}(t_0)$ ausgehen, so ist nach (4.3.5a)

$$\boldsymbol{\xi}[t, \mathbf{x}(t_0)] = \mathbf{x}(t) = \boldsymbol{\phi}(t, t_0)\mathbf{x}(t_0)$$

die Lösung der Zustandsgleichung, wobei die Übergangsmatrix $\boldsymbol{\phi}(t, \tau)$ im Einzelfall aus $\mathbf{A}(t)$ zu bestimmen ist (siehe Abschnitt 4.3.1.1). Nach (4.4.4) haben wir jetzt

$$||\mathbf{x}(t)|| = ||\boldsymbol{\phi}(t, t_0)\mathbf{x}(t_0)||$$

zu untersuchen.

Wir benötigen hier die Norm einer quadratischen Matrix $\mathbf{Q}$, die zu der in (4.4.3) vorgestellten Norm eines Vektors $\mathbf{q}$ passend einzuführen ist [4.6]. Dazu wird gefordert, daß für alle $\mathbf{q}$ gilt:

$$||\mathbf{Q}\mathbf{q}|| \leq ||\mathbf{Q}|| \cdot ||\mathbf{q}||. \tag{4.4.5a}$$

Setzt man z.B. speziell $\mathbf{q} = \mathbf{q}_i$, wobei $\mathbf{q}_i$ ein Eigenvektor von $\mathbf{Q}$ zum Eigenwert λ_i ist, so folgt aus $||\mathbf{Q}\mathbf{q}_i|| = |\lambda_i| \cdot ||\mathbf{q}_i||$

$$|\lambda_i| \leq ||\mathbf{Q}||. \tag{4.4.5b}$$

Man kann verschiedene Normen von $\mathbf{Q}$ definieren, die im Sinne von (4.4.5a) zu $||\mathbf{q}||$ passend sind. Hier interessiert vor allem $\sup(\mathbf{Q})$, *die Supremumsnorm* von $\mathbf{Q}$. Unter der zu einer Vektornorm $||\mathbf{q}||$ gehörenden Schrankennorm $\sup(\mathbf{Q})$ versteht man die kleinste Zahl α derart, daß für alle Vektoren $\mathbf{q}$

$$||\mathbf{Qq}|| \leq \alpha ||\mathbf{q}|| \tag{4.4.5c}$$

gilt. Es ist also $\sup(\mathbf{Q}) = \min \alpha$ und für $\mathbf{q} \neq \mathbf{0}$

$$\sup(\mathbf{Q}) = \max \frac{||\mathbf{Qq}||}{||\mathbf{q}||}. \tag{4.4.5d}$$

Wir zeigen, wie man diesen Wert bestimmen kann. Dazu setzen wir $\mathbf{p} = \mathbf{Qq}$ und erhalten mit (4.4.3a) für jedes $\mathbf{q}$ einen reellen Wert

$$||\mathbf{p}||^2 = (\mathbf{p}^*)^T \mathbf{p} = (\mathbf{q}^*)^T (\mathbf{Q}^*)^T \mathbf{Qq} \geq 0. \tag{4.4.6a}$$

Diese Gleichung beschreibt eine *positiv definite* quadratische Form, falls $||\mathbf{p}||^2 = 0$ nur für $\mathbf{q} = \mathbf{0}$ möglich ist. In diesem Fall ist die Hermitesche Matrix $(\mathbf{Q}^*)^T\mathbf{Q}$ nichtsingulär. Die Form heißt *semidefinit*, wenn $||\mathbf{p}||^2 = 0$ auch für $\mathbf{q} \neq \mathbf{0}$ möglich ist. Im übertragenen Sinne nennt man dann die Matrix $(\mathbf{Q}^*)^T\mathbf{Q}$ selbst positiv (semi-)definit. Ihre Eigenwerte sind sämtlich reell und nicht negativ. Sie seien mit κ_i^2 bezeichnet. Es wird nun noch mit

$$R[\mathbf{q}] = \frac{(\mathbf{q}^*)^T (\mathbf{Q}^*)^T \mathbf{Qq}}{||\mathbf{q}||^2} \tag{4.4.6b}$$

der *Rayleigh-Quotient* der Matrix $(\mathbf{Q}^*)^T\mathbf{Q}$ eingeführt. Setzt man für $\mathbf{q}$ einen zum Eigenwert κ_i^2 gehörenden Eigenvektor $\mathbf{q}_i$ ein, so folgt $R[\mathbf{q}_i] = \kappa_i^2$. Man kann zeigen, daß die κ_i^2 zugleich lokale Extremwerte von $R[\mathbf{q}]$ sind. Dann gilt für das globale Maximum

$$\max R[\mathbf{q}] = \max \kappa_i^2 =: \kappa_{\max}^2. \tag{4.4.6c}$$

Mit dem Rayleigh-Quotienten erhält man aus (4.4.6a)

$$||\mathbf{p}||^2 = R[\mathbf{q}] \cdot ||\mathbf{q}||^2.$$

Dann folgt aus (4.4.6c)

$$||\mathbf{p}|| = ||\mathbf{Qq}|| \leq \kappa_{\max} \cdot ||\mathbf{q}|| \tag{4.4.6d}$$

und schließlich mit (4.4.5d)

$$\sup(\mathbf{Q}) = \kappa_{\max}. \tag{4.4.5e}$$

Wir können damit jetzt untersuchen, wie $\boldsymbol{\phi}(t, t_0)$ beschaffen sein muß , damit die nach (4.4.4) für ein System mit $\mathbf{x}_g = \mathbf{0}$ gültige Stabilitätsbedingung

$$||\mathbf{x}(t)|| = ||\boldsymbol{\phi}(t, t_0)\mathbf{x}(t_0)|| < \varepsilon$$

erfüllt ist, falls der Anfangszustand $\mathbf{x}(t_0)$ geeignet gewählt wird. Mit (4.4.5) folgt als hinreichende Bedingung für die Stabilität

$$\sup[\boldsymbol{\phi}(t, t_0)] \cdot ||\mathbf{x}(t_0)|| < \varepsilon, \ \forall t \geq t_0 \tag{4.4.7a}$$

Ist $\sup[\boldsymbol{\phi}(t, t_0)]$ für alle Werte von $t \geq t_0$ beschränkt, so ist (4.4.7a) für jedes beliebige $\varepsilon > 0$ durch Wahl eines Wertes $\delta > 0$ entsprechend

$$\delta = ||\mathbf{x}(t_0)|| = \frac{\varepsilon}{\sup[\boldsymbol{\phi}(t, t_0)]} \tag{4.4.7b}$$

sicher zu erfüllen. Daraus folgt unmittelbar, daß alle Elemente der Übergangsmatrix $\boldsymbol{\phi}(t, t_0)$ für $t \geq t_0$ beschränkt sein müssen. Die Bedingung ist auch notwendig, denn würde z.B. das Element $\varphi_{\lambda\nu}(t, t_0)$ von $\boldsymbol{\phi}(t, t_0)$ für wachsendes t über alle Grenzen gehen, so würde $x_\lambda(t)$ entsprechend wachsen, falls $x_\nu(t_0) \neq 0$ ist. In anderer Formulierung: Mit einem divergierenden Element von $\boldsymbol{\phi}(t, t_0)$ divergiert auch $\sup[\boldsymbol{\phi}(t, t_0)]$, und damit wird die nach (4.4.7b) zugelassene Auslenkung aus dem Gleichgewichtszustand zu Null.

Für den zeitinvarianten linearen Fall ist die allgemeine Form der Übergangsmatrix bekannt. Die sich dafür ergebenden Schlußfolgerungen für die Stabilität hatten wir bereits in Abschnitt 4.2.9.1 gezogen. Unter Verwendung der mit (4.4.4) eingeführten Klassifizierung stellen wir jetzt fest:

a) Ein lineares, zeitinvariantes kontinuierliches System ist global asymptotisch stabil, wenn für die n_0 verschiedenen Eigenwerte $s_{\infty\nu}$ der $\mathbf{A}$-Matrix gilt

$$\sigma_{\infty\nu} = Re\,\{s_{\infty\nu}\} < 0, \quad \nu = 1(1)n_0\ ; \tag{4.4.8a}$$

b) es ist stabil, wenn

$$\sigma_{\infty\nu} = Re\,\{s_{\infty\nu}\} \leq 0, \quad \nu = 1(1)n_0\ , \tag{4.4.8b}$$

wobei die bei $s_{\infty\nu} = j\omega_{\infty\nu}$ liegenden Eigenwerte einfach sein müssen;

c) es ist instabil, wenn

$$\begin{aligned} \sigma_{\infty\nu} = &\quad Re\,\{s_{\infty\nu}\} > 0 \quad \text{für wenigstens ein } \nu \\ \text{oder } \sigma_{\infty\nu} = &\quad Re\,\{s_{\infty\nu}\} = 0 \quad \text{mit der Vielfachheit } n_\nu > 1. \end{aligned} \tag{4.4.8c}$$

Die Bedingung a) hatten wir auch aus der Forderung bekommen, daß die Impulsantwort absolut integrabel sein muß. Im Falle b) ist die Impulsantwort lediglich beschränkt. Wir erinnern daran, daß die damaligen Aussagen sich nur auf die steuerbaren und beobachtbaren Eigenschwingungen bezogen.

Sind die Systeme zeitvariant, so muß in jedem Einzelfall die Übergangsmatrix bestimmt werden, bevor Stabilitätsaussagen gemacht werden können. Wir hatten im Abschnitt 4.3.1.1 ein periodisch zeitvariables System als Beispiel behandelt, das sich unter bestimmten Umständen als (beschränkt) stabil mit periodischer Übergangsmatrix, unter anderen dagegen als instabil erwies.

Die obigen Untersuchungen können ganz entsprechend für diskrete lineare Systeme durchgeführt werden. Sind sie speziell zeitlich invariant, so erhalten wir eine mit der Einteilung (4.4.8) korrespondierende Klassifizierung:

a) Ein lineares, zeitinvariantes, diskretes System ist global asymptotisch stabil, wenn für die n_0 verschiedenen Eigenwerte der Matrix $\mathbf{A}$ gilt

$$|z_{\infty\nu}| < 1, \quad \nu = 1(1)n_0\,; \tag{4.4.9a}$$

b) es ist stabil, wenn

$$|z_{\infty\nu}| \leq 1, \quad \nu = 1(1)n_0\,, \tag{4.4.9b}$$

wobei die auf dem Einheitskreis liegenden Eigenwerte einfach sein müssen;

c) es ist instabil, wenn

$$\begin{array}{ll} |z_{\infty\nu}| > 1 & \text{für wenigstens ein } \nu \\ \text{oder } |z_{\infty\nu}| = 1 & \text{mit der Vielfachheit } n_\nu > 1. \end{array} \tag{4.4.9c}$$

4.4.2 Die direkte Methode von LYAPUNOV

Für die Praxis ist die Untersuchung der Stabilität nichtlinearer Systeme von besonderem Interesse. Im Prinzip ist es natürlich möglich, in jedem Einzelfall die Zustandsvektoren $\mathbf{x}(t)$ bzw. $\mathbf{x}(k)$ zu bestimmen und dann eine Überprüfung entsprechend den Bedingungen (4.4.4) vorzunehmen. Wünschenswert wäre aber eine Methode, mit der man ohne explizite Kenntnis des Zustandsvektors eine Aussage über die Stabilität machen kann. Im folgenden behandeln wir ein von Lyapunov 1893 angegebenes derartiges Verfahren, mit dem prinzipiell eine hinreichende Bedingung für die Stabilität eines nichtlinearen Systems gefunden werden kann, (z.B. [4.13], [4.27], [4.30]), das aber natürlich auch für lineare Systeme brauchbar ist.

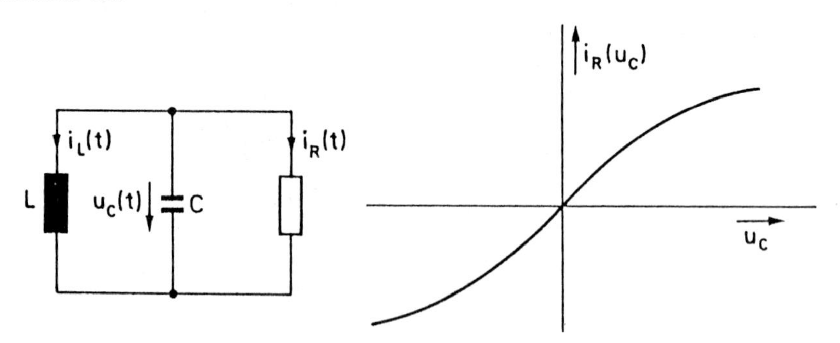

Bild 4.58: Schwingkreis mit nichtlinearem Widerstand

Wir behandeln zunächst ein einführendes Beispiel. Der in Bild 4.58 dargestellte Parallelkreis enthalte außer den linearen Elementen L und C einen i.a. nichtlinearen Widerstand, der durch die Beziehung $i_R = i_R(u_C)$ beschrieben sei. Diese Funktion sei stetig und es sei zunächst $\operatorname{sign} i_R = \operatorname{sign} u_C$. Für das Netzwerk gelten die homogenen Zustandsgleichungen

$$i'_L(t) = \frac{1}{L} u_C(t)$$

$$u'_C(t) = -\frac{1}{C} i_L(t) - \frac{1}{C} i_R[u_C(t)].$$

Die in der Schaltung gespeicherte Energie ist

$$w(t) = \frac{1}{2} L \cdot i_L^2(t) + \frac{1}{2} C \cdot u_C^2(t).$$

Es ist $w(t) \geq 0$, wobei das Gleichheitszeichen nur gilt, wenn $\mathbf{x}(t) = [i_L(t), u_C(t)]^T = \mathbf{0}$ ist. Entsprechend den Aussagen des letzten Abschnittes ist $w(t)$ positiv definit (siehe auch Abschnitt 4.2.6). Die Differentiation nach der Zeit liefert

$$\frac{dw(t)}{dt} = L i_L(t) \cdot i'_L(t) + C u_C(t) \cdot u'_C(t).$$

Nach Einsetzen von $i_L(t)$ und $u_C(t)$ aus der Zustandsgleichung bleibt bei Beachtung von $\operatorname{sign} i_R = \operatorname{sign} u_C$

$$\frac{dw(t)}{dt} = -u_C(t) \cdot i_R[u_C(t)] \leq 0,$$

wobei das Gleichheitszeichen nur für $u_C(t) = 0$ gilt. Offenbar kann in diesem Fall $i_L(t)$, die andere Zustandsvariable, von Null verschieden sein. Man nennt einen derartigen Ausdruck dann entsprechend negativ semidefinit. Wir schließen, daß die gespeicherte Energie bis zum Gleichgewichtspunkt $\mathbf{x}(t) = [i_L(t), u_C(t)]^T = \mathbf{0}$ abnimmt. Dabei kann $w(t)$ Sattelpunkte haben, in denen $\frac{dw(t)}{dt} = 0$, aber $i_L(t) \neq 0$ ist. Diese Aussage gilt offenbar unabhängig vom gewählten Anfangszustand.

Mit dieser Überlegung haben wir das System als global asymptotisch stabil erkannt, ohne den Zustandsvektor $\mathbf{x}(t)$ explizit zu errechnen, sogar ohne eine detaillierte Aussage über die Kennlinie des nichtlinearen Widerstandes zu machen.

Wir betrachten ein Experiment, bei dem wir unterschiedliche Annahmen über $i_R(u_C)$ machen, die z.T. von den obigen abweichen. In der Anordnung von Bild 4.59a ist in der Schalterstellung $0: i_R(u_C) \equiv 0$. Man erhält:

$$\frac{dw(t)}{dt} \equiv 0 \rightarrow w(t) = \text{konst.}$$

Der Schwingkreis ist verlustfrei, das System ist stabil im Sinne von (4.4.4a).

Schalterstellung 1: $i_R(u_C) = G \cdot u_C, G > 0$:
Bei dem jetzt vorliegenden verlustbehafteten linearen Schwingkreis ist

$$\frac{dw(t)}{dt} = -G \cdot u_C^2(t) \leq 0, \ \forall t.$$

Das System ist global asymptotisch stabil.

Schalterstellung 2: $i_R(u_C) = G \cdot u_C \cdot \delta_{-1}(u_C)$:
Der Widerstand ist über einen Gleichrichter angeschaltet. Man erhält

$$\frac{dw(t)}{dt} = -G \cdot u_C^2(t) \cdot \delta_{-1}(u_C) = \begin{cases} -G \cdot u_C^2(t) \leq 0 & \text{für } u_C(t) \geq 0 \\ 0 & \text{für } u_C(t) < 0. \end{cases}$$

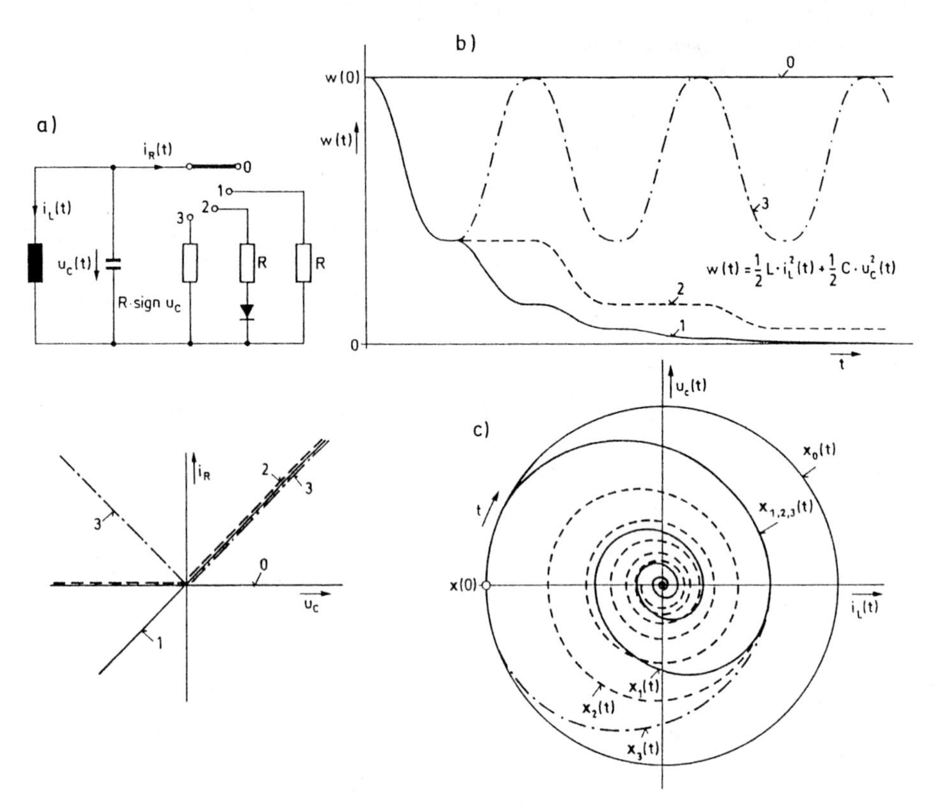

Bild 4.59: Beispiel zur Einführung der Lyapunov-Funktion

Auch dieses System ist global asymptotisch stabil, obwohl $w(t)$ nicht nur in isolierten Punkten wie im Fall 1, sondern intervallweise konstant ist.

Schalterstellung 3: $i_R(u_C) = [G \cdot \text{sign} u_C] \cdot u_C$:
Es ist

$$\frac{dw(t)}{dt} = -[G \cdot \text{sign} u_C(t)] \cdot u_C^2(t) \begin{cases} < 0, & u_C(t) > 0 \\ = 0, & u_C(t) = 0 \\ > 0, & u_C(t) < 0 \end{cases}$$

Hier nimmt die Energie in einem Intervall um einen bestimmten Wert ab, im nächsten um denselben Wert zu, da der Faktor G in beiden Intervallen derselbe ist. Das System ist stabil im Sinne von (4.4.4a).

Bild 4.59b zeigt den Verlauf von $w(t)$ für den Anfangswert $\mathbf{x}(0) = [i_L(0), 0]^T$. Es wurde $i_L(0) < 0$ gewählt. In Bild 4.59c sind die zugehörigen Zustandsvektoren $\mathbf{x}(t)$ angegeben. Beide Bilder veranschaulichen die obigen Aussagen.

Die jetzt zu beschreibende direkte Methode von Lyapunov ergibt sich aus einer Verallgemeinerung der obigen Überlegungen. Benötigt wird eine von dem Zustandsvektor $\mathbf{x}(t)$ abhängige skalare Funktion $V[t, \mathbf{x}(t)]$, deren Eigenschaften denen der oben betrachteten Energiefunktion $w(t)$ entsprechen. Sie wird als *Lyapunovsche Funktion* bezeichnet.

Wir betrachten das durch (4.4.1a)

$$\mathbf{x}'(t) = \mathbf{f}[t, \mathbf{x}(t)]$$

beschriebene System, von dem wir ohne Einschränkung der Allgemeingültigkeit annehmen, daß es bei $\mathbf{x}_g = \mathbf{0}$ einen Gleichgewichtszustand besitzt, dessen Stabilität zu überprüfen ist. Es ist also $\mathbf{f}[t, \mathbf{0}] = \mathbf{0}$. Dann gilt die folgende hinreichende Stabilitätsbedingung:

Für das durch (4.4.1a) gekennzeichnete System sei $V[t, \mathbf{x}(t)]$ eine skalare Funktion, die in einer Umgebung des Ruhepunktes $\mathbf{x}_g = \mathbf{0}$ positiv definit und nach allen Variablen stetig differenzierbar ist. Untersucht wird

$$\frac{d}{dt} V[t, \mathbf{x}(t)] = \frac{\partial V}{\partial t} + \sum_{\nu=1}^{n} \frac{\partial V}{\partial x_\nu} \cdot \frac{dx_\nu}{dt}, \quad t \geq t_0. \tag{4.4.10}$$

Es gilt:

a) Ist $\frac{dV}{dt}$ negativ semidefinit, so ist das System im Nullpunkt stabil.

b) Ist $\frac{dV}{dt}$ negativ definit, so ist das System im Nullpunkt asymptotisch stabil.

Negativ (semi)definite Formen sind dabei ganz entsprechend zu den positiv (semi)definiten Formen definiert (siehe Abschnitt 4.4.1).

Wesentlich ist, daß die Bedingung (4.4.10) nur dann zu einer Aussage über die Stabilität führt, wenn eine Funktion $V[t, \mathbf{x}(t)]$ mit den genannten Eigenschaften, d.h. eine Lyapunov-Funktion gefunden werden kann. Ist das nicht der Fall, so bleibt die Frage nach der Stabilität des Systems unbeantwortet. Wir verzichten hier auf einen formalen Beweis, da die Bedingung anschaulich unmittelbar einleuchtend ist und auch durch das oben behandelte Beispiel erläutert wird.

Die Schwierigkeit, eine Lyapunov-Funktion zu finden, demonstrieren wir am Beispiel eines linearen, zeitinvarianten Systems, das im homogenen Fall durch $\mathbf{x}'(t) = \mathbf{A}\mathbf{x}(t)$ beschrieben wird. Es liegt nahe, entsprechend dem Vorgehen im obigen Beispiel versuchsweise $V_1(t) = \mathbf{x}^T(t)\mathbf{x}(t) = ||\mathbf{x}(t)||^2$ zu wählen. Diese Funktion ist natürlich positiv definit, ihre Ableitung

$$\frac{dV_1}{dt} = 2\mathbf{x}^T(t)\mathbf{x}'(t) = 2\mathbf{x}^T(t)\mathbf{A}\mathbf{x}(t)$$

aber auch für ein stabiles System nicht notwendig negativ definit. Z.B. erhält man im Fall eines Systems 2. Ordnung, realisiert in der ersten kanonischen Form, mit

$$\mathbf{A} = \begin{bmatrix} -c_1 & 1 \\ -c_0 & 0 \end{bmatrix} : \frac{dV_1}{dt} = -2[c_1 x_1(t) + (c_0 - 1)x_2(t)]x_1(t),$$

ein Ausdruck, der positiv werden kann, auch dann, wenn mit $c_0, c_1 > 0$ das System sicher stabil ist. Wenn man andererseits eine Transformation entsprechend Abschnitt 4.2.3.1 vornimmt, so erhält man mit

$$\mathbf{T} = \begin{bmatrix} 0 & -1 \\ \omega_\infty & \sigma_\infty \end{bmatrix},$$

wobei $s_{\infty 1,2} = \sigma_\infty \pm j\omega_\infty$ die Eigenwerte von $\mathbf{A}$ sind, das durch $\mathbf{q}'(t) = \mathbf{A}_q \cdot \mathbf{q}(t)$ beschriebene transformierte System, wobei

$$\mathbf{A}_q = \mathbf{T}^{-1}\mathbf{A}\mathbf{T} = \begin{bmatrix} \sigma_\infty & \omega_\infty \\ -\omega_\infty & \sigma_\infty \end{bmatrix}$$

ist. Wählt man $V_2(t) = \mathbf{q}^T(t)\mathbf{q}(t)$, so ist

$$\frac{dV_2}{dt} = 2\mathbf{q}^T(t)\mathbf{A}_q\mathbf{q}(t) = 2\sigma_\infty \left[q_1^2(t) + q_2^2(t)\right].$$

Dieser Ausdruck ist negativ definit für $\sigma_\infty < 0$. Es folgt also die vertraute Stabilitätsbedingung.

In Abschnitt 4.2.6 über passive Systeme haben wir dieses Beispiel ebenfalls behandelt. Dort war die Fragestellung insofern anders, als wir nicht primär an der Untersuchung der Stabilität eines gegebenen Systems interessiert waren, sondern an seiner Veränderung durch eine geeignete Transformation derart, daß bei gleichem Eingangs–Ausgangsverhalten das System passiv wurde.

Allgemein gilt für lineare, zeitinvariante Systeme eine ebenfalls von Lyapunov stammende Stabilitätsbedingung:

Ein durch $\mathbf{x}'(t) = \mathbf{A} \cdot \mathbf{x}(t)$ beschriebenes lineares System ist genau dann asymptotisch stabil, wenn zu einer beliebigen symmetrischen, positiv definiten $n \times n$ Matrix $\mathbf{Q}$ eine symmetrische, positiv definite $n \times n$ Matrix $\mathbf{P}$ existiert derart, daß gilt

$$\mathbf{A}^T\mathbf{P} + \mathbf{P}\mathbf{A} = -\mathbf{Q}. \tag{4.4.11}$$

Um das zu zeigen, wählen wir die Funktion $V = \mathbf{x}^T\mathbf{P}\mathbf{x}$ und erhalten aus

$$\frac{dV}{dt} = (\mathbf{x}')^T\mathbf{P}\mathbf{x} + \mathbf{x}^T\mathbf{P}\mathbf{x}'$$

mit der Systemgleichung $\mathbf{x}' = \mathbf{A}\mathbf{x}$

$$\frac{dV}{dt} = \mathbf{x}^T[\mathbf{A}^T\mathbf{P} + \mathbf{P}\mathbf{A}]\mathbf{x}.$$

Dieser Ausdruck ist offenbar negativ definit, wenn (4.4.11) gilt. Auf den Beweis, daß diese Bedingung auch notwendig ist, sei verzichtet.

Wir erläutern kurz am Beispiel eines Systems zweiter Ordnung, wie die obige Aussage verwendet werden kann. Der Einfachheit wegen wählen wir $\mathbf{Q} = \mathbf{E}$ und erhalten

$$\text{mit} \quad \mathbf{A} = \begin{bmatrix} a_{11} & a_{12} \\ a_{21} & a_{22} \end{bmatrix} \quad \text{aus}$$

$$\begin{bmatrix} a_{11} & a_{21} \\ a_{12} & a_{22} \end{bmatrix} \begin{bmatrix} p_{11} & p_{12} \\ p_{12} & p_{22} \end{bmatrix} + \begin{bmatrix} p_{11} & p_{12} \\ p_{12} & p_{22} \end{bmatrix} \begin{bmatrix} a_{11} & a_{12} \\ a_{21} & a_{22} \end{bmatrix} = \begin{bmatrix} -1 & 0 \\ 0 & -1 \end{bmatrix}$$

ein lineares Gleichungssystem zur Bestimmung der drei unbekannten Elemente von $\mathbf{P}$:

$$\begin{bmatrix} 2a_{11} & 2a_{21} & 0 \\ a_{12} & a_{11} + a_{22} & a_{21} \\ 0 & 2a_{12} & 2a_{22} \end{bmatrix} \cdot \begin{bmatrix} p_{11} \\ p_{12} \\ p_{22} \end{bmatrix} = \begin{bmatrix} -1 \\ 0 \\ -1 \end{bmatrix}.$$

Es ergibt sich

$$\mathbf{P} = \frac{1}{2(a_{11} + a_{22})|\mathbf{A}|} \begin{bmatrix} -(|\mathbf{A}| + a_{21}^2 + a_{22}^2) & a_{12}a_{22} + a_{21}a_{11} \\ a_{12}a_{22} + a_{21}a_{11} & -(|\mathbf{A}| + a_{11}^2 + a_{12}^2) \end{bmatrix}.$$

Generell gilt, daß eine reelle, symmetrische Matrix dann und nur dann positiv definit ist, wenn ihre Hauptabschnittsdeterminanten (die "nordwestlichen" Unterdeterminanten) alle positiv sind (z.B. [4.6]). Das führt hier auf die Bedingungen

$$p_{11} = -\frac{|\mathbf{A}| + a_{21}^2 + a_{22}^2}{2(a_{11} + a_{22})|\mathbf{A}|} > 0$$

und

$$|\mathbf{P}| = \frac{(a_{11} + a_{22})^2 + (a_{12} - a_{21})^2}{4(a_{11} + a_{22})^2|\mathbf{A}|} > 0.$$

Aus der zweiten Ungleichung folgt zunächst $|\mathbf{A}| > 0$ und damit ergibt sich aus der ersten $(a_{11} + a_{22}) < 0$. Das stimmt überein mit den vertrauten Bedingungen für die Stabilität eines Systems zweiter Ordnung, dessen charakteristische Gleichung

$$|s\mathbf{E} - \mathbf{A}| = s^2 - (a_{11} + a_{22})s + |\mathbf{A}| = s^2 + c_1 s + c_0$$

ist. Nach Abschnitt 5.6 von Band I ist das System stabil, wenn gilt

$$c_0 = |\mathbf{A}| > 0 \quad \text{und} \quad c_1 = -(a_{11} + a_{22}) > 0.$$

Bei einem System n-ter Ordnung kann man im Prinzip ebenso vorgehen, indem man die unbekannten Elemente der Matrix $\mathbf{P}$ aus $n(n+1)/2$ linearen Gleichungen bestimmt und dann überprüft, ob $\mathbf{P}$ positiv definit ist. Es ist aber natürlich zweckmäßiger, z.B. den bereits im Band I behandelten Hurwitz-Test anzuwenden. Er läßt sich aus (4.4.11) entwickeln. Auf die Herleitung sei hier verzichtet (siehe z.B. [4.13]).

Wir zeigen noch den Zusammenhang dieser Überlegungen mit unseren Untersuchungen über passive Systeme in Abschnitt 4.2.6. Dort hatten wir gefunden, daß man unter Bezug auf eine geeignet gewählte positiv definite Matrix $\mathbf{P}$ ein beliebiges, durch die Matrix $\mathbf{A}$ gekennzeichnetes stabiles System mit der Transformationsmatix $\mathbf{T} = \mathbf{P}^{-1/2}$ in ein passives mit $\mathbf{A}_q = \mathbf{P}^{1/2} \cdot \mathbf{A} \cdot \mathbf{P}^{-1/2}$ überführen kann. Es gilt dann die Bedingung (4.2.108e), nach der $\mathbf{Q}_q = -[\mathbf{A}_q + \mathbf{A}_q^T] = -[\mathbf{P}^{1/2}\mathbf{A}\mathbf{P}^{-1/2} + \mathbf{P}^{-1/2}\mathbf{A}^T\mathbf{P}^{1/2}]$ positiv (semi-)definit ist. Der Vergleich mit (4.4.11) zeigt, daß offenbar

$$\mathbf{Q} = \mathbf{P}^{1/2} \cdot \mathbf{Q}_q \cdot \mathbf{P}^{1/2} \tag{4.4.12}$$

ist. Bei der obigen Stabilitätsuntersuchung ist implizit eine Transformation in ein passives System enthalten, wobei wir allerdings zulassen, daß die kennzeichnende Matrix $\mathbf{Q}_q$ positiv semidefinit ist.

Wir hatten in Abschnitt 4.2.6 offen gelassen, wie man im allgemeinen Fall eine geeignete positiv definite Matrix $\mathbf{P}$ findet, wenn man sich also nicht auf ein passives physikalisches System beziehen kann. Hier wurde eben gezeigt, wie man ausgehend von (4.4.11) zur Stabilitätskontrolle eine solche Matrix durch Lösung eines linearen Gleichungssystems erhält. Wegen der beschriebenen engen Beziehungen in den Aufgabenstellungen läßt sich das Verfahren auch anwenden, wenn die Transformation eines stabilen Systems in ein passives beabsichtigt ist. Da die Matrix $\mathbf{Q}$ zwar positiv (semi-)definit, aber sonst beliebig gewählt werden kann, erhält man keine eindeutige Lösung, sondern für jedes gewählte $\mathbf{Q}$ ein anderes passives System.

Bei der Untersuchung diskreter Systeme kann man entsprechende Überlegungen anstellen. Wir gehen dabei von (4.4.2a)

$$\mathbf{x}(k+1) = \mathbf{f}[k, \mathbf{x}(k)],$$

aus und formulieren nach Lyapunov die folgende hinreichende Stabilitätsbedingung:

> Für das durch (4.4.2a) beschriebene System sei $V(k, \mathbf{x}(k))$ eine skalare Funktion, die in einer Umgebung des Ruhepunktes $\mathbf{x}_g = \mathbf{0}$ positiv definit ist. Untersucht wird
>
> $$\Delta V(k+1) = V[k+1, \mathbf{x}(k+1)] - V[k, \mathbf{x}(k)], \quad k \geq k_0. \tag{4.4.13}$$
>
> Dann gilt:
>
> a) Ist $\Delta V(k+1)$ negativ semidefinit, so ist das System im Nullpunkt stabil.
>
> b) Ist $\Delta V(k+1)$ negativ definit, so ist das System im Nullpunkt asymptotisch stabil.

Es kommt also auch hier wieder darauf an, eine vom Zustandsvektor und der Zeitvariablen abhängige geeignete positiv definite Funktion zu finden und ihr Verhalten mit fortschreitender Zeit zu betrachten. Stabilität liegt dann vor, wenn diese Funktion nicht zunehmen kann, asymptotische Stabilität, wenn sie monoton abnimmt. Die Schwierigkeit liegt wieder darin, daß eine Lyapunov-Funktion gefunden werden muß.

Zur Erläuterung untersuchen wir auch hier den durch $\mathbf{x}(k+1) = \mathbf{A}\mathbf{x}(k)$ beschriebenen linearen Fall. Wählt man zunächst wieder $V_1[\mathbf{x}(k)] = \mathbf{x}^T(k)\mathbf{x}(k)$, so ist

$$\Delta V_1(k+1) = \mathbf{x}^T(k)[\mathbf{A}^T\mathbf{A} - \mathbf{E}]\mathbf{x}(k).$$

Setzt man $\mathbf{A} = \begin{bmatrix} -c_1 & 1 \\ -c_0 & 0 \end{bmatrix}$, so erweist sich ΔV_1 nicht als negativ definit. Betrachten wir dagegen das transformierte System $\mathbf{q}(k+1) = \mathbf{A}_q \cdot \mathbf{q}(k)$ mit $\mathbf{A}_q = \begin{bmatrix} \sigma_\infty & \omega_\infty \\ -\omega_\infty & \sigma_\infty \end{bmatrix}$, so erhalten wir mit $V_2[\mathbf{q}(k)] = \mathbf{q}^T(k)\mathbf{q}(k) = ||\mathbf{q}(k)||^2$

$$\Delta V_2(k+1) = [q_1^2(k) + q_2^2(k)][|z_\infty|^2 - 1],$$

wobei $|z_\infty|^2 = \sigma_\infty^2 + \omega_\infty^2$ ist. Offenbar ist dieser Ausdruck nur dann negativ definit, wenn $|z_\infty|^2 < 1$ ist. Wir werden also auf die bekannte Stabilitätsbedingung für ein diskretes System 2. Ordnung geführt.

Für lineare diskrete Systeme kann man eine notwendige und hinreichende Stabilitätsbedingung formulieren, die der oben angegebenen Aussage (4.4.11) für den kontinuierlichen Fall entspricht. Es gilt:

> Ein durch $\mathbf{x}(k+1) = \mathbf{A} \cdot \mathbf{x}(k)$ beschriebenes System ist genau dann asymptotisch stabil, wenn zu einer beliebigen symmetrischen, positiv definiten $n \times n$ Matrix $\mathbf{Q}$ eine symmetrische, positiv definite $n \times n$ Matrix $\mathbf{P}$ angegeben werden kann derart, daß gilt
>
> $$\mathbf{A}^T\mathbf{P}\mathbf{A} - \mathbf{P} = -\mathbf{Q}. \qquad (4.4.14)$$

Man erhält diese Bedingung aus (4.4.13) mit $V(k, \mathbf{x}(k)) = \mathbf{x}^T(k)\mathbf{P}\mathbf{x}(k)$ ganz entsprechend dem Vorgehen bei der Herleitung von (4.4.11).

Auch hier ist unmittelbar eine Verbindung zur Untersuchung passiver Systeme in Abschnitt 4.2.6 möglich. Dort hatten wir die Passivitätsbedingung (4.2.110d) gefunden, nach der

$$\mathbf{Q}_q = -[\mathbf{A}_q^T \cdot \mathbf{A}_q - \mathbf{E}] = -[\mathbf{P}^{-1/2} \cdot \mathbf{A}^T \cdot \mathbf{P} \cdot \mathbf{A} \cdot \mathbf{P}^{-1/2} - \mathbf{E}]$$

positiv (semi-)definit sein muß . Der Vergleich mit (4.4.14) zeigt, daß auch hier gilt

$$\mathbf{Q} = \mathbf{P}^{1/2} \cdot \mathbf{Q}_q \cdot \mathbf{P}^{1/2}.$$

Die für den linearen Fall gemachten Aussagen zur Stabilität lassen sich auch auf reale diskrete Systeme erweitern, die wegen der nur mit begrenzter Wortlänge realisierbaren arithmetischen Operationen zwangsläufig nichtlinear sind. Z.B. ist das Ergebnis einer Multiplikation durch Rundung oder Abschneiden auf die im System vorgesehene Wortlänge zu reduzieren. Zur Erläuterung untersuchen wir das Verhalten eines homogenen Systems zweiter Ordnung, wobei wir zunächst wieder $\mathbf{A} = \begin{bmatrix} -c_1 & 1 \\ -c_0 & 0 \end{bmatrix}$ annehmen. Die allgemeine Beziehung für eine quantisierte Rechnung

$$[\mathbf{x}(k+1)]_Q = [\mathbf{A} \cdot [\mathbf{x}(k)]_Q]_Q$$

lautet dann im Detail

$$\begin{aligned} [x_1(k+1)]_Q &= [-c_1[x_1(k)]_Q]_Q + [x_2(k)]_Q \\ [x_2(k+1)]_Q &= [-c_0[x_1(k)]_Q]_Q , \end{aligned}$$

wobei wir einen möglichen Überlauf bei der Bildung von $[x_1(k+1)]_Q$ hier nicht betrachten wollen und auch die in Wirklichkeit vorliegende Quantisierung der Koeffizienten nicht berücksichtigen. Beide Zustandsvariablen sind ganzzahlige Vielfache der Quantisierungsstufe Q (vergl. Abschn. 3.7.4.3):

$$[x_{1,2}(k)]_Q = \lambda_{1,2} \cdot Q, \qquad \lambda_{1,2} \in \mathbb{Z}.$$

Beziehen wir die Darstellung auf Q, so ist allgemein mit einem Koeffizienten $a \in \mathbb{R}$ das quantisierte Produkt $[a\lambda]_Q$ zu bilden. Bei Rundung erhält man

$$[a\lambda]_R = \text{INT } \{a\lambda(1 + 0,5 \cdot \text{sign}[a\lambda]\} \longrightarrow |[a\lambda]_R| \lesseqgtr |a\lambda|$$

und bei Abschneiden

$$[a\lambda]_A = \text{INT } \{a\lambda\} \longrightarrow |[a\lambda]_A| \leq |a\lambda|,$$

wobei INT$\{\xi\}$ den ganzzahligen Teil von ξ bezeichnet.

Bild 4.60a zeigt für die Zahlenwerte $c_0 = 0,9525$ und $c_1 = -1,9$ mögliche Verläufe von $[\mathbf{x}(k)]_R := [\mathbf{x}(k)]_Q$ für den Fall der Rundung. Mit diesen Koeffizienten ist das System im linearen Fall sicher stabil, wie eine Überprüfung mit der in Abschnitt 4.2.5.2 hergeleiteten Stabilitätsbedingung (4.2.85) zeigt (siehe auch Bild 4.10 in [4.5]). Diese Eigenschaft geht durch die Rundung nach den Multiplikationen verloren. Dargestellt sind zunächst zwei Grenzzyklen. Der Zustandsvektor $[\mathbf{x}(k)]_R$ erweist sich als periodisch mit einer vom Anfangswert abhängigen Periode. Es können aber auch außer der Ruhelage $\mathbf{x}_g(0) = \mathbf{0}$ mehrere Gleichgewichtslagen $[\mathbf{x}_g(k)]_R \neq \mathbf{0}$ auftreten, die sich bei näherer Betrachtung als beschränkt, nicht dagegen als stabil erweisen.

Das Verhalten des Systems ändert sich erheblich, wenn die Quantisierung des Produktes durch Abschneiden erfolgt. Für die hier verwendeten Koeffizienten läuft $\mathbf{x}(k)$ entweder in die Ruhelage $\mathbf{x}_g(0) = \mathbf{0}$ oder aber bleibt in einer der gezeichneten Gleichgewichtslagen $[\mathbf{x}_g(k)]_A \neq \mathbf{0}$ (siehe Bild 4.60b).

Das System werde nun wieder derart transformiert, daß sich

$$\mathbf{A}_q = \begin{bmatrix} \sigma_\infty & \omega_\infty \\ -\omega_\infty & \sigma_\infty \end{bmatrix} \text{mit} \quad \sigma_\infty \pm j\omega_\infty = 0.95 \pm j0,2236 \ ,$$

also eine normale Matrix ergibt. Nach Abschnitt 4.2.6 beschreibt $\mathbf{A}_q$ im linearen Fall ein passives System. Die gespeicherte Energie $w(k) = \mathbf{q}^T(k) \cdot \mathbf{q}(k) = \|\mathbf{q}(k)\|^2$ nimmt beim Ausschwingvorgang monoton ab. Im Falle der Quantisierung durch Rundung ist aber

$$\|[\mathbf{q}(k)]_R\|^2 \lesseqgtr \|\mathbf{q}(k)\|^2.$$

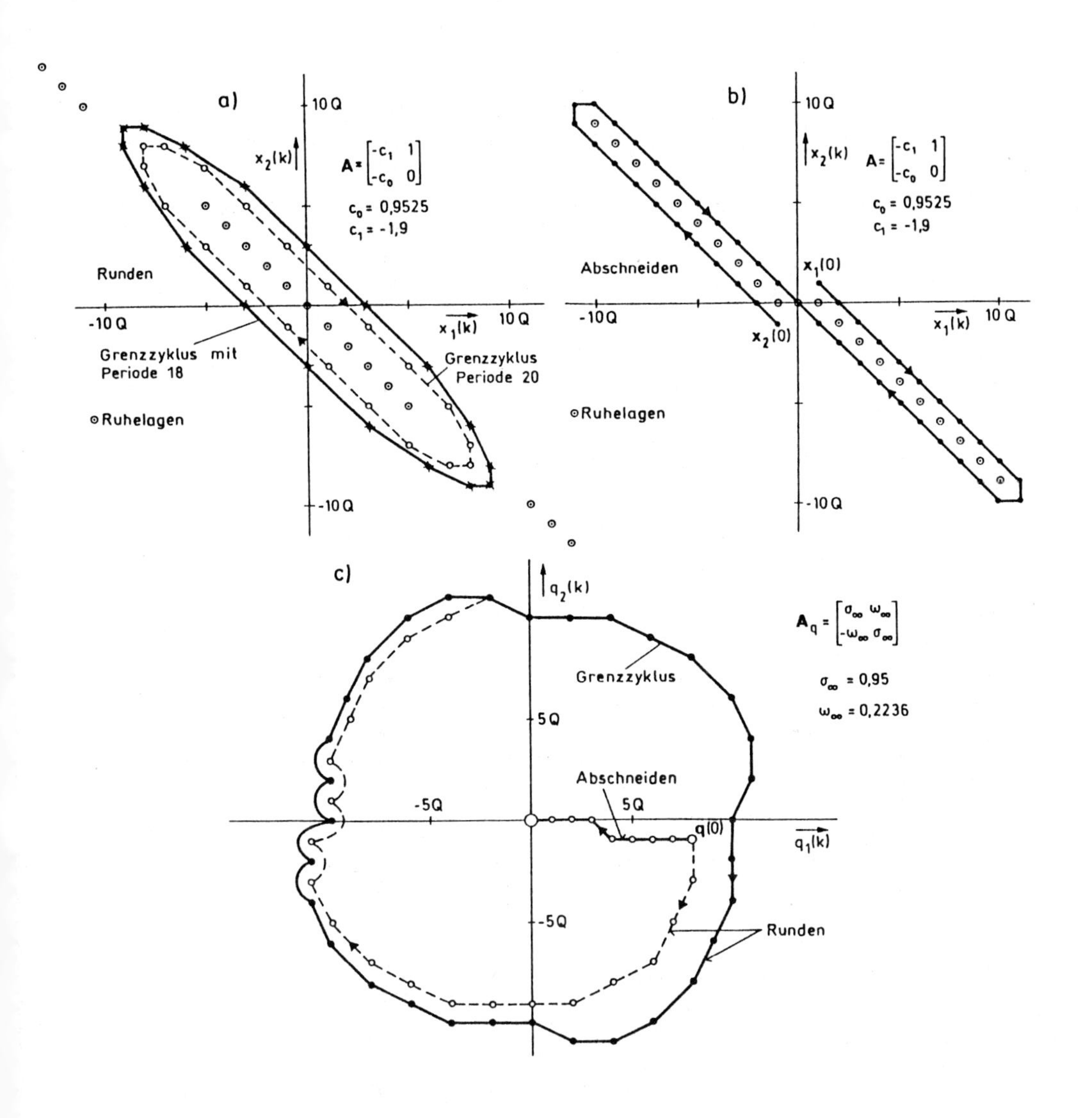

Bild 4.60: Verhalten eines diskreten Systems zweiter Ordnung, das durch die nötige Quantisierung der Multiplikationsergebnisse nichtlinear geworden ist, bei unterschiedlichen Quantisierungsoperationen und Strukturen

Bild 4.60c zeigt, daß jetzt ein Grenzzyklus entstehen kann. Das System ist nicht stabil, die Ruhelage ist aber beschränkt. Wird die Wortlänge des Produktes dagegen durch Abschneiden verkürzt, so ist

$$\|[\mathbf{q}(k)]_A\|^2 \leq \|\mathbf{q}(k)\|^2.$$

Es ergibt sich also i.a. ein zusätzlicher Entzug von Energie, so daß hier sicher

$$\|[\mathbf{q}(k+1)]_A\|^2 < \|[\mathbf{q}(k)]_A\|^2$$

gilt. In Bild 4.60c ist dargestellt, daß in diesem Fall $\mathbf{q}(k)$ vom selben Anfangswert aus nach einer endlichen Zahl von Schritten in die Ruhelage $\mathbf{0}$ läuft.

Wir können aus diesem Beispiel eine hinreichende Möglichkeit zur Vermeidung von Grenzzyklen entnehmen, die unmittelbar einleuchtet:

Wenn für ein digitales System eine passive Struktur verwendet wird, bei der im linearen Fall die Norm des Zustandsvektors monoton fällt, und wenn weiterhin bei der Realisierung die nötige Wortlängenverkürzung nach einer Multiplikation so erfolgt, daß dabei die Norm des Zustandsvektors nicht zunimmt, werden Grenzzyklen vermieden.

Offenbar läßt sich mit Rundung die angegebene Bedingung nicht erfüllen. Auf eine weitere Behandlung dieses umfangreichen Problemkreises muß hier verzichtet werden. Es wird dazu auf die Literatur verwiesen (z.B. [4.31]).

Wir schließen dieses Kapitel mit einer kurzen Betrachtung der Stabilität erregter Systeme ab. Dabei beschränken wir uns auf lineare Systeme, bei denen allgemeine Aussagen möglich sind. Im Falle eines kontinuierlichen Systems erhalten wir mit $\mathbf{x}(t_0) = \mathbf{0}$ aus (4.3.17a) für den Zustandsvektor

$$\mathbf{x}(t) = \int_{t_0}^{t} \boldsymbol{\phi}(t, \tau)\mathbf{B}(\tau)\mathbf{v}(\tau)d\tau. \tag{4.4.15}$$

Offenbar ist

$$\boldsymbol{\phi}(t, \tau) \cdot \mathbf{B}(\tau) =: \hat{\mathbf{h}}_0(t, \tau) = \begin{bmatrix} \hat{h}_{011}(t, \tau) & \dots & \hat{h}_{01\lambda}(t, \tau) & \dots & \hat{h}_{01\ell}(t, \tau) \\ \vdots & & \vdots & & \vdots \\ \hat{h}_{0\nu 1}(t, \tau) & \dots & \hat{h}_{0\nu\lambda}(t, \tau) & \dots & \hat{h}_{0\nu\ell}(t, \tau) \\ \vdots & & \vdots & & \vdots \\ \hat{h}_{0n1}(t, \tau) & \dots & \hat{h}_{0n\lambda}(t, \tau) & \dots & \hat{h}_{0n\ell}(t, \tau) \end{bmatrix}$$

als Impulsantwortmatrix zu interpretieren, wenn man den Zustandsvektor als Ausgangsvektor auffaßt. Es ist damit

$$\mathbf{x}(t) = \int_{t_0}^{t} \hat{\mathbf{h}}_0(t, \tau)\mathbf{v}(\tau)d\tau. \tag{4.4.16}$$

Unter der Voraussetzung, daß alle Eigenschwingungen des Systems steuerbar sind, bezeichnen wir jetzt ein erregtes System dann als stabil, wenn es für alle t_0 auf jeden beschränkten Eingangsvektor $\mathbf{v}(t)$ mit einem beschränkten Zustandsvektor $\mathbf{x}(t)$ antwortet. Ist also

$$||\mathbf{v}(t)|| \leq M_1 < \infty, \tag{4.4.17a}$$

so soll stets

$$||\mathbf{x}(t)|| \leq M_2 < \infty \tag{4.4.17b}$$

sein. Ganz entsprechend den Überlegungen in Abschnitt 3.2.3 ergibt sich, daß diese Forderung dann und nur dann erfüllt ist, wenn jede Komponente von $\hat{\mathbf{h}}_0(t, \tau)$ absolut integrabel ist. Es muß also für alle t_0 und alle $t > t_0$

$$\int_{t_0}^{t} |\hat{h}_{0\nu\lambda}(t, \tau)| d\tau \leq M_{\nu\lambda} < \infty, \; \nu = 1(1)n, \; \lambda = 1(1)\ell \tag{4.4.17c}$$

gelten. Offenbar müssen dann alle Elemente der Übergangsmatrix $\boldsymbol{\phi}(t, t_0)$ absolut integrabel sein. Im Falle zeitinvarianter Systeme folgt daraus wieder die in Abschnitt 4.2.9.1 angegebene Stabilitätsbedingung (4.2.117a).

4.5 Literatur

4.1 Lippmann, H.: *Schwingungslehre*. B.I. Hochschultaschenbücher, Band 189/189a, Mannheim 1968

4.2 Küpfmüller, K.: *Einführung in die theoretische Elektrotechnik*. Springer-Verlag, Berlin-Heidelberg-New York, 10. Auflage 1973

4.3 Pfaff, G.: *Regelung elektrischer Antriebe I*. R. Oldenbourg Verlag, München 1971

4.4 Schüßler, W.: *Zur allgemeinen Theorie der Verzweigungsnetzwerke*. Archiv der Elektr. Übertr. AEÜ, Band 22 (1968), S. 361 — 367

4.5 Schüßler, H.W.: *Digitale Signalverarbeitung Band I*. Springer-Verlag, Berlin-Heidelberg-New York, 1988

4.6 Zurmühl, R.: *Matrizen und ihre technischen Anwendungen*. Springer-Verlag, Berlin-Göttingen-Heidelberg, 4. Auflage, 1964

4.7 Jury, E.I.: *Theory and Application of the z-Transform Method*. John Wiley & Sons, New York 1964

4.8 Schüßler, H.W.: *A Stability Theorem for Discrete Systems*. IEEE Transact. on Acoustics, Speech and Signal Processing, Band ASSP-24 (1976), S. 87 — 89

4.9 Schüßler, H.W.: *On Structures for Nonrecursive Digital Filters*. Archiv f. Elektronik und Übertragungstechnik AEÜ, Band 26 (1972), S. 255 — 258

4.10 Heute, U.: *A General FIR Filter Structure and some Special Cases*. Archiv f. Elektronik und Übertragungstechnik, AEÜ, Band 32 (1978), S. 501 — 502

4.11 Hess, W.: *Digitale Filter*. B.G. Teubner, Stuttgart 1989

4.12 *Programs for Digital Signal Processing*. IEEE Press 1979

4.13 Unbehauen, R.: *Systemtheorie. Grundlagen für Ingenieure*. R. Oldenbourg Verlag, München-Wien, 5. Auflage, 1990

4.14 Föllinger, O.: *Regelungstechnik*. Hüthig Buch Verlag, Heidelberg, 6. Auflage 1990

4.15 Schlitt, H.: *Regelungstechnik, Physikalisch orientierte Darstellung fachübergreifender Prinzipien*. Vogel Buchverlag, Würzburg 1988

4.16 Peschl, E.: *Funktionentheorie I*. B.I. Hochschultaschenbücher, Band 131/ 131a, Mannheim 1967

4.17 Latzel, W.: *Regelung mit dem Prozessrechner (DDC)*. Bd. 13 in *Theoretische und experimentelle Methoden in der Regelungstechnik*. B.I. Wissenschaftsverlag, Mannheim, Wien, Zürich 1977

4.18 Ackermann, J.: *Abtastregelung*. Springer-Verlag, Berlin-Heidelberg-New York 2. Auflage 1983

4.19 Föllinger, O.: *Lineare Abtastsysteme*. R. Oldenbourg Verlag, München-Wien, 2. Auflage, 1982

4.20 Unbehauen, R.: *Synthese elektrischer Netzwerke und Filter*. R. Oldenbourg Verlag, München 1988

4.21 Schüßler, H.W.: *A Signalprocessing Approach to Simulation*. FREQUENZ, Bd. 35 (1981), S. 174 — 184.

4.22 Kuntz, W., Schüßler, H.W.: *Zur numerischen Berechnung der Ausgangsfunktion von Netzwerken mit Hilfe der Z-Transformation*. Nachrichtentechnische Zeitschrift NTZ, Bd. 19 (1966), S. 169 — 172.

4.23 Jess, J.: *Eine neue Klasse von Filtern zur Rekonstruktion abgetasteter Signale*. Nachrichtechnische Zeitschrift NTZ, Bd. 20 (1967), S. 658 — 662.

4.24 Oetken, G., Parks, T.W., Schüßler, H.W.: *New Results in the Design of Digital Interpolators*. IEEE Transact. on Audio, Speech and Signalprocessing, Bd. ASSP-23 (1975), S. 301 — 309.

4.25 Schüßler, H.W., Steffen, P.: *A Hybrid System for the Reconstruction of a smooth Function from its Samples.* Circuits, Systems, and Signal Processing, Vol. 3 (1984) S. 295 — 314.

4.26 Wiberg, D.M.: *State Space and Linear Systems.* Schaum's Outline Series. McGraw Hill Book Company 1971

4.27 DeRusso, P.M., Roy, P.J., Close, Ch.M.: *State Variables for Engineers.* John Wiley & Sons, New York, London, Sydney 1967

4.28 Zadeh, L.A., Desoer, Ch.A.: *Linear System Theory. The State Space Approach.* McGraw Hill Book Company, New York, San Francisco, Toronto, London, 1963

4.29 Hahn, W.: *Bewegungsstabilität bei Systemen mit endlich vielen Freiheitsgraden.* In "Mathematische Hilfsmittel des Ingenieurs", Bd. IV. Herausgegeben von R. Sauer, I. Szabo, Springer-Verlag, Berlin, Heidelberg, New York 1970

4.30 Föllinger, O.: *Nichtlineare Regelungen*, Bd. I und II, R. Oldenbourg Verlag, München, Wien 2. Auflage 1978 bzw. 3. Auflage 1980

4.31 Butterweck, H.J.; Ritzerfold, J.; Werter, M.: *Finite Wordlength Effects in Digital Filters*, AEÜ, Bd. 43(1989), S. 76 — 89.

4.32 Saal, R.: *Handbuch zum Filterentwurf*, AEG–Telefunken 1979

5. Lineare, kausale Systeme, beschrieben durch partielle Differentialgleichungen

5.1 Vorbemerkungen

Bei den Untersuchungen im vierten Kapitel haben wir die räumliche Ausdehnung der betrachteten Objekte stets vernachlässigt. Wir sprachen von Systemen aus konzentrierten elektrischen oder mechanischen Elementen. Die unter diesen Umständen auftretenden Größen sind dann immer nur Funktionen der Zeit; die Beschreibung der Systeme gelang im allgemeinen Fall mit gewöhnlichen Differential- bzw. Differenzengleichungen.

Reale Gebilde haben natürlich eine räumliche Ausdehnung. Die an ihnen zu beobachtenden physikalischen Größen sind stets sowohl Funktionen der Zeit als auch des Ortes. Die bisherige Betrachtung stellt daher eine Näherung dar, die aber brauchbar ist, wenn die Zeit für die Ausbreitung eines Vorganges über die räumliche Ausdehnung des Systems klein ist gegenüber dem interessierenden Beobachtungsintervall. Diese Voraussetzung ist in vielen praktisch wichtigen Fällen erfüllt. Es gibt aber auch eine Vielzahl von Systemen, bei denen diese Annahme nicht zulässig ist, bzw. bei denen sogar die Ortsabhängigkeit der Größen von wesentlicher Bedeutung für das Verhalten ist. Hierzu gehören z.B. drahtgebundene oder drahtlose elektrische bzw. elektromagnetische Ausbreitungsphänomene, aber auch mechanische, thermische oder hydraulische Systeme.

Im Gegensatz zu den Gebilden aus konzentrierten Elementen sprechen wir hier von Systemen mit verteilten Parametern. Sie werden durch partielle Differentialgleichungen beschrieben, in denen neben der Zeit die Ortskoordinaten als Variablen erscheinen. Allein diese Erhöhung der Zahl der Dimensionen vergrößert die Vielfalt der Möglichkeiten erheblich. Da außerdem die Eigenschaften solcher Systeme wesentlich von der Geometrie der Anordnungen und den damit bestimmten Randbedingungen abhängen, sind allgemeingültige Aussagen, wie wir sie im letzten Kapitel z.B. zum dynamischen Verhalten von Systemen mit konzentrierten Elementen machen konnten, hier nicht möglich. Wegen der Vielschichtigkeit der Fragestellung beschränken wir uns darauf, einige Verfahren und Begriffe aus diesem Gebiet am Beispiel eines linearen Systems zu behandeln, das nur eine Ortskoordinate aufweist. Die beschreibende partielle Differentialgleichung hat dann zwei unabhängige Variablen, die Zeit und die Entfernung.

5.2 Homogene Leitungen

5.2.1 Leitungsgleichungen

Wir betrachten langgestreckte metallische Leiter, wie sie zur Übertragung elektrischer Energie verwendet werden. Bild 5.1 zeigt als Beispiel einen Ausschnitt aus einer Doppelleitung, einer symmetrischen Anordnung von Hin- und Rückleitung. Es wird vorausgesetzt, daß sie auf ihrer gesamten Länge die gleichen Abmessungen besitzt und aus demselben Material besteht. Sie wird daher als homogen bezeichnet. Die Querabmessungen der einzelnen Leiter werden vernachlässigt, so daß nur eine Ortskoordinate bleibt, die mit x bezeichnet sei. Die Eigenschaften der Leitung werden zunächst durch die sogenannten *Leitungsbeläge* R', G', L' und C' beschrieben, mit denen die vom Ort unabhängigen Größen Widerstand, Leitwert, Induktivität und Kapazität bezogen auf die Leitungslänge angegeben werden.

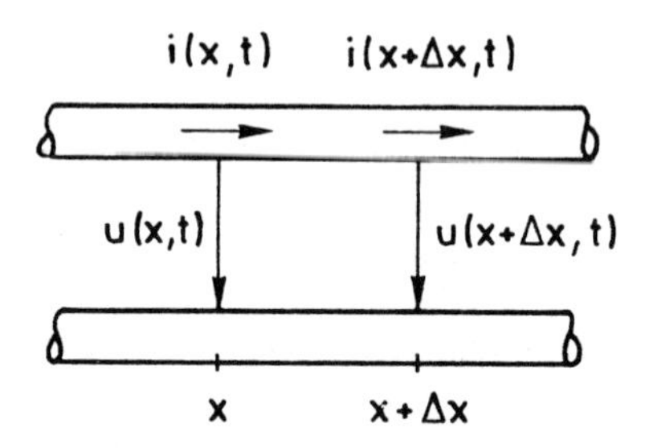

Bild 5.1: Spannungen und Ströme bei einem Leitungsstück

Bei einem Leitungsstück der Länge Δx kann man jetzt mit der Kirchhoffschen Maschen- und Knotenregel die folgenden Gleichungen für die vom Ort und der Zeit abhängigen Größen $u(x,t)$ und $i(x,t)$ aufstellen:

$$-u(x,t) + u(x+\Delta x,t) + R'\Delta x \cdot i(x,t) + L'\Delta x \cdot \frac{\partial i(x,t)}{\partial t} = 0$$

$$i(x,t) - i(x+\Delta x,t) - G'\Delta x \cdot u(x,t) - C'\Delta x \cdot \frac{\partial u(x,t)}{\partial t} = 0.$$

Nach Division durch Δx erhält man für $\Delta x \to 0$ die *Leitungsgleichungen*:

$$\frac{\partial u}{\partial x} + L'\frac{\partial i}{\partial t} + R'i = 0 \qquad (5.2.1a)$$

$$\frac{\partial i}{\partial x} + C'\frac{\partial u}{\partial t} + G'u = 0. \qquad (5.2.1b)$$

Diese beiden gekoppelten Gleichungen erster Ordnung lassen sich in jeweils eine zweiter Ordnung für $u(x,t)$ bzw. $i(x,t)$ überführen. Man erhält

$$\frac{\partial^2 u}{\partial x^2} = L'C'\frac{\partial^2 u}{\partial t^2} + (L'G' + R'C')\frac{\partial u}{\partial t} + R'G'u, \qquad (5.2.2)$$

die sogenannte *Telegraphengleichung*, die sich ebenso auch für $i(x,t)$ ergibt.

Die in den folgenden Abschnitten behandelte Lösung von (5.2.1) bzw. (5.2.2) ist nicht nur für die Elektrotechnik von Bedeutung. Vielmehr gibt es eine Reihe physikalischer Systeme, die durch Gleichungen der obigen Form beschrieben werden und für die diese Lösungen dann ebenso gelten. Wir kommen darauf zurück.

5.2.2 Untersuchung des Frequenzverhaltens

Unter den gemachten Voraussetzungen ist die Leitung sicher ein lineares, zeitinvariantes System. In Anlehnung an Abschnitt 3.3 bzw. an die Methoden der Wechselstromrechnung nehmen wir eine exponentielle Erregung der allgemeinen Form $v(t) = V \cdot e^{st}$, $\forall t$ an und machen für Spannung und Strom am Ort x den Ansatz

$$u(x,t) = U(x,s)e^{st} \qquad (5.2.3a)$$

$$i(x,t) = I(x,s)e^{st}. \qquad (5.2.3b)$$

Die Ortsabhängigkeit erscheint also lediglich in den noch zu bestimmenden komplexen Amplituden $U(x,s)$ und $I(x,s)$, die, wie angegeben, i.a. zusätzlich von der Frequenz s der Erregung abhängen werden. Mit (5.2.3) erhält man aus (5.2.1)

$$\frac{\partial U(x,s)}{\partial x} + (R' + sL')I(x,s) = 0 \qquad (5.2.4a)$$

$$\frac{\partial I(x,s)}{\partial x} + (G' + sC')U(x,s) = 0 \qquad (5.2.4b)$$

bzw.

$$\begin{bmatrix} \dfrac{\partial U(x,s)}{\partial x} \\ \\ \dfrac{\partial I(x,s)}{\partial x} \end{bmatrix} = \begin{bmatrix} 0 & -(R' + sL') \\ \\ -(G' + sC') & 0 \end{bmatrix} \cdot \begin{bmatrix} U(x,s) \\ \\ I(x,s) \end{bmatrix} \qquad (5.2.4c)$$

Während der Exponentialansatz eine gewöhnliche lineare Differentialgleichung in eine algebraische Gleichung für die zeitlich konstanten komplexen Amplituden überführt, gewinnt man mit ihm bei partiellen Differentialgleichungen mit einer Ortsvariablen eine gewöhnliche Differentialgleichung für die jetzt vom Ort abhängigen komplexen Amplituden. Zur Veranschaulichung der Beziehungen (5.2.4) zeigt Bild 5.2 ein Ersatzschaltbild für ein Leitungsstück der Länge dx, wobei konzentrierte Elemente verwendet wurden, die sich als Produkt der Leitungsbeläge mit dx ergeben.

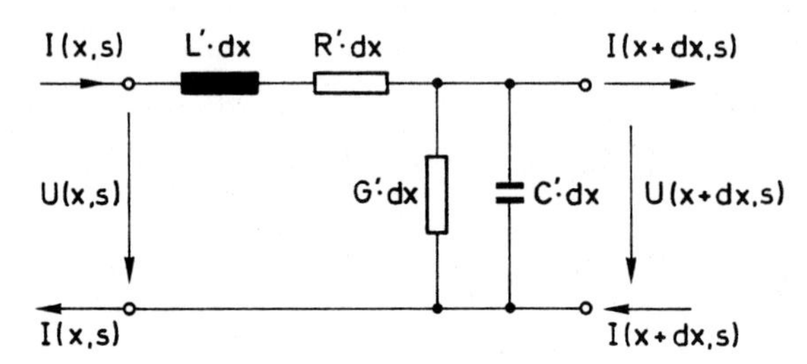

Bild 5.2: Ersatzschaltbild eines Leitungsstückes der Länge dx

Für die Eigenwerte $\gamma(s)$ der in (5.2.4c) auftretenden Systemmatrix

$$\mathbf{A}(s) = \begin{bmatrix} 0 & -(R' + sL') \\ -(G' + sC') & 0 \end{bmatrix} \tag{5.2.5a}$$

gilt die Gleichung[1]

$$\gamma^2(s) = (R' + sL')(G' + sC'). \tag{5.2.5b}$$

Da die beiden Eigenwerte sich nur durch das Vorzeichen unterscheiden, erhält man mit der Bezeichnung

$$\gamma(s) = +\sqrt{(R' + sL')(G' + sC')} \tag{5.2.5c}$$

als Lösung von (5.2.4)

$$U(x,s) = U_a(s)e^{-\gamma(s)x} + U_b(s)e^{\gamma(s)x} \tag{5.2.6a}$$
$$I(x,s) = I_a(s)e^{-\gamma(s)x} + I_b(s)e^{\gamma(s)x}, \tag{5.2.6b}$$

wobei die bezüglich x konstanten Amplituden $U_{a,b}(s)$ und $I_{a,b}(s)$ noch zu bestimmen sind. Ein Zusammenhang zwischen ihnen ergibt sich unmittelbar, wenn man (5.2.6a,b) z.B. in (5.2.4a) einsetzt. Es folgt

$$I_a(s) = \frac{\gamma(s)}{R' + sL'} U_a(s) =: \frac{U_a(s)}{Z_w(s)} \tag{5.2.6c}$$

und

$$I_b(s) = -\frac{\gamma(s)}{R' + sL'} U_b(s) =: -\frac{U_b(s)}{Z_w(s)}, \tag{5.2.6d}$$

[1] In der Leitungstheorie wird hier allgemein die Bezeichnung γ verwendet. Eine Beziehung zu den in Abschnitt 2.2.1 eingeführten Testfolgen besteht natürlich nicht.

mit dem *Wellenwiderstand*

$$Z_w(s) = \sqrt{\frac{R' + sL'}{G' + sC'}}. \tag{5.2.7}$$

Die komplexe Größe $\gamma(s)$ wird *Fortpflanzungsmaß* genannt. In

$$\gamma(j\omega) = \alpha(\omega) + j\beta(\omega) \tag{5.2.8}$$

ist $\alpha(\omega)$ das *Dämpfungsmaß* und $\beta(\omega)$ das *Phasenmaß* .

Zur Erläuterung dieser Bezeichnungen und zur Veranschaulichung der bisher gewonnenen Ergebnisse setzen wir (5.2.6) in (5.2.3) ein und erhalten, wenn wir speziell $s = j\omega$ setzen und das Argument ω weglassen

$$\begin{aligned} u(x,t) &= U_a e^{-\alpha x} e^{j(\omega t - \beta x)} + U_b e^{\alpha x} e^{j(\omega t + \beta x)} &&=: u_h(x,t) + u_r(x,t) \\ i(x,t) &= \frac{U_a}{Z_w} e^{-\alpha x} e^{j(\omega t - \beta x)} - \frac{U_b}{Z_w} e^{\alpha x} e^{j(\omega t + \beta x)} &&=: i_h(x,t) + i_r(x,t). \end{aligned} \tag{5.2.9}$$

Spannung und Strom lassen sich als Überlagerung einer *hinlaufenden* und einer *rücklaufenden* Welle deuten. Die hinlaufende Welle $u_h(x,t)$ oder $i_h(x,t)$ ist durch den Faktor $e^{j(\omega t - \beta x)}$ gekennzeichnet. Dieser Faktor behält für $\omega t - \beta x = konst.$ seinen Wert bei. Zur Erläuterung betrachten wir Punkte der hinlaufenden Welle, die sich mit der *Phasengeschwindigkeit*

$$w_p = \frac{\omega}{\beta} \tag{5.2.10a}$$

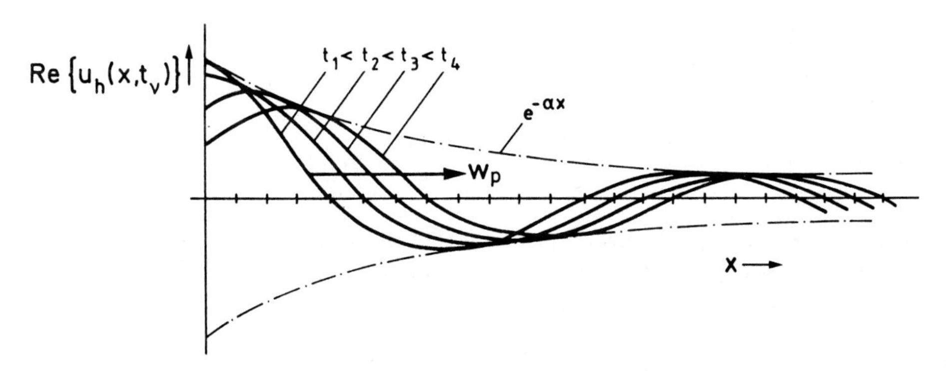

Bild 5.3: Hinlaufende Spannungswelle $u_h(x, t_\nu)$ für verschiedene t_ν

in Richtung wachsender Werte von x längs der Leitung bewegen (siehe Bild 5.3 für $Re\{u_h(x,t)\}$). Ihre Größe nimmt dabei exponentiell mit wachsendem x entsprechend dem Dämpfungsmaß α ab. Ebenso kennzeichnet der Faktor $e^{j(\omega t + \beta x)}$

die rücklaufende Welle $u_r(x,t)$ oder $i_r(x,t)$, die sich mit derselben Phasengeschwindigkeit in Richtung abnehmender Werte von x bewegt. Der räumliche Abstand z.B. zweier Nulldurchgänge einer Welle in einem festen Zeitpunkt ist die *Wellenlänge* λ. Es ist

$$\lambda = \frac{2\pi}{\beta}. \tag{5.2.10b}$$

Offenbar gilt für den Wellenwiderstand

$$Z_w = \frac{u_h(x,t)}{i_h(x,t)} = \frac{u_r(x,t)}{-i_r(x,t)}, \tag{5.2.11}$$

wodurch nachträglich der Name erklärt wird. Z_w muß sicher die Eigenschaft einer Zweipolfunktion haben, d.h. positiv reell sein (siehe Abschn. 5.3 in Band I). Daher ist in (5.2.7) das Vorzeichen der Quadratwurzel so zu wählen, daß $Re\{Z_w(s)\} > 0$ für $Re\{s\} > 0$ und $Re\{Z_w(j\omega)\} \geq 0, \forall\omega$ ist. Aus einer Betrachtung der Verhältnisse am Leitungsende ($x = \ell$) können wir jetzt die noch offenen Konstanten $U_a(s)$ und $U_b(s)$ bestimmen (siehe Bild 5.4). Ist die Leitung mit dem Widerstand $Z_2(s)$ abgeschlossen, so wird damit ein bestimmtes Verhältnis von Spannung und Strom am Punkt $x = \ell$ erzwungen.

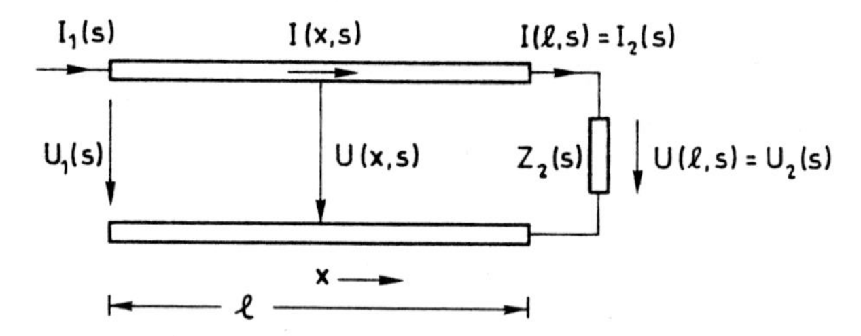

Bild 5.4: Abgeschlossene Leitung der Länge ℓ

Man erhält aus (5.2.6)

$$\begin{aligned} U(x=\ell,s) &=: U_2(s) &&= U_a(s)e^{-\gamma(s)\ell} + U_b(s)e^{\gamma(s)\ell} =: U_{2h}(s) + U_{2r}(s) \\ I(x=\ell,s) &= \frac{U_2(s)}{Z_2(s)} &&=: I_2(s) = \frac{U_a(s)}{Z_w(s)}e^{-\gamma(s)\ell} - \frac{U_b(s)}{Z_w(s)}e^{\gamma(s)\ell} \end{aligned}$$

und damit

$$\begin{aligned} U_{2h}(s) + U_{2r}(s) &= U_2(s) \\ U_{2h}(s) - U_{2r}(s) &= I_2(s)Z_w(s) = U_2(s)Z_w(s)/Z_2(s). \end{aligned}$$

Es folgt

$$U_{2h}(s) = \frac{1}{2}\cdot\left[1 + \frac{Z_w(s)}{Z_2(s)}\right]U_2(s) \tag{5.2.12a}$$

$$U_{2r}(s) = \frac{1}{2} \cdot \left[1 - \frac{Z_w(s)}{Z_2(s)}\right] U_2(s) = U_{2h}(s) \frac{Z_2(s) - Z_w(s)}{Z_2(s) + Z_w(s)}. \tag{5.2.12b}$$

Die in ihrer Größe durch U_{2r} bestimmte rücklaufende Welle kann als Ergebnis einer Reflexion am Leitungsende aufgefaßt werden. Offenbar verschwindet sie, wenn $Z_2(s) = Z_w(s)$ ist. In einem solchen Fall spricht man von *Wellenanpassung*. Das Verhältnis

$$r_2(s) = \frac{U_{2r}(s)}{U_{2h}(s)} = \frac{Z_2(s) - Z_w(s)}{Z_2(s) + Z_w(s)} \tag{5.2.13}$$

ist der *Reflexionsfaktor*. Wir hatten diesen Ausdruck schon in Abschnitt 4.5 von Band I mit einer formalen Übertragung der bei Leitungen auftretenden Reflexionen auf Netzwerke mit konzentrierten Elementen eingeführt. Er wurde dort insbesondere im Abschnitt 4.6 im Zusammenhang mit Leistungsbetrachtungen verwendet und auch in Abschnitt 5.5.4 diskutiert.

Bild 5.5 zeigt für einen festen Zeitpunkt t_0 den Verlauf von hin- und rücklaufender Welle sowie der Gesamtspannung in Abhängigkeit von x.

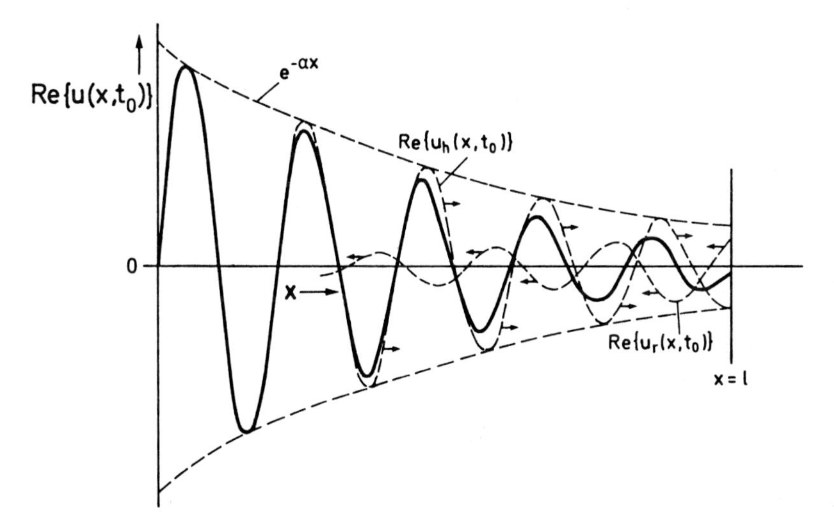

Bild 5.5: $Re\{u(x,t_0)\} = Re\{u_h(x,t_0)\} + Re\{u_r(x,t_0)\}$ bei reflektierend abgeschlossener Leitung der Länge ℓ

Mit Hilfe der bisherigen Ergebnisse können wir die komplexen Amplituden $U(x,s)$ und $I(x,s)$ als Funktion der Größen am Eingang bzw. Ausgang ausdrücken. Aus

(5.2.6) erhält man mit (5.2.12) zunächst

$$\begin{bmatrix} U(x,s) \\ I(x,s) \end{bmatrix} = \begin{bmatrix} \cosh[(\ell - x)\gamma(s)] & Z_w(s)\sinh[(\ell - x)\gamma(s)] \\ \dfrac{\sinh[(\ell - x)\gamma(s)]}{Z_w(s)} & \cosh[(\ell - x)\gamma(s)] \end{bmatrix} \cdot \begin{bmatrix} U_2(s) \\ I_2(s) \end{bmatrix} \tag{5.2.14}$$

Setzt man hier $x = 0$, so folgen mit $U(x = 0, s) =: U_1(s)$ und $I(x = 0, s) =: I_1(s)$ die Vierpolgleichungen einer Leitung der Länge ℓ

$$\begin{bmatrix} U_1(s) \\ I_1(s) \end{bmatrix} = \begin{bmatrix} \cosh[\ell\gamma(s)] & Z_w(s)\sinh[\ell\gamma(s)] \\ \dfrac{\sinh[\ell\gamma(s)]}{Z_w(s)} & \cosh[\ell\gamma(s)] \end{bmatrix} \begin{bmatrix} U_2(s) \\ I_2(s) \end{bmatrix}. \tag{5.2.15}$$

Aus (5.2.14) und (5.2.15) ergibt sich dann die Sekundärform der Vierpolgleichungen

$$\begin{bmatrix} U(x,s) \\ I(x,s) \end{bmatrix} = \begin{bmatrix} \cosh[x\gamma(s)] & -Z_w(s)\sinh[x\gamma(s)] \\ -\dfrac{\sinh[x\gamma(s)]}{Z_w(s)} & \cosh[x\gamma(s)] \end{bmatrix} \begin{bmatrix} U_1(s) \\ I_1(s) \end{bmatrix}, \tag{5.2.16}$$

ein Ergebnis, das sich mit $x = \ell$ auf Gleichungen für U_2 und I_2 spezialisieren läßt. Schließlich kann man mit (5.2.16) und (5.2.15) $U(x,s)$ noch durch U_1 und U_2 ausdrücken. Es ist

$$U(x,s) = \frac{\sinh[(\ell - x)\gamma(s)]}{\sinh[\ell\gamma(s)]} U_1(s) + \frac{\sinh[x\gamma(s)]}{\sinh[\ell\gamma(s)]} U_2(s). \tag{5.2.17a}$$

Ebenso erhält man

$$I(x,s) = \frac{\sinh[(\ell - x)\gamma(s)]}{\sinh[\ell\gamma(s)]} I_1(s) + \frac{\sinh[x\gamma(s)]}{\sinh[\ell\gamma(s)]} I_2(s). \tag{5.2.17b}$$

In Abschnitt 4.4 von Band I haben wir die Wellenparameter von Vierpolen eingeführt. Die dort angegebene Primärform der Vierpolgleichungen entspricht (5.2.15), wenn man $\gamma \cdot \ell = g_w$ setzt und beachtet, daß hier der Strom $I_2(s)$ aus dem Vierpol herausfließend positiv definiert ist (vergl. Gl. (4.22) in Band I). Bei der Entwicklung der Wellenparametertheorie der Vierpole hat man die Begriffe und Bezeichnungen der historisch früher entstandenen Leitungstheorie übernommen, obwohl bei Netzwerken aus konzentrierten Elementen natürlich keine Wellen auftreten.

Mit Hilfe von (5.2.16) können wir die Kettenschaltung von unterschiedlichen Leitungsstücken untersuchen (siehe Bild 5.6). Für ein Leitungsstück der Länge ℓ_ν mit den Parametern γ_ν und Z_{w_ν} gilt, wenn wir zur Vereinfachung der Schreibweise das Argument s weglassen

$$\begin{bmatrix} U_{2\nu} \\ I_{2\nu} \end{bmatrix} = \begin{bmatrix} \cosh[\ell_\nu\gamma_\nu] & -Z_{w_\nu}\sinh[\ell_\nu\gamma_\nu] \\ -\dfrac{1}{Z_{w_\nu}} \cdot \sinh[\ell_\nu\gamma_\nu] & \cosh[\ell_\nu\gamma_\nu] \end{bmatrix} \cdot \begin{bmatrix} U_{1\nu} \\ I_{1\nu} \end{bmatrix} =: \mathbf{B}^{(\nu)'} \cdot \begin{bmatrix} U_{1\nu} \\ I_{1\nu} \end{bmatrix}.$$

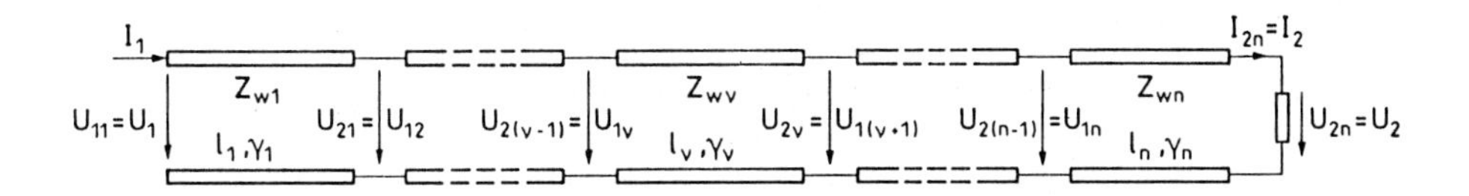

Bild 5.6: Zur Kettenschaltung von Leitungsstücken

Hier ist $\mathbf{B}^{(\nu)'}$ die modifizierte Matrix der Sekundärform des Vierpols (siehe Abschnitt 4.3.2 in Band I). Dann gilt für die Kettenschaltung von n Leitungsstücken

$$\begin{bmatrix} U_2 \\ I_2 \end{bmatrix} = \prod_{\nu=1}^{n} \mathbf{B}^{(n+1-\nu)'} \cdot \begin{bmatrix} U_1 \\ I_1 \end{bmatrix}. \tag{5.2.18a}$$

Es sei betont, daß an jeder Verbindungsstelle Reflexionen auftreten, falls die beiden Leitungsstücke unterschiedliche Wellenwiderstände haben. Gilt dagegen $Z_{w_\nu}(s) = Z_w(s), \forall\nu$, so ergibt sich insgesamt wie nach (5.2.16)

$$\begin{bmatrix} U_2 \\ I_2 \end{bmatrix} = \begin{bmatrix} \cosh[\ell\gamma] & -Z_w \sinh[\ell\gamma] \\ -\frac{1}{Z_w} \cdot \sinh[\ell\gamma] & \cosh[\ell\gamma] \end{bmatrix} \cdot \begin{bmatrix} U_1 \\ I_1 \end{bmatrix}, \tag{5.2.18b}$$

wobei aber

$$\ell\gamma = \sum_{\nu=1}^{n} \ell_\nu \cdot \gamma_\nu \tag{5.2.18c}$$

ist. Dieses Ergebnis entspricht dem für die Kettenschaltung von Vierpolen gleichen Wellenwiderstandes in Abschnitt 4.4 von Band I.

Aus (5.2.14) erhält man den Widerstand der Leitung am Punkt x zum Leitungsabschluß hin gesehen (siehe Bild 5.7). Es ist

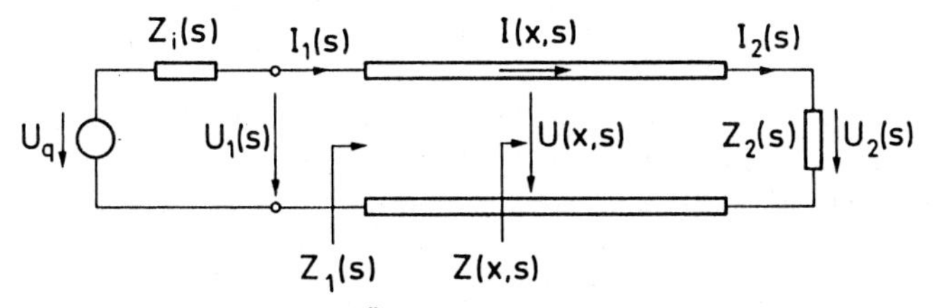

Bild 5.7: Zur Untersuchung des Übertragungsverhaltens einer Leitung der Länge ℓ

$$Z(x,s) = \frac{U(x,s)}{I(x,s)} = \frac{Z_2(s) + Z_w(s)\tanh[(\ell-x)\gamma(s)]}{Z_w(s) + Z_2(s)\tanh[(\ell-x)\gamma(s)]} \cdot Z_w(s) \tag{5.2.19a}$$

$$= \frac{1 + r_2(s)e^{-2(\ell-x)\gamma(s)}}{1 - r_2(s)e^{-2(\ell-x)\gamma(s)}} \cdot Z_w(s). \tag{5.2.19b}$$

Der Eingangswiderstand der Leitung ist dann

$$Z(0,s) =: Z_1(s) = \frac{Z_2(s) + Z_w(s)\tanh[\ell\gamma(s)]}{Z_w(s) + Z_2(s)\tanh[\ell\gamma(s)]} \cdot Z_w(s), \tag{5.2.19c}$$

$$Z_1(s) = \frac{1 + r_2(s)e^{-2\ell\gamma(s)}}{1 - r_2(s)e^{-2\ell\gamma(s)}} \cdot Z_w(s). \tag{5.2.19d}$$

Bei Wellenanpassung ist $r_2 = 0$, und es ergibt sich unabhängig von x

$$Z(x, s)|_{r_2=0} = Z_1(s)|_{r_2=0} = Z_w(s) \tag{5.2.19e}$$

in Übereinstimmung mit der obigen Feststellung, daß jetzt nur noch eine hinlaufende Welle auftritt. Das Ergebnis entspricht auch der Definition des Wellenwiderstandes bei Vierpolen in Abschnitt 4.4 von Band I. Dort hatten wir ihn als Fixpunkt der Abbildung $Z_1(Z_2)$ eingeführt, also aus der Beziehung $Z_1(Z_w) = Z_w$ bestimmt. Offenbar gilt aber auch

$$\lim_{\ell\to\infty} Z_1(j\omega) = Z_w(j\omega), \tag{5.2.19f}$$

wenn $\alpha(\omega) = Re\{\gamma(j\omega)\} > 0$ ist.

Weiterhin diskutieren wir das Übertragungsverhalten der in Bild 5.7 dargestellten Leitung, und zwar zunächst unter Bezug auf die Eingangsspannung $U_1(s)$. Für die Übertragung bis zum Punkt x ergibt sich aus (5.2.16)

$$H(x, s) = \frac{U(x, s)}{U_1(s)} = \cosh[x\,\gamma(s)] - \frac{Z_w(s)}{Z_1(s)} \sinh[x\,\gamma(s)].$$

Setzt man hier $Z_1(s)$ aus (5.2.19d) ein, so erhält man nach Zwischenrechnung

$$H(x, s) = \frac{1 + r_2(s)e^{-2(\ell-x)\gamma(s)}}{1 + r_2(s)e^{-2\ell\gamma(s)}} \cdot e^{-x\gamma(s)}. \tag{5.2.20a}$$

Speziell für $x = \ell$ ist die Übertragungsfunktion

$$H(\ell, s) =: H(s) = \frac{U_2(s)}{U_1(s)} = \frac{1 + r_2(s)}{1 + r_2(s)e^{-2\ell\gamma(s)}} e^{-\ell\gamma(s)}. \tag{5.2.20b}$$

Charakteristisch für die Behandlung von Systemen mit verteilten Parametern ist, daß $H(s)$ nicht rational in s ist wie bei kontinuierlichen linearen Systemen aus konzentrierten Elementen. Vielmehr treten i.a. komplizierte transzendente Funktionen auf.

Ist die Leitung reflexionsfrei abgeschlossen, ist also $r_2 = 0$, so erhält man speziell

$$H(x, s) = e^{-x\gamma(s)} \tag{5.2.20c}$$

bzw.

$$H(\ell, s) =: H(s) = e^{-\ell\gamma(s)}. \tag{5.2.20d}$$

Wir beziehen jetzt die Speisung durch die Spannungsquelle mit der Quellspannung U_q und dem Innenwiderstand $Z_i(s)$ in die Betrachtungen ein und erhalten mit

$$H_q(x, s) := \frac{U(x, s)}{U_q} = \frac{Z_1(s)}{Z_i(s) + Z_1(s)} H(x, s)$$

unter Verwendung von (5.2.19b) und (5.2.20a) nach Zwischenrechnung

$$H_q(x,s) = \frac{[1-r_1(s)][1+r_2(s)e^{-2(\ell-x)\gamma(s)}]}{2[1-r_1(s)r_2(s)e^{-2\ell\gamma(s)}]}e^{-x\gamma(s)} \tag{5.2.21a}$$

bzw. für $x = \ell$

$$H_q(s) := \frac{U_2(s)}{U_q} = \frac{[1-r_1(s)][1+r_2(s)]}{2[1-r_1(s)\cdot r_2(s)e^{-2\ell\gamma(s)}]}\cdot e^{-\ell\gamma(s)} \tag{5.2.21b}$$

mit dem Reflexionsfaktor am Eingang

$$r_1(s) = \frac{Z_i(s) - Z_w(s)}{Z_i(s) + Z_w(s)}. \tag{5.2.22}$$

Eine Diskussion des Frequenzverhaltens homogener Leitungen würde zunächst eine Untersuchung der Frequenzabhängigkeit von $Z_w(j\omega)$ und $\gamma(j\omega)$ erfordern. Darauf sei hier verzichtet (siehe z.B. [5.1], [5.2]). Lediglich zwei spezielle Fälle seien behandelt:

1. Verzerrungsfreie Leitung

Wir nehmen an, daß

$$R'/L' = G'/C' \tag{5.2.23a}$$

gilt. Dann folgt

$$\gamma(s) = R'\sqrt{\frac{C'}{L'}} + s\sqrt{L'C'} =: \alpha + s\sqrt{L'C'} \tag{5.2.23b}$$

und

$$Z_w = \sqrt{\frac{L'}{C'}} =: R_w = konst. \tag{5.2.23c}$$

Offenbar ist das Dämpfungsmaß $\alpha = R'\sqrt{C'/L'}$ konstant, während das Phasenmaß $\beta(\omega)$ proportional zur Frequenz ist. Damit erhält man für die Phasengeschwindigkeit nach (5.2.10a) den konstanten Wert

$$w_p = \frac{\omega}{\beta} = \frac{1}{\sqrt{L'C'}}. \tag{5.2.23d}$$

Die Wellenlänge wird

$$\lambda = \frac{2\pi}{\omega\sqrt{L'C'}} = \frac{1}{f\sqrt{L'C'}}. \tag{5.2.23e}$$

Wählt man $Z_2 = R_2 = R_w = \sqrt{L'/C'}$, so erhält man aus (5.2.20c,d) die Übertragungsfunktion

$$H(x,s)|_{Z_2=R_w} = e^{-\alpha x}e^{-sx\sqrt{L'C'}} \tag{5.2.24a}$$

bzw.

$$H(s)|_{Z_2=R_w} = e^{-\alpha\ell}e^{-s\ell\sqrt{L'C'}}. \tag{5.2.24b}$$

Eine Leitung der Länge ℓ, für deren Beläge (5.2.23a) gilt, bewirkt demnach im Falle der Wellenanpassung neben einer Multiplikation mit dem Faktor $e^{-\alpha\ell}$ eine Verzögerung um die Zeit $T = \ell\sqrt{L'C'}$. Wegen $|H(j\omega)| = e^{-\alpha\ell}, \forall\omega$ handelt es sich um einen Allpaß mit linearer Phase. Wir erhalten ein *verzerrungsfreies System* (vergl. Abschn. 6.2).

Wird die verzerrungsfreie Leitung bei Kurzschluß ($Z_2 = 0$) oder Leerlauf ($Z_2 = \infty$) betrieben, so folgt aus (5.2.20a) mit $r_2 = -1$ bzw. $r_2 = +1$ mit (5.2.23)

$$H(x,s)|_{Z_2=0} = \frac{\sinh[(\ell - x)(\alpha + s\sqrt{L'C'})]}{\sinh[\ell(\alpha + s\sqrt{L'C'})]}, \qquad (5.2.24c)$$

$$H(x,s)|_{Z_2=\infty} = \frac{\cosh[(\ell - x)(\alpha + s\sqrt{L'C'})]}{\cosh[\ell(\alpha + s\sqrt{L'C'})]}. \qquad (5.2.24d)$$

Eine verzerrungsfreie Leitung, die beidseitig mit ohmschen Widerständen abgeschlossen ist, läßt sich durch ein diskretes System zweiter Ordnung modellieren. Für $Z_i(s) = R_i$ und $Z_2(s) = R_2$ werden r_1 und r_2 reell. Mit $T = \ell\sqrt{L'C'}$ und $\rho = e^{-\alpha\ell}$ folgt aus (5.2.21b)

$$H_q(s) = \frac{(1 - r_1)(1 + r_2)\rho}{2(1 - r_1 r_2 \rho^2 e^{-2sT})} e^{-sT}. \qquad (5.2.24e)$$

Setzt man hier wie üblich $z = e^{sT}$ und weiterhin $d = r_1 r_2 \rho^2$, so ist

$$H_q^{(d)}(z) = \frac{(1 - r_1)(1 + r_2)\rho}{2} \cdot \frac{z}{z^2 - d} \qquad (5.2.24f)$$

die Übertragungsfunktion des diskreten Modellsystems.

2. Verlustfreie Leitung

Für $R' = 0, G' = 0$ erhalten wir einen Spezialfall der verzerrungsfreien Leitung. Jetzt ist $\alpha = 0$; bei $R_2 = Z_w$ stellt die verlustfreie Leitung eine ideale Realisierung eines Verzögerungsgliedes dar (siehe Abschnitt 3.4.1).

Wählen wir jetzt $Z_2 = R_2 \geq 0$ beliebig, so ist der Reflexionsfaktor r_2 reell und es ist $r_2 \subset [-1, 1]$. Aus (5.2.20a) ergibt sich mit $T_x = x\sqrt{L'C'}$ und $T_\ell =: T = \ell\sqrt{L'C'}$

$$H(x,s) = \frac{e^{s(T-T_x)} + r_2 e^{-s(T-T_x)}}{1 + r_2 e^{-2sT}} e^{-sT} \qquad (5.2.25a)$$

und speziell für $x = \ell$

$$H(\ell, s) = H(s) = \frac{1 + r_2}{1 + r_2 e^{-s2T}} e^{-sT}. \qquad (5.2.25b)$$

Aus (5.2.19c) erhalten wir für den Eingangswiderstand einer mit $Z_2 = R_2$ abgeschlossenen verlustlosen Leitung für $s = j\omega$

$$Z_1(j\omega) = \frac{R_2 + jR_w \tan\omega T}{R_w + jR_2 \tan\omega T} R_w. \qquad (5.2.26a)$$

Ist nun $\omega T =: \omega_\nu \ell\sqrt{L'C'} = (2\nu + 1) \cdot \pi/2$, d.h. $\ell = (2\nu + 1)\lambda/4$, so wird

$$Z_1 = \frac{R_w^2}{R_2}. \qquad (5.2.26b)$$

Ein verlustfreies Leitungsstück der Länge $(2\nu+1)\lambda/4$ ist daher zur Widerstandstransformation verwendbar, aber natürlich nur für die Frequenzen ω_ν, für die die Leitungslänge die angegebene Bedingung erfüllt. Man spricht von einem $\lambda/4$-*Transformator.* Wählt man speziell R_w bzw. R_1 so, daß $Z_1 = R_1$ wird (Bild 5.8), so bewirkt die Leitung, daß der Generator die maximal mögliche Leistung $P_{\max} = U_q^2/8R_1$ abgibt, die dann nach den Überlegungen von Abschnitt 3.5.2 auch voll im Widerstand R_2 in Wärme umgesetzt wird. Aus (5.2.21b) erhält man hier mit $r_2 = -r_1$

$$H_q(j\omega_\nu) = \frac{U_2(j\omega_\nu)}{U_q} = \frac{1}{2j}\sqrt{\frac{R_2}{R_1}} = \frac{1}{2j}\cdot\frac{R_2}{R_w}\operatorname{sign}\omega_\nu. \tag{5.2.26c}$$

Der $\lambda/4$ Transformator leistet zugleich eine Hilbert-Transformation seines Eingangssignals.

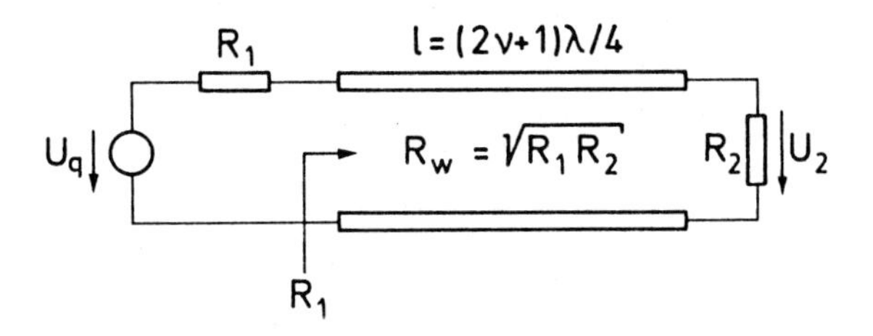

Bild 5.8: $\lambda/4$-Transformator zur Widerstandsanpassung und Hilbert-Transformation

Wir betrachten jetzt speziell die Fälle des rechtsseitigen Kurzschlusses und Leerlaufes. Für $R_2 = 0$ ist nach (5.2.13) $r_2 = -1$. Dann folgt aus (5.2.20a) oder mit $U_2 = 0$ aus (5.2.17a)

$$H(x,s)|_{R_2=0} = \frac{\sinh s(T-T_x)}{\sinh sT}. \tag{5.2.27a}$$

Die Pole dieser Übertragungsfunktion liegen bei $s = \pm j\lambda\pi/T, \lambda \in \mathbb{N}$. Das System ist bedingt stabil. Für $s = j\omega$ ergibt sich

$$H(x,j\omega)|_{R_2=0} = \frac{\sin\omega(T-T_x)}{\sin\omega T} = \frac{\sin[(\ell-x)\omega\sqrt{L'C'}]}{\sin[\ell\omega\sqrt{L'C'}]}. \tag{5.2.27b}$$

Ist $u_1(t) = \hat{u}_1 \cdot Re\{e^{j\omega t}\}$, so erhält man damit

$$u(x,t)|_{R_2=0} = \hat{u}_1\frac{\sin[(\ell-x)\omega\sqrt{L'C'}]}{\sin[\ell\omega\sqrt{L'C'}]}\cos\omega t. \tag{5.2.27c}$$

Weiterhin ist

$$I(x,s) = \frac{U(x,s)}{Z(x,s)} = \frac{H(x,s)}{Z(x,s)}U_1(s).$$

Mit $s = j\omega$ und $r_2 = -1$ folgt aus (5.2.27a) und (5.2.19b) die Zeitfunktion

$$i(x,t)|_{R_2=0} = \frac{\hat{u}_1}{R_w}\frac{\cos[(\ell-x)\omega\sqrt{L'C'}]}{\sin[\ell\omega\sqrt{L'C'}]}\sin\omega t. \tag{5.2.27d}$$

Bild 5.9 zeigt den Verlauf dieser Funktionen in Abhängigkeit von x für $\ell\omega\sqrt{L'C'} = 9\pi/2$ und verschiedene Zeitpunkte. Es ergeben sich *stehende Wellen* mit Nullstellen im Abstand $\lambda/2 = \pi/\omega\cdot\sqrt{L'C'}$.

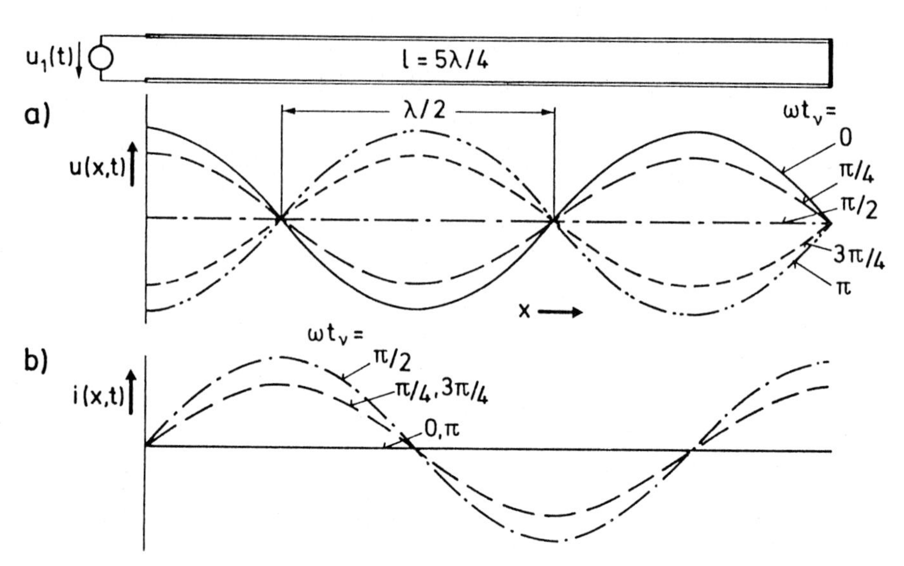

Bild 5.9: Stehende Wellen bei verlustfreier, am Ausgang kurzgeschlossener Leitung

Von Interesse ist noch der Eingangswiderstand der kurzgeschlossenen, verlustfreien Leitung. Man erhält aus (5.2.19a) mit (5.2.23c) für $s = j\omega$

$$Z_1(j\omega)|_{R_2=0} = jR_w \tan[\ell\omega\sqrt{L'C'}] = jR_w \tan \omega T. \tag{5.2.28}$$

Für $\ell = \lambda/4$ wirkt die kurzgeschlossene verlustfreie Leitung wie ein LC-Parallelschwingkreis. Sie kann daher in der Umgebung der Resonanzfrequenz durch ein entsprechendes Ersatzschaltbild aus konzentrierten Elementen dargestellt werden. Die in Bild 5.10a angegebenen Größen der Bauelemente bekommt man, wenn man außer einer Übereinstimmung der Resonanzfrequenzen ω_0 fordert, daß die $dY_1/d\omega$ bei ω_0 gleich sein sollen, wobei $Y_1(j\omega) = 1/Z_1(j\omega)$ ist.

a) $l = \lambda/4$, L', C' ≙ L, C, ω_0: $L = \frac{8}{\pi^2} \cdot \frac{\lambda}{4} \cdot L'$, $C = \frac{1}{2} \cdot \frac{\lambda}{4} \cdot C'$, $\omega_0^2 = \frac{1}{LC}$

b) $l = \lambda/4$, L', C' ≙ L, C, ω_0: $L = \frac{1}{2} \cdot \frac{\lambda}{4} \cdot L'$, $C = \frac{8}{\pi^2} \cdot \frac{\lambda}{4} \cdot C'$, $\omega_0^2 = \frac{1}{LC}$

Bild 5.10: Ersatzschaltbilder aus konzentrierten Elementen für eine verlustfreie $\lambda/4$-Leitung bei Kurzschluß und Leerlauf

Ganz entsprechend erhält man für den Leerlauffall mit $R_2 = \infty$ und damit $r_2 = 1$ die folgenden Ergebnisse

$$H(x,s)|_{R_2=\infty} = \frac{\cosh s(T-T_x)}{\cosh sT}, \quad (5.2.29a)$$

$$H(x,j\omega)|_{R_2=\infty} = \frac{\cos\omega(T-T_x)}{\cos\omega T} = \frac{\cos[(\ell-x)\omega\sqrt{L'C'}]}{\cos[\ell\omega\sqrt{L'C'}]}, \quad (5.2.29b)$$

$$u(x,t)|_{R_2=\infty} = \hat{u}_1 \frac{\cos[(\ell-x)\omega\sqrt{L'C'}]}{\cos[\ell\omega\sqrt{L'C'}]} \cos\omega t, \quad (5.2.29c)$$

$$i(x,t)|_{R_2=\infty} = -\frac{\hat{u}_1}{R_w} \frac{\sin[(\ell-x)\omega\sqrt{L'C'}]}{\cos[\ell\omega\sqrt{L'C'}]} \sin\omega t, \quad (5.2.29d)$$

$$Z_1(j\omega)|_{R_2=\infty} = \frac{R_w}{j\tan[\ell\omega\sqrt{L'C'}]} = \frac{R_w}{j\tan\omega T}. \quad (5.2.30)$$

Die Übertragungsfunktion $H(x,s)$ hat einfache Nullstellen bei $s = j(2\lambda+1)\pi/2T$, $\lambda \in \mathbb{Z}$. Das System ist ebenfalls bedingt stabil. Eine leerlaufende, verlustfreie Leitung der Länge $\lambda/4$ wirkt wie ein LC-Serienschwingkreis (siehe Bild 5.10b). Seine Werte wurden unter entsprechenden Annahmen wie bei der kurzgeschlossenen Leitung bestimmt.

5.2.3 Untersuchung des Zeitverhaltens

Wir wenden uns jetzt der Behandlung des Zeitverhaltens der durch (5.2.1)

$$\frac{\partial u}{\partial x} + L'\frac{\partial i}{\partial t} + R'i = 0$$

$$\frac{\partial i}{\partial x} + C'\frac{\partial u}{\partial t} + G'u = 0$$

beschriebenen homogenen Leitung endlicher Länge zu. Es sei $0 \le x \le \ell$ und, da wir an Einschaltvorgängen interessiert sind, $0 \le t < \infty$. Erforderlich sind Angaben über die Anfangs- und Randbedingungen. Wir setzen daher die Kenntnis der Anfangswerte

$$u(x,+0) \quad \text{und} \quad i(x,+0)$$

sowie der Randwerte

$$u(+0,t) =: u_1(t) \quad \text{und} \quad i(+0,t) =: i_1(t)$$

voraus. Zur Lösung verwenden wir die Laplace-Transformation bezüglich der Variablen t (z.B. [5.4]). Es ergibt sich eine Bildfunktion, die nicht nur von s, sondern auch von der Ortsvariablen x abhängt. Man erhält z.B. für die Spannung

$$\mathcal{L}\{u(x,t)\} = \int_0^\infty u(x,t)e^{-st}dt = U(x,s). \quad (5.2.31a)$$

Weiterhin gilt der Differentiationssatz in der Form

$$\mathscr{L}\left\{\frac{\partial u(x,t)}{\partial t}\right\} = sU(x,s) - u(x,+0). \tag{5.2.31b}$$

Wenn wir annehmen, daß die Differentiation nach x und das Laplace-Integral vertauschbar sind, ergibt sich

$$\mathscr{L}\left\{\frac{\partial u(x,t)}{\partial x}\right\} = \frac{\partial}{\partial x}\mathscr{L}\{u(x,t)\} = \frac{\partial}{\partial x}U(x,s). \tag{5.2.31c}$$

Wir benötigen weiterhin die Transformierten der Randbedingungen, die oben in der Form

$$\lim_{x\to+0} u(x,t) = u(+0,t) = u_1(t)$$

als Grenzwerte definiert waren. Ist der Grenzübergang $x \to +0$ mit dem Laplace-Integral vertauschbar, so gilt

$$\lim_{x\to+0} \mathscr{L}\{u(x,t)\} = \mathscr{L}\left\{\lim_{x\to+0} u(x,t)\right\} = U_1(s) = \lim_{x\to+0} U(x,s). \tag{5.2.31d}$$

Durch Laplace-Transformation von (5.2.1) erhalten wir dann

$$\begin{bmatrix} \dfrac{\partial U(x,s)}{\partial x} \\ \\ \dfrac{\partial I(x,s)}{\partial x} \end{bmatrix} = \begin{bmatrix} 0 & -(R'+sL') \\ \\ -(G'+sC') & 0 \end{bmatrix} \cdot \begin{bmatrix} U(x,s) \\ \\ I(x,s) \end{bmatrix} + \begin{bmatrix} L'i(x,+0) \\ \\ C'u(x,+0) \end{bmatrix}. \tag{5.2.32}$$

Die Laplace-Transformation nach einer der Variablen hat also die partiellen Differentialgleichungen in gewöhnliche überführt. Der homogene Teil von (5.2.32) stimmt offenbar mit dem Ergebnis (5.2.4c) überein, das wir für eine exponentielle Erregung mit einem Exponentialansatz gewonnen haben. Hier hat die Gleichung aber dieselbe Erweiterung ihrer Bedeutung erfahren, die wir entsprechend beim Übergang von der Wechselstromanalyse von Netzwerken zur Diskussion ihres Zeitverhaltens bei Schaltvorgängen in Band I, Abschnitt 6.4 festgestellt haben.

Unter Bezug auf Abschnitt 4.2.3 können wir die Lösung der vektoriellen Differentialgleichung (5.2.32) für den Fall unmittelbar angeben, daß die Leitung unendlich lang ist. Wir haben lediglich zu beachten, daß jetzt x statt t als unabhängige Variable auftritt und die Systemmatrix (5.2.5a)

$$\mathbf{A}(s) = \begin{bmatrix} 0 & -(R'+sL') \\ \\ -(G'+sC') & 0 \end{bmatrix}$$

von s abhängt. Man erhält

$$\begin{bmatrix} U(x,s) \\ \\ I(x,s) \end{bmatrix} = \exp[\mathbf{A}(s)x] \begin{bmatrix} U_1(s) \\ \\ I_1(s) \end{bmatrix} + \int_0^x \exp[\mathbf{A}(s)(x-\xi)] \begin{bmatrix} L'i(\xi,+0) \\ \\ C'u(\xi,+0) \end{bmatrix} d\xi. \tag{5.2.33a}$$

Der erste Term ist aber die Lösung der homogenen Gleichung, die wir bereits im letzten Abschnitt gefunden haben. Aus (5.2.16) entnehmen wir

$$\exp[\mathbf{A}(s)x] = \begin{bmatrix} \cosh[x\,\gamma(s)] & -Z_w(s)\sinh[x\,\gamma(s)] \\ -\dfrac{\sinh[x\,\gamma(s)]}{Z_w(s)} & \cosh[x\,\gamma(s)] \end{bmatrix}. \tag{5.2.33b}$$

Bei dem Ergebnis (5.2.33a) überrascht zunächst, daß die von der Zeit abhängige Erregung am Eingang der Leitung hier in die Lösung der homogenen Gleichung eingeht, während der zeitliche Anfangszustand als Störglied auftritt und die Partikulärlösung bestimmt. Der Grund ist natürlich, daß (5.2.32) eine Differentialgleichung in x und nicht in t ist.

Die Bestimmung des gesuchten Zeitverhaltens erfordert die Rücktransformation von (5.2.33a) in den Zeitbereich. Wegen der auftretenden transzendenten Funktionen ist das im allgemeinen Fall sehr schwierig. Eine erste Vereinfachung ergibt sich, wenn $u(x,+0) = 0$ und $i(x,+0) = 0$ ist. Dann verbleibt in (5.2.32) nur der homogene Teil, und es gelten wieder die Beziehungen, die wir im letzten Abschnitt für exponentielle Erregung bekommen haben, jetzt aber für die Laplace-Transformierten der auftretenden Funktionen. Insbesondere verwenden wir (5.2.17a)

$$U(x,s) = \frac{\sinh[(\ell - x)\gamma(s)]}{\sinh[\ell\gamma(s)]}U_1(s) + \frac{\sinh[x\,\gamma(s)]}{\sinh[\ell\gamma(s)]}U_2(s),$$

eine Gleichung, die mit

$$\tilde{H}(x,s) = \frac{\sinh[\ell - x)\gamma(s)]}{\sinh[\ell\gamma(s)]} \tag{5.2.34a}$$

auf

$$U(x,s) = \tilde{H}(x,s)U_1(s) + \tilde{H}(\ell - x,s)U_2(s) \tag{5.2.35a}$$

führt. Offenbar ergibt sich die Laplace-Transformierte der Spannung im Punkte x als Summe der Wirkungen der Erregungen bei $x = 0$ und $x = \ell$. Die Rücktransformation läßt sich dann formal durchführen. Mit

$$\tilde{h}_0(x,t) = \mathscr{L}^{-1}\left\{\tilde{H}(x,s)\right\} \tag{5.2.34b}$$

folgt

$$u(x,t) = \tilde{h}_0(x,t) * u_1(t) + \tilde{h}_0(\ell - x,t) * u_2(t). \tag{5.2.35b}$$

Die Produktdarstellung

$$\sinh a = a\prod_{\nu=1}^{\infty}\left[1 + \frac{a^2}{\nu^2\pi^2}\right]$$

überführt (5.2.34a) in

$$\tilde{H}(x,s) = \frac{\ell - x}{\ell} \prod_{\nu=1}^{\infty} \left[\frac{(\ell - x)^2 \gamma^2(s) + \nu^2 \pi^2}{\ell^2 \gamma^2(s) + \nu^2 \pi^2} \right]. \tag{5.2.34c}$$

Daraus erhält man nach Partialbruchzerlegung und gliedweiser Rücktransformation

$$\tilde{h}_0(x,t) = \sum_{\nu=1}^{\infty} \left[B_{\nu 1}(x) e^{s_{\infty\nu_1} t} + B_{\nu_2}(x) e^{s_{\infty\nu_2} t} \right]. \tag{5.2.34d}$$

Hier sind die $s_{\infty\nu_{1,2}}$ die Nullstellen der Polynome $N_\nu(s) = \ell^2 \gamma^2(s) + \nu^2 \pi^2$ und die $B_{\nu_{1,2}}(x)$ die Residuen von $\tilde{H}(x,s)$ in den $s_{\infty\nu_{1,2}}$. Auf eine eingehendere Behandlung sei verzichtet.

Die Verhältnisse werden sehr viel einfacher, wenn wir speziell eine verzerrungsfreie Leitung betrachten. Wir nehmen an, daß sie von einer Spannungsquelle mit Innenwiderstand R_i gespeist wird und mit $Z_2 = R_2$ abgeschlossen ist. Mit $Z_w = R_w = konst.$ werden die beiden Reflexionsfaktoren r_1 und r_2 reell, und es gilt $r_{1,2} \in [-1, 1]$. Weiterhin ist nach (5.2.23b)

$$\gamma(s) = R' \sqrt{\frac{C'}{L'}} + s\sqrt{L'C'} = \alpha + s\sqrt{L'C'}.$$

Mit den Bezeichnungen

$$\rho_x = e^{-\alpha x}, \; T_x = x\sqrt{L'C'}, \tag{5.2.36a}$$

$$d = r_1 r_2 e^{-2\alpha\ell} \in [-1, 1] \tag{5.2.36b}$$

und den bereits eingeführten Größen $\rho = e^{-\alpha\ell}$ und $T = \ell\sqrt{L'C'}$ erhält man aus (5.2.21a)

$$H_q(x,s) = \frac{1 - r_1}{2} \cdot \frac{\left[\rho_x e^{-sT_x} + r_2 \rho_{2\ell - x} e^{-s(2T - T_x)}\right]}{\left[1 - de^{-2sT}\right]}. \tag{5.2.37a}$$

Hier wurde $\rho_{2\ell-x} = e^{-\alpha(2\ell - x)} = \rho^2/\rho_x$ verwendet. Für $|d| < 1$ und $Re\{s\} \geq 0$ kann man eine Reihenentwicklung angeben. Es ist

$$\begin{aligned} H_q(x,s) = {} & \frac{(1 - r_1)}{2} \left[\rho_x e^{-sT_x} + r_2 \rho_{2\ell-x} e^{-s(2T - T_x)}\right] \sum_{k=0}^{\infty} d^k \cdot e^{-2skT} \\ = {} & \frac{1 - r_1}{2} \left[\rho_x \sum_{k=0}^{\infty} d^k e^{-s[2kT + T_x]} + r_2 \rho_{2\ell - x} \sum_{k=1}^{\infty} d^{k-1} e^{-s[2kT - T_x]} \right]. \end{aligned} \tag{5.2.37b}$$

Für $x = \ell$ gilt wieder (5.2.24e)

$$H_q(s) = \frac{(1 - r_1)(1 + r_2)\rho}{2(1 - r_1 r_2 \rho^2 e^{-2sT})} e^{-sT}.$$

Die Rücktransformation in den Zeitbereich liefert die Impulsantworten

$$h_{0q}(x,t) = \frac{1-r_1}{2}\left[\rho_x \sum_{k=0}^{\infty} d^k \delta_0(t-2kT-T_x) + r_2\rho_{2\ell-x}\sum_{k=1}^{\infty} d^{k-1}\cdot\delta_0(t-2kT+T_x)\right] \tag{5.2.38a}$$

sowie für $x = \ell$ mit $h_{0q}(t) := h_{0q}(\ell, t)$

$$h_{0q}(t) = \frac{(1-r_1)(1+r_2)}{2}\rho\sum_{k=0}^{\infty} d^k \cdot \delta_0[t-(2k+1)T]. \tag{5.2.38b}$$

$h_{0q}(t)$ ist die Distribution, die zu der Impulsantwort des durch (5.2.24f) beschriebenen diskreten Systems gehört.

Wir betrachten einige Spezialfälle:

a) Wellenanpassung
Es sei $R_2 = R_w$ und daher $r_2 = 0$. Dann ist nach (5.2.36b) auch $d = 0$, und wir erhalten aus (5.2.38a) mit $\rho_x = e^{-\alpha x}$

$$h_{0q}(x,t)|_{R_2=R_w} = \frac{1-r_1}{2}e^{-\alpha x}\delta_0(t-T_x) \tag{5.2.39a}$$

bzw. für die Impulsantwort am Ausgang

$$h_{0q}(t)|_{R_2=R_w} = \frac{1-r_1}{2}e^{-\alpha\ell}\delta_0(t-T). \tag{5.2.39b}$$

Ist die Quellspannung $u_q(t)$, so folgt unmittelbar

$$\begin{aligned} u(x,t)|_{R_2=R_w} &= h_{0q}(x,t) * u_q(t) \\ &= \frac{1-r_1}{2}e^{-\alpha x}u_q(t-T_x). \end{aligned} \tag{5.2.39c}$$

Eine beliebige Quellspannung $u_q(t)$ erfährt also zunächst am Eingang der Leitung eine Spannungsteilung mit dem Faktor $(1-r_1)/2 = R_w/(R_i+R_w)$, um dann die Leitung mit der Phasengeschwindigkeit w_p zu durchlaufen, wobei sie mit wachsendem x zunehmend gedämpft wird.

b) Kurzschluß am Ausgang, Anpassung am Eingang
Es sei $R_2 = 0$ und damit $r_2 = -1$. Die Speisung erfolge aus einer Quelle mit $R_i = R_w$, so daß $r_1 = 0$ ist. Dann ist wieder $d = 0$, und wir erhalten aus (5.2.38a)

$$h_0(x,t)|_{\substack{R_i=R_w\\R_2=0}} = \frac{1}{2}\left[e^{-\alpha x}\delta_0(t-T_x) - e^{-\alpha(2\ell-x)}\delta_0(t-2T+T_x)\right]. \tag{5.2.40a}$$

Für die Spannung $u(x,t)$ folgt dann

$$u(x,t)|_{\substack{R_i=R_w\\R_2=0}} = \frac{1}{2}\left[e^{-\alpha x}u_q(t-T_x) - e^{-\alpha(2\ell-x)}u_q(t-2T+T_x)\right]. \tag{5.2.40b}$$

Es liegt eine einzige Reflexion am Ausgang vor, die einen Vorzeichenwechsel der Spannungswelle bewirkt.

c) Speisung mit idealer Spannungsquelle, Kurzschluß am Ausgang

Es sei nun $R_i = 0$ und wieder $R_2 = 0$. Dann ist $r_1 = r_2 = -1$, und wir erhalten mit $d = \rho^2$

$$h_{0q}(x,t)|_{\substack{R_i=0\\R_2=0}} = \rho_x \sum_{k=0}^{\infty} \rho^{2k} \delta_0(t - 2kT - T_x) - \rho_x^{-1} \sum_{k=1}^{\infty} \rho^{2k} \delta_0(t - 2kT + T_x). \tag{5.2.41}$$

In Bild 5.11a wird diese Impulsantwort veranschaulicht. Die Reflexionen am Ausgang und Eingang bewirken, daß der Impuls dort jeweils das Vorzeichen wechselt und dann zurückläuft, wobei er auf der Leitung eine mit dem durchlaufenden Weg zunehmende Dämpfung erfährt. Bild 5.11b zeigt einen Schnitt durch die zweidimensionale Darstellung von Teilbild a an der Stelle $x = x_1$. Bei Erregung mit $u_q(t)$ folgt $u(x,t)$ wieder unmittelbar aus $u(x,t) = h_{0q}(x,t) * u_q(t)$.

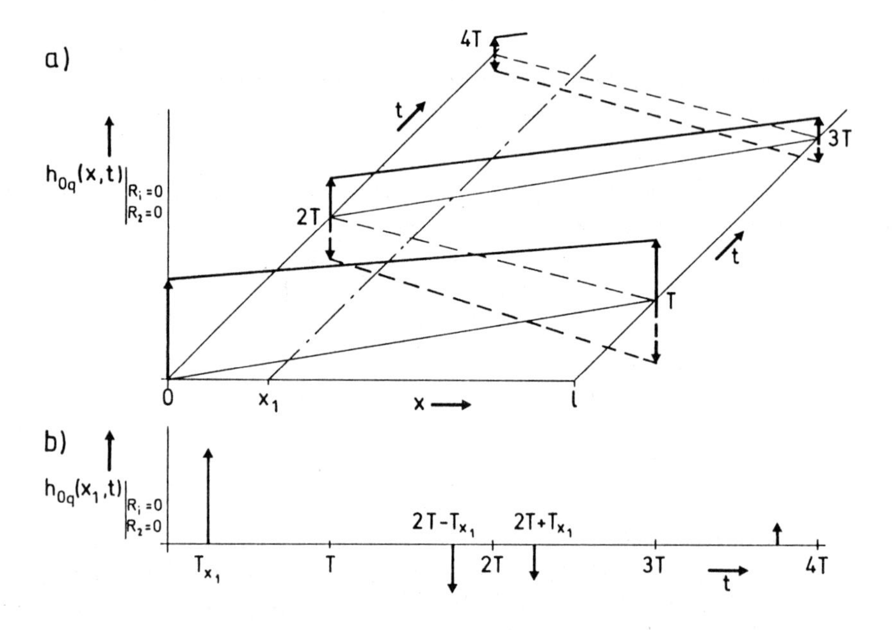

Bild 5.11: Impulsantwort einer verzerrungsfreien, am Ausgang kurzgeschlossenen Leitung

d) Speisung mit idealer Spannungsquelle, Leerlauf am Ausgang

Mit $R_i = 0\,(r_1 = -1)$ sowie $R_2 = \infty\,(r_2 = 1)$ und damit $d = -\rho^2$ ist

$$h_{0q}(x,t)|_{\substack{R_i=0\\R_2=\infty}} = \rho_x \sum_{k=0}^{\infty} (-\rho^2)^k \delta_0(t - 2kT - T_x) - \rho_x^{-1} \sum_{k=1}^{\infty} (-\rho^2)^k \delta_0(t - 2kT + T_x). \tag{5.2.42a}$$

Für $x = \ell$ erhält man

$$h_{0q}(t)|_{\substack{R_i=0\\R_2=\infty}} = 2\rho \sum_{k=0}^{\infty} (-\rho^2)^k \delta_0[t - (2k+1)T]. \tag{5.2.42b}$$

Es sei nun $u_q(t) = U_q\delta_{-1}(t)$. Zur Vereinfachung der Darstellung wird angenommen, daß $\rho = 1$, d.h. $\alpha = 0$ ist. Die sich ergebenden Spannungen $u(x, t_\nu)$ sind in Bild 5.12a für vier verschiedene Zeitpunkte dargestellt. Auf der Leitung treten Wanderwellen auf, die unter den gemachten idealisierenden Annahmen für einen bestimmten Punkt $x \neq 0, \ell$ zu einem in t periodischen Verlauf der Spannung führen (siehe Bild 5.12b).

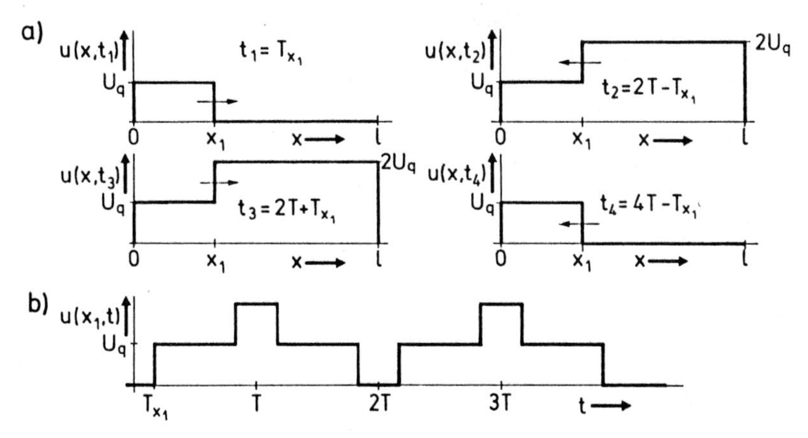

Bild 5.12: Zum Einschalten einer Gleichspannung bei verlustfreier, leerlaufender Leitung

5.2.4 Wellenmatrizen

5.2.4.1 Einführung

In Abschnitt 4.6 von Band I haben wir bereits die *Streumatrix* zur Beschreibung von Vierpolen aus konzentrierten Elementen eingeführt. Es wurde angegeben, daß sie primär für Netzwerke aus verteilten Elementen, speziell Mikrowellensysteme zur Darstellung der Beziehungen zwischen den dort auftretenden Wellen verwendet wird. Entsprechend der Zielsetzung dieses Kapitels greifen wir diese Betrachtung erneut auf. Dabei übernehmen wir die meistens verwendete Einschränkung auf verlustfreie Leitungen und reelle Abschlußwiderstände. Dadurch werden auch Mikrowellennetzwerke, bei denen keine Spannungs- und Stromwellen vorliegen, einer verhältnismäßig einfachen Darstellung zugänglich. Bei ihnen ist auch die Annahme der Verlustfreiheit mit guter Näherung gerechtfertigt. Die oben erwähnte Verwendung der hier vorzustellenden Begriffe auf Netzwerke aus konzentrierten Elementen erfolgt formal, da in derartigen Systemen natürlich keine Wellen auftreten.

Für die im folgenden zu erklärenden Größen gelten einige wichtige Beziehungen, die damit für eine große Klasse von Systemen gültig sind. Wir können hier allerdings nur eine kurze Einführung in die Grundgedanken und Aussagen bringen. Eine eingehendere Darstellung findet sich z.B. in [5.5] - [5.8].

Im Abschnitt 5.2.2 haben wir die Spannung $u(x,t)$ und den Strom $i(x,t)$ einer homogenen Leitung als Überlagerung von hin- und rücklaufenden Wellen dargestellt. Bei exponentieller Erregung erhalten wir im verlustfreien Fall, d.h. mit $\gamma(s) = s\sqrt{L'C'}$ und $Z_w = R_w = \sqrt{L'/C'}$, für die entsprechenden komplexen Amplituden nach (5.2.6a,b) und (5.2.9)

$$\begin{aligned} U(x,s) &= U_h(x,s) + U_r(x,s) \\ I(x,s) &= \frac{1}{R_w}\left[U_h(x,s) - U_r(x,s)\right] \end{aligned} \tag{5.2.43}$$

mit

$$\begin{aligned} U_h(x,s) &= \frac{1}{2}\left[U(x,s) + R_w I(x,s)\right] \\ U_r(x,s) &= \frac{1}{2}\left[U(x,s) - R_w I(x,s)\right]. \end{aligned} \tag{5.2.44}$$

Für $s = j\omega$ bestimmen wir die Wirkleistung, die die Stelle x passiert. Es ist

$$P_w(x,\omega) = \frac{1}{2R_w}\left[|U_h(x,j\omega)|^2 - |U_r(x,j\omega)|^2\right]. \tag{5.2.45}$$

Bei Mikrowellennetzwerken arbeitet man mit *Leistungswellen*, da nur sie dort physikalisch real sind. Für die hin- und rücklaufenden Wellen führt man mit den Bezeichnungen $a(x,j\omega)$ und $b(x,j\omega)$ Größen ein, deren Dimension die Wurzel aus der Dimension der Leistung ist. Man definiert

$$\begin{aligned} a(x,j\omega) &= \frac{1}{\sqrt{R_w}} U_h(x,j\omega) &= \frac{1}{2}\cdot\left[\frac{1}{\sqrt{R_w}}\cdot U(x,j\omega) + \sqrt{R_w}\cdot I(x,j\omega)\right] \\ b(x,j\omega) &= \frac{1}{\sqrt{R_w}} U_r(x,j\omega) &= \frac{1}{2}\cdot\left[\frac{1}{\sqrt{R_w}}\cdot U(x,j\omega) - \sqrt{R_w}\cdot I(x,j\omega)\right]. \end{aligned} \tag{5.2.46}$$

Sind Anordnungen aus mehreren Elementen unterschiedlichen Wellenwiderstandes zu untersuchen, so wird an Stelle von R_w für alle auftretenden Wellen einheitlich ein willkürlich gewählter Bezugswiderstand R_0 eingesetzt. Mit (5.2.46) erhält man für die Wirkleistung an Stelle von (5.2.45) die einfachere Beziehung

$$P_w(x,\omega) = \frac{1}{2}\left[|a(x,j\omega)|^2 - |b(x,j\omega)|^2\right]. \tag{5.2.47}$$

Für die folgenden Betrachtungen bleiben wir bei den mit (5.2.44) eingeführten Spannungswellen.

Wir betrachten nun zunächst eine Zweipolquelle unter Verwendung der eingeführten Wellen und dann einfache Zusammenschaltungen.

5.2.4.2 Die Wellenquelle

Wir gehen von einer Zweipolquelle aus, die wir durch die in Bild 5.13a gezeichnete Ersatzspannungsquelle beschreiben. Die bei Belastung auftretende Klemmenspannung $U(s)$ ist

$$U(s) = U_q(s) - I(s)R_i. \tag{5.2.48}$$

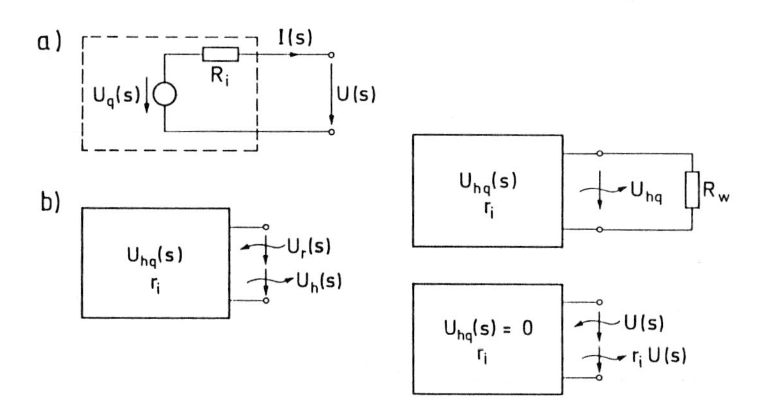

Bild 5.13: Zur Definition der Ersatzwellenquelle

Für die Untersuchung von Leitungsnetzwerken ist es zweckmäßig, eine *Ersatzwellenquelle* einzuführen (z.B. [5.5] - [5.7]). Dazu setzen wir in (5.2.48) für $U(s)$ und $I(s)$ die in (5.2.43) angegebene Darstellung mit hin- und rücklaufenden Wellen nach Spezialisierung auf $x = 0$ ein und erhalten, wenn wir nach $U_h(s)$ auflösen

$$U_h(s) = \frac{U_q(s)}{1 + R_i/R_w} + \frac{R_i - R_w}{R_i + R_w} U_r(s).$$

Diese Beziehung schreiben wir in der Form

$$U_h(s) = U_{hq}(s) + r_i U_r(s). \tag{5.2.49a}$$

Die in die angeschlossene Leitung hineinlaufende Welle ist also die Summe aus der *Quellwelle*

$$U_{hq}(s) = \frac{U_q(s)}{1 + R_i/R_w} = \frac{U_q(s)}{2} \cdot (1 - r_i) \tag{5.2.49b}$$

und einer Welle $r_i \cdot U_r(s)$, die durch Reflexion der rücklaufenden Welle $U_r(s)$ am inneren Widerstand der Quelle entsteht. Hier wurde entsprechend (5.2.22) der innere Reflexionsfaktor

$$r_i = \frac{R_i - R_w}{R_i + R_w} \tag{5.2.49c}$$

verwendet. Die beiden die Quelle kennzeichnenden Größen $U_{hq}(s)$ und r_i hängen von dem willkürlich wählbaren Bezugswiderstand R_w ab. $U_{hq}(s)$ ist als Spannung an den Klemmen meßbar, wenn diese mit R_w abgeschlossen sind. Ebenso ist r_i bestimmbar, wenn man bei $U_{hq}(s) = 0$ die Reflexion am Eingang mißt (siehe Bild 5.13b).

5.2.4.3 Eintorige Stoßstelle

Wir betrachten die Zusammenschaltung einer Wellenquelle, gekennzeichnet durch $U_{hq}(s)$ und r_i, mit einer verlustlosen Leitung (Bild 5.14). Ihr Wellenwiderstand R_w werde willkürlich als Bezugsgröße verwendet. Über ihre Länge und ihren Abschlußwiderstand werden keine Voraussetzungen gemacht, so daß an ihrem Eingang der Reflexionsfaktor

$$r_1(s) = \frac{Z_1(s) - R_w}{Z_1(s) + R_w}$$

im allgemeinen von Null verschieden ist. In

$$U_h(s) = U_{hq}(s) + r_i U_r(s)$$

ist dann nach Bild 5.14

$$U_r(s) = r_1(s) U_h(s)$$

zu setzen und man erhält

$$U_h(s) = \frac{U_{hq}(s)}{1 - r_i r_1(s)}. \tag{5.2.50}$$

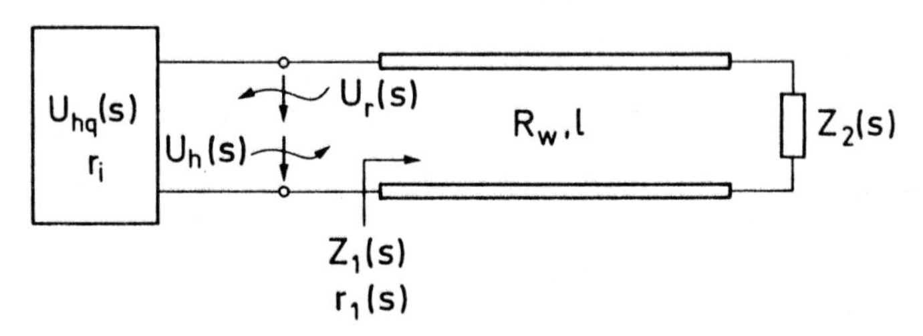

Bild 5.14: Eintorige Stoßstelle

Für die von der Quelle an die Leitung abgegebene Wirkleistung gilt (5.2.45) mit $x = 0$. Dann ist auch

$$\begin{aligned} P_w(0,\omega) =: \quad P_w(\omega) &= \frac{|U_h(j\omega)|^2}{2R_w} \cdot \left[1 - |r_1(j\omega)|^2\right] \\ &= \frac{|U_{hq}(j\omega)|^2}{2R_w} \cdot \frac{1 - |r_1(j\omega)|^2}{|1 - r_i r_1(j\omega)|^2}. \end{aligned} \tag{5.2.51a}$$

Setzt man hier (5.2.49b) ein, so folgt

$$P_w(\omega) = \frac{|U_q(j\omega)|^2}{8R_w} \cdot (1-r_i)^2 \frac{1-|r_1(j\omega)|^2}{|1-r_i r_1(j\omega)|^2}. \tag{5.2.51b}$$

Mit der maximal von der Quelle abgebbaren Wirkleistung $\max P_w = |U_q|^2/8R_i$ erhält man schließlich

$$P_w(\omega) = \max P_w \cdot (1-r_i^2) \cdot \frac{1-|r_1(j\omega)|^2}{|1-r_i r_1(j\omega)|^2}. \tag{5.2.51c}$$

In Band I haben wir im Abschnitt 4.6 dieselbe Fragestellung behandelt. Dort hatte sich in Gl. (4.35b) $P_w(\omega) = \max P_w \cdot (1-|r|^2)$ ergeben. Der Unterschied zu (5.2.51c) ergibt sich, weil wir bei der hier durchgeführten Betrachtung die Reflexionsfaktoren auf den willkürlich gewählten Widerstand R_w bezogen haben. Die Übereinstimmung beider Ergebnisse läßt sich direkt bestätigen, folgt aber auch sehr einfach, wenn wir die Reflexionsfaktoren unter Bezug auf R_i bestimmen. Dann ist $r_i = 0$ und $r_1(j\omega) = \dfrac{Z_1(j\omega) - R_i}{Z_1(j\omega) + R_i}$, entsprechend $r(j\omega)$ in Band I. Damit folgt das zitierte Ergebnis aus Band I.

5.2.4.4 Zweitorige Stoßstelle, Streumatrix

Bild 5.15 zeigt eine allgemeine zweitorige Stoßstelle. Es sei angenommen, daß sie passiv ist. Wir verwenden eine symmetrische Schreibweise, zählen also die hineinfließenden Ströme positiv ($I_2' = -I_2$). Ebenso werden die hineinlaufenden Wellen $U_{h1}(s)$ und $U_{h2}(s)$ jeweils als in die Stoßstelle hineinfließend und entsprechend $U_{r1}(s)$ und $U_{r2}(s)$ als herausfließend definiert. Die Beziehungen zwischen dem Vektor

$$\mathbf{U}_r(s) = [U_{r1}(s), U_{r2}(s)]^T \tag{5.2.52a}$$

der reflektierten Wellen und dem Vektor

$$\mathbf{U}_h(s) = [U_{h1}(s), U_{h2}(s)]^T \tag{5.2.52b}$$

der hineinlaufenden Wellen werden nun durch die *Streumatrix* $\mathbf{S}(s)$ beschrieben. Es ist

$$\mathbf{U}_r(s) = \mathbf{S}(s)\mathbf{U}_h(s) \tag{5.2.53a}$$

mit

$$\mathbf{S}(s) = \begin{bmatrix} S_{11}(s) & S_{12}(s) \\ S_{21}(s) & S_{22}(s) \end{bmatrix}. \tag{5.2.53b}$$

Die Bedeutung der einzelnen Parameter S_{ij} erkennt man, wenn man die zugehörigen Meßvorschriften angibt (vergl. Bd. I, Abschn. 4.6). Es ist

$$S_{11}(s) = \left.\frac{U_{r1}(s)}{U_{h1}(s)}\right|_{U_{h2}(s)=0} = r_1(s) \tag{5.2.54a}$$

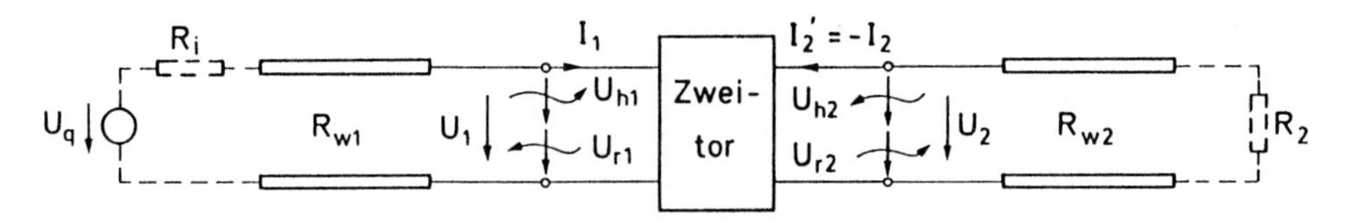

Bild 5.15: Zweitorige Stoßstelle

der Eingangsreflexionsfaktor und entsprechend

$$S_{22}(s) = \left.\frac{U_{r2}(s)}{U_{h2}(s)}\right|_{U_{h1}(s)=0} = r_2(s) \tag{5.2.54b}$$

der Ausgangsreflexionsfaktor. Weiterhin ist

$$S_{12}(s) = \left.\frac{U_{r1}(s)}{U_{h2}(s)}\right|_{U_{h1}(s)=0} \tag{5.2.54c}$$

die Betriebsübersetzung von rechts nach links und

$$S_{21}(s) = \left.\frac{U_{r2}(s)}{U_{h1}(s)}\right|_{U_{h2}(s)=0} \tag{5.2.54d}$$

die Betriebsübersetzung von links nach rechts [5.5].

Zur weiteren Deutung überlegen wir, wie z.B. die bei den Gleichungen (5.2.54a,d) gemachte Annahme $U_{h2}(s) = 0$ schaltungstechnisch erreicht werden kann. Da $U_{h2}(s)$ und $U_{r2}(s)$ bei passiver Beschaltung über die Reflexion am Eingangswiderstand der rechts angeschlossenen Leitung miteinander verknüpft sind (siehe Bild 5.15), gilt $U_{h2}(s) = 0$ für $R_2 = R_{w2}$. Entsprechend erfüllt man die Bedingung $U_{h1}(s) = 0$ mit $R_i = R_{w1}$.

Weiterhin untersuchen wir $S_{21}(s)$. Die Bedingung $U_{h2}(s) = 0$ impliziert auch, daß $U_{r2}(s) = U_2(s)$ ist, so daß

$$\frac{|U_{r2}(j\omega)|^2}{2R_2} = \frac{|U_2(j\omega)|^2}{2R_2} = P_w^{(2)}(\omega) \tag{5.2.55a}$$

die im Abschlußwiderstand umgesetzte Wirkleistung ist. Nehmen wir weiter an, daß $R_i = R_{w1}$ ist, so ist nach (5.2.49a,b) $U_{h1}(s) = U_{hq}(s) = U_q(s)/2$ und

$$\frac{|U_{h1}(j\omega)|^2}{2R_i} = \frac{U_q^2}{8R_i} = \max P_w^{(1)}(\omega) \tag{5.2.55b}$$

die maximale Wirkleistung, die die Spannungsquelle bei reflexionsfreiem Abschluß abgeben könnte. Damit folgt einerseits

$$S_{21}(s) = 2\left.\frac{U_2(s)}{U_q(s)}\right|_{R_i=R_{w1}, R_2=R_{w2}} \tag{5.2.56a}$$

und andererseits

$$|S_{21}(j\omega)|^2 = \frac{R_2}{R_i} \frac{P_w^{(2)}(\omega)}{\max P_w^{(1)}(\omega)}\bigg|_{R_i=R_{w1}, R_2=R_{w2}}. \tag{5.2.56b}$$

Wir bemerken, daß bei Verwendung der durch (5.2.46) definierten Leistungswellen die Beziehungen (5.2.54a,b) weiterhin gelten, während sich an Stelle von (5.2.54c,d)

$$S'_{12}(s) = \sqrt{\frac{R_2}{R_i}} \cdot S_{12}(s) \tag{5.2.57a}$$

und

$$S'_{21}(s) = \sqrt{\frac{R_i}{R_2}} \cdot S_{21}(s) \tag{5.2.57b}$$

ergibt. Aus (5.2.56b) folgt dann

$$|S'_{21}(j\omega)|^2 = \frac{P_w^{(2)}(\omega)}{\max P_w^{(1)}(\omega)}\bigg|_{R_i=R_{w1}, R_2=R_{w2}}. \tag{5.2.57c}$$

Der Vergleich mit Abschnitt 4.5 in Band I zeigt, daß $S'_{21}(s)$ der Kehrwert des dort definierten Betriebsübertragungsfaktors $D_B(s)$ ist. Da dieser bei einem umkehrbaren Zweitor unabhängig von der Betriebsrichtung ist, bzw. da bei solchen Zweitoren die Leistung in beiden Richtungen in gleicher Weise übertragen wird, gilt dann die Reziprozitätsbedingung

$$S'_{12}(s) = S'_{21}(s) \tag{5.2.58a}$$

oder

$$S_{12}(s) = \frac{R_i}{R_2} S_{21}(s). \tag{5.2.58b}$$

Wir bekommen eine weitere Aussage über die Eigenschaften der Streumatrix, wenn wir von der Feststellung ausgehen, daß die in ein passives Zweitor übertragene Wirkleistung nicht negativ sein kann (vergl. Bd. I, Abschnitt 4.6). Es gilt also bei Verwendung der Wellen an den Toren mit (5.2.45), wenn wir vereinfachend gleiche Wellenwiderstände unterstellen

$$P_w(\omega) = \frac{1}{2R_w} \cdot \left[|U_{h1}(j\omega)|^2 + |U_{h2}(j\omega)|^2 - |U_{r1}(j\omega)|^2 - |U_{r2}(j\omega)|^2\right] \geq 0.$$

Mit (5.2.52) ist dann

$$P_w(\omega) = \frac{1}{2R_w} \cdot \left[\mathbf{U}_h^T(j\omega)\mathbf{U}_h^*(j\omega) - \mathbf{U}_r^T(j\omega)\mathbf{U}_r^*(j\omega)\right] \geq 0. \tag{5.2.59a}$$

Daraus folgt mit $\mathbf{U}_r(j\omega) = \mathbf{S}(j\omega)\mathbf{U}_h(j\omega)$

$$P_w(\omega) = \frac{1}{2R_w} \cdot \mathbf{U}_h^T(j\omega)\left[\mathbf{E} - \mathbf{S}^T(j\omega)\mathbf{S}^*(j\omega)\right]\mathbf{U}_h^*(j\omega) \geq 0. \tag{5.2.59b}$$

Zur Erfüllung dieser Bedingung muß die Matrix $\mathbf{E} - \mathbf{S}^T(j\omega)\mathbf{S}^*(j\omega)$ positiv semidefinit sein. Das ist allgemein bei einer 2×2 Matrix $\mathbf{A}$ dann der Fall, wenn ihr Element $\alpha_{11} \geq 0$ und die Determinante $|\mathbf{A}| \geq 0$ ist. Es folgen die Beziehungen

$$1 - |S_{11}(j\omega)|^2 - |S_{21}(j\omega)|^2 \geq 0 \tag{5.2.59c}$$

und

$$|\mathbf{E} - \mathbf{S}^T(j\omega)\mathbf{S}^*(j\omega)| \geq 0. \tag{5.2.59d}$$

In dem wichtigen Spezialfall eines verlustlosen Zweitors ist $P_w(\omega) = 0$ und daher

$$\mathbf{S}^T(j\omega)\mathbf{S}^*(j\omega) = \mathbf{E}, \tag{5.2.60a}$$

die Streumatrix ist also unitär. Für ihre Elemente ergeben sich mit $S_{12} = S_{21}$ im einzelnen die Bedingungen

$$\begin{aligned} |S_{11}(j\omega)|^2 &+ |S_{21}(j\omega)|^2 &= 1 \\ |S_{22}(j\omega)|^2 &+ |S_{21}(j\omega)|^2 &= 1 \\ S_{11}(j\omega)S_{21}^*(j\omega) &+ S_{21}(j\omega)S_{22}^*(j\omega) &= 0. \end{aligned} \tag{5.2.60b}$$

Wir weisen darauf hin, daß wir in Abschnitt 3.5.2 ganz entsprechende Ergebnisse für die Übertragungsmatrix eines allgemeinen verlustlosen Systems mit zwei Ein- und Ausgängen bekommen haben.

Es sei betont, daß bei der Einführung der Streumatrix nur die Passivität des betrachteten Zweitores vorausgesetzt wurde. Wie bei der Vierpoltheorie werden ohne Kenntnis der Schaltung im Innern Aussagen über die Beziehungen zwischen den auftretenden Wellen gemacht. Die dabei benötigten Koeffizienten sind auch hier unter speziellen Abschlußbedingungen meßbar.

Die Beschreibung von Leitungsnetzwerken mit Hilfe der Streumatrix hat insbesondere dann große Bedeutung, wenn mehr als zwei Tore vorliegen. Bei Mikrowellennetzwerken ist das der Regelfall (z.B. [5.6]). Für ein n-Tor erhält man eine $n \times n$ Streumatrix.

5.2.4.5 Kaskadenmatrix

Ebenso wie ein Vierpol durch unterschiedliche Matrizen beschrieben werden kann, die in der Regel ineinander umgerechnet werden können (siehe Abschnitt 4.1 in Band I), gibt es auch für ein Zweitor andere Beziehungen als (5.2.53) zwischen den auftretenden Wellen. Wir erwähnen hier nur die Wellen-Kettenmatrix oder kurz *Kaskadenmatrix* $\mathbf{T}(s)$ [5.6], die man zweckmäßig bei der Analyse einer

Kaskade von Zweitoren verwendet. Sie beschreibt den Zusammenhang zwischen den Wellen am Tor 1 und denen am Tor 2 in der Form

$$\begin{bmatrix} U_{r1}(s) \\ U_{h1}(s) \end{bmatrix} = \mathbf{T}(s) \begin{bmatrix} U_{h2}(s) \\ U_{r2}(s) \end{bmatrix} \tag{5.2.61a}$$

mit

$$\mathbf{T}(s) = \begin{bmatrix} T_{11}(s) & T_{12}(s) \\ T_{21}(s) & T_{22}(s) \end{bmatrix}. \tag{5.2.61b}$$

Für den Zusammenhang zwischen $\mathbf{T}(s)$ und $\mathbf{S}(s)$ findet man

$$\mathbf{T}(s) = \frac{1}{S_{21}(s)} \begin{bmatrix} -\Delta^S(s) & S_{11}(s) \\ -S_{22}(s) & 1 \end{bmatrix} \tag{5.2.62}$$

sowie

$$\mathbf{S}(s) = \frac{1}{T_{22}(s)} \begin{bmatrix} T_{12}(s) & \Delta^T(s) \\ 1 & -T_{21}(s) \end{bmatrix}. \tag{5.2.63}$$

Hier sind $\Delta^S(s) = |\mathbf{S}(s)|$ und $\Delta^T(s) = |\mathbf{T}(s)|$ die Determinanten von $\mathbf{S}(s)$ und $\mathbf{T}(s)$. Mit Hilfe von Bild 5.16 erläutern wir die Anwendung der Kaskadenmatrix.

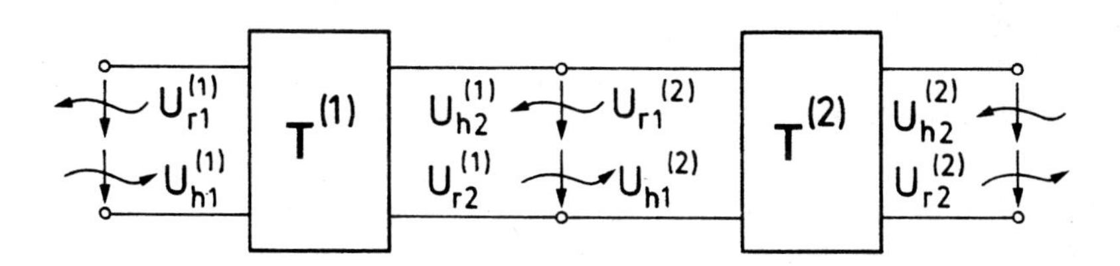

Bild 5.16: Kaskadenanordnung von Leitungsnetzwerken

Es ist

$$\begin{bmatrix} U_{r1}^{(1)}(s) \\ U_{h1}^{(1)}(s) \end{bmatrix} = \mathbf{T}^{(1)}(s) \begin{bmatrix} U_{h2}^{(1)}(s) \\ U_{r2}^{(1)}(s) \end{bmatrix}$$

und

$$\begin{bmatrix} U_{r1}^{(2)}(s) \\ U_{h1}^{(2)}(s) \end{bmatrix} = \mathbf{T}^{(2)}(s) \begin{bmatrix} U_{h2}^{(2)}(s) \\ U_{r2}^{(2)}(s) \end{bmatrix}.$$

Wegen $U_{r1}^{(2)}(s) = U_{h2}^{(1)}(s)$ und $U_{h1}^{(2)}(s) = U_{r2}^{(1)}(s)$ folgt dann

$$\begin{bmatrix} U_{r1}^{(1)}(s) \\ U_{h1}^{(1)}(s) \end{bmatrix} = \mathbf{T}^{(1)}(s) \cdot \mathbf{T}^{(2)}(s) \begin{bmatrix} U_{h2}^{(2)}(s) \\ U_{r2}^{(2)}(s) \end{bmatrix}. \tag{5.2.64a}$$

Dieses Ergebnis läßt sich offenbar verallgemeinern. Für die Kaskade von n Zweitoren erhält man die Gesamtkaskadenmatrix

$$\mathbf{T}(s) = \prod_{\nu=1}^{n} \mathbf{T}^{(\nu)}(s) = \mathbf{T}^{(1)}(s) \cdot \mathbf{T}^{(2)}(s) \ldots \mathbf{T}^{(n)}(s). \tag{5.2.64b}$$

Die Angabe weiterer Matrizen für die Beschreibung eines Zweitors ist möglich (z.B. [5.6]). Auch lassen sich Beziehungen zu den üblichen Vierpolmatrizen angeben. In Band I haben wir in Abschnitt 4.6 z.B. die Streumatrix durch die Elemente der Primärmatrix des Vierpols ausgedrückt. Weitere Zusammenhänge finden sich in [5.5]. Auf ihre Diskussion wird hier verzichtet.

5.2.4.6 Beispiele

a) Die Elementarleitung

Für die in Bild 5.17a angegebene verlustlose Leitung mit dem Wellenwiderstand R_w und der Länge ℓ gilt nach den Erläuterungen von Abschnitt 5.2.4.4

$$S_{11}(s) = \left.\frac{U_{r1}(s)}{U_{h1}(s)}\right|_{U_{h2}(s)=0} = 0 \; (= S_{22}(s))$$

$$S_{21}(s) = \left.\frac{U_{r1}(s)}{U_{h2}(s)}\right|_{U_{h1}(s)=0} = e^{-sT} \; (= S_{12}(s))$$

mit $T = \ell\sqrt{L'C'}$. Die *Elementarleitung* (im englischsprachigen Schrifttum *unit element* genannt) wird also durch

$$\mathbf{S}(s) = \begin{bmatrix} 0 & e^{-sT} \\ e^{-sT} & 0 \end{bmatrix} \tag{5.2.65a}$$

beschrieben. Sie ist umkehrbar, bewirkt also in beiden Richtungen eine Verzögerung der in sie eintretenden Wellen um die Laufzeit T. Wir können für sie den in Bild 5.17b dargestellten Signalflußgraphen angeben, der entsprechend den Verzögerungen in beiden Richtungen zwei Speicher enthält, die jeweils wieder durch $z^{-1} = e^{-sT}$ beschrieben werden. Für die Kaskadenmatrix erhält man mit (5.2.62)

$$\mathbf{T}(s) = \begin{pmatrix} e^{-sT} & 0 \\ 0 & e^{sT} \end{pmatrix}. \tag{5.2.65b}$$

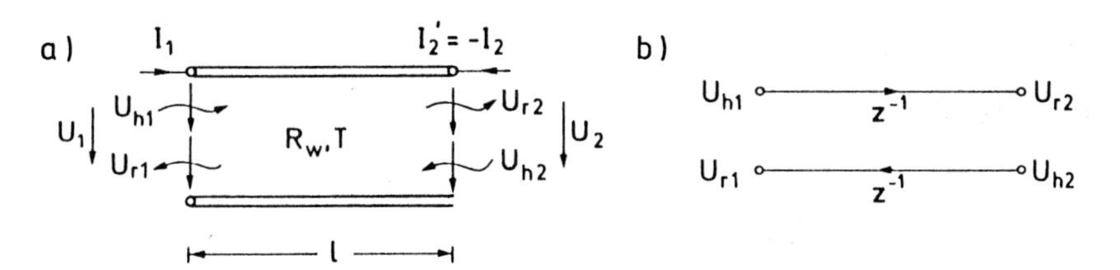

Bild 5.17: Elementarleitung

b) Zusammenschaltung zweier Leitungen

Wir betrachten weiterhin eine Stoßstelle, bei der zwei verlustfreie Leitungen unterschiedlichen Wellenwiderstandes zusammengeschaltet sind (Bild 5.18a). Es ist

$$S_{11}(s) = \left.\frac{U_{r1}(s)}{U_{h1}(s)}\right|_{U_{h2}(s)=0} = r_1 = \frac{R_{w2} - R_{w1}}{R_{w2} + R_{w1}} = const., \; \forall\omega$$

und entsprechend $S_{22}(s) = -r_1$. Bei der Bestimmung von $S_{21}(s)$ ist wegen $U_{h2}(s) = 0$

$$\begin{aligned} U_{r2}(s) = U(s) = &\; U_{h1}(s) + U_{r1}(s) \\ = &\; (1 + r_1)U_{h1}(s), \end{aligned}$$

so daß $S_{21}(s) = 1 + r_1$ folgt. Ebenso erhält man $S_{12}(s) = 1 - r_1$. Damit ist

$$\mathbf{S} = \begin{bmatrix} r_1 & 1 - r_1 \\ 1 + r_1 & -r_1 \end{bmatrix} \tag{5.2.66a}$$

unabhängig von der Frequenz. Die Beziehungen werden durch den in Bild 5.18b gezeigten Signalflußgraphen beschrieben. Die Kaskadenmatrix ist

$$\mathbf{T} = \frac{1}{1 + r_1} \cdot \begin{bmatrix} 1 & r_1 \\ r_1 & 1 \end{bmatrix}. \tag{5.2.66b}$$

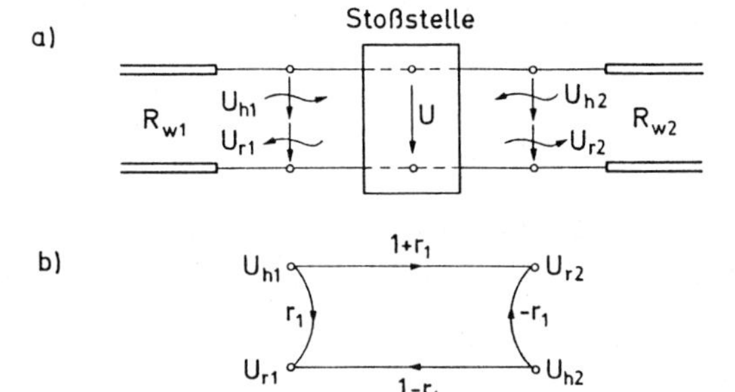

Bild 5.18: Zusammenschaltung zweier Leitungen

c) Betriebsverhalten einer Leitungskaskade

Bild 5.19a zeigt die Zusammenschaltung zweier Elementarleitungen unterschiedlichen Wellenwiderstandes. Die Anordnung wird von einer Spannungsquelle mit Innenwiderstand R_i gespeist und ist mit R_2 abgeschlossen. Mit (5.2.64b) sowie (5.2.65b) und (5.2.66b) erhält man zunächst

$$\begin{bmatrix} U_{r1}^{(1)}(s) \\ U_{h1}^{(1)}(s) \end{bmatrix} = \frac{1}{1+r_1} \cdot \begin{bmatrix} e^{-sT} & 0 \\ 0 & e^{sT} \end{bmatrix} \cdot \begin{bmatrix} 1 & r_1 \\ r_1 & 1 \end{bmatrix} \begin{bmatrix} e^{-sT} & 0 \\ 0 & e^{sT} \end{bmatrix} \begin{bmatrix} U_{h2}^{(3)}(s) \\ U_{r2}^{(3)}(s) \end{bmatrix}$$

$$= \frac{1}{1+r_1} \cdot \begin{bmatrix} e^{-2sT} & r_1 \\ r_1 & e^{2sT} \end{bmatrix} \cdot \begin{bmatrix} U_{h2}^{(3)}(s) \\ U_{r2}^{(3)}(s) \end{bmatrix}. \tag{5.2.67a}$$

Die speisende Quelle beziehen wir mit (5.2.49) ein. Aus

$$U_{h1}^{(1)}(s) = \frac{U_q}{2}(1-r_i) + r_i U_{r1}^{(1)}(s);\ r_i = \frac{R_i - R_{w1}}{R_i + R_{w1}}$$

folgt

$$U_q = \frac{2}{1-r_i}[-r_i \quad 1] \begin{bmatrix} U_{r1}^{(1)}(s) \\ U_{h1}^{(1)}(s) \end{bmatrix}. \tag{5.2.67b}$$

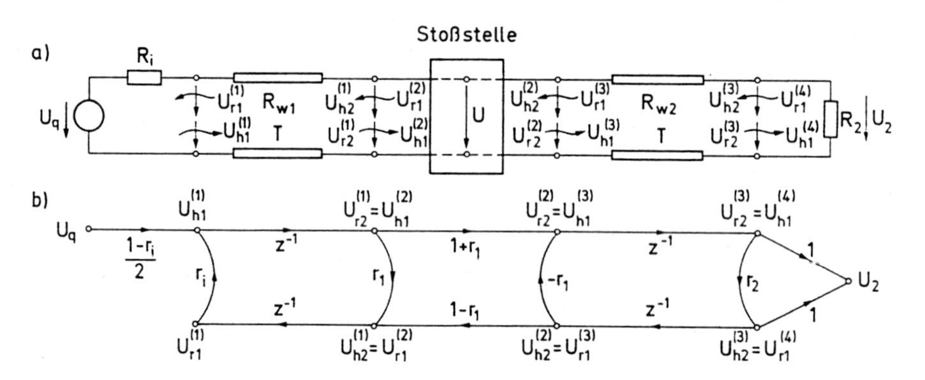

Bild 5.19: Zur Untersuchung des Betriebsverhaltens einer Leitungskaskade

Am Ausgang erhält man mit $U_{r1}^{(4)}(s) = U_{h2}^{(3)}(s)$ und $U_{h1}^{(4)}(s) = U_{r2}^{(3)}(s)$ aus $U_2(s) = U_{h1}^{(4)}(s) + U_{r1}^{(4)}(s)$ und $U_{r1}^{(4)}(s) = r_2 \cdot U_{h1}^{(4)}(s)$ mit $r_2 = \dfrac{R_2 - R_{w2}}{R_2 + R_{w2}}$

$$\begin{bmatrix} U_{r1}^{(4)}(s) \\ U_{h1}^{(4)}(s) \end{bmatrix} = \frac{1}{1+r_2} \cdot \begin{bmatrix} r_2 \\ 1 \end{bmatrix} U_2. \tag{5.2.67c}$$

Insgesamt ist dann

$$U_q(s) = \frac{2}{(1-r_i)(1+r_1)(1+r_2)}[-r_i \quad 1] \begin{bmatrix} e^{-2sT} & r_1 \\ r_1 & e^{2sT} \end{bmatrix} \begin{bmatrix} r_2 \\ 1 \end{bmatrix} U_2(s). \tag{5.2.67d}$$

Die Auswertung liefert die Übertragungsfunktion

$$H_q(s) = \frac{U_2(s)}{U_q(s)} = \frac{(1-r_i)(1+r_1)(1+r_2)}{2(e^{2sT} + r_1(r_2 - r_i) - r_i r_2 e^{-2sT})}. \tag{5.2.67e}$$

Mit $z = e^{sT}$ ist

$$H_q^{(d)}(z) = \frac{(1-r_i)(1+r_1)(1+r_2)}{2} \cdot \frac{z^2}{z^4 + r_1(r_2 - r_i)z^2 - r_i r_2} \tag{5.2.67f}$$

die Übertragungsfunktion eines diskreten Modellsystems. Bild 5.19b zeigt den Signalflußgraphen für das Netzwerk bzw. für das entsprechende diskrete System. Man erkennt als Bestandteile die in den Bildern 5.17b und 5.18b angegebenen Teil-Signalflußgraphen für die Einzelsysteme. Die Analyse der Anordnung mit Hilfe der Beziehungen (5.2.48) für die auftretenden Spannungen und Ströme ist natürlich auch möglich, aber außerordentlich umständlich.

Das behandelte Beispiel ist ein einfacher Spezialfall für Netzwerke, die aus Elementarleitungen gleicher Verzögerung aber unterschiedlichen Wellenwiderstandes und Widerständen bestehen und von Wellenquellen gespeist werden [5.9]. Eine längere Kaskade der betrachteten Art wird speziell als Modell für eine akustische Röhre zur Übertragung von Schalldruckwellen verwendet, wie sie z.B. im menschlichen Sprachtrakt vorliegt. Dabei wird der Weg von den Stimmbändern bis zu den Lippen durch eine Folge von Röhren unterschiedlichen Querschnittes dargestellt [5.10]. Schließlich lassen sich derartige Leitungsnetzwerke als Modelle für Netzwerke aus konzentrierten Elementen verwenden und ihrerseits als diskrete Systeme, als *Wellendigitalfilter* einsetzen [5.11]. Wir können hier nicht weiter darauf eingehen.

5.3 Physikalische Systeme, die zur homogenen Leitung analog sind

Im Abschnitt 5.2.1 haben wir bei der Herleitung der Telegraphengleichung (5.2.2)

$$\frac{\partial^2 u}{\partial x^2} = L'C'\frac{\partial^2 u}{\partial t^2} + (L'G' + R'C')\frac{\partial u}{\partial t} + R'G'u$$

bereits erwähnt, daß auch andere physikalische Phänomene durch eine Gleichung dieser generellen Form beschrieben werden. Zum Abschluß dieses Kapitels geben wir dazu Beispiele an und betrachten insbesondere zwei Spezialisierungen von (5.2.2). Dazu verallgemeinern wir die Bezeichnungen und verwenden zunächst an Stelle von $u(x,t)$ die abhängige Variable $y(x,t)$.

5.3.1 Die Wellengleichung

Wir betrachten die Gleichung

$$\frac{\partial^2 y}{\partial x^2} = \frac{1}{w_p^2} \cdot \frac{\partial^2 y}{\partial t^2}. \tag{5.3.1}$$

Der Vergleich mit (5.2.2) zeigt, daß sie die verlustfreie Leitung ($R' = G' = 0$) beschreibt, wobei wie in (5.2.23d) $w_p = 1/\sqrt{L'C'}$ die Phasengeschwindigkeit bezeichnet. Die im letzten Abschnitt gefundenen Ergebnisse für das Frequenz- und Zeitverhalten können dann entsprechend auch auf andere Gebilde übertragen werden, für die (5.3.1) gilt. Kennzeichnend für diese Lösungen war vor allem, daß sie das Auftreten von Wellen beschreiben, was den Namen *Wellengleichung* für (5.3.1) erklärt.

Bild 5.20 zeigt Beispiele für mechanische Gebilde, für die die Wellengleichung gilt (z.B. [5.12]). Wesentlich ist in allen Fällen, daß wie bisher nur eine Ortsvariable berücksichtigt wird, die Bewegungsvorgänge in Richtung der übrigen Ortskoordinaten also vernachlässigt werden.

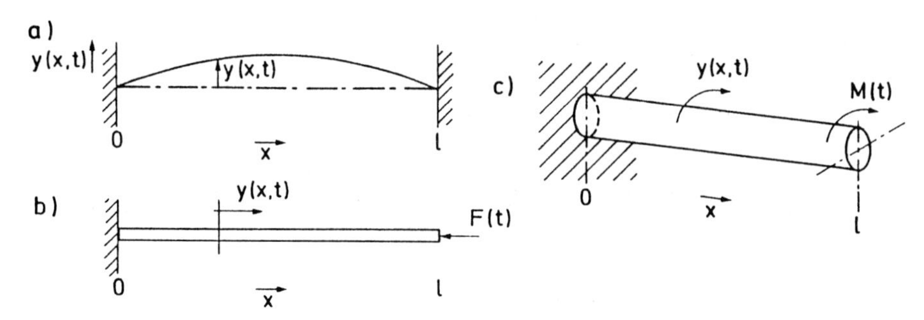

Bild 5.20: Beispiele für verteilte, schwingungsfähige mechanische Systeme

a) Schwingende Saite (Bild 5.20a)

Hier ist $y(x,t)$ die vertikale Auslenkung. Die Phasengeschwindigkeit ist hier $w_p = \sqrt{\sigma_m/m'}$, wobei

$\sigma_m = \dfrac{F}{A} = \dfrac{\text{Kraft}}{\text{Fläche}}$ die mechanische Vorspannung und

$m' = \dfrac{m}{\ell} = \dfrac{\text{Masse}}{\text{Länge}}$ die spezifische Masse bezeichnen.

b) Eingespannter Stab (Bild 5.20b)

Ein einseitig eingespannter elastischer Stab ist nach Anregung durch eine in Richtung seiner Achse wirkende Kraft $F(t)$ zu Längsschwingungen fähig, die durch die Wellengleichung beschrieben werden. $y(x,t)$ bezeichnet jetzt die longitudinale Auslenkung. Es ist $w_p = \sqrt{E/m'}$, wobei E der Elastizitätsmodul genannt wird.

c) Drehschwingungen eines Stabes (Bild 5.20c)

Ein elastischer Stab ist auch zu Drehschwingungen fähig. Ist er etwa an einem Ende fest eingespannt und wirkt am anderen Ende ein Drehmoment $M(t)$, so treten in ihm Drehschwingungen auf, für die die Wellengleichung gilt. Jetzt ist $y(x,t)$ der Drehwinkel, und die Phasengeschwindigkeit ist $w_p = \sqrt{S/m'}$, wobei die spezifische Schubspannung S als Schubmodul bezeichnet wird.

Wir haben oben schon erwähnt, daß eine akustische Röhre durch ein Leitungsnetzwerk modelliert werden kann. Das ist deshalb möglich, weil auch für sie die Wellengleichung gilt.

Mit diesen Angaben über mechanische Gebilde, die durch (5.3.1) beschrieben werden, wollen wir uns hier begnügen.

5.3.2 Die Wärmeleitungsgleichung

Etwas eingehender behandeln wir den Fall, der sich aus (5.2.2) mit $L' = G' = 0$ ergibt. Mit der Bezeichnung $a^2 := R'C'$ erhalten wir

$$\frac{\partial^2 y}{\partial x^2} - a^2 \frac{\partial y}{\partial t} = 0, \tag{5.3.2}$$

wobei jetzt mit $y(x,t)$ die Temperatur in einem stabförmigen, homogenen Medium bezeichnet sei, dem ausschließlich bei $x = 0$ und $x = \ell$ Wärme zugeführt bzw. entzogen wird. Die Gleichung (5.3.2) beschreibt auch Diffusionsvorgänge, sie wird entsprechend *Wärmeleitungs-* oder *Diffusionsgleichung* genannt ([5.12] - [5.14]).

Aus (5.2.5b) entnehmen wir, daß hier für das Fortpflanzungsmaß

$$\gamma(s) = a \cdot \sqrt{s} \tag{5.3.3}$$

gilt. Für die Diskussion des Zeitverhaltens übernehmen wir (5.2.17a) und erhalten für die Laplace-Transformierte $Y(x,s)$ der Temperatur an der Stelle x

$$Y(x,s) = \frac{\sinh[(\ell - x)a\sqrt{s}]}{\sinh \ell a\sqrt{s}} Y_1(s) + \frac{\sinh xa\sqrt{s}}{\sinh \ell a\sqrt{s}} Y_2(s). \tag{5.3.4a}$$

Hier sind entsprechend (5.2.31d)

$$Y_1(s) = \mathscr{L}\left\{\lim_{x \to +0} y(x,t)\right\} = \lim_{x \to +0} Y(x,s) \tag{5.3.4b}$$

und

$$Y_2(s) = \mathscr{L}\left\{\lim_{x \to \ell - 0} y(x,t)\right\} = \lim_{x \to \ell - 0} Y(x,s) \tag{5.3.4c}$$

die Laplace-Transformierten der an den Stabenden vorliegenden Temperaturen. Wie in Abschnitt 5.2.3 wurde dabei $y(x,+0)=0$ angenommen. Wir übernehmen weiterhin (5.2.34) und (5.2.35) und schreiben (5.3.4a) in der Form

$$Y(x,s)=\tilde{H}(x,s)Y_1(s)+\tilde{H}(\ell-x,s)Y_2(s) \tag{5.3.5a}$$

bzw. für den zeitlichen Verlauf an der Stelle x

$$y(x,t)=\tilde{h}_0(x,t)*y_1(t)+\tilde{h}_0(\ell-x,t)*y_2(t). \tag{5.3.5b}$$

Für die Impulsantwort $\tilde{h}_0(x,t)=\mathscr{L}^{-1}\{\tilde{H}(x,s)\}$ erhält man durch Auswertung von (5.2.34d) mit (5.3.3)

$$\begin{aligned}\tilde{h}_0(x,t) &= \frac{2\pi}{a^2\ell^2}\cdot\sum_{\nu=1}^{\infty}(-1)^{\nu+1}\cdot e^{s_{\infty\nu}t}\cdot\sin\frac{\ell-x}{\ell}\nu\pi,\\ \text{wobei}\qquad & \\ s_{\infty\nu} &= -\nu^2\frac{\pi^2}{a^2\ell^2}\end{aligned} \tag{5.3.6}$$

ist. Die Polstellen sind also alle negativ reell, Oszillationen treten nicht auf.

Von Interesse ist der Fall der nur einseitig begrenzten Wärmeleitung, bei der also $\ell\to\infty$ geht. Aus

$$\tilde{H}(x,s)=\frac{\sinh[(\ell-x)a\sqrt{s}]}{\sinh\ell a\sqrt{s}}=\frac{e^{(\ell-x)a\sqrt{s}}-e^{-(\ell-x)a\sqrt{s}}}{e^{\ell a\sqrt{s}}-e^{-\ell a\sqrt{s}}}$$

folgt

$$\tilde{H}_1(x,s)=\lim_{\ell\to\infty}\tilde{H}(x,s)=e^{-xa\sqrt{s}}. \tag{5.3.7a}$$

Dazu gehört die Zeitfunktion (z.B. [5.14])

$$\tilde{h}_{01}(x,t)=\frac{ax}{2\sqrt{\pi}\cdot t^{3/2}}\cdot e^{-a^2x^2/4t}, \tag{5.3.7b}$$

die üblicherweise als $\psi(x,t)$ bezeichnet wird. Sie beschreibt, der Definition entsprechend, das Temperaturverhalten in dem Stab, der bei $t=0$ am linken Rande mit einem Temperaturstoß erregt wird.

Man bestätigt leicht einige Eigenschaften von $\psi(x,t)$. Zunächst ist

$$\begin{aligned}\psi(x,0) &= 0, \qquad \forall x>0\\ \psi(0,t) &= 0, \qquad \forall t>0.\end{aligned} \tag{5.3.8a}$$

Für einen festen Wert $t=t_\lambda>0$ hat $\psi(x,t_\lambda)$ ein Maximum der Höhe

$$\begin{aligned}\max\psi(x,t_\lambda) &= \psi(x_m,t_\lambda)=\frac{1}{\sqrt{2\pi e}\cdot t_\lambda}\\ \text{bei}\qquad x_m &= \frac{1}{a}\sqrt{2t_\lambda}\end{aligned} \tag{5.3.8b}$$

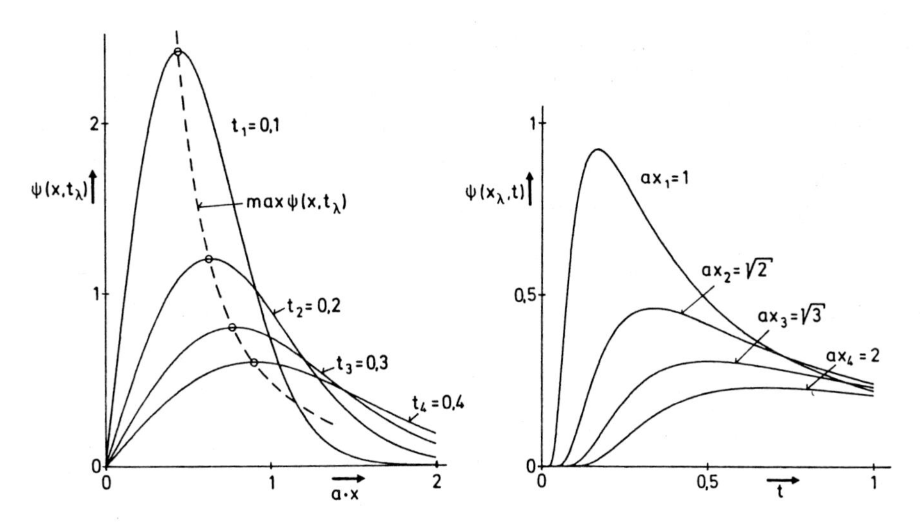

Bild 5.21: Temperaturverlauf in einem einseitig unbegrenzten Stab, der mit einem Temperaturstoß bei $x = 0$, $t = 0$ erregt worden ist.

und fällt danach monoton. Ebenso hat die Funktion für jeden festen Wert $x = x_\lambda > 0$ ein Maximum

$$\max \psi(x_\lambda, t) = \psi(x_\lambda, t_m) = 3 \cdot \sqrt{6/\pi} \cdot e^{-1,5} \cdot \frac{1}{a^2 x_\lambda^2} \qquad \text{bei} \quad t_m = \frac{a^2 x_\lambda^2}{6}. \tag{5.3.8c}$$

Bild 5.21 zeigt in zwei Kurvenscharen den Verlauf von $\psi(x,t)$. Insbesondere bei der Darstellung von $\psi(x,t_\lambda)$ ist zu erkennen, wie der Temperaturimpuls mit wachsendem t unter Abschwächung und Verbreiterung in den Stab hineinläuft.

5.4 Literatur

5.1 Fischer, J.: *Elektrodynamik.* Springer-Verlag, Berlin-Heidelberg-New York, 1976

5.2 Küpfmüller, K.: *Einführung in die theoretische Elektrotechnik.* Springer-Verlag, Berlin-Heidelberg-New York, 10. Auflage, 1973

5.3 Schwarz, R.J.; Friedland, B.: *Linear Systems.* Mc Graw-Hill Book Company, New York 1965

5.4 Doetsch, G.: *Funktionaltransformationen.* Abschnitt C in "Mathematische Hilfsmittel des Ingenieurs", Teil I, herausgegeben von R. Sauer und I. Szabò, Springer-Verlag, Berlin-Heidelberg-New York 1967

5.5 Klein, W.: *Grundlagen der Theorie elektrischer Schaltungen.* Akademie-Verlag, Berlin 1961

5.6 Brand, H.: *Schaltungslehre linearer Mikrowellennetze.* S. Hirzel-Verlag, Stuttgart 1970

5.7 Butterweck, H.J.: *Die Ersatzwellenquelle.* Archiv der elektr. Übertragung, AEÜ 14 (1960), S. 367 — 372

5.8 Kuo, F.F.: *Network Analysis and Synthesis.* J. Wiley & Sons, New York, London 1962

5.9 Kittel, L.: *New General Approach to Commensurate TEM Transmission Line Networks using State Space Techniques.* Circuit Theory and Applications, Band 1 (1973), S. 339 — 361

5.10 Markel, J.D.; Gray, A.H.: *Linear Prediction of Speech.* Springer Verlag, Berlin-Heidelberg-New York 1976

5.11 Fettweis, A.: *Wave digital filters: Theory and practice.* Proc. IEEE 74 (1986), S. 270 — 327

5.12 Wagner, K.W.: *Einführung in die Lehre von den Schwingungen und Wellen.* Dieterich'sche Verlagsbuchhandlung, Wiesbaden 1947

5.13 Doetsch, G.: *Anleitung zum praktischen Gebrauch der Laplace-Transformation und der Z-Transformation.* R. Oldenbourg, München, Wien, 3. Auflage 1967

5.14 Föllinger, O.: *Laplace- und Fourier-Transformation.* AEG-Telefunken AG, Berlin, Frankfurt, 3. Auflage 1982

6. Idealisierte, lineare, zeitinvariante Systeme

6.1 Einführung

Reale Übertragungssysteme bestehen meistens aus einer Zusammenschaltung von umfangreichen kontinuierlichen und diskreten Netzwerken, Leitungen usw., die nach den Ergebnissen der letzten Kapitel ihrerseits durch rationale oder transzendente Funktionen der Frequenz beschrieben werden, in manchen Fällen aber auch nur aufgrund einer Messung bekannt sind. Eine Untersuchung ihres Zeitverhaltens, die unmittelbar von der Schaltung ausgeht, ist zwar nach den Ergebnissen der letzten beiden Kapitel prinzipiell möglich, aber wegen des Aufwandes praktisch nicht durchführbar. Wichtiger ist aber, daß sie nur bedingt zu generellen Aussagen führt, die über den betrachteten Einzelfall hinausgehen.

In diesem Kapitel werden wir uns daher primär mit dem Einschwingverhalten idealisierter Systeme beschäftigen, die durch ihren Frequenzgang $H(j\omega)$ beschrieben werden. Dabei wählen wir weitgehend willkürlich uns interessant erscheinende Verläufe für $H(j\omega)$ aus, ohne primär zu berücksichtigen, wie und ob überhaupt reale Systeme gefunden werden können, deren Übertragungsfunktionen den gemachten Annahmen entsprechen. Der wesentliche Grund für dieses Vorgehen ist, daß wir so die Auswirkungen bestimmter charakteristischer Verläufe des Frequenzganges auf das Einschwingverhalten losgelöst von den sonst dominierenden Details studieren können. Dabei werden sehr generelle Aussagen über die Zusammenhänge zwischen Frequenz- und Zeitverhalten von Systemen möglich sein, aber auch Hinweise auf die zweckmäßige Dimensionierung für ein gewünschtes Gesamtverhalten gewonnen werden können. Die erzielten Ergebnisse werden Veranlassung geben, auch die Frage der Kausalität erneut aufzugreifen und darüber hinaus allgemein Fragen der Realisierbarkeit eines Systems zu diskutieren.

Der Vorschlag, umfangreiche Systeme in der skizzierten und hier näher auszuführenden Weise pauschal zu behandeln, stammt von KÜPFMÜLLER, der in seinen grundlegenden Arbeiten [6.1] und [6.2] in den 20er Jahren erstmalig danach vorging. Er hat ihn 1949 in der "Systemtheorie der elektrischen Nachrichtenübertragung" weiter ausgeführt [6.3] und dabei auch den Begriff *"Systemtheorie"* geprägt, der von ihm für die Nachrichtentechnik eingeführt wurde, jetzt aber in einem sehr viel allgemeineren Sinne verwendet wird.

Das mathematische Verfahren, das wir bei den Untersuchungen dieses Kapitels anwenden, haben wir schon in Abschnitt 3.3 hergeleitet und mit Bild 3.9 erläutert. Für ein lineares, zeitinvariantes, kontinuierliches System, das durch $H(j\omega)$ beschrieben wird, gilt nach (3.3.6) für die Ausgangszeitfunktion

$$y(t) = \mathcal{F}^{-1}\{Y(j\omega)\} = \mathcal{F}^{-1}\{H(j\omega) \cdot V(j\omega)\},$$

wenn $V(j\omega)$ das Spektrum des Eingangssignals $v(t)$ ist. Für ein entsprechendes diskretes System hatten wir (3.3.7)

$$y(k) = \mathcal{F}_*^{-1}\{Y(e^{j\Omega})\} = \mathcal{F}_*^{-1}\{H(e^{j\Omega}) \cdot V(e^{j\Omega})\}$$

erhalten. Bei unseren Überlegungen werden wir in der Regel die Reellwertigkeit der Systeme unterstellen, werden also annehmen, daß nach (3.3.5a) gilt

$$H(j\omega) = H^*(-j\omega); \; H(e^{j\Omega}) = H^*(e^{-j\Omega}).$$

Wir werden im nächsten Abschnitt zunächst untersuchen, unter welchen Umständen ein System verzerrungsfrei ist, wobei wir uns auf den kontinuierlichen Fall beschränken können, da man für diskrete Systeme entsprechende Ergebnisse erhält (siehe [6.4.]). Danach werden wir in der skizzierten Weise die Wirkung charakteristischer Abweichungen vom Wunschverhalten behandeln.

6.2 Verzerrungsfreie Systeme

Ein völlig verzerrungsfreies System ist durch die Bedingung

$$y(t) = v(t) \tag{6.2.1a}$$

gekennzeichnet. Für seine Übertragungsfunktion und Impulsantwort erhält man

$$H(j\omega) \equiv 1, \qquad h_0(t) = \delta_0(t). \tag{6.2.1b}$$

In der Regel wird man sowohl die Multiplikation mit einer Konstanten als auch eine Verzögerung zulassen. Abgeschwächt lautet die Forderung für ein verzerrungsfreies System damit

$$y(t) = H_0 \cdot v(t - t_0), \quad H_0 \in \mathbb{R}, \text{ konst.}; \; t_0 \geq 0, \text{ konst.} \tag{6.2.2a}$$

Aus dem Verschiebungssatz der Fouriertransformation (2.2.39) folgt damit

$$H(j\omega) = H_0 \cdot e^{-j\omega t_0}, \quad \forall \omega. \tag{6.2.2b}$$

Es ist

$$|H(j\omega)| = |H_0| = \text{konst.}, \qquad (6.2.2c)$$
$$b(\omega) = \omega t_0 \ (+\pi \text{sign}\omega), \qquad (6.2.2d)$$

wobei in der stets ungeraden Funktion $b(\omega)$ der Term $\pi\text{sign}\omega$ auftritt, wenn H_0 negativ ist. Die Impulsantwort wird

$$h_0(t) = H_0 \cdot \delta_0(t - t_0). \qquad (6.2.2e)$$

In den meisten Fällen sind Einschränkungen bezüglich der zugelassenen Eingangsfunktionen möglich. Dann können wir eine weitere Abschwächung vornehmen. Ist $v(t)$ spektral begrenzt, ist also

$$V(j\omega) \equiv 0, \quad \forall|\omega| \notin [\omega_{g_1}, \omega_{g_2}], \qquad (6.2.2f)$$

dann genügt es für eine verzerrungsfreie Übertragung, die Gültigkeit von (6.2.2b) bzw. (6.2.2c,d) im eingeschränkten Bereich $\omega_{g_1} \leq |\omega| \leq \omega_{g_2}$ zu verlangen.

Häufig wird statt (6.2.2d) die Forderung

$$\tau_g(\omega) = \frac{db(\omega)}{d\omega} = t_0 = \text{konst.}, \quad \forall|\omega| \in [\omega_{g_1}, \omega_{g_2}] \qquad (6.2.3a)$$

gestellt, neben der Konstanz des Betragsfrequenzganges also die der Gruppenlaufzeit verlangt. Diese Bedingung ist zwar notwendig, aber nicht hinreichend. Aus (6.2.3a) folgt im allgemeinen

$$b(\omega) = \omega t_0 + b_0 \cdot \text{sign}\omega. \qquad (6.2.3b)$$

Damit erhält man

$$\begin{aligned} y(t) &= \frac{1}{2\pi} \int_{-\infty}^{+\infty} |H_0| \cdot V(j\omega) \cdot e^{j\omega(t-t_0)} \cdot e^{-jb_0 \cdot \text{sign}\omega} d\omega \\ &= \cos b_0 \cdot |H_0| \cdot v(t - t_0) + \sin b_0 \cdot |H_0| \cdot \hat{v}(t - t_0). \qquad (6.2.3c) \end{aligned}$$

Hier ist nach Abschnitt 2.2.3, Gl. (2.2.95)

$$\hat{v}(t) = \mathcal{F}^{-1}\{-jV(j\omega)\text{sign}\omega\}$$

die Hilbert-Transformierte von $v(t)$. Offenbar liegt nur dann Verzerrungsfreiheit im Sinne von (6.2.2a) vor, wenn b_0 ein ganzzahliges Vielfaches von π ist.

Als Beispiel untersuchen wir die Übertragung der Funktion

$$v(t) = a(t) \cos \omega_0 t \qquad (6.2.4a)$$

in einem System mit konstantem $|H(j\omega)| = H_0$ und $\tau_g = t_0$. Wir nehmen an, daß $a(t)$ eine spektral begrenzte Funktion ist. Es gelte also für die zugehörige Spektralfunktion

$$A(j\omega) = \mathcal{F}\{a(t)\} = 0, \qquad |\omega| \geq \omega_g.$$

Dann ist nach dem Modulationssatz (2.2.41)

$$V(j\omega) = \frac{1}{2}\left[A[j(\omega-\omega_0)] + A[j(\omega+\omega_0)]\right].$$

Mit $\omega_0 > \omega_g$ folgt entsprechend (6.2.2f)

$$V(j\omega) \equiv 0, \quad \forall|\omega| \notin [\omega_0 - \omega_g, \omega_0 + \omega_g].$$

Das System sei durch

$$H(j\omega) = \begin{cases} |H_0|e^{-j[\omega t_0 + b_0 \mathrm{sign}\omega]}, & \omega_0 - \omega_g \le |\omega| \le \omega_0 + \omega_g \\ \text{beliebig}, & \text{sonst} \end{cases}$$

gekennzeichnet. Für die Bestimmung der Ausgangsfunktion $y(t)$ benötigen wir die Hilbert-Transformierte von $v(t)$. Es gilt

$$\begin{aligned} \hat{v}(t) &= \frac{1}{2\pi}\int_{-\infty}^{+\infty} \frac{1}{2}\left[A[j(\omega-\omega_0)] + A[j(\omega+\omega_0)]\right] \cdot (-j\mathrm{sign}\omega)e^{j\omega t}d\omega \\ &= Re\left\{\frac{-j}{2\pi} \cdot \int_{\omega_0-\omega_g}^{\omega_0+\omega_g} A[j(\omega-\omega_0)] \cdot e^{j\omega t}d\omega\right\}. \end{aligned}$$

Mit der Substitution $\omega - \omega_0 =: \eta$ folgt

$$\hat{v}(t) = Re\left\{\frac{-j}{2\pi} \cdot \int_{-\omega_g}^{\omega_g} A(j\eta) \cdot e^{j(\eta+\omega_0)t}d\eta\right\}$$

und daraus

$$\hat{v}(t) = a(t)\sin\omega_0 t \tag{6.2.4b}$$

(vergl. (2.2.97e)). Damit erhält man insgesamt für die Ausgangsfunktion mit (6.2.3c)

$$y(t) = |H_0| \cdot a(t-t_0) \cdot \cos\left[\omega_0(t-t_0) - b_0\right]. \tag{6.2.4c}$$

Die neben der Konstanz von $|H(j\omega)|$ vorausgesetzte konstante Gruppenlaufzeit ist also lediglich hinreichend für eine verzerrungsfreie Übertragung der *Amplitudenfunktion* $a(t)$, nicht für die von $v(t)$.

6.3 Impuls- und Sprungantworten idealisierter Systeme

6.3.1 Verzerrung des Betragsfrequenzganges

Wir untersuchen zunächst das Zeitverhalten von Systemen, die durch

$$H(j\omega) = H_0(\omega)e^{-jb(\omega)} = H_0(\omega)e^{-j\omega t_0} \tag{6.3.1}$$

beschrieben werden. Insbesondere werden wir Tiefpässe betrachten, für die

$$H_0(0) \neq 0 \quad \text{und} \quad H_0(\omega) \to 0 \quad \text{für wachsendes } \omega$$

gilt. Die Phase $b(\omega) = \omega t_0$ ist linear, Phasenverzerrungen liegen also nicht vor. $H_0(\omega) \in \mathbb{R}$ wird geeignet gewählt.

6.3.1.1 Idealisierter Tiefpaß

Wir betrachten zunächst den durch

$$H(j\omega) = H_0(\omega) \cdot e^{-j\omega t_0} = \begin{cases} H_0(0) \cdot e^{-j\omega t_0} & |\omega| < \omega_g \\ 0, & |\omega| \geq \omega_g \end{cases} \tag{6.3.2}$$

beschriebenen idealisierten Tiefpaß (siehe Bild 6.1a). Für seine Impulsantwort erhält man

$$\begin{aligned} h_0(t) &= \frac{1}{2\pi} \int_{-\omega_g}^{\omega_g} H_0(0) e^{j\omega(t-t_0)} d\omega \\ &= H_0(0) \cdot \frac{\omega_g}{\pi} \cdot \frac{\sin \omega_g(t-t_0)}{\omega_g(t-t_0)}, \end{aligned} \tag{6.3.3a}$$

(siehe auch (2.2.49) in Abschnitt 2.2.2.3). Bild 6.1b zeigt $h_0(t)$. Die Funktion erreicht bei $t = t_0$ ihr Hauptmaximum, sie ist in bezug auf diesen Punkt gerade. Es gilt also

$$h_0(t_0 + \Delta t) = h_0(t_0 - \Delta t). \tag{6.3.3b}$$

Die Fläche der Impulsantwort ist

$$\int_{-\infty}^{+\infty} h_0(t) dt = h_{-1}(\infty) = H_0(0). \tag{6.3.3c}$$

Wir können einen Rechteckimpuls gleicher Fläche einführen, dessen Höhe gleich der des Hauptmaximums von $h_0(t)$ ist (siehe Bild 6.1b). Seine Breite ist

$$\tau = \frac{\pi}{\omega_g} = \frac{1}{2 f_g}. \tag{6.3.3d}$$

Aus (6.3.3a,d) erhalten wir eine erste generelle Aussage der gewünschten Art:

> Der idealisierte Tiefpaß überführt einen Diracstoß in einen Impuls, dessen Höhe proportional zur Bandbreite und dessen Breite zu ihr umgekehrt proportional ist.

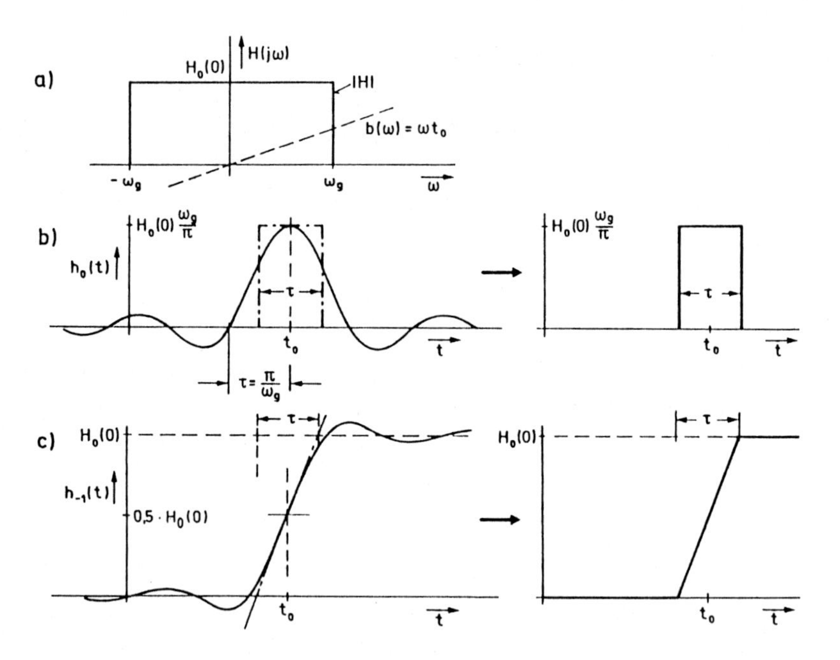

Bild 6.1: Zum Einschwingverhalten des idealisierten kontinuierlichen Tiefpasses

Wir schließen einige Bemerkungen an:

a) Die bei der Behandlung des Abtasttheorems in Abschnitt 2.2.2.6 gefundene Darstellung (2.2.79) einer kontinuierlichen, bandbegrenzten Funktion $v_0(t)$ als Ergebnis der Interpolation der Wertefolge $v_0(kT)$ mit der Funktion $\dfrac{\sin \pi t/T}{\pi t/T}$ kann man jetzt als Reaktion eines idealisierten Tiefpasses der Grenzfrequenz $\omega_a/2 = \pi/T$ und mit $H_0(0) = T = \pi/\omega_g$ auf eine verallgemeinerte Funktion

$$v_*(t) = \sum_{k=-\infty}^{+\infty} v_0(kT)\delta_0(t-kT)$$

interpretieren. Der Tiefpaß leistet gerade die bei der Herleitung von (2.2.79) nötige Begrenzung des Spektrums auf den Bereich $|\omega| < \omega_a/2$.

b) Man erkennt unmittelbar, daß $h_0(t)$ bereits für negative Werte von t ungleich Null ist. Der idealisierte Tiefpaß ist also nicht kausal. Da seine Impulsantwort nicht absolut integrabel ist, ist er auch nicht stabil.

Für das Spektrum der Sprungfunktion hatten wir in Abschnitt 2.2.2.3 die Beziehung (2.2.65c)

$$\mathscr{F}\{\delta_{-1}(t)\} = \pi\delta_0(\omega) + \frac{1}{j\omega}$$

bekommen. Damit folgt für die Sprungantwort

$$h_{-1}(t) = H_0(0)\left[\frac{1}{2} + \frac{1}{\pi}\mathrm{Si}\left[\omega_g(t-t_0)\right]\right]. \tag{6.3.4a}$$

Hier tritt die *Integralsinus-Funktion* auf, die als

$$\mathrm{Si}\,x = \int_0^x \frac{\sin\xi}{\xi}\,d\xi$$

definiert ist und mit einer Reihenentwicklung berechnet werden kann. Es handelt sich um eine ungerade Funktion mit dem Grenzwert $\mathrm{Si}(\infty) = \pi/2$. Bild 6.1c zeigt die damit bestimmte Sprungantwort. Sie hat die folgenden Eigenschaften:

$$h_{-1}(t_0) = \frac{1}{2}H_0(0) = \frac{1}{2}h_{-1}(\infty), \tag{6.3.4b}$$

$$h_{-1}(t_0+\Delta t) + h_{-1}(t_0-\Delta t) = h_{-1}(\infty). \tag{6.3.4c}$$

Wir definieren eine *Einschwingzeit* des Systems bei Sprungerregung, indem wir $h_{-1}(t)$ durch eine Tangente bei $t = t_0$ annähern und den Abstand τ' zwischen den Schnittstellen dieser Geraden mit der Nullinie und dem Endwert $h_{-1}(\infty)$ bestimmen. Es ist einerseits

$$\left.\frac{d}{dt}h_{-1}(t)\right|_{t=t_0} = h_0(t_0) = H_0(0)\cdot\frac{\omega_g}{\pi},$$

andererseits entsprechend der Definition von τ'

$$\left.\frac{d}{dt}h_{-1}(t)\right|_{t=t_0} = \frac{H_0(0)}{\tau'}.$$

Damit folgt

$$\tau' = \frac{\pi}{\omega_g} = \frac{1}{2f_g} = \tau \tag{6.3.4d}$$

und die Aussage:

> Der idealisierte Tiefpaß überführt die unstetige Sprungfunktion in eine stetige Funktion, deren Anstiegszeit umgekehrt proportional zu seiner Bandbreite und gleich der Breite seiner Impulsantwort ist.

Bild 6.1c veranschaulicht diese Aussage durch die Angabe einer entsprechenden Schrittfunktion.

In Abschnitt 2.2.2.1 haben wir festgestellt, daß die Fourierreihenentwicklung einer unstetigen periodischen Funktion in der Umgebung von Sprungstellen nicht gleichmäßig konvergiert. Es tritt ein Überschwingen auf, das Gibbssche Phänomen, dessen Höhe unabhängig ist von der Zahl n der verwendeten Glieder der Reihe. Wir können diese Erscheinung als Wirkung eines idealisierten Tiefpasses der Grenzfrequenz $\omega_g = (n+\alpha)\omega_0, 0 < \alpha < 1$ interpretieren. Das in Bild 6.1c zu erkennende Überschwingen von rund 9%, dessen Höhe unabhängig von ω_g ist, entspricht dem beim Gibbsschen Phänomen.

Zum Vergleich betrachten wir den idealisierten diskreten Tiefpaß. Er wird durch

$$H(e^{j\Omega}) = \begin{cases} H_0(e^{j0}) \cdot e^{-j\Omega k_0}, & |\Omega| < \Omega_g \\ 0, & \Omega_g \leq |\Omega| \leq \pi \end{cases} \tag{6.3.5}$$

beschrieben, wobei $k_0 \in \mathbb{Z}$. Für die Impulsantwort folgt

$$\begin{aligned} h_0(k) &= \frac{1}{2\pi} \int_{-\Omega_g}^{\Omega_g} H_0(e^{j0}) \cdot e^{j\Omega(k-k_0)} d\Omega \\ &= H_0(e^{j0}) \cdot \frac{\Omega_g}{\pi} \cdot \frac{\sin \Omega_g(k-k_0)}{\Omega_g(k-k_0)}. \end{aligned} \tag{6.3.6a}$$

Bild 6.2a zeigt den Verlauf für $k_0 = 10$. Entsprechend (6.3.3b,c) gilt

$$h_0(k_0 + \Delta k) = h_0(k_0 - \Delta k) \tag{6.3.6b}$$

und

$$\sum_{k=-\infty}^{+\infty} h_0(k) = H_0(e^{j0}). \tag{6.3.6c}$$

Auch der idealisierte diskrete Tiefpaß ist nicht kausal und nicht stabil.

In Bild 6.2b ist die Sprungantwort $h_{-1}(k)$ dargestellt. Sie ist durch Aufsummation von $h_0(k)$ bestimmt worden. Wegen (6.3.6b,c) ist

$$H_0(e^{j0}) = 2 \sum_{\kappa=-\infty}^{k_0-1} h_0(\kappa) + h_0(k_0) = h_{-1}(\infty)$$

und mit $h_0(k_0) = H_0(e^{j0}) \cdot \Omega_g/\pi$

$$\sum_{\kappa=-\infty}^{k_0-1} h_0(\kappa) = \frac{1}{2} H_0(e^{j0}) \left[1 - \frac{\Omega_g}{\pi}\right] = h_{-1}(k_0 - 1). \tag{6.3.7a}$$

Dann ist

$$\begin{aligned} h_{-1}(k_0 - \Delta k) &= h_{-1}(k_0) - \sum_{\kappa=k_0}^{k_0+\Delta k-1} h_0(\kappa), \quad \Delta k \geq 1, \\ h_{-1}(k_0) &= \frac{1}{2} H_0(e^{j0}) \left[1 + \frac{\Omega_g}{\pi}\right], \\ h_{-1}(k_0 + \Delta k) &= h_{-1}(k_0) + \sum_{\kappa=k_0+1}^{k_0+\Delta k} h_0(\kappa), \quad \Delta k \geq 1. \end{aligned} \tag{6.3.7b}$$

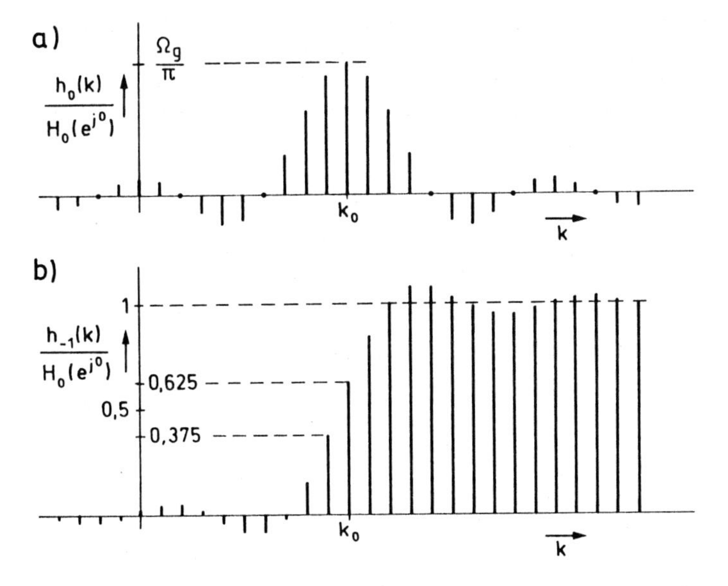

Bild 6.2: Impuls- und Sprungantwort des idealisierten diskreten Tiefpasses. Es wurde $k_0 = 10$ gewählt

An Stelle der Symmetriebedingung (6.3.4c) hat man hier

$$h_{-1}(k_0 + \Delta k) + h_{-1}(k_0 - \Delta k - 1) = h_{-1}(\infty). \tag{6.3.7c}$$

Während die Werte der Impulsantwort des diskreten Tiefpasses sich im wesentlichen als Abtastwerte von $h_0(t)$ in (6.3.3a) ergeben, gilt das nicht entsprechend für $h_{-1}(k)$. Insbesondere ist, wie angegeben, $h_{-1}(k_0) \neq \frac{1}{2}h_{-1}(\infty)$.

6.3.1.2 Allgemeine Systeme linearer Phase

Wir suchen jetzt allgemeine Aussagen über Impuls- und Sprungantwort von Systemen, die entsprechend (6.3.1) durch

$$H(j\omega) = H_0(\omega)e^{-j\omega t_0}$$

beschrieben werden. Nach (3.3.5d) ist $H_0(\omega) \in \mathbb{R}$ eine gerade Funktion; sie sei absolut integrabel. Für die Impulsantwort erhält man

$$h_0(t) = \frac{1}{2\pi}\int\limits_{-\infty}^{+\infty} H_0(\omega)e^{j\omega(t-t_0)}d\omega = \frac{1}{\pi}\int\limits_{0}^{\infty} H_0(\omega)\cos\omega(t-t_0)d\omega, \tag{6.3.8a}$$

eine bezüglich $t = t_0$ gerade Funktion. Es gilt also generell für linearphasige Systeme der betrachteten Art die für den idealisierten Tiefpaß gefundene Symmetriebeziehung (6.3.3b). $h_0(t)$ ist maximal für $t = t_0$, wenn $H_0(\omega) \geq 0$, $\forall\omega$.

Die Sprungantwort wird

$$h_{-1}(t) = \frac{1}{2}H_0(0) + \frac{1}{\pi}\int_0^\infty H_0(\omega)\frac{\sin\omega(t-t_0)}{\omega}d\omega. \qquad (6.3.9a)$$

Man erkennt, daß auch die für die Sprungantwort des idealisierten Tiefpasses

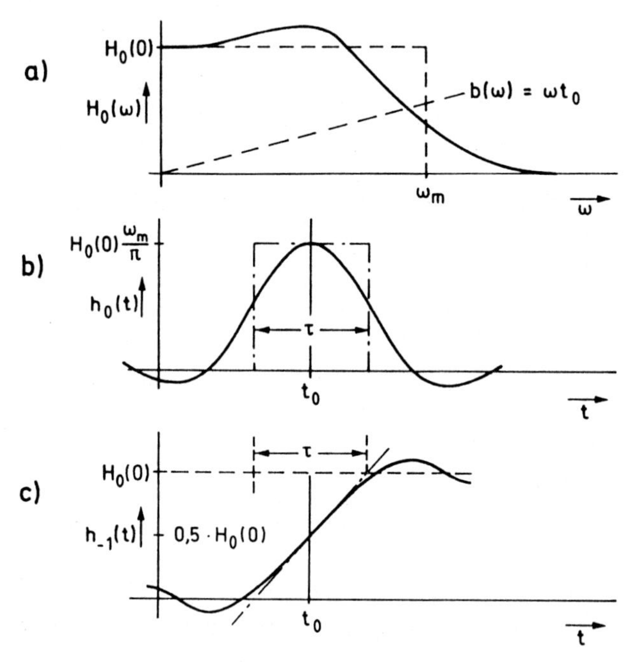

Bild 6.3: Frequenzgang, Impuls- und Sprungantwort bei unscharfer Bandbegrenzung

gefundenen Aussagen (6.3.4b,c) allgemeiner gelten. Insbesondere ist die Sprungantwort des untersuchten linearphasigen Systems komplementär zu $t = t_0$.

Um weitere Ergebnisse des letzten Abschnittes übertragen zu können, gehen wir von dem in Bild 6.3a skizzierten Frequenzgang aus. Wir ersetzen nun $H_0(\omega)$ durch den Frequenzgang eines idealisierten Tiefpasses mit gleicher Fläche und gleichem Wert $H_0(0)$. Seine Grenzfrequenz ist

$$\omega_m = \frac{1}{H_0(0)}\int_0^\infty H_0(\omega)d\omega. \qquad (6.3.10a)$$

Damit erhalten wir aus (6.3.8a)

$$h_0(t_0) = \frac{1}{\pi}\int_0^\infty H_0(\omega)d\omega = H_0(0)\frac{\omega_m}{\pi}. \qquad (6.3.8b)$$

Wir führen auch hier die mittlere Breite τ der Impulsantwort als Breite eines Rechteckimpulses der Höhe $h_0(t_0)$ ein, der dieselbe Fläche wie $h_0(t)$ hat (siehe Bild 6.3b). Es ist

$$\int_{-\infty}^{+\infty} h_0(t)dt = \int_{-\infty}^{+\infty} h_0(t)\, e^{-j\omega t} dt\Big|_{\omega=0} = H_0(0) = h_{-1}(\infty)$$

und damit

$$\tau = \frac{\int_{-\infty}^{+\infty} h_0(t)dt}{h_0(t_0)} = \frac{\pi}{\omega_m} = \frac{1}{2f_m}. \tag{6.3.8c}$$

Schließlich ergibt sich die Einschwingzeit des Systems bei Sprungerregung aus dem Anstieg der Sprungantwort bei $t = t_0$ als

$$\tau' = \frac{h_{-1}(\infty)}{\left.\frac{dh_{-1}(t)}{dt}\right|_{t=t_0}} = \frac{\pi}{\omega_m} = \frac{1}{2f_m} = \tau. \tag{6.3.9b}$$

Zusammenfassend stellen wir fest: Definieren wir

$$B = 2f_m = \frac{1}{H_0(0)2\pi} \int_{-\infty}^{\infty} H_0(\omega)d\omega \tag{6.3.10b}$$

als Bandbreite eines Tiefpasses und verwenden die oben gegebenen Definitionen (6.3.8c) und (6.3.9b) für die Breite der Impulsantwort und die Einschwingzeit, so gilt

$$B\tau = 1. \tag{6.3.10c}$$

Die hier gefundene Reziprozität zwischen Bandbreite des Tiefpasses und der durch τ beschriebenen Reaktion auf Impuls- und Sprungerregung entspricht den bereits in Abschnitt 2.2.2.3 unter Punkt 3 gefundenen Ergebnissen.

Wir betrachten zwei Beispiele:

1. Es sei

$$H_0(\omega) = \begin{cases} \frac{1}{2}(1 + \cos\pi\frac{\omega}{\omega_g}) = \frac{1}{2} + \frac{1}{4}\left[e^{j\pi\omega/\omega_g} + e^{-j\pi\omega/\omega_g}\right], & |\omega| < \omega_g \\ 0, & |\omega| \geq \omega_g. \end{cases} \tag{6.3.11a}$$

Bild 6.4a zeigt den Frequenzgang dieses sogenannten Kosinuskanals. Offenbar ist hier $\omega_m = \omega_g/2$. Da eine zeitliche Verschiebung ohne wesentlichen Einfluß ist, setzen wir $b(\omega) = \omega t_0 = 0$. Dann erhält man für die Impulsantwort mit $T = \pi/\omega_g$

$$h_0(t) = \frac{\omega_g}{2\pi}\left[\frac{1}{2}\frac{\sin\omega_g(t+T)}{\omega_g(t+T)} + \frac{\sin\omega_g t}{\omega_g t} + \frac{1}{2}\frac{\sin\omega_g(t-T)}{\omega_g(t-T)}\right]. \tag{6.3.11b}$$

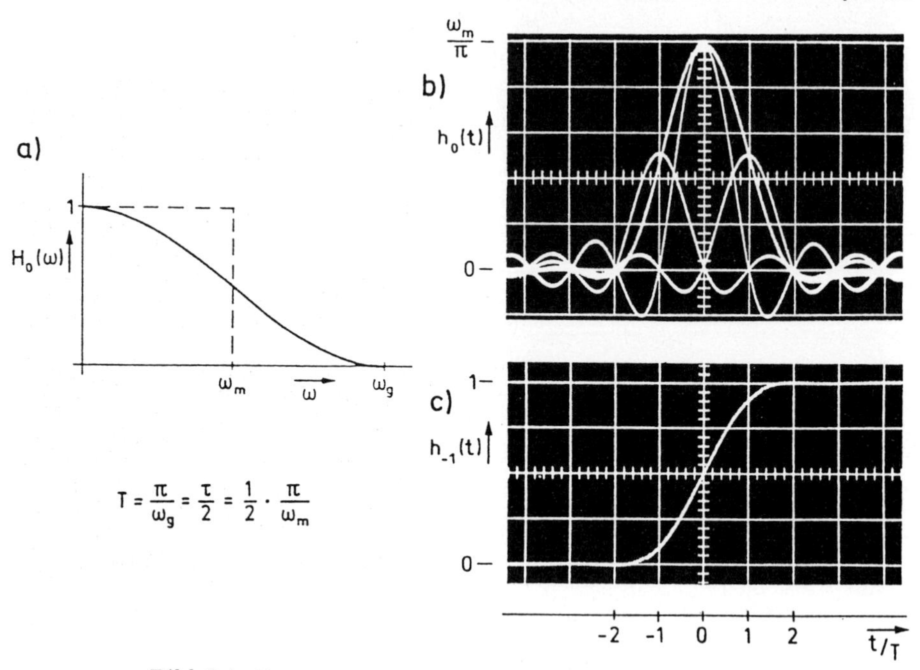

Bild 6.4: Frequenzgang und Zeitverhalten des Kosinuskanals

Die Oszillogramme in Bild 6.4b zeigen das Ergebnis einer Messung an einer approximativen Realisierung dieses Systems, die wir später erläutern werden. Die einzelnen Terme der Impulsantwort und ihre Summe sind dargestellt. Im übrigen verweisen wir auf Abschnitt 2.1.2.3, wo wir durch Berechnung des Spektrums eines "angehobenen Kosinus-Impulses" die symmetrische Aufgabe behandelt haben. Für die Sprungantwort erhalten wir

$$h_{-1}(t) = \frac{1}{2}\left[1 + \frac{1}{\pi}\left(\frac{1}{2}\mathrm{Si}\left[\omega_g(t+T)\right] + \mathrm{Si}\,\omega_g t + \frac{1}{2}\mathrm{Si}\left[\omega_g(t-T)\right]\right)\right]. \tag{6.3.11c}$$

Bild 6.4c zeigt sie als Oszillogramm. Man bestätigt leicht, daß für die Einschwingzeit entsprechend (6.3.9b) gilt

$$\tau = \frac{\pi}{\omega_m} = \frac{2\pi}{\omega_g} = 2T. \tag{6.3.11d}$$

Offenbar ist sie doppelt so groß wie beim idealisierten Tiefpaß. Zugleich hat sich aber eine erhebliche Reduzierung des Überschwingens ergeben. Es beträgt jetzt nur noch etwa 0,6 %.

2. Weiterhin betrachten wir den durch

$$H_0(\omega) = e^{-c^2\omega^2} \tag{6.3.12a}$$

beschriebenen *Gaußkanal*. Wir setzen erneut $b(\omega) = 0$. Man erhält $\omega_m =: \omega_{m_0} = \sqrt{\pi}/2c$ und damit

$$H_0(\omega) = e^{-\pi(\omega/2\omega_{m_0})^2}. \tag{6.3.12b}$$

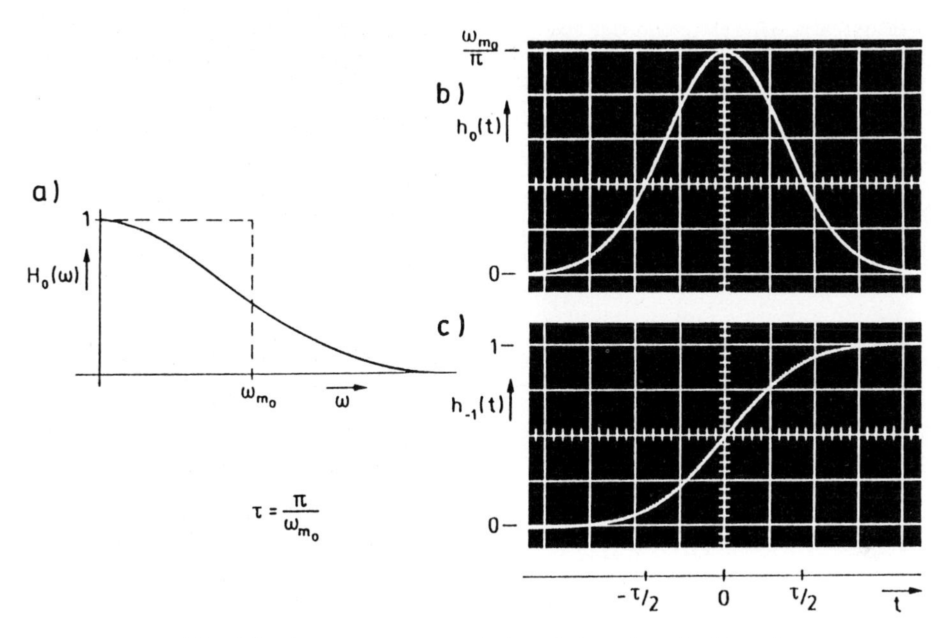

Bild 6.5: Frequenzgang und Zeitverhalten des Gaußkanals

Die Impulsantwort ergibt sich dann als

$$h_0(t) = \frac{\omega_{m_0}}{\pi} \cdot e^{-\omega_{m_0}^2 t^2/\pi}, \tag{6.3.12c}$$

(vergleiche (2.2.46)). Für die Sprungantwort folgt

$$h_{-1}(t) = 0,5\left[1 + \operatorname{erf}(\omega_{m_0} t/\sqrt{\pi})\right], \tag{6.3.12d}$$

wobei wie in Abschnitt 2.3.1.2 die Funktion

$$\operatorname{erf}(x) = \frac{2}{\sqrt{\pi}} \int_0^x e^{-\xi^2} d\xi$$

verwendet wurde. In Bild 6.5a ist der Frequenzgang, in den Teilbildern b und c sind die Zeitfunktionen als Oszillogramme dargestellt. Da die Impulsantwort für endliche Werte von t stets positiv ist, steigt die Sprungantwort monoton; sie zeigt kein Überschwingen.

Wir wenden uns diskreten Systemen mit linearer Phase zu, die durch

$$H(e^{j\Omega}) = H_0(e^{j\Omega}) \cdot e^{-j\Omega t_0/T}, \quad |\Omega| < \pi, t_0 \in \mathbb{R} \tag{6.3.13a}$$

beschrieben werden, wobei wieder $H_0(e^{j\Omega}) \in \mathbb{R}$ eine gerade Funktion ist. Die stets periodische Funktion $H(e^{j\Omega})$ kann i.a. bei $|\Omega| = \pi$ unstetig sein. Die Impulsantwort

$$h_0(k) = \frac{1}{2\pi} \int_{-\pi}^{\pi} H_0(e^{j\Omega}) \cos\Omega\,[k - t_0/T]\, d\Omega \tag{6.3.13b}$$

besteht aus Abtastwerten der bezüglich des Punktes $t = t_0$ symmetrischen kontinuierlichen Funktion

$$h_{00}(t) = \frac{1}{2\pi} \int_{-\pi}^{+\pi} H_0(e^{j\Omega}) \cos [\Omega(t - t_0)/T] \, d\Omega, \tag{6.3.13c}$$

weist aber selbst nur für spezielle Werte von t_0 Symmetrieeigenschaften auf. Wir beschränken uns auf die Diskussion der entsprechenden beiden Fälle:

Ist $t_0/T = k_0$ ganzzahlig, so liegen die Verhältnisse vor, die wir schon bei der Untersuchung des idealisierten diskreten Tiefpasses in Abschnitt 6.3.1.1 angenommen haben. Die dort gemachten Symmetrieaussagen für die Impulsantwort

$$h_0(k_0 + \Delta k) = h_0(k_0 - \Delta k)$$

und Sprungantwort

$$h_{-1}(k_0 + \Delta k) + h_{-1}(k_0 - \Delta k - 1) = h_{-1}(\infty)$$

(siehe (6.3.6b) und (6.3.7c)) gelten allgemein für beliebige, gerade Funktionen $H_0(e^{j\Omega})$.

Ist $t_0/T = k_0 + 1/2$ mit ganzzahligem k_0, so liegt bei $|\Omega| = \pi$ eine Nullstelle der Übertragungsfunktion mit Vorzeichenwechsel vor. Für die Impulsantwort erhält man aus (6.3.13b)

$$h_0(k) = \frac{1}{2\pi} \int_{-\pi}^{+\pi} H_0(e^{j\Omega}) \cos \Omega \, [k - (2k_0 + 1)/2] \, d\Omega. \tag{6.3.14a}$$

Sie ist symmetrisch zu $k_0 + 1/2$, also zu einem Punkt, der nicht im Raster liegt. Damit gilt an Stelle von (6.3.6b)

$$h_0(k_0 + \Delta k + 1) = h_0(k_0 - \Delta k), \qquad \Delta k \geq 0. \tag{6.3.14b}$$

Weiterhin ist

$$\sum_{\kappa=-\infty}^{k_0} h_0(\kappa) = \frac{1}{2} H_0(e^{j0}), \tag{6.3.14c}$$

die Sprungantwort erreicht also in diesem Fall bei k_0 ihren halben Endwert. Entsprechend ergibt sich hier im Gegensatz zu (6.3.7c)

$$h_{-1}(k_0 - \Delta k) + h_{-1}(k_0 + \Delta k) = H_0(e^{j0}). \tag{6.3.14d}$$

Die Sprungantwort verläuft jetzt komplementär zu k_0.

In Abschnitt 4.2.5.6 haben wir gezeigt, daß sich diskrete Systeme mit linearer Phase realisieren lassen. Die beiden hier betrachteten Fälle entsprechen denen, für die wir mit (4.2.106a,b) die Übertragungsfunktionen angegeben haben.

Die Definition einer Einschwingzeit eines diskreten Systems entsprechend der beim kontinuierlichen würde die Einbeziehung einer D/A-Umsetzung mit anschließendem Glättungsfilter, also den Übergang zu kontinuierlichen Zeitvorgängen erfordern. Es ergeben sich dabei die Aussagen, die wir oben für das Zeitverhalten kontinuierlicher Systeme gemacht haben. Auf die Behandlung sei hier verzichtet.

Wir können die Klasse der linearphasigen Systeme noch erweitern, wenn wir zulassen, daß $H(j\omega)$ bei $\omega = 0$ eine Nullstelle mit Vorzeichenwechsel hat. Dann gilt

$$H(j\omega) = H_0(\omega) \cdot e^{-j(\omega t_0 - \text{sign}\omega \cdot \pi/2)}, \tag{6.3.15a}$$

wobei $H_0(\omega) \in \mathbb{R}$ eine gerade Funktion ist. Die Eigenschaften dieser Systeme werden deutlicher, wenn wir

$$H(j\omega) \cdot e^{j\omega t_0} = j\text{sign}\omega \cdot H_0(\omega) \tag{6.3.15b}$$

bilden und damit, abgesehen von der Verzögerung, einen rein imaginären Frequenzgang erhalten. Für die Impulsantwort ergibt sich

$$h_0(t) = -\frac{1}{\pi} \int_0^\infty H_0(\omega) \sin \omega(t - t_0) d\omega, \tag{6.3.15c}$$

eine bezüglich $t = t_0$ ungerade Funktion. Hier ist also

$$h_0(t_0 + \Delta t) = -h_0(t_0 - \Delta t). \tag{6.3.15d}$$

Dagegen gilt für die Sprungantwort

$$h_{-1}(t_0 + \Delta t) = h_{-1}(t_0 - \Delta t) \tag{6.3.15e}$$

und natürlich $h_{-1}(\infty) = H(0) = 0$.

Als Beispiel betrachten wir den differenzierenden Tiefpaß der Grenzfrequenz ω_g, der als Kaskadenschaltung eines idealisierten Tiefpasses mit einem idealen Differenzierer aufgefaßt werden kann. Für seinen Frequenzgang erhalten wir mit Abschnitt 6.3.1.1 und den Überlegungen von Abschnitt 3.4.2 bei Vernachlässigung der Laufzeit t_0

$$H(j\omega) = \begin{cases} j\omega, & |\omega| < \omega_g \\ 0, & |\omega| \geq \omega_g \end{cases}. \tag{6.3.16a}$$

Dann ist

$$h_0(t) = -\frac{1}{\pi} \int_0^{\omega_g} \omega \sin \omega t d\omega = \frac{1}{\pi} \left[\frac{\omega_g \cos \omega_g t}{t} - \frac{\sin \omega_g t}{t^2} \right] = \frac{d}{dt} \left[\frac{\omega_g}{\pi} \cdot \frac{\sin \omega_g t}{\omega_g t} \right]. \tag{6.3.16b}$$

Systeme der hier betrachteten Art mit im wesentlichen rein imaginärem Frequenzgang haben besonders für den diskreten Fall große Bedeutung. Die obigen

Ergebnisse lassen sich entsprechend unseren früheren Überlegungen übertragen, wobei wieder zwei Fälle zu unterscheiden sind. Es gilt entweder, bei Symmetrie zu $k = k_0$,

$$h_0(k_0 + \Delta k) = -h_0(k_0 - \Delta k), \quad \Delta k > 0, h_0(k_0) = 0, \tag{6.3.17a}$$

oder, wenn $k_0 + 1/2$ der Symmetriepunkt ist,

$$h_0(k_0 + \Delta k + 1) = -h_0(k_0 - \Delta k), \qquad \Delta k \geq 0. \tag{6.3.17b}$$

Auch hier sei auf Abschnitt 4.2.5.6 verwiesen. Die dort mit (4.2.106c,d) angegebenen Übertragungsfunktionen beschreiben realisierbare Systeme der hier vorgestellten Art.

Eine ausführlichere Behandlung linearphasiger diskreter Systeme findet sich in [6.4]. Dort werden auch komplexwertige Systeme mit linearer Phase betrachtet.

6.3.1.3 Spezielle Verzerrungen des Betragsfrequenzganges

Dem Vorgehen von Küpfmüller folgend behandeln wir zunächst zwei charakteristische Verzerrungen des Betragsfrequenzganges.

1. Ansteigender oder abfallender Verlauf von $H_0(\omega)$

Wir wählen mit $\alpha \geq -1/\omega_g$

$$H_0(\omega) = \begin{cases} (1 + \alpha|\omega|), & |\omega| < \omega_g \\ 0, & |\omega| \geq \omega_g \end{cases}. \tag{6.3.18a}$$

Es sei wieder $b(\omega) = 0$. Aus (6.3.10a) folgt für die mittlere Bandbreite

$$\omega_m = (1 + \alpha\omega_g/2)\omega_g. \tag{6.3.18b}$$

Die sich für positive Werte von α ergebende Vergrößerung von ω_m führt zu einer Verringerung der Einschwingzeit τ gegenüber der beim idealisierten Tiefpaß, während sich für $\alpha < 0$ die Zeit τ vergrößert. Für Impuls- und Sprungantwort erhält man nach Zwischenrechnung

$$h_0(t) = \frac{\omega_g}{\pi} \cdot \left[(1 + \alpha\omega_g)\frac{\sin \omega_g t}{\omega_g t} + \alpha\omega_g \frac{\cos \omega_g t - 1}{\omega_g^2 t^2}\right], \tag{6.3.18c}$$

$$h_{-1}(t) = \frac{1}{2} + \frac{1}{\pi}\mathrm{Si}\ \omega_g t + \alpha\frac{\omega_g}{\pi}\frac{1 - \cos \omega_g t}{\omega_g t}. \tag{6.3.18d}$$

Bild 6.6 zeigt $H_0(\omega)$ sowie $h_0(t)$ und $h_{-1}(t)$ für $\alpha\omega_g = \pm 0,5$. Man erkennt, daß die Verringerung der Anstiegszeit der Sprungantwort in Bild 6.6c bei $\alpha > 0$ mit einer Vergrößerung des Überschwingens verbunden ist, wenn man mit dem Ergebnis beim idealisierten Tiefpaß vergleicht. Dagegen wird es bei abfallendem Frequenzgang ($\alpha < 0$)

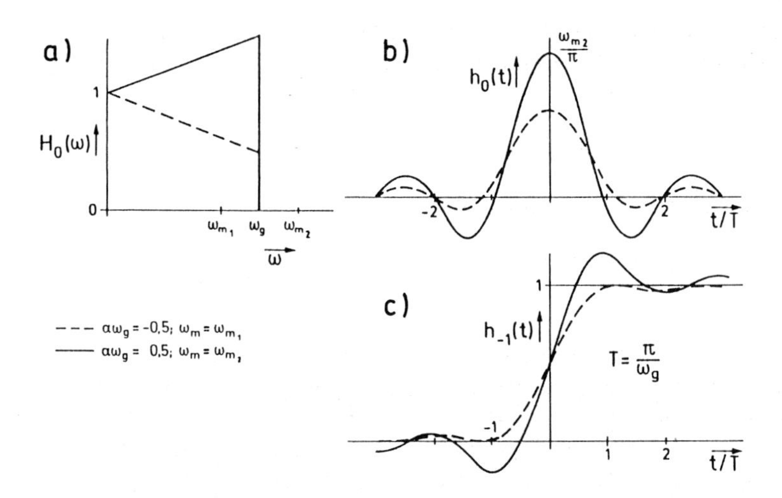

Bild 6.6: Zum Einschwingverhalten bei linear ansteigendem und abfallendem Frequenzgang

reduziert. Beispiele, die diese generelle Aussage stützen, hatten wir schon im letzten Abschnitt bei der Behandlung des Kosinuskanals und des Gaußkanals erhalten. Wir untersuchen hier zusätzlich das Zeitverhalten des durch

$$H_0(\omega) = e^{-c^2\omega^2}(1 + d^2\omega^2) \tag{6.3.19a}$$

beschriebenen *modifizierten Gaußkanals*. Man findet, daß diese Funktion für $d^2 > c^2$ mit wachsender Frequenz zunächst ansteigt. Für die mittlere Bandbreite erhält man

$$\omega_m = \frac{\sqrt{\pi}}{2c}\left[1 + \frac{d^2}{2c^2}\right] =: \omega_{m_0} \cdot \beta. \tag{6.3.19b}$$

Hier ist wieder $\omega_{m_0} = \sqrt{\pi}/2c$ die mittlere Breite des Gaußkanals (siehe (6.3.12)), während $\beta = (1 + d^2/2c^2) \geq 1$ die Vergrößerung der Bandbreite beschreibt. Offenbar wird die Einschwingzeit durch die Modifikation um den Faktor $1/\beta$ kleiner. Man erhält nach Zwischenrechnung unter Verwendung der normierten Zeitvariablen $\zeta = \omega_{m_0} t/\sqrt{\pi}$ für die Impulsantwort

$$\tilde{h}_0(\zeta) = \frac{\omega_m}{\pi}\left[1 - \frac{2}{\beta}(\beta - 1)\zeta^2\right] e^{-\zeta^2} \tag{6.3.19c}$$

und für die Sprungantwort

$$\tilde{h}_{-1}(\zeta) = \frac{1}{2} + \frac{1}{2}\mathrm{erf}(\zeta) + (\beta - 1)\frac{1}{\sqrt{\pi}}\zeta \cdot e^{-\zeta^2}. \tag{6.3.19d}$$

Offenbar hat $\tilde{h}_0(\zeta)$ für $\beta > 1$ stets Nullstellen für endliche Werte von ζ. Die Sprungantwort schwingt also auch dann über ihren Endwert hinaus, wenn $d^2 < c^2$ ist und daher $H_0(\omega)$ mit wachsendem ω monoton fällt.

Bild 6.7 zeigt $H_0(\omega)$ und das an einer approximativen Realisierung gemessene Zeitverhalten für $d^2 = 2c^2$, d.h. $\beta = 2$. Zum Vergleich sind die Kurven für den Gaußkanal bei

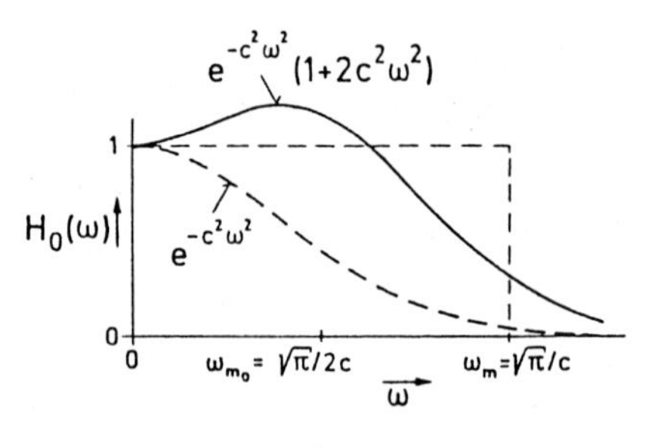

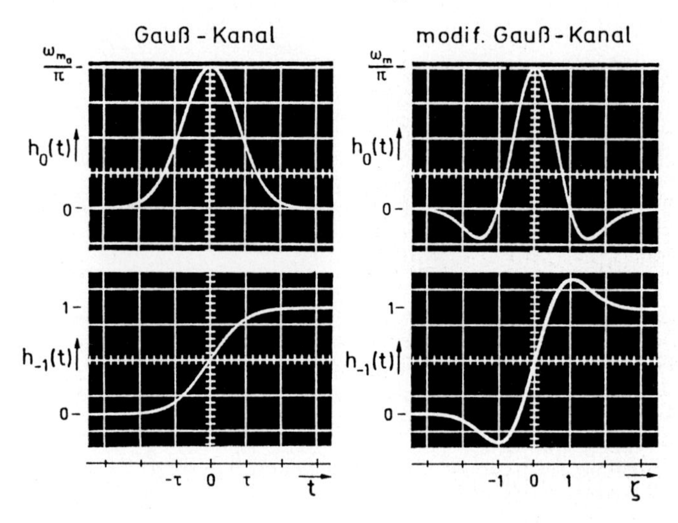

Bild 6.7: Frequenzgang und Zeitverhalten des modifizierten Gaußkanals im Vergleich zu dem des Gaußkanals

gleicher Zeitskalierung dargestellt. Die durch die Modifikation des Kanals erreichbare Veränderung des Einschwingverhaltens wird deutlich.

2. Schwankender Frequenzgang

Wir untersuchen den Einfluß einer Schwankung des Frequenzganges und gehen dazu von

$$H_0(\omega) = \begin{cases} d_0 + 2d_k \cos k\pi\omega/\omega_g, & |\omega| < \omega_g \\ 0, & |\omega| \geq \omega_g \end{cases} \tag{6.3.20a}$$

aus. Es sei $H_0(0) = d_0 + 2d_k = 1$, d.h. $d_0 = 1 - 2d_k$. Für $k = 1$ und $d_k = 1/4$ erhalten wir den im letzten Abschnitt untersuchten Kosinuskanal. Mit $b(\omega) = 0$ folgt hier

$$h_0(t) = \frac{\omega_g}{\pi}\left[d_k \frac{\sin\omega_g(t+kT)}{\omega_g(t+kT)} + d_0 \frac{\sin\omega_g t}{\omega_g t} + d_k \frac{\sin\omega_g(t-kT)}{\omega_g(t-kT)}\right] \tag{6.3.20b}$$

und

$$\begin{aligned} h_{-1}(t) &= d_k \left[\frac{1}{2} + \frac{1}{\pi}\mathrm{Si}\,\omega_g(t+kT)\right] + d_0 \left[\frac{1}{2} + \frac{1}{\pi}\mathrm{Si}\,\omega_g t\right] + \\ &+ d_k \left[\frac{1}{2} + \frac{1}{\pi}\mathrm{Si}\,\omega_g(t-kT)\right]. \end{aligned} \tag{6.3.20c}$$

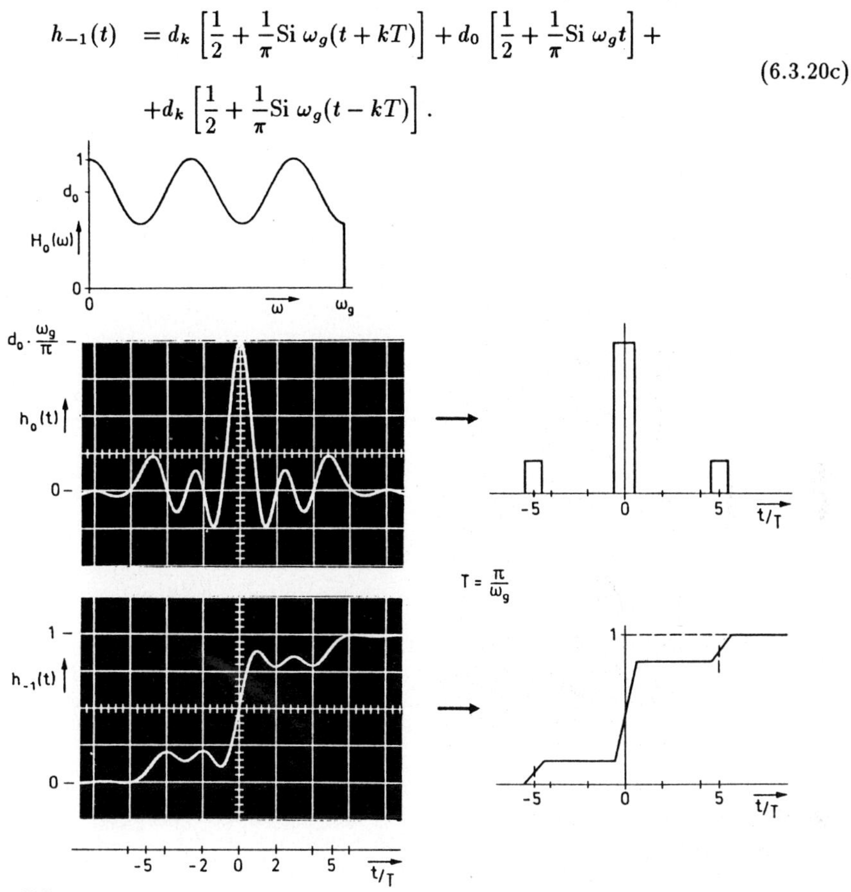

Bild 6.8: Zur Untersuchung eines Systems mit schwankendem Frequenzgang

In Bild 6.8 sind $H_0(\omega)$ und die an einem Modell gemessenen Impuls- und Sprungantworten für $k = 5, d_0 = 3/4$ und $d_5 = 1/8$ dargestellt. Wesentlich ist hier die Aussage, daß ein schwankender Frequenzgang zu Echos führt, die dem Hauptsignal, das d_0 proportional ist, zeitlich vor- bzw. nacheilen. Das wird in der im Bild ebenfalls angegebenen stark abstrahierten Darstellung besonders deutlich, bei der wir wie im Bild 6.1 die einzelnen Terme der Impulsantwort durch rechteckförmige Impulse bzw. die der Sprungantwort durch schrittförmige Übergänge kennzeichnen. Umgekehrt schließen wir, daß bei einem räumlich ausgedehnten System, bei dem Reflexionen auftreten, die Übertragungsfunktion Schwankungen aufweisen wird. Unsere Ergebnisse bei der Untersuchung von Leitungen im 5. Kapitel liefern Beispiele für diese Aussage.

3. Günstiger Frequenzgang

Nach den letzten Ergebnissen liegt die Frage nahe, welcher Frequenzgang für ein tiefpaßartiges System zweckmäßig zu wählen ist, falls das Zeitverhalten für die Beurteilung ausschlaggebend ist. Eine Antwort ist nur möglich, wenn genauere Angaben über das gewünschte Zeitverhalten gemacht werden. Man kann z.B. fordern, daß bei

Tolerierung eines vorgeschriebenen Überschwingens die Einschwingzeit eines Systems bei Sprungerregung minimal wird (z.B. [6.5] und [6.6]). Hier sei die bei der Datenübertragung gestellte Aufgabe behandelt, bei der man in Kanälen begrenzter Bandbreite mit möglichst hoher Geschwindigkeit übertragen möchte. Wir gehen davon aus, daß die zu übertragenden Daten aus einer stochastischen Folge $v(k)$ bestehen, wobei wir vereinfachend annehmen, daß $v(k) \in \{+1, -1\}$ ist. Damit werde das Eingangssignal

$$v_*(t) = \sum_k v(k)\delta_0(t - kT) \tag{6.3.21a}$$

gebildet. Das entstehende Ausgangssignal

$$y(t) = \sum_k v(k)h_0(t - kT) \tag{6.3.21b}$$

soll dann die Rückgewinnung der Werte $v(k)$ durch Abtastung von $y(t)$ gestatten.

Bild 6.9a zeigt beispielhaft, wie sich $y(t)$ aus den gegeneinander verschobenen Impulsantworten ergibt, wenn die Wertefolge in dem betrachteten Ausschnitt -1, -1, +1, +1, -1, +1, -1 ist. In der Zeichnung wurde zur Vereinfachung der Darstellung für die Impulsantwort der zeitlich begrenzte $\cos^2$-Impuls

$$h_0(t) = \begin{cases} \cos^2 \pi t/2t_0, & |t| \leq t_0 \\ 0, & |t| > t_0 \end{cases}$$

gewählt und $T = 5/8 \cdot t_0$ angenommen. Man erkennt, daß die Abtastung von $y(t)$ bei $t = kT$ nur bedingt die richtigen Werte $v(k)$ liefert. Da aber nur zwei sich im Vorzeichen unterscheidende Werte für die Daten angenommen wurden, ist nur das Vorzeichen von $y(t = kT)$ maßgebend und daher eine fehlerfreie Übertragung möglich.

Um unabhängig vom betrachteten Ausschnitt aus der Wertefolge $v(k)$ zu einer quantitativen Aussage über die Brauchbarkeit eines Systems für die Datenübertragung zu kommen und dabei zugleich ein Maß für den Spielraum bei der Abtastung zu erhalten, verwendet man das sogenannte *Augendiagramm* (z.B.[6.7], [6.8]). Man gewinnt es meßtechnisch, wenn man die für eine stochastische Folge $v(k)$ erhaltene Funktion $y(t)$ auf ein Oszilloskop mit nachleuchtendem Schirm gibt und mit der Taktfolgefrequenz $1/T$ ablenkt. Bild 6.9b zeigt so gewonnene Meßergebnisse für ein reales System, Bild 6.9c das Resultat einer entsprechenden numerischen Rechnung für die Annahmen, die auch für das Teilbild a gemacht wurden. Der innere obere Rand des Auges ist nun die eigentlich interessierende Funktion. Sie ist die Verbindungslinie aller ungünstigsten, d.h. kleinsten Werte, die die Ausgangsfunktion an diskreten Punkten im Abstand T annehmen kann. Offenbar erhält man den gesuchten kleinsten Wert, wenn alle einem betrachteten Impuls vorhergehenden und folgenden Impulse in ungünstiger Richtung wirken. Für den oberen inneren Rand des Auges gilt [6.7]

$$\begin{aligned} \alpha(t) &= h_0(t) - \sum_{k \neq 0} |h_0(t - kT)|, \qquad t_1 \leq t \leq t_2 \\ \text{mit} \quad & \alpha(t_1) = \alpha(t_2) = 0. \end{aligned} \tag{6.3.22}$$

Wir können jetzt einen relativen Augenfehler

$$\Delta\alpha = \frac{\sum_{k \neq 0} |h_0(kT)|}{h_0(0)} \tag{6.3.23a}$$

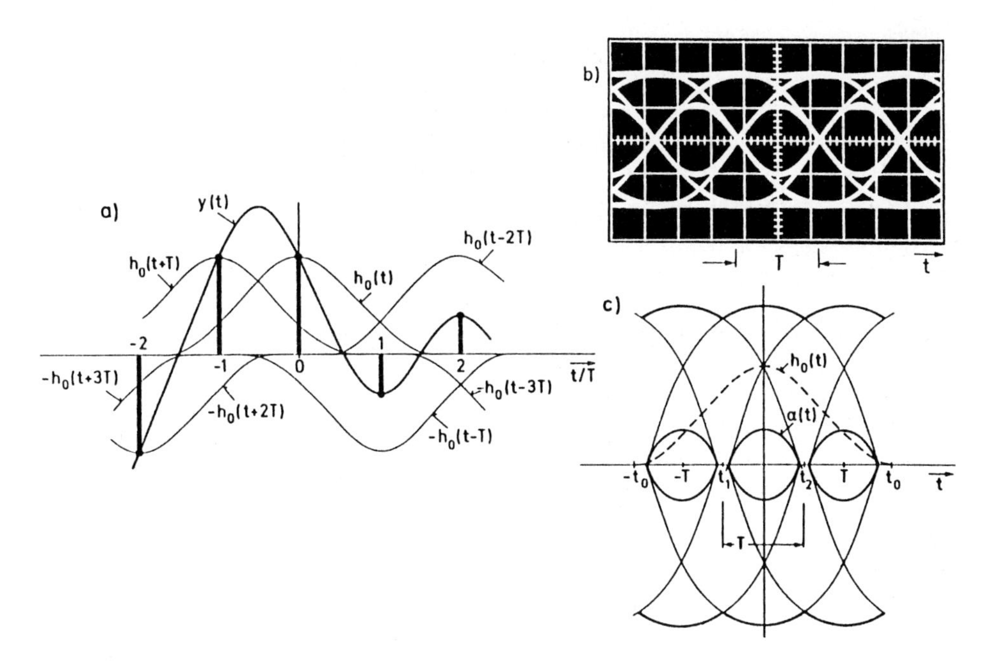

Bild 6.9: a) Ausschnitt aus der Reaktion eines Systems auf eine stochastische Datenfolge. b) Zur Definition des Augendiagramms

definieren, wobei wir unterstellen, daß bei dem betrachteten System $b(\omega) = 0$ ist und daher $h_0(t)$ bei $t = 0$ maximal ist. Weiterhin ist der relative Schrittfehler

$$\Delta T = 1 - \frac{t_2 - t_1}{T} \tag{6.3.23b}$$

ein Maß dafür, welche Anforderungen an die Genauigkeit des Abtastpunktes zu stellen sind. Ist schließlich f_g die Grenzfrequenz des Systems, so erhält man nach Vorgabe tolerierter Werte für $\Delta\alpha$ und ΔT mit der Übertragungsrate

$$\ddot{\mathrm{U}} = \frac{1}{T \cdot f_g} \tag{6.3.23c}$$

ein Gütemaß zur Beurteilung der Eignung eines Systems für die Datenübertragung. Es gibt an, wieviel Daten pro Hz Bandbreite des Kanals in der Sekunde übertragen werden können.

Wir betrachten als Beispiel eine Klasse von Systemen, für deren Impulsantwort

$$h_{0\nu}(t) = \frac{\sin \pi t/T}{\pi t} \cdot f_\nu(t) \tag{6.3.24a}$$

gilt. Derartige Funktionen haben wir schon in Abschnitt 2.2.2.6 verwendet. Nach dem Multiplikationssatz ist dann der Frequenzgang

$$H_\nu(j\omega) = \frac{1}{2\pi} \cdot G_0(j\omega) * F_\nu(j\omega), \tag{6.3.24b}$$

wobei

$$G_0(j\omega) = \mathcal{F}\left\{\frac{\sin \pi t/T}{\pi t}\right\} = \begin{cases} 1, & |\omega| < \pi/T =: \omega_N \\ 0, & |\omega| \geq \omega_N \end{cases}$$

den idealisierten Tiefpaß mit $H_0(0) = 1$ beschreibt (siehe (6.3.2)) und $F_\nu(j\omega) = \mathcal{F}\{f_\nu(t)\}$ ist. Wählt man für $F_\nu(j\omega)$ eine gerade, reelle Funktion, die für $|\omega| > \Delta\omega$ identisch verschwindet, wobei $\Delta\omega \leq \omega_N$ ist, so ist $H(j\omega)$ die Übertragungsfunktion eines linearphasigen (speziell nullphasigen) Systems, für die gilt

$$\begin{aligned} H(j\omega) &= 1, \quad |\omega| \leq \omega_D = \omega_N - \Delta\omega \\ H[j(\omega_N - \omega_1)] + H[j(\omega_N + \omega_1)] &= 1, \quad |\omega_1| := |\omega_N - \omega| \leq \Delta\omega \\ H(j\omega) &= 0, \quad |\omega| > \omega_g = \omega_N + \Delta\omega. \end{aligned} \tag{6.3.24c}$$

Der zum Punkte $H(j\omega_N) = 0,5$ komplementäre Verlauf wird als *Nyquist-Flanke* bezeichnet. Wir werden in Abschnitt 6.4.2 in einem anderen Zusammenhang darauf zurückkommen. $\omega_N = \pi/T$ nennt man die *Nyquist-Frequenz*. Für Systeme dieser Art gilt stets

$$\Delta\alpha = 0, \tag{6.3.24d}$$

sie erfüllen das *1. Nyquist Kriterium* [6.8]. Man erhält

$$\ddot{U} = \frac{2}{1 + \Delta\omega/\omega_N} =: \frac{2}{1+\beta}. \tag{6.3.24e}$$

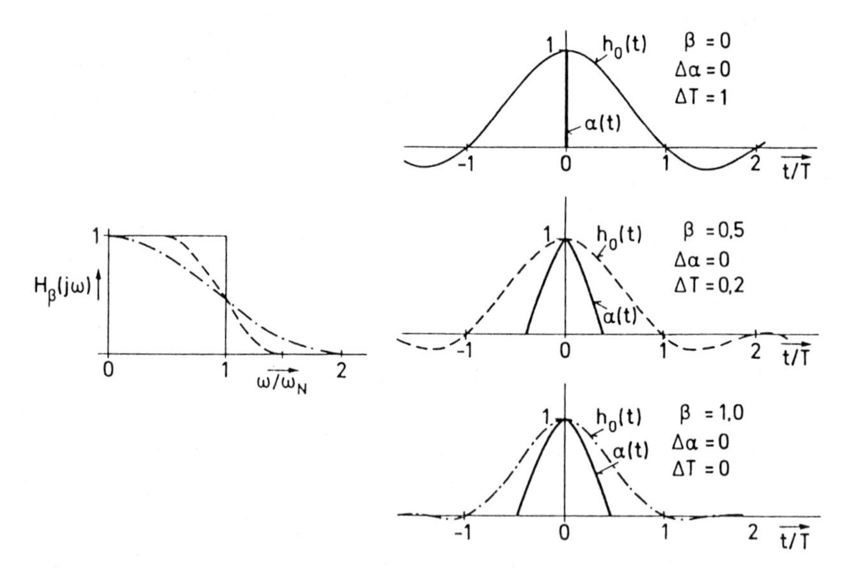

Bild 6.10: Augendiagramme von Systemen mit Nyquistflanke

Der Schrittfehler läßt sich erst nach Wahl von $f_\nu(t)$ numerisch bestimmen. Bild 6.10 zeigt Ergebnisse für

$$f_\nu(t) = \frac{\cos \Delta\omega t}{1 - (2\Delta\omega t/\pi)^2} = \frac{\cos \beta\pi t/T}{1 - (2\beta t/T)^2} =: f_\beta(t). \tag{6.3.25a}$$

$$F_\beta(j\omega) = \mathcal{F}\{f_\beta(t)\} = \begin{cases} \dfrac{\pi}{2\beta} T \cdot \cos \dfrac{\pi}{2\beta} \dfrac{\omega}{\omega_N}, & |\omega/\omega_N| \le \beta \\ 0, & |\omega/\omega_N| > \beta \end{cases} \tag{6.3.25b}$$

führt auf eine Nyquistflanke mit kosinusförmigem Verlauf (vergleiche (2.2.52) in Abschnitt 2.2.2.3). Interessant ist, daß man mit dem hier als Grenzfall für $\beta \to 0$ enthaltenen idealisierten Tiefpaß zwar die maximale Übertragungsrate, die sogenannte *Nyquistrate* erhält, daß dabei aber keine Abweichung vom idealen Abtastpunkt zugelassen ist.

6.3.1.4 Impulsantwort von Bandpässen

Wir untersuchen das Zeitverhalten eines Bandpasses mit linearer Phase bei impulsförmiger Erregung. Er werde durch den Frequenzgang

$$H(j\omega) = \begin{cases} H_0(\omega) \cdot e^{-j\omega t_0}, & \omega_1 \le |\omega| \le \omega_2 \\ 0, & \text{sonst} \end{cases} \tag{6.3.26}$$

beschrieben, wobei wieder $H_0(\omega) \in \mathbb{R}$ eine gerade Funktion ist. Kennzeichnend für den Bandpaß sind seine Mittenfrequenz $\omega_0 = (\omega_1 + \omega_2)/2$ und die Bandbreite $2\Delta\omega = \omega_2 - \omega_1$ (siehe Bild 6.11a).

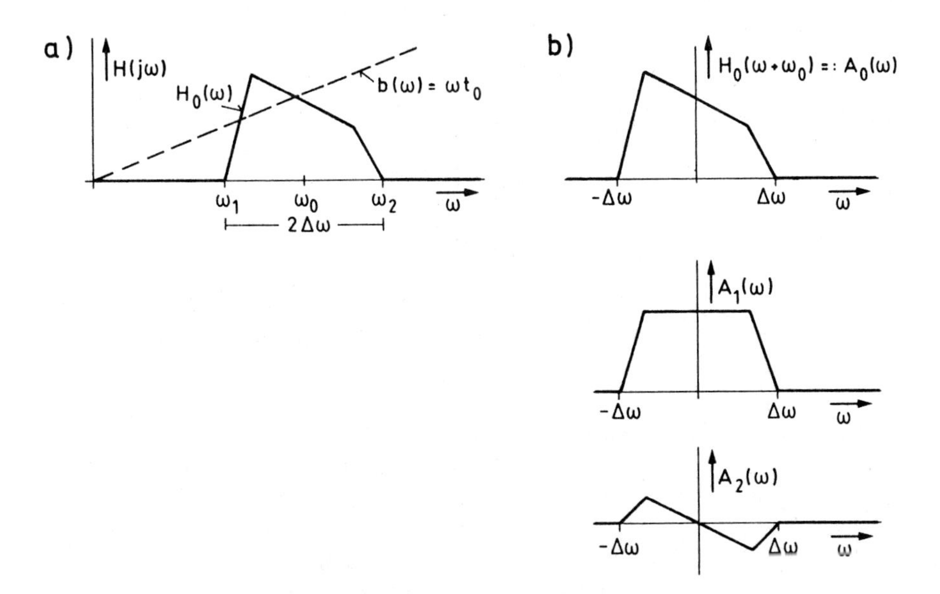

Bild 6.11: Zur Untersuchung von Bandpässen

Wir führen jetzt mit

$$H_{BP}(j\omega) = \begin{cases} 2H(j\omega) & , \quad \omega > 0 \\ 0 & , \quad \omega \leq 0 \end{cases} \tag{6.3.27a}$$

den Frequenzgang eines Einseitenbandsystems ein (siehe Abschn. 3.3.1). Die zugehörige Impulsantwort

$$h_{0a}(t) = \frac{1}{2\pi} \int_0^{\infty} H_{BP}(j\omega) e^{j\omega t} d\omega = h_0(t) + j\hat{h}_0(t) \tag{6.3.27b}$$

ist eine analytische Funktion (vergl. Abschn. 2.2.3). Ihr Realteil ist die letztlich interessierende Impulsantwort $h_0(t)$ des reellwertigen Bandpasses. Mit einer spektralen Verschiebung um die Mittenfrequenz ω_0 erhalten wir aus $H_{BP}(j\omega)$ den Frequenzgang eines i.a. nicht reellwertigen Tiefpasses

$$A(j\omega) := H_{BP}[j(\omega + \omega_0)] \tag{6.3.28a}$$

mit der dann komplexen Impulsantwort

$$a(t) = \frac{1}{2\pi} \int_{-\Delta\omega}^{+\Delta\omega} A(j\omega) e^{j\omega t} d\omega. \tag{6.3.28b}$$

Der Modulationssatz der Fouriertransformation führt auf

$$a(t) = h_{0a}(t) e^{-j\omega_0 t}.$$

Damit erhält man schließlich

$$\begin{aligned} h_0(t) &= Re\left\{a(t) e^{j\omega_0 t}\right\} \\ &=: |a(t)| \cos\left[\omega_0 t + \alpha(t)\right]. \end{aligned} \tag{6.3.29}$$

Es ist $a(t) = a_R(t) + ja_I(t) = |a(t)| e^{j\alpha(t)}$ die *komplexe Einhüllende* der Impulsantwort des Bandpasses. Sie ergab sich ihrerseits als Impulsantwort des in diesem Sinne zum Bandpaß *äquivalenten Tiefpasses.*

Die obigen Überlegungen gelten weitgehend allgemein für beliebige Bandpässe. Die Spezialisierung auf den mit (6.3.26) beschriebenen Bandpaß linearer Phase führt zu einigen Vereinfachungen. Man erhält aus (6.3.28b) mit (6.3.27a)

$$a(t) = \left[\frac{1}{\pi} \int_{-\Delta\omega}^{+\Delta\omega} H_0(\omega + \omega_0) e^{j\omega(t - t_0)} d\omega\right] e^{-j\omega_0 t_0}.$$

Wir führen mit $A_0(\omega) = H_0(\omega + \omega_0)$ eine modifizierte Impulsantwort

$$a_0(t) := a(t + t_0)e^{j\omega_0 t_0} = \frac{1}{\pi} \int_{-\Delta\omega}^{+\Delta\omega} A_0(\omega)e^{j\omega t} d\omega$$

ein und erhalten damit aus (6.3.29)

$$h_0(t) = Re\left\{a_0(t - t_0)e^{j\omega_0(t-t_0)}\right\}. \quad (6.3.30a)$$

Mit dem geraden und ungeraden Teil von $A_0(\omega)$ (siehe Bild 6.11b)

$$\begin{aligned} A_1(\omega) &= \frac{1}{2}[A_0(\omega) + A_0(-\omega)], \\ A_2(\omega) &= \frac{1}{2}[A_0(\omega) - A_0(-\omega)], \end{aligned} \quad (6.3.31a)$$

erhält man die Komponenten von $a_0(t)$

$$\begin{aligned} Re\{a_0(t)\} =: a_{0R}(t) &= \frac{1}{\pi} \int_{-\Delta\omega}^{\Delta\omega} A_1(\omega)\cos\omega t d\omega, \\ Im\{a_0(t)\} =: a_{0I}(t) &= \frac{1}{\pi} \int_{-\Delta\omega}^{+\Delta\omega} A_2(\omega)\sin\omega t d\omega. \end{aligned} \quad (6.3.31b)$$

Damit ist schließlich

$$\begin{aligned} h_0(t) &= a_{0R}(t - t_0)\cos\omega_0(t - t_0) - a_{0I}(t - t_0)\sin\omega_0(t - t_0) \\ &= |a_0(t - t_0)|\cos[\omega_0(t - t_0) + \alpha(t - t_0)]. \end{aligned} \quad (6.3.30b)$$

Wir behandeln ein Beispiel. Es sei mit $\Delta\omega = (\omega_2 - \omega_1)/2$

$$H_0(\omega) = \begin{cases} \frac{1}{\Delta\omega}(|\omega| - \omega_1), & \omega_1 \le |\omega| \le \omega_2 \\ 0, & \text{sonst.} \end{cases} \quad (6.3.32a)$$

Man erhält

$$A_1(\omega) = \begin{cases} 1, & |\omega| \le \Delta\omega \\ 0, & |\omega| > \Delta\omega, \end{cases} \quad (6.3.32b)$$

$$A_2(\omega) = \begin{cases} \omega/\Delta\omega, & |\omega| \le \Delta\omega \\ 0, & |\omega| > \Delta\omega \end{cases} \quad (6.3.32c)$$

und damit (vergleiche (6.3.3a) und (6.3.16))

$$a_{0R}(t-t_0) = \frac{2\Delta\omega}{\pi} \cdot \frac{\sin \Delta\omega(t-t_0)}{\Delta\omega(t-t_0)}, \qquad (6.3.32d)$$

$$a_{0I}(t-t_0) = \frac{2\Delta\omega}{\pi} \left[\frac{\cos \Delta\omega(t-t_0)}{\Delta\omega(t-t_0)} - \frac{\sin \Delta\omega(t-t_0)}{[\Delta\omega(t-t_0)]^2} \right]. \qquad (6.3.32e)$$

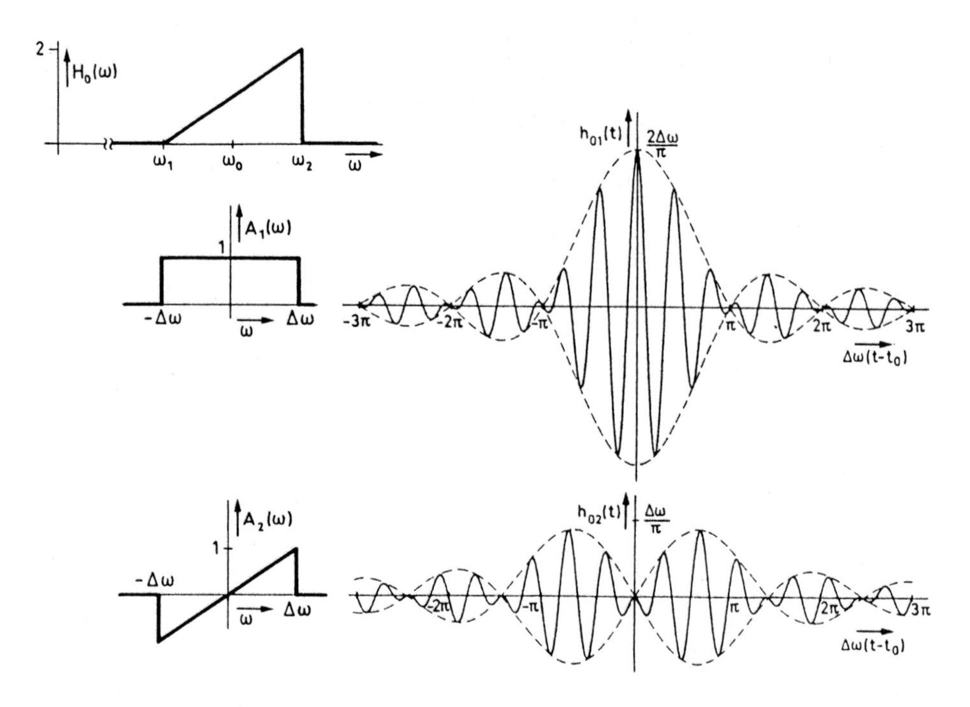

Bild 6.12: Impulsantwort eines Bandpasses

Bild 6.12 zeigt $H_0(\omega)$ sowie die Terme

$$h_{01}(t) := a_{0R}(t-t_0)\cos\omega_0(t-t_0) \qquad (6.3.32f)$$

und

$$h_{02}(t) := a_{0I}(t-t_0)\sin\omega_0(t-t_0). \qquad (6.3.32g)$$

Gewählt wurde $\omega_0 = 5\Delta\omega$.

Ebenso wie in diesem Beispiel, bei dem wir Ergebnisse vom idealisierten Tiefpaß und vom differenzierenden Tiefpaß übernehmen konnten, lassen sich für Bandpässe mit einem zu ω_0 symmetrischen Frequenzgang, bei denen also $H_2(\omega) \equiv 0$ ist, die Resultate verwenden, die wir in den letzten Abschnitten für Tiefpässe gefunden haben. Die dort erhaltenen Aussagen für die Impulsantworten von Tiefpässen gelten hier für die Einhüllenden der Impulsantworten von Bandpässen.

Die Untersuchung der Impulsantworten diskreter Bandpässe führt zu entsprechenden Ergebnissen. Auf die Behandlung sei verzichtet.

6.3.2 Systeme mit Phasenverzerrung

6.3.2.1 Reine Phasenverzerrung

Die bisherigen Betrachtungen bezogen sich auf Systeme, die bezüglich des Betrages $|H(j\omega)|$ von dem in (6.2.2) geforderten idealem Verhalten abweichen. Entsprechend betrachten wir jetzt Systeme mit reiner Phasenverzerrung, die also durch

$$H(j\omega) = H_0 \cdot e^{-jb(\omega)} \tag{6.3.33a}$$

beschrieben werden, wobei

$$|H(j\omega)| = H_0 = konst. > 0, \qquad \forall\omega \tag{6.3.33b}$$

und $b(\omega)$ eine beliebige, in ω ungerade Funktion ist.

Für eine pauschale Untersuchung der Wirkung einer Phasenverzerrung stellen wir $H(j\omega)$ näherungsweise als unendliche Summe der Übertragungsfunktionen idealisierter Bandpässe der Bandbreite $2\Delta\omega$ mit unterschiedlicher Laufzeit dar (siehe Bild 6.13). Es ist

$$H(j\omega) \approx \sum_{\nu} H_{\nu}^{BP}(j\omega) \tag{6.3.33c}$$

mit

$$H_{\nu}^{BP}(j\omega) = \begin{cases} H_0 \cdot e^{-j(\omega t_\nu + b_\nu \mathrm{sign}\omega)}, & \omega_{0\nu} - \Delta\omega < |\omega| \le \omega_{0\nu} + \Delta\omega \\ 0, & \text{sonst}, \end{cases} \tag{6.3.34a}$$

wobei

$$t_\nu := \left.\frac{db(\omega)}{d\omega}\right|_{\omega=\omega_{0\nu}} = \tau_g(\omega_{0\nu}) \tag{6.3.34b}$$

die Gruppenlaufzeit bei $\omega = \omega_{0\nu}$ und

$$b_\nu = b(\omega_{0\nu}) - \omega_{0\nu} t_\nu \tag{6.3.34c}$$

ist. Die Impulsantwort des Systems ergibt sich dann näherungsweise als Summe der Teilimpulsantworten der einzelnen Bandpässe. Mit (6.3.32d) und (6.2.4c) erhält man

$$h_{0\nu}(t) = H_0 \cdot \frac{2\Delta\omega}{\pi} \cdot \frac{\sin\Delta\omega(t-t_\nu)}{\Delta\omega(t-t_\nu)} \cos\left[\omega_{0\nu}(t-t_\nu) - b_\nu\right]. \tag{6.3.34d}$$

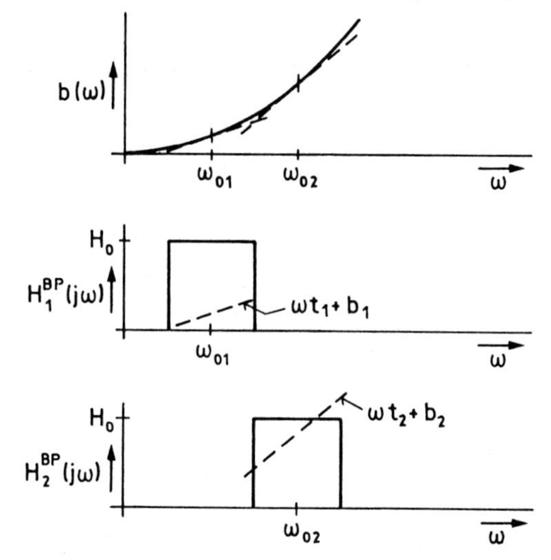

Bild 6.13: Zur Untersuchung von Systemen mit reiner Phasenverzerrung

Hier ist wesentlich, daß für die Übertragung der einzelnen Spektralanteile eine Verzögerung maßgebend ist, die gleich der Gruppenlaufzeit des Systems an der betrachteten Stelle ist. Es liegt nahe, diese Vorstellung auch auf die Übertragung beliebiger Signale anzuwenden.

Zur Erläuterung untersuchen wir die Reaktion eines Systems mit linear verlaufender Gruppenlaufzeit auf ein Signal der Form

$$v(t) = e^{-\alpha^2 t^2} \cdot \cos(\omega_0 t + \beta^2 t^2) = Re\{v_0(t)\}\,;\alpha, \beta \in \mathbb{R}$$

mit

$$v_0(t) = e^{-(\alpha^2 - j\beta^2)t^2} e^{j\omega_0 t}, \tag{6.3.35a}$$

ein sogenanntes *Chirp-Signal*. Charakteristisch ist, daß das Argument $\varphi(t)$ der Kosinusfunktion quadratisch mit der Zeit ansteigt, bzw. daß die *Augenblicksfrequenz*

$$\omega(t) = \frac{d\varphi(t)}{dt} = \omega_0 + 2\beta^2 t \tag{6.3.35b}$$

linear mit der Zeit wächst. Das Spektrum dieses Signals erhält man mit (2.2.46) als

$$V_0(j\omega) = \mathcal{F}\{v_0(t)\} = \sqrt{\frac{\pi}{\alpha^2 - j\beta^2}} \cdot e^{-(\omega-\omega_0)^2/4(\alpha^2 - j\beta^2)}. \tag{6.3.35c}$$

Das Übertragungssystem werde für $\omega > 0$ durch

$$H(j\omega) = H_0 e^{-j[(\omega-\omega_0)t_0 - (\omega-\omega_0)^2 b/2]} \tag{6.3.36a}$$

beschrieben. Seine Gruppenlaufzeit ist für $\omega > 0$

$$\tau_g(\omega) = t_0 - (\omega - \omega_0)b, \tag{6.3.36b}$$

fällt also linear mit wachsender Frequenz.

Für das Ausgangssignal erhält man nach Zwischenrechnung mit $\rho^2 = \beta^2/\alpha^2$ und

$$
\begin{aligned}
a^2 &= \frac{1}{4\alpha^2(1+\rho^4)} + j\left[\frac{\rho^2}{4\alpha^2(1+\rho^4)} - \frac{b}{2}\right] \\
y(t) &= \frac{H_0}{2\alpha} Re\left\{\frac{1}{a\sqrt{1-j\rho^2}} \cdot e^{-(t-t_0)^2/4a^2} \cdot e^{j\omega_0 t}\right\}.
\end{aligned}
\qquad (6.3.37a)
$$

Wählen wir jetzt

$$\frac{b}{2} = \frac{\rho^2}{4\alpha^2(1+\rho^4)}, \qquad (6.3.37b)$$

so wird a^2 reell und es folgt

$$y(t) = H_0 \cdot \sqrt[4]{1+\rho^4} \cdot e^{-\alpha^2(1+\rho^4)(t-t_0)^2} \cdot \cos(\omega_0 t + \frac{1}{2}\arctan\rho^2), \qquad (6.3.37c)$$

ein Signal, bei dem das Argument der Kosinusfunktion nur noch linear mit der Zeit wächst, die Frequenz also konstant ist. Die Amplitudenfunktion hat die Gestalt eines Gauß-Impulses behalten, ist aber höher und schmaler geworden. Der Impuls wurde *verdichtet*. Bild 6.14 zeigt $v(t)$ und $y(t)$ für den Fall $\rho^2 = 3$. Das Ergebnis entspricht der Vorstellung, daß durch die unterschiedliche Laufzeit der verschiedenen Spektralanteile die hier erwünschte Konzentration auf ein kurzes Zeitintervall, eine *Verdichtung* erreicht wird.

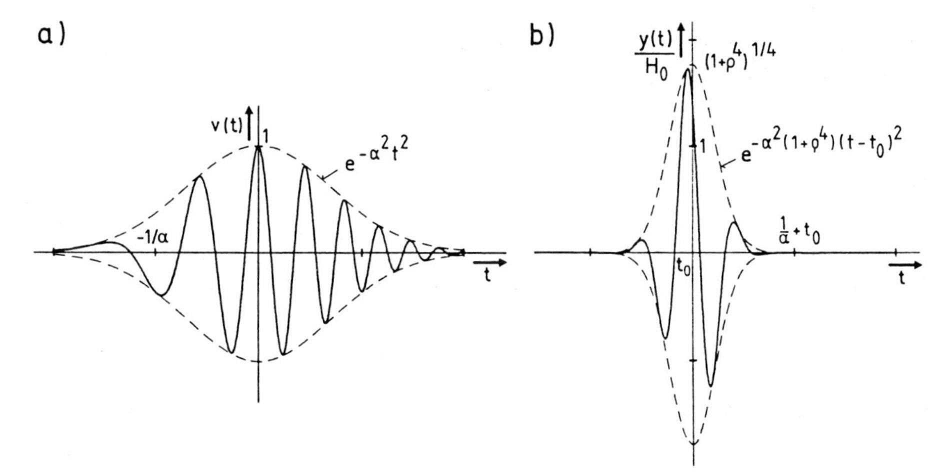

Bild 6.14: a) Chirpsignal $v(t) = e^{-\alpha^2 t^2}\cos(\omega_0 t + \beta^2 t^2)$, wobei $\rho^2 = \beta^2/\alpha^2 = 3$. b) Ausgangssignal $y(t)$ nach idealer Verdichtung

6.3.2.2 Tiefpässe mit Phasenverzerrung

Es sei

$$H(j\omega) = H_0(\omega) \cdot e^{-jb(\omega)}, \qquad (6.3.38a)$$

wobei wir wieder annehmen, daß $H_0(\omega) \in \mathbb{R}$ absolut integrabel ist. Zur Vereinfachung der Darstellung wählen wir $H_0(0) > 0$. Wir setzen jetzt

$$b(\omega) = \omega t_0 + \Delta b(\omega) \tag{6.3.38b}$$

und führen damit eine mittlere Laufzeit des Systems ein, die wir z.B. so wählen, daß im interessierenden Bereich $\max|\Delta b(\omega)|$ minimal wird (siehe Bild 6.15a). Für die Impulsantwort ergibt sich

$$\begin{aligned} h_0(t) &= \frac{1}{2\pi} \int_{-\infty}^{+\infty} H_0(\omega) \cdot e^{j\omega(t-t_0)} \cdot e^{-j\Delta b(\omega)} d\omega \\ &= \frac{1}{\pi} \int_0^{\infty} H_0(\omega) \cdot \cos[\omega(t-t_0) - \Delta b(\omega)] d\omega. \end{aligned} \tag{6.3.38c}$$

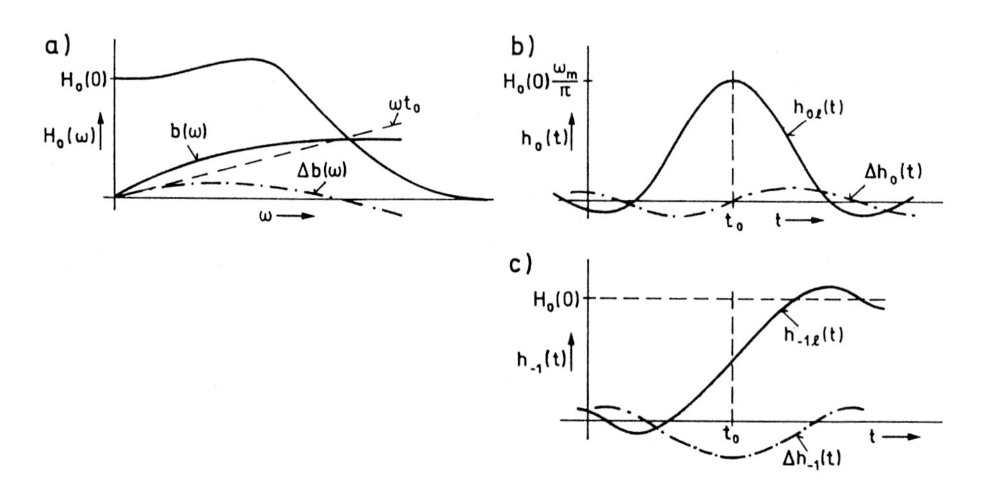

Bild 6.15: Zur Untersuchung des Zeitverhaltens von Tiefpässen mit Phasenverzerrung

Die früher festgestellte Symmetrie der Impulsantwort zum Punkt $t = t_0$ geht offenbar für $\Delta b(\omega) \neq 0$ verloren. Die Sprungantwort wird

$$h_{-1}(t) = \frac{1}{2} H_0(0) + \frac{1}{\pi} \int_0^{\infty} H_0(\omega) \frac{\sin[\omega(t-t_0) - \Delta b(\omega)]}{\omega} d\omega. \tag{6.3.38d}$$

Sie ist nicht mehr komplementär zu $t = t_0$, auch ist i.a. $h_{-1}(t_0) \neq H_0(0)/2$.

Es sei nun $\Delta b(\omega)$ so klein, daß mit genügender Genauigkeit

$$e^{-j\Delta b(\omega)} \approx 1 - j\Delta b(\omega) \tag{6.3.39a}$$

gilt. Dann erhält man (siehe Bild 6.15b)

$$\begin{aligned} h_0(t) &\approx \frac{1}{\pi}\int_0^\infty H_0(\omega)\cos\omega(t-t_0)d\omega + \frac{1}{\pi}\int_0^\infty H_0(\omega)\Delta b(\omega)\sin\omega(t-t_0)d\omega \\ &\approx h_{0\ell}(t) + \Delta h_0(t). \end{aligned} \quad (6.3.39b)$$

Zu dem für ein System mit linearer Phase gültigen Term $h_{0\ell}(t)$ (siehe (6.3.8a)) tritt also eine bezüglich $t = t_0$ ungerade Funktion $\Delta h_0(t)$. Ganz entsprechend erhält man für die Sprungantwort

$$\begin{aligned} h_{-1}(t) \approx \frac{1}{2}H_0(0) &+ \frac{1}{\pi}\int_0^\infty H_0(\omega)\frac{\sin\omega(t-t_0)}{\omega}d\omega - \\ &- \frac{1}{\pi}\int_0^\infty H_0(\omega)\Delta b(\omega)\frac{\cos\omega(t-t_0)}{\omega}d\omega, \\ &\approx h_{-1\ell}(t) + \Delta h_{-1}(t). \end{aligned} \quad (6.3.39c)$$

Der von der Abweichung vom linearen Phasengang verursachte Term $\Delta h_{-1}(t)$ ist hier eine bezüglich $t = t_0$ gerade Funktion (Bild 6.15c).

Um quantitative Aussagen zu bekommen, müssen wir Annahmen für $\Delta b(\omega)$ machen. Es sei

$$\Delta b(\omega) = \varepsilon \sin k\pi\omega/\omega_m. \quad (6.3.40a)$$

Man erhält dann für die Impulsantwort

$$h_0(t) \approx h_{0\ell}(t) + \frac{\varepsilon}{2}\left[h_{0\ell}(t - k\pi/\omega_m) - h_{0\ell}(t + k\pi/\omega_m)\right]. \quad (6.3.40b)$$

Die Sprungantwort wird entsprechend

$$h_{-1}(t) \approx h_{-1\ell}(t) + \frac{\varepsilon}{2}\left[h_{-1\ell}(t - k\pi/\omega_m) - h_{-1\ell}(t + k\pi/\omega_m)\right]. \quad (6.3.40c)$$

Ähnlich wie im Abschnitt 6.3.1.3, in dem wir unter Punkt 2 den Einfluß eines kosinusförmig schwankenden Frequenzganges untersucht haben, führt hier eine geringe sinusförmige Phasenverzerrung zu Echos, die dem Hauptsignal vor- oder nacheilen, jetzt aber verschiedene Vorzeichen aufweisen.

Die in diesem Abschnitt gefundenen Aussagen gelten entsprechend auch für diskrete Systeme. Wir verzichten auf eine gesonderte Darstellung, zumal wir im nächsten Abschnitt ein allgemeines Analyseverfahren vorstellen werden, das im Kern sowohl für kontinuierliche wie für diskrete Systeme gilt.

6.3.3 Allgemeine Verfahren zur Berechnung des Zeitverhaltens von Systemen

In diesem Abschnitt stellen wir zwei Verfahren vor, mit denen wir Impuls- und Sprungantworten von weitgehend beliebigen bandbegrenzten Systemen bestimmen können. Es sei zunächst mit $H_0(\omega) \in \mathbb{R}$

$$H(j\omega) = \begin{cases} H_0(\omega) \cdot e^{-jb(\omega)}, & |\omega| < \omega_g \\ 0, & |\omega| \geq \omega_g \end{cases} \tag{6.3.41a}$$

der Frequenzgang eines derartigen Systems. Neben $H(-j\omega) = H^*(j\omega)$ setzen wir lediglich voraus, daß $|H(j\omega)|$ und $|H(j\omega)|^2$ integrabel seien. Wir können dann eine Fourierreihe angeben, die im Bereich $|\omega| < \omega_g$ mit $H(j\omega)$ übereinstimmt. Es ist

$$H(j\omega) = \begin{cases} \sum\limits_{k=-\infty}^{+\infty} d_k \cdot e^{-jk\pi\omega/\omega_g}, & |\omega| < \omega_g \\ 0, & |\omega| \geq \omega_g \end{cases} \tag{6.3.41b}$$

mit den stets reellen Koeffizienten

$$d_k = \frac{1}{2\omega_g} \int\limits_{-\omega_g}^{+\omega_g} H(j\omega) e^{jk\pi\omega/\omega_g} d\omega. \tag{6.3.41c}$$

Setzen wir

$$d_k = d_{gk} + d_{uk}, \tag{6.3.42a}$$

wobei

$$d_{gk} = \frac{1}{2}\left[d_k + d_{-k}\right] \tag{6.3.42b}$$

der gerade und

$$d_{uk} = \frac{1}{2}\left[d_k - d_{-k}\right] \tag{6.3.42c}$$

der ungerade Anteil der Koeffizientenfolge ist, so erhalten wir

$$d_{gk} = \frac{1}{\omega_g} \int\limits_0^{\omega_g} Re\{H(j\omega)\} \cos\left[k\pi\frac{\omega}{\omega_g}\right] d\omega, \tag{6.3.42d}$$

$$d_{uk} = -\frac{1}{\omega_g} \int\limits_0^{\omega_g} Im\{H(j\omega)\} \sin\left[k\pi\frac{\omega}{\omega_g}\right] d\omega. \tag{6.3.42e}$$

Wir können noch eine weitere Darstellung angeben, die Vorteile bieten kann. Dazu setzen wir wie im letzten Abschnitt (siehe (6.3.38b))

$$b(\omega) = \omega t_0 + \Delta b(\omega)$$

und führen nach Eliminierung der konstanten Laufzeit t_0 mit

$$\tilde{H}(j\omega) = H(j\omega)e^{j\omega t_0} = H_0(\omega)e^{-j\Delta b(\omega)} \tag{6.3.43a}$$

einen Frequenzgang ein, der die eigentliche Verzerrung beschreibt. Er ist entsprechend (6.3.41b) als

$$\tilde{H}(j\omega) = \begin{cases} \sum\limits_{k=-\infty}^{+\infty} \tilde{d}_k e^{-jk\pi\omega/\omega_g}, & |\omega| < \omega_g \\ 0, & |\omega| \geq \omega_g \end{cases} \tag{6.3.43b}$$

darstellbar, wobei sich die Koeffizienten aus

$$\tilde{d}_k = \frac{1}{2\omega_g} \int\limits_{-\omega_g}^{+\omega_g} H_0(\omega)e^{-j\Delta b(\omega)} \cdot e^{jk\pi\omega/\omega_g} d\omega \tag{6.3.43c}$$

bzw. der gerade und der ungerade Teil dieser Wertefolge sich als

$$\tilde{d}_{gk} = \frac{1}{\omega_g} \int\limits_0^{\omega_g} H_0(\omega) \cos \Delta b(\omega) \cos \left[k\pi \frac{\omega}{\omega_g}\right] d\omega, \tag{6.3.43d}$$

$$\tilde{d}_{uk} = \frac{1}{\omega_g} \int\limits_0^{\omega_g} H_0(\omega) \sin \Delta b(\omega) \sin \left[k\pi \frac{\omega}{\omega_g}\right] d\omega \tag{6.3.43e}$$

ergeben. Bei einem linearphasigen System ist entweder $\Delta b(\omega) \equiv 0$ und damit

$$\tilde{d}_{uk} \equiv 0 \rightarrow \tilde{d}_{-k} = \tilde{d}_k \tag{6.3.43f}$$

oder $\Delta b(\omega) = \pm\frac{\pi}{2}\text{sign}\omega$ (siehe Abschnitt 6.3.1.2) und damit

$$\tilde{d}_{gk} \equiv 0 \rightarrow \tilde{d}_{-k} = -\tilde{d}_k, \quad \text{und } \tilde{d}_0 = 0. \tag{6.3.43g}$$

Wir bestimmen jetzt die Impuls- und Sprungantworten eines durch (6.3.41a,b) beschriebenen Systems. Einen Spezialfall haben wir schon im Abschnitt 6.3.1.3 behandelt (siehe (6.3.20)). In Verallgemeinerung des dortigen Ergebnisses erhält man

$$h_0(t) = \frac{\omega_g}{\pi} \sum_{k=-\infty}^{+\infty} \tilde{d}_k \cdot \frac{\sin \omega_g(t - kT - t_0)}{\omega_g(t - kT - t_0)} \tag{6.3.44a}$$

mit $T = \pi/\omega_g$ und

$$h_{-1}(t) = \sum_{k=-\infty}^{+\infty} \tilde{d}_k \left[\frac{1}{2} + \frac{1}{\pi}\text{Si}\left[\omega_g(t - kT - t_0)\right]\right]. \tag{6.3.44b}$$

Jedes Glied der Fourierreihenentwicklung von $\tilde{H}(j\omega)$ führt also zu einem gegenüber dem durch $\tilde{d}_0$ bestimmten Hauptsignal vor- oder nacheilendem Echo (z.B. [6.9]).

Wir schließen einige Bemerkungen an:

1. Ganz sicher ist das Ausgangssignal des durch (6.3.41a) beschriebenen Systems für beliebige Erregung bandbegrenzt. Nach der Aussage des Abtasttheorems muß es sich daher durch seine Abtastwerte im Abstand $T = \pi/\omega_g$ vollständig beschreiben lassen. Der in (6.3.44a) angegebene Ausdruck für die Impulsantwort stimmt völlig mit der in (2.2.79) angegebenen Beziehung zur Darstellung einer bandbegrenzten Zeitfunktion aus ihren Abtastwerten überein. Es gilt dann offenbar
$$\tilde{d}_k = \frac{\pi}{\omega_g} \cdot h_0(kT + t_0). \tag{6.3.44c}$$
Die Koeffizienten der Fourierreihenentwicklung des Frequenzganges sind also, abgesehen von einer multiplikativen Konstanten, zugleich die Abtastwerte der Impulsantwort, genommen bei $t = kT + t_0$.

2. Die Reaktion des Systems auf ein beliebiges Eingangssignal $v(t)$ ergibt sich mit (3.2.11d)
$$y(t) = v(t) * h_0(t)$$
als
$$y(t) = \sum_{k=-\infty}^{+\infty} \tilde{d}_k y_0(t - kT), \tag{6.3.45a}$$
wenn
$$y_0(t) = v(t) * \left[\frac{\omega_g}{\pi} \cdot \frac{\sin \omega_g(t - t_0)}{\omega_g(t - t_0)}\right] \tag{6.3.45b}$$
die Reaktion eines idealisierten Tiefpasses der Grenzfrequenz ω_g und Laufzeit t_0 auf $v(t)$ ist. Als bandbegrenztes Signal muß sich $y(t)$ durch seine Abtastwerte $y(kT)$ ausdrücken lassen. Für sie erhält man aus (6.3.45a)
$$y(kT) = \sum_{\kappa=-\infty}^{+\infty} \tilde{d}_\kappa \cdot y_0[(k - \kappa)T] = \tilde{d}_k * y_0(kT). \tag{6.3.45c}$$

3. Das beschriebene Verfahren zur Berechnung des Zeitverhaltens eines exakt bandbegrenzten Systems läßt sich mit dem in Bild 6.16 angegebenen Blockschaltbild interpretieren. Das Eingangssignal wird auf die Mitte einer beidseitig i.a. unendlich langen Kette von idealen Laufzeitgliedern mit den Laufzeiten $\pm T$ gegeben, wobei $T = \pi/\omega_g$ ist. Die an den Abgriffen erscheinenden Signale werden mit den $\tilde{d}_k$ multipliziert und dann summiert. Das so entstandene Teilsystem hat den periodischen Frequenzgang
$$H_P(j\omega) = \sum_{k=-\infty}^{+\infty} \tilde{d}_k \cdot e^{-jk\omega T}, \quad \forall \omega. \tag{6.3.46a}$$

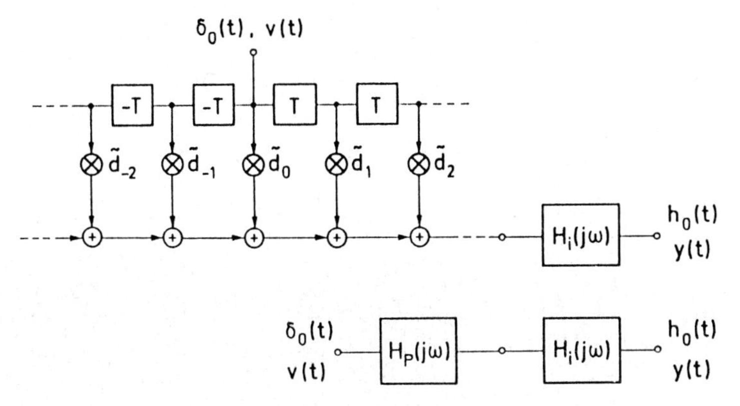

Bild 6.16: Blockschaltbild eines Modells für einen beliebigen Tiefpaß mit Bandbegrenzung

Nachgeschaltet ist ein idealisierter Tiefpaß mit dem Frequenzgang

$$H_i(j\omega) = \begin{cases} e^{-j\omega t_0}, & |\omega| < \omega_g, \\ 0, & |\omega| \geq \omega_g, \end{cases} \tag{6.3.46b}$$

so daß sich insgesamt der Frequenzgang

$$H(j\omega) = H_P(j\omega) \cdot H_i(j\omega) = \tilde{H}(j\omega) \cdot e^{-j\omega t_0} \tag{6.3.46c}$$

ergibt. Diese Struktur führt offenbar zu einer näherungsweisen Realisierung, wenn man sich auf endlich viele Glieder der Fourierreihenentwicklung beschränkt und eine geeignete Approximation eines idealisierten Tiefpasses verwendet. Dazu müssen wir den Frequenzgang

$$H_{PN}(j\omega) = \sum_{k=-N}^{+N} \tilde{d}_k e^{-jk\omega T} \tag{6.3.46d}$$

eines nichtkausalen Systems zunächst in den eines kausalen überführen. Mit

$$H_1(j\omega) = e^{-jN\omega T} \cdot H_{PN}(j\omega) = \sum_{k=-N}^{N} \tilde{d}_k \cdot e^{-j(k+N)\omega T} \tag{6.3.46e}$$

wird ein kausales System beschrieben, das sich vom ursprünglich gewünschten lediglich durch die zusätzliche Laufzeit NT unterscheidet. Es ist mit Laufzeitgliedern, die aus Allpässen bestehen, als kontinuierliches System näherungsweise in einem eingeschränkten Frequenzbereich realisierbar [6.10]. Da es vor allem für Entzerrungsaufgaben verwendet wird, hat sich die Bezeichnung *Echoentzerrer* eingebürgert. Der weiterhin erforderliche idealisierte Tiefpaß kann durch Zusammenschalten eines realen, minimalphasigen Tiefpasses mit geeigneten Allpässen ebenfalls mit analogen Mitteln angenähert werden. Die unvermeidlichen Abweichungen vom Wunschverhalten lassen sich so gering halten, daß sie bei einer modellhaften Darstellung vernachlässigt werden können [6.10]. Wir gehen darauf im Abschnitt 6.5.1 noch einmal ein.

Das durch $H_1(j\omega)$ beschriebene System kann mit digitalen Mitteln exakt realisiert werden. Dann ist

$$H^d(e^{j\omega T}) = H_1(j\omega) \tag{6.3.46f}$$

der gewünschte periodische Frequenzgang. Bild 6.17 zeigt das entsprechende Blockschaltbild. Man erkennt, daß der für die Realisierung von $H_1(j\omega)$ nötige Teil völlig der in Bild 4.23 gezeigten zweiten direkten Struktur eines nichtrekursiven Systems entspricht. Bei dem nachgeschalteten idealisierten Tiefpaß bietet eine digitale Realisierung den Vorteil, daß mit ihr die nötige lineare Phase exakt erreicht werden kann. Die dann zusätzlich erforderliche D/A-Umsetzung und Glättung kann z.B. mit dem in Abschnitt 4.2.10 beschriebenen Verfahren so vorgenommen werden, daß der verbleibende Fehler vernachlässigt werden kann. Die bisher gezeigten Oszillogramme von Einschwingvorgängen sind an einem derartig realisierten Modellsystem aufgenommen worden.

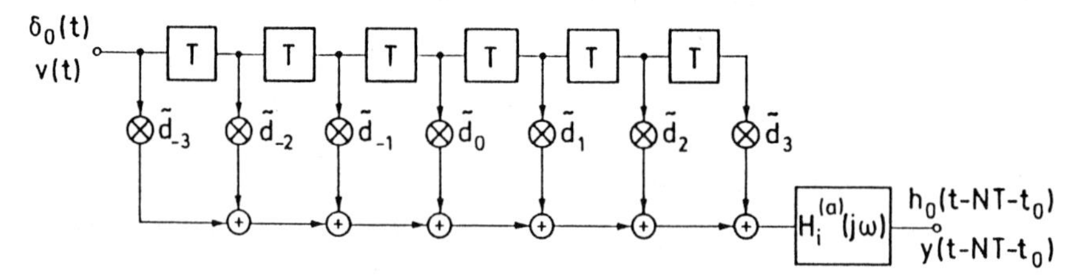

Bild 6.17: Blockschaltbild eines Echoentzerrers zur Approximation eines Systems, gezeichnet für $N = 3$; $H_i^{(a)}(j\omega)$ beschreibt die Approximation eines idealisierten Tiefpasses

4. Es ist offensichtlich, daß sich idealisierte diskrete Systeme, die stets einen periodischen Frequenzgang haben, unmittelbar in der beschriebenen Weise analysieren lassen. Mit

$$H(e^{j\Omega}) = \sum_{k=-\infty}^{+\infty} h_0(k) e^{-j\Omega k} \tag{6.3.47a}$$

(vergl. (3.3.2d)) und $\Omega = \omega T = \omega\pi/\omega_g$ folgt aus einem Vergleich mit (6.3.41b), daß gilt

$$h_0(k) = d_k. \tag{6.3.47b}$$

Für die Herleitung eines anderen allgemeinen Verfahrens zur Berechnung des Zeitverhaltens setzen wir voraus, daß $H(j\omega)$ im Bereich $|\omega| \leq \omega_g$ $(n+1)$-mal differenzierbar ist. Dann kann man den Frequenzgang näherungsweise durch eine Taylorentwicklung beschreiben. Gehen wir dabei wieder von der durch (6.3.43a) gegebenen Funktion $\tilde{H}(j\omega)$ aus, so ist

$$\tilde{H}(j\omega) \approx \sum_{\nu=0}^{n} \frac{a_\nu}{\nu!}(j\omega)^\nu, \quad |\omega| < \omega_g \tag{6.3.48a}$$

mit den Koeffizienten

$$a_\nu = \left. \frac{d^\nu \tilde{H}(j\omega)}{(dj\omega)^\nu} \right|_{\omega=0}. \tag{6.3.48b}$$

Es ist dann

$$H(j\omega) \approx H_i(j\omega) \sum_{\nu=0}^{n} \frac{a_\nu}{\nu!}(j\omega)^\nu, \tag{6.3.48c}$$

wobei wieder $H_i(j\omega)$ den idealisierten Tiefpaß beschreibt (siehe (6.3.46b)). Für die Impulsantwort folgt mit (7.2.20c)

$$h_0(t) \approx \sum_{\nu=0}^{n} \frac{a_\nu}{\nu!}\delta_\nu(t) * \left[\frac{\omega_g}{\pi} \cdot \frac{\sin \omega_g(t-t_0)}{\omega_g(t-t_0)}\right]. \tag{6.3.49a}$$

Hier ist $\delta_\nu(t)$ die ν-te Derivierte des Dirac-Impulses $\delta_0(t)$. Da die Impulsantwort des idealisierten Tiefpasses beliebig oft differenzierbar ist, bewirkt die Faltung dieser Funktion mit $\delta_\nu(t)$ die ν-fache Differentiation. Man erhält

$$h_0(t) \approx \frac{\omega_g}{\pi} \sum_{\nu=0}^{n} \frac{a_\nu}{\nu!} \frac{d^\nu}{dt^\nu} \left[\frac{\sin \omega_g(t-t_0)}{\omega_g(t-t_0)}\right]. \tag{6.3.49b}$$

Bei einer Erregung mit einer beliebigen Funktion $v(t)$ folgt unter Verwendung der mit (6.3.45b) eingeführten Reaktion $y_0(t)$ des idealisierten Tiefpasses auf $v(t)$ für die Ausgangsfunktion

$$y(t) \approx \sum_{\nu=0}^{n} \frac{a_\nu}{\nu!} \cdot \frac{d^\nu}{dt^\nu}[y_0(t)]. \tag{6.3.49c}$$

In Abschnitt 6.3.1.4 haben wir die Impulsantwort linearphasiger Bandpässe bestimmt und dabei das Problem durch eine Verschiebung des Frequenzganges um die Bandmittenfrequenz auf die Untersuchung von Tiefpässen zurückgeführt, so daß wir frühere Ergebnisse übernehmen konnten. Die hier vorgestellten Verfahren zur Ermittlung des Zeitverhaltens von Tiefpässen lassen sich ebenso bei beliebigen Bandpässen verwenden, wenn wir die gleiche Verschiebung des Bandpaß-Frequenzganges vornehmen. Es wurde schon betont, daß der dabei erhaltene Tiefpaß i.a. kein reellwertiges System ist. Da wir auf entsprechende Fragen im nächsten Abschnitt eingehen werden, sei hier auf eine nähere Behandlung verzichtet.

6.4 Wechselschaltvorgänge

6.4.1 Allgemeine Zusammenhänge

Wir betrachten in diesem Abschnitt das Verhalten von Systemen, die mit einer bei $t = 0$ einsetzenden, in der Amplitude modulierten sinusförmigen Funktion erregt werden. Es sei also

$$v(t) = v_1(t) \cdot \cos(\omega_T t + \varphi_T) \tag{6.4.1a}$$

mit

$$v_1(t) = 0, \quad \forall t < 0.$$

Die Funktion $\cos(\omega_T t + \varphi_T)$ wird als Trägerschwingung bezeichnet; entsprechend sind ω_T die Trägerfrequenz und φ_T die Trägerphase. Ihrer Amplitude wird das eigentlich zu übertragende Signal $v_1(t)$ aufmoduliert. Wir werden uns insbesondere für den Fall interessieren, daß die sinusförmige Trägerfunktion bei $t = 0$ eingeschaltet wird, daß also

$$v(t) = \cos(\omega_T t + \varphi_T) \cdot \delta_{-1}(t) \tag{6.4.1b}$$

gilt. Die dann vorliegende Fragestellung ist nicht nur für die Nachrichtentechnik, sondern z.B. auch für meßtechnische Aufgaben von großer Bedeutung.

Wir untersuchen zunächst den allgemeinen Fall. Ist

$$V_1(j\omega) = \mathscr{F}\{v_1(t)\} = \int_0^\infty v_1(t) e^{-j\omega t} dt \tag{6.4.2a}$$

das Spektrum des Signals $v_1(t)$, so gilt nach dem Modulationssatz

$$V(j\omega) = \frac{1}{2} e^{j\varphi_T} \cdot V_1[j(\omega - \omega_T)] + \frac{1}{2} e^{-j\varphi_T} \cdot V_1[j(\omega + \omega_T)]. \tag{6.4.2b}$$

Das betrachtete reellwertige System werde durch $H(j\omega)$ beschrieben. Es wird i.a. Bandpaßcharakter haben. Speziell wird in der Regel $H(j\omega_T) \neq 0$ sein. Die gesuchte Ausgangsfunktion ist

$$\begin{aligned} y(t) &= \mathscr{F}^{-1}\{V(j\omega) \cdot H(j\omega)\} \\ &= \frac{1}{4\pi} \int_{-\infty}^{+\infty} \left[e^{j\varphi_T} \cdot V_1[j(\omega - \omega_T)] + e^{-j\varphi_T} \cdot V_1[j(\omega + \omega_T)]\right] \cdot H(j\omega) e^{j\omega t} d\omega \\ &= Re\left\{\frac{1}{2\pi} \int_{-\infty}^{+\infty} e^{j\varphi_T} \cdot V_1[j(\omega - \omega_T)] \cdot H(j\omega) e^{j\omega t} d\omega\right\}. \end{aligned} \tag{6.4.3a}$$

Mit $\omega' = \omega - \omega_T$ erhält man

$$y(t) = Re\left\{\left[\frac{1}{2\pi} \int_{-\infty}^{+\infty} V_1(j\omega') \cdot H[j(\omega_T + \omega')] e^{j\omega' t} d\omega'\right] e^{j(\omega_T t + \varphi_T)}\right\}. \tag{6.4.3b}$$

Hier ist $H[j(\omega_T + \omega')] =: A(j\omega')$ der Frequenzgang des i.a. nicht reellwertigen Tiefpasses, der in einem jetzt zu erklärenden Sinne zu dem ursprünglichen System äquivalent ist. Seine Erregung mit $v_1(t)$ liefert die komplexe Zeitfunktion

$$a(t) = \frac{1}{2\pi} \int_{-\infty}^{+\infty} V_1(j\omega') A(j\omega') e^{j\omega' t} d\omega' \tag{6.4.4a}$$

$$= \quad n(t) + jq(t). \tag{6.4.4b}$$

Damit folgt aus (6.4.3b) für die Ausgangsfunktion des zu untersuchenden Systems

$$\begin{aligned} y(t) &= Re\left\{a(t)e^{j(\omega_T t+\varphi_T)}\right\} && (6.4.5a) \\ &= n(t)\cdot\cos(\omega_T t+\varphi_T) - q(t)\cdot\sin(\omega_T t+\varphi_T) && (6.4.5b) \\ &= |a(t)|\cdot\cos\left[\omega_T t+\varphi_T+\alpha(t)\right]. && (6.4.5c) \end{aligned}$$

Man nennt dann $a(t)$ die *komplexe Einhüllende* der durch (6.4.5a) beschriebenen Kurvenschar mit dem Scharparameter φ_T. Es ist

$$n(t) = Re\{a(t)\} \tag{6.4.6a}$$

die *Normalkomponente* und

$$q(t) = Im\{a(t)\} \tag{6.4.6b}$$

die *Quadraturkomponente*. Offenbar gilt für die zeitabhängige Amplitude

$$|a(t)| = +\sqrt{n^2(t)+q^2(t)} \tag{6.4.6c}$$

und die Phase

$$\alpha(t) = \arctan\frac{q(t)}{n(t)}. \tag{6.4.6d}$$

Das gefundene allgemeine Ergebnis spezialisieren wir auf den Fall einer bei $t = 0$ einsetzenden sinusförmigen Erregung. Es sei also $v_1(t) = \delta_{-1}(t)$ und damit

$$V_1(j\omega) = \pi\cdot\delta_0(\omega) + \frac{1}{j\omega}.$$

Man erhält zunächst aus (6.4.4a)

$$a(t) = \frac{1}{2\pi}\int\limits_{-\infty}^{+\infty}\left[\pi\delta_0(\omega') + \frac{1}{j\omega'}\right]A(j\omega')e^{j\omega' t}d\omega'.$$

Es ist nun zweckmäßig, mit

$$A_1(j\omega') = \frac{1}{2}[A(j\omega') + A(-j\omega')] \tag{6.4.7a}$$

und

$$A_2(j\omega') = \frac{1}{2}[A(j\omega') - A(-j\omega')] \tag{6.4.7b}$$

Teilfrequenzgänge einzuführen, wie das entsprechend bereits in Abschnitt 6.3.1.4 geschah. $A_1(j\omega')$ und $A_2(j\omega')$ sind wieder gerade bzw. ungerade Funktionen von ω'; sie beschreiben in dem zunächst behandelten allgemeinen Fall allerdings keine reellwertigen Systeme. Man erhält deren Sprungantworten

$$a_1(t) = \frac{1}{2}H(j\omega_T) + \frac{1}{\pi}\int_0^{+\infty} A_1(j\omega')\frac{\sin\omega' t}{\omega'}d\omega' \tag{6.4.8a}$$

und

$$a_2(t) = \frac{1}{\pi j}\int_0^{+\infty} A_2(j\omega')\frac{\cos\omega' t}{\omega'}d\omega'. \tag{6.4.8b}$$

Hier wurde berücksichtigt, daß $A_1(0) = H(j\omega_T)$ und $A_2(0) = 0$ ist. Da wir vorläufig keine Annahmen für $H(j\omega)$ gemacht haben, sind diese Zeitfunktionen i.a. komplex. Es ist $a(t) = a_1(t) + a_2(t)$.

Für $t \to \infty$ ergibt sich

$$\begin{aligned} a_1(\infty) &= A_1(0) = H(j\omega_T) = n(\infty) + jq(\infty) \\ a_2(\infty) &= 0. \end{aligned} \tag{6.4.8c}$$

Damit folgt, daß die Ausgangszeitfunktion für wachsende Zeit die Form der erregenden Funktion annimmt. Wir erhalten

$$y_{err}(t) = |H(j\omega_T)|\cos[\omega_T t + \varphi_T - b(\omega_T)], \tag{6.4.8d}$$

wobei nach (6.4.6c,d)

$$|H(j\omega_T)| = \sqrt{n^2(\infty) + q^2(\infty)} \text{ und } b(\omega_T) = -\alpha(\infty) = -\arctan\frac{q(\infty)}{n(\infty)} \tag{6.4.8e}$$

ist. Wie in Abschnitt 6.4.1 von Band I bei der Untersuchung des Einschwingverhaltens von Netzwerken können wir die Gesamtreaktion als Summe von Einschwinganteil und Erregeranteil auffassen. Es ist

$$y(t) = y_{err}(t) + y_{ein}(t), \tag{6.4.8f}$$

wobei in stabilen Systemen der Einschwinganteil abklingt. Im eingeschwungenen Zustand verbleibt der Erregeranteil (6.4.8d), die Reaktion, die wir nach Abschnitt 3.3.1 bei Erregung mit einer für alle Werte von t angelegten sinusförmigen Funktion zu erwarten haben.

Zwischen Normal- und Quadraturkomponente einerseits und der Impulsantwort andererseits gibt es einen interessanten Zusammenhang, der für die meßtechnische Bestimmung von $n(t)$ und $q(t)$ ausgenutzt werden kann. Die Reaktion eines linearen, zeitinvarianten Systems auf eine bei $t = 0$ einsetzende Kosinusschwingung ist nach (3.2.11c)

$$y(t) = \int_{-\infty}^{t} h_0(\tau)\cos[\omega_T(t-\tau) + \varphi_T]d\tau.$$

Nach Umformung erhält man

$$y(t) = \cos(\omega_T t + \varphi_T) \cdot \int_{-\infty}^{t} h_0(\tau) \cos \omega_T \tau d\tau + \sin(\omega_T t + \varphi_T) \cdot \int_{-\infty}^{t} h_0(\tau) \sin \omega_T \tau d\tau.$$

Der Vergleich mit (6.4.5b) zeigt, daß

$$n(t) = \int_{-\infty}^{t} h_0(\tau) \cos \omega_T \tau d\tau \tag{6.4.9a}$$

und

$$q(t) = -\int_{-\infty}^{t} h_0(\tau) \sin \omega_T \tau d\tau \tag{6.4.9b}$$

ist. Bei kausalen Systemen wird die untere Integrationsgrenze zu Null. Im Prinzip lassen sich nach diesen Beziehungen $n(t)$ und $q(t)$ mit Hilfe zweier Multiplizierer und Integrierer meßtechnisch bestimmen. Die auftretenden apparativen Schwierigkeiten lassen sich im unteren Frequenzbereich bei Verwendung von Bausteinen des Analogrechners beherrschen [6.11].

Die Untersuchung von Wechselschaltvorgängen in diskreten Systemen verläuft im wesentlichen ebenso wie für den kontinuierlichen Fall gezeigt. Wir verzichten hier auf eine ausführliche Behandlung. Es sei nur angemerkt, daß sich die durch (6.4.9a,b) beschriebene Methode zur Messung von Normal- und Quadraturkomponente im diskreten Fall problemlos realisieren läßt. Es ist dann mit $\Omega_T = \omega_T \cdot T$

$$n(k) = \sum_{\kappa=-\infty}^{k} h_0(\kappa) \cos \Omega_T \kappa \tag{6.4.9c}$$

und

$$q(k) = -\sum_{\kappa=-\infty}^{k} h_0(\kappa) \sin \Omega_T \kappa, \tag{6.4.9d}$$

wobei wieder die diskreten Variablen k und κ hinreichender Hinweis darauf sind, daß im Gegensatz zu (6.4.9a,b) hier Folgen vorliegen.

6.4.2 Wechselschaltvorgänge in idealisierten Tiefpässen

Auch bei der Untersuchung von Wechselschaltvorgängen werden die prinzipiellen Zusammenhänge deutlicher, wenn man sie bei idealisierten Systemen betrachtet. Wir beginnen mit dem durch

$$H(j\omega) = \begin{cases} 1, & |\omega| < \omega_g \\ 0, & |\omega| \geq \omega_g \end{cases} \tag{6.4.10a}$$

beschriebenen idealisierten Tiefpaß, bei dem wir zur Vereinfachung der Darstellung angenommen haben, daß die Laufzeit gleich Null ist. Die Teilfrequenzgänge $A_1(j\omega')$ und $A_2(j\omega')$ sind in diesem Fall rein reell. Nehmen wir an, daß $\omega_T < \omega_g$ ist, so erhalten wir

$$A_1(j\omega') = \begin{cases} 1, & |\omega'| < \omega_g - \omega_T \\ 0,5; & \omega_g - \omega_T \leq |\omega'| < \omega_g + \omega_T \\ 0, & |\omega'| \geq \omega_g + \omega_T \end{cases} \tag{6.4.10b}$$

und

$$A_2(j\omega') = \begin{cases} 0, & |\omega'| < \omega_g - \omega_T \\ -0,5 \cdot \mathrm{sign}\omega', & \omega_g - \omega_T \leq |\omega'| < \omega_g + \omega_T \\ 0, & |\omega'| \geq \omega_g + \omega_T \end{cases} . \tag{6.4.10c}$$

Bild 6.18 zeigt die auftretenden Frequenzgänge. Wir können das durch $A_1(j\omega')$ beschriebene Teilsystem als eine Parallelschaltung von zwei idealisierten Tiefpässen gemäß (6.3.2) mit den Grenzfrequenzen $\omega_g - \omega_T$ und $\omega_g + \omega_T$ sowie mit $H_0(0) = 0,5$ auffassen. Entsprechend beschreibt $A_2(j\omega')$ einen idealisierten Bandpaß der Mittenfrequenz $\omega_0 = \omega_g$ und der Bandbreite $2\Delta\omega = 2\omega_T$, allerdings mit ungeradem Frequenzgang. Für $\omega_T > \omega_g$ werden beide Teilsysteme zu Bandpässen mit der Mittenfrequenz ω_T und der Bandbreite $2\omega_g$, der eine mit geradem, der andere mit ungeradem Frequenzgang.

Mit $A(j\omega') = A_1(j\omega') + A_2(j\omega')$ ergibt sich allgemein für den Fall reeller Teilfrequenzgänge aus (6.4.4a), daß $a_1(t)$ rein reell und $a_2(t)$ rein imaginär ist. Dann folgt aus (6.4.4b)

$$n(t) = a_1(t), \quad q(t) = -ja_2(t). \tag{6.4.10d}$$

Wir diskutieren das Einschwingverhalten für den Fall $v_1(t) = \delta_{-1}(t)$. Aus (6.4.8a) folgt mit (6.4.10b,d) und (6.3.4a)

$$\begin{aligned} n(t) &= \frac{1}{2}\left[\frac{1}{2} + \frac{1}{\pi}\mathrm{Si}\left[(\omega_g + \omega_T)t\right]\right] + \frac{1}{2}\left[\frac{1}{2} + \frac{1}{\pi}\mathrm{Si}\left[(\omega_g - \omega_T)t\right]\right] \\ &=: n_1(t) + n_2(t). \end{aligned} \tag{6.4.11a}$$

Entsprechend der Aufteilung des Systems in zwei Tiefpässe unterschiedlicher Grenzfrequenz setzt sich die Normalkomponente aus zwei Anteilen verschiedener Steilheit zusammen. Bild 6.19 zeigt $n(t)$ sowie für $t \geq 0$ die Funktionen $n_1(t)$ und $n_2(t)$. Gewählt wurde $\omega_T = 0,5\omega_g$. Weiterhin erhält man aus (6.4.8b) mit

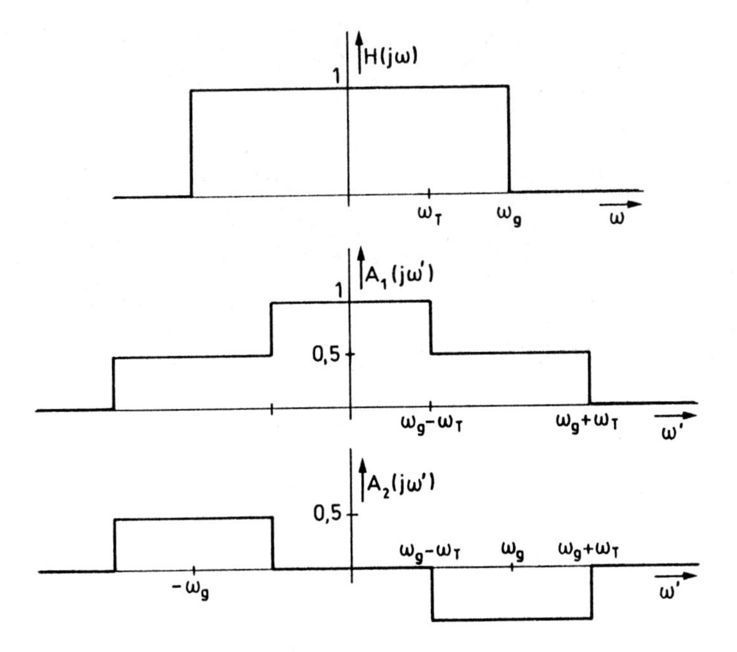

Bild 6.18: Zur Untersuchung von Wechselschaltvorgängen beim idealisierten Tiefpaß

(6.4.10c,d)

$$\begin{aligned} q(t) &= \frac{1}{2\pi} \int\limits_{\omega_g-\omega_T}^{\omega_g+\omega_T} \frac{\cos \omega' t}{\omega'} d\omega' \\ &= \frac{1}{2\pi} \left[\mathrm{Ci}\left[(\omega_g + \omega_T)t\right] - \mathrm{Ci}\left[(\omega_g - \omega_T)t\right] \right] . \end{aligned} \qquad (6.4.11b)$$

Hier tritt die *Integralkosinus-Funktion* auf, die als

$$\mathrm{Ci}(x) = -\int\limits_x^\infty \frac{\cos \xi}{\xi} d\xi = C + \ln|x| + \int\limits_0^x \frac{\cos \xi - 1}{\xi} d\xi \qquad (6.4.12)$$

definiert ist. Es ist

$$C = \lim_{n \to \infty} \left(\sum_{\nu=1}^{n} \frac{1}{\nu} - \ln n \right) \approx 0,5772$$

die Eulersche Konstante. $\mathrm{Ci}(x)$ ist eine gerade Funktion mit einer logarithmischen Singularität bei $x = 0$ und dem Grenzwert $\mathrm{Ci}(\infty) = 0$. Für $|x| < 0,5$ gilt

$$\mathrm{Ci}(x) \approx C + \ln|x| - x^2/4,$$

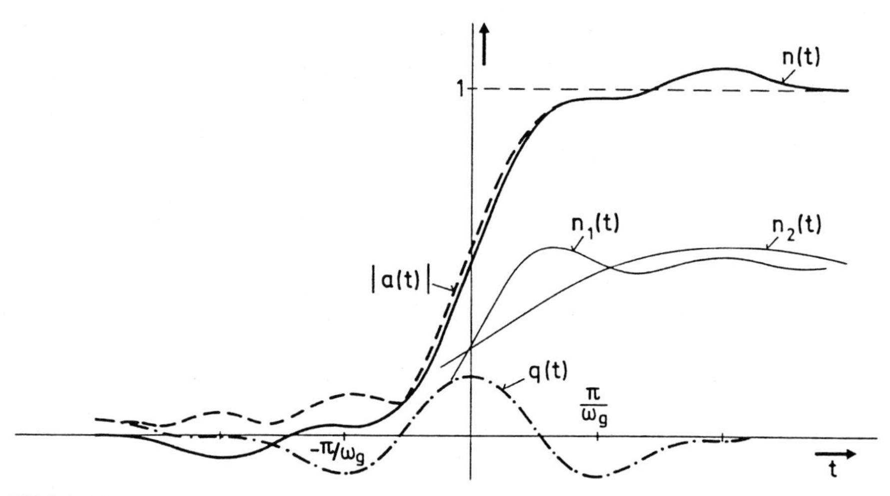

Bild 6.19: Normalkomponente $n(t) = n_1(t) + n_2(t)$, Quadraturkomponente $q(t)$ und $|a(t)|$ der Ausgangsfunktion des idealisierten Tiefpasses für $\omega_T = 0.5 \cdot \omega_g$.

für wachsendes $|x|$ geht $\mathrm{Ci}(x) \to \dfrac{\sin x}{x}$.

Mit diesen Angaben finden wir, daß

$$\lim_{t \to 0} q(t) = \frac{1}{2\pi} \cdot \ln \frac{\omega_g + \omega_T}{\omega_g - \omega_T} \tag{6.4.11c}$$

ist. Bild 6.19 zeigt auch $q(t)$ sowie die Funktion $|a(t)|$, die nach (6.4.5c) zugleich die Einhüllende aller Einschwingvorgänge des Systems beschreibt, wenn Sinusfunktionen gleicher Frequenz ω_T, aber unterschiedlicher Phase φ_T auf den Eingang geschaltet werden.

Man erkennt, daß der Einfluß der Quadraturkomponente auf die Einhüllende verhältnismäßig klein ist. Insbesondere wird die Einschwingzeit im wesentlichen von dem Teilsystem mit der niedrigsten Grenzfrequenz bestimmt. Bild 6.20 veranschaulicht diese Aussage. Hier wurde die Normalkomponente pauschal als Summe zweier Schrittfunktionen der Anstiegszeiten τ_1 und τ_2 dargestellt. Die Vergrößerung der Einschwingzeit bei Annäherung an die Grenzfrequenz ist bei der meßtechnischen Bestimmung des Frequenzganges eines Systems von wesentlicher Bedeutung.

Bei Übertragungsaufgaben kann man die Einschwingzeit eines Systems durch geeignete Formung des Frequenzganges erheblich reduzieren. Dazu wählt man einen in bezug auf $H(j\omega_T) = 0,5$ komplementären Verlauf für $H(j\omega)$, die schon in Abschnitt 6.3.1.3 eingeführte Nyquistflanke (siehe (6.3.24c)). Wir behandeln ein Beispiel und untersuchen dazu das Einschwingverhalten eines Systems mit dem in Bild 6.21a dargestellten Fre-

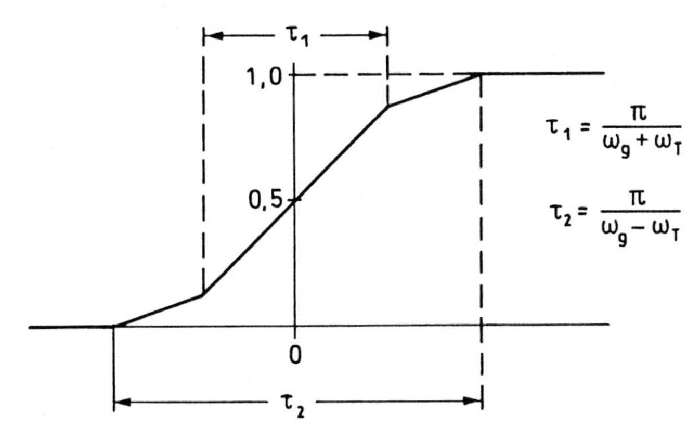

Bild 6.20: Schematisierter Verlauf der Normalkomponente $n(t)$ beim idealisierten Tiefpaß

quenzgang. Es ist

$$H(j\omega) = \begin{cases} 1, & |\omega| \leq (1-\alpha)\omega_T \\ \dfrac{1}{2\alpha}\left[-\dfrac{|\omega|}{\omega_T} + (1+\alpha)\right], & (1-\alpha)\omega_T \leq |\omega| \leq (1+\alpha)\omega_T \\ 0, & |\omega| > (1+\alpha)\omega_T \end{cases} . \quad (6.4.13a)$$

Systeme dieser Art haben wir schon in Abschnitt 2.2.2.6 in einem anderen Zusammenhang betrachtet. Ihre Impulsantwort ist mit den hier verwendeten Bezeichnungen

$$h_0(t) = \frac{\omega_T}{\pi} \cdot \frac{\sin \omega_T t}{\omega_T t} \cdot \frac{\sin \alpha\omega_T t}{\alpha\omega_T t} \quad (6.4.13b)$$

(vergleiche (2.2.81d)). Bild 6.21b erläutert, daß sich durch die Nyquistflanke ein Frequenzgang $A_1(j\omega')$ ergibt, der $H(j\omega)$ ähnlich ist, aber eine doppelt so hohe mittlere Bandbreite aufweist. Damit ist die Einschwingzeit von $n(t)$ halb so groß wie die für $h_{-1}(t)$. Man erhält aus (6.4.13b) nach Zwischenrechnung

$$\begin{aligned} h_{-1}(t) &= \frac{1}{2} + \frac{1}{\pi\alpha}\left[\frac{1+\alpha}{2} \cdot \mathrm{Si}\left[(1+\alpha)\omega_T t\right] - \frac{1-\alpha}{2} \cdot \mathrm{Si}\left[(1-\alpha)\omega_T t\right] - \right. \\ &\left. - \frac{\sin \omega_T t \cdot \sin \alpha\omega_T t}{\omega_T t}\right] \end{aligned} \quad (6.4.13c)$$

und entsprechend

$$\begin{aligned} n(t) &= \frac{1}{4} + \frac{1}{2\pi\alpha}\left[\frac{2+\alpha}{2} \cdot \mathrm{Si}\left[(2+\alpha)\omega_T t\right] - \frac{2-\alpha}{2} \cdot \mathrm{Si}\left[(2-\alpha)\omega_T t\right] - \right. \\ &\left. - \frac{\sin 2\omega_T t \cdot \sin \alpha\omega_T t}{\omega_T t}\right] . \end{aligned} \quad (6.4.13d)$$

Bild 6.21c zeigt $A_2(j\omega')$. Für die Quadraturkomponente erhält man mit (6.4.9b) aus (6.4.13b)

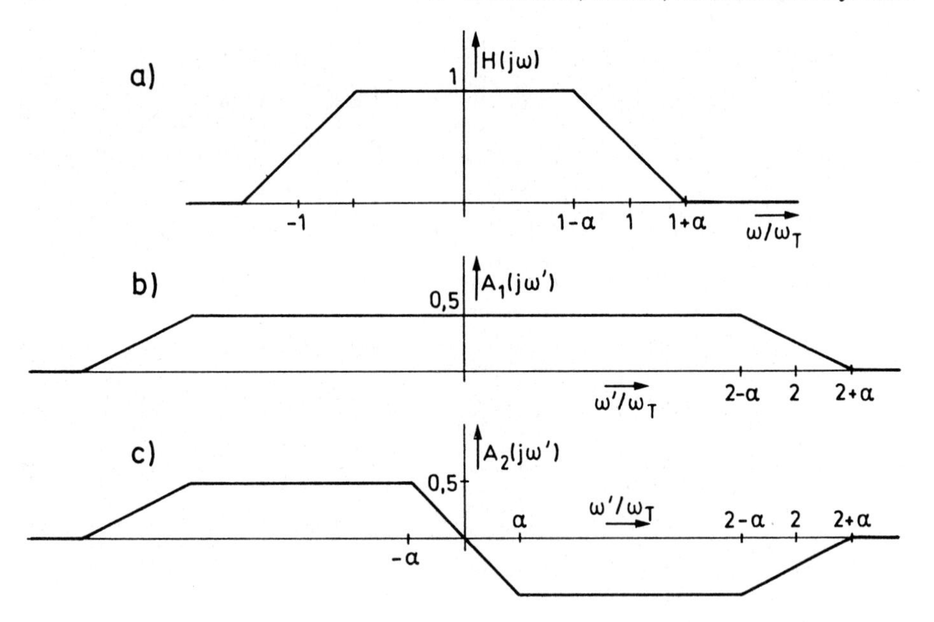

Bild 6.21: Zur Untersuchung von Wechselschaltvorgängen bei einem Tiefpaß mit Nyquistflanke

$$\begin{aligned} q(t) &= \frac{-1}{4\pi\alpha\omega_T t}\left[\sin(2+\alpha)\omega_T t - \sin(2-\alpha)\omega_T t - 2\sin\alpha\omega_T t\right] - \\ &- \frac{1}{2\pi\alpha}\left[\alpha\cdot\mathrm{Ci}\left[\alpha\omega_T t\right] - \frac{2+\alpha}{2}\cdot\mathrm{Ci}\left[(2+\alpha)\omega_T t\right] + \frac{2-\alpha}{2}\mathrm{Ci}\left[(2-\alpha)\omega_T t\right]\right] \end{aligned} \tag{6.4.13e}$$

Bild 6.22 zeigt die meßtechnisch gefundenen Funktionen an einem derartigen System in Abhängigkeit von t/T. Dargestellt sind zunächst die Impulsantwort (vergl. Bild 2.31c bzw. Gl. (2.2.81d)) sowie die Sprungantwort $h_{-1}(t)$. Die gemessene Normalkomponente $n(t)$ läßt die Halbierung der Einschwingzeit erkennen. Der Verlauf von $q(t)$ macht deutlich, daß die Nyquistflanke die Quadraturkomponente nicht günstig beeinflußt. Aus (6.4.13e) folgt

$$q(0) = -\frac{1}{4\pi}\left[\frac{2}{\alpha}\ln\frac{2-\alpha}{2+\alpha} + \ln\frac{\alpha^2}{4-\alpha^2}\right]. \tag{6.4.13f}$$

Weiterhin wurde die Amplitudenfunktion $|a(t)|$ gemessen sowie die Kurvenschar $y(t,\varphi_T)$ für verschiedene Werte der Trägerphase φ_T. Es ist zu erkennen, daß ihre Einhüllende gleich $\pm|a(t)|$ ist.

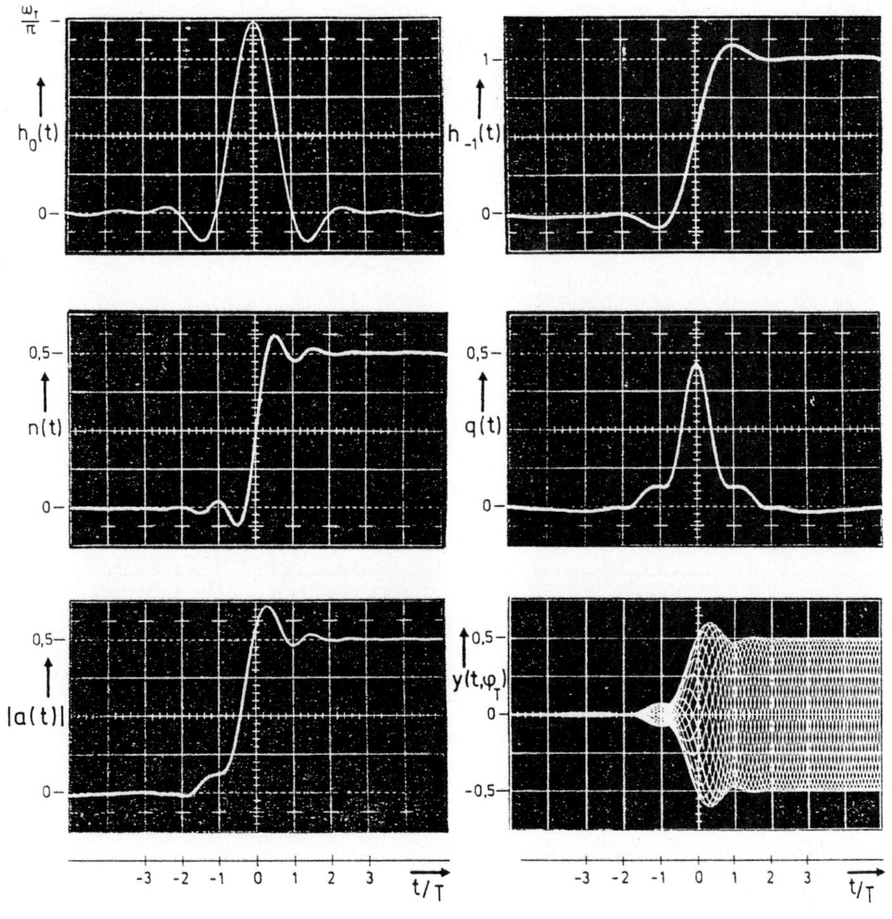

Bild 6.22: Meßergebnisse an einem Tiefpaß mit Nyquistflanke nach Bild 6.21. Gewählt wurde $\alpha = 1/3$. Es ist $T = \pi/\omega_T$

6.4.3 Wechselschaltvorgänge im idealisierten Bandpaß

Wir betrachten weiterhin den Wechselschaltvorgang im idealisierten, linearphasigen Bandpaß. Es sei also

$$H(j\omega) = \begin{cases} 1, & \omega_1 \leq |\omega| \leq \omega_2 \\ 0, & \text{sonst}, \end{cases}$$

wobei wir wieder ohne Einschränkung der Allgemeingültigkeit der wesentlichen Aussagen annehmen, daß die Laufzeit gleich Null ist. Bild 6.23 zeigt $H(j\omega)$ sowie die sich ergebenden Teilfrequenzgänge für den Fall, daß $\omega_T = (\omega_1 + \omega_2)/2 = \omega_0$, die Trägerfrequenz also gleich der Mittenfrequenz ist. Der wesentliche Unterschied zum Tiefpaß liegt darin, daß $A_1(j\omega')$ und $A_2(j\omega')$ Anteile in der Umgebung von $\pm 2\omega_T$ enthalten. Sie werden als Nebendurchlaßbereiche bezeichnet zum Unterschied von dem — hier nur bei $A_1(j\omega')$ auftretenden — Hauptdurchlaßbereich für kleine Werte von ω'.

Wir berechnen Normal- und Quadraturkomponente zunächst mit Hilfe von (6.4.9a,b) aus der Impulsantwort des Bandpasses, die wir aus (6.3.32d,f) als

$$h_0(t) = \frac{2\Delta\omega}{\pi} \cdot \frac{\sin \Delta\omega t}{\Delta\omega t} \cdot \cos \omega_0 t \tag{6.4.14a}$$

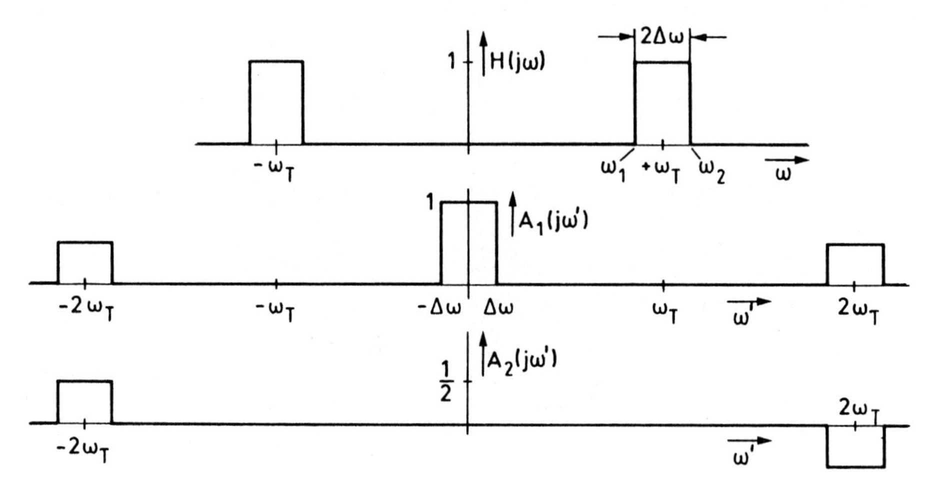

Bild 6.23: Zur Untersuchung von Wechselschaltvorgängen bei einem idealisierten Bandpaß, wenn $\omega_T = \omega_0$ ist

erhalten. Dann folgt für $\omega_T = \omega_0$ aus

$$\begin{aligned} n(t) &= \int_{-\infty}^{t} h_0(\tau) \cos \omega_T \tau \, d\tau = \frac{2\Delta\omega}{\pi} \cdot \int_{-\infty}^{t} \frac{\sin \Delta\omega \tau}{\Delta\omega \tau} \cos^2 \omega_T \tau \, d\tau \\ &= \frac{1}{2} + \frac{1}{\pi}\mathrm{Si}(\Delta\omega t) + \frac{1}{2\pi}\left[\mathrm{Si}\left[(2\omega_T + \Delta\omega)t\right] - \mathrm{Si}\left[(2\omega_T - \Delta\omega)t\right]\right] \\ &=: n_h(t) + n_n(t). \end{aligned} \tag{6.4.14b}$$

Die Hauptkomponente $n_h(t) = \frac{1}{2} + \frac{1}{\pi}\mathrm{Si}(\Delta\omega t)$ beschreibt offenbar die Sprungantwort des idealisierten Tiefpasses der Bandbreite $\Delta\omega$, während die Nebenkomponente $n_n(t)$ die Sprungantwort des idealisierten Bandpasses mit der Mittenfrequenz $2\omega_T$ ist. Sie läßt sich auch in der Form

$$n_n(t) = \frac{1}{2\pi} \int\limits_{2\omega_T-\Delta\omega}^{2\omega_T+\Delta\omega} \frac{\sin\omega' t}{\omega'} d\omega' \qquad (6.4.14c)$$

darstellen. Daraus gewinnt man eine brauchbare Näherung für den interessanten Fall eines schmalen Bandpasses, der durch $\Delta\omega \ll \omega_T$ gekennzeichnet ist. In (6.4.14c) ist dann im Nenner des Integranden $\omega' \approx 2\omega_T$ zu setzen und man erhält

$$n_n(t) \approx \frac{1}{2\pi} \frac{\Delta\omega}{\omega_T} \frac{\sin\Delta\omega t}{\Delta\omega t} \sin 2\omega_T t. \qquad (6.4.14d)$$

In Bild 6.24 sind $n_h(t)$ und $n_n(t)$ skizziert.

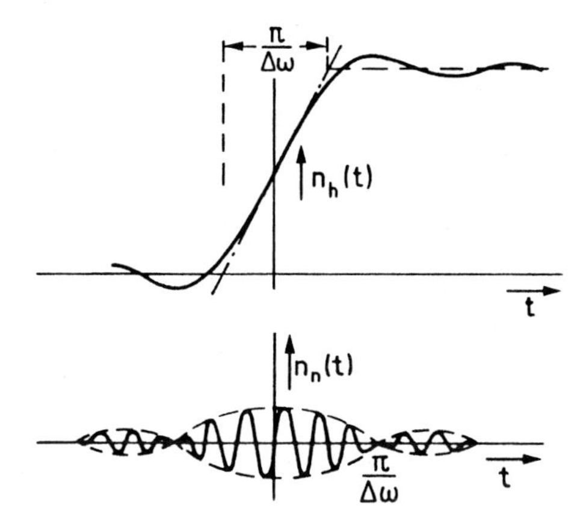

Bild 6.24: Haupt- und Nebenterme der Normalkomponente beim Wechselschaltvorgang im symmetrischen schmalen Bandpaß nach Bild 6.23

Mit entsprechender Rechnung ergibt sich für die Quadraturkomponente aus

$$q(t) = -\int\limits_{-\infty}^{t} h_0(\tau)\sin\omega_T\tau d\tau = \frac{1}{2\pi}\Big[\mathrm{Ci}\,[(2\omega_T+\Delta\omega)t] - \mathrm{Ci}\,[(2\omega_T-\Delta\omega)t]\Big] \qquad (6.4.14e)$$

und für $\Delta\omega \ll \omega_T$

$$q(t) \approx \frac{1}{2\pi} \cdot \frac{\Delta\omega}{\omega_T} \cdot \frac{\sin\Delta\omega t}{\Delta\omega t} \cdot \cos 2\omega_T t. \qquad (6.4.14f)$$

Ist $\omega_T \neq \omega_0$, so erhalten wir bezüglich des Hauptdurchlaßbereiches dieselben Verhältnisse wie bei der Untersuchung der Wechselschaltvorgänge beim Tiefpaß. Der Vergleich von Bild 6.25 mit Bild 6.18 zeigt, daß hier lediglich die Nebendurchlaßbereiche zusätzlich auftreten. Da vor allem bei schmalen Bandpässen die Hauptdurchlaßbereiche das Einschwingverhalten bestimmen, gelten die Aussagen, die wir im letzten Abschnitt bei der Untersuchung der Wechselschaltvorgänge in Tiefpässen gefunden haben, entsprechend auch hier. Mit

$$\omega_T = \omega_0 + \rho\Delta\omega, \quad |\rho| < 1 \tag{6.4.15a}$$

erhält man aus (6.4.10a) für den Hauptanteil der Normalkomponente

$$n_h(t) = \frac{1}{2}\left[\frac{1}{2} + \frac{1}{\pi}\mathrm{Si}[(1+\rho)\Delta\omega t]\right] + \frac{1}{2}\left[\frac{1}{2} + \frac{1}{\pi}\mathrm{Si}[(1-\rho)\Delta\omega t]\right] \tag{6.4.15b}$$

und aus (6.4.11b) für den Hauptanteil der Quadraturkomponente

$$q_h(t) = \frac{1}{2\pi}\left[\mathrm{Ci}[(1-\rho)\Delta\omega t] - \mathrm{Ci}[(1+\rho)\Delta\omega t]\right]. \tag{6.4.15c}$$

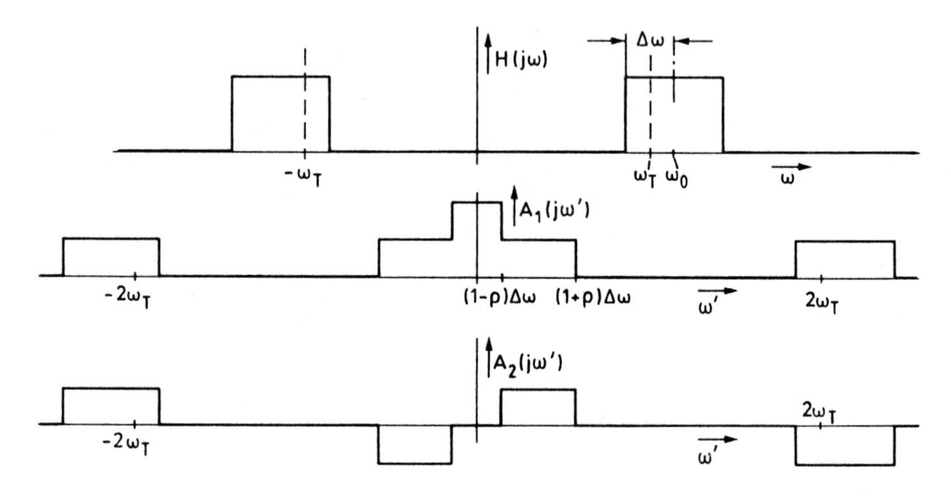

Bild 6.25: Zur Untersuchung von Wechselschaltvorgängen bei einem idealisierten Bandpaß, wenn $\omega_T \neq \omega_0$ ist

Ebenso gilt weiterhin, daß man mit einem zu ω_T komplementären Verlauf des Frequenzganges die Einschwingzeit günstig beeinflussen kann. Bild 6.26 zeigt, welche Teilübertragungsfunktionen $A_1(j\omega')$ und $A_2(j\omega')$ sich bei einer linear verlaufenden Nyquistflanke ergeben. Mit $\omega_1 = \omega_T - \alpha\Delta\omega,\ 0 < \alpha < 1$, $\omega_2 = \omega_T + \Delta\omega$ folgt aus

$$H(j\omega) = \begin{cases} \frac{1}{2\alpha\Delta\omega}[|\omega| - \omega_1], & \omega_1 \leq |\omega| < \omega_T + \alpha\Delta\omega \\ 1, & \omega_T + \alpha\Delta\omega \leq |\omega| < \omega_2 \\ 0, & \text{sonst} \end{cases} \tag{6.4.16a}$$

bei Beschränkung auf die Hauptdurchlaßbereiche

$$A_1(j\omega') = \begin{cases} 1/2, & |\omega'| < \Delta\omega \\ 0, & \text{sonst} \end{cases}, \tag{6.4.16b}$$

$$A_2(j\omega') = \begin{cases} \dfrac{1}{2\alpha\Delta\omega}\cdot\omega', & |\omega'| \le \alpha\Delta\omega \\ \dfrac{1}{2}\mathrm{sign}\omega', & \alpha\Delta\omega \le |\omega'| \le \Delta\omega. \\ 0, & \text{sonst} \end{cases} \tag{6.4.16c}$$

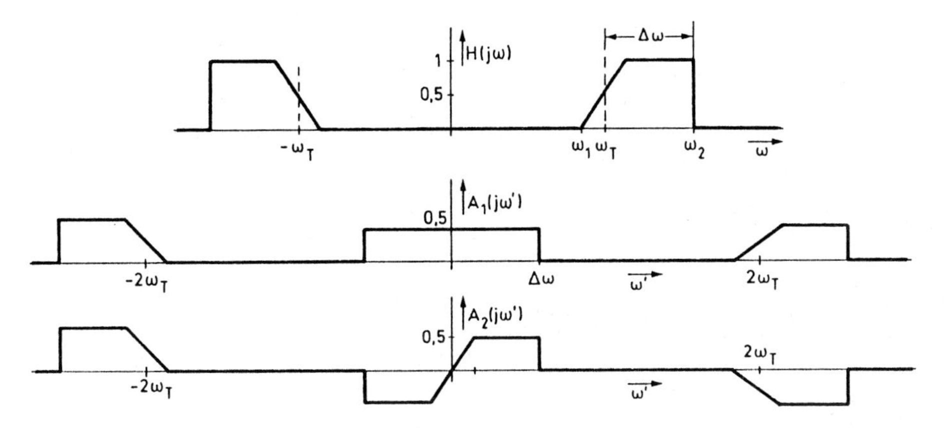

Bild 6.26: Zur Untersuchung von Wechselschaltvorgängen bei einem Bandpaß mit Nyquistflanke

Damit erhält man

$$n_h(t) = \frac{1}{2}\cdot\left[\frac{1}{2} + \frac{1}{\pi}\mathrm{Si}(\Delta\omega t)\right] \tag{6.4.17a}$$

und

$$q_h(t) = -\frac{1}{2\pi}\left[\frac{\sin\alpha\Delta\omega t}{\alpha\Delta\omega t} + \mathrm{Ci}(\Delta\omega t) - \mathrm{Ci}(\alpha\Delta\omega t)\right]. \tag{6.4.17b}$$

$|q_h(t)|$ wird für $t = 0$ maximal. Es ist

$$|q_h(0)| = \frac{1}{2\pi}\cdot\left[1 + \ln\frac{1}{\alpha}\right] \tag{6.4.17c}$$

Das hier beschriebene sogenannte *Restseitenbandverfahren* führt für hinreichend kleine Werte von α zu einer erheblich besseren Ausnutzung des Übertragungsbandes, wobei allerdings der durch die Quadraturkomponente hervorgerufene Fehler nach (6.4.17b,c) mit kleiner werdendem α steigt. Die Methode wird bei der Fernsehübertragung verwendet.

6.5 Kausale Systeme

6.5.1 Vorbemerkung

Die Untersuchungen über das Zeitverhalten idealisierter Systeme haben u.a. auf Impulsantworten geführt, die schon für $t < 0$ bzw. $k < 0$ von Null verschiedene Werte annehmen. Die betrachteten Systeme waren also nicht kausal und insofern irreal. Der Grund dafür ist, daß wir in diesem Kapitel bisher von willkürlichen Annahmen z.B. für Betrag und Phase des Frequenzganges ausgegangen sind. Dabei haben wir die bereits in Abschnitt 3.5.1 gefundenen Zusammenhänge zwischen den Komponenten des Frequenzganges eines kausalen Systems ignoriert. Eine genauere Untersuchung der Konsequenzen der Kausalitätsbedingung ist der Gegenstand dieses Abschnitts (siehe z.B. [6.13] ... [6.19]).

Wir wollen zunächst an Beispielen zeigen, welche Auswirkungen die Kausalitätsbedingung auf den Frequenzgang hat. Um dabei an unsere früheren Ergebnisse anknüpfen zu können, gehen wir von den bei idealisierten Systemen gefundenen Impulsantworten aus, beschränken sie auf den Bereich $t \geq 0$ und berechnen daraus umgekehrt die Frequenzgänge der dazu gehörigen kausalen Systeme. Insbesondere interessieren wir uns dabei für solche Systeme, die den idealisierten Tiefpaß approximieren. In Anlehnung an (6.3.3a) beginnen wir mit

$$h_0(t) = \frac{\omega_g}{\pi} \frac{\sin \omega_g(t-t_0)}{\omega_g(t-t_0)} \cdot \delta_{-1}(t), \tag{6.5.1a}$$

wobei $t_0 \geq 0$ wählbar sei. Wenden wir hier den Multiplikationssatz (2.2.53a) an (vergl. S. 147), so können wir den zugehörigen Frequenzgang als

$$H(j\omega) = \mathcal{F}\{h_0(t)\} = \frac{1}{2\pi} H_i(j\omega) * \mathcal{F}\{\delta_{-1}(t)\} \tag{6.5.1b}$$

schreiben, wobei wieder

$$H_i(j\omega) = \begin{cases} e^{-j\omega t_0}, & |\omega| < \omega_g \\ 0, & |\omega| \geq \omega_g \end{cases} \tag{6.5.1c}$$

den idealisierten Tiefpaß beschreibt und

$$\mathcal{F}\{\delta_{-1}(t)\} = \pi\delta_0(\omega) + \frac{1}{j\omega}$$

einzusetzen ist. Es folgt

$$\begin{aligned} H(j\omega) &= \frac{1}{2} H_i(j\omega) + \frac{1}{2\pi} \int\limits_{\omega-\omega_g}^{\omega+\omega_g} \frac{e^{-j(\omega-\eta)t_0}}{j\eta} d\eta \\ &= \frac{1}{2} H_i(j\omega) + \frac{1}{2\pi} e^{-j\omega t_0} \int\limits_{\omega-\omega_g}^{\omega+\omega_g} \left(\frac{\sin \eta t_0}{\eta} - j \frac{\cos \eta t_0}{\eta} \right) d\eta \end{aligned} \tag{6.5.2a}$$

und schließlich

$$H(j\omega) = \begin{cases} e^{-j\omega t_0}\left[\frac{1}{2} + S(\omega) - jC(\omega)\right], & |\omega| < \omega_g \\ e^{-j\omega t_0}\left[S(\omega) - jC(\omega)\right], & |\omega| > \omega_g. \end{cases} \tag{6.5.2b}$$

Hier ist

$$S(\omega) = \frac{1}{2\pi}\left[\mathrm{Si}[(\omega + \omega_g)t_0] - \mathrm{Si}[(\omega - \omega_g)t_0]\right], \tag{6.5.2c}$$

$$C(\omega) = \frac{1}{2\pi}\left[\mathrm{Ci}[(\omega + \omega_g)t_0] - \mathrm{Ci}[(\omega - \omega_g)t_0]\right]. \tag{6.5.2d}$$

Die Anwendung des Multiplikationssatzes auf (6.5.1a) führt zum richtigen Ergebnis, obwohl die beteiligten Zeitfunktionen die in Abschnitt 2.2.2.3 genannten hinreichenden Bedingungen nicht erfüllen.

Wählen wir speziell $t_0 = 0$, so folgt aus (6.5.2a)

$$H(j\omega) = \begin{cases} \frac{1}{2} + j\frac{1}{2\pi}\ln\left|\frac{\omega - \omega_g}{\omega + \omega_g}\right|, & |\omega| < \omega_g \\ j\frac{1}{2\pi}\ln\left|\frac{\omega - \omega_g}{\omega + \omega_g}\right|, & |\omega| > \omega_g. \end{cases} \tag{6.5.2e}$$

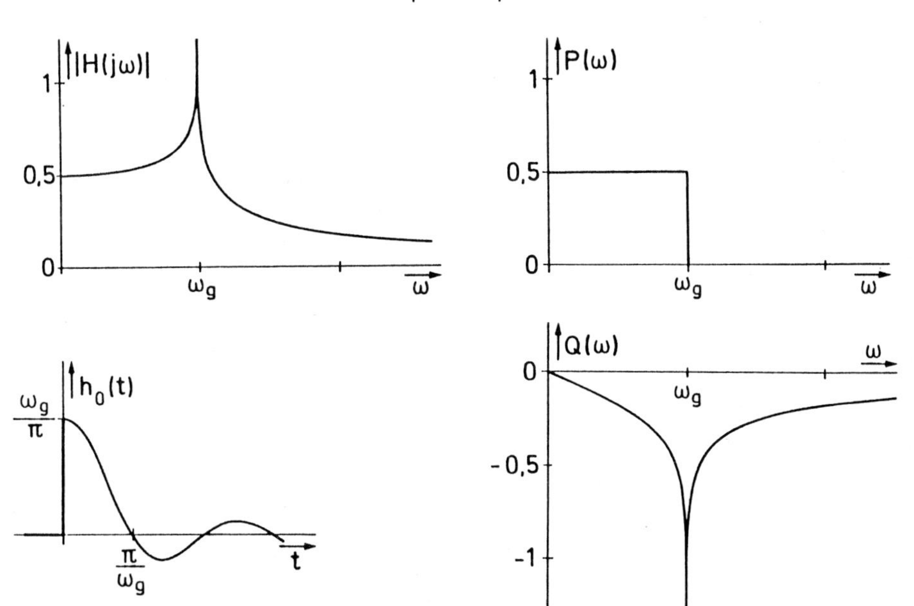

Bild 6.27: Eigenschaften eines kausalen Systems mit der Impulsantwort nach (6.5.1a) für $t_0 = 0$

Bild 6.27 zeigt $|H(j\omega)|$, $h_0(t)$ sowie die Komponenten $P(j\omega) = Re\{H(j\omega)\}$ und $Q(\omega) = Im\{H(j\omega)\}$. Offenbar hat $|H(j\omega)|$ keine Ähnlichkeit mit dem Frequenzgang eines idealisierten Tiefpasses. Insbesondere verschwindet $|H(j\omega)|$ nicht mehr bereichsweise. Diese Eigenschaft wird sich als charakteristisch für kausale Systeme erweisen.

Wir bemerken, daß die Berechnung von $Q(\omega)$ natürlich ebenso durch Hilbert-Transformation der hier rechteckförmigen Funktion $P(\omega)$ entsprechend (3.5.6b) erfolgen kann. Im Abschnitt 6.5.2 werden wir so vorgehen.

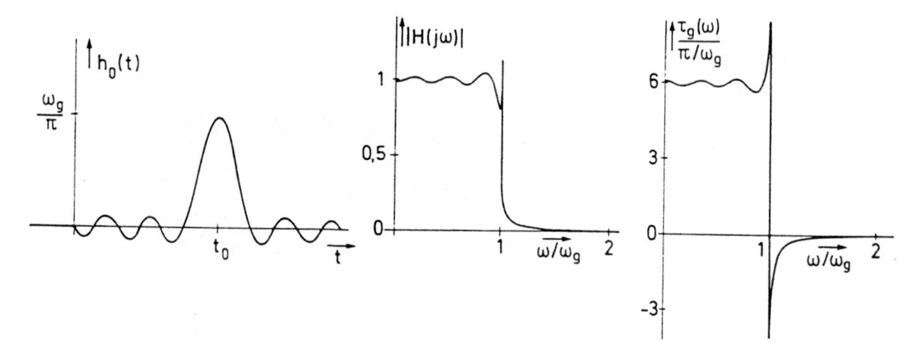

Bild 6.28: Betrag des Frequenzganges und Gruppenlaufzeit eines Systems mit der Impulsantwort nach (6.5.1a) für $t_0 = 6\pi/\omega_g$

Die Annäherung an den Frequenzgang des idealisierten Tiefpasses wird mit zunehmendem t_0 besser. Bild 6.28 zeigt $|H(j\omega)|$ sowie die Gruppenlaufzeit $\tau_g(\omega)$ für $t_0 = 6\pi/\omega_g$. Unabhängig von t_0 hat der Frequenzgang aber eine logarithmische Singularität bei $|\omega| = \omega_g$, wie man mit (6.5.2e) erkennt. Eine Realisierung wird also nicht möglich sein. Im übrigen ist das betrachtete System ebenso wie der idealisierte Tiefpaß instabil. Diese Schwierigkeiten lassen sich vermeiden, wenn wir unter Bezug auf Abschnitt 2.2.2.6 und (2.2.81d) von der absolut integrablen Impulsantwort

$$h_{0\alpha}(t) = \frac{1}{T}\frac{\sin \pi(t-t_0)/T}{\pi(t-t_0)/T} \cdot \frac{\sin \alpha\pi(t-t_0)/T}{\alpha\pi(t-t_0)/T} \tag{6.5.3a}$$

mit $0 < \alpha < 1$ ausgehen. Sie ergibt sich als Reaktion eines idealisierten Systems mit dem Frequenzgang

$$H_\alpha(j\omega) = \begin{cases} e^{-j\omega t_0}, & |\omega| < \omega_g = (1-\alpha)\pi/T \\ e^{-j\omega t_0} \cdot (\omega_1 - |\omega|)T/2\alpha\pi, & \omega_g \le |\omega| \le \omega_1 \\ 0, & |\omega| > \omega_1 = (1+\alpha)\pi/T \end{cases} . \tag{6.5.3b}$$

Wie eben gehört dann zu der kausalen Impulsantwort

$$h_0(t) = h_{0\alpha}(t) \cdot \delta_{-1}(t) \tag{6.5.3c}$$

der Frequenzgang

$$H(j\omega) = \frac{1}{2\pi} H_\alpha(j\omega) * \left[\pi\delta_0(\omega) + \frac{1}{j\omega}\right]. \tag{6.5.3d}$$

Auf die Angabe des Ergebnisses sei verzichtet. Wesentlich ist, daß jetzt $H(j\omega)$ überall stetig ist. Auch hier wird die Annäherung an die durch (6.5.3b) beschriebene idealisierte Funktion mit wachsendem t_0 besser und zwar umso schneller, je größer α ist.

Andererseits ist gerade ein kleiner Wert für α erwünscht, wenn die Approximation eines idealisierten Tiefpasses nach (6.5.1c) angestrebt wird. Bild 6.29 zeigt $|H(j\omega)|$ für $\alpha = 0,042$ und zwei verschiedene Laufzeiten t_0. Bei $t_0 = 25\pi/\omega_g$ ist bei der hier gewählten Darstellung keine Abweichung mehr vom Wunschverlauf zu erkennen. Ein System mit dieser Laufzeit wurde näherungsweise realisiert. Angegeben sind die an ihm gemessenen Impuls- und Sprungantworten. Diese approximative Realisierung eines idealisierten Tiefpasses wurde bei den in diesem Kapitel vorgestellten Meßergebnissen verwendet.

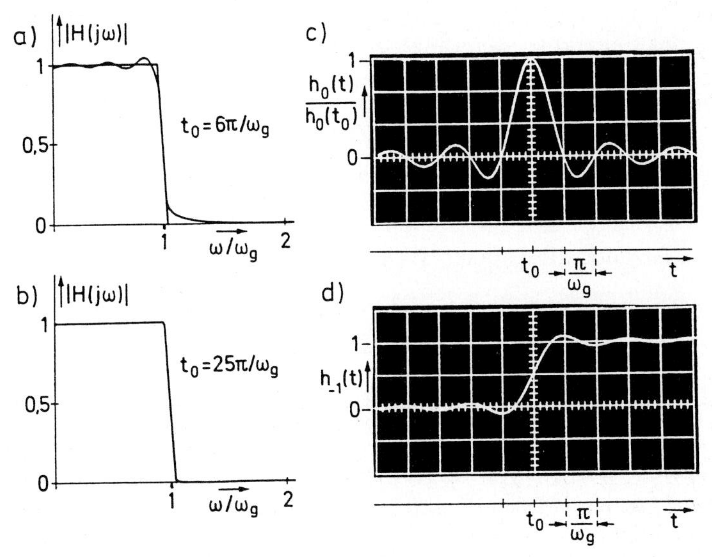

Bild 6.29: Zur Approximation eines idealisierten Tiefpasses. $|H(j\omega)|, h_0(t)$ und $h_{-1}(t)$ eines Systems mit der Impulsantwort (6.5.3a) für $\alpha = 0,042$ und unterschiedliche Werte t_0

Während wir bei diesen Überlegungen beispielhaft von bestimmten kausalen Impulsantworten ausgegangen sind, werden wir im folgenden zu einer gegebenen Komponente des Frequenzganges die jeweils andere so bestimmen, daß sich insgesamt die Übertragungsfunktion eines kausalen Systems ergibt. Das Vorgehen entspricht insofern dem in Abschnitt 3.5.1. Neben den dort angegebenen Beziehungen zwischen Real- und Imaginärteil, die wir zunächst auf anderem Wege noch einmal herleiten, werden wir auch die Zusammenhänge zwischen Dämpfung und Phase bzw. Gruppenlaufzeit behandeln.

6.5.2 Beziehungen zwischen Real- und Imaginärteil des Frequenzganges eines kontinuierlichen Systems

Im Abschnitt 3.5.1 haben wir basierend auf der Untersuchung des Spektrums kausaler Signale in Abschnitt 2.2.3 die Beziehungen zwischen Real- und Imaginärteil des Frequenzganges eines kausalen, reellwertigen Systems angegeben. Die Herleitung in Abschnitt 2.2.3 verwendete den Multiplikationssatz der Fouriertransformation, obwohl die für seine Gültigkeit hinreichenden Bedingungen nicht erfüllt sind. Wir leiten daher die Ergebnisse (3.5.6) noch auf einem anderen Wege her und zeigen zugleich ein weiteres Verfahren, mit dem sich auch andere interessante Zusammenhänge gewinnen lassen. Entsprechend lassen sich diskrete kausale Systeme untersuchen, auf deren Behandlung hier verzichtet wird.

Das betrachtete kausale System sei reellwertig und stabil. Dann ist die Impulsantwort absolut integrabel, wenn man gegebenenfalls bei $t = t_\nu, t_\nu \geq 0$ liegende Impulse abspaltet. Unter diesen Umständen existiert

$$H(j\omega) = \mathscr{F}\{h_0(t)\} = \int_0^\infty h_0(t)e^{-j\omega t}dt, \quad \forall\omega.$$

Es existiert aber auch die Laplace-Transformierte

$$\mathscr{L}\{h_0(t)\} = \int_0^\infty h_0(t)e^{-st}dt,$$

die unter den gemachten Voraussetzungen für $s = j\omega$ mit $H(j\omega)$ übereinstimmt. Es ist dann gerechtfertigt, sie mit $H(s)$ zu bezeichnen. Sie ist eine in der offenen rechten Halbebene analytische Funktion. Es ist dann

$$\oint_C \frac{H(s)}{s - j\omega_a} ds = 0,$$

wobei ω_a beliebig ist, wenn der Integrationsweg C so geführt wird, wie in Bild 6.30 dargestellt. Wir zerlegen C entsprechend den Angaben in dem Bild in drei Teile, wobei wir die Beiträge der Teilintegrale für $R \to \infty$ und $r \to 0$ untersuchen. Die Zwischenrechnung geben wir im Detail an:

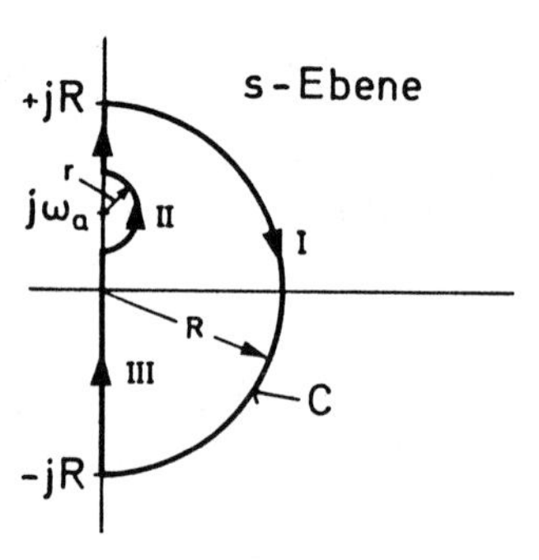

Bild 6.30: Zur Herleitung der Hilbert-Transformation

I) Auf dem großen Halbkreis I ist

$$s = R \cdot e^{-j\phi}, \; ds = -jRe^{-j\phi}d\phi, \; s - j\omega_a \approx Re^{-j\phi}, \text{ wenn } R \gg \omega_a.$$

Man erhält

$$\lim_{R\to\infty} \int_I \frac{H(s)}{s - j\omega_a} ds = j \lim_{R\to\infty} \int_{\pi/2}^{-\pi/2} H(Re^{-j\phi})d\phi = -j\pi H(j\infty) = -j\pi P(\infty).$$

II) Auf dem kleinen Halbkreis II ist

$$s - j\omega_a = r\, e^{j\phi}, ds = jre^{j\phi}d\phi$$

und damit

$$\lim_{r\to 0} \int_{II} \frac{H(s)}{s - j\omega_a} ds = j \lim_{r\to 0} \int_{-\pi/2}^{+\pi/2} H(j\omega_a + re^{j\phi})d\phi = j\pi\left[P(\omega_a) + jQ(\omega_a)\right].$$

III) Es ist $s = j\omega$. Das Integral ist für $r > 0$ und $R < \infty$ über Teilintervalle der imaginären Achse zu erstrecken. Die Grenzübergänge liefern

$$\lim_{\substack{R\to\infty \\ r\to 0}} \int_{III} \frac{H(s)}{s - j\omega_a} ds = \lim_{\substack{R\to\infty \\ r\to 0}} \left[\int_{-jR}^{j(\omega_a - r)} \frac{H(j\omega)}{j(\omega - \omega_a)} dj\omega + \int_{j(\omega_a + r)}^{jR} \frac{H(j\omega)}{j(\omega - \omega_a)} dj\omega \right]$$

$$= VP \int_{-\infty}^{+\infty} \frac{H(j\omega)}{\omega - \omega_a} d\omega = VP \int_{-\infty}^{+\infty} \frac{P(\omega) + jQ(\omega)}{\omega - \omega_a} d\omega.$$

Insgesamt erhält man

$$VP \int_{-\infty}^{+\infty} \frac{P(\omega) + jQ(\omega)}{\omega - \omega_a} d\omega + j\pi\left[P(\omega_a) + jQ(\omega_a)\right] \; - j\pi P(\infty) = 0$$

und nach Aufspaltung in Real- und Imaginärteil mit entsprechenden Umbenennungen

$$P(\omega) \;=\; P(\infty) + \frac{1}{\pi} VP \int_{-\infty}^{+\infty} \frac{Q(\eta)}{\omega - \eta} d\eta = P(\infty) + \mathcal{H}\left\{Q(\omega)\right\} \quad (6.5.4a)$$

$$Q(\omega) \;=\; -\frac{1}{\pi} VP \int_{-\infty}^{+\infty} \frac{P(\eta)}{\omega - \eta} d\eta = -\mathcal{H}\left\{P(\omega)\right\}, \quad (6.5.4b)$$

wobei der Vergleich mit (3.5.6) zeigt, daß hier zusätzlich in $P(\omega)$ der konstante Term $P(\infty)$ erscheint. Zu ihm gehört in der Impulsantwort ein Diracanteil bei $t = 0$, den wir in Abschnitt 3.5.1 ausgeschlossen hatten. Im übrigen entspricht das Ergebnis insofern dem von Abschnitt 5.7.1 im Bd. I für rationale Funktionen, als wir auch dort den Realteil aus dem Imaginärteil nur bis auf eine additive Konstante bestimmen konnten.

Die Beziehungen (6.5.4) kann man in andere äquivalente Formen überführen, wobei man verwendet, daß $P(\omega)$ eine gerade und $Q(\omega)$ eine ungerade Funktion ist. Es ist z.B.

$$VP\int_{-\infty}^{+\infty} \frac{Q(\eta)}{\omega-\eta}d\eta = 2VP\int_0^{\infty} G\left\{\frac{Q(\eta)}{\omega-\eta}\right\}d\eta,$$

wobei

$$G\left\{\frac{Q(\eta)}{\omega-\eta}\right\} = \frac{1}{2}\left[\frac{Q(\eta)}{\omega-\eta}+\frac{Q(-\eta)}{\omega+\eta}\right]$$

den geraden Anteil des Integranden bezeichnet. Wegen $Q(\omega) = -Q(-\omega)$ erhält man schließlich

$$P(\omega) = P(\infty) + \frac{2}{\pi}VP\int_0^{\infty}\frac{\eta Q(\eta)}{\omega^2-\eta^2}d\eta \tag{6.5.5a}$$

und ebenso mit $P(\omega) = P(-\omega)$

$$Q(\omega) = -\frac{2\omega}{\pi}VP\int_0^{\infty}\frac{P(\eta)}{\omega^2-\eta^2}d\eta. \tag{6.5.5b}$$

Wegen $VP\int_0^{\infty}\frac{d\eta}{\omega^2-\eta^2} = 0$ ist weiterhin

$$P(\omega) = P(\infty) + \frac{2}{\pi}VP\int_0^{\infty}\frac{\eta Q(\eta)-\omega Q(\omega)}{\omega^2-\eta^2}d\eta \tag{6.5.6a}$$

und

$$Q(\omega) = \frac{2\omega}{\pi}VP\int_0^{\infty}\frac{P(\omega)-P(\eta)}{\omega^2-\eta^2}d\eta. \tag{6.5.6b}$$

Sind $P(\omega)$ und $Q(\omega)$ abgesehen von isolierten Punkten differenzierbar, so kann man aus (6.5.4) durch partielle Integration ein weiteres Paar von Beziehungen gewinnen. Da $P'(\omega)$ ungerade und $Q'(\omega)$ gerade ist, ergibt sich ingesamt

$$P(\omega) = P(\infty) + \frac{1}{\pi}VP\int_0^{\infty} Q'(\eta)\ln|\omega^2-\eta^2|d\eta \tag{6.5.7a}$$

$$Q(\omega) = -\frac{1}{\pi}VP\int_0^{\infty} P'(\eta)\ln\left|\frac{\omega-\eta}{\omega+\eta}\right|d\eta. \tag{6.5.7b}$$

Wir betrachten zwei Beispiele

a) Es sei

$$P(\omega) = \begin{cases} 1, & |\omega| < \omega_g \\ 0, & |\omega| \geq \omega_g. \end{cases} \tag{6.5.8a}$$

Man erhält das zugehörige $Q(\omega)$ am einfachsten mit (6.5.7b), wenn man für $\eta \geq 0$ $P'(\eta) = D[P(\eta)] = -\delta_0(\eta - \omega_g)$ setzt [6.17]. Es ergibt sich (vergl. (6.5.2d) und Bild 6.27)

$$Q(\omega) = \frac{1}{\pi} \cdot \ln \left| \frac{\omega - \omega_g}{\omega + \omega_g} \right|. \tag{6.5.8b}$$

b) Es sei

$$P_\lambda(\omega) = \begin{cases} a_\lambda \cdot (|\omega| - \omega_\lambda) + P(\omega_\lambda), & \omega_\lambda \leq |\omega| \leq \omega_{\lambda+1} \\ 0, & \text{sonst} \end{cases} \tag{6.5.9a}$$

mit $a_\lambda = \dfrac{P(\omega_{\lambda+1}) - P(\omega_\lambda)}{\omega_{\lambda+1} - \omega_\lambda}$. Nach Zwischenrechnung erhält man

$$\begin{aligned} Q_\lambda(\omega) = \; & \frac{1}{\pi} \left[[a_\lambda \cdot (\omega - \omega_\lambda) + P(\omega_\lambda)] \ln \left| \frac{\omega - \omega_{\lambda+1}}{\omega - \omega_\lambda} \right| + \right. \\ & \left. + [a_\lambda \cdot (\omega + \omega_\lambda) - P(\omega_\lambda)] \ln \left| \frac{\omega + \omega_{\lambda+1}}{\omega + \omega_\lambda} \right| \right]. \end{aligned} \tag{6.5.9b}$$

Dieses Ergebnis läßt sich mit $a_\lambda = 0, \omega_\lambda = 0, P(\omega_\lambda) = P(0) = 1$ und $\omega_{\lambda+1} = \omega_g$ auf (6.5.8b) spezialisieren. Man erkennt, daß wie im ersten Beispiel die Imaginärteilfunktion dort logarithmische Singularitäten aufweist, wo die Realteilfunktion unstetig ist.

Wir nehmen nun an, daß $P(\omega)$ als Polygonzug in der Form

$$P(\omega) = \begin{cases} \sum\limits_{\lambda=1}^{\ell} P_\lambda(\omega), & \omega_1 \leq |\omega| \leq \omega_{\ell+1} \\ 0, & \text{sonst} \end{cases} \tag{6.5.10a}$$

gegeben ist, wobei die $P_\lambda(\omega)$ durch (6.5.9a) beschrieben werden (siehe Bild 6.31). Dann können höchstens bei $\omega = \omega_1$ und $\omega = \omega_{\ell+1}$ Unstetigkeitsstellen auftreten. Die zugehörige Imaginärteilfunktion ist mit den in (6.5.9b) angegebenen Teilfunktionen $Q_\lambda(\omega)$

$$Q(\omega) = \sum_{\lambda=1}^{\ell} Q_\lambda(\omega). \tag{6.5.10b}$$

Sie hat gegebenenfalls bei $\omega = \omega_1$ und $\omega = \omega_{\ell+1}$ logarithmische Singularitäten.

Das hier beschriebene Verfahren läßt sich für die angenäherte numerische Hilbert-Transformation einer Funktion verwenden, die in einem Intervall endlicher Breite durch einen Polygonzug hinreichend genau dargestellt werden kann, im übrigen aber identisch verschwindet.

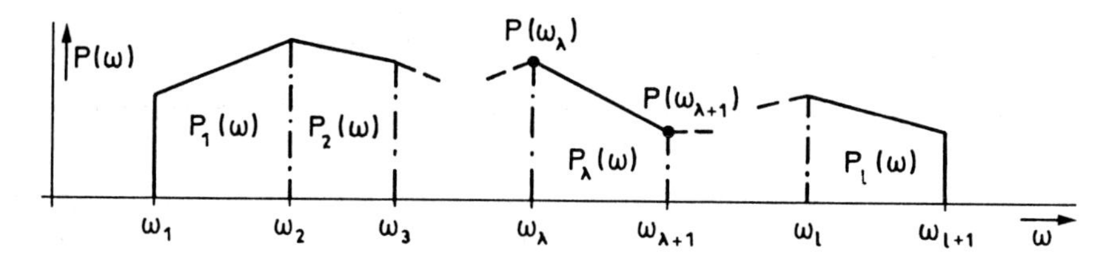

Bild 6.31: Zur näherungsweisen numerischen Hilberttransformation

Wir verwenden das Ergebnis, um das kausale System zu finden, dessen Frequenzgang die trapezförmige Realteilfunktion

$$P(\omega) = \begin{cases} 1, & |\omega| < \omega_1 = (1-\alpha)\omega_m \\ \dfrac{1}{2\alpha}\left[-\dfrac{|\omega|}{\omega_m} + (1+\alpha)\right], & \omega_1 \leq |\omega| \leq \omega_2 \\ 0, & |\omega| > \omega_2 = (1+\alpha)\omega_m \end{cases} \tag{6.5.11a}$$

hat (siehe Bild 6.32a). Die Impulsantwort ist dann

$$h_0(t) = \frac{2\omega_m}{\pi} \cdot \frac{\sin \omega_m t}{\omega_m t} \cdot \frac{\sin \alpha\omega_m t}{\alpha\omega_m t} \cdot \delta_{-1}(t) \tag{6.5.11b}$$

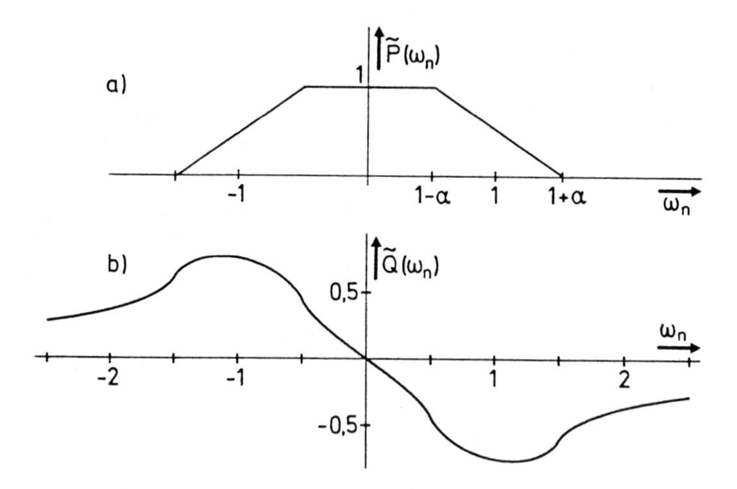

Bild 6.32: a) Realteilfunktion nach (6.5.11a) für $\alpha = 0,5$; b) Zugehörige Imaginärteilfunktion

(vergleiche (6.5.3a) in Abschnitt 6.5.1). Für den Imaginärteil des Frequenzganges erhält man nach Zwischenrechnung aus (6.5.10b) mit (6.5.9b) unter Verwendung der normierten Frequenzvariablen $\omega_n = \omega/\omega_m$

$$\tilde{Q}(\omega_n) = \frac{1}{2\alpha\pi}\left[[\omega_n-(1-\alpha)]\ln|\omega_n-(1-\alpha)|+[\omega_n+(1-\alpha)]\ln|\omega_n+(1-\alpha)|\right]-$$
$$-\frac{1}{2\alpha\pi}\left[[\omega_n-(1+\alpha)]\ln|\omega_n-(1+\alpha)|+[\omega_n+(1+\alpha)]\ln|\omega_n+(1+\alpha)|\right]. \tag{6.5.12}$$

Bild 6.32b zeigt $\tilde{Q}(\omega_n)$ für $\alpha = 0,5$.

6.5.3 Beziehungen zwischen Dämpfung und Phase

In Abschnitt 5.7.2 von Band I haben wir gefunden, daß sich die rationale Übertragungsfunktion $H(s)$ eines kontinuierlichen Systems dann eindeutig aus der Betragsfunktion $|H(j\omega)|$ bestimmen läßt, wenn man sich auf minimalphasige Systeme beschränkt. Entsprechendes gilt für diskrete Systeme mit rationaler Übertragungsfunktion $H(z)$ (siehe Abschnitt 4.5.4 in [6.4]). Wir behandeln hier dasselbe Problem für nichtrationale Übertragungsfunktionen unter Verwendung der im letzten Abschnitt entwickelten Überlegungen. Wesentlich war dort, daß wir von einer in der rechten s-Halbebene analytischen Funktion ausgehen konnten, deren Komponenten für $s = j\omega$ Hilbert-Transformierte voneinander waren. Eine entsprechende Überlegung kann nun nicht von der Betragsfunktion $|H(j\omega)|$ ausgehen, da Betrag und Phase nicht Komponenten der Randfunktion einer analytischen Funktion sind. Wir können dagegen

$$-\ln H(j\omega) = -\ln\left[|H(j\omega)|\cdot e^{-jb(\omega)}\right] = a(\omega) + jb(\omega)$$

verwenden, weil Dämpfung $a(\omega)$ und Phase $b(\omega)$ diese Eigenschaft in bezug auf die unter gewissen Voraussetzungen in der rechten s-Halbebene analytische Funktion $\ln H(s)$ haben. Offenbar ist dazu mindestens notwendig, daß $H(s)$ rechts keine Nullstellen hat, das System also minimalphasig ist. Liegen darüber hinaus auch auf der imaginären Achse einschließlich $\omega = \infty$ keine Nullstellen vor, so kann man die im letzten Abschnitt für die Beziehungen zwischen $P(\omega)$ und $Q(\omega)$ gefundenen Gleichungen auch unmittelbar verwenden, um $b(\omega)$ aus $a(\omega)$ bzw. umgekehrt zu bestimmen. Diese Bedingungen sind sicher zu einschränkend, da wir i.a. Nullstellen von $H(s)$ auf der imaginären Achse und im Unendlichen zulassen werden. Es gilt nun

$$\oint\limits_C \frac{\ln H(s)}{s^2+\omega_a^2}\,ds = 0,$$

wenn $H(s)$ in der offenen rechten Halbebene nullstellenfrei ist und der Integrationsweg C so gewählt wird, daß die Polstellen des Integranden bei $s = \pm j\omega_a$ und die logarithmischen Singularitäten auf der imaginären Achse dort, wo $H(s)$ Nullstellen hat, auf rechts liegenden Halbkreisen mit Radius r umgangen werden (siehe Bild 6.33). Der Nenner muß hier quadratisch sein, da $\ln H(s)$ im Unendlichen singulär sein kann. Wir geben wieder detailliert die Zwischenrechnung zur Berechnung der Teilintegrale nach der in Bild 6.33 angegebenen Zerlegung des Integrationsweges C an.

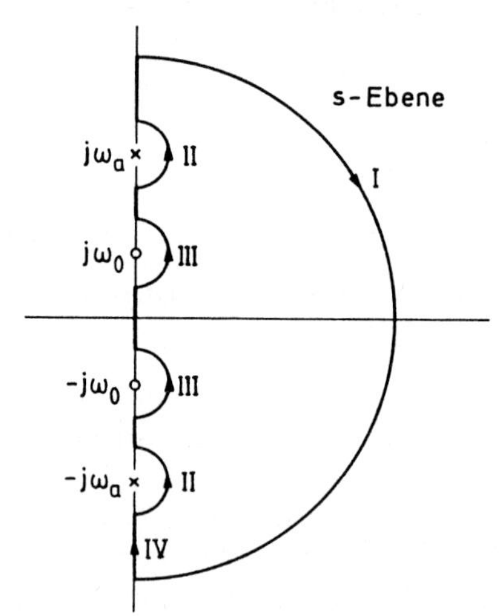

Bild 6.33: Zur Herleitung des Zusammenhanges von Dämpfung und Phase. Es wurde angenommen, daß $H(\pm j\omega_0) = 0$ ist

I. $H(s)$ habe für $s = \infty$ eine λ-fache Nullstelle. Dann ist auf dem großen Halbkreis $s = R \cdot e^{j\phi}$ für hinreichend große Werte R

$$\ln H(s) \approx -\lambda(\ln R + j\phi) + K$$

und es folgt mit $s^2 + \omega_a^2 \approx R^2 e^{j2\phi}$

$$\lim_{R\to\infty} \int_I \frac{\ln H(s)}{s^2+\omega_a^2} ds = j \lim_{R\to\infty} \int_{\pi/2}^{-\pi/2} \frac{-\lambda(\ln R + j\phi) + K}{Re^{j\phi}} d\phi = 0.$$

II. Auf den kleinen Halbkreisen um die Punkte $s = \pm j\omega_a$ ist $s^2 + \omega_a^2 \approx \pm 2j\omega_a r e^{j\phi}$. Man erhält

$$\lim_{r\to 0} \int_{II} \frac{\ln H(s)}{s^2+\omega_a^2} ds = j \frac{\ln H(\pm j\omega_a)}{\pm j2\omega_a} \int_{-\pi/2}^{+\pi/2} d\phi = \mp [a(\omega_a) \pm jb(\omega_a)] \frac{\pi}{2\omega_a}.$$

III. Hat $H(s)$ bei $s = j\omega_0$ eine λ-fache Nullstelle, so ist $H(s) = (s - j\omega_0)^\lambda \cdot H_1(s)$, wobei $H_1(j\omega_0) \neq 0$ ist. Auf dem Halbkreis um den Punkt $s = j\omega_0$ ist dann

$$\ln H(s) = \lambda \ln(re^{j\phi}) + \ln\left[H_1(re^{j\phi} + j\omega_0)\right]$$

und es folgt

$$\lim_{r\to 0} \int_{III} \frac{\ln H(s)}{s^2+\omega_a^2} ds = j \lim_{r\to 0} \int_{-\pi/2}^{+\pi/2} \frac{\lambda(\ln r + j\phi) + \ln[H_1(re^{j\phi} + j\omega_0)]}{(re^{j\phi} + j\omega_0)^2 + \omega_a^2} re^{j\phi} d\phi = 0.$$

$$\text{IV.} \quad \lim_{\substack{r\to 0\\ R\to\infty}} \int_{IV} \frac{\ln H(j\omega)}{-\omega^2+\omega_a^2} dj\omega = jVP \int_{-\infty}^{+\infty} \frac{a(\omega)+jb(\omega)}{\omega^2-\omega_a^2} d\omega = jVP \int_{-\infty}^{+\infty} \frac{a(\omega)}{\omega^2-\omega_a^2} d\omega,$$

da $b(\omega)/(\omega^2-\omega_a^2)$ eine ungerade Funktion ist.

Die Addition der Teilergebnisse liefert schließlich mit entsprechenden Umbenennungen die Beziehung

$$\begin{aligned} b(\omega) &= \frac{\omega}{\pi} VP \int_{-\infty}^{+\infty} \frac{a(\eta)}{\eta^2-\omega^2} d\eta = -\frac{1}{\pi} VP \int_{-\infty}^{+\infty} \frac{a(\eta)}{\omega-\eta} d\eta \\ &= -\mathcal{H}\{a(\omega)\}. \end{aligned} \tag{6.5.13a}$$

Dieselbe Gleichung, mit der wir den Imaginärteil des Frequenzganges aus dem Realteil bestimmt haben, gestattet also bei einem minimalphasigen System auch die Berechnung der Phase aus der Dämpfung. Es lassen sich dann auch die anderen im letzten Abschnitt für die Berechnung von $Q(\omega)$ aus $P(\omega)$ angegebenen Integrale sowie die beschriebenen numerischen Verfahren verwenden. Für die Herleitung der Beziehung, mit der man die Dämpfung aus der Phase bestimmen kann, ist ein neuer Ansatz nötig. Ausgehend von dem Integranden $\ln H(s)/[s(s^2+\omega_a^2)]$ erhält man mit entsprechender Rechnung

$$a(\omega) = a(0) - \frac{\omega^2}{\pi} VP \int_{-\infty}^{+\infty} \frac{b(\eta)}{\eta(\eta^2-\omega^2)} d\eta, \tag{6.5.13b}$$

wobei $H(0) \neq 0$ vorausgesetzt wurde.

In Anlehnung an das zweite Beispiel des letzten Abschnittes betrachten wir einen kausalen Tiefpaß mit der Dämpfung

$$a(\omega) = \begin{cases} 0, & |\omega| \le \omega_1 = (1-\alpha)\omega_m \\ \dfrac{a_s}{2\alpha}\left[\dfrac{|\omega|}{\omega_m} - (1-\alpha)\right], & \omega_1 \le |\omega| \le \omega_2 \\ a_s & |\omega| \ge \omega_2 = (1+\alpha)\omega_m \end{cases}. \tag{6.5.14a}$$

Es ist mit der in (6.5.11a) eingeführten Realteilfunktion $P(\omega)$

$$a(\omega) = a_s[1-P(\omega)].$$

Wegen (6.5.13a) gilt dann für die Phase

$$b(\omega) = \frac{a_s}{\pi} VP \int_{-\infty}^{+\infty} \frac{1-P(\eta)}{\eta-\omega} d\eta = -\frac{a_s}{\pi} VP \int_{-\infty}^{+\infty} \frac{P(\eta)}{\eta-\omega} d\eta.$$

Mit der normierten Frequenzvariablen $\omega_n = \omega/\omega_m$ ist

$$\tilde{b}(\omega_n) = -a_s \tilde{Q}(\omega_n), \tag{6.5.14b}$$

wobei $\tilde{Q}(\omega_n)$ in (6.5.12) angegeben ist und in Bild (6.32b) für $\alpha = 0,5$ dargestellt wurde. Für die Gruppenlaufzeit erhält man nach Zwischenrechnung

$$\begin{aligned} \tau_g(\omega) &= \frac{1}{\omega_m} \cdot \frac{d\tilde{b}(\omega_n)}{d\omega_n} \\ &= \frac{1}{2\alpha\pi} \frac{a_s}{\omega_m} \ln \left| \frac{\omega^2 - \omega_2^2}{\omega^2 - \omega_1^2} \right| . \end{aligned} \tag{6.5.14c}$$

Bild 6.34 zeigt $a(\omega)$ und $\tau_g(\omega)$, wieder für $\alpha = 0,5$. Die Gruppenlaufzeit weist logarithmische Singularitäten dort auf, wo die angenommene Dämpfungskurve nicht differenzierbar ist. In realen Systemen werden derartige Knickstellen von $a(\omega)$ nicht auftreten, $\tau_g(\omega)$ wird dann in der Umgebung solcher Übergänge lediglich Extremwerte aufweisen (siehe Beispiele in Tabelle 5.1, Abschnitt 5.4.2 von Band I).

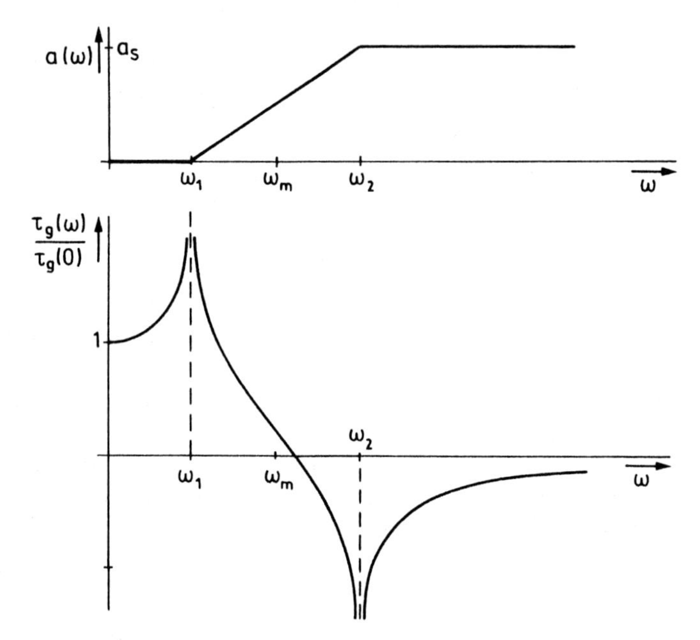

Bild 6.34: a) Dämpfungsfunktion nach (6.5.14a) mit $\alpha = 0,5$ b) Zugehörige Gruppenlaufzeit $\tau_g(\omega)$

Wir diskutieren die Gruppenlaufzeit bei $\omega = 0$. Es ist

$$\tau_g(0) = \frac{a_s}{\alpha\pi\omega_m} \ln \frac{1+\alpha}{1-\alpha} \tag{6.5.14d}$$

proportional zur Sperrdämpfung und umgekehrt proportional zur mittleren Bandbreite ω_m. Mit abnehmendem α, d.h. mit wachsender Flankensteilheit sinkt $\tau_g(0)$ bis zum

Wert

$$\tau_g(0)|_{\alpha=0} = \frac{2a_s}{\pi\omega_m}. \tag{6.5.14e}$$

Kann eine Dämpfungskurve approximativ durch einen Polygonzug und damit als Summe von gegeneinander verschobenen Schrittfunktionen der Form (6.5.14a) dargestellt werden, so kann man die zugehörigen Phasen- und Gruppenlaufzeitfunktionen durch Addition entsprechender Funktionen der Form (6.5.14b) bzw. (6.5.14c) gewinnen, so wie das oben für die Bestimmung von $Q(\omega)$ aus $P(\omega)$ erklärt wurde.

Abschließend befassen wir uns mit der Frage, welche Bedingungen eine gerade, nicht negative Funktion $H_0(\omega)$ erfüllen muß, um Betrag $|H(j\omega)|$ des Frequenzganges eines kausalen und in diesem Sinne realistischen Systems zu sein. Offenbar muß man dazu aus $a(\omega) = -\ln H_0(\omega)$ mit Hilfe von (6.5.13a) die zugehörige Phase $b(\omega)$ berechnen können, so daß dann

$$H(j\omega) = e^{-[a(\omega)+jb(\omega)]}$$

der Frequenzgang eines kausalen und minimalphasigen Systems ist. Unter der einschränkenden Voraussetzung, daß die Energie der Impulsantwort begrenzt ist, daß also

$$\int_0^\infty h_0^2(t)dt = \frac{1}{2\pi}\int_{-\infty}^{+\infty} H_0^2(\omega)d\omega = \frac{1}{2\pi}\int_{-\infty}^{+\infty} |H(j\omega)|^2 d\omega < \infty \tag{6.5.15}$$

gilt, ist das nach dem *Paley-Wiener-Kriterium* genau dann möglich, wenn

$$\int_{-\infty}^{+\infty} \frac{|\ln H_0(\omega)|}{1+\omega^2} d\omega < \infty \tag{6.5.16}$$

ist (z.B. [6.15], [6.17], [6.18]). Auf den Beweis dieser Aussage wird hier verzichtet.

Die für die Herleitung der Paley-Wiener Bedingung nötige quadratische Integrierbarkeit von $H_0(\omega)$ schließt Übertragungssysteme mit Hochpaßcharakter aus, die allgemein dadurch gekennzeichnet sind, daß $H_0(\infty) \neq 0$ ist. Ihre Impulsantwort enthält einen Diracanteil bei $t = 0$. Systeme dieser Art können natürlich realistisch sein. Eine nähere Untersuchung (z.B. [6.15], [6.18]) führt zu folgendem Ergebnis:

> Ist der Differentialquotient von $H_0(\omega)$ abgesehen von endlich vielen Punkten stetig, ist weiterhin
>
> $$\int_0^\infty |H_0(\omega) - H_0(\infty)| d\omega \leq M < \infty \tag{6.5.17}$$
>
> und wird die Paley-Wiener Bedingung (6.5.16) erfüllt, so läßt sich mit (6.5.13a) die zu $a(\omega) = -\ln H_0(\omega)$ gehörende Phase $b(\omega)$ derart errechnen, daß $H(j\omega) = \exp[-a(\omega) - jb(\omega)]$ der Frequenzgang eines kausalen, minimalphasigen, kontinuierlichen Systems ist.

Wir schließen diese Betrachtung mit einigen Bemerkungen und Folgerungen ab.

a) Aus der Herleitung von (6.5.13a) wissen wir, daß in isolierten Punkten ω_0 die Funktion $H_0(\omega_0) = 0$ sein darf. Man erkennt aber sofort, daß die Paley-Wiener-Bedingung verletzt wird, wenn $H_0(\omega)$ in einem Intervall zu Null wird. Idealisierte Filter, bei denen $|H(j\omega)|$ bereichsweise verschwindet, sind also nicht realistisch.

b) $|\ln H_0(\omega)|$ darf für wachsendes ω nur schwächer als linear ansteigen, damit (6.5.16) erfüllt wird. $H_0(\omega)$ darf also nur eine Nullstelle endlicher Ordnung im Unendlichen haben. Der in Abschnitt 6.3.1.2 behandelte Gauß-Kanal, für den sich $\ln H_0(\omega) = -c^2\omega^2$ ergibt, gehört also nicht zu einem realistischen System.

c) Bei dem mit Hilfe von Bild 6.34 behandelten Beispiel ist $a(\infty)$ und damit auch $H_0(\infty) \neq 0$. Während damit die Voraussetzung (6.5.15) nicht gegeben ist, sind die für die zweite, oben zitierte Aussage nötigen Bedingungen (6.5.16) und (6.5.17) erfüllt, so daß die Ergebnisse (6.5.14b,c) zu einem kausalen, kontinuierlichen System gehören. Das gilt trotz der bei $\omega = \omega_1$ und $\omega = \omega_2$ auftretenden logarithmischen Singularitäten der Gruppenlaufzeit, die natürlich dazu führen, daß dieses System mit endlichem Aufwand nicht realisierbar ist. Diese Erscheinung ergibt sich nicht daraus, daß $H_0(\infty) \neq 0$ ist.

d) Wenn man zusätzlich fordert, daß das System prinzipiell realisierbar ist, so muß man neben der Erfüllung der bisher genannten Bedingungen verlangen, daß der Differentialquotient von $H_0(\omega)$ und damit auch von $a(\omega)$ überall stetig ist. Unter dieser weiteren Voraussetzung erhält man eine für alle Werte von ω endliche Laufzeit.

6.6 Literatur

6.1 Küpfmüller, K.: *Über Einschwingvorgänge in Wellenfiltern.* Elektrische Nachrichtentechnik Band 1 (1924), S. 141 — 152

6.2 Küpfmüller, K.: *Über Beziehungen zwischen Frequenzcharakteristiken und Ausgleichsvorgängen in linearen Systemen.* Elektrische Nachrichtentechnik Band 5 (1928), S. 18 — 32

6.3 Küpfmüller, K.: *Die Systemtheorie der Elektrischen Nachrichtenübertragung.* S. Hirzel Verlag, Stuttgart, 4. Auflage 1974

6.4 Schüßler, H.W.: *Digitale Signalverarbeitung Band I.* Springer-Verlag, Berlin - Heidelberg - New York, 1988

6.5 Jess, J.; Schüßler, H.W.: *Über Filter mit günstigem Einschwingverhalten.* Archiv der Elektrischen Übertragung AEÜ, Band 16 (1962), S. 117 — 128

6.6 Jess, J.; Schüßler, H.W.: *On the Design of Pulse-Forming Networks.* IEEE Transactions on Circuit Theory CT-12 (1965), S. 393 — 400

6.7 Schüßler, H.W.: *Zum Entwurf impulsformender Netzwerke.* Nachrichtentechnische Fachberichte NTF, Band 37 (1970), S. 297 — 311

6.8 Söder, G.; Tröndle, K.: *Digitale Übertragungssysteme.* Springer-Verlag, Berlin – Heidelberg – New York, 1985

6.9 Wheeler, H.A.: *Interpretation of amplitude and phase distortion in terms of paired echoes.* Proc. Inst. Radio Engrs. Band 27 (1939), S. 359 — 385

6.10 Schüßler, H.W.: *Der Echoentzerrer als Modell eines Übertragungskanals.* Nachrichtentechnische Zeitschrift NTZ Band 16 (1963), S. 155 — 163

6.11 Schüßler, H.W.: *Messung des Frequenzverhaltens linearer Schaltungen am Analogrechner.* Elektronische Rundschau Band 10 (1961), S. 471 — 477

6.12 Abramowitz, M.; Stegun, I.A.: *Handbook of Mathematical Functions* Dover Publications, Inc., New York, 9. Auflage 1970

6.13 Bode, H.W.: *Network Analysis and Feedback Amplifier Design.* D. van Nostrand Company, Princeton, 1945

6.14 Papoulis, A.: *The Fourier Integral and its Applications.* McGraw Hill Book Company, New York, San Francisco, London, 1962

6.15 Wunsch, G.: *Moderne Systemtheorie.* Akademische Verlagsgesellschaft Geest & Portig K.G., Leipzig, 1962

6.16 Guillemin, E.A.: *Theory of Linear Physical Systems.* John Wiley and Sons, New York, London, 1963

6.17 Doetsch, G.: *Funktionaltransformationen.* Abschnitt C in Mathematische Hilfsmittel des Ingenieurs Teil I, herausgegeben von R. Sauer und I. Szabo, Springer-Verlag, Berlin – Heidelberg – New York, 1967

6.18 Unbehauen, R.: *Systemtheorie. Grundlagen für Ingenieure.* R. Oldenbourg Verlag, München, Wien, 5. Auflage 1990

6.19 Marko, H.: *Methoden der Systemtheorie.* Springer-Verlag, Berlin – Heidelberg – New York, 1977

7. Anhang

7.1 Einführung in die Distributionentheorie

Im Abschnitt 7.7.4 von Band I haben wir eine anschauliche Erklärung der Impulsfunktion $\delta_0(t)$ gegeben, die für die im Rahmen des vorliegenden Buches nötigen Überlegungen nicht ausreicht. Eine exakte Behandlung dieser Pseudofunktion und verwandter Begriffe ist nur mit der Distributionentheorie möglich. Der Gedankengang zu ihrer Einführung und die wichtigsten Beziehungen werden hier in Anlehnung an [7.1] und [7.2] kurz dargestellt.

7.1.1 Lokal integrable Funktionen

Die übliche Auffassung einer Funktion $g = g(x)$ ordnet den einzelnen Werten der unabhängigen Variablen x die Funktionswerte g zu. Dem würde meßtechnisch z.B. die Vorstellung entsprechen, daß man den Wert einer physikalischen Größe in einem bestimmten Zeitpunkt exakt ermitteln kann. In der Regel kann aber nicht die Größe selbst, sondern nur ihre Wirkung auf ein Meßgerät beobachtet werden, das durch eine Probefunktion $\varphi(x)$ beschrieben sei. Wir werden i.a. beliebig viele derartige Probefunktionen zulassen müssen. Die Wirkung einer punktuell nicht zugänglichen Funktion $g(x)$ auf gewisse Probefunktionen $\varphi(x)$ kann man nun durch das Integral

$$\int g(x)\varphi(x)dx$$

beschreiben, wobei die Integration über geeignet gewählte Intervalle zu erfolgen hat. Beim Integrieren spielt nicht mehr der einzelne Zahlenwert von $g(x)$, sondern der Werteverlauf, die "Verteilung" von $g(x)$ die wesentliche Rolle. Deshalb wird die Menge der Integrale obiger Form, die dann an Stelle von $g(x)$ verwendet wird, später als *Distribution* bezeichnet.

Als Probefunktionen $\varphi(x)$ wird die Gesamtheit aller unendlich oft differenzierbaren Funktionen gewählt, die für $x \in \mathbb{R}$ definiert sind, aber außerhalb eines endlich breiten Intervalls, das für jede der Funktionen unterschiedlich sein kann, identisch verschwinden. Wichtig ist hierbei, daß $\varphi(x)$ und alle seine Ableitungen an den Grenzen des Definitionsbereiches verschwinden. Z.B. hat man mit

$$\varphi(x) = \begin{cases} e^{-\lambda^2/(\lambda^2-x^2)}, & |x| < \lambda \\ 0, & |x| \geq \lambda \end{cases}$$

Funktionen der beschriebenen Art mit unterschiedlichen Intervallen der Breite 2λ [7.3]. Die Gesamtheit aller φ mit den genannten Eigenschaften bildet einen "Funktionenraum", der mit D bezeichnet wird.

Das Integral $\int_{-\infty}^{+\infty} g(x)\varphi(x)dx$ ist unter den gemachten Voraussetzungen nur über ein Intervall endlicher Breite zu erstrecken. Wird vorausgesetzt, daß $g(x)$ lokal, d.h. in jedem endlichen Intervall integrabel ist, so existiert dieses Integral stets. Man nennt

$$\int_{-\infty}^{+\infty} g(x)\varphi(x)dx = < g, \varphi > \tag{7.1.1}$$

ein *Funktional*. Es ordnet jeder der zulässigen Probefunktionen $\varphi(x)$ einen Zahlenwert zu.

Aus der Integraldefinition von $< g, \varphi >$ ergeben sich unmittelbar eine Reihe von Eigenschaften:

1. Linearität:

Mit $\alpha_{1,2} \in \mathbb{C}$ ist

$$< g, \alpha_1\varphi_1 + \alpha_2\varphi_2 > = \alpha_1 < g, \varphi_1 > + \alpha_2 < g, \varphi_2 > \tag{7.1.2a}$$

sowie

$$< \alpha_1 g_1 + \alpha_2 g_2, \varphi > = \alpha_1 < g_1, \varphi > + \alpha_2 < g_2, \varphi > \tag{7.1.2b}$$

2. Verschiebung:

$$< g(x - x_0), \varphi > = < g, \varphi(x + x_0) > \tag{7.1.3}$$

3. Derivierung:

Aus $< g', \varphi > = \int_{-\infty}^{+\infty} g'(x)\varphi(x)dx$ folgt durch partielle Integration

$$< g', \varphi > = g(x)\varphi(x)|_{-\infty}^{+\infty} - \int_{-\infty}^{+\infty} g(x) \cdot \varphi'(x)dx.$$

Mit $\varphi(+\infty) = \varphi(-\infty) = 0$ erhält man

$$< g', \varphi > = - < g, \varphi' >, \tag{7.1.4a}$$

einen Ausdruck, der für jede lokal integrable Funktion $g(x)$ sinnvoll ist. Die gegebenenfalls nicht erlaubte Differentiation von $g(x)$ geht so in die voraussetzungsgemäß stets mögliche Ableitung von $\varphi(x)$ über. Dann ist es umgekehrt sinnvoll, mit

$$< D[g], \varphi > := - < g, \varphi' > \tag{7.1.4b}$$

eine verallgemeinerte Ableitung $D[g]$, die sogenannte *Derivierte* von $g(x)$ zu definieren. Offenbar lassen sich ganz entsprechend höhere Derivierte einführen. Man erhält mit $m \in \mathbb{N}_0$

$$< D^m[g], \varphi > = (-1)^m \cdot < g, \varphi^{(m)} > . \tag{7.1.4c}$$

Jede lokal integrable Funktion $g(x)$ ist beliebig oft derivierbar. Der erweiterte Differenzierbarkeitsbegriff umfaßt den alten: Wenn $g(x)$ eine m-te Ableitung $g^{(m)}(x)$ besitzt, so wird damit dasselbe Funktional definiert wie mit $D^m[g]$.

Als Beispiele geben wir die Derivierten der Sprungfunktion an. Es ist

$$< D[\delta_{-1}], \varphi >= - \int_{-\infty}^{+\infty} \delta_{-1}(x)\varphi'(x)dx = - \int_{0}^{\infty} \varphi'(x)dx = \varphi(0) \tag{7.1.4d}$$

und

$$< D^m[\delta_{-1}], \varphi >= (-1)^m \int_{0}^{\infty} \varphi^{(m)}(x)dx = (-1)^{m-1}\varphi^{(m-1)}(0). \tag{7.1.4e}$$

4. Faltung zweier Funktionen

Die Faltung zweier absolut integrabler Funktionen $g_1(x)$ und $g_2(x)$ wird durch

$$g_1 * g_2 = \int_{-\infty}^{+\infty} g_1(\xi)g_2(x-\xi)d\xi = \int_{-\infty}^{+\infty} g_1(x-\xi)g_2(\xi)d\xi$$

definiert. Das Faltungsprodukt ist selbst wieder absolut integrabel. Es definiert eine Distribution

$$< g_1 * g_2, \varphi > = \int_{-\infty}^{+\infty} \left[\int_{-\infty}^{+\infty} g_1(\xi)g_2(x-\xi)d\xi \right] \varphi(x)dx.$$

Nach Vertauschung der Integrationsreihenfolge und mit $x - \xi = \eta$ erhält man

$$< g_1 * g_2, \varphi > = \int_{-\infty}^{+\infty} g_1(\xi) \left[\int_{-\infty}^{+\infty} g_2(\eta)\varphi(\xi+\eta)d\eta \right] d\xi.$$

Das innere Integral kann als ein von ξ abhängiges Funktional $< g_2(\eta), \varphi(\eta+\xi) >$ geschrieben werden. Hat es die Eigenschaften einer Probefunktion, so ist insgesamt

$$\begin{aligned} < g_1 * g_2, \varphi > &= < g_1(\xi), < g_2(\eta), \varphi(\xi+\eta) \gg \\ &= < g_2(\xi), < g_1(\eta), \varphi(\xi+\eta) \gg = < g_2 * g_1, \varphi > . \end{aligned}$$

Es gilt also das kommutative Gesetz.

7.1.2 Die allgemeine Distribution

Bisher hatten wir uns auf lokal integrable Funktionen $g(x)$ beschränkt. Um auf diese Voraussetzung verzichten zu können, ist eine weitere Abstraktion erforderlich. Dazu kann man entweder die Definition der Integration so erweitern, daß auch Gebilde erfaßt werden, die üblicherweise nicht integriert werden können oder einen neuen Begriff, ein abstraktes Funktional, einführen, das man durch Angabe seiner Eigenschaften beschreibt. Diese Eigenschaften werden so gewählt, daß sie denen des Funktionals für lokal integrable Funktionen entsprechen.

Wir gehen zu einem auf dem Funktionenraum D definierten Funktional T über, das für jedes $\varphi \in D$ einen Wert $< T, \varphi >$ liefert. Unter bestimmten Konvergenz- und Stetigkeitsvoraussetzungen heißt das Funktional T eine Distribution. Sie umfaßt die lokal integrablen Funktionen als Spezialfall, die dann als Funktionsdistributionen bezeichnet werden.

Die im letzten Abschnitt betrachteten Beziehungen gelten ganz entsprechend. Die Verallgemeinerung führt lediglich dazu, daß wir die Funktion g durch die Distribution T zu ersetzen haben. In der Tabelle 7.1 sind die Formeln zusammengestellt, zu denen wir einige Erläuterungen geben. Es interessiert insbesondere das durch

$$< T, \varphi > = \varphi(0)$$

beschriebene Funktional, das den *Diracstoß* mit der besonderen Bezeichnung δ_0

$$< \delta_0, \varphi > = \varphi(0) \tag{7.1.5a}$$

definiert. Der Vergleich mit (7.1.4d) zeigt, daß

$$D[\delta_{-1}] = \delta_0 \tag{7.1.5b}$$

ist. δ_0 ist also die Derivierte der Sprungfunktion, selbst aber keine Funktion, sondern eine Distribution. Weiterhin beschreibt

$$< \delta_{0\xi}, \varphi > = < \delta_0, \varphi(x+\xi) > = \varphi(\xi) \tag{7.1.7b}$$

einen verschobenen Diracstoß. Vielfach werden wir zur Veranschaulichung an Stelle von $\delta_{0\xi}$ die Bezeichnung $\delta_0(x-\xi)$ verwenden, als wäre δ_0 eine Funktion (siehe z.B. Abschnitt 2.2.1 und Teil 4 in Abschnitt 2.2.2.3).

Zu (7.1.8a,b) bemerken wir, daß jede Distribution ebenso wie jede lokal integrable Funktion beliebig oft derivierbar ist. Speziell folgt für den Diracstoß

$$< D^m[\delta_0], \varphi > = (-1)^m < \delta_0, \varphi^{(m)} > = (-1)^m \varphi^{(m)}(0), \quad m \in \mathbb{N}_0. \tag{7.1.8c}$$

Wir verwenden die Bezeichnung

$$D^m[\delta_0] = \delta_m. \tag{7.1.8d}$$

Mit den Distributionen δ_m kann man die m-te Derivierte einer Funktion $g(x)$ angeben, die abgesehen von isolierten Punkten x_ν m-fach differenzierbar ist (siehe Abschnitt 2.2.1).

Beim Faltungssatz (7.1.9a) interessieren besonders die Fälle, in denen wenigstens eine der beteiligten Distributionen gleich δ_m ist:

a) $< T * \delta_0, \varphi > = < T, \delta_0 * \varphi > = < T, \varphi >$.
Damit ist

$$T * \delta_0 = T. \tag{7.1.9b}$$

Gleichung	Bedeutung	Eigenschaft
(7.1.6a) (7.1.6b)	Linearität	$< T, \alpha_1\varphi_1 + \alpha_2\varphi_2 >= \alpha_1 < T, \varphi_1 > +\alpha_2 < T, \varphi_2 >$ mit $\alpha_{1,2} \in \mathbb{C}$ $< \alpha_1 T_1 + \alpha_2 T_2, \varphi >= \alpha_1 < T_1, \varphi > +\alpha_2 < T_2, \varphi >$
(7.1.7a)	Verschiebung	$< T_\xi, \varphi >=< T, \varphi(x+\xi) >$
(7.1.8a) (7.1.8b)	Derivierung	$< D[T], \varphi >= - < T, \varphi' >$ $< D^m[T], \varphi >= (-1)^m < T, \varphi^{(m)} >; \quad m \in \mathbb{N}_0$
(7.1.9a)	Faltung der Distributionen T_1 und T_2	$< T_1 * T_2, \varphi > = < T_1, T_2 * \varphi >$ $= < T_2, T_1 * \varphi >$
(7.1.10a) (7.1.10b) (7.1.10c) (7.1.10d)	Multiplikation mit einer Funktion	$< \alpha(x)T, \varphi >=< T, \alpha \cdot \varphi >$ $< \alpha(x) \cdot \delta_0, \varphi >=< \delta_0, \alpha \cdot \varphi > = \alpha(0)\varphi(0)$ $\searrow \alpha(x)\delta_0 = \alpha(0) \cdot \delta_0$ $< \alpha(x)\delta_{0\xi}, \varphi >=< \delta_{0\xi}, \alpha \cdot \varphi >= \alpha(\xi) \cdot \varphi(\xi)$ $\searrow \alpha(x)\delta_{0\xi} = \alpha(\xi) \cdot \delta_{0\xi} = \alpha(\xi)\delta_0(x-\xi)$ $< \alpha(x) \cdot \delta_m, \varphi >= (-1)^m < \delta_0, (\alpha \cdot \varphi)^m >$ $\searrow \alpha(x) \cdot \delta_m = \sum_{\mu=0}^{m} \binom{m}{\mu}(-1)^{m-\mu} \cdot \alpha^{(m-\mu)}(0)\delta_\mu$

Tabelle 7.1: Eigenschaften der allgemeinen Distributionen

δ_0 hat also hinsichtlich der Faltung die Funktion des Eins-Elementes. Das gilt auch, wenn T speziell eine Funktion $g(x)$ ist

$$g(x) * \delta_0 = g(x). \tag{7.1.9c}$$

b) $$\begin{aligned} < T * \delta_m, \varphi > &= < T, \delta_m * \varphi > \\ &= < T, (-1)^m \varphi^{(m)} > . \end{aligned}$$

Das ist aber nach (7.1.8b) gleich $< D^m[T], \varphi >$. Damit ist

$$T * \delta_m - D^m[T] \tag{7.1.9d}$$

und speziell für $T = g$

$$g * \delta_m = D^m[g]. \tag{7.1.9e}$$

Weiterhin gilt

$$\delta_m * \delta_k = \delta_{m+k}. \tag{7.1.9f}$$

Das Produkt zweier Distributionen ist im allgemeinen nicht definierbar. Die Beziehung (7.1.10a) beschreibt dagegen das Produkt einer Distribution mit einer unendlich oft differenzierbaren Funktion $\alpha(x)$. Sie besagt, daß $\alpha(x)$ als Faktor zu $\varphi(x)$ tritt, wobei unter den gemachten Voraussetzungen das Produkt $\alpha(x) \cdot \varphi(x) \in D$ eine neue Probefunktion ist. Die weiter angegebenen Gleichungen (7.1.10b-d) sind Spezialisierungen, bei denen der Diracstoß und damit zusammenhängende Distributionen eingesetzt wurden. Zur Erläuterung spezialisieren wir (7.1.10d) auf den Fall $m = 2$, betrachten also das Produkt von $\alpha(x)$ mit der zweiten Derivierten des Diracstoßes. Es ist

$$\begin{aligned} < \alpha(x)\delta_2, \varphi > &= < \delta_2, \alpha \cdot \varphi >= (-1)^2 < \delta_0, (\alpha \cdot \varphi)'' > \\ &= (-1)^2 < \delta_0, \alpha'' \cdot \varphi + 2\alpha' \cdot \varphi' + \alpha \cdot \varphi'' > \\ &= \alpha''(0)\varphi(0) + 2\alpha'(0)\varphi'(0) + \alpha(0)\varphi''(0) \\ &= < \alpha''(0)\delta_0, \varphi > -2 < \alpha'(0)\delta_1, \varphi > + < \alpha(0)\delta_2, \varphi > . \end{aligned}$$

In diesem Sinne ist

$$\alpha(x)\delta_2 = a''(0)\delta_0 - 2\alpha'(0)\delta_1 + \alpha(0)\delta_2.$$

Die hier für die Funktion $\alpha(x)$ zu machenden Voraussetzungen sind außerordentlich einschränkend. Vor allem für die Anwendung des Diracstoßes und seiner Derivierten ist eine Reduzierung der von $\alpha(x)$ zu erfüllenden Bedingungen von Interesse. Man kann nun zeigen, daß die Beziehung (7.1.10b) auch für die Multiplikation mit einer Funktion $\alpha(x)$ gilt, die lediglich bei $x = 0$ stetig ist. Entsprechend ist für die Gültigkeit von (7.1.10c) nur nötig, daß $\alpha(x)$ bei $x = \xi$ stetig ist. Weiterhin gilt (7.1.10d) für eine Funktion, die einschließlich ihrer ersten m Ableitungen bei $x = 0$ stetig ist.

Die folgende Anwendung dieser Erweiterung ist von Bedeutung. Bezeichnet

$$p(t) = \sum_{k=-\infty}^{+\infty} \delta_0(t - k\tau), \quad k \in \mathbb{Z} \tag{7.1.11a}$$

den Impulskamm, eine unendliche Folge von Diracstößen, die im Abstand τ aufeinander folgen, so gilt für eine in den Punkten $t = k\tau$ stetige Funktion $g_0(t)$

$$g_0(t) \cdot p(t) = \sum_{k=-\infty}^{+\infty} g_0(k\tau)\delta_0(t - k\tau). \tag{7.1.11b}$$

Man spricht von der Modulation der durch (7.1.11a) beschriebenen Impulsfolge. Diese Darstellung haben wir z.B. in Abschnitt 2.2.2.5 verwendet (vergl. (2.2.77c)).

7.2 Fourierintegrale

7.2.1 Definition, Eigenschaften und Sätze

Zu einer reell- oder komplexwertigen Funktion $g(t)$ definieren wir die zugehörige Fouriertransformierte

$$\mathscr{F}\{g(t)\} = \int_{-\infty}^{+\infty} g(t)e^{-j\omega t}dt =: G(j\omega). \tag{7.2.1}$$

Für die Existenz des Integrals ist hinreichend, daß gilt

$$\int_{-\infty}^{+\infty} |g(t)|dt < \infty. \tag{7.2.2}$$

(7.2.1) beschreibt die Spektralzerlegung von $g(t)$. $G(j\omega)$ ist dann das *Spektrum* von $g(t)$ (z.B. [7.4] — [7.8]).

Die Fouriertransformierte von Funktionen, die die Bedingung (7.2.2) erfüllen, ist gleichmäßig stetig und beschränkt[1]. Es gilt dann $G(j\omega) \to 0$ für $\omega \to \pm\infty$. Aus (7.2.2) folgt aber nicht, daß auch $G(j\omega)$ absolut integrabel ist.

Unter Voraussetzungen, die bei praktisch interessierenden Funktionen $g(t)$ erfüllt sind, gilt für die Umkehrung von (7.2.1):

$$\begin{aligned} \frac{1}{2}\cdot[g(t+0)+g(t-0)] &= \lim_{\Omega\to\infty}\frac{1}{2\pi}\int_{-\Omega}^{+\Omega} G(j\omega)e^{j\omega t}d\omega \\ &= \frac{1}{2\pi}VP\left[\int_{-\infty}^{+\infty} G(j\omega)e^{j\omega t}d\omega\right]. \end{aligned} \tag{7.2.3}$$

Auf der linken Seite erhält man $g(t)$, wenn die Funktion im Punkte t stetig ist. Der Grenzwert auf der rechten Seite wird als Cauchyscher Hauptwert (valor principalis) des Umkehrintegrals bezeichnet. Er kann auch existieren, wenn $G(j\omega)$ nicht absolut integrabel ist. Wir verwenden die Bezeichnungen

$$\mathscr{F}\{g(t)\} = G(j\omega) \qquad \qquad G(j\omega) \;\bullet\!\!-\!\!\!-\!\!\!-\!\!\circ\; g(t)$$

bzw.

$$\mathscr{F}^{-1}\{G(j\omega)\} = g(t) \qquad \qquad g(t) \;\circ\!\!-\!\!\!-\!\!\!-\!\!\bullet\; G(j\omega).$$

In der Tabelle 7.2 sind die Spektren einiger Zeitfunktionen angegeben. Weitere wurden in Abschnitt 2.2.2.3 als Beispiele behandelt. Eine ausführliche Sammlung findet sich z.B. in [7.9].

[1] Eine Funktion $f(x)$ ist *gleichmäßig stetig* in einem Intervall D, wenn es zu jedem $\varepsilon > 0$ ein $\delta(\varepsilon) > 0$ gibt derart, daß $|f(x) - f(\xi)| < \varepsilon$ für $|x - \xi| < \delta(\varepsilon)$ ist, wobei δ nicht von x abhängt. Gegenbeispiel: $f(x) = e^x$ ist nicht gleichmäßig stetig für $x \in \mathbb{R}$.

Die wichtigsten Sätze der Fouriertransformation wurden in Tabelle 7.3 zusammengestellt. Die jeweils zu beachtenden Voraussetzungen wurden angegeben. Wir machen dazu noch einige Anmerkungen:

Unter Verwendung des Symmetriesatzes (7.2.9) kann man die in Tabelle 7.2 angegebenen Beziehungen auch für die Transformation von Spektren in die zugehörigen Zeitfunktionen benutzen.

Da eine Fouriertransformierte mit wachsendem $|\omega|$ nach Null gehen muß, folgt aus (7.2.11), daß $\omega^m G(j\omega) \to 0$ für $|\omega| \to \infty$. Damit erhält man

$G(j\omega)$ strebt für wachsendes $|\omega|$ umso stärker nach Null, je öfter $g(t)$ differenzierbar ist. (7.2.17)

Die Beispiele von Tabelle 7.2 illustrieren diese Aussage.

Wegen (7.2.12) folgt aus der Differenzierbarkeit von $G(j\omega)$ ebenso das Verhalten von $g(t)$ für $t \to \infty$. Bei zeitlich begrenzten Funktionen $g(t)$ ist $G(j\omega)$ stets beliebig oft differenzierbar.

In diesem Zusammenhang sind die *schnell abnehmenden Funktionen* von Interesse. Sie sind beliebig oft differenzierbar, und es gilt für sie

$$t^m \cdot g^{(n)}(t) \to 0 \quad \text{für} \quad t \to \pm\infty \quad \text{und} \quad m, n \in \mathbb{N}_0.$$

Diese Funktionen und ihre Ableitungen gehen also stärker als $t^{-m}, m \in \mathbb{N}_0$ für wachsendes $|t|$ nach Null. Es gilt

Ist $g(t)$ eine schnell abnehmende Funktion, so ist auch $G(j\omega) = \mathcal{F}\{g(t)\}$ eine schnell abnehmende Funktion. (7.2.18)

7.2.2 Fouriertransformation von Distributionen

Ein wesentlicher Nachteil der Fouriertransformation in der bisher behandelten Darstellung ist, daß sie z.B. für Funktionen der Form $\delta_{-1}(t)$ und $e^{j\omega_0 t}$ nicht angewendet werden kann. Diese Funktionen sind nicht absolut integrabel, erfüllen also die Bedingung (7.2.2) nicht. Hier ist eine Verallgemeinerung erforderlich, bei der man diese Zeitfunktionen ebenso wie ihre Spektren als Distributionen auffaßt. Dann wird auch die Fouriertransformation des Diracimpulses und seiner Derivierten möglich.

Statt der in Abschnitt 7.1.1 eingeführten Probefunktionen $\varphi(t)$ mit endlichem Träger verwenden wir jetzt schnell abnehmende Funktionen im Sinne der obigen Definition. Das erfordert eine Einschränkung für die hier zugelassenen Distributionen auf solche von *langsamem Wachstum*, auf sogenannte *temperierte* Distributionen. Alle uns interessierenden Distributionen sind von dieser Art. Für sie wird jetzt definiert

$$< \mathcal{F}\{T\}, \varphi > = < T, \mathcal{F}\{\varphi\} > . \tag{7.2.19}$$

Hier ist $\mathcal{F}\{\varphi\} = \phi(jt)$ das Fourierintegral im üblichen Sinne, das unter den für φ gemachten Voraussetzungen konvergiert und nach (7.2.18) als Transformierte wieder eine schnell abnehmende Funktion liefert, die ihrerseits als Testfunktion geeignet ist.

Gleichung	$g(t)$	$G(j\omega)$
(7.2.4a)	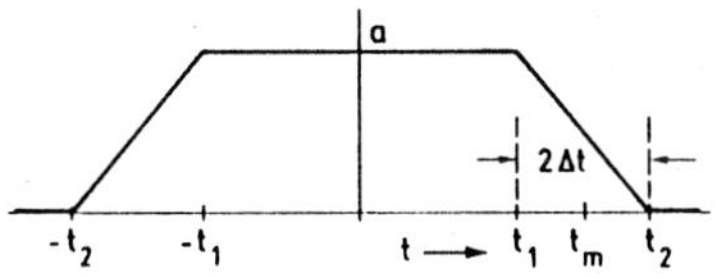	$a 2 t_m \dfrac{\sin \omega t_m}{\omega t_m} \cdot \dfrac{\sin \omega \Delta t}{\omega \Delta t}$ $t_m = (t_2 + t_1)/2$; $\Delta t = (t_2 - t_1)/2$
(7.2.4b)	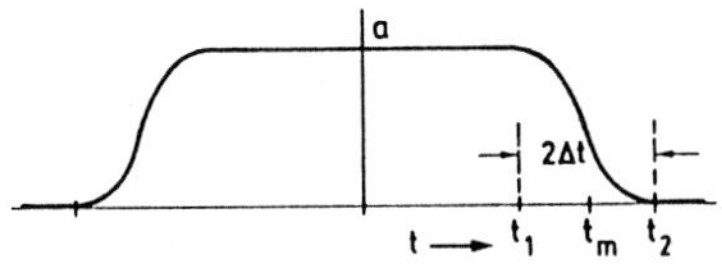 $g(t) = \begin{cases} a, & \lvert t \rvert \leq t_1; \\ \dfrac{a}{2}\left[1 + \cos\left[\pi \dfrac{t - t_1}{2\Delta t}\right]\right], & t_1 \leq \lvert t \rvert < t_2; \\ 0 & \text{sonst} \end{cases}$	$a\pi^2 2 t_m \dfrac{\sin \omega t_m}{\omega t_m} \cdot \dfrac{\cos \omega \Delta t}{\pi^2 - (2\omega \Delta t)^2}$ $t_m = (t_2 + t_1)/2$ $\Delta t = (t_2 - t_1)/2$
(7.2.4c)	$g(t) = a e^{-\alpha \lvert t \rvert}, \alpha > 0$	$\dfrac{2a\alpha}{\alpha^2 + \omega^2}$
(7.2.4d)	$g(t) = a e^{-\alpha^2 t^2}$	$a \dfrac{\sqrt{\pi}}{\alpha} e^{-\omega^2/4\alpha^2}$
(7.2.4e)	$g(t) = a t e^{-\alpha^2 t^2}$	$-ja \dfrac{\sqrt{\pi}}{2\alpha^3} \omega e^{-\omega^2/4\alpha^2}$
(7.2.4f)	$g(t) = a t^2 e^{-\alpha^2 t^2}$	$a \cdot \dfrac{\sqrt{\pi}}{4\alpha^5} \left[2\alpha^2 - \omega^2\right] e^{-\omega^2/4\alpha^2}$

Tabelle 7.2: Spektren einiger Zeitfunktionen

Bedeutung	Satz
Linearität (7.2.5)	$\sum_\nu a_\nu g_\nu(t) \circ\!\!-\!\!\bullet \sum_\nu a_\nu G_\nu(j\omega), \quad a_\nu \in \mathbb{C}$
Verschiebung (7.2.6)	$g(t-t_0) \circ\!\!-\!\!\bullet e^{-j\omega t_0} G(j\omega)$
Modulation (7.2.7)	$e^{j\omega_0 t} g(t) \circ\!\!-\!\!\bullet G\left[j(\omega-\omega_0)\right]$
Ähnlichkeit (7.2.8)	$g(at) \circ\!\!-\!\!\bullet \frac{1}{\lvert a\rvert} G\left(j\frac{\omega}{a}\right) \quad a \in \mathbb{R}, \neq 0$
Symmetrie (7.2.9)	Wenn $\lVert g(t)\rVert_1$ und $\lVert G(j\omega)\rVert_1$ existieren, gilt $G(jt) \circ\!\!-\!\!\bullet 2\pi g(-\omega)$
Zuordnung (7.2.10a) (7.2.10b)	$g(t) = g_g^{(R)}(t) + g_u^{(R)}(t) + jg_g^{(I)}(t) + jg_u^{(I)}(t)$ $G(j\omega) = G_g^{(R)}(j\omega) + G_u^{(R)}(j\omega) + jG_g^{(I)}(j\omega) + jG_u^{(I)}(j\omega)$ Speziell folgt $g(-t) \circ\!\!-\!\!\bullet G(-j\omega)$ $(= G^*(j\omega)$, wenn $g(t)$ reell) $g^*(t) \circ\!\!-\!\!\bullet G^*(-j\omega)$
Differentiation der Zeitfunktion (7.2.11)	Wenn $g(t)$ m-mal differenzierbar ist und $g^{(m)}(t)$ absolut integrabel ist, so gilt $g^{(\mu)}(t) \circ\!\!-\!\!\bullet (j\omega)^\mu \cdot G(j\omega), \quad \mu = 0(1)m$
Differentiation des Spektrums (7.2.12)	Wenn $t^\mu \cdot g(t)$ für $\mu = 0(1)m$ absolut integrabel ist, so gilt $(-t)^\mu g(t) \circ\!\!-\!\!\bullet G^{(\mu)}(j\omega) = \frac{d^\mu G(j\omega)}{d(j\omega)^\mu}, \quad \mu = 0(1)m$
Integration (7.2.13)	Sind $g(t)$ und $g_{-1}(t) = \int_{-\infty}^{t} g(\tau)d\tau$ absolut integrabel (und damit $g_{-1}(\infty) = G(0) = 0$), so gilt $g_{-1}(t) \circ\!\!-\!\!\bullet G_{-1}(j\omega) = \frac{1}{j\omega}G(j\omega)$ mit $G_{-1}(0) = \int_{-\infty}^{+\infty} g_{-1}(\tau)d\tau$

Bedeutung	Satz
Faltung (7.2.14a)	$g(t) := \int_{-\infty}^{+\infty} g_1(\tau)g_2(t-\tau)d\tau = g_1(t) * g_2(t)$ beschreibt die Faltung von $g_1(t)$ und $g_2(t)$. Für die Existenz des Integrals ist hinreichend, daß wenigstens eine der beteiligten Funktionen beschränkt und die andere absolut integrabel ist. Die Operation ist kommutativ und assoziativ.
Faltungs-satz (7.2.14b)	Wenn $g_1(t)$ und $g_2(t)$ absolut integrabel sind und wenigstens eine der Funktionen beschränkt ist, gilt $g_1(t) * g_2(t) \circ\!\!-\!\!\bullet\, G_1(j\omega)\cdot G_2(j\omega)$.
Multiplika-tionssatz (7.2.15)	Wenn $\Vert g_i(t)\Vert_p$ mit $p, i = 1, 2$ existieren, so ist $g_1(t)\cdot g_2(t) \circ\!\!-\!\!\bullet\, \frac{1}{2\pi j} G_1(j\omega) * G_2(j\omega) = \frac{1}{2\pi}\int_{-\infty}^{+\infty} G_1(j\eta)\cdot G_2[j(\omega-\eta)]\,d\eta$
Parsevalsche Gleichung (7.2.16a)	Unter den für die Gültigkeit des Multiplikationssatzes nötigen Bedingungen ist $\int_{-\infty}^{+\infty} g_1(t)g_2(t)dt = \frac{1}{2\pi}\int_{-\infty}^{+\infty} G_1(j\omega)G_2(-j\omega)d\omega$
(7.2.16b)	$\int_{-\infty}^{+\infty} g_1(t)g_2^*(t)dt = \frac{1}{2\pi}\int_{-\infty}^{+\infty} G_1(j\omega)G_2^*(j\omega)d\omega.$ Für $g_2^*(t) = g_1(t) =: g(t)$ ergibt sich
(7.2.16c)	$\int_{-\infty}^{+\infty} \vert g(t)\vert^2 dt = \frac{1}{2\pi}\int_{-\infty}^{+\infty} \vert G(j\omega)\vert^2 d\omega.$

Tabelle 7.3: Sätze der Fouriertransformation

Wir stellen zunächst fest, daß die Definition (7.2.19) in die frühere für das Fourierintegral übergeht, wenn T eine absolut integrierbare Funktion $g(t)$ ist: Es ergibt sich aus

$$< \mathscr{F}\{g(t)\}, \varphi(\omega) > = < g(t), \mathscr{F}\{\varphi(\omega)\} >= \int_{-\infty}^{+\infty} g(t)\left[\int_{-\infty}^{+\infty} \varphi(\omega)e^{-j\omega t}d\omega\right]dt$$

bei Vertauschung der Integrationsreihenfolge

$$\int_{-\infty}^{+\infty} \varphi(\omega)\left[\int_{-\infty}^{+\infty} g(t)e^{-j\omega t}dt\right]d\omega = \int_{-\infty}^{+\infty} \varphi(\omega)\cdot G(j\omega)d\omega =< \mathscr{F}\{g(t)\}, \varphi(\omega) > .$$

Die Tabelle 7.4 bringt eine Zusammenstellung der Fouriertransformierten von Distributionen bzw. von Funktionen, die nicht absolut integrabel sind und keine Fouriertransformierte im üblichen Sinne besitzen. Weiterhin wurden in Tabelle 7.5 die wichtigsten

Sätze der Fouriertransformation von Distributionen zusammengestellt, die weitgehend denen von Tabelle 7.3 für die Transformation von Funktionen entsprechen. Wir verwenden sie hier für die beispielhafte Herleitung einiger der in Tabelle 7.3 angegebenen Beziehungen.

Zunächst bestimmen wir $\mathcal{F}\{\delta_0\}$. Es ist nach (7.2.19)

$$< \mathcal{F}\{\delta_0\}, \varphi > = < \delta_0, \mathcal{F}\{\varphi\} > = < \delta_0, \phi > = \phi(0).$$

Andererseits ist $\phi(0) = \int\limits_{-\infty}^{+\infty} \varphi(\omega) d\omega = < 1, \varphi >$ und damit

$$< \mathcal{F}\{\delta_0\}, \varphi > = < 1, \varphi > .$$

Dann liefert der Eindeutigkeitssatz das Ergebnis (7.2.20a)

$$\mathcal{F}\{\delta_0\} = 1.$$

Ganz entsprechend ermitteln wir $\mathcal{F}\{\delta_0(t - t_0)\}$. Es ist

$$< \mathcal{F}\{\delta_0(t - t_0)\}, \varphi > = < \delta_0(t - t_0), \mathcal{F}\{\varphi\} > = < \delta_0(t - t_0), \phi > = \phi(jt_0)$$

mit

$$\phi(jt_0) = \int\limits_{-\infty}^{+\infty} e^{-j\omega t_0} \varphi(\omega) d\omega = < e^{-j\omega t_0}, \varphi > .$$

Aus $< \mathcal{F}\{\delta_0(t - t_0)\}, \varphi > = < e^{-j\omega t_0}, \varphi >$ folgt dann wieder mit (7.2.19) das Ergebnis (7.2.20b):

$$\mathcal{F}\{\delta_0(t - t_0)\} = e^{-j\omega t_0}.$$

Weiterhin bestimmen wir $\mathcal{F}\left\{e^{j\omega_0 t}\right\}$, also die Fouriertransformierte einer Funktion, die aber nicht die Bedingung (7.2.2) erfüllt. Es ist nach (7.2.19) mit (7.2.3)

$$< \mathcal{F}\left\{e^{j\omega_0 t}\right\}, \varphi > = < e^{j\omega_0 t}, \mathcal{F}\{\varphi\} > = \int\limits_{-\infty}^{+\infty} e^{j\omega_0 t} \phi(jt) dt = 2\pi\varphi(\omega_0).$$

Da andererseits $2\pi\varphi(\omega_0) = < 2\pi\delta_0(\omega - \omega_0), \varphi >$ ist (siehe Abschnitt 7.1.2), folgt wiederum mit (7.2.19)

$$\mathcal{F}\left\{e^{j\omega_0 t}\right\} = 2\pi\delta_0(\omega - \omega_0),$$

wie in (7.2.21b) angegeben. Diese Beziehung ist offenbar symmetrisch zu (7.2.20b). Setzen wir speziell $\omega_0 = 0$, so folgt als Fouriertransformierte einer Konstanten

$$\mathcal{F}\{1\} = 2\pi\delta_0(\omega),$$

ein Ergebnis, das wiederum symmetrisch zu (7.2.20a) ist.

Gleichung	$g(t)$	$G(j\omega)$
(7.2.20a)	$\delta_0(t)$	1
(7.2.20b)	$\delta_0(t-t_0)$	$e^{-j\omega t_0}$
(7.2.20c)	$\delta_m(t) = D^m[\delta_0(t)]$	$(j\omega)^m$
(7.2.20d)	$t^m, \quad \forall t,\ m \in \mathbb{N}$	$2\pi(j)^m \cdot \delta_m(\omega)$
(7.2.21a)	$1, \quad \forall t$	$2\pi \cdot \delta_0(\omega)$
(7.2.21b)	$e^{j\omega_0 t}, \quad \forall t$	$2\pi\delta_0(\omega-\omega_0)$
(7.2.21c)	$\cos\omega_0 t, \quad \forall t$	$\pi[\delta_0(\omega-\omega_0)+\delta_0(\omega+\omega_0)]$
(7.2.21d)	$\sin\omega_0 t, \quad \forall t$	$-j\pi[\delta_0(\omega-\omega_0)-\delta_0(\omega+\omega_0)]$
(7.2.22a)	$\operatorname{sign} t = \begin{cases} -1, & t<0 \\ 0, & t=0 \\ 1, & t>0 \end{cases}$	$\dfrac{2}{j\omega}$
(7.2.22b)	$\dfrac{1}{t}, \quad \forall t \neq 0$	$-j\pi \operatorname{sign}\omega$
(7.2.22c)	$\delta_{-1}(t) = \begin{cases} 0, & t<0 \\ 1, & t \geq 0 \end{cases}$	$\pi\delta_0(\omega) + \dfrac{1}{j\omega}$
(7.2.23a)	$\sum\limits_{\nu=-\infty}^{+\infty} c_\nu \cdot e^{j\nu\omega_0 t}, \quad \forall t$	$2\pi \cdot \sum\limits_{\nu=-\infty}^{+\infty} c_\nu \cdot \delta_0(\omega-\nu\omega_0)$
(7.2.23b)	$p(t) = \sum\limits_{k=-\infty}^{+\infty} \delta_0(t-k\tau)$	$\sum\limits_{\mu=-\infty}^{+\infty} e^{-j\omega\mu\tau} = \dfrac{2\pi}{\tau} \sum\limits_{\mu=-\infty}^{+\infty} \delta_0(\omega-2\mu\pi/\tau)$
(7.2.24)	$g_0(t) \cdot p(t) =$ $\sum\limits_{k=-\infty}^{+\infty} g_0(k\tau)\delta_0(t-k\tau)$	$\dfrac{1}{\tau}\sum\limits_{\mu=-\infty}^{+\infty} G_0[j(\omega-2\mu\pi/\tau)]$ mit $G_0(j\omega) = \mathcal{F}\{g_0(t)\}$

Tabelle 7.4: Fouriertransformierte einiger Distributionen und spezieller Funktionen

Bedeutung	Satz
Eindeutigkeitssatz (7.2.25)	Zwei Distributionen stimmen überein, wenn sie dieselbe Fouriertransformierte haben.
Verschiebungssatz (7.2.26)	$\mathscr{F}\{T_{t_0}\} = e^{-j\omega t_0} \cdot \mathscr{F}\{T\}$. (Der Index beschreibt die Verschiebung, siehe (7.1.7a))
Modulationssatz (7.2.27)	$\mathscr{F}\left\{e^{j\omega_0 t} \cdot T\right\} = \mathscr{F}\{T\}_{\omega_0}$
Derivierung (7.2.28)	$\mathscr{F}\{D^m[T]\} = (j\omega)^m \mathscr{F}\{T\}$
Faltung (7.2.29)	Unter bestimmten Voraussetzungen, die in den uns interessierenden Fällen stets erfüllt sind, gilt für zwei Distributionen T_1 und T_2 : $\mathscr{F}\{T_1 * T_2\} = \mathscr{F}\{T_1\} \cdot \mathscr{F}\{T_2\}$.
Multiplikation mit einer Funktion (7.2.30)	Ist $g_0(t)$ eine absolut integrable Funktion, die außerdem beliebig oft differenzierbar ist, so gilt $\mathscr{F}\{g_0(t) \cdot T\} = \frac{1}{2\pi} G_0(j\omega) * \mathscr{F}\{T\}$, mit $G_0(j\omega) = \mathscr{F}\{g_0(t)\}$. Ist $T = \delta_0(t - t_0)$, so ist nur zu verlangen, daß $g_0(t)$ bei $t = t_0$ stetig ist (siehe Abschnitt 7.1.2).

Tabelle 7.5: Sätze der Fouriertransformation von Distributionen

Die hier aus der Definition (7.2.19) mit dem Eindeutigkeitssatz hergeleiteten Transformierten lassen sich ebenso aus anderen allgemeinen Sätzen von Tabelle 7.5 gewinnen, zu denen sie zugleich Beispiele sind.

Mit Hilfe des Satzes (7.2.28) über die Fouriertransformierte der Derivierten einer Distribution erhalten wir für $\delta_m = D^m\{\delta_0\}$

$$\mathscr{F}\{\delta_m\} = (j\omega)^m$$

und daraus mit dem Symmetriesatz

$$\mathscr{F}\{t^m\} = (j)^m 2\pi \cdot \delta_m(\omega)$$

wie in (7.2.20c,d) angegeben.

Als Beispiel für den Faltungssatz betrachten wir die verschobene Distribution T_{t_0}. Der Verschiebungssatz (7.2.26) führt mit $\mathscr{F}\{\delta_0(t - t_0)\} = e^{-j\omega t_0}$ auf

$$T_{t_0} = \delta_0(t - t_0) * T.$$

Mit Hilfe des Multiplikationssatzes (7.2.30) bestimmen wir $\mathcal{F}\{g_0(t)\cdot\delta_0(t-t_0)\}$ unter der Voraussetzung, daß $g_0(t)$ bei $t=t_0$ stetig ist. Unter Verwendung von (7.2.15) und mit (7.2.20b) ergibt sich

$$\begin{aligned}\mathcal{F}\{g_0(t)\cdot\delta_0(t-t_0)\} &= \frac{1}{2\pi}\int_{-\infty}^{+\infty} G_0(j\eta)\cdot e^{-j(\omega-\eta)t_0}\,d\eta \\ &= e^{-j\omega t_0}\cdot\frac{1}{2\pi}\int_{-\infty}^{+\infty} G_0(j\eta)e^{j\eta t_0}\,d\eta \\ &= g_0(t_0)\cdot e^{-j\omega t_0}.\end{aligned}$$

Wegen $g_0(t)\cdot\delta_0(t-t_0)=g_0(t_0)\cdot\delta_0(t-t_0)$ stimmt dieses Ergebnis mit dem überein, das nach dem Verschiebungssatz zu erwarten war.

7.3 Funktionentheorie

7.3.1 Holomorphe Funktionen

Betrachtet wird die komplexwertige Funktion w einer komplexen Variablen z. Es sei $z=x+jy$ und $w=f(z)=u+jv$, wobei $u=u(x,y)$ und $v=v(x,y)$ reellwertige Funktionen der beiden reellen Variablen x und y sind. Die Funktion $w=f(z)$ heißt *holomorph* (regulär, analytisch) in einem Gebiet G der komplexen Zahlenebene, wenn sie in jedem Punkt dieses Gebietes komplex differenzierbar. Ist z_0 ein solcher Punkt, so existiert

$$f'(z_0)=\lim_{z\to z_0}\frac{f(z)-f(z_0)}{z-z_0}=\frac{df}{dz}(z_0)$$

unabhängig von der Annäherung von z an z_0. Für die komplexe Differenzierbarkeit in einem Punkt ist notwendig und hinreichend, daß dort die *Cauchy-Riemannschen Differentialgleichungen* gelten

$$\begin{aligned}\frac{\partial u}{\partial x} &= \frac{\partial v}{\partial y} \\ \frac{\partial u}{\partial y} &= -\frac{\partial v}{\partial x}.\end{aligned} \tag{7.3.1}$$

Es ist dann

$$\frac{\partial f}{\partial z}=\frac{1}{2}\left[\frac{\partial f}{\partial x}-j\frac{\partial f}{\partial y}\right]=f'=\frac{df}{dz}=\frac{\partial u}{\partial x}+j\frac{\partial v}{\partial x}=-j\frac{\partial u}{\partial y}+\frac{\partial v}{\partial y} \tag{7.3.2}$$

der Differentialquotient der Funktion $w=f(z)$ und

$$\frac{\partial f}{\partial z^*}=\frac{1}{2}\left[\frac{\partial f}{\partial x}+j\frac{\partial f}{\partial y}\right]=\frac{df}{dz^*}=\frac{df^*}{dz}=0, \tag{7.3.3}$$

wenn z^* der zu z konjugiert komplexe Wert ist.

Eine in der gesamten endlichen z-Ebene holomorphe Funktion heißt ganz. Summen und Produkte holomorpher Funktionen sind ebenfalls holomorph; das entsprechende gilt für Quotienten holomorpher Funktionen mit Ausnahme der Nullstellen des Nenners. Damit sind z.B. Polynome in z ganze Funktionen. Rationale Funktionen sind mit Ausnahme der Nullstellen des Nenners holomorph.

7.3.2 Potenzreihen

Ist die Funktion $f(z)$ in einem Gebiet G holomorph, so besitzt sie in jedem Punkt $z_0 \in G$ eine Potenzreihenentwicklung (*Taylorreihe*)

$$f(z) = \sum_{n=0}^{\infty} a_n(z_0)(z - z_0)^n, \tag{7.3.4a}$$

die mindestens im größten Kreis $|z - z_0| < R$ um z_0 konvergiert, der noch ganz in G liegt. Für die Koeffizienten gilt

$$a_n(z_0) = \frac{f^{(n)}(z_0)}{n!}. \tag{7.3.4b}$$

Da Potenzreihen unendlich oft differenzierbar sind, folgt, daß mit einer Funktion $f(z)$ auch all ihre Ableitungen holomorph sind.

Die obige Betrachtung schließt den Punkt ∞ aus. Eine Funktion f ist nun bei ∞ holomorph, wenn $g(\zeta) := f(\zeta^{-1})$ in einer Umgebung von $\zeta = 0$ holomorph ist. Für solche Funktionen gilt im Gebiet $|z| > r$, also außerhalb eines Kreises mit dem hinreichend groß gewählten Radius r die Reihenentwicklung

$$f(z) = \sum_{n=0}^{\infty} a_n z^{-n}. \tag{7.3.5}$$

Ist eine Funktion in einem Kreisring $r < |z - z_0| < R$ holomorph, so besitzt sie dort die *Laurent-Entwicklung*

$$f(z) = \sum_{n=-\infty}^{+\infty} a_n(z_0)(z - z_0)^n, \tag{7.3.6a}$$

für deren Koeffizienten gilt (siehe Abschnitt 7.3.3.)

$$a_n(z_0) = \frac{1}{2\pi j} \oint \frac{f(z)}{(z - z_0)^{n+1}} dz. \tag{7.3.6b}$$

Die Integration erfolgt auf einer einfach geschlossenen Kurve um z_0, die in dem Kreisring verläuft (siehe Bild 7.1). Der Vergleich mit (7.3.4a) und (7.3.5) zeigt, daß $f(z)$ als Summe von

$$f_0(z) = \sum_{n=0}^{\infty} a_n(z_0)(z - z_0)^n, \quad \text{konvergent für } |z - z_0| < R$$

und

$$f_\infty(z) = \sum_{n=1}^{\infty} a_{-n}(z_0)(z - z_0)^{-n}, \quad \text{konvergent für } |z - z_0| > r$$

dargestellt wird. $f_0(z)$ ist in der Umgebung von z_0, $f_\infty(z)$ in der Umgebung von ∞ holomorph. Für $r = 0$ ist $f(z)$ im ganzen Kreis $0 < |z - z_0| < R$ mit Ausnahme des Punktes z_0 holomorph. z_0 ist dann ein ***isolierter singulärer Punkt.*** Für $R = \infty$ ist $f(z)$ im Gebiet $|z - z_0| > r$ mit Ausnahme des Punktes ∞ holomorph. Dann ist ∞ eine isolierte Singularität.

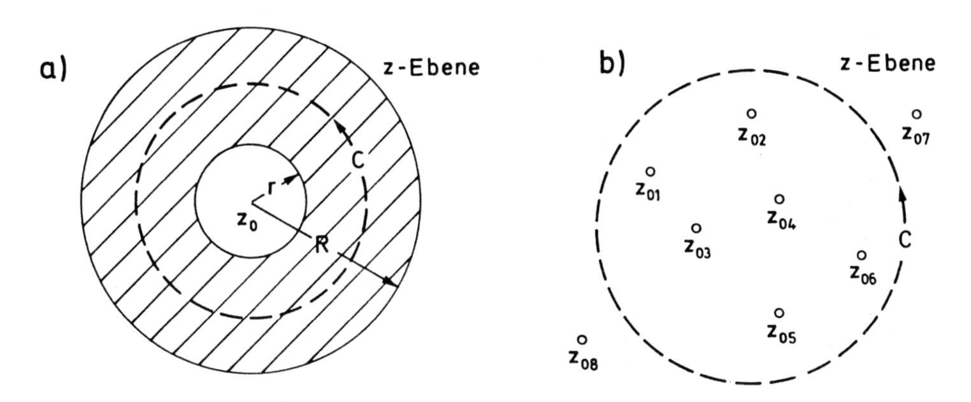

Bild 7.1: a) Zur Erläuterung der Laurent-Entwicklung; b) Zum Residuensatz; es ist hier $\frac{1}{2\pi j} \oint f(z) = \sum_{\nu=1}^{6} a_{-1}(z_{0\nu})$

Die in Abschnitt 7.3.1 erwähnten ganzen Funktionen sind als Spezialfall von (7.3.6a) in der Form

$$f(z) = \sum_{n=0}^{\infty} a_n z^n \tag{7.3.7}$$

mit $R = \infty$ darstellbar. Rationale Funktionen besitzen isolierte Singularitäten in den Nullstellen ihrer Nennerpolynome bzw. bei ∞ dann, wenn der Grad ihres Zählerpolynoms größer ist als der ihres Nennerpolynoms.

7.3.3 Integration

Betrachtet werden Kurvenintegrale der Form $\int\limits_C f(z)dz$ für den Fall, daß $f(z)$ im Gebiet G holomorph ist und der Integrationsweg C vollständig in G verläuft. Der Wert des Integrals ist dann unabhängig von C und hängt nur von den Endpunkten z_0 und z_1 ab:

$$\int\limits_C f(z)dz = \int\limits_{z_0}^{z_1} f(z)dz.$$

Ist weiterhin die Kurve C einfach geschlossen und gehört das von ihr berandete Innengebiet ebenfalls zu dem Gebiet G, in dem $f(z)$ holomorph ist, so gilt der *Cauchysche Integralsatz*

$$\int_C f(z)dz := \oint f(z)dz = 0. \tag{7.3.8}$$

In der Umgebung einer isolierten Singularität z_0 möge die Laurent-Entwicklung (7.3.6a)

$$f(z) = \sum_{n=-\infty}^{+\infty} a_n(z_0)(z - z_0)^n$$

gelten. Dann ist bei Integration über eine einfach geschlossene Kurve C, die z_0 im mathematisch positivem Sinne umläuft (siehe Bild 7.1a)

$$\int_C f(z)dz = \oint f(z)dz = 2\pi j \cdot a_{-1}(z_0). \tag{7.3.9}$$

Man nennt $a_{-1}(z_0)$, also den Koeffizienten des Gliedes $(z - z_0)^{-1}$ der Laurent-Entwicklung, das *Residuum* von $f(z)$ bei $z = z_0$, wenn z_0 endlich ist. Hat $f(z)$ eine isolierte Singularität bei $z = \infty$, so ist, wegen der auf diesen singulären Punkt bezogen umgekehrten Integrationsrichtung, $-a_{-1}$ das Residuum.

Ausgehend von der Laurent-Entwicklung (7.3.6a) stellen wir fest, daß die Funktion $f(z)/(z - z_0)^{n+1}$ im Punkte $z = z_0$ das Residuum $a_n(z_0)$ hat. Dann folgt aus (7.3.9) die Beziehung (7.3.6b) zur Bestimmung der Koeffizienten der Laurententwicklung.

Besitzt die Funktion $f(z)$ innerhalb des Gebietes G als einzige isolierte Singularität einen Pol der Ordnung n_ν bei $z = z_{0\nu}$, so reduziert sich die Laurent-Entwicklung auf

$$f(z) = \sum_{n=-n_\nu}^{\infty} a_n(z_{0\nu})(z - z_{0\nu})^n.$$

Die Berechnung des Residuums a_{-1} erfolgt dann durch Differentiation von

$$(z - z_{0\nu})^{n_\nu} \cdot f(z) = a_{-n_\nu}(z_0) + a_{-n_\nu+1}(z_0)(z - z_{0\nu}) + \ldots + a_{-1}(z_0)(z - z_{0\nu})^{n_\nu - 1} + \ldots$$

Es ist

$$a_{-1}(z_{0\nu}) = \lim_{z \to z_{0\nu}} \frac{1}{(n_\nu - 1)!} \frac{d^{n_\nu - 1}}{dz^{n_\nu - 1}} \left[(z - z_{0\nu})^{n_\nu} f(z)\right]. \tag{7.3.10}$$

Weiterhin wird eine Funktion $f(z)$ betrachtet, die innerhalb eines Gebietes G bis auf isolierte Singularitäten in den Punkten $z_{0\nu}$ holomorph ist. Mit (7.3.6a) ist sie in der Form

$$f(z) = \sum_\nu \left[\sum_{n=-\infty}^{+\infty} a_n(z_{0\nu})(z - z_{0\nu})^n\right]$$

darstellbar. $f(z)$ werde auf einer einfach geschlossenen Kurve C integriert, die einschließlich ihres Inneren in G liegt. Keiner der singulären Punkte $z_{0\nu}$ möge auf C liegen. Wird C im mathematisch positiven Sinne durchlaufen, so gilt der *Residuensatz*

$$\frac{1}{2\pi j} \int_C f(z)dz = \frac{1}{2\pi j} \oint f(z)dz = \sum_\nu a_{-1}(z_{0\nu}), \tag{7.3.11}$$

wobei die Summation über diejenigen Residuen zu erstrecken ist, die zu den innerhalb der Kurve liegenden Singularitäten gehören (siehe Bild 7.1b). Sie werden nach (7.3.10) bestimmt, wenn bei $z_{0\nu}$ Pole der Ordnung n_ν vorliegen.

Aus (7.3.9) erhält man die *Cauchysche Integralformel* für eine Funktion f, die innerhalb eines Gebietes G holomorph ist:

$$f(z) = \frac{1}{2\pi j} \oint \frac{f(\zeta)}{\zeta - z} d\zeta. \tag{7.3.12a}$$

Hier erfolgt die Integration wieder über eine einfach geschlossene Kurve, die im positiven Sinne den Punkt z umläuft und einschließlich ihres Inneren ganz zu G gehört. Durch Differentiation folgt weiterhin für die n-te Ableitung von f im Punkte z

$$f^{(n)}(z) = \frac{n!}{2\pi j} \oint \frac{f(\zeta)}{(\zeta - z)^{n+1}} d\zeta. \tag{7.3.12b}$$

Für eine rationale Funktion läßt sich eine Partialbruchentwicklung angeben (siehe Abschnitt 7.4.3). Das gelingt gegebenenfalls auch bei nichtrationalen Funktionen mit einer unendlichen Zahl von Singularitäten. Z.B. ist (siehe [7.10])

$$\frac{\pi}{\tan \pi x} = \sum_{\nu=-\infty}^{+\infty} \frac{1}{x - \nu}. \tag{7.3.13}$$

Die zugehörigen Koeffizienten ergeben sich als Residuen der zu entwickelnden Funktion in den Singularitäten. Im allgemeinen Fall tritt allerdings zu der Summe der Partialbrüche noch eine ganze Funktion, die in der Regel schwierig zu bestimmen ist. Bei der in Abschnitt 2.2.2.5 mit (2.2.74) angegebenen Entwicklung zweier Terme sind diese beiden Anteile gleich 1. Sie heben sich in (2.2.74b) gegenseitig auf.

7.4 Z-Transformation

7.4.1 Definition und Eigenschaften

Wir gehen aus von einer Folge i.a. komplexer Zahlen $g(k)$, die in Abhängigkeit von der ganzzahligen Variablen k angegeben wird. Dabei beschränken wir uns auf Folgen, die für $k < 0$ identisch verschwinden. Zu einer derartigen, sogenannten *rechtsseitigen* oder *kausalen* Folge mit vorläufig weitgehend beliebigen Werten definieren wir die zugehörige *Z-Transformierte*

$$Z\{g(k)\} = \sum_{k=0}^{\infty} g(k) z^{-k} =: G(z). \tag{7.4.1}$$

Hier ist die komplexe Variable z des Bildbereiches so zu wählen, daß diese Reihe konvergiert. Dafür ist notwendig und hinreichend, daß die Folge der Beträge von $g(k)$ durch eine Exponentialfolge majorisiert werden kann. Gilt mit geeignet gewählten positiven Werten M und r

$$|g(k)| \leq M \cdot r^k$$

so konvergiert (7.4.1) für $|z| > r$ absolut. Offenbar ist $G(z)$ in diesem Gebiet holomorph und wird entsprechend (7.3.6a) durch (7.4.1) als Laurent-Entwicklung bei Beschränkung auf negative Exponenten dargestellt. Alle Singularitäten von $G(z)$ liegen in dem Kreis $|z| \leq r$.

In manchen praktisch wichtigen Fällen ist $G(z) = P(z)/N(z)$ rational. Aus (7.4.1) folgt, daß dann der Grad des Zählerpolynoms $P(z)$ nicht größer sein kann als der des Nennerpolynoms $N(z)$. Ist speziell $g(k) \equiv 0$ für $k > n$, so ist $G(z)$ ein Polynom n-ten Grades in z^{-1}, d.h. es ist $N(z) = z^n$. Bis auf die isolierte Singularität bei $z = 0$ ist $G(z)$ holomorph.

Wir nennen

$$G(z) = Z\{g(k)\} \quad \text{die Z-Transformierte von } g(k)$$

$$g(k) = Z^{-1}\{G(z)\} \quad \text{die inverse Z-Transformierte (siehe Abschnitt 7.4.3)}$$

Die Beziehung zwischen $g(k)$ und $G(z)$ drücken wir auch symbolisch durch die folgende Schreibweise aus

$$G(z) \quad \bullet\!\!-\!\!-\!\!\circ \quad g(k)$$

$$g(k) \quad \circ\!\!-\!\!-\!\!\bullet \quad G(z).$$

Von Interesse sind die Beziehungen zur Laplace-Transformation. Um sie zu erhalten, ordnen wir der Folge $g(k)$ eine verallgemeinerte Funktion der Form

$$g_*(t) = \sum_{k=0}^{\infty} g(k)\delta_0(t - kT) \tag{7.4.2a}$$

zu, d.h. eine Folge von gewichteten Diracstößen im Abstand T. Wendet man auf diese Distribution (siehe Abschnitt 7.1) die Laplace-Transformation an, so erhält man

$$\mathscr{L}\{g_*(t)\} = \sum_{k=0}^{\infty} g(k)e^{-skT} = G_*(s). \tag{7.4.2b}$$

Der Vergleich mit (7.4.1) zeigt, daß mit $z = e^{sT}$ gilt

$$\mathscr{L}\{g_*(t)\} = G(z). \tag{7.4.2c}$$

Weiterhin sei $g_0(t)$ eine für $t \geq 0$ erklärte Zeitfunktion derart, daß $g_0(t = kT) = g(k)$ ist und $G_0(s) = \mathscr{L}\{g_0(t)\}$ die zugehörige Laplace-Transformierte. Dann ergibt sich mit Hilfe des komplexen Faltungssatzes (siehe Abschnitt 7.7 in Band I) unter gewissen einschränkenden, i.a. erfüllten Bedingungen

$$G(z = e^{sT}) = \mathscr{L}\{g_*(t)\} = \frac{1}{T} \sum_{\mu=-\infty}^{+\infty} G_0\left(s + j2\pi \cdot \frac{\mu}{T}\right) + \frac{1}{2}g_0(+0). \tag{7.4.3a}$$

Existiert $G_0(s)$ auch für $s = j\omega$, so erhält man für das Spektrum $g_*(t)$ (siehe auch Abschnitt 7.2)

$$G_*(j\omega) = G(z = e^{j\omega T}) = \frac{1}{T} \sum_{\mu=-\infty}^{+\infty} G_0\left[j\left(\omega + \mu \cdot \frac{2\pi}{T}\right)\right] + \frac{1}{2}g_0(+0). \tag{7.4.3b}$$

In der Tabelle 7.6 sind die Z-Transformierten einiger wichtiger Wertefolgen angegeben. Weitere Beziehungen finden sich z.B. in [7.1]. Tabelle 7.7 enthält eine Zusammenstellung der wichtigsten Sätze der Z-Transformation von rechtsseitigen Folgen. Mit ihrer Hilfe lassen sich einige der in Tabelle 7.6 angegebenen Transformierten gewinnen. Die in der letzten Spalte gemachten Angaben über die Konvergenzbereiche beziehen sich stets darauf, daß $Z\{g_\nu(k)\} = G_\nu(z)$ für $|z| > r_\nu$ konvergiert, und geben die mögliche Veränderung dieses Bereiches an. Im Falle von Satz (7.4.16) erfolgt die Integration auf einem Kreis mit Radius r. Bild 7.2 erläutert die auftretenden Konvergenzgebiete sowie den Bereich, in dem r gewählt werden darf.

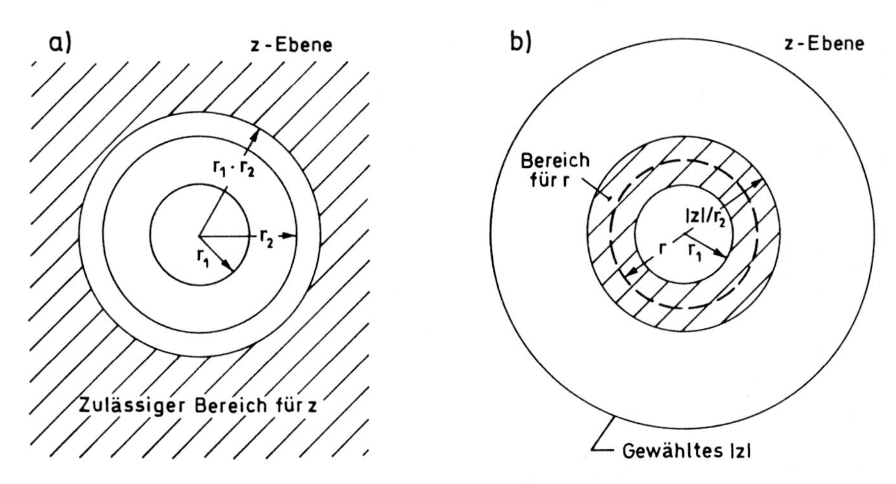

Bild 7.2: Zur Erläuterung der Z-Transformation eines Produktes von Folgen

Die Beziehung (7.4.16) sei noch für den Fall spezialisiert, daß die Konvergenzradien $r_{1,2} < 1$ sind. Dann existiert die Z-Transformierte des Produktes auch für $|z| = 1$ und die Integration kann auf dem Einheitskreis $w = e^{j\Omega}$ erfolgen. Für $z = 1$ erhält man

$$\begin{aligned} \sum_{k=0}^{\infty} g_1(k) g_2(k) &= \frac{1}{2\pi j} \oint G_1(w) G_2(1/w) \frac{dw}{w} \\ &= \frac{1}{2\pi} \int_{-\pi}^{+\pi} G_1(e^{j\Omega}) G_2(e^{-j\Omega}) d\Omega. \end{aligned} \tag{7.4.3c}$$

Ist weiterhin $g_2(k) = g_1^*(k) =: g^*(k)$, so erhält man wegen (7.4.17) die *Parsevalsche* Beziehung für Folgen:

$$\begin{aligned} \sum_{k=0}^{\infty} |g(k)|^2 &= \frac{1}{2\pi j} \oint G(w) G^*(1/w^*) \frac{dw}{w} \\ &= \frac{1}{2\pi} \int_{-\pi}^{+\pi} |G(e^{j\Omega})|^2 d\Omega. \end{aligned} \tag{7.4.3d}$$

Gleichung	$g(k)$	$Z\{g(k)\}$	Konvergenzbereich
(7.4.4)	$\gamma_0(k) = \begin{cases} 0, & k \neq 0 \\ 1, & k = 0 \end{cases}$	1	ganze z-Ebene
(7.4.5)	z_0^k	$\frac{z}{z - z_0}$	$\|z\| > \|z_0\|$
(7.4.6)	$\gamma_{-1}(k) = \begin{cases} 0, & k < 0 \\ 1, & k \geq 0 \end{cases}$	$\frac{z}{z - 1}$	$\|z\| > 1$
(7.4.7a)	$\cos(\Omega_0 k - \varphi)$	$\frac{z[z \cos\varphi - cos(\Omega_0 + \varphi)]}{z^2 - 2z\cos\Omega_0 + 1}$	$\|z\| > 1$
(7.4.7b)	$\cos\Omega_0 k$	$\frac{z(z - \cos\Omega_0)}{z^2 - 2z\cos\Omega_0 + 1}$	$\|z\| > 1$
(7.4.7c)	$\sin\Omega_0 k$	$\frac{z\sin\Omega_0}{z^2 - 2z\cos\Omega_0 + 1}$	$\|z\| > 1$
(7.4.8a)	$k \cdot z_0^k$	$\frac{z\, z_0}{(z - z_0)^2}$	$\|z\| > \|z_0\|$
(7.4.8b)	$k^2 z_0^k$	$\frac{z\, z_0(z + z_0)}{(z - z_0)^3}$	$\|z\| > \|z_0\|$
(7.4.9a)	$\binom{k + \lambda - 1}{\kappa} z_0^{k+\lambda-\kappa-1}$ $(= 0, \forall k < \kappa + 1 - \lambda)$ mit $\lambda, \kappa \in \mathbb{N}_0, \lambda \leq \kappa + 1$	$\frac{z^\lambda}{(z - z_0)^{\kappa+1}}$	$\|z\| > \|z_0\|$
(7.4.9b)	$\binom{k}{\kappa}$ $(= 0, k < \kappa)$	$\frac{z}{(z - 1)^{\kappa+1}}$	$\|z\| > 1$

Tabelle 7.6: Z-Transformation einiger kausaler Folgen

Gleichung	Bedeutung	Eigenschaft	Konvergenzbereich
(7.4.10)	Linearität	$Z\left\{\sum_{\nu} a_\nu g_\nu(k)\right\} = \sum_{\nu} a_\nu G_\nu(z)$, $a_\nu \in \mathbb{C}$	$\|z\| > \max[r_\nu]$
(7.4.11a) (7.4.11b)	Verschiebung	$Z\{g(k+l)\} = z^l G(z) - \sum_{\lambda=0}^{l-1} g(\lambda) z^{l-\lambda}$ $Z\{g(k-l)\} = z^{-l}G(z), l \in \mathbb{N}_0$	$\|z\| > r$
(7.4.12)	Faltung	$Z\left\{\sum_{\kappa=0}^{k} g_1(\kappa) g_2(k-\kappa)\right\} =$ $Z\{g_1(k) * g_2(k)\} = G_1(z)G_2(z)$	$\|z\| > \max[r_1, r_2]$
(7.4.13)	Summation	$Z\left\{\sum_{\kappa=0}^{k} g(\kappa)\right\} = Z\{\gamma_{-1}(k) * g(k)\} =$ $= \frac{z}{z-1} G(z)$	$\|z\| > \max[r, 1]$
(7.4.14)	Modulation	$Z\left\{z_0^k g(k)\right\} = G\left(\frac{z}{z_0}\right)$	$\|z\| > \|z_0\| \cdot r$
(7.4.15a) (7.4.15b)	Multiplikation mit speziellen Folgen	$Z\{kg(k)\} = -z\frac{d}{dz}[G(z)]$ $Z\left\{k^2 g(k)\right\} = z^2 \frac{d^2}{dz^2}[G(z)] +$ $+ z\frac{d}{dz}[G(z)]$	$\|z\| > r$
(7.4.16)	Multiplikation allgemein	$Z\{g_1(k)\, g_2(k)\} =$ $\frac{1}{2\pi j} \oint_{\|w\|=r} \frac{G_1(z) G_2(z/w)}{w} dw$	$\|z\| > r_1 \cdot r_2$ $r_1 < r < \frac{\|z\|}{r_2}$
(7.4.17)	konjugiert komplexe Folge	$Z\{g^*(k)\} = G^*(z^*)$	$\|z\| > r$
(7.4.18)	Anfangswert-satz	$\lim_{z\to\infty} G(z) = g(0)$, wenn $G(z)$ existiert	
(7.4.19)	Endwertsatz	wenn $\lim_{k\to\infty} g(k)$ existiert, so existiert $G(z)$ für $\|z\| > 1$, und es ist $\lim_{k\to\infty} g(k) = \lim_{z\to 1+0} (z-1) G(z)$	

Tabelle 7.7: Sätze der Z-Transformation

7.4.2 Die Rücktransformation

Da (7.4.1) eine Laurent-Entwicklung von $G(z)$ ist, läßt sich die zugehörige Beziehung für die Berechnung der Koeffizienten (7.3.6b) zur inversen Z-Transformation verwenden. Man erhält

$$g(k) = \frac{1}{2\pi j} \oint G(z) z^{k-1} dz, \quad k \in \mathbb{N}_0. \tag{7.4.20a}$$

Die Integration erfolgt auf einer einfach geschlossenen Kurve C um den Punkt $z = 0$, in deren Innern alle Singularitäten des Integranden liegen. Die Auswertung von (7.4.20a) geschieht mit Hilfe des Residuensatzes (7.3.11). Man erhält

$$g(k) = \sum_{\nu} Res\left\{G(z) z^{k-1}\right\}, \tag{7.4.20b}$$

wobei die Summation über die Residuen der im Innern der Kurve C liegenden Pole erfolgen muß.

In vielen praktisch wichtigen Fällen ist $G(z)$ eine rationale Funktion. Dann erfolgt die Rücktransformation zweckmäßig nach einer Partialbruchentwicklung von $G(z)$ unter Verwendung der entsprechenden Beziehungen von Tabelle 7.6. Es sei

$$G(z) = \frac{P(z)}{N(z)} = \frac{P(z)}{c_n \cdot \prod\limits_{\nu=1}^{n_0} (z - z_{\infty\nu})^{n_\nu}}. \tag{7.4.21}$$

Hier sind die $z_{\infty\nu}$ die Nullstellen des Nennerpolynoms $N(z)$, die mit der Vielfachheit n_ν auftreten. Es gibt n_0 verschiedene Nullstellen $z_{\infty\nu}$. $n = \sum\limits_{\nu=1}^{n_0} n_\nu$ ist der Grad des Polynoms $N(z)$. Es ist zweckmäßig, $G(z)/z$ in Partialbrüche zu zerlegen. Nach anschließender Multiplikation mit z erhält man

$$G(z) = B_0 + \sum_{\nu=1}^{n_0} \sum_{\kappa=1}^{n_\nu} B_{\nu\kappa} \frac{z}{(z - z_{\infty\nu})^{\kappa}} \tag{7.4.22a}$$

mit

$$\begin{aligned} B_0 &= G(0) \\ B_{\nu\kappa} &= \lim_{z \to z_{\infty\nu}} \left(\frac{1}{(n_\nu - \kappa)!} \cdot \frac{d^{n_\nu - \kappa}}{dz^{n_\nu - \kappa}} \left[(z - z_{\infty\nu})^{n_\nu} \frac{G(z)}{z} \right] \right). \end{aligned} \tag{7.4.22b}$$

Die gliedweise Rücktransformation liefert mit (7.4.9) die rechtsseitige Folge

$$g(k) = B_0 \gamma_0(k) + \sum_{\nu=1}^{n_0} \sum_{\kappa=1}^{n_\nu} B_{\nu\kappa} \binom{k}{\kappa - 1} z_{\infty\nu}^{k+1-\kappa} \cdot \gamma_{-1}(k). \tag{7.4.22c}$$

Im Falle einfacher Pole vereinfachen sich diese Beziehungen zu

$$G(z) = B_0 + \sum_{\nu=1}^{n} B_\nu \frac{z}{z - z_{\infty\nu}} \tag{7.4.23a}$$

mit

$$B_\nu = \lim_{z \to z_{\infty\nu}} (z - z_{\infty\nu}) \frac{G(z)}{z}. \qquad (7.4.23b)$$

$$g(k) = B_0 \gamma_0(k) + \sum_{\nu=1}^{n} B_\nu z_{\infty\nu}^k \cdot \gamma_{-1}(k). \qquad (7.4.23c)$$

7.5 Signalflußgraphen

Für die übersichtliche graphische Darstellung von Abhängigkeiten zwischen Größen in linearen Systemen lassen sich mit Vorteil Signalflußgraphen verwenden [7.11]. Bild 7.3 zeigt als Beispiel eine mögliche graphische Darstellung der Beziehungen

$$\begin{aligned} a_{11}x + a_{12}y &= b_1 \\ a_{21}x + a_{22}y &= b_2 \end{aligned} \qquad a_{11}, a_{22} \neq 0 .$$

x und y erscheinen als Knoten, die *einfließende Signale* aufzunehmen und zu summieren vermögen, aber auch ihren Wert abgeben, d.h. als Quelle wirken können. Benötigt wird ein weiterer Knoten, hier mit dem Wert 1, der nur als Quelle dient. Die Zweige zwischen den Knoten werden stets gerichtet gezeichnet. Die angegebene Orientierung ist gleich der Richtung des Signalflusses vom Quellknoten zum Empfangsknoten. Auf diesem Wege werden die Signale mit einem Faktor multipliziert, der als Wert des Zweiges bezeichnet wird. Wir werden häufig annehmen, daß die auftretenden Signale als Transformierte (z.B. Laplace- oder Z-Transformierte) angegeben sind. Die in den gerichteten Zweigen auftretenden Faktoren sind dann Übertragungsfunktionen.

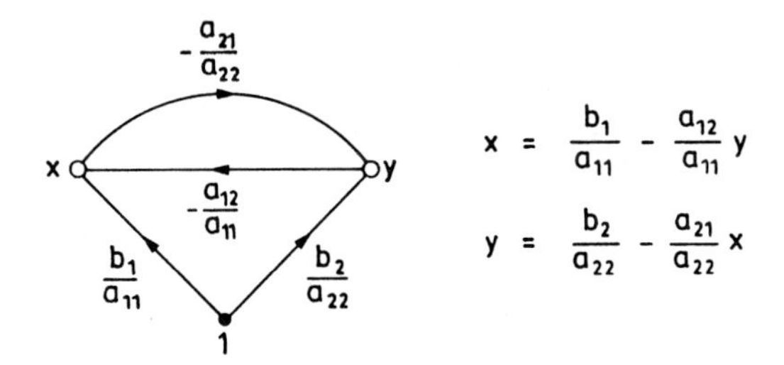

Bild 7.3: Zur Einführung eines Signalflußgraphen

Der Signalflußgraph besitzt somit drei Elemente:

a) Den unabhängigen Knoten (Quelle), dadurch gekennzeichnet, daß alle Zweige von ihm wegführen. Mit ihm stellen wir die Eingangssignale eines Systems dar. Die durch ihn repräsentierte Quelle wird als beliebig ergiebig angenommen.

b) Den abhängigen Knoten, zu dem mindestens ein Zweig hinführt. Er summiert die zu ihm laufenden Signale. Abhängige Knoten treten i.a. im Innern eines Signalflußgraphen auf. Mit ihnen werden aber auch die Ausgangssignale dargestellt.

c) Den gerichteten Zweig, gekennzeichnet durch einen Faktor, mit dem die den Zweig durchlaufenden Signale multipliziert werden.

Der Signalflußgraph unterscheidet sich wesentlich von dem im ersten Band benutzten Netzwerkgraphen. Hier wird nicht so sehr die Struktur einer Anordnung als vielmehr die gegenseitige Abhängigkeit der in einem System auftretenden Größen graphisch dargestellt. Die Orientierung der Zweige ist nicht willkürlich wie beim Netzwerkgraphen, sondern zeigt gerade die Richtung dieser Abhängigkeit. Auch sind bei der Interpretation eines vorgelegten Signalflußgraphen die Zweige stets in Pfeilrichtung zu durchlaufen, im Gegensatz zum Netzwerkgraphen, in dem man einen Zweig gegen seine Orientierung durchlaufen kann, wenn man seinen Beitrag negativ zählt.

Bei der Analyse eines Signalflußgraphen bestimmen wir die Beziehung zwischen den Ausgangs- und Eingangsgrößen in Form der entsprechenden Übertragungsfunktionen. Das bedeutet natürlich zugleich die Analyse des entsprechenden Systems. Dabei kann man von einer geschlossenen Beziehung ausgehen, die die Ermittlung der Übertragungsfunktionen einer Vielzahl von Teilstrukturen des Graphen erfordert [7.11]. Wir begnügen uns hier mit der Angabe einiger einfacher Regeln, mit denen man den Signalflußgraphen durch Eliminierung von Zweigen und Knoten vereinfachen kann, bis nur noch der die gesuchte Übertragungsfunktion symbolisierende Zweig zwischen einem unabhängigen und einem abhängigen Knoten bleibt. Dieses Vorgehen entspricht im wesentlichen den Rechenschritten bei der Eliminierung von Unbekannten zu der Lösung eines linearen Gleichungssystems.

Die Bilder 7.4 zeigen die Eliminierung von gleichgewichteten Zweigen, von Knoten und einer sogenannten Eigenschleife sowie die zugehörigen Beziehungen.

Von weiteren Regeln zur Manipulation von Signalflußgraphen zitieren wir nur noch die über seine Umkehrung. Wir erläutern sie an einem vollbesetzten Graphen mit drei wesentlichen inneren Knoten mit den Signalen x_1, x_2 und x_3 (Bild 7.5a). Er ist eine Darstellung der Beziehungen

$$\begin{bmatrix} x_1 \\ x_2 \\ x_3 \end{bmatrix} = \begin{bmatrix} a_{11} & a_{21} & a_{31} \\ a_{12} & a_{22} & a_{32} \\ a_{13} & a_{23} & a_{33} \end{bmatrix} \cdot \begin{bmatrix} x_1 \\ x_2 \\ x_3 \end{bmatrix} + \begin{bmatrix} b_1 \\ b_2 \\ b_3 \end{bmatrix} v_1$$

$$y_1 = [c_1 \;\; c_2 \;\; c_3] \cdot \begin{bmatrix} x_1 \\ x_2 \\ x_3 \end{bmatrix} + d \cdot v_1,$$

die zusammengefaßt mit offensichtlichen Bezeichnungen als

$$\begin{bmatrix} \mathbf{x} \\ y_1 \end{bmatrix} = \begin{bmatrix} \mathbf{A} & \mathbf{b} \\ \mathbf{c}^T & d \end{bmatrix} \cdot \begin{bmatrix} \mathbf{x} \\ v_1 \end{bmatrix} = \mathbf{S} \begin{bmatrix} \mathbf{x} \\ v_1 \end{bmatrix} \tag{7.5.1}$$

geschrieben werden können. Für die Übertragungsfunktion erhält man

$$H_1 = \frac{y_1}{v_1} = \mathbf{c}^T(\mathbf{E} - \mathbf{A})^{-1} \cdot \mathbf{b} + d. \tag{7.5.2}$$

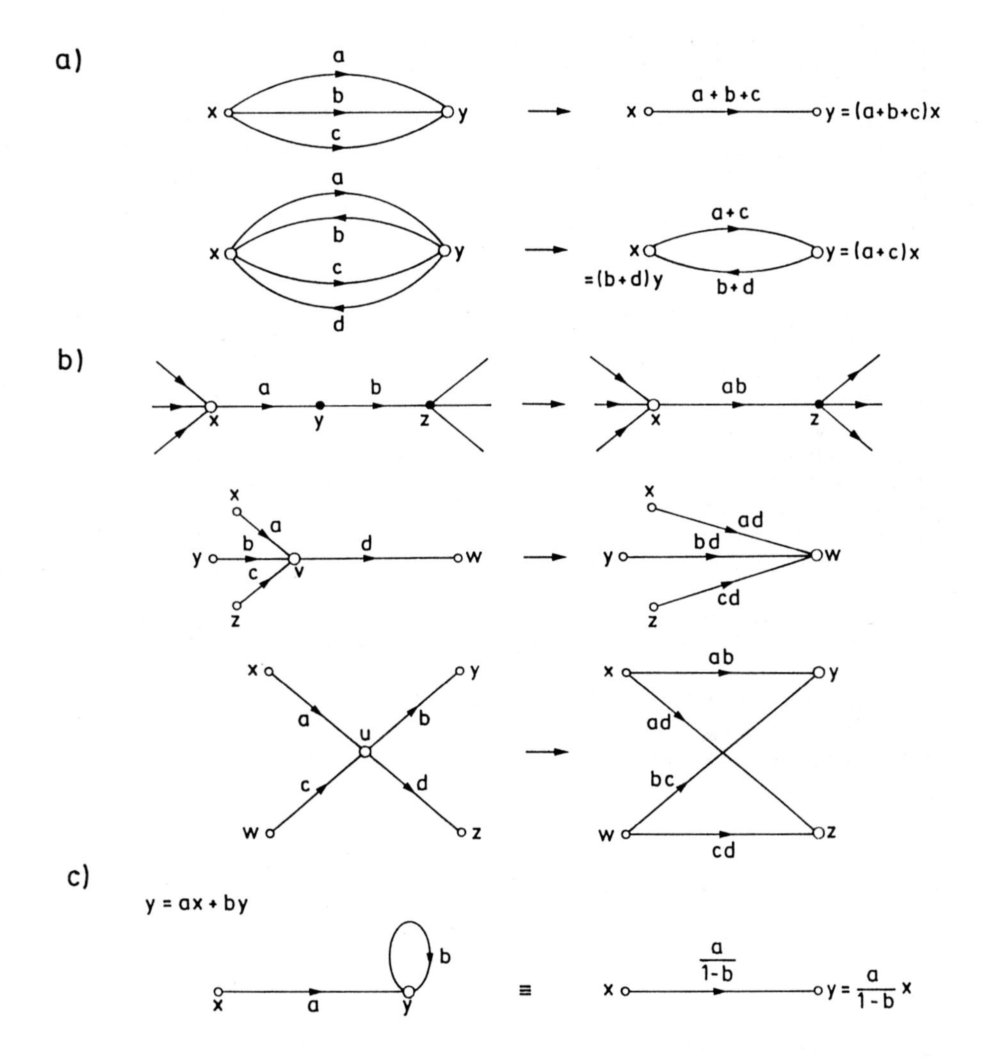

Bild 7.4: Regeln zur Eliminierung von a) Zweigen, b) Knoten, c) Eigenschleifen in einem Signalflußgraphen

Der in Bild 7.5b dargestellte Signalflußgraph ist aus dem ersten durch Änderung sämtlicher Zweigrichtungen hervorgegangen, alle Zweigwerte wurden belassen. Man bestätigt leicht, daß er durch

$$\begin{aligned} \mathbf{z} &= \mathbf{A}^T\mathbf{z} + \mathbf{c}v_2 \\ y_2 &= \mathbf{b}^T\mathbf{z} + dv_2 \end{aligned} \quad \text{bzw.} \quad \begin{bmatrix} \mathbf{z} \\ y_2 \end{bmatrix} = \mathbf{S}^T \begin{bmatrix} \mathbf{z} \\ v_2 \end{bmatrix} \tag{7.5.3}$$

beschrieben wird. Wir sprechen daher auch von dem *transponierten* Signalflußgraphen.

Für seine Übertragungsfunktion folgt

$$H_2 = \frac{y_2}{v_2} = \mathbf{b}^T(\mathbf{E} - \mathbf{A}^T)^{-1} \cdot \mathbf{c} + d = H_1. \tag{7.5.4}$$

Die Transponierung des Signalflußgraphen ändert also nicht die Übertragungsfunktion, wobei zu berücksichtigen ist, daß mit der Änderung der Zweigrichtungen auch Eingang und Ausgang ihre Plätze vertauscht haben. Dagegen sind die Signale an den inneren Knoten i.a. völlig anders ($\mathbf{x} \neq \mathbf{z}$, auch bei $v_1 = v_2$). Da (7.5.1) jeden Signalflußgraphen mit einem Eingang und einem Ausgang beschreibt, gilt das Ergebnis (7.5.4) allgemein, nicht nur für den Fall von Bild 7.5 mit drei inneren Knoten.

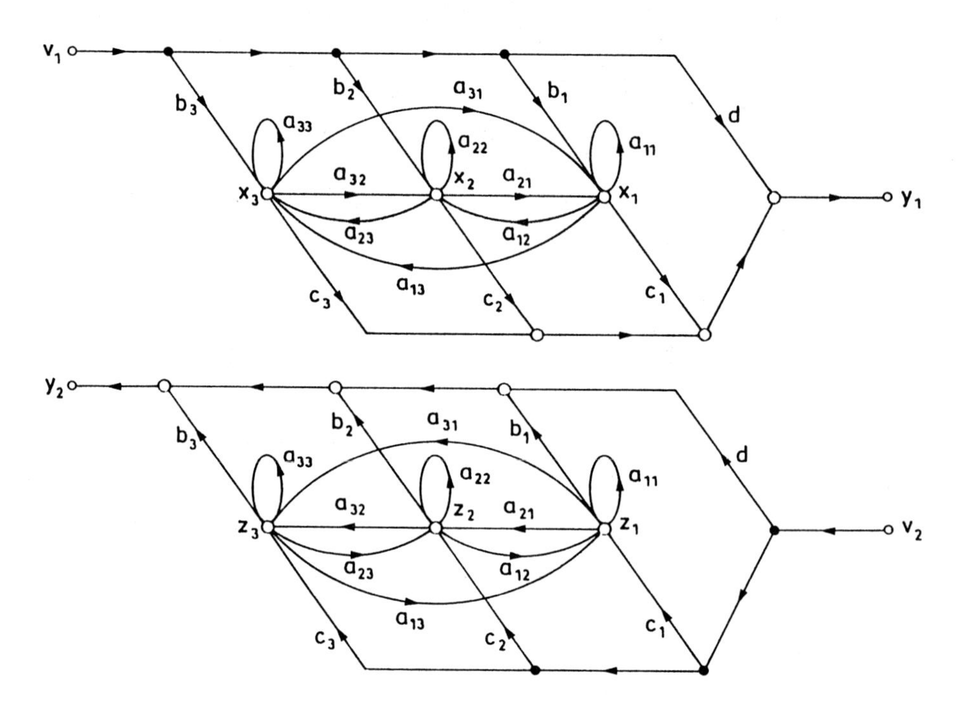

Bild 7.5: Zur Transponierung eines Signalflußgraphen

7.6 Literatur

7.1 Doetsch, G.: *Anleitung zum praktischen Gebrauch der Laplace-Transformation und der Z-Transformation.* 3. Auflage, R. Oldenbourg-Verlag, München-Wien, 1967

7.2 Doetsch, G.: *Distributionstheorie. Anhang zum Abschnitt C in Mathematische Hilfsmittel des Ingenieurs Teil I*, herausgegeben von R. Sauer und I. Szabó, Springer-Verlag, Berlin-Heidelberg-New York, 1967

7.3 Walter, W.: *Einführung in die Theorie der Distributionen.* B.I. Hochschulskripten, Bd. 754/754a. Bibliographisches Institut, Mannheim-Wien-Zürich, 1970

7.4 Doetsch, G.: *Funktionaltransformationen, Abschnitt C in Mathematische Hilfsmittel des Ingenieurs Teil I*, herausgegeben von R. Sauer und I. Szabó, Springer-Verlag, Berlin-Heidelberg-New York, 1967

7.5 Papoulis, A.: *The Fourier Integral and its Applications.* McGraw-Hill Book Company, Inc. New York, San Francisco, London, Toronto, 1962

7.6 Papoulis, A.: *Signal Analysis.* McGraw Hill Book Company, New York, 1977

7.7 Oppenheim, A.; Willsky, A.; Young, I.T.: *Signals and Systems.* Prentice Hall, N.J., 1983

7.8 Bracewell, R.N.: *The Fourier Transform and its Applications.* McGraw Hill, International Book Company, Second Edition 1983

7.9 Bronstein, I.N.; Semendjajew, K.A.: *Taschenbuch der Mathematik*, 19. Auflage, Verlag Harri Deutsch, Thun und Frankfurt/M., 1980

7.10 Erwe, F.: *Differential - und Integralrechnung I* B.I. Hochschultaschenbücher Bd. 30/30a, Bibliographisches Institut Mannheim, 1962

7.11 Mason, S.J.; Zimmermann, H.J.: *Electronic Circuits, Signals and Systems.* John Wiley & Sons, New York, 1960.

Namen- und Sachverzeichnis

H. W. Schüßler

Netzwerke, Signale und Systeme

Band 1
Systemtheorie linearer elektrischer Netzwerke

3., überarb. Aufl. 1991. XIV, 482 S. 251 Abb.
Brosch. DM 68,– ISBN 3-540-53791-0

Inhaltsübersicht: Einleitung. – Analyse linearer Widerstandsnetzwerke. – Analyse allgemeiner linearer Netzwerke. – Vierpoltheorie. – Übertragungsfunktionen. – Einschwingvorgänge. – Anhang. – Namen- und Sachverzeichnis.

Aus den Besprechungen: „... In diesem ... Lehrbuch werden viele Überlegungen mit der Betrachtung oftmals auch praktisch interessanter Beispiele begonnen, wobei über die Spezifik hinaus allgemeine Zusammenhänge gesucht werden. Eine große Anzahl der Beispiele werden noch durch Meßkurven veranschaulicht. Auf eine kurze Literaturliste am Ende eines jeden Kapitels wird gezielt verwiesen.
Dieses sich durch eine einheitliche Darstellung auszeichnende gut lesbare Lehrbuch kann ... allen an diesen Problemen interessierten Studenten sehr empfohlen werden."

ZAMM Zeitschrift für angewandte Mathematik und Mechanik

Springer-Lehrbuch